新生物学丛书

蛋白质模拟
——原理、发展和应用

王存新 等 编著

科学出版社
北京

内 容 简 介

本书对蛋白质分子模拟领域的原理、发展和应用，特别是对该领域的热点和难点问题，结合实际进行了深入的讨论。本书力求做到理论联系实际，学术思想新颖，内容主要包括分子动力学模拟方法、蛋白质复合物结构预测、用分子模拟方法研究蛋白质折叠、粗粒化模型、长程静电相互作用，以及药物分子设计方法与应用。

本书不仅适合于从事计算生物学、蛋白质分子模拟和分子设计的专业技术人员，刚开始接触生物分子模拟的人员学习参考，而且可供高等学校及科研院所的教师、研究人员和研究生参考，也可选为分子模拟和生物信息学、系统生物学等课程的指定教材和参考书。

图书在版编目(CIP)数据

蛋白质模拟：原理、发展和应用/王存新等编著. —北京：科学出版社，2016.3

（新生物学丛书）

ISBN 978-7-03-047327-1

Ⅰ. ①蛋… Ⅱ. ①王… Ⅲ. ①蛋白质—模拟方法 Ⅳ. ①Q51

中国版本图书馆 CIP 数据核字（2016）第 026738 号

责任编辑：罗 静 刘 晶 / 责任校对：郑金红
责任印制：赵 博 / 封面设计：刘新新

科学出版社 出版
北京东黄城根北街 16 号
邮政编码：100717
http://www.sciencep.com
北京凌奇印刷有限责任公司印刷
科学出版社发行　各地新华书店经销
*
2016 年 3 月第 一 版　开本：787×1092 1/16
2025 年 3 月第五次印刷　印张：28 1/8
字数：650 000

定价：138.00 元
（如有印装质量问题，我社负责调换）

《新生物学丛书》专家委员会成员名单

《蛋白质模拟——原理、发展和应用》编委会名单

编著者简介

王存新　1943年11月生，教授，博士生导师。1968年毕业于中国科学技术大学，1978～1998年在中国科大任教，1998年作为学术带头人调入北京工业大学工作。曾赴美国、法国、意大利从事合作研究多年。主要从事蛋白质模拟和药物设计研究。主持完成国家及省部级科研项目20余项，培养硕士、博士研究生50余人，在国内外学术期刊上发表论文200余篇，出版专著2部、译著1部，获国家发明专利10余项。曾获国家自然科学奖三等奖、中国科学院自然科学奖二等奖、国务院颁发的政府特殊津贴、北京市突出贡献专家、北京市优秀教师、北京市教学名师等多项奖励和荣誉称号。

（按姓氏汉语拼音排序）

常珊，副教授。2004 年于江苏工业学院信息科学系获学士学位，2009 年获北京工业大学生物医学工程博士学位，2012～2013 年在美国密苏里大学哥伦比亚分校做博士后研究。现任江苏理工学院生物信息与医药工程研究所所长，从事生物大分子复合物结构预测和药物设计研究。

陈慰祖，女，教授。1968 年毕业于中国科学技术大学，1981～1998 年在中国科学技术大学任教，1998 年调入北京工业大学工作。曾赴美国、法国、意大利进行学术访问和研修。主要从事蛋白质结构和药物设计研究。主持并参与完成国家及省部级科研项目 10 余项，在国内外学术期刊上发表论文 100 余篇，参与完成国家发明专利多项。

丛肖静，女，2005 年于南开大学化学学院获学士学位，2009 年获北京工业大学生物物理学硕士学位，2013 年获意大利国际高等研究院功能与结构基因组学博士学位。目前从事医药领域中生物大分子体系的分子模拟和药物设计研究。

龚新奇，2001 年于北京航空航天大学获学士学位，2010 年于北京工业大学获生物医学工程博士学位，曾在清华大学做博士后、助理研究员。目前在中国人民大学数学科学研究院任副教授、Tenure-track 研究员、博士生导师、课题组组长，从事生物信息学与数学的交叉理论、方法与应用研究。

何红秋，副研究员。2004 年获昆明理工大学生物工程学士学位，2010 年获北京工业大学生物医学工程博士学位，2010 年至今在重庆市科学技术研究院生物医药与器械研究中心工作。

胡建平，1999 年于吉林大学生命科学学院获学士学位，2003 年于北京工业大学获硕士学位，2008 年于北京工业大学获生物医学工程博士学位；2015～2016 年在美国匹兹堡大学做访问学者。目前从事分子模拟、药物设计和生物活性评价等方面研究。

焦雄，2007 年于北京工业大学获生物医学工程博士学位，现为太原理工大学应用力学与生物医学工程研究所副教授。主要从事系统生物学与生物信息学等研究。

孔韧，女，2002 年获天津科技大学精细化工学士学位，2008 年于北京工业大学获生物医学工程博士学位，2008～2011 年在苏州爱斯鹏药物研发有限公司从事抗肿瘤新药研发，2011～2015 年在美国康奈尔大学威尔医学院休斯顿卫理医院研究所做博士后研究，目前在江苏理工学院生物信息与医药工程研究所从事分子模拟与药物设计等研究。

卢本卓，1993 年于华东师范大学物理系获学士学位，2002 年获中国科学技术大学生物化学与分子生物学博士学位。2003～2008 年在美国加州大学圣地亚哥分校及霍华德休斯医学研究所做博士后及研究人员。现为中国科学院计算数学与科学工程计算研究所研究员，从事计算化学/生物/数学交叉研究。

李春华，女，北京工业大学生命科学与生物工程学院教授，博士生导师。分别于 1997 年、2000 年获内蒙古大学物理学士学位和生物物理硕士学位。2003 年获北京工业大学流体力学博士学位，并获全国百篇优秀博士学位论文提名奖。目前从事蛋白质-蛋白质/RNA 识别、蛋白质折叠和药物设计研究。

刘斌，助理研究员。2005年获扬州大学理学学士学位，2011年获北京工业大学生物医学工程博士学位并在北京工业大学从事博士后研究，致力于高通量药物筛选与剂型设计工作。2013年博士后出站后在中国科学院老专家技术中心工作。

刘明，副研究员。2005年获北京工业大学生物医学工程学士学位，2010年获北京工业大学生物医学工程博士学位。后在华东理工大学做博士后，致力于治疗性抗体的优化。2013～2015年在中国医学科学院药物研究所继续从事治疗性抗体研发工作。2015年至今，于舒泰神（北京）生物制药股份有限公司任技术总监，负责治疗性抗体和蛋白质的发现与优化。

彭波，2010年于湘潭大学数学与计算科学学院获得学士学位，2010年至今于中国科学院科学与工程计算国家重点实验室读博士学位，研究方向为生物分子模拟计算。

齐立省，女，副教授。2009年于北京工业大学获生物医学工程博士学位。现在山东省生物物理重点实验室工作，主要从事基于分子动力学模拟的蛋白质结构-功能关系研究。

苏计国，副教授。2000年于兰州大学物理科学与技术学院获学士学位，2011年获北京工业大学生物医学工程博士学位。目前在燕山大学理学院应用物理系工作，主要从事蛋白质和RNA的折叠机理及结构-功能关系研究。

孙庭广，副教授。2002 年于西北大学生命科学学院获学士学位，2009 年获北京工业大学生物医学工程博士学位，2009 年至今在广西科技大学工作，主要从事生物大分子结构与功能关系方面的研究。

谭建军，北京工业大学生命科学与生物工程学院副研究员。2007 年于北京工业大学获流体力学博士学位。现任 *Pharmaceutical Chemistry Review* 与《计算生物学》期刊编委。主要从事药物设计研究。主持参与多项国家科研项目，发表学术论文 60 余篇，获国家发明专利多项。

许先进，2008 年于湖南大学获应用物理学学士学位，2014 年于北京工业大学获生物医学工程博士学位。2011～2012 年于意大利图西雅大学生物物理与纳米科学中心交流学习。目前在美国密苏里大学道尔顿心血管研究中心做博士后，从事蛋白质-配体相互作用及识别机制研究。

张小轶，女，北京工业大学生命科学与生物工程学院副教授。2000 年于华东师范大学获生物化学与分子生物学硕士学位，2009 年于北京工业大学获生物医学工程博士学位。主要从事计算机辅助药物设计研究。

《新生物学丛书》丛书序

当前，一场新的生物学革命正在展开（为此，美国国家科学院研究理事会于 2009 年发布了一份战略研究报告，提出一个“新生物学”（New Biology）时代即将来临。这个“新生物学”，一方面是生物学内部各种分支学科的重组与融合；另一方面是化学、物理、信息科学、材料科学等众多非生命学科与生物学的紧密交叉与整合。

在这样一个全球生命科学发展变革的时代，我国的生命科学研究也正在高速发展，并进入了一个充满机遇和挑战的黄金期。在这个时期，将会产生许多具有影响力、推动力的科研成果。因此，有必要通过系统性集成和出版相关主题的国内外优秀图书，为后人留下一笔宝贵的“新生物学”时代精神财富。

科学出版社联合国内一批有志于推进生命科学发展的专家与学者，联合打造了一个 21 世纪中国生命科学的传播平台——《新生物学丛书》。希望通过这套丛书的出版，记录生命科学的进步，传递对生物技术发展的梦想。

《新生物学丛书》下设三个子系列：科学风向标，着重收集科学发展战略和态势分析报告，为科学管理者和科研人员展示科学的最新动向；科学百家园，重点收录国内外专家与学者的科研专著，为专业工作者提供新思想和新方法；科学新视窗，主要发表高级科普著作，为不同领域的研究人员和科学爱好者普及生命科学的前沿知识。

如果说科学出版社是一个“支点”，这套丛书就像一根“杠杆”，那么读者就能够借助这根“杠杆”成为撬动“地球”的人。编委会相信，不同类型的读者都能够从这套丛书中得到新的知识信息，获得思考与启迪。

《新生物学丛书》专家委员会

主　任：蒲慕明

副主任：吴家睿

2012 年 3 月

序

生物大分子的计算机模拟是伴随着生命科学和信息科学技术的发展而产生的一门新学科，它是由生物学、物理学、化学、计算机科学等多学科组成的交叉学科。其基本思想是从体系内相互作用出发，借助于计算机模拟，用来研究生物大分子体系的结构和动力学性质。该学科在后基因组时代蛋白质科学的理论和应用研究中将发挥越来越重要的作用。

该书的主编王存新教授是国内最早从事蛋白质计算模拟的研究成员之一。20 世纪 80 年代初，他在中国科技大学与施蕴渝院士一起开始涉足该领域，1998 年作为学术带头人调入北京工业大学，参与筹建该校生命科学与生物工程学院，继续从事分子设计方面的研究，结合所承担的国家科研课题，采用理论与应用相结合的研究方法，将基础研究和应用研究紧密结合，获得了一系列研究成果。

该书全面、系统地阐述了蛋白质模拟的基本原理、最新方法和应用，内容翔实、资料丰富、特点鲜明。全书包括 6 部分共 20 章。第一部分涉及分子动力学模拟的原理、方法和应用，包括分子动力学模拟方法在膜蛋白体系、蛋白质与 DNA 相互作用体系中的应用，以及拉伸分子动力学模拟方法及其应用等。第二部分主要是结合作者参加国际上用分子对接方法预测蛋白质复合物结构竞赛（CAPRI）的实例，阐明蛋白质复合物结构预测的热点、难点问题及其解决途径。第三部分是用分子模拟方法研究蛋白质折叠，主要涉及蛋白质折叠的最新研究进展，如何用复杂网络方法和相对熵方法研究蛋白质折叠问题，并结合实例分析了蛋白质折叠路径和折叠核的预测问题。第四部分是关于粗粒化模型，主要探讨 Gō 模型和弹性网络模型在蛋白质折叠及结构-功能关系研究中的应用。第五部分是如何处理分子模拟中长程静电相互作用的计算瓶颈问题，包括长程静电相互作用的研究进展，以及处理长程静电相互作用的主要理论模型、方法及其在研究蛋白质相互作用中的应用。第六部分主要涉及分子模拟方法在药物设计中的应用，包括正向和反向虚拟筛选方法、抗体药物设计、耐药性机理及高通量药物筛选技术等。

该书的作者及其研究团队总结了 30 多年来从事蛋白质模拟的丰富经验，该书是他们多年研究成果的总结，学术思想扎实，紧密联系当前该领域发展的前沿科学问题，创新性强，具有较高的可读性和参考价值。望该书早日出版，以飨读者。

陈润生

中国科学院院士

2015 年 9 月于北京

前言

生物大分子的计算机模拟是伴随着生命科学和信息科学技术的发展而产生的一门新学科，它是一门由生物学、物理学、化学、计算机科学等多学科组成的交叉学科。其基本思想是从体系内原子间的相互作用出发，借助于计算机模拟，用来研究生物分子的结构和动力学性质。2013 年诺贝尔化学奖授予马丁·卡普拉斯（Martin Karplus）、迈克尔·莱维特（Michael Levitt）和亚利耶·瓦谢尔（Arieh Warshel），以奖励他们在发展复杂化学及生物体系多尺度模型方面所做的贡献。可见生物大分子的计算机模拟已成为一个重要的研究领域，发展越来越快，对后基因组时代蛋白质科学的理论和应用研究具有深远的科学意义及重要的应用价值。在蛋白质结构预测、蛋白质折叠机理、蛋白质与配体的相互作用与识别、药物设计与筛选等方面的研究中将发挥越来越重要的作用。

作者在 20 世纪 80 年代初期开始涉足这一领域，是国内较早从事蛋白质计算模拟的研究人员之一。作者及其课题组针对国家重大需求与国际学术发展趋势，结合承担的国家科研项目，获得了一系列研究成果。经与科学出版社协商，计划结合本领域国内外发展现状，全面系统地总结 30 多年的工作经验，出版一本关于蛋白质模拟的专著，从交叉学科的角度，把握国内外最新研究动向，探讨该领域发展的热点和难点问题，并结合课题组工作实际，给出应用实例，力求为从事该领域的研究人员提供新思想和新方法，以促进该学科的发展。

本书的内容涉及分子模拟领域十分广阔的范畴，各章节的作者都在该研究领域进行过多年的实践，并做出过许多优秀的研究工作，具有丰富的分子模拟研究经验。本书在出版过程中，课题组陈慰祖教授参与了出版方案的讨论和制定、书稿撰写的组织及内容审阅、修改和校对，做了大量认真细致的工作。本书将对蛋白质分子模拟领域的原理、发展和应用进行介绍，重点针对该领域的热点和难点问题，结合实际进行深入的讨论，力求做到理论联系实际、学术思想新颖。本书的内容主要包括以下六部分。

第一部分，分子动力学模拟方法。除了通常的分子动力学模拟原理和方法外，重点讨论分子动力学模拟方法在研究膜蛋白体系、蛋白质与 DNA 相互作用体系中的技术处理方法，以及如何用拉伸分子动力学模拟方法研究蛋白质与配体结合或解离过程的动力学性质。该部分的负责人是胡建平，撰写人有丛肖静、许先进、刘明、孙庭广、胡建平。

第二部分，蛋白质复合物结构预测。主要结合课题组多次参与国际上用分子对接方法预测蛋白质复合物结构竞赛（CAPRI）的实践经历，讲述蛋白质-蛋白质对接方法的关键难点问题，诸如如何充分搜索复合物构象、如何确定结合位点、如何设计正确有效的打分函数等问题。该部分的负责人是李春华，撰写人有李春华、龚新奇、常珊。

第三部分，用分子模拟方法研究蛋白质折叠。蛋白质折叠的机理是分子生物学领域目前尚未解决的、具有挑战性的问题。这部分内容主要涉及蛋白质折叠的最新研究进展、如何用复杂网络方法和相对熵方法研究蛋白质折叠问题，并结合实际分析了大家十分关心的蛋白质折叠路径和折叠核的预测问题。该部分的负责人是苏计国，撰写人有苏计国、焦雄、齐立省。

第四部分，关于粗粒化模型。该模型是目前国际上处理复杂生物体系常用的理论方法，本书主要结合作者工作实际，探讨弹性网络模型和 Gō 模型在蛋白质结构-功能关系研究中的应用。该部分的负责人和撰写人是苏计国。

第五部分，关于长程静电相互作用。这是分子模拟技术能否获得准确结果的关键问题，也是一个尚未完全解决的难点。作者结合自身工作实际，讲述长程静电相互作用的研究进展、处理长程静电相互作用的主要理论模型和方法，以及该方法在研究蛋白质相互作用中的应用。该部分的负责人是卢本卓，撰写人有彭波、卢本卓。

第六部分，药物分子设计方法与应用。这部分内容虽然已有许多专著详细论述过，但本书主要结合作者的工作实际，突出分子模拟方法在药物设计中的应用，力求具有新意，并重点讲述正向虚拟筛选和反向虚拟筛选方法、抗体药物设计、耐药性机理，以及高通量药物筛选技术和应用。该部分的负责人是谭建军，撰写人有谭建军、孔韧、许先进、刘明、张小轶、何红秋、刘斌。

本书不仅适合于从事计算生物学、蛋白质分子模拟和分子设计的专业技术人员，而且可供刚开始接触生物分子模拟的人员学习参考，可提供给高等学校及科研院所的教师、研究人员和研究生参考，也可选为分子模拟和生物信息学、系统生物学等课程的指定教材和参考书。

本书在出版过程中得到科学出版社罗静编辑的大力支持，并得到北京工业大学研究生院和北京工业大学生命科学与生物工程学院的资助，课题组在完成本书涉及的有关研究工作中，得到国家自然科学基金项目、科技部国际合作项目及北京市基金项目的支持，在此一并表示衷心感谢。

王存新

2015 年 8 月于北京工业大学

目　录

第一部分　分子动力学模拟方法

第 1 章　分子动力学模拟的原理、方法与进展 …… 3

1.1　引言 …… 3
1.2　生物大分子的经典力学模型与常见力场 …… 4
1.2.1　经典力学模型 …… 4
1.2.2　常见分子力场 …… 5
1.3　积分算法 …… 7
1.3.1　体系的动力学方程 …… 7
1.3.2　动力学方程的数值解法 …… 7
1.4　周期性边界条件 …… 9
1.5　约束条件动力学模拟 …… 10
1.5.1　SHAKE 算法 …… 10
1.5.2　LINCS 算法 …… 12
1.6　非键相互作用 …… 12
1.6.1　短程相互作用 …… 13
1.6.2　MD 模拟中长程静电相互作用的常用算法 …… 13
1.7　恒温恒压分子动力学模拟 …… 17
1.7.1　温度控制方法 …… 17
1.7.2　压力控制方法 …… 21
1.8　溶剂模型 …… 23
1.8.1　隐含溶剂模型 …… 23
1.8.2　显含溶剂模型 …… 24
1.9　分子动力学模拟的主要步骤 …… 24
1.10　蛋白质分子动力学模拟的进展与前景 …… 31
参考文献 …… 32

第 2 章　拉伸分子动力学模拟 …… 37

2.1　引言 …… 37
2.2　拉伸分子动力学模拟方法 …… 38

2.3 拉伸分子动力学模拟实例 …… 39
2.3.1 周质结合蛋白与配体相互识别研究 …… 39
2.3.2 抗癌多肽 p28 与肿瘤抑制蛋白 p53 的拉伸分子动力学研究 …… 46
参考文献 …… 52

第 3 章　膜蛋白体系的分子动力学模拟 …… 56

3.1 引言 …… 56
3.2 膜蛋白分子动力学模拟研究进展 …… 57
3.2.1 膜的性质和脂质分子的类型 …… 57
3.2.2 膜蛋白的性质和类型 …… 57
3.2.3 分子动力学模拟在膜研究方面的应用 …… 58
3.2.4 分子动力学模拟在膜蛋白体系的应用 …… 59
3.3 膜蛋白体系分子动力学模拟的基本方法和步骤 …… 60
3.4 BtuC-POPC 膜蛋白体系的分子动力学模拟 …… 62
3.4.1 研究背景 …… 62
3.4.2 材料和方法 …… 62
3.4.3 结果和讨论 …… 64
3.4.4 总结和展望 …… 71
参考文献 …… 71

第 4 章　蛋白质与 DNA 相互作用的分子动力学模拟 …… 76

4.1 引言 …… 76
4.2 蛋白质与 DNA 识别的结构特征 …… 76
4.2.1 DNA 结合蛋白的结构特征 …… 76
4.2.2 蛋白质-DNA 复合物的作用位点特征 …… 78
4.3 蛋白质-DNA 识别的研究方法 …… 79
4.3.1 蛋白质与 DNA 的相互作用模式 …… 79
4.3.2 蛋白质-DNA 相互作用的实验方法 …… 81
4.3.3 蛋白质-DNA 识别研究的分子模拟方法 …… 82
4.4 HIV-1 整合酶与病毒 DNA 识别的分子动力学模拟 …… 84
4.4.1 研究背景及意义 …… 84
4.4.2 体系和方法 …… 85
4.4.3 结果和讨论 …… 87
4.5 小结 …… 103
参考文献 …… 104

第二部分　蛋白质复合物结构预测

第 5 章　用分子对接方法预测蛋白质复合物结构 ……111

5.1　引言 ……111
5.2　蛋白质-蛋白质分子对接方法 ……112
5.2.1　分子对接的基本原理 ……112
5.2.2　分子对接的关键步骤 ……114
5.3　分子对接方法的研究现状 ……116
5.3.1　分子对接方法的分类 ……116
5.3.2　几种重要的分子对接方法 ……117
5.3.3　国际 CAPRI 蛋白质复合物结构预测简介 ……124
5.4　难点和亟待解决的问题 ……126
参考文献 ……127

第 6 章　蛋白质结合位点预测 ……131

6.1　引言 ……131
6.2　蛋白质结合位点的分类 ……132
6.2.1　结合位点上的热点残基 ……132
6.2.2　锚残基结合位点 ……132
6.2.3　模块结合位点 ……133
6.3　常见的蛋白质结合位点预测方法 ……133
6.3.1　基于序列的预测方法 ……133
6.3.2　基于结构的预测方法 ……133
6.3.3　基于理化性质的预测方法 ……134
6.4　蛋白质结合位点预测实例 ……134
6.4.1　基于主链氢键包埋的预测方法 ……134
6.4.2　基于蛋白质表面氨基酸模块内部接触和外部暴露的预测方法（PAMA） ……139
6.5　展望 ……145
参考文献 ……145

第 7 章　蛋白质分子对接打分函数设计 ……150

7.1　引言 ……150
7.2　经典打分参量 ……150
7.2.1　几何互补项 ……150
7.2.2　界面接触面积 ……151

7.2.3　范德华与静电相互作用 …… 152
7.2.4　统计成对偏好势 …… 152
7.3　常用蛋白质分子对接软件中打分函数的设计 …… 153
7.3.1　ZDOCK 打分函数 …… 154
7.3.2　RosettaDock 打分函数 …… 154
7.3.3　HADDOCK 打分函数 …… 155
7.4　打分函数设计实例 …… 156
7.4.1　基于蛋白质类型的组合打分函数 …… 156
7.4.2　基于结合位点信息的打分函数 …… 159
7.4.3　基于网络参量的打分函数 …… 161
7.5　展望 …… 165
参考文献 …… 165

第三部分　用分子模拟方法研究蛋白质折叠

第 8 章　蛋白质折叠研究简介 …… 171
8.1　蛋白质折叠的研究背景与意义 …… 171
8.2　蛋白质折叠的计算机模拟研究 …… 172
8.2.1　基于知识的蛋白质结构预测 …… 172
8.2.2　蛋白质从头折叠研究 …… 173
参考文献 …… 173
第 9 章　用复杂网络方法研究蛋白质折叠 …… 175
9.1　复杂网络模型简介 …… 175
9.1.1　引言 …… 175
9.1.2　复杂网络的概念 …… 176
9.1.3　复杂网络的特征 …… 177
9.1.4　复杂网络在生命科学研究中的应用 …… 180
9.2　氨基酸网络模型及其在蛋白质折叠研究中的应用 …… 182
9.2.1　氨基酸网络的统计特性及其与蛋白质折叠的关系 …… 182
9.2.2　蛋白质去折叠路径上氨基酸网络特征量分析 …… 187
9.3　构象网络模型及其在蛋白质折叠研究中的应用 …… 190
参考文献 …… 193
第 10 章　蛋白质折叠路径与折叠核预测 …… 197
10.1　蛋白质折叠路径研究 …… 197

10.1.1 Levinthal 悖论与折叠漏斗 …… 197
10.1.2 蛋白质折叠机制模型 …… 199
10.1.3 蛋白质折叠路径的计算机模拟 …… 200
10.2 蛋白质折叠核的识别研究 …… 202
10.2.1 蛋白质两态折叠及过渡态的识别 …… 202
10.2.2 蛋白质折叠核的预测方法 …… 203
参考文献 …… 204
第 11 章 用相对熵方法研究蛋白质折叠 …… 208
11.1 相对熵原理与方法 …… 208
11.1.1 引言 …… 208
11.1.2 基本理论与方法 …… 209
11.2 基于相对熵方法的蛋白质折叠研究 …… 211
11.2.1 接触势的选取 …… 211
11.2.2 接触强度的选取 …… 211
11.2.3 接触势系综平均值的计算 …… 211
11.3 模拟结果与讨论 …… 212
11.4 小结 …… 214
参考文献 …… 214
第四部分 关于粗粒化模型
第 12 章 粗粒化模型简介 …… 219
12.1 粗粒化模型的构建方法 …… 219
12.1.1 蛋白质模型的简化 …… 219
12.1.2 势函数的构建 …… 221
12.1.3 构象搜索算法 …… 223
12.2 Gō 模型 …… 224
12.3 弹性网络模型 …… 225
参考文献 …… 227
第 13 章 粗粒化模型应用实例 …… 233
13.1 Gō 模型在蛋白质折叠研究中的应用实例 …… 233
13.1.1 研究体系介绍 …… 234
13.1.2 Gō 模型的改进及朗之万动力学模拟方法 …… 234
13.1.3 静电相互作用对体系折叠机制及热力学稳定性的影响 …… 236

13.1.4　静电相互作用对体系折叠动力学的影响 ………… 238
13.1.5　野生态 Bc-Csp 及其三个突变体的折叠/去折叠路径 ………… 239
13.1.6　小结 ………… 243
13.2　弹性网络模型在蛋白质折叠/去折叠研究中的应用实例 ………… 243
13.2.1　迭代的高斯网络模型方法 ………… 244
13.2.2　研究体系 ………… 246
13.2.3　CI2 和 barnase 蛋白的去折叠过程研究 ………… 248
13.2.4　蛋白质去折叠过程的鲁棒性 ………… 251
13.2.5　小结 ………… 251
13.3　弹性网络模型在蛋白质结构-功能关系研究中的应用实例 ………… 252
13.3.1　识别蛋白质功能残基的热力学方法 ………… 253
13.3.2　识别关键残基的方法步骤 ………… 255
13.3.3　热激蛋白 70 核苷结合结构域构象转变中关键残基的识别 ………… 255
13.3.4　人/兔 DNA 聚合酶β构象转变中关键残基的识别 ………… 258
13.3.5　小结 ………… 259
参考文献 ………… 260

第五部分　关于长程静电相互作用

第 14 章　蛋白质静电相互作用的重要性及研究状况 ………… 269
14.1　蛋白质静电相互作用的重要性 ………… 269
14.1.1　蛋白质分子结构的稳定性 ………… 270
14.1.2　推动蛋白质特定构象形成和稳定的作用力 ………… 271
14.1.3　酶分子的催化反应 ………… 274
14.1.4　生物分子识别 ………… 276
14.2　蛋白质静电相互作用的研究现状 ………… 277
参考文献 ………… 278
第 15 章　蛋白质静电相互作用的计算方法与应用 ………… 281
15.1　PB 方程 ………… 281
15.1.1　PB 方程的研究历史与现状 ………… 281
15.1.2　PB 方程的导出和适用范围 ………… 281
15.1.3　PB 方程的求解方法 ………… 287
15.1.4　并行计算 ………… 294
15.1.5　静电计算结果的可视化 ………… 295
15.2　广义 Born 模型 ………… 296

15.2.1 Born 模型及广义 Born 模型的计算方法 …… 296
15.2.2 广义 Born 模型的应用 …… 299
15.3 静电相互作用的若干应用 …… 299
15.3.1 静电相互作用在自由能计算中的应用 …… 299
15.3.2 静电相互作用在蛋白质相互作用中的应用 …… 300
15.3.3 隐式溶剂分子模拟方法 …… 302
15.3.4 其他 …… 302
参考文献 …… 303

第六部分　药物分子设计方法与应用

第 16 章　药物设计研究进展 …… 315
16.1 药物设计的发展简史 …… 315
16.1.1 药物设计初期 …… 315
16.1.2 药物设计的发展阶段 …… 316
16.1.3 后基因组时代的药物设计 …… 317
16.2 药物设计方法简介 …… 317
16.2.1 基于受体的药物设计方法简介 …… 317
16.2.2 基于配体的药物设计方法 …… 319
16.3 三维定量构效关系实例——CCR5 受体吡咯烷类抑制剂的 CoMFA 与 CoMSIA 分析 …… 322
16.3.1 CoMFA 和 CoMSIA 模型 …… 322
16.3.2 最佳模型的等势面图 …… 324
16.4 药物设计展望 …… 326
16.4.1 生物信息学的发展将为药物设计研究带来新希望 …… 326
16.4.2 计算机技术的飞速发展将为药物设计提供有利条件 …… 326
16.4.3 组合化学及虚拟数据库的发展将为药物设计提供广阔的应用前景 …… 327
16.4.4 基于作用机理的药物设计方向是未来药物设计的发展方向 …… 327
参考文献 …… 327
第 17 章　计算机辅助虚拟筛选方法与应用 …… 330
17.1 计算机辅助虚拟筛选方法简介 …… 330
17.2 基于配体的虚拟筛选方法及应用 …… 331
17.2.1 配体的相似性 …… 331
17.2.2 药效团模型的构建 …… 331
17.2.3 应用实例——基于 CCR5 受体拮抗剂的药效团模型构建及组合化合物库筛选 … 332

17.3 基于受体结构的虚拟筛选方法及应用 …… 336
17.3.1 基于受体结构的虚拟筛选方法 …… 336
17.3.2 考虑受体柔性的诱导对接方法 …… 338
17.4 反向虚拟筛选方法 …… 341
17.4.1 反向虚拟筛选的主要方法 …… 341
17.4.2 反向虚拟筛选方法在药物设计中的应用 …… 343
17.4.3 反向虚拟筛选方法的应用前景 …… 344
参考文献 …… 344

第 18 章 抗体分子设计 …… 349

18.1 抗体结构与功能简介 …… 349
18.2 抗体合理设计方法 …… 350
18.2.1 亲和力成熟 …… 351
18.2.2 稳定性改造 …… 352
18.3 抗体合理设计实例 …… 354
18.3.1 抗 VEGF 抗体的亲和力成熟 …… 355
18.3.2 抗 VEGF 抗体的稳定性改造 …… 360
参考文献 …… 370

第 19 章 耐药性机理研究 …… 372

19.1 引言 …… 372
19.2 耐药性机理的研究方法 …… 374
19.2.1 分子模拟方法 …… 374
19.2.2 实验方法 …… 376
19.3 耐药性机理的分子模拟研究实例 …… 377
19.3.1 gp41 的耐药性机理研究实例 …… 377
19.3.2 整合酶的耐药性机理研究实例 …… 381
参考文献 …… 388

第 20 章 高通量药物筛选技术及其应用 …… 392

20.1 以整合酶为靶点的抗 HIV-1 药物高通量筛选模型 …… 392
20.1.1 引言 …… 392
20.1.2 基于放射自显影的整合酶抑制剂筛选模型 …… 393
20.1.3 基于微孔板的酶联免疫吸附测定法筛选模型 …… 395
20.1.4 基于荧光共振能量转移的整合酶抑制剂筛选模型及其他 …… 397
20.1.5 以整合酶为靶点的抗 HIV-1 药物高通量筛选模型实例 …… 398
20.2 以 gp41 为靶点的抗 HIV-1 药物高通量筛选模型 …… 401

20.2.1 引言……401
20.2.2 基于单克隆抗体 NC-1 的筛选模型……402
20.2.3 不依赖于单克隆抗体 NC-1 的筛选模型……403
20.2.4 以 gp41 为靶点的抗 HIV-1 药物高通量筛选模型实例……404
20.2.5 小结……410
参考文献……410
中英文对照术语表……414

第一部分

分子动力学模拟方法

第 1 章　分子动力学模拟的原理、方法与进展

1.1　引　言

生物大分子如蛋白质、核酸等，是生物体进行生命活动的核心。这些大分子结构复杂，所发挥的各种生理作用令人惊叹。而生物大分子执行生物功能的重要前提之一则是其正确的高级结构。多年来，研究者们致力于使用高分辨率 X 射线晶体学、核磁共振（NMR）波谱等实验技术，来探索生物大分子在原子水平上的结构-功能关系，取得了许多突破性的进展。但目前仅有 80 000 多个蛋白质和 2000 多个核酸结构通过实验方法得到解析，因此生物大分子特别是蛋白质及蛋白质复合物结构的理论预测就显得特别重要。况且生物大分子并不只有一个或几个静态的结构，它们的柔性及动态特征与其生物功能密切相关[1]。然而，这些复杂大分子的动态性质很难通过实验方法测定。一方面是由于实验观测量通常对应于一段时间和空间内的平均量，很难捕捉到其中的动态特征；另一方面，生物大分子的结构、柔性和动态特征受环境或与其相互作用的分子的影响而变化，往往很难在实验条件下完全、精确地测定；另外，许多生物大分子并没有稳定的高级结构可供实验测定。例如，近年来的研究发现，生物体中 30%以上的重要功能蛋白没有稳定的三维结构。这类蛋白质被称为固有无序蛋白（intrinsically disordered protein）[2]，其结构灵活，不断变化，使之能够适应不同环境的需要，从而广泛参与信号转导、DNA 转录、细胞分裂和蛋白质聚集等至关重要的生理过程和功能[2]。而研究固有无序蛋白的结构-功能关系又成为结构生物学实验的一大主要难题。因此，后基因组时代蛋白质科学的理论和应用研究进一步要求对蛋白质及蛋白质复合物的动力学特征进行理论预测。分子动力学（molecular dynamics，MD）模拟技术的迅速发展为生物大分子结构-功能关系的研究领域带来了革命。1976 年，Arieh Warshel 和 Michael Levitt 利用量子力学来模拟酶活性部位化学反应中的电子转移，成为 MD 模拟领域的一项开创性工作[3]。1977 年，Martin Karplus 等在 *Nature* 杂志上发表了首例对蛋白质分子在原子水平上的 MD 模拟[4]，初步建立了蛋白质的分子力场（force field）和 MD 模拟程序，真正实现了在原子尺度上观测生物大分子动态行为的梦想。经过近 40 年的发展，MD 模拟技术如今能够处理复杂的生物大分子体系和生理过程，达到微秒量级的时间尺度，并在蛋白质结构-功能研究中占有独特的优势[5]，主要表现在以下几个方面：① 可预言或深入解释实验结果，可以测量任何可定义的变量在时间、空间上的分布，变量随时间的演变往往也可以追踪；② 在结构生物学实验基础上修正三维空间坐标；③ 可探测在极端条件下（如高温、高压）一些实验探针目前还不能探测到的性质；④ 可探测系统组成改变之后（如化学反应、酶反应、基因突变等），系统的性质将如何改变；⑤ 可研究蛋白质-蛋白质、蛋白

质-配体间的相互作用和识别，并用于蛋白质分子设计及药物分子设计。MD 模拟联合其他辅助计算工具，已经成为研究蛋白质结构和功能不可替代的研究手段之一，大大推动了这一领域的发展[5, 6]。2013 年诺贝尔化学奖授予 Martin Karplus、Michael Levitt 和 Arieh Warshel，以奖励他们在发展复杂化学与生物学体系多尺度模拟方面所做的贡献，进一步肯定了 MD 模拟越来越重要的作用。

生物大分子模拟技术涵盖了从头算（*ab initio*）和半经验（semi-empirical）的量子力学（quantum mechanics）模拟、经典分子力学（molecular mechanics）、多尺度（multi-scale）混合模拟、粗粒化（coarse-grained）模型模拟，以及其他一些被广泛认可的模型和方法。本章只讨论全原子（all-atom）经典 MD 模拟的主要方法，目前被广泛应用于生物大分子特别是蛋白质体系的结构-功能关系研究。经典分子力学方法是指运用经典的物理模型（如谐振子模型、库仑静电模型等）来描述和模拟生物大分子体系的方法[6]，体系的势能通过分子力场来计算。在全原子模拟方法中，体系一般由球形的刚性原子组成，每个原子有给定的原子半径[通常为范德华（van der Waals）半径]、极化率（polarizability）和净电荷。原子间相互作用一般被分为化学键相互作用和非键相互作用，由经验力场函数和参数来表示，力场函数及参数通过与实验数据和量化计算结果拟合得到，从而发展出一套适合计算蛋白质或核酸等生物大分子的经验模型。这样的经验模型虽然原理简单，但在其适用范围内，如在室温条件下，一般的量子效应已不很明显，可以忽略不计。对于像酶反应等量子效应比较强的情况，量子效应就不可忽略了。因此，MD 模拟可大量节省计算时间，能够处理由成千上万个原子组成的生物大分子体系，远远超出了量子力学方法可以计算的体系。因此，常见的生物大分子模拟技术，如 MD 模拟、蒙特卡洛（Monte Carlo）模拟及分子对接（molecular docking）方法等，广泛采用经典分子力场方法。本章主要介绍采用经典分子力场的 MD 模拟的原理、常见方法、进展及前景。

1.2 生物大分子的经典力学模型与常见力场

1.2.1 经典力学模型

在统计力学中，实验观测量由系综（ensemble）平均值来描述。系综是指在一定的宏观条件下，大量性质和结构完全相同的、处于各种运动状态的、各自独立的系统微观状态的集合。MD 模拟计算一个分子体系的每个原子在相空间内随时间变化的一系列微观运动状态。这些微观状态对应于分子体系在特定热力学状态下的不同构型，是对该体系在该状态下系综的采样。最常用的 MD 模拟，通过对体系中 N 个相互作用原子的牛顿运动方程进行数值求解，来获得体系中每个原子的坐标轨迹、速度轨迹和体系的能量轨迹。体系中原子的相互作用力及体系的整体势能由分子力场来定义。运用 MD 模拟的结果，体系的热力学量和其他宏观性质可通过对体系构型进行系综平均来计算，但这种计算要以各态历经假说（ergodic hypothesis）为前提。各态历经假说认为，一个孤立体系从任一初态出发，经过足够长时间的演变后将历经一切可能的微观状态。其基本思想是，体系处于平衡态的宏观性质对应于该平衡态的系综统计平均值，也就相当于微观量在足够长时间内的平均值。

一个由 N 个原子组成的体系，力学量 A 的系综平均值可定义为

$$\langle A\rangle_{\text{ensemble}}=\iint \mathrm{d}p^N \mathrm{d}r^N A\left(p^N,r^N\right)\rho\left(p^N,r^N\right) \tag{1.1}$$

其中，$A\left(p^N,r^N\right)$ 为被观测量，是 N 个原子的动量 $p^N=\left(p_1,p_2,\cdots,p_N\right)$ 和位置 $r^N=\left(r_1,r_2,\cdots,r_N\right)$ 的函数。设想该体系同温度为 T 的很大的热源进行能量交换并达到热平衡，则体系的统计分布由正则系综（canonical ensemble）来表示。正则系综是具体实践中较常用的一个系综，相仿于通常实验条件下的同周围环境达到热平衡的体系。正则系综的概率密度为

$$\rho\left(p^N,r^N\right)=\frac{1}{Z}\exp\left[-H\left(p^N,r^N\right)/k_{\mathrm{B}}T\right] \tag{1.2}$$

其中，H 为体系的哈密顿量（Hamiltonian）；T 为热力学温度；k_{B} 为玻尔兹曼常数；Z 是配分函数（partition function）：

$$Z=\iint \mathrm{d}p^N \mathrm{d}r^N \exp\left[-H\left(p^N,r^N\right)/k_{\mathrm{B}}T\right] \tag{1.3}$$

配分函数 Z 中的积分必须包括所有可能的体系微观状态，通常很难计算。而 MD 模拟中，力学量 A 的系综平均值可表示为微观状态对时间的积分，即

$$\langle A\rangle_{\text{time}}=\lim_{\tau\to+\infty}\frac{1}{\tau}\int_0^{\tau} A\left(p^N(t),r^N(t)\right)\mathrm{d}t\approx\frac{1}{M}\sum_{t=1}^{M}A\left(p^N,r^N\right) \tag{1.4}$$

其中，τ 为模拟时间；M 为 MD 采样的轨迹数，必须足够大；$A\left(p^N,r^N\right)$ 则表示 A 的瞬间值。只有当动力学模拟对相空间进行了充分的采样（即满足各态历经假说）时，式(1.4)右边的平均值才能较准确地近似于体系的系综平均值。而充分采样在很大程度上依赖于可用的计算资源。

相比于随机模拟方法（如蒙特卡洛法），MD 模拟有其无与伦比的优越性：它是体系在一段时间内的发展过程的模拟，可以对分子的动态特征进行充分、透彻的描述，不存在随机因素[1]。给定体系的初始分子构象，MD 模拟可以追踪监视每个原子在任意时刻的确切位置和运动速度，并给出体系所对应的能量值。每个原子的运动表示为时间的函数，不同运动间的相关性也可以通过结果分析得到。而实验手段往往只能获得系综平均值，很难观测到以上性质。因此，MD 模拟能够对所研究体系提供许多精致的细节，不管是在时间尺度上还是在精确度上都是其他方法所不及的[1]。

1.2.2 常见分子力场

分子力场用经验势函数 U 来表示体系的势能，U 是体系中原子坐标 r^N 的函数。势函数 U 所采用的形式是一个分子力场的核心，势函数及其参数一起就构成了一个分子力场。生物大分子力场普遍采取可加性的势函数形式，通过一组格式简单的函数来描述各种分子内及分子间的相互作用[7]。常见分子力场中一般包括两类相互作用，即化学键

相互作用（bonded interaction）和非键相互作用（non-bonded interaction）：

$$U\left(r^N\right)=U_{\text{bonded}}\left(r^N\right)+U_{\text{non-bonded}}\left(r^N\right) \tag{1.5}$$

化学键相互作用能一般包括键伸缩能、键角弯折能、二面角扭转能和非正常二面角（improper dihedral angle）扭转能，其中非正常二面角扭转能是为了保持分子的特定几何结构（如手型或芳香环及侧链的平面性等）而引入的。化学键相互作用能通常表示如下：

$$U_{\text{bonded}}\left(r^N\right)=\sum_{\text{bonds}}K_b\left(b-b_0\right)^2+\sum_{\text{angles}}K_\theta\left(\theta-\theta_0\right)^2+\sum_{\text{dihedral}}K_\chi\left[1+\cos\left(n\chi-\delta\right)\right]+\sum_{\text{impropers}}K_{\text{imp}}\left(\phi-\phi_0\right)^2 \tag{1.6}$$

其中，键伸缩能、键角弯曲能及非正常二面角能用谐振子模型来描述；二面角扭转能则由余弦函数表示。式（1.6）右侧第一项表示键伸缩能，b 为键长，K_b 为键伸缩力常数，b_0 为平衡键长；第二项表示键角弯曲能，θ 为键角，K_θ 为键角弯曲力常数，θ_0 为平衡键角；第三项为二面角扭转能，χ 为二面角，K_χ 为二面角扭转的力常数，n 为多重度（multiplicity），指二面角从 0°～360° 旋转过程中能量极小点的个数，δ 为相角（phase angle），指二面角旋转时通过能量极小点时的角度值；第四项表示非正常二面角扭转能，ϕ 为非正常二面角，K_{imp} 为非正常二面角的力常数，ϕ_0 为平衡角度。非键相互作用包括范德华和库仑两种相互作用：

$$U_{\text{non-bonded}}\left(r^N\right)=\sum_{\text{non-bonded}}\varepsilon_{ij}\left[\left(\frac{R_{\min_{ij}}}{r_{ij}}\right)^6-\left(\frac{R_{\min_{ij}}}{r_{ij}}\right)^{12}\right]+\frac{q_iq_j}{\varepsilon r_{ij}} \tag{1.7}$$

其中，r_{ij} 为两个相互作用原子 i 与 j 之间的距离。上式右侧第一项为范德华相互作用，典型的由李纳-琼斯（Lennard-Jones，L-J）势函数表示；第二项为库仑相互作用，用库仑势表示。范德华相互作用参数包括 L-J 势函数的势阱深度 ε_{ij} 和最短作用半径 $R_{\min_{ij}}$。库仑相互作用参数包括原子上的部分电荷（partial charge）q_i、q_j 和介电常数 ε。通常，ε_i 和 $R_{\min_i}$ 根据每种原子类型进行定义，然后由相互作用原子的类型组合得到 ε_{ij} 和 $R_{\min_{ij}}$。常用的生物大分子力场多采用式（1.5）～式（1.7）中的势函数形式，如广泛用于模拟蛋白质和核酸的 AMBER 力场[8]、CHARMM 力场[9]、GROMOS 力场[10]和 OPLS 力场[11]等。

势函数的选择及其参数的拟合最终决定了一个力场的精确性和适用范围。力场函数和参数的发展及优化主要通过对一些模型分子的实验数据和量子力学计算结果进行拟合。例如，丙氨酸二肽（图 1-1A）常被用来拟合蛋白质的主链参数，而甘氨酸和脯氨酸的特殊主链构象则需另外用脯氨酸二肽和甘氨酸二肽（图 1-1B、C）来拟合。

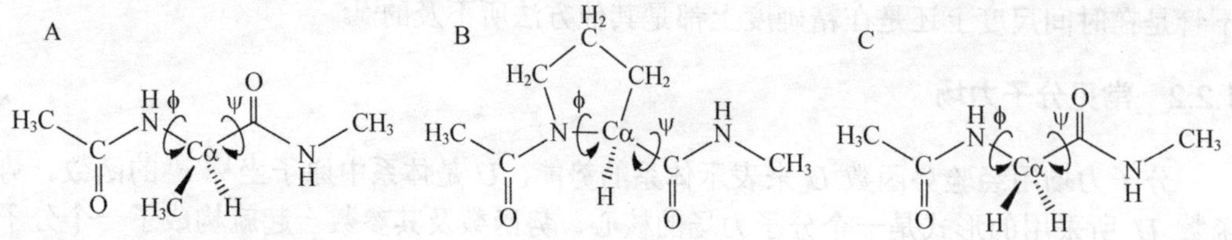

图 1-1　丙氨酸二肽（A）、脯氨酸二肽（B）及甘氨酸二肽（C）常被用于拟合分子力场中蛋白质主链的参数。图中标示了蛋白质拉氏图（Ramachandran plot）[12]中涉及的主链二面角 ϕ 和 ψ

为减小计算结果与实验数据的偏差，分子力场往往引入一些校正项来提高模拟精度。例如，加入高阶项来校正键伸缩能中非谐振动的误差，引进交叉作用项来修正键伸缩能、键角弯曲能和二面角扭转能之间的相互关联，加入氢键函数项等[7]。以上简单势函数的主要优点在于可以处理较大的生物分子。在当前的计算条件下，常见生物大分子力场已经可以较好地模拟十几万甚至几十万个原子组成的体系。

1.3 积 分 算 法

1.3.1 体系的动力学方程

MD 模拟以牛顿第二定律（即牛顿运动方程）为基础，

$$F_i = m_i a_i = m_i \ddot{r}_i \tag{1.8}$$

其中，F_i 表示作用在原子 i 上的力；m_i 和 a_i 分别为原子 i 的质量和加速度。若已知作用在体系中每个原子上的力 F_i，即可求得每个原子的加速度。上式中 F_i 也可以表示为体系的势能 U 对原子坐标 r_i 偏导数的负值：

$$F_i = -\frac{\mathrm{d}}{\mathrm{d}r_i}U \tag{1.9}$$

因而，牛顿运动方程也可写成

$$-\frac{\mathrm{d}U}{\mathrm{d}r_i} = m_i \frac{\mathrm{d}^2 r_i}{\mathrm{d}t_i^2} \tag{1.10}$$

通过求解以上牛顿第二定律的微分方程，可获得体系的运动轨迹，包括每个原子的瞬时坐标、速度和加速度。因此，给定体系中每个原子的初始坐标与速度，即可求得该体系在未来任何时刻的运动状态。

1.3.2 动力学方程的数值解法

对于复杂的多自由度体系，牛顿运动方程没有解析解，只能通过数值积分方法求解：

$$F_i = m_i a_i$$
$$a_i = \frac{\mathrm{d}v_i}{\mathrm{d}t}$$
$$v_i = \frac{\mathrm{d}r_i}{\mathrm{d}t} \tag{1.11}$$

对式（1.11）进行数值积分的算法有很多种，选择合适的算法需要兼顾如下几个要素：① 计算效率要高；② 力的计算往往涉及对所有原子对的求和，这种计算量很大的步骤应该尽量减免；③ 体系的运动轨迹需要能够在长时间尺度下［远大于所求动态特征之间的相关时间（correlation time）］仍保持恒定能量及动量，以确保对所选系综的正确采样。考虑以上要素，常用的积分算法通常是低阶的，即不考虑坐标的高阶偏导数，这样的计算较迅速，可以使用较大的时间步长（time step）。以下介绍几种常用的有限差分（finite-difference）法求解运动方程的算法。

1. Verlet 算法

体系中原子的位置、速度及加速度可以通过泰勒级数展开来近似：

$$
\begin{aligned}
r_i(t+\delta t) &= r_i(t) + v_i(t)\delta t + \frac{1}{2}a_i(t)\delta t^2 + \cdots \\
v_i(t+\delta t) &= v_i(t) + a_i(t)\delta t + \frac{1}{2}v_i(t)\delta t^2 + \cdots \\
a_i(t+\delta t) &= a_i(t) + b_i(t)\delta t + \cdots
\end{aligned} \tag{1.12}
$$

因此，原子在 $t-\delta t$ 和时刻的位置可分别写成：

$$r_i(t+\delta t) = r_i(t) + v_i(t)\delta t + \frac{1}{2}a_i(t)\delta t^2 \tag{1.13}$$

$$r_i(t-\delta t) = r_i(t) - v_i(t)\delta t + \frac{1}{2}a_i(t)\delta t^2 \tag{1.14}$$

式（1.13）、式（1.14）相加得到：

$$
\begin{aligned}
r_i(t+\delta t) &= 2r_i(t) - r_i(t-\delta t) + a_i(t)\delta t^2 \\
&= 2r_i(t) - r_i(t-\delta t) + \frac{F_i(t)}{m_i}\delta t^2
\end{aligned} \tag{1.15}
$$

这就是目前在 MD 模拟中使用最为广泛的 Verlet 算法[13]。它运用原子在 t 时刻的位置 $r_i(t)$、加速度 $a(t)$及 $t-\delta t$ 时刻的位置来计算出原子在 $t+\delta t$ 时刻的位置。Verlet 算法对每个时间步长只需一次力的计算，因此计算简明扼要，存储要求适度。但其主要缺点是，位置 $r(t+\delta t)$ 要通过小项与非常大的两项 $2r(t)$和 $r(t-\delta t)$的差相加得到，因而精度较差。另外，Verlet 算法中没有显式速度项，需要先得到下一步的位置才能计算当前的速度，例如：

$$v_i(t) = \frac{r_i\left(t-\frac{1}{2}\delta t\right) + r_i\left(t+\frac{1}{2}\delta t\right)}{2\delta t} \tag{1.16}$$

2. Leap-frog（蛙跳）算法

Leap-frog 算法[14]是 Verlet 算法的一种变化形式。它先计算 $t+\frac{1}{2}\delta t$ 时刻的速度 v_i，然后用所得的速度计算 $t+\delta t$ 时刻的位置 r_i：

$$v_i\left(t+\frac{1}{2}\delta t\right) = v_i\left(t-\frac{1}{2}\delta t\right) + \frac{F_i(t)}{m_i}\delta t \tag{1.17}$$

$$r_i\left(t+\frac{1}{2}\delta t\right) = r_i(t) + v_i\left(t+\frac{1}{2}\delta t\right)\delta t \tag{1.18}$$

这种算法产生的轨迹与 Verlet 算法完全等同：

$$r_i(t+\delta t)=2r_i(t)-r_i(t-\delta t)+\frac{F_i(t)}{m_i}\delta t^2+O(\delta t^4) \tag{1.19}$$

相比于 Verlet 算法，蛙跳算法的优点在于包括了显式速度项，计算量稍小；缺点在于速度与位置的计算不同步，在指定位置不能同时计算动能对总能量的贡献。

3. Velocity-Verlet 算法

Velocity-Verlet 算法[15]是 Verlet 算法的另一变化形式，它利用 t 时刻的位置 r_i 和速度 v_i 来积分运动方程，不需要 $t-\frac{1}{2}\delta t$ 时刻的速度：

$$v_i\left(t+\frac{1}{2}\delta t\right)=v_i(t)+\frac{F_i(t)}{2m_i}\delta t \tag{1.20}$$

$$r_i(t+\delta t)=r_i(t)+v_i\left(t+\frac{1}{2}\delta t\right)\delta t \tag{1.21}$$

$$v_i(t+\delta t)=v_i\left(t+\frac{1}{2}\delta t\right)+\frac{F_i(t+\delta t)}{2m_i}\delta t \tag{1.22}$$

这等同于

$$r_i(t+\delta t)=r_i(t)+v_i(t)\delta t+\frac{F_i(t)}{2m_i}\delta t^2 \tag{1.23}$$

$$v_i(t+\delta t)=v_i(t)+\frac{F_i(t)+F_i(t+\delta t)}{2m_i}\delta t \tag{1.24}$$

Velocity-Verlet 算法可以同时给出第 i 个原子的位置、速度与加速度，并且不影响计算精度，且计算量适中，所以目前应用比较广泛。

1.4　周期性边界条件

为了通过有限的计算资源获得尽可能高的计算精度，生物大分子的计算机模拟往往简化为对小尺寸体系的模拟，将具有时空周期性的物理问题简化为周期性单元进行处理。这样做的前提是所模拟的体系具有结构、材料属性及边界条件的对称性或均匀性。为避免小尺寸体系的边界影响体系的性质，通常引入周期性边界条件（periodic boundary condition）来消除这种边界效应。例如，取一个立方形体积为基本元胞，元胞中包含了所研究的生物分子及其环境（如溶剂分子等）。基本元胞在各个方向通过平移复制无穷次，使基本元胞周围充满了与它本身完全相同的“镜像”（图 1-2），元胞之间的边界是开放的，粒子可以随便进出任意元胞。在模拟过程中，如果一个粒子离开元胞的一个边界，则该粒子的镜像就从相反方向的边界进入元胞，且速度不变。这样就消除了边界，建造出一个准无穷大的体积。周期性边界条件中元胞的形状可以为立方体或其他形状，只要元胞通过复制可以占满整个空间即可。例如，在模拟液相中的球蛋白时，为减小元胞内溶剂分子的个数从而减少计算量，可以选择去头八面体（truncated octahedron）来代替立方体。

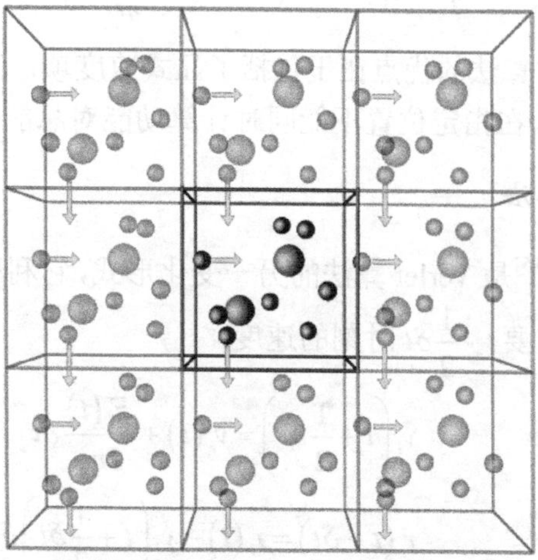

图 1-2　采用立方体元胞的周期性边界条件示意图。当原子离开一个元胞，其镜像就从相反方向进入元胞而代之

当计算原子间相互作用力时，假设相互作用是近程的（远程相互作用稍后再做讨论），则可设定一个截断距离（cutoff distance）r_{cut}，只考虑 r_{cut} 范围内的相互作用原子对（$r_{ij} < r_{cut}$），超过该范围的相互作用可以忽略不计，以减少计算量。在考虑粒子间的相互作用时，通常采用“最小像力约定”（minimum-image convention）。最小像力约定是指在无穷重复的 MD 基本元胞中，设元胞内有 N 个粒子，每一个粒子只同元胞内的另外 $N-1$ 个粒子或其最邻近的镜像粒子发生相互作用。因此，元胞的边长要取得足够大，至少大于截断距离 r_{cut} 的两倍。使用周期性边界条件，尽管所模拟的原子数量较少，原子所受的力却相当于处于仿真的大环境中。

1.5　约束条件动力学模拟

在实际模拟生物大分子时，为提高计算效率，保持生物大分子构型不被破坏，通常对分子内高频振动的化学键进行约束。例如，氢原子所成的键需要 0.5 fs 的模拟时间步长，以保持能量守恒。如果加入约束条件来固定这类键的键长，取代势函数中描述这类键的对应项，即可使用长达 2 fs 的时间步长，从而可显著提高模拟效率，降低计算成本。以下介绍两种最常用的约束条件方法：SHAKE 算法和 LINCS 算法。

1.5.1　SHAKE 算法

SHAKE 算法[16]的开发最初是为了在动力学模拟过程中，通过给定的距离约束条件来保持化学键的几何结构。一组原子坐标 r_i 经过无约束模拟的一个时间步长后生成一组新坐标 r_i'，SHAKE 算法根据给定的距离约束条件把 r_i' 变换为一组满足该条件的 r_i''。当用于 Verlet 积分算法时，SHAKE 根据给定的约束条件计算一系列约束力，使约束条

件在每一模拟步长结束时得到满足。以原子 1 与原子 2 之间的化学键为例，约束其键长为 b，则约束方程可写为

$$\sigma(r_1,r_2)=(r_1-r_2)^2-b^2=0 \tag{1.25}$$

上式对时间的偏导数为

$$\dot{\sigma}(r_1,r_2)=2(v_1-v_2)(r_1-r_2)=0 \tag{1.26}$$

假设体系的运动方程必须满足 n 个完整约束（holonomic constraint）：

$$\sigma_k(r_1,\cdots,r_2)=0,\quad k=1,\cdots,n \tag{1.27}$$

把这些等于零的约束项加入势函数 $U(r)$，并乘以拉格朗日乘子（Lagrange multiplier）$\lambda_k(t)$，从而力的计算就变为

$$F(t)=-\frac{\partial}{\partial r_i}\left(U+\sum_{k=1}^{n}\lambda_k\sigma_k\right) \tag{1.28}$$

其中，λ_k 的解须满足约束方程［式（1.27）］，而式（1.28）右侧第二项则给出了约束力 G_i

$$G_i=-\sum_{k=1}^{n}\lambda_k\frac{\partial\sigma_k}{\partial r_i} \tag{1.29}$$

在 Verlet 算法或 Leap-frog 算法中，无约束的坐标 r_i'和约束后（受约束力 G_i）的坐标 r_i'' 分别为

$$r_i'(t+\Delta t)=2r_i'(t)-r_i'(t-\Delta t)+\frac{F'(t)}{m}\Delta t^2 \tag{1.30}$$

$$\begin{aligned} r_i''(t+\Delta t)&=2r_i''(t)-r_i''(t-\Delta t)+\frac{F(t)}{m}\Delta t^2\\ &=2r_i''(t)-r_i''(t-\Delta t)+\frac{F'(t)+G(t)}{m}\Delta t^2 \end{aligned} \tag{1.31}$$

约束前后的位移为 $G_i(t)\Delta t^2/m$。为求解拉格朗日乘子（从而得到约束后的位移），SHAKE 用迭代法对一组耦合的约束方程依次求解，直至收敛到一个指定的约束精度。然而，SHAKE 算法存在一个主要缺陷，即无法求解较大的位移[17]。这是由于 SHAKE 对耦合的键逐一进行处理，校正一个键可能会带动其耦合的键产生较大的位移，使算法难以收敛，也就是在 MD 模拟时所碰到的 SHAKE 不住的情况。这种情况通常可以通过减小模拟的时间步长来解决，从而避免经一步无约束模拟后产生过大的位移。若体系的初始结构不合理或体系不稳定，模拟过程中受约束的键也会发生过大位移，造成 SHAKE 难以收敛。如果仅是初始结构不合理，往往可以通过对体系进行较好的能量优化（见本章 1.9 节）来解决。而体系不稳定的原因可能有多种，要根据情况具体对待。例如，模拟元胞不够大，所模拟的分子与自身构象发生相互作用的情况，尤其是模拟生物大分子时，要考虑到大分子的柔性和结构变化，采用足够大的元胞。再如，对体系进行过快的升温，体系中粒子加速度过大的情况，可以采用逐步、缓慢的升温来减小每一步对体系的扰乱。

1.5.2　LINCS 算法

与 SHAKE 算法类似，LINCS（linear constraint solver）算法[17]也是先在非约束条件下得到非约束键长，再施加约束力对非约束键长不断纠正直至满足约束条件。LINCS 是一种投射法（梯度法），纠正分两步进行（图 1-3）：第一步纠正新键在沿老键方向的投射的长度；第二步再继续将新键键长纠正为预设的长度，依次迭代类推，直至满足给定的约束精度。

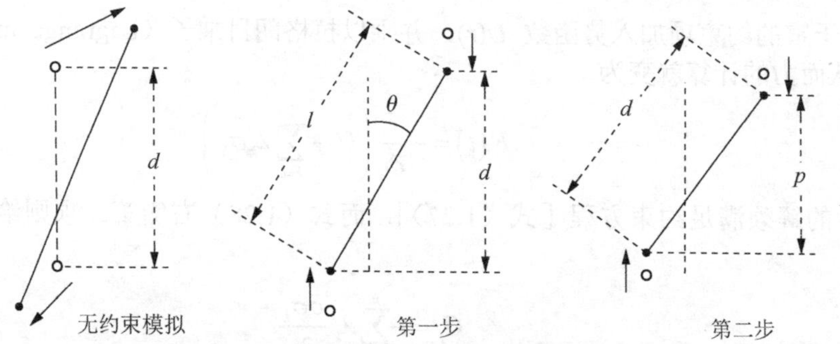

图 1-3　LINCS 算法经一步无约束模拟后纠正新键键长的步骤示意图。其中，老键由虚线表示，新键由实线表示。第一步将新键在老键方向上的投射长度变为 d，新键的键长变为 $l = d/\cos\theta$，第二步再进一步纠正新键键长使之满足 $p = \sqrt{2d^2 - l^2}$（原图出自文献[17]）

因此，LINCS 算法不是直接沿键的方向连续施加约束力，而是沿变化率最快的位移梯度方向连续施加约束力。对大部分模拟体系，LINCS 约束算法收敛很快，一般一次迭代即可提供足够的精度，关联约束之间的通信很少，适合并行计算，比 SHAKE 更快、更稳定。但如果 LINCS 用于约束互相关联的键长和键角，则收敛很慢甚至不能收敛，因此该方法只能用于约束键长和独立的键角（如羟基上氢的键角）[17]。

1.6　非键相互作用

非键相互作用包括分子内的和分子间的，大致分为 4 种：静电相互作用，范德华相互作用，π 效应（如 π-π 相互作用，离子-π 相互作用等），疏水效应（hydrophobic effect）。这些相互作用对研究生物大分子的性质极其重要。分子内的非键相互作用决定了生物大分子的天然高级结构，例如，疏水效应是蛋白质折叠过程中的主要驱动力，静电、范德华及氢键相互作用等则是稳定蛋白质及核酸天然折叠结构的重要因素[18]（见本书第 15 章的详细介绍）。分子间的非键相互作用主导生物分子间的相互识别和特异性结合，广泛涉及各种生理过程和功能，如抗体识别结合抗原、激素与其受体蛋白的结合、酶反应中酶与底物的结合等。非键相互作用在药物设计领域中也至关重要，大多数药物分子通过与生物大分子（如酶、受体蛋白等）进行非共价结合来调控生物大分子的功能，发挥药效。因此，正确处理非键相互作用是 MD 模拟的关键组成部分。MD 模拟实践中将非键相互作用分为短程和长程相互作用来分别处理。

1.6.1 短程相互作用

在一个三维体系中，如果一种力的大小随距离 r 的增加而快速衰减（快于 r^3），则该力被认为是短程力。前面已经提到，短程相互作用往往通过引入截断距离 r_{cut} 来处理，r_{cut} 范围外的相互作用可以忽略不计。因此，计算短程相互作用只需考虑 r_{cut} 范围内的相互作用原子对。尽管使用截断距离 r_{cut} 可以大大减少计算量，但要检查和计算体系中所有的原子对之间的距离仍然极其耗时。为加快计算速度，Verlet 算法引入了“近邻列表”（neighbor list 或 Verlet list）的方法来检测相互作用的原子对。截断距离 r_{cut} 在原子 i 周围给出了一个半径为 r_{cut} 的球，只有球内的原子 j 可以与原子 i 相互作用。近邻列表方法定义了一个比 r_{cut} 稍大的距离 r_{list}，在原子 i 周围以半径为 r_{list} 的球内包括所有可能与原子 i 相互作用的原子 j（图 1-4）。在动力学模拟的第一步时，先由 $r_{ij} < r_{list}$ 的判据构建一个与原子 i 近邻的原子 j 的列表。在接下来的几个模拟时间步长内，为计算原子 i 所受的力，只需检查当前近邻列表内的原子 j。但在模拟过程中，近邻列表应该频繁地更新，避免不在列表内的原子 j 进入与原子 i 相互作用的范围 r_{cut}。r_{list} 值越小，近邻列表更新就应该越频繁；而 r_{list} 值越大，检查近邻列表中相互作用原子对的计算量就越大。因此，选择最佳的 r_{list} 值需要权衡以上两者的计算量。

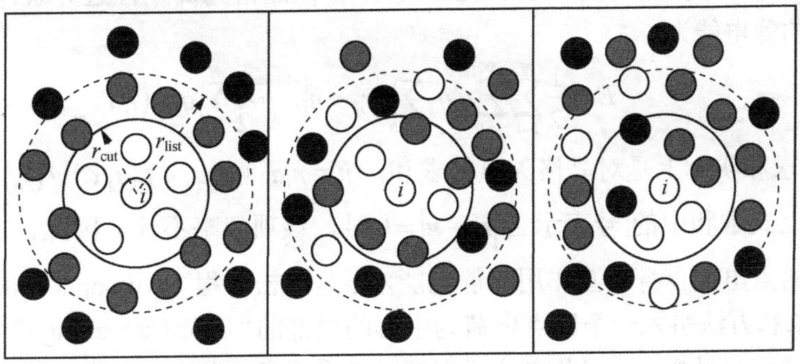

图 1-4　近邻列表二维示意图，表示原子 i 的近邻列表在新构建时（左）和经过几步模拟后（中）的状态。白色球表示相互作用原子，灰色球表示近邻列表中的原子。在近邻列表外的原子（黑色球）进入 r_{cut} 范围（右图状态）之前，近邻列表必须及时更新

1.6.2 MD 模拟中长程静电相互作用的常用算法

势函数中的 L-J 项［见式（1.7）］随距离 r 的增长以 r^6 速度衰减，尽管该项在长程范围内的贡献并不显著，但若忽略所有的截断距离以外的长程 L-J 相互作用，仍然会造成很大的系统整体误差，这在富含脂族基团的生物分子体系中尤其显著。因此，对 L-J 相互作用虽然仍用截断方法处理，但通常要加入纠正项来补偿截断造成的损失：对截断距离以外区域中的 L-J 相互作用，不论原子类型，统一用纠正项等同处理[19, 20]。

静电相互作用则是一种衰减缓慢的长程相互作用，存在于分子内及分子间，广泛影

响着生物现象的各个方面，如多肽链折叠、酶活性、蛋白质自组装等[21]。由于静电效应在生物体中起重要作用，MD 模拟中必须对其进行精确计算。长程静电相互作用如果用截断距离的方法来处理，会造成系统能量的显著不连续性，引起很大误差，并使模拟不稳定。计算长程静电相互作用，需要考虑基本元胞及所有其镜像中的原子对，因此成为 MD 模拟中最消耗计算资源的步骤。Ewald 于 1921 年提出的 Ewald 求和（Ewald summation）方法[22]，利用晶体对称性和倒易空间的原理处理长程静电相互作用，适用于周期性边界条件，成为计算长程静电相互作用的标准算法之一。Ewald 求和方法如果用于较大的模拟体系，计算量仍然很可观，因此仅适合于几百个原子的小体系[23]。PME（particle-mesh-Ewald）方法[24]是基于 Ewald 求和方法的一种优化算法，将原加和方法中最为耗时的部分转换为可以使用快速傅里叶变换（fast Fourier transform，FFT）处理的问题，大大提高了计算效率，目前广泛见于各种 MD 模拟的软件包中。另外还有 PPPM（particle-particle-particle-mesh）方法[25]，也是基于 Ewald 求和的思想，与 PME 方法类似，但实现细节迥异，这里不做具体描述。以下仅对 Ewald 求和法和 PME 法进行介绍。

1. Ewald 求和方法

假设一个晶格中有 N 个原子，都是点状的均质球形（正如经典分子力场中的原子），坐标依次为 r_1，r_2，…，r_N，电荷依次为 q_1，q_2，…，q_N，总电荷为零。在实空间中晶格矢量为 $\boldsymbol{a}_1$、$\boldsymbol{a}_2$、$\boldsymbol{a}_3$（可以是正交的或非正交的），视该晶格为周期性边界条件下的一个元胞，则体系的静电能为

$$E=\frac{1}{2}\sum_{i=1}^{N}\sum_{j=1}^{N}q_iq_j\sum_{|n|=0}^{\infty}{}'\left|r_{ij}+n\right|^{-1}=\frac{1}{2}\sum_{i=1}^{N}q_i\psi\left(r_i\right) \tag{1.32}$$

其中，对 $\boldsymbol{n}$ 求和实际上是对晶格矢量的求和，$\boldsymbol{n}=n_1\boldsymbol{a}_1+n_2\boldsymbol{a}_2+n_3\boldsymbol{a}_3$；$\psi\left(\boldsymbol{r}_i\right)$ 为位置 $\boldsymbol{r}_i$ 处的静电势。上式求和中的′号表示当 $\left|\boldsymbol{r}_{ij}+\boldsymbol{n}\right|=0$ 时，该项忽略不计。因此，电势 $\psi\left(\boldsymbol{r}_i\right)$ 不包含无限大的点电荷自身相互作用的静电能，不是泊松方程（Poisson's equation）的解。

Ewald 求和方法引入一个以点电荷为中心的局部的“屏蔽（screening）”电子云密度，与点电荷等量但符号相反。屏蔽电子云密度通常采用高斯分布，但非高斯分布也常见于一些其他方法中。屏蔽电荷的整体密度 $\rho_S\left(\boldsymbol{r}\right)$ 是局部屏蔽电子云密度的加和

$$\rho_S\left(\boldsymbol{r}\right)=-\sum_{j=1}^{N}q_j\left(\frac{\beta}{\sqrt{\pi}}\right)^3\exp\left(-\beta^2\left|\boldsymbol{r}-\boldsymbol{r}_j\right|^2\right) \tag{1.33}$$

其中，β 为正数参数，决定了高斯分布的宽度。

式（1.32）中的电势 $\psi\left(\boldsymbol{r}_i\right)$ 可以写成

$$\psi\left(\boldsymbol{r}_i\right)=\left(\psi\left(\boldsymbol{r}_i\right)+\psi_S\left(\boldsymbol{r}_i\right)\right)-\psi_S\left(\boldsymbol{r}_i\right)=\psi_{\text{real}}\left(\boldsymbol{r}_i\right)+\psi_{\text{recip}}\left(\boldsymbol{r}_i\right) \tag{1.34}$$

其中，$\psi_S\left(\boldsymbol{r}_i\right)$ 为屏蔽电荷的形成的电势；$\psi\left(\boldsymbol{r}_i\right)$ 为以体系中每个原子为中心、呈高斯分布、总电荷与实际原子电荷相等的电荷分布所形成的电势。上式右侧，$\psi_{\text{real}}\left(\boldsymbol{r}_i\right)$ 对应实空间（real space）电势；$\psi_{\text{recip}}\left(\boldsymbol{r}_i\right)$ 对应倒易空间（reciprocal space，又称傅里叶空间）电势。参考点的电荷分布对 $\psi\left(\boldsymbol{r}_i\right)$ 没有贡献，通过对 $\psi\left(\boldsymbol{r}_i\right)$ 与 $\psi_S\left(\boldsymbol{r}_i\right)$ 求和，高斯分布互相

抵消。因此，不同的β值控制着实空间和倒易空间的收敛速度，而不影响总能量。β越大，实空间收敛得越快，倒易空间收敛得越慢。在实际模拟中，将β值取得足够大，$\psi_{\text{real}}(\boldsymbol{r}_i)$迅速收敛，就可以采用截断方法计算；而$\psi_{\text{recip}}(\boldsymbol{r}_i)$收敛缓慢，代表了周期性的电子云密度$-\rho_S(\boldsymbol{r})$的长程电势，也是最耗计算量的部分。

$\psi_{\text{recip}}(\boldsymbol{r}_i)$可以通过在倒易空间求解泊松方程来计算。泊松方程为

$$\nabla^2\psi_{\text{recip}}(\boldsymbol{r}_i) = -4\pi\rho_S(\boldsymbol{r}) \tag{1.35}$$

将$\psi_{\text{recip}}(\boldsymbol{r}_i)$和$\rho_S(\boldsymbol{r})$展开为傅里叶级数：

$$\psi_{\text{recip}}(\boldsymbol{r}_i) = \sum_{m}\hat{\psi}_{\text{recip}}(\boldsymbol{m})\exp(i\boldsymbol{m}\boldsymbol{r}_i) \tag{1.36}$$

$$\rho_S(\boldsymbol{r}) = \sum_{m}\hat{\rho}_S(\boldsymbol{m})\exp(i\boldsymbol{m}\boldsymbol{r}_j) \tag{1.37}$$

其中，$\boldsymbol{m}$为倒易空间的晶格矢量，$\boldsymbol{m} = m_1\boldsymbol{a}_1^* + m_2\boldsymbol{a}_2^* + m_3\boldsymbol{a}_3^*$（$m_1$，$m_2$，$m_3$是不全为零的整数）。将式（1.36）和式（1.37）代入式（1.35）中，则得到：

$$\hat{\psi}_{\text{recip}}(\boldsymbol{m}) = \frac{4\pi}{\boldsymbol{m}^2}\hat{\rho}_S(\boldsymbol{m}) \tag{1.38}$$

选用式（1.33）中的密度分布ρ_S，倒易空间的电势$\psi_{\text{recip}}(\boldsymbol{r})$则变换为[26]

$$\begin{aligned}\psi_{\text{recip}} &= \sum_{j=1}^{N} q_j \frac{1}{\pi V}\sum_{|m|\neq 0}^{\infty}\frac{1}{m^2}\exp\left(-\frac{\pi^2\boldsymbol{m}^2}{\beta^2}\right)\exp(2\pi i\boldsymbol{m}\cdot\boldsymbol{r}_{ij}) \\ &= \frac{1}{\pi V}\sum_{|m|\neq 0}^{\infty}\frac{1}{m^2}\exp\left(-\frac{\pi^2\boldsymbol{m}^2}{\beta^2}\right)\exp(2\pi i\boldsymbol{m}\cdot\boldsymbol{r})\end{aligned} \tag{1.39}$$

其中，V为晶格的体积。

实空间电势$\psi_{\text{real}}(\boldsymbol{r}_i)$来自点电荷未被屏蔽的部分，在参考点可估算为

$$\psi_{\text{real}}(\boldsymbol{r}_i) = \sum_{j=1}^{N}{}' q_j \sum_{|n|=0}^{\infty}\frac{\operatorname{erfc}(\beta|\boldsymbol{r}_{ij}+\boldsymbol{n}|)}{|\boldsymbol{r}_{ij}+\boldsymbol{n}|} - \frac{\beta}{\sqrt{\pi}}q_j \tag{1.40}$$

其中，erfc(x)为高斯误差函数：

$$\operatorname{erfc}(x)\frac{2}{\sqrt{\pi}}\int_x^{\infty}\exp(-t^2)\,\mathrm{d}t \tag{1.41}$$

最终，电势能的分析表达式为

$$\begin{aligned}E &= E_{\text{real}} + E_{\text{recip}} + J(\boldsymbol{D},P,\varepsilon') \\ &= \frac{1}{2}\sum_{i=1}^{N} q_i\left[\psi_{\text{real}}(\boldsymbol{r}_i) + \psi_{\text{recip}}(\boldsymbol{r}_i)\right] + J(\boldsymbol{D},P,\varepsilon') \\ &= \frac{1}{2}\sum_{i=1}^{N} q_i\left[\left(\sum_{j=1}^{N}{}' q_j\sum_{|n|=0}^{\infty}\frac{\operatorname{erfc}(\beta|\boldsymbol{r}_{ij}+\boldsymbol{n}|)}{|\boldsymbol{r}_{ij}+\boldsymbol{n}|} - \frac{\beta}{\sqrt{\pi}}q_j\right)\right. \\ &\quad \left. + \left(\sum_{j=1}^{N} q_j\frac{1}{\pi V}\sum_{|m|\neq 0}^{\infty}\frac{1}{m^2}\exp\left(-\frac{\pi^2\boldsymbol{m}^2}{\beta^2}\right)\exp(2\pi i\boldsymbol{m}\cdot\boldsymbol{r}_{ij})\right)\right] + J(\boldsymbol{D},P,\varepsilon')\end{aligned} \tag{1.42}$$

其中，最后一项$J(\boldsymbol{D},P,\varepsilon')$纠正了宏观（但有限）晶体在连续介质中的非均匀性[27]，取决于晶格的偶极矩$\boldsymbol{D}$、宏观边界条件的形状P，以及外部介电常数ε'。如果对式（1.42）中的电势能E在傅里叶空间进行重组，可以使其收敛更迅速，这种方法称为快速傅里叶泊松法[27]。该方法将点电荷与$\psi_{\text{recip}}(\boldsymbol{r})$的相互作用，替换为所引入的与点电荷等价的电子云密度与$\psi_{\text{recip}}(\boldsymbol{r})$的相互作用，并同时把$\psi_{\text{recip}}(\boldsymbol{r})$拆分为两个积分，从而将式（1.42）变为

$$\begin{aligned}E_{\text{recip}}&=\frac{1}{2}\sum_{i=1}^{N}q_i\psi_{\text{recip}}(\boldsymbol{r}_i)=\frac{1}{2}\int\rho(\boldsymbol{r}')\psi_{\text{recip}}(\boldsymbol{r}')d^3\boldsymbol{r}'\\&=\frac{1}{2}\int\left[\rho(\boldsymbol{r}')+\rho_S(\boldsymbol{r}')\right]\psi_{\text{recip}}(\boldsymbol{r}')d^3\boldsymbol{r}'-\frac{1}{2}\int\rho_S(\boldsymbol{r}')\psi_{\text{recip}}(\boldsymbol{r}')d^3\boldsymbol{r}'\end{aligned}\tag{1.43}$$

其中，$\rho(\boldsymbol{r})$为点电荷的电子云密度为

$$\rho(\boldsymbol{r})=\sum_{i=1}^{N}q_i\delta(\boldsymbol{r}-\boldsymbol{r}_i)\tag{1.44}$$

式（1.43）右侧第一项积分被实空间求和项抵消，只余下第二项的N阶积分，可以更加快捷的求解。

2. PME（Particle-Mesh-Ewald）方法

受 Hackney 和 Eastwood 的 Particle-Mesh 方法[28]启发，Darden 等开发了 PME 方法[24]，利用三维快速傅里叶变换（3D-FFT）算法来加速对 Ewald 求和方法中倒易空间求和项的计算。对于实空间求和项，选用适当的参数β值和截断方法，将N^2阶的计算降为N阶，通过数值方法来估算。

式（1.42）中，将$\exp(2\pi i\boldsymbol{m}\boldsymbol{r}_{ij})$展开并简化，得到$\cos 2\pi i\boldsymbol{m}\boldsymbol{r}_{ij}$，从而倒易空间项变为

$$E_{\text{recip}}=\frac{1}{\pi V}\sum_{m\neq 0}\frac{1}{\boldsymbol{m}^2}\exp\left(-\frac{\pi^2\boldsymbol{m}^2}{\beta^2}\right)\sum_{i,j}^{N}q_iq_j\cos(2\pi i\boldsymbol{m}\boldsymbol{r}_{ij})\tag{1.45}$$

然后运用三角恒等式，上式变为

$$\begin{aligned}E_{\text{recip}}&=\frac{1}{\pi V}\sum_{m\neq 0}\frac{1}{\boldsymbol{m}^2}\exp\left(-\frac{\pi^2\boldsymbol{m}^2}{\beta^2}\right)\sum_{i,j}^{N}q_iq_j\cos(2\pi i\boldsymbol{m}\boldsymbol{r}_{ij})\\&=\frac{1}{\pi V}\sum_{m\neq 0}\frac{1}{\boldsymbol{m}^2}\exp\left(-\frac{\pi^2\boldsymbol{m}^2}{\beta^2}\right)\sum_{i,j}^{N}q_iq_j\left[\cos(2\pi i\boldsymbol{m}\boldsymbol{r}_i)\cos(2\pi i\boldsymbol{m}\boldsymbol{r}_j)\right.\\&\quad\left.+\sin(2\pi i\boldsymbol{m}\boldsymbol{r}_i)\sin(2\pi i\boldsymbol{m}\boldsymbol{r}_j)\right]\\&=\frac{1}{\pi V}\sum_{m\neq 0}\frac{1}{\boldsymbol{m}^2}\exp\left(-\frac{\pi^2\boldsymbol{m}^2}{\beta^2}\right)\left\{\left[\sum_{i=1}^{N}q_i\cos(2\pi i\boldsymbol{m}\boldsymbol{r}_i)\right]^2+\left[\sum_{i=1}^{N}q_j\sin(2\pi i\boldsymbol{m}\boldsymbol{r}_i)\right]^2\right\}\end{aligned}\tag{1.46}$$

引入蛋白质晶体学中结构因子（structure factor）的定义[29]

$$S(\boldsymbol{m})=\sum_{k=1}^{N}q_k\exp(2\pi i\boldsymbol{m}\boldsymbol{r}_k)\tag{1.47}$$

从而，

$$E_{\text{recip}} = \frac{1}{\pi V}\sum_{m\neq 0}\frac{1}{\boldsymbol{m}^2}\exp\left(-\frac{\pi^2\boldsymbol{m}^2}{\beta^2}\right)S(\boldsymbol{m})S(-\boldsymbol{m})$$

$$= \frac{1}{\pi V}\sum_{m\neq 0}\frac{1}{\boldsymbol{m}^2}\exp\left(-\frac{\pi^2\boldsymbol{m}^2}{\beta^2}\right)\left|S(\boldsymbol{m})^2\right| \tag{1.48}$$

因此，E_{recip} 项中对 i 和 j 求和的 N^2 阶计算变换为式（1.46）中两个 N 阶的求和，并最终变为式（1.48）中仅一个 N 阶的求和。

PME 方法中的结构因子由以下方法近似计算：对式（1.47）右边的指数部分进行插值，正整数 K_1、K_2、K_3 表示每个方向上格点的个数，k_1、k_2、k_3 表示坐标 $\boldsymbol{r}_k$ 经成比例缩放后的分数坐标，则

$$S(\boldsymbol{m}) \simeq \tilde{S}(\boldsymbol{m}) = \sum_{k_1,k_2,k_3}\boldsymbol{Q}(k_1,k_2,k_3)\exp\left[2\pi i\left(\frac{m_1k_1}{K_1}+\frac{m_2k_2}{K_2}+\frac{m_3k_3}{K_3}\right)\right]$$

$$= \boldsymbol{F}(\boldsymbol{Q})(m_1,m_2,m_3) \tag{1.49}$$

其中，$\boldsymbol{Q}(k_1,k_2,k_3)$ 为原系统电荷插值得到的三维矩阵；$\boldsymbol{m}$ 为倒易空间晶格矢量。$\boldsymbol{F}(\boldsymbol{Q})$ 是 $\boldsymbol{Q}$ 的 3D-FFT，也是三维矩阵。合并式（1.48）、式（1.49），倒易空间电势能则可以近似为

$$\tilde{E}_{\text{recip}} = \frac{1}{\pi V}\sum_{m\neq 0}\frac{1}{\boldsymbol{m}^2}\exp\left(-\frac{\pi^2\boldsymbol{m}^2}{\beta^2}\right)\boldsymbol{F}(\boldsymbol{Q})(\boldsymbol{m})\boldsymbol{F}(\boldsymbol{Q})(-\boldsymbol{m}) \tag{1.50}$$

从而将计算降为 $N\log(N)$ 阶。将式（1.50）写成卷积形式

$$\tilde{E}_{\text{recip}} = \frac{1}{2}\sum_{m_1=0}^{K_1-1}\sum_{m_2=0}^{K_2-1}\sum_{m_3=0}^{K_3-1}\boldsymbol{Q}(m_1,m_2,m_3)(\psi_{\text{recip}} * \boldsymbol{Q})(m_1,m_2,m_3) \tag{1.51}$$

其中，ψ_{recip} 为倒易相互作用对势；*表示卷积。因此，PME 方法中倒易空间计算主要分为以下步骤：① 将原模拟体系中电荷插值到规则的 FFT 网格上，得到 $\boldsymbol{Q}$ 矩阵；② 运用 3D-FFT 将 $\boldsymbol{Q}$ 变换到傅里叶空间，即得到 $\boldsymbol{F}(\boldsymbol{Q})$；③ 进行三维傅里叶逆变换，得到卷积 $\psi_{\text{recip}} * \boldsymbol{Q}$。

1.7　恒温恒压分子动力学模拟

MD 模拟中最常用的系综是 NPT 系综，该系综与通常的实验条件最为相似，系综中的粒子数 N、温度 T 和压力 P 是恒定的。因此，需要在 MD 模拟中运用温度、压力控制技术来保持恒温恒压。下面介绍几种最常见的温度、压力控制方法。

1.7.1　温度控制方法

1. Berendsen 恒温法

由于温度与体系的平均平动动能有直接关系，而动能又与体系内所有原子运动的速

度有关，所以通常控制体系温度的最简单、直观的做法就是对速度进行标度。若 t 时刻的温度是 $T(t)$，速度乘以调节因子 λ 后，温度的变化为 $\Delta T=\left(\lambda^2-1\right)T\left(t\right)$，其中 $\lambda=\sqrt{T_0/T\left(t\right)}$，$T_0$ 是期望的参考温度。

Berendsen 恒温法是一种弱耦合的速度标度方法，由 Berendsen 在 1984 年提出[30]。该方法假想体系与一个温度恒为 T_0 的虚拟大热浴相接触，若对每一步体系内每个原子的速度进行标度，以保持温度的变化率与热浴和系统的温差［$T_0-T(t)$］成比例。每一步体系的温度变化为

$$\Delta T=\frac{\delta t}{\tau}\left(T_0-T\left(t\right)\right) \tag{1.52}$$

其中，τ 为耦合参数，用来控制体系与热浴相耦合的紧密程度；δt 为模拟步长。因此，速度的调节因子为

$$\lambda^2=1+\frac{\delta t}{\tau}\left(\frac{T_0}{T\left(t\right)}-1\right) \tag{1.53}$$

在实际应用中，τ 是一个经验参数，控制耦合的强度(即体系在温度 T_0 附近的上下波动)，必须慎重选择。如果 τ 值太小，会造成温度波动过小，与实际情况不符；当 $\tau=\delta t$ 时，Berendsen 恒温法等同于原始的速度标度方法；在 $\tau\to\infty$ 的极限情况下 Berendsen 恒温法并不起作用，MD 模拟实际上是在微正则系综中采样，温度波动逐渐增大，直至达到微正则系综中的波动值。凝聚相体系 MD 模拟中的 τ 值通常取在 0.1～0.4 ps 的范围内。Berendsen 恒温法有确定性，并且快速、平稳，能迅速使体系平衡到目标温度，但在时间上是不可逆的。需要注意的是，这种方法系统性地抑制温度波动，导致体系动能、势能及总能量的分布过窄[31]，生成的并不是真实的正则系综或微正则系综($\tau=\delta t$ 或 $\tau\to\infty$ 的情况除外）[32]。实践中 Berendsen 恒温法若应用于含大量粒子的体系，所造成的与正则系综的偏离并不大，尽管体系的动能与实际情况有出入，仍然能够正确求算体系的动态特征[33]。但有些情况下，特别是当势垒的跨越与动力学（kinetics）过程密切相关的情况下，计算结果可能有偏差[33]。例如，Fuzo 等最近发现，采用强 Berendsen 耦合会延长蛋白质折叠所需的时间[34]。因此，如果需要得到正确的正则系综或更准确的体系能量波动，可以选用其他热浴方法，如以下介绍的 Nosé-Hoover 热浴。

2. Nosé-Hoover 热浴

Nosé 于 1984 年提出了 Nosé 热浴法，能够产生正确的正则系综[35]。Hoover 对 Nosé 热浴进行了改进，得到的 Nosé-Hoover 热浴法[36]成为目前应用最广泛的正则系综温度控制方法。Nosé 热浴的基本思想在于引进了一个额外的自由度 s 来表示热浴，从而得到一个原体系的扩展体系，热浴则成为扩展体系中的一部分。原体系与热浴之间的热交换通过动能交换来实现，由原体系原子的速度标度来表达

$$v_i=s\dot{r}_i \tag{1.54}$$

使原体系的温度在目标温度 T_{eq} 附近波动。扩展体系的拉格朗日量（Lagrangian）和哈密顿量分别表示为

$$L_e\left(r,s,\dot{r},\dot{s}\right)=\sum_i \frac{m_i}{2}s^2\dot{r}_i^2-U\left(r\right)+\frac{Q}{2}\dot{s}^2-gk_{\mathrm{B}}T_{\mathrm{eq}}\ln s \tag{1.55}$$

$$\begin{aligned} H_e\left(p_i,r,p_s,s\right) &= \sum_i \frac{p_i^2}{2m_is^2}+U\left(r\right)+\frac{p_s^2}{2Q}+gk_{\mathrm{B}}T_{\mathrm{eq}}\ln s \\ &= H_r\left(p_i',r'\right)+\frac{p_s^2}{2Q}+gk_{\mathrm{B}}T_{\mathrm{eq}}\ln s \end{aligned} \tag{1.56}$$

其中，Q 为热浴的虚拟质量；H_r 为原体系的哈密顿量，

$$H_r\left(p_i',r'\right)=\sum_i \frac{p_i'^2}{2m_i}+U\left(r'\right) \tag{1.57}$$

其中，$p_i'=p_i/s$，$r'=r$ 为原体系粒子的正则变量（canonical variable）。动量定义为

$$p_i=\frac{\partial L_e}{\partial \dot{r}_i}=m_is^2\dot{r}_i \tag{1.58}$$

$$p_s=\frac{\partial L_e}{\partial \dot{s}}=Q\dot{s} \tag{1.59}$$

式（1.55）右边前两项表示原体系的动能和势能，后两项则表示 s 的动能和势能。将 s 的势能选为 $gk_{\mathrm{B}}T_{\mathrm{eq}}\ln s$ 确保了所生成的系综为原体系的正则系综[36]，其中，$g=f+1$（f 为体系自由度）；k_{B} 为玻尔兹曼常数。在 MD 模拟过程中，原系统的正则系综运动轨迹通过对扩展体系的微正则系综采样来产生。扩展体系的运动方程为

$$\frac{\mathrm{d}r_i}{\mathrm{d}t}=\frac{\partial H_e}{\partial p_i}=\frac{p_i}{m_is^2} \tag{1.60}$$

$$\frac{\mathrm{d}p_i}{\mathrm{d}t}=-\frac{\partial H_e}{\partial r_i}=-\frac{\partial \phi}{\partial r_i} \tag{1.61}$$

$$\frac{\mathrm{d}s}{\mathrm{d}t}=\frac{\partial H_e}{\partial p_s}=\frac{p_s}{Q} \tag{1.62}$$

$$\frac{\mathrm{d}p_i}{\mathrm{d}t}=-\frac{\partial H_e}{\partial r_i}=-\frac{\partial \phi}{\partial r_i} \tag{1.63}$$

结合式（1.62）、式（1.63），得到 s 的二阶微分方程

$$\frac{\mathrm{d}^2s}{\mathrm{d}t^2}=\frac{2}{Qs}\left[\sum_i \frac{p_i^2}{2m_is^2}-\frac{gk_{\mathrm{B}}T_{\mathrm{eq}}}{2}\right] \tag{1.64}$$

式（1.64）表明，s 随时间的变化使动能在 $gk_{\mathrm{B}}T_{\mathrm{eq}}/2$ 的值附近波动。当动能大于 $gk_{\mathrm{B}}T_{\mathrm{eq}}/2$ 时，式（1.64）方括号项的值为正，s 获得正加速度，其值增大，使动能减小。相反，当动能小于 $gk_{\mathrm{B}}T_{\mathrm{eq}}/2$ 时，s 减小，动能增大。在平衡状态下，$\mathrm{d}^2s/\mathrm{d}t^2$ 的时间平均值为零，因此动能的时间平均值与预设的平衡温度 T_{eq} 相对应。式（1.64）中的参数 Q 控制体系温度波动的快慢，Q 值越小，温度波动越快，反之亦然。

Nosé 热浴采样的实际时间间隔是不均匀的，给应用带来不便。Nosé 称这种采样为“虚拟时间采样”，虚拟时间与实际时间的关系为 $s=\dfrac{\mathrm{d}t}{\mathrm{d}t'}$，因此 s 也可以看成是一个时间

换算因子。为了进行实际时间采样，可以采用间隔均匀的实际时间步长$t_1 = \int_0^{t_0} \mathrm{d}t/s$，通过设定$g = f$使所观测量的时间平均值仍等于$\langle A(p', r') \rangle_c$。将运动方程［式（1.60）～式（1.63）］中的变量转化为实际时间下的变量：$r_i' = r$，$p_i' = p_i / s$，$t' = \int \frac{\mathrm{d}t}{s}$，$s' = s$及$p_s' = p_s / s$，得到：

$$\frac{\mathrm{d}r_i'}{\mathrm{d}t'} = \frac{p_i'}{m_i} \tag{1.65}$$

$$\frac{\mathrm{d}p_i'}{\mathrm{d}t'} = -\frac{\partial U}{\partial r_i'} - s' p_s' p_i' / Q \tag{1.66}$$

$$\frac{\mathrm{d}s'}{\mathrm{d}t'} = \frac{p_s' s'^2}{Q} \tag{1.67}$$

$$\frac{\mathrm{d}p_s'}{\mathrm{d}t'} = \frac{1}{s'}\left[\sum_i \frac{p_i'^2}{m_i} - g k_{\mathrm{B}} T_{\mathrm{eq}}\right] - \frac{s' p_s{}^2}{Q} \tag{1.68}$$

为了简化上述方程，Hoover[36]引入一个新变量$\zeta \equiv p_s' / Q$，则

$$\frac{\mathrm{d}r_i'}{\mathrm{d}t'} = \frac{p_i'}{m_i} \tag{1.69}$$

$$\frac{\mathrm{d}p_i'}{\mathrm{d}t'} = -\frac{\partial \phi}{\partial r_i'} - \zeta p_i' \tag{1.70}$$

$$\frac{\mathrm{d}\zeta}{\mathrm{d}t'} = \frac{2}{Q}\left(\sum_i \frac{p_i'}{2m_i} - \frac{g k_{\mathrm{B}} T_{\mathrm{eq}}}{2}\right) \tag{1.71}$$

显然，ζ控制了动能在$g k_{\mathrm{B}} T_{\mathrm{eq}} / 2$值附近的波动。这一方法被称为Nosé-Hoover热浴，具有确定性和可逆性，产生的是正则系综，比Berendsen法更适用于平衡态模拟，只是计算量较大，因此相对较慢。当前的MD模拟实践中往往先用Berendsen法使体系快速达到平衡态，然后改用Nosé-Hoover热浴继续进行平衡态模拟和采样。Nosé-Hoover热浴的局限性主要在于不适用于小体系、刚性体系或低温条件，因为这一方法要求满足各态历经假说，而应用于上述体系中很难实现各态历经，并会造成很大的温度振荡[37]。后来，几种Nosé-Hoover热浴的变体相继出现用以解决这一问题，其中最流行的是Nosé-Hoover链（Nosé-Hoover chain）方法[38]。Nosé-Hoover链将原始方法中单一的热浴变量改为一系列互相起热浴作用的变量链，产生的仍是正则系综，并能够应用于原方法难以处理的体系。

除以上介绍的弱耦合法和扩展体系（或扩展哈密尔顿量）法外，常见的恒温控制法还有随机动力学（stochastic dynamics）法、随机耦合（stochastic coupling）法等，这里不逐一介绍，具体可以参见Hünenberger综述中对以上方法的总结[39]，以及Basconi和Shirts对目前主流恒温控制方法的测试和利弊比较[33]。

另外，恒温控制中有一个普遍问题，即当模拟体系中不同成分（或自由度集合）具有明显不同的特征频率或升温速率时，如果对所有成分采用同样的恒温控制，会造成不

同成分之间动能交换过缓，导致各成分的温度不同。一个典型的例子就是大分子模拟中所谓的“热溶剂-冷溶质”的情况。这一问题的通常解决方法是将溶剂和溶质的自由度用两个热浴分开处理。

1.7.2 压力控制方法

MD 模拟中的压力控制方法也有多种，这里介绍三种常用方法，即 Berendsen 弱耦合法[30]、Andersen 法[40]和 Parrinello-Rahman 法[41]。

1. Berendsen 弱耦合法

在周期性边界条件下，假设一个立方体元胞边长为 L，体积为 V，则体系的即时压力 P 定义为

$$P=\rho T+W/V \tag{1.72}$$

其中，W 表示维里。

$$W=\frac{1}{3}\sum_{i>j}f\left(r_{ij}\right)\cdot r_{ij} \tag{1.73}$$

$f\left(r_{ij}\right)$为粒子 j 施加在粒子 i 上的力。类似于 Berendsen 恒温法中的速度标度，Berendsen 恒压法对体系的坐标、体积进行标度，也是一种弱耦合方法。假设体系外界压力恒定为 P_0，对每一步体系内各粒子的坐标进行标度，以保持压力的变化率与外界和系统的压力差 $P_0-P(t)$ 成比例。每一步体系的温度变化为

$$\Delta P=\frac{\delta t}{\tau_P}\left[P_0-P(t)\right] \tag{1.74}$$

其中，τ_P 为压力耦合参数；δt 为模拟步长，则体积 V 的标度因子为

$$\lambda=1-\frac{\beta\delta t}{\tau_P}\left[P_0-P(t)\right] \tag{1.75}$$

体系中粒子坐标的标度因子为 $\lambda^{\frac{1}{3}}$，其中 β 为等温压缩系数（isothermal compressibility）。从式（1.75）可以看出，体系的压力变化（或者说耦合强度）实际上由 β/τ_P 控制，τ_P 为模拟中可设的参数，而 β 值是否精确并不重要。

这一方法并不局限于立方体元胞，模拟过程中元胞形状也可以改变，只要对各个方向采用不同的标度因子即可。与 Berendsen 恒温法类似，Berendsen 压力弱耦合法同样不能产生正确的正则系综，但平稳快速，能有效地使体系平衡到目标压力，但用于平衡态模拟时需要慎重考虑可能带来的误差。

2. Andersen 法

Andersen 压力控制法[40]设 V 为一个动态变量，用来描述恒压条件下的体积变化。体系中粒子的坐标 $r_1,r_2,\cdots,r_N$ 则相应地替换为 $\rho_1,\rho_2,\cdots,\rho_N$，

$$\rho_i=r_i\Big/V^{\frac{1}{3}},\quad i=1,2,\cdots,N \tag{1.76}$$

ρ_i是无量纲的、处于 0 与 1 之间的数值。这样换算之后的体系拉格朗日量为

$$L_A\left(\rho_i,V,\dot{\rho}_i,\dot{V}\right)=\sum_i\frac{m_i}{2}V^{\frac{2}{3}}\dot{\rho}_i^2-U\left(V^{\frac{1}{3}}\rho\right)+\frac{M}{2}\dot{V}^2-\alpha V \tag{1.77}$$

其中，最后两项分别表示与 V 相关的动能项和势能项；M 和 α 为常数。这一拉格朗日量可以理解为：假设体系粒子处于一个带活塞的、体积可变的容器中，变量 V 表示活塞的位置，则 M 为活塞的质量，α 为施加在活塞上的外压。换算后的体系哈密顿量为

$$H_A\left(\rho_i,V,p_i,p_V\right)=\sum_i\frac{p_i^2}{2m_iV^{2/3}}+U\left(V^{\frac{1}{3}}\rho_i\right)+\frac{p_V^2}{2M}+\alpha V \tag{1.78}$$

其中，p_i为与 ρ_i 共轭的动量；pV 为与 V 共轭的动量：

$$p_i=\frac{\partial L_A}{\partial\dot{\rho}_i}=m_iV^{\frac{2}{3}}\dot{\rho}_i,\quad p_V=\frac{\partial L_A}{\partial\dot{V}}=M\dot{V} \tag{1.79}$$

因此，运动方程变为

$$\dot{\rho}_i=\frac{\partial H_A}{\partial p_i}=\frac{p_i}{m_iV^{2/3}} \tag{1.80}$$

$$\dot{p}_i=-\frac{\partial H_A}{\partial\rho_i}=-V^{\frac{1}{3}}\frac{\partial U}{\partial\rho_i} \tag{1.81}$$

$$\dot{V}=\frac{\partial H_A}{\partial p_V}=\frac{p_V}{M} \tag{1.82}$$

$$\dot{p}_V=-\frac{\partial H_A}{\partial V}=\sum_i\frac{p_i^2}{3m_iV^{5/3}}-\rho V^{-\frac{2}{3}}U'\left(V^{\frac{1}{3}}\rho\right)-\alpha \tag{1.83}$$

将以上最后两个方程进一步处理，得到

$$\ddot{V}=\frac{1}{M}\left[\left(\frac{2}{3}\sum_i\frac{p_i^2}{2m_i}-\frac{1}{3}\sum_i\frac{\partial U_i}{\partial\rho_i}\rho_i\right)\Big/V+\alpha\right]=\frac{\alpha-P}{M} \tag{1.84}$$

P 为即时压力，定义为

$$P=\frac{2}{3V}\left(E_k-W\right)=\frac{2}{3V}\left(\sum_i\frac{p_i^2}{2m_i}-\frac{1}{2}\sum_i\frac{\partial U_i}{\partial\rho_i}\rho_i\right) \tag{1.85}$$

其中，W 表示维里。

可以证明，在各态历经假说的前提下，换算后系统的任何函数 $X\left(\rho,V,p,P_V\right)$ 的时间平均都等于 X 在 $P=\alpha$、$H=E-\left\langle p_V^2/2M\right\rangle$ 的恒压、恒焓（NPH）系综中的系综平均，其误差极小，可忽略不计[40]。Andersen 指出，$\left\langle p_V^2/2M\right\rangle$ 的值与换算后体系的温度 T 成正比（$\left\langle p_V^2/2M\right\rangle=kT/2$），由换算后体系的给定能量 E 决定，因而 $\left\langle p_V^2/2M\right\rangle$ 不取决于 M。从式（1.84）可以看出，体系的压力变化由体积变化引起，活塞的质量 M 因此决定了压力波动的响应时间。Andersen 建议选用适当的 M 值，使压力波动的响应时间约等于声波穿过模拟元胞的时间。

3. Parrinello-Rahman 法

Andersen 法的一个缺点是不能改变模拟元胞的形状。为克服这一缺点，Parrinello 和 Rahman[41]对 Andersen 法进行了拓展，所得到的 Parrinello-Rahman 法中，元胞形状是可变的。该方法引进了一个与时间相关的度规张量（metric tensor），容许模拟元胞的体积和形状随时间改变。元胞矢量遵循一个运动方程，而体系粒子的运动方程同 Andersen 法中一样进行换算。

模拟元胞可以取任意形状，由三个矢量 $\boldsymbol{a}$、$\boldsymbol{b}$ 和 $\boldsymbol{c}$ 来描述。$\boldsymbol{a}$、$\boldsymbol{b}$ 和 $\boldsymbol{c}$ 可以取不同长度和任意的相互取向。定义一个以 $\boldsymbol{a}$、$\boldsymbol{b}$、$\boldsymbol{c}$ 为列的 3×3 矩阵 $\boldsymbol{h}$，则元胞体积为

$$V = \det \boldsymbol{h} = \boldsymbol{a}\cdot(\boldsymbol{b}\times\boldsymbol{c}) \tag{1.86}$$

粒子的坐标 $\boldsymbol{r}_i$ 可以由 $\boldsymbol{h}$ 及列向量 $\boldsymbol{s}_i$ 来表示，

$$\boldsymbol{r}_i = \boldsymbol{h}\boldsymbol{s}_i = \xi_i\boldsymbol{a} + \eta_i\boldsymbol{b} + \zeta_i\boldsymbol{c} \tag{1.87}$$

其中，ξ_i、η_i 和 ξ_i 为 $\boldsymbol{s}_i$ 的分量，$0\leqslant\xi_i$，η_i，$\xi_i\leqslant 1$。粒子 i 与 j 间距离的平方为

$$\boldsymbol{r}_{ij}^2 = \boldsymbol{s}_{ij}^T\boldsymbol{G}\boldsymbol{s}_{ij} \tag{1.88}$$

其中，$\boldsymbol{G}$ 为度规张量，$\boldsymbol{G}=\boldsymbol{h}^T\boldsymbol{h}$，则换算后体系的拉格朗日量可写为

$$L = \frac{1}{2}\sum m_i\dot{\boldsymbol{s}}_i^T\boldsymbol{G}\dot{\boldsymbol{s}}_i - \sum\sum U(\boldsymbol{r}_{ij}) + \frac{1}{2}MT\boldsymbol{r}(\dot{\boldsymbol{h}}^T\dot{\boldsymbol{h}}) - pV \tag{1.89}$$

由此可以导出体系的运动方程，其推导方法与 Andersen 法中类似，这里不再详述。

1.8 溶剂模型

大多数生理环境下的蛋白质存在于水环境中，模拟时通常假设这些蛋白质在纯水或含离子水中完全溶剂化*。水的离散性在蛋白质的热力学及功能中有重要作用。显含溶剂模型用全原子力场描述水分子，能够较准确地处理溶质-溶剂相互作用。但采用显含溶剂模型往往使模拟体系增大十几倍，并需要长时间模拟来对溶质-溶剂以及溶剂-溶剂的相互作用进行充分采样。隐含溶剂模型将溶剂整体表示为一个连续介质，没有单个的溶剂分子，大大减少了计算量。但隐含溶剂模型有许多局限性，如难以处理离子效应或溶质、溶剂间的特殊相互作用等。因此，针对不同的问题和模拟体系，应慎重选择适当的溶剂模型。

1.8.1 隐含溶剂模型

隐含溶剂模型将溶质、溶剂间的相互作用简化为平均场（mean field）特征，仅仅是溶剂构型的函数。在很多情况下，蛋白质模拟所研究的性质受溶剂分子在原子尺度的行为影响不大。在这种情况下，将溶剂分子的不重要的原子尺度细节进行简化平均，可

* 对不完全处在水环境中的蛋白质（如跨膜蛋白等）应特殊处理，这里不做具体介绍。

以显著减少体系自由度，提高计算效率。比起显含溶剂模型，隐含溶剂模型可以更好地直接估算溶剂自由能[42]。因此隐含溶剂模型常常用于估算溶质-溶剂相互作用的自由能，如生物大分子折叠或构型转变、蛋白质-蛋白质结合或蛋白质-配体结合过程，以及药物分子的跨膜转运等。

隐含溶剂模型有两种基本类型：基于溶剂可及表面积（solvent-accessible surface areas，SASA）的模型；基于泊松-玻尔兹曼方程的连续介质（continuous medium）模型[43]。多种不同的隐含溶剂模型都是以上两种模型的变体或结合产物[43]，成功的应用例子也有很多[44]，在本书第 15 章中有详细的介绍。然而，许多情况下隐含溶剂模型并不适用，可能造成很大误差，如模拟脂双层膜附近的水[45]、离子通道中的水及离子[46]，以及计算溶剂在蛋白质质子化自由能中的效应[47]等。

1.8.2　显含溶剂模型

除介质屏蔽效应外，溶剂与溶质有许多特殊相互作用，对溶质生物大分子的结构和功能极其重要，需要用显含溶剂模型处理[48]。例如，水分子常常调节蛋白质-蛋白质或蛋白质-配体相互作用；隐含溶剂分子对准确计算自由能中静电作用的贡献非常重要[49]；研究蛋白质折叠中水的调节作用通常也需要使用显含溶剂模型[50]。显含溶剂模型有多种可选用[6]，生物大分子模拟中最常用的水模型包括 TIP3P[51]、TIP4P[51]、TIP5P[52]、SPC[53]及 SPC/E[53]模型等。这些模型都是根据水的一种或几种物理性质优化得到的，因此能够很好地体现这些性质，如径向分布函数、扩散率、密度等，但这些模型都不能同时重现水的所有性质。这些模型通常都能在模拟中很好地体现水的蒸发焓和密度[54]。以上显性水模型的偶极矩都在大约 2.3 D，而气相水偶极矩的实验值为 1.85 D[55]。这些模型中只有 TIP5P 能够很好地描述水的密度随温度的变化[56]。另外，这些常用模型都将水分子看成是完全刚性的，因此都与前面介绍的 SHAKE 和 LINCS 约束条件算法兼容。

1.9　分子动力学模拟的主要步骤

1. 确定起始构型

一个能量较低、结构合理的起始三维构型是进行 MD 模拟的第一步。生物大分子的起始构型主要来自实验数据，如 X 射线晶体衍射法或核磁共振波谱法测定的分子结构，或根据已知分子结构通过同源模建得到的结构等。体系中有机小分子的构型也可通过量子化学计算得到。

2. 选用适当力场和模拟软件

选择适当的力场是进行 MD 模拟的基础。不同的力场具有不同的适用范围和局限性，需要根据所研究的体系和问题适当选取。同时使用多种力场时，应当注意所用力场间的兼容性。力场的选择与最终模拟结果的准确性息息相关。软件的选择往往与所用的力场有关，应着重考虑所需的算法、软件的运算速度和并行计算能力。

3. 构建体系和能量最小化

已经有了研究对象分子的起始构型，接着要根据研究对象所处的环境（如气相、水溶液或跨膜环境等）构建模拟体系，在生物大分子周围加上足够的溶剂分子。体系的大小和模拟元胞的形状依具体体系而定，需要兼顾合理性和可行性。

初步建立的体系中常常存在局部不合理性（如相邻原子间隔太近），不能马上进行动力学模拟，需要先进行体系能量最小化（energy minimization）。比较常用的能量最小化方法有最陡下降法和共轭梯度法。最陡下降法是一次求导方法，利用当前位置的导数作为直线搜索的方向，进行直线搜索求势能面的极小值。这种方法的优点是优化速度比较快，能迅速调整扭曲分子的起始结构；缺点是在极小值附近收敛性较差。最陡下降法常常与共轭梯度法结合使用。共轭梯度法也是一种一次求导方法，与最陡下降法不同的是，它的直线搜寻运用的是前一步的结果，所以能较好地预测下一步搜寻的方向，收敛性比最陡下降法好。但共轭梯度法对于不够合理的初始结构，则搜寻速度较慢。因此，一般进行能量优化时，先用最陡下降法迅速优化分子结构，再继续用共轭梯度法优化，直至收敛为止。

4. 平衡过程*

体系构建好之后要赋予各个原子初始速度，这一速度是根据一定温度下的玻尔兹曼分布随机生成的，然后对各个原子的运动速度进行调整，使得体系总体在各个方向上的动量之和为零，即保证体系没有平动位移。通常在低温下生成初始速度（避免初始速度过大，引起原子碰撞、体系不稳定等），然后在 NVT 条件下约束住溶质进行逐渐升温，以防止升温过程损坏溶质的合理构型。升至所需的温度后，接着在 NPT 条件下进行模拟，调整体系的压强和密度。这一过程中需要对体系的能量、温度、压强、密度等进行监控，看是否收敛，直至体系达到平衡。

5. 数据采集过程

体系达到平衡之后则可以运行长时间的模拟，从这个过程中采集样本进行分析。采样要在系统平衡后进行，可记三种轨迹，即体系中粒子的坐标、速度和能量随时间的变化。能量中又包括了不同能量项，以及体系的温度和压力等随时间的变化，如静电能、范德华能，体系的动能、势能和总能量。记轨迹的频率可以根据具体的模拟体系、模拟步长及所研究的现象和性质来选择，并兼顾模拟时间的长短和输出文件的存储需求。如果记轨迹不够频繁，容易缺失信息，不能很好地观测一些相关时间较短的现象；记轨迹

* 以平衡态模拟为例，非平衡态（non-equilibrium state）模拟这里不加讨论。

过于频繁则会生成巨大的轨迹文件，给后期处理和数据备份造成不必要的麻烦，并且可能超出可用的存储空间，导致模拟中断。模拟时间要尽量长一些，以确定所研究的现象或性质能够被观测到，并且需要确保此现象出现的可重复性。

6. MD 结果分析

结果分析主要是通过系综平均得到可与实验结果相比较的宏观物理量。数据分析可用的工具有多种，常用 MD 软件包内包含一些结果分析程序，也可以根据需要自编一些结果分析软件。以下介绍几种常用的结果分析方法。本书后面章节中会结合应用实例提供更详细的结果分析和与具体体系相关的其他分析方法。

1）平均能量及其涨落随模拟时间的变化

由能量涨落随时间变化的曲线可以清楚地看出模拟的体系是否已经处于热力学平衡。例如，图 1-5 体现了一个含蛋白质和水溶液的体系在 500 ps MD 模拟过程中，温度由 60 K 逐渐升至 300 K（0～400 ps）然后保持在 300 K 左右（400～500 ps），体系的动能、势能和总能量也相应地先逐渐升高，然后在 300 K 维持平衡。

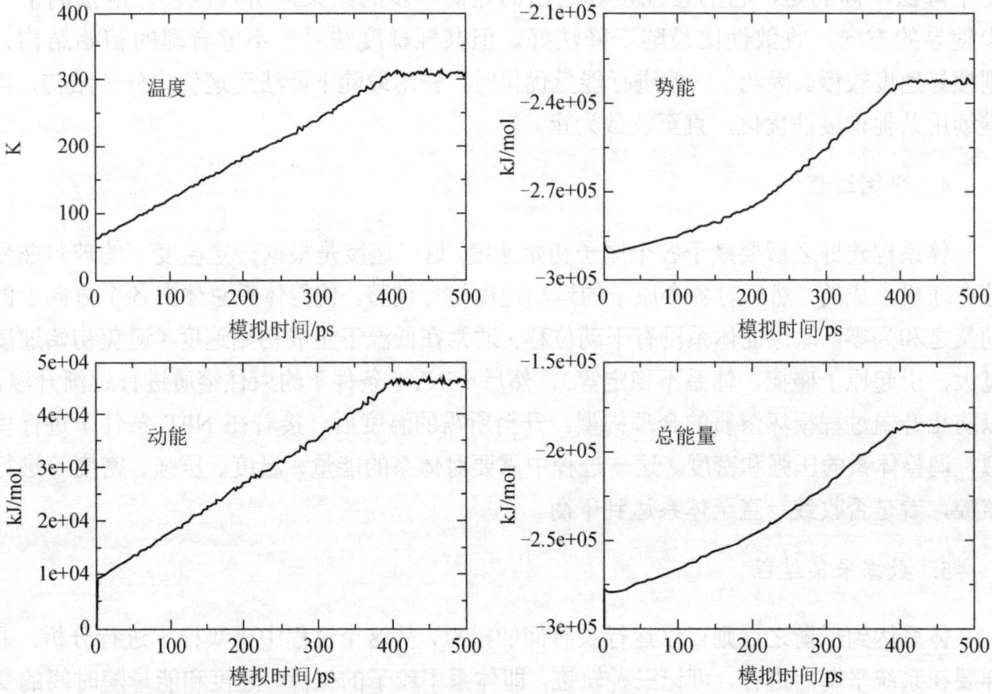

图 1-5 一个含蛋白质和水溶液的体系在温度由 60 K 逐渐升至 300 K 过程中，体系的动能、势能和总能量的相应变化

再如，图 1-6A 中显示了 HIV-1 整合酶的野生型（wild type，WT）和 G140S 抗药性突变体分别与抑制剂 LCA 结合的复合物在 2 ns 的 MD 模拟过程中体系势能迅速达到平衡并上下波动的情况。

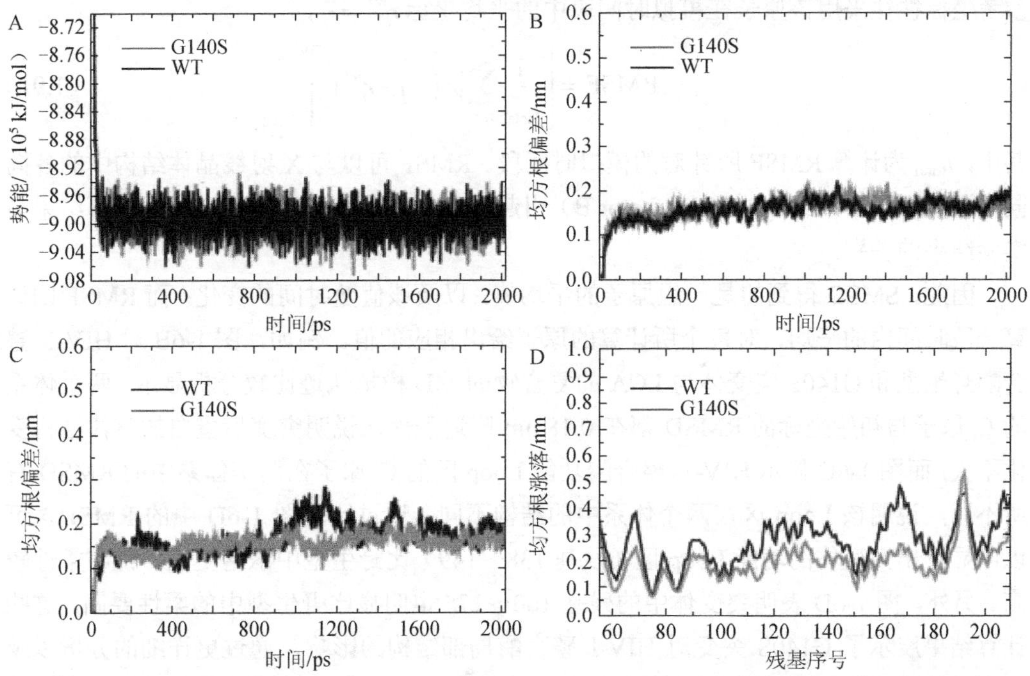

图 1-6　HIV-1 整合酶野生型与 G140S 抗药性突变体分别与抑制剂 LCA 结合的复合物 MD 模拟轨迹比较分析。（A）体系势能随时间的变化；（B）体系 C_α 原子的 RMSD 随时间的变化；（C）体系功能 Loop 区 C_α 原子的均方根偏差随时间的变化；（D）体系 C_α 原子的均方根涨落（原图引自文献[57]）

2）体系平均原子坐标及其涨落随模拟时间的变化

具体包括：体系原子坐标 $\boldsymbol{r}_i(t)$与参考原子坐标 $\boldsymbol{r}_i^{\mathrm{ref}}$ 的均方根偏差（root-mean-square deviation，RMSD）、均方根偏差随时间的变化，以及体系原子坐标在模拟时间段中的均方根涨落（root-mean-square fluctuation，RMSF）。

参考坐标通常取 MD 模拟的初始坐标，而初始坐标通常来自于实验解析的结构，或基于实验结构通过同源模建得到的结构，因此均方根偏差则代表了 MD 模拟中的采样与实验结构的标准偏差。先将 MD 模拟轨迹对参考坐标进行最小二乘法拟合（least square fit），然后通过下式计算均方根偏差随时间的变化

$$\mathrm{RMSD}(t)=\left[\frac{1}{M}\sum_{i=1}^{N}m_i\left|r_i(t)-r_i^{\mathrm{ref}}\right|^2\right]^{1/2} \tag{1.90}$$

其中，$M=\sum_i m_i$，m_i 为原子 i 的质量。最小二乘法拟合与均方根偏差计算不一定要使用同一组原子，例如，蛋白质分子可以对主链原子或 C_α 原子进行拟合，然后计算所有原子或某部分结构的 RMSD。通过分析 RMSD 随时间的变化，一方面可以监控 MD 模拟是否收敛（即结构是否趋于平衡）；另一方面可以鉴定所预测的结构与实验结构的差别。

RMSF 则表示 MD 模拟过程中原子坐标在各自的参考坐标附近的涨落情况，这里的

参考坐标往往采用该原子在模拟时间段中的平均坐标 $\boldsymbol{r}_i^{\text{ref}}=\overline{\boldsymbol{r}}_i$，

$$\text{RMSF}_i=\left[\frac{1}{t_{\text{total}}}\sum_{t_j=1}^{t_{\text{total}}}\left|r_i\left(t_j\right)-r_i^{\text{ref}}\right|^2\right]^{1/2} \tag{1.91}$$

其中，t_{total}为计算 RMSF 所针对的模拟时间段。RMSF 可以与 X 射线晶体结构中的各向同性温度因子 B（Debye-waller factor B）引起的热涨落进行比较，用来评估计算结果与实验结果的差别。

因此，SMSD 得到的是一组原子的平均值，以及该值随时间的变化；而 RMSF 则计算一段时间内的平均，对每个所计算的原子给出相应的值。例如，图 1-6B 对 HIV-1 整合酶野生型和 G140S 突变体与 LCA 的复合物的 MD 模拟轨迹比较分析显示，两个体系的 C_α原子与初始坐标的 RMSD 都在 0.18 nm 附近涨落，说明突变后蛋白的整体结构变化不大；而图 1-6C 显示 HIV-1 整合酶功能 Loop 区的 C_α原子在两个体系中的 RMSD 有所不同，说明该 Loop 区在两个体系中的结构不同；通过比较图 1-6D 中的 RMSD，可以明显看出突变体的功能 Loop 区（残基 138～149）比野生型中涨落更大，说明柔性较高。另外，图 1-6D 表明突变体中的残基 160～175 也明显比野生型中的柔性要高。这些计算结果展示了 G140S 突变对 HIV-1 整合酶局部结构的影响，通过更详细的分析以及与实验结果的比对，该研究揭示了 G140S 突变体对 LCA 产生抗药性的可能机理[57]。

3）计算体系的结合自由能

结合自由能是评价生物大分子与其他分子（如药物、酶底物等）结合能力的重要指标，可广泛应用于药物设计、研究抗药性机理和酶反应机理等领域的 MD 模拟。例如，通过计算和比较不同药物与同一靶点蛋白的结合自由能，可以理解特定药物分子结构对结合靶点能力的影响，有助于设计新的药物分子结构以增强其结合能力；通过比较靶点蛋白的抗药性突变体和野生型与药物分子的结合自由能，可能揭示突变体对该药物产生抗药性的分子机制。MM-PBSA（molecular mechanics-Poisson-Boltzmann surface area）和 MM-GBSA（molecular mechanics-generalized Born surface area）是两种常用的估算结合自由能的方法。本书第 15 章中对这两种方法有详细的描述，这里只简单介绍一个我们课题组在研究 HIV-1 病毒抗药性机理方面的应用实例。C34 是一个模仿 HIV-1 融合蛋白 gp41 的碳端七肽重复区（C-terminal heptad repeat，CHR）而设计的多肽抑制剂，通过结合 gp41 氮端七肽重复区（N-terminal heptad repeat，NHR）来阻碍 gp41 CHR 与 NHR 之间的结合，从而抑制 HIV-1 侵入人体免疫细胞。而 gp41 的 N43D 突变体以及 N43D/S138A 双突变体对 C34 有明显的抗药性。我们课题组最近对 gp41 野生型及以上两种突变体与 C34 的结合复合物分别进行了 20 ns 的 MD 模拟，并利用 MM-PBSA/MM-GBSA 方法对每个复合物的结合自由能进行了计算和比较。结果表明，N43D 突变（位于 NHR）明显减弱了 NHR 对 C34 的结合能力，而 S138A 突变（位于 CHR）则增强了 CHR 与 NHR 之间的结合稳定性。该工作对以上突变体对 C34 的耐药性提供了合理的解释[58]。

4）由几何判据分析分子内及分子间的氢键结构及其氢键占有率

氢键为蛋白质折叠、蛋白质结构以及与分子间相互识别提供了大部分的导向性作用。例如，α 螺旋和 β 折叠是多肽链中最稳定的构象，最大限度地满足了链内的氢键作用；而蛋白质及其配体（蛋白质、核酸、底物、抑制剂、药物等）之间的氢键作用提供了分子识别的基本的方向性和特异性相互作用。分析氢键的常用几何判据为：供体-氢原子-受体夹角不小于 120°，供体-受体之间的距离不大于 0.35 nm[59]。通过分析在 MD 模拟过程中氢键的占有率可以估算该氢键的稳定性及其在稳定蛋白质结构或复合物结合中的作用。

5）蛋白质二级结构及其随时间的变化

MD 模拟过程中蛋白质二级结构随时间的变化可以用 DSSP（dictionary of secondary structure for proteins）软件[60]来分析。DSSP 利用氢键和特殊几何特征来识别不同的二级结构，其输出结果可以显示成彩图，直观地观测模拟过程中蛋白质各区域的二级结构变化。对 DSSP 的输出数据进行处理还可以得到整个模拟时间内各种二级结构的百分比和标准偏差。蛋白质二级结构分析可以用来监测蛋白质的折叠过程、突变造成蛋白质结构的变化、配体的结合对蛋白质结构的影响等。例如，我们小组用 MD 模拟方法在 300 K 和 500 K 温度下分别研究了嗜热蛋白 Sso7d 及其单突变体 F31A 的热稳定性和去折叠性质，并利用 DSSP 分析了每种情况下蛋白质的二级结构变化[61]。模拟结果显示，在 300 K 下突变体比野生型蛋白具有更大的柔性，这意味着突变减弱了蛋白质的稳定性；而在 500 K 的高温模拟中，这两种蛋白质出现了不同路径的去折叠。对于野生型蛋白，其 C 端 α 螺旋在早期出现去折叠，但对于突变体，该螺旋比较晚才出现去折叠。模拟结果还发现，突变体比野生型蛋白去折叠更快，野生型蛋白的反平行 β 折叠片在维持整体蛋白的稳定性中起着重要作用（图 1-7）。Cong 等对一系列朊蛋白的突变体进行了各 180 ns 的 MD 模拟，并用 DSSP 分析其中与传染性海绵状脑病（transmissible spongiform encephalopathy，TSE）的传染性密切相关的一段 Loop 区的二级结构变化[62]。结果表明，尽管这些突变位点并不在该 Loop 区，但都对其二级结构有明显影响：其中，能抑制 TSE 传染的突变体在该 Loop 区都体现出共同的二级结构特征，与野生型和不抑制 TSE 传染的突变体明显不同。这就解释了该 Loop 区的结构在 TSE 传染过程中所扮演的重要角色。

6）计算体系的动力学性质

计算体系的动力学性质，如时间相关函数（time-correlation function）。

时间相关函数定义为

$$C(t)=\langle A(\tau)A(t+\tau)\rangle \tag{1.92}$$

其中，尖括号表示系综平均；A 为所求的动力学性质。$A(t+\tau)$ 和 $A(\tau)$ 只在 t 足够短的时间内有相关性，其相关性信息包含在 $C(t)$ 中。应用在 MD 模拟的结果分析中，可以从一段模拟轨迹中取时间间隔足够长的结构来分析有用的弛豫时间，而不必使用多个轨迹或系综。因此，式（1.92）可以表示成对模拟时间 t_{total} 的积分。

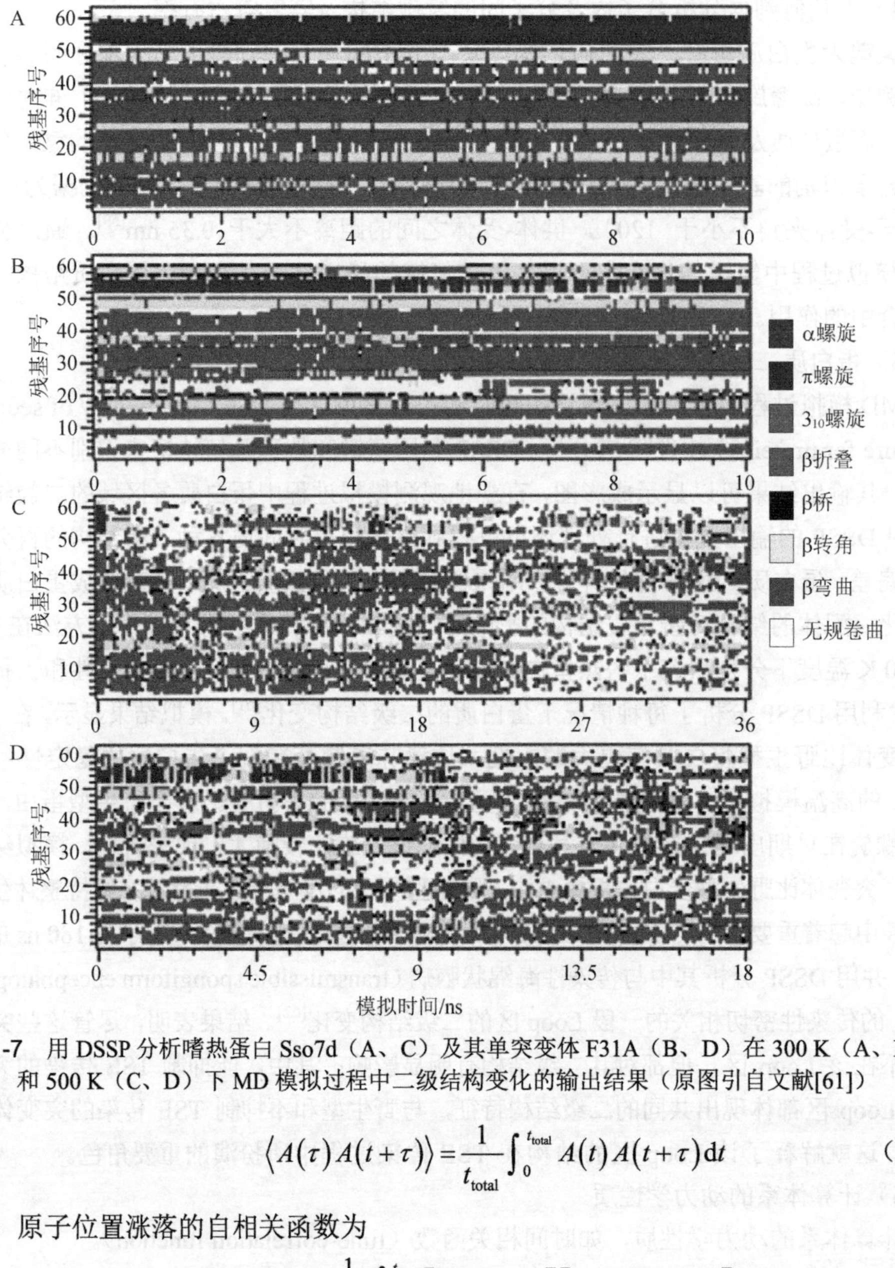

图 1-7　用 DSSP 分析嗜热蛋白 Sso7d（A、C）及其单突变体 F31A（B、D）在 300 K（A、B）和 500 K（C、D）下 MD 模拟过程中二级结构变化的输出结果（原图引自文献[61]）

$$\left\langle A(\tau)A(t+\tau)\right\rangle = \frac{1}{t_{\text{total}}}\int_0^{t_{\text{total}}} A(t)A(t+\tau)\mathrm{d}t \tag{1.93}$$

例如，原子位置涨落的自相关函数为

$$C(t) = \lim_{t_{\text{total}}\to\infty}\frac{1}{t_{\text{total}}}\int_0^{t_{\text{total}}}\left[r_i(t)-\langle r_i\rangle\right]\left[r_i(t+\tau)-\langle r_i\rangle\right]\mathrm{d}t \tag{1.94}$$

时间自相关性可推广到不同物理量之间的相关性，即交叉相关函数：

$$C_{BA}(t) = \left\langle A(t)B(t+\tau)\right\rangle = \lim_{t_{\text{total}}\to\infty}\frac{1}{t_{\text{total}}}\int_0^{t_{\text{total}}} A(t)B_i(t+\tau)\mathrm{d}t \tag{1.95}$$

将时间自相关函数展开为傅里叶积分

$$C_{AA}(t)=\int_{-\infty}^{+\infty}J(\omega)\mathrm{e}^{\mathrm{i}\omega\tau}\mathrm{d}\omega \tag{1.96}$$

再通过傅里叶积分的逆变换，得到谱密度（spectral density）

$$J(\omega)=\frac{1}{2\pi}\int_{-\infty}^{+\infty}C_{AA}(\tau)\mathrm{e}^{\mathrm{i}\omega\tau}\mathrm{d}\tau=\frac{1}{2\pi}\int_{-\infty}^{+\infty}C_{AA}(\tau)(\cos\omega\pi-i\sin\omega\pi)\mathrm{d}\tau \tag{1.97}$$

因为在统计平衡下，$A(t)$影响以后的$A(t+\tau)$和依赖于以前时刻的$A(t-\tau)$的强度是相同的，所以$C_{AA}(\tau)$应当是τ的偶函数，即$C_{AA}(\tau)=C_{AA}(-\tau)$。因此，谱密度可简写为

$$J(\omega)=\frac{1}{\pi}\int_{0}^{+\infty}C_{AA}(\tau)(\cos\omega\pi)\mathrm{d}\tau \tag{1.98}$$

对于生物大分子体系的 MD 模拟，由原子运动轨迹可以通过式（1.99）求出谱密度函数

$$J_m(\omega)=\int_0^{\infty}\left\langle Y_m^2\left(\theta(t)C(t)\right)Y_m^{2^*}\theta(0)C(0)\right\rangle\cos\omega t\mathrm{d}\tau \tag{1.99}$$

其中，Y_m^2为二阶球谐函数（spherical harmonic function），尖括号表示系综平均。例如，通过 MD 模拟可以计算出由分子振动和转动引起的远红外吸收光谱。谱密度通过对偶极矩（dipole moment）自相关函数的傅里叶变换得到：

$$J(\omega)\propto\int_0^{\infty}\langle M(t)M(0)\rangle\cos\omega t\mathrm{d}\tau \tag{1.100}$$

$M(t)$为体系在时刻 t 的总偶极矩。Praprotnik 和 Janežič[63]为了测试其开发的新 MD 积分算法，对 TIP3P 水分子模型进行了 MD 模拟，计算出体系的远红外吸收光谱及其他性质，并与采用标准积分算法（如蛙跳算法等）所得到的结果进行比较。测试表明，新算法允许使用较长的模拟步长，所得到的远红外光谱与标准算法一致，说明这种算法能够很好地描述水分子的振动和转动，即使采用较长的模拟步长也不丧失精度[63]。

1.10　蛋白质分子动力学模拟的进展与前景

近年来，MD 模拟在应用范围和品质上都得到了显著拓展[5]。尽管 MD 模拟存在固有的局限性（如分子力场的近似性、模拟时间的有限性等），MD 模拟技术已经能够处理越来越复杂的生物大分子体系，如酶-底物复合物、离子通道、跨膜蛋白，甚至整个核糖体[5]等体系。通过 MD 模拟，研究者们对许多生物体系的难题理解得更加深入：从研究小肽的平衡结构，到蛋白质的动力学及折叠机理，直至预测蛋白超分子聚集体的结构和功能；从形成氢键的热力学，到计算生物大分子与配体或药物的结合自由能等。结合不断发展的实验技术，计算机模拟被广泛应用于各种生物大分子研究领域中，如分子设计、分子结构解析和优化、蛋白折叠机理及稳定性、构象和变构特征、分子识别机理及复合物结构特征等[5]。最近几年来，MD 模拟被应用到极具挑战性的研究体系中，得到了许多令人振奋的成果，例如，膜-水环境中跨膜受体二聚物结合配体的复杂体系[64]、长达微秒的蛋白质折叠过程的模拟[65]，以及对核糖体、病毒胞衣等含几百万个原子的大体系的模拟[66, 67]等。2011 年，MD 模拟实现了对含 1 亿个原子的整个载色体（chromatophore）的模拟，这成为迄今为止所模拟过的最复杂的体系[68]。

随着计算能力的迅速增长，蛋白质的全原子 MD 模拟目前已经跨越了毫秒级别的时间限度[69]。然而许多蛋白质的功能特征（如大规模的构象转变）发生在远大于毫秒的时间尺度，超出了普通 MD 方法可以处理的限度。并且，很多生物过程往往又是由罕见事件（rare event）驱动的，需要跨越较高的能量势垒，这种罕见事件即使能够在模拟的时间尺度中观测到，也需要漫长时间的等待。为解决这类问题，许多加速采样的模拟技术得到了迅速的发展和应用，如拉伸分子动力学（steered MD）（详见本书第 2 章）、靶向分子动力学（targeted MD）[70]、metadynamics[71]、串联方法（string method）[72]等多种，大大突破了普通 MD 方法在时间尺度和跨越系统能量势垒方面的局限性。这里特别值得一提的是，近年来 MD 模拟在研究生物分子马达（biomolecular motor）方面取得了卓越成果。生物分子马达是分布在细胞内部及细胞表面的蛋白质或蛋白质复合物，通过结合三磷酸腺苷（ATP）来将生物体内储藏的化学能转化为细胞日常活动所需的机械能或电能。这些马达犹如进化过程中特殊设计的机器，通常为纳米尺度，分为线性马达和旋转式马达，其运作涉及显著的、特定的构象变化，由该蛋白质的固有结构决定。生物分子马达的运动机理在基础生物学中备受重视，随着单分子操纵技术的发展，这一方面的研究逐渐成为生物物理学领域中的热点。F1-ATP 酶是最小的旋转式马达，也是近十几年来对分子马达的 MD 模拟研究中典型案例。Martin Karplus 总结了一系列利用加速采样 MD 模拟对 F1-ATP 酶的研究工作，不仅对实验数据提供了深入的阐释，并且揭示了实验观测不到的结构细节，精彩、细致地展现了 F1-ATP 酶的旋转机理[73]。另一个典型例子是 Hwang、Lang 及 Karplus 对驱动蛋白（kinesin，一种线性马达）的研究。Hwang 等利用纳秒尺度的拉伸动力学模拟展示了驱动蛋白通过其氮端与“颈部”的结合和构象变化而产生驱动力的过程，揭示了驱动蛋白家族的基本运动机制[74]。再如，Ovchinnikov、Karplus 和 Vanden-Eijnden 利用串联方法模拟得到了肌球蛋白 VI（myosin VI）进行构象转变的路径和自由能表面，并预测了两种构想互换的几率。以上研究实例表明，加速采样技术使 MD 模拟能够应用于越来越复杂的生物过程，代表了 MD 模拟技术在未来发展中的一个重要方向 。

随着分子模拟方法学的不断发展、计算机运算能力的迅速增长和结构生物学实验技术的推广，蛋白质 MD 模拟必将持续、迅速地发展和完善。该技术的发展方向可以简单归结为三个方面：① 模拟体系和模拟过程的复杂程度及真实性将逐渐优化，尽可能地接近真实的目标分子及其生物学环境；② 模拟算法的发展将不断提高计算速度，从而拓展模拟的时间和空间尺度，实现与实验观测量的直接对照；③ 分析方法将得到进一步开发，能够处理模拟所产生的越来越大量的数据，从中提取有用信息。动力学模拟在研究生物大分子结构-功能领域中具有广阔的应用前景。这一技术将不断提高人们对生物学功能的微观结构动力学机理的认识，从而将进一步拓展生物大分子结构和分子生物学的研究深度。

参考文献

[1] Henzler-Wildman K, Kern D. Dynamic personalities of proteins. Nature, 2007, 450(7172): 964-972

[2] Malaney P, Pathak R R, Xue B, Uversky V N, Dave V. Intrinsic disorder in pten and its interactome confers structural plasticity and functional versatility. Sci Rep, 2013, 3: 2035

[3] Warshel A, Levitt M. Theoretical studies of enzymic reactions: Dielectric, electrostatic and steric stabilization of the carbonium ion in the reaction of lysozyme. Journal of Molecular Biology, 1976, 103(2): 227-249

[4] Mccammon J A, Gelin B R, Karplus M. Dynamics of folded proteins. Nature, 1977, 267(5612): 585-590

[5] Schlick T, Collepardo-Guevara R, Halvorsen L A, Jung S, Xiao X. Biomolecular modeling and simulation: A field coming of age. Quarterly Reviews of Biophysics, 2011, 44(2): 191-228

[6] Adcock S A, Mccammon J A. Molecular dynamics: Survey of methods for simulating the activity of proteins. Chemical Reviews, 2006, 106(5): 1589-1615

[7] Mackerell A D. Empirical force fields for biological macromolecules: Overview and issues. Journal of Computational Chemistry, 2004, 25(13): 1584-1604

[8] Cornell W D, Cieplak P, Bayly C I, Gould I R, Merz K M, Ferguson D M, Spellmeyer D C, Fox T, Caldwell J W, Kollman P A. A 2nd generation force-field for the simulation of proteins, nucleic-acids, and organic-molecules. Journal of the American Chemical Society, 1995, 117(19): 5179-5197

[9] Brooks B R, Bruccoleri R E, Olafson B D, States D J, Swaminathan S, Karplus M. Charmm - a program for macromolecular energy, minimization, and dynamics calculations. Journal of Computational Chemistry, 1983, 4(2): 187-217

[10] Scott W R P, Hunenberger P H, Tironi I G, Mark A E, Billeter S R, Fennen J, Torda A E, Huber T, Kruger P, Van Gunsteren W F. The gromos biomolecular simulation program package. Journal of Physical Chemistry A, 1999, 103(19): 3596-3607

[11] Jorgensen W L, Tiradorives J. The opls potential functions for proteins-energy minimizations for crystals of cyclic-peptides and crambin. Journal of the American Chemical Society, 1988, 110(6): 1657-1666

[12] Ramachandran G N, Ramakrishnan C, Sasisekharan V. Stereochemistry of polypeptide chain configurations. Journal of Molecular Biology, 1963, 7(1): 95-99

[13] Verlet L. Computer experiments on classical fluids .I. Thermodynamical properties of lennard-jones molecules. Physical Review, 1967, 159(1): 98-103

[14] Hockney R W, Goel S P, Eastwood J W. Quiet high-resolution computer models of a plasma. Journal of Computational Physics, 1974, 14(2): 148-158

[15] Swope W C, Andersen H C, Berens P H, Wilson K R. A computer-simulation method for the calculation of equilibrium-constants for the formation of physical clusters of molecules-application to small water clusters. Journal of Chemical Physics, 1982, 76(1): 637-649

[16] Ryckaert J-P, Ciccotti G, Berendsen H J C. Numerical integration of the cartesian equations of motion of a system with constraints: Molecular dynamics of n-alkanes. Journal of Computational Physics, 1977, 23(3): 327-341

[17] Hess B, Bekker H, Berendsen H J C, Fraaije J G E M. Lincs: A linear constraint solver for molecular simulations. Journal of Computational Chemistry, 1997, 18(12): 1463-1472

[18] Dill K A. Dominant forces in protein folding. Biochemistry, 1990, 29(31): 7133-7155

[19] Lague P, Pastor R W, Brooks B R. Pressure-based long-range correction for lennard-jones interactions in molecular dynamics simulations: Application to alkanes and interfaces. Journal of Physical Chemistry B, 2004, 108(1): 363-368

[20] Allen M P, Tildesley D J. Computer simulation of liquids. Oxford: Clarendon Pr, 1987: XIX, 385 S

[21] Honig B, Nicholls A. Classical electrostatics in biology and chemistry. Science, 1995, 268(5214): 1144-1149

[22] Ewald P P. Die berechnung optischer und elektrostatischer gitterpotentiale. Annalen der Physik, 1921, 369(3): 253-287

[23] Essmann U, Perera L, Berkowitz M L, Darden T, Lee H, Pedersen L G. A smooth particle mesh ewald method. Journal of Chemical Physics, 1995, 103(19): 8577-8593

[24] Darden T, York D, Pedersen L. Particle mesh ewald - an nLog(n) method for ewald sums in large systems. Journal of

Chemical Physics, 1993, 98(12): 10089-10092

[25] Buneman O. Computer-simulation using particles - hockney,rw, eastwood,jw. Siam Review, 1983, 25(3): 425-426

[26] Smith E R. Electrostatic energy in ionic crystals. Proceedings of the Royal Society of London. A. Mathematical and Physical Sciences, 1981, 375(1763): 475-505

[27] Deleeuw S W, Perram J W, Smith E R. Simulation of electrostatic systems in periodic boundary-conditions. Ⅰ. Lattice sums and dielectric-constants. Proceedings of the Royal Society of London Series A: Mathematical Physical and Engineering Sciences, 1980, 373(1752): 27-56

[28] Hockney R W, Eastwood J W. Computer simulation using particles. New York, NY: McGraw-Hill, 1981: XIX, 540 S

[29] Kittel C. Introduction to solid-state physics. 4. ed. New York: Wiley, 1971: XVI, 766 S

[30] Berendsen H J C, Postma J P M, Vangunsteren W F, Dinola A, Haak J R. Molecular-dynamics with coupling to an external bath. Journal of Chemical Physics, 1984, 81(8): 3684-3690

[31] Shirts M R. Simple quantitative tests to validate sampling from thermodynamic ensembles. Journal of Chemical Theory and Computation, 2013, 9(2): 909-926

[32] Morishita T. Fluctuation formulas in molecular-dynamics simulations with the weak coupling heat bath. Journal of Chemical Physics, 2000, 113(8): 2976-2982

[33] Basconi J E, Shirts M R. Effects of temperature control algorithms on transport properties and kinetics in molecular dynamics simulations. Journal of Chemical Theory and Computation, 2013, 9(7): 2887-2899

[34] Fuzo C A, Degreve L. Effect of the thermostat in the molecular dynamics simulation on the folding of the model protein chignolin. Journal of Molecular Modeling, 2012, 18(6): 2785-2794

[35] Nose S. A molecular-dynamics method for simulations in the canonical ensemble. Molecular Physics, 1984, 52(2): 255-268

[36] Hoover W G. Canonical dynamics - equilibrium phase-space distributions. Physical Review A, 1985, 31(3): 1695-1697

[37] Toxvaerd S, Olsen O H. Canonical molecular-dynamics of molecules with internal degrees of freedom. Berichte Der Bunsen-Gesellschaft-Physical Chemistry Chemical Physics, 1990, 94(3): 274-278

[38] Martyna G J, Klein M L, Tuckerman M. Nose-hoover chains - the canonical ensemble via continuous dynamics. Journal of Chemical Physics, 1992, 97(4): 2635-2643

[39] Hünenberger P. Thermostat algorithms for molecular dynamics simulations. Advanced Computer Simulation Approaches for Soft Matter Sciences I, 2005, 173: 105-147

[40] Andersen H C. Molecular-dynamics simulations at constant pressure and-or temperature. Journal of Chemical Physics, 1980, 72(4): 2384-2393

[41] Parrinello M, Rahman A. Polymorphic transitions in single crystals: A new molecular dynamics method. Journal of Applied Physics, 1981, 52(12): 7182-7190

[42] Lazaridis T, Karplus M. Thermodynamics of protein folding: A microscopic view. Biophysical Chemistry, 2003, 100(1-3): 367-395

[43] Feig M, Brooks C L. Recent advances in the development and application of implicit solvent models in biomolecule simulations. Current Opinion in Structural Biology, 2004, 14(2): 217-224

[44] Onufriev A. Chapter 7–implicit solvent models in molecular dynamics simulations: A brief overview. Ralph A W, David C S, editor, Annu rep comput chem: Elsevier, 2008, 4: 125-137

[45] Lin J H, Baker N A, Mccammon J A. Bridging implicit and explicit solvent approaches for membrane electrostatics. Biophysical Journal, 2002, 83(3): 1374-1379

[46] Edwards S, Corry B, Kuyucak S, Chung S H. Continuum electrostatics fails to describe ion permeation in the gramicidin channel. Biophysical Journal, 2002, 83(3): 1348-1360

[47] Simonson T, Carlsson J, Case D A. Proton binding to proteins: Pka calculations with explicit and implicit solvent models. Journal of the American Chemical Society, 2004, 126(13): 4167-4180

[48] Levy Y, Onuchic J N. Water mediation in protein folding and molecular recognition. Annual Review of Biophysics and Biomolecular Structure, 2006, 35: 389-415

[49] Levy R M, Gallicchio E. Computer simulations with explicit solvent: Recent progress in the thermodynamic decomposition of free energies and in modeling electrostatic effects. Annual Review of Physical Chemistry, 1998, 49: 531-567

[50] Shea J E, Onuchic J N, Brooks C L. Probing the folding free energy landscape of the src-sh3 protein domain. Proceedings of the National Academy of Sciences of the United States of America, 2002, 99(25): 16064-16068

[51] Jorgensen W L, Chandrasekhar J, Madura J D, Impey R W, Klein M L. Comparison of simple potential functions for simulating liquid water. Journal of Chemical Physics, 1983, 79(2): 926-935

[52] Mahoney M W, Jorgensen W L. A five-site model for liquid water and the reproduction of the density anomaly by rigid, nonpolarizable potential functions. Journal of Chemical Physics, 2000, 112(20): 8910-8922

[53] Berendsen H J C, Grigera J R, Straatsma T P. The missing term in effective pair potentials. Journal of Physical Chemistry, 1987, 91(24): 6269-6271

[54] Horn H W, Swope W C, Pitera J W, Madura J D, Dick T J, Hura G L, Head-Gordon T. Development of an improved four-site water model for biomolecular simulations: Tip4p-ew. Journal of Chemical Physics, 2004, 120(20): 9665-9678

[55] Kiss P T, Baranyai A. Clusters of classical water models. Journal of Chemical Physics, 2009, 131(20): 204310

[56] Vega C, Abascal J L F. Relation between the melting temperature and the temperature of maximum density for the most common models of water. Journal of Chemical Physics, 2005, 123(14): 144504

[57] Jianping H, Shan C, Weizu C, Cunxin W. Study on the drug resistance and the binding mode of hiv-1 integrase with lca inhibitor. Science in China Series B-Chemistry, 2007, 50(5): 665-674

[58] Ma X T, Tan J J, Su M, Li C H, Zhang X Y, Wang C X. Molecular dynamics studies of the inhibitor c34 binding to the wild-type and mutant hiv-1 gp41: Inhibitory and drug resistant mechanism. PLoS One, 2014, 9(11): e111923

[59] Wang C X, Shi Y Y, Zhou F, Wang L. Thermodynamic integration calculations of binding free-energy difference for gly-169 mutation in subtilisin bpn'. Proteins-Structure Function and Genetics, 1993, 15(1): 5-9

[60] Joosten R P, Beek T a H T, Krieger E, Hekkelman M L, Hooft R W W, Schneider R, Sander C, Vriend G. A series of pdb related databases for everyday needs. Nucleic Acids Research, 2011, 39: D411-D419

[61] Xu X J, Su J G, Chen W Z, Wang C X. Thermal stability and unfolding pathways of sso7d and its mutant f31a: Insight from molecular dynamics simulation. Journal of Biomolecular Structure & Dynamics, 2011, 28(5): 717-727

[62] Cong X J, Bongarzone S, Giachin G, Rossetti G, Carloni P, Legname G. Dominant-negative effects in prion diseases: Insights from molecular dynamics simulations on mouse prion protein chimeras. Journal of Biomolecular Structure & Dynamics, 2013, 31(8): 829-840

[63] Praprotnik M, Janezic D. Molecular dynamics integration and molecular vibrational theory. Ii. Simulation of nonlinear molecules. Journal of Chemical Physics, 2005, 122(17): 174102

[64] Arkhipov A, Shan Y B, Das R, Endres N F, Eastwood M P, Wemmer D E, Kuriyan J, Shaw D E. Architecture and membrane interactions of the egf receptor. Cell, 2013, 152(3): 557-569

[65] Lindorff-Larsen K, Piana S, Dror R O, Shaw D E. How fast-folding proteins fold. Science, 2011, 334(6055): 517-520

[66] Gumbart J, Trabuco L G, Schreiner E, Villa E, Schulten K. Regulation of the protein-conducting channel by a bound ribosome. Structure, 2009, 17(11): 1453-1464

[67] Larsson D S D, Liljas L, Van Der Spoel D. Virus capsid dissolution studied by microsecond molecular dynamics simulations. PLoS Computational Biology, 2012, 8(5): e1002502

[68] Mei C, Sun Y, Zheng G, Bohm E, Kale L, Phillips J, Harrison C. Enabling and scaling biomolecular simulations of 100~million atoms on petascale machines with a multicore-optimized message-driven runtime. The International Conference for High Performance Computing, Networking, Storage, and Analysis, Seattle, USA, 2011: 1-14

[69] Shaw D E, Dror R O, Salmon J K, Grossman J P, Mackenzie K M, Bank J A, Young C, Deneroff M M, Batson B,

Bowers K J, Chow E, Eastwood M P, Ierardi D J, Klepeis J L, Kuskin J S, Larson R H, Lindorff-Larsen K, Maragakis P, Moraes M A, Piana S, Shan Y B, Towles B. Millisecond-scale molecular dynamics simulations on anton. Proceedings of the Conference on High Performance Computing, Networking, Storage and Analysis, 2009: 1-11

[70] Schlitter J, Engels M, Kruger P, Jacoby E, Wollmer A. Targeted molecular-dynamics simulation of conformational change - application to the t ↔ r transition in insulin. Molecular Simulation, 1993, 10(2-6): 291-308

[71] Laio A, Parrinello M. Escaping free-energy minima. Proceedings of the National Academy of Sciences of the United States of America, 2002, 99(20): 12562-12566

[72] Maragliano L, Fischer A, Vanden-Eijnden E, Ciccotti G. String method in collective variables: Minimum free energy paths and isocommittor surfaces. Journal of Chemical Physics, 2006, 125(2): 24106

[73] Karplus M, Pu J Z. How biomolecular motors work: Synergy between single molecule experiments and single molecule simulations. Single Molecule Spectroscopy in Chemistry, Physics and Biology, 2010, 96: 3-22

[74] Hwang W, Lang M J, Karplus M. Force generation in kinesin hinges on cover-neck bundle formation. Structure, 2008, 16(1): 62-71

（丛肖静）

第 2 章　拉伸分子动力学模拟

2.1 引　　言

蛋白质作为生命的基础物质，参与了细胞生命活动的每一个进程。其功能的发挥必须与其他分子相互作用，可以将这些与蛋白质相互作用的分子统称为蛋白质的配体，包括其他蛋白质、多肽、DNA、RNA、小分子等。蛋白质行使功能的过程可被粗略地看成是蛋白质与配体的“结合—转化—释放”的过程，对该过程的研究将有助于我们对生命基本过程的进一步理解。

原子力显微镜的发展使我们在分子水平上对该过程的实时实验研究变得可能。特别是近年来发展的原子力光谱（atomic force spectroscopy，AFS）实验，将受体蛋白质固定在基板上，配体分子固定在原子力显微镜的探针上，首先探针慢慢靠近基板，受体与配体相结合形成复合物，然后通过提升探针使得受体-配体相互分离[1, 2]。探针提升的过程既可以恒速，也可以恒力。如果是匀速提升，则可以观察到拉力随时间的变化；如果是恒力提升，则可以观察到拉升速度随时间的变化。以恒速拉升为例，通过记录拉升速度与拉力的关系，根据理论模型（如 Bell-Evans 模型[3]）可以得到复合物在平衡态的能量地形面及热力学性质等信息。

拉伸分子动力学（steered molecular dynamics，SMD）模拟正是受到原子力显微镜的启示而发展起来的计算机模拟技术[4, 5]。在 SMD 模拟过程中，需要在一个原子或多个原子上施加类似于原子力显微镜探针的外力（一般为简谐力），加速该分子或原子的运动。被施以外力的原子或原子团的质心称为 SMD 原子（SMD atom）。同样，SMD 模拟一般可分为两种类型，即恒速 SMD 模拟和恒力 SMD 模拟。本章将以恒速 SMD 模拟对该方法进行介绍。实际上，无论是 AFS 实验还是 SMD 模拟，恒速拉伸方法应用得更为广泛，本章中所讨论的方法及应用实例也将集中在恒速 SMD 上。

无论是 AFS 实验还是 SMD 模拟，首先遇到的问题都是拉伸方向的问题，目前的研究中拉伸方向都是事先确定，并假设该拉伸方向与复合物真实的解离方向是一致的，在整个拉伸过程中保持不变。由于生物体系内蛋白质-配体的结合及解离过程很复杂，上述假设不一定与实际相符。但该简化模型使得在分子水平上直接观察蛋白质与配体相互作用的过程成为可能。

与 AFS 实验相比较，SMD 模拟具有常规 MD 模拟所拥有的优点，可提供实验探针观察不到的相互作用细节等。然而，目前 SMD 模拟的结果与 AFS 的实验结果相比还有一定差距，其主要瓶颈在于拉伸速度上。AFS 的拉伸时间可以在秒量级，其拉伸速度较慢；而 SMD 模拟在目前常规的计算机上无法达到该量级，大部分 SMD 模拟的拉伸时间还局限在纳秒量级（10^{-9}s），其拉伸速度较快。本章将结合我们小组的实际工作给出两个 SMD 模拟的实例。第一个例子中的研究对象为周质结合蛋白 BtuF 与其底物维生素 B_{12} 的相互作用，通过 SMD 模拟，探明了维生素 B_{12} 从 BtuF 的解离过程[6]；在第二个实例中，利用 SMD 模拟对抗癌多肽 p28 与肿瘤抑制蛋白 p53 的相互作用模式及识别机制进行了研究，并将 SMD 模拟结果与 AFS 实验结果进行比较[7]。

2.2　拉伸分子动力学模拟方法

在 SMD 模拟过程中，若拉伸速度恒定，SMD 模拟被拉伸原子（SMD 原子）所受到的外力大小不是恒定的，而是由连接于其上的虚拟弹簧的形变程度及其弹性系数所决定的。虚拟弹簧的一端连接 SMD 原子的质心，而另一端连接一个虚拟原子（dummy atom）。在 SMD 模拟过程中，虚拟原子的运动速度恒定，而 SMD 原子在虚拟弹簧形变所产生的弹力的驱动下跟随虚拟原子而运动（图 2-1）。由于受到周围环境的阻力，在恒速 SMD 模拟中，SMD 原子和其所在的分子的运动速率不是恒定的。一般来说，只有当虚拟弹簧的弹性系数较大且拉伸速度（即虚拟原子的运动速度）较慢时，SMD 原子的运动速度才可能和虚拟原子的运动速度相近。SMD 模拟过程中，虚拟弹簧遵守胡克定律。因此，若对拉伸原子所在体系施加的外力为 F，虚拟弹簧的弹力可由下列两式得到：

$$\vec{F} = \nabla U \tag{2.1}$$

$$U = \frac{1}{2}k\left[vt - \left(\vec{r} - \vec{r}_0\right)\cdot\vec{n}\right]^2 \tag{2.2}$$

其中，U 为虚拟弹簧的弹性势能；k 为弹簧的弹性系数；v 为拉伸速度（即虚拟原子的运动速度）；t 为时间；$\vec{r}$ 和 $\vec{r}_0$ 分别为 SMD 原子质心的实际位置和初始位置；$\vec{n}$ 为拉伸方向。

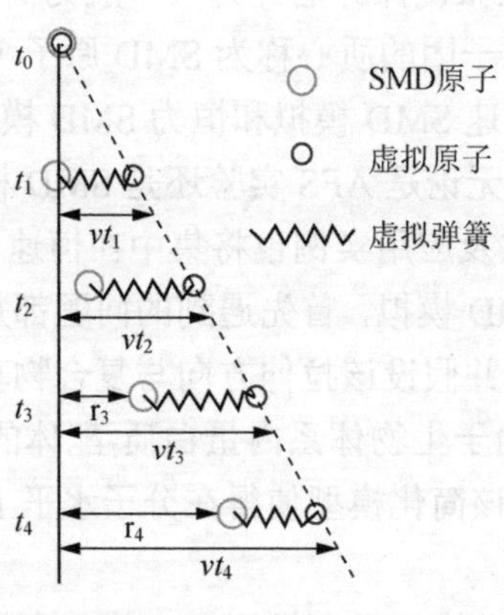

图 2-1　恒速拉伸分子动力学模拟过程示意图

在得到复合物的 SMD 模拟运动轨迹后，一般运用 Jarzynski 等式[8]对数据进行分析，计算其平均力势（potential of mean force，PMF），即沿着反应坐标的自由能分布。Jarzynski

等式确定了沿着连接初态和末态的非平衡态路径所做功的分布与初态和末态间自由能差ΔG的关系[8, 9]，即

$$\left\langle e^{-\frac{W}{k_B T}} \right\rangle = e^{-\frac{\Delta G}{k_B T}} \tag{2.3}$$

其中，W是施加在体系上的力所做的功；k_B是玻尔兹曼常数；T是热力学温度；尖括号是指对不同初始态的解离轨迹求平均；反应坐标为拉伸原子与固定原子间的距离。已有许多方法可以根据 SMD 模拟轨迹计算得到 PMF[10~12]。这里，我们采用二阶累积表达式[10]来确定 PMF，

$$\Delta G = \langle W \rangle - \frac{\sigma_W^2}{2k_B T} \tag{2.4}$$

其中，$\langle W \rangle$是对所有轨迹求平均，σ_W^2是W分布的方差。

2.3　拉伸分子动力学模拟实例

2.3.1　周质结合蛋白与配体相互识别研究

革兰氏阴性菌的周质结合蛋白（periplasmic binding protein，PBP）游离于细胞外膜与内膜之间的周质空间中，主要负责调控细菌的物质转运和趋化现象[13~15]。由于革兰氏阳性菌只有单层膜结构，因此其周质结合蛋白是嵌入在其细胞膜之上的[16, 17]。PBP 结合的底物种类繁多，包括糖、氨基酸、多肽、离子及维生素等物质。而如此多种类的底物，也恰恰反映出了 PBP 在蛋白质一级结构上的差异。虽然不同种类的 PBP 在一级结构上存在明显差异，但是它们却拥有十分相似的高级结构，都由 N 端与 C 端两个球状结构域以及连接二者的多变连接区组成。目前，对周质结合蛋白的分类方法主要有三种：一级结构的相似性[13, 18]、球状结构域的拓扑结构[19~21]，以及连接区（linker）的数量[22]。根据第三种分类方法，可将目前已知的 PBP 分为三类。第一、二、三类 PBP 分别有三条、两条和一条 linker[14, 23]。大肠杆菌维生素 B_{12} 转运体系包括 BtuB[24]、BtuF[23, 25, 26]、BtuC 及 BtuD[26, 27]。其中，BtuB 是外膜转运蛋白，负责将维生素 B_{12} 从外界环境转运到周质空间中；BtuF 是周质结合蛋白，负责结合周质空间中的维生素 B_{12}，并将其运送至镶嵌在细胞膜上跨膜转运蛋白处，协助其将维生素 B_{12} 转运至细胞膜内；BtuC 和 BtuD 组成跨膜转运蛋白，隶属于三磷酸腺苷结合盒转运子（ATP-binding cassette transporter，ABC 转运子）家族[27]。在 ATP 水解所释放出的能量的激励下，BtuCD 负责将维生素 B_{12} 主动转运到细胞膜内。ABC 转运子与多种生物学过程，如营养吸收、蛋白质分泌、抗药性、抗原提呈（antigen presentation）等都有密切的关系[28~31]。大肠杆菌维生素 B_{12} 转运体系中所涉及的蛋白质的晶体结构都已被测定。迄今为止，该转运体系依然是唯一一个晶体结构完全已知的转运体系[22, 32]。基于近年来测定的晶体结构，Borths 等推测出了 BtuF 与 BtuCD 可能的结合模式[23]。该模式认为，在 BtuF 与 BtuC 相互识别的

过程中，位于 BtuF 两侧球状结构域底部带负电荷的 Glu 应插入到 BtuC 膜外区由带正电的 Lys 和 Arg 所构成的正电口袋（positively charged pocket）中，并与之形成牢固的盐桥（图 2-2）。2008 年，Hvorup 等测定出了维生素 B_{12} 转运后的 BtuF-BtuCD 的复合物晶体结构，该结构证明了 Borths 等的假设[33]。

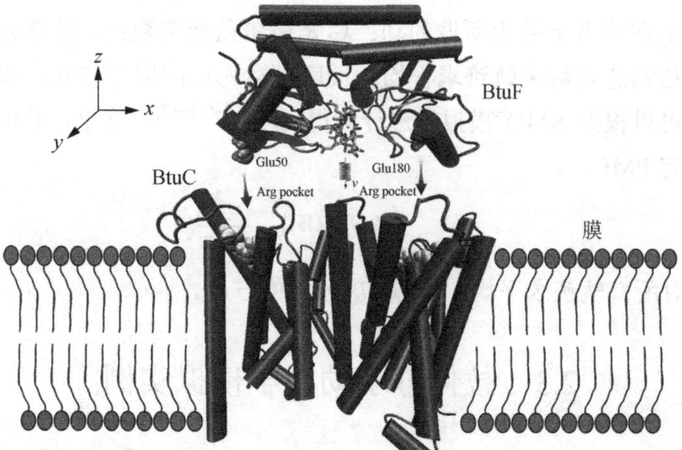

图 2-2 BtuF 与 BtuC 相互识别过程示意图。连接在维生素 B_{12} 下面的弹簧的运动方向沿 z 轴负方向，与 BtuC 中维生素 B_{12} 的转运通道平行

由于 BtuF 的连接区仅有一条 linker，因此其在分类上隶属于第三类周质结合蛋白。目前，BtuF 结合维生素 B_{12} 前后的晶体结构都已被确定[23, 25]。根据已测定的周质结合蛋白的晶体结构，目前普遍认为第一类和第二类 PBP 在结合及释放底物的过程中会发生较大的构象变化。当与底物结合时，其 N 端和 C 端结构域会相互靠拢并相对于彼此发生一定程度的扭转（twisting），最终紧紧地包裹住底物；而当与跨膜转运蛋白相结合后，PBP 的 N 端和 C 端结构域会在跨膜转运蛋白的作用下相对于彼此扭转并打开，以有利于底物的释放。当底物被跨膜转运蛋白运输至细胞膜内后，PBP 便会与转运蛋白脱离以进入下一个运动周期，从而为捕获下一个底物做好准备。由于该过程酷似捕蝇草捕食昆虫的过程，因此这种作用机理又被形象地称为“捕蝇草”机制[15]。在已确定的第三类 PBP 的晶体结构中尚未发现处于开放状态的结构。比较同种第三类 PBP 结合其底物前后的晶体结构发现，二者之间的差别很小，因此很多研究者认为以 BtuF 为代表的第三类 PBP 的工作机理可能不同于第一、第二类 PBP[34]。然而，Kandt 等通过大规模、长时间的 MD 模拟发现，BtuF 的柔性可能要比想象中的大得多[22]。在未结合维生素 B_{12} 的情况下，BtuF 的构象可能处于开放和闭合两态的动态平衡之中，而在与维生素 B_{12} 结合之后，BtuF-B_{12} 复合物则会保持相对稳定的闭合状态。基于这些结果，该工作最后推断 BtuF 可能依然采用与第一、第二类 PBP 相类似的工作机理来结合和释放其底物。

尽管对于 BtuF 的研究目前已取得一定的进展，但是 BtuF 的具体工作机理及在配体结合和释放过程中一些与功能相关的细节问题依然没有得到很好的阐述。在本工作中[6]，采用 SMD 模拟方法对维生素 B_{12} 从 BtuF 结合口袋中解离过程进行研究，为解释 BtuF 的工作机理提供了一些新的理论支持。所有动力学模拟均由 NAMD 2.6[35]程序完成，蛋白质、水分子及离子均采用 CHARMM 27 全原子力场[36, 37]。维生素 B_{12} 的力场参数来自 Marquesa 等所报道的参数[38]，并根据实际情况对极小部分参数进行了细微的修正。

根据 Jarzynski 方程，外力对体系所做的功实际上等于外力对体系和虚拟弹簧所做的功的总和与虚拟弹簧弹性势能增量的差值。尽管弹性势能的计算并不困难，但是当外力做功所引起弹性势能增量较大时，Jarzynski 方程却不再适用[39]。避免弹性势能过大最行之有效的办法是采用所谓的“硬弹簧（hard spring）”法[10]，即在 SMD 模拟时采用弹性系数较大的虚拟弹簧来牵引 SMD 原子。采用该方法，不仅能够非常有效地降低由于 SMD 的运动相对于虚拟弹簧滞后所产生的弹性势能的增加，而且还可以在计算外力对体系做功时忽略弹性势能的计算[33, 40]。在本工作中，由于采用了“硬弹簧”法，为了保证之后分析的正确性，必须首先确保弹簧的弹性系数足够强。根据 Park 等的结论，判断恒速 SMD 中弹簧的弹性系数是否足够强，即是否满足“硬弹簧”条件的标准为：SMD 原子的位移（即在弹簧速度方向上的投影）随时间变化的曲线必须近似为直线[10]。可以想象，在满足此条件时，SMD 原子的运动将随牵引其运动的虚拟弹簧而运动，因而产生的弹性势能很小，可以忽略不计。如图 2-3A 所示，在四次 SMD 模拟中，SMD 原子的位移轨迹都十分接近弹簧的运动轨迹（图中黑色直线），由此说明本工作中所有 SMD 模拟都满足“硬弹簧”条件。此外，想要比较准确地得到体系的自由能变化，还需要保证外力对体系做功的波动不能过大，即要保证在 SMD 模拟过程中外力对体系所做的功的标准差不应过大[10, 40]。一般认为，外力对体系做功的波动不应大于 5 k_BT。只有当外力做功的标准差满足该条件时，使用 Jarzynski 方程计算体系自由能变化才有意义[8, 39, 41, 42]。在本工作中，外力对体系做功的最大标准差为 11.7 kJ/mol，在模拟温度为 310 K 时，约等于 4.5 k_BT，在允许范围以内[10, 40]。通过以上的分析可以看出，本工作中的所有 SMD 模拟不但满足“硬弹簧”条件，而且外力对体系做功的波动也在允许范围内，因此说明在本工作中利用 Jarzynski 方程计算体系自由能变化是合理且可行的。

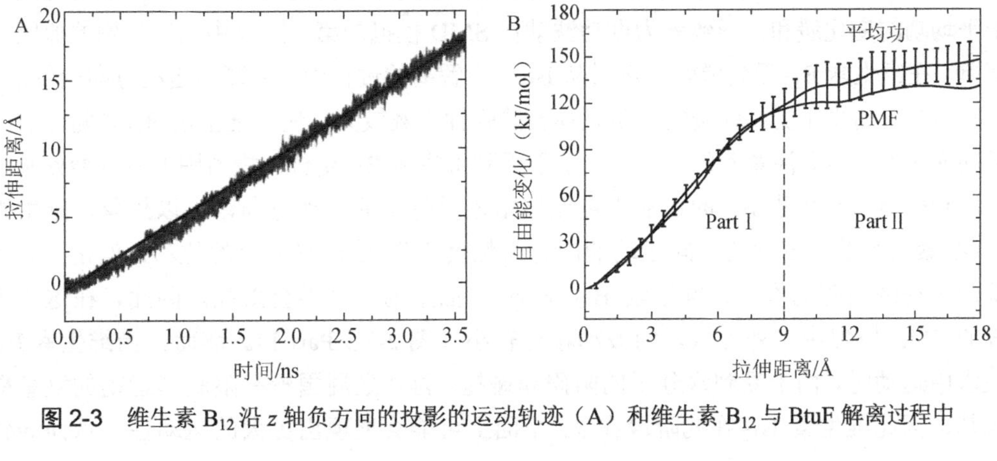

图 2-3　维生素 B_{12} 沿 z 轴负方向的投影的运动轨迹（A）和维生素 B_{12} 与 BtuF 解离过程中

的 PMF 及平均功（B）。图 A 中不同的颜色代表不同的 SMD 模拟，黑色直线代表虚拟原子的运动轨迹；图 B 中平均功曲线的竖线代表标准差（另见彩图）

图 2-3B 两条曲线中靠上的一条为外力对体系所做的四次 SMD 模拟的平均功随 SMD 原子沿 z 轴负方向的位移变化的曲线，其上的竖线代表标准差；靠下的曲线为维生素 B_{12} 在外力作用下沿 z 轴负方向运动过程中体系的自由能变化，即平均力势。一般说来，平均力势曲线在某种程度上可以反映出蛋白质的结构特征和其功能之间的关系[43]。根据图中曲线的走势和其所对应的 SMD 模拟过程，图 2-3B 可大致分为两部分。第一部分为 0～9 Å（Part I），第二部分为 9～18 Å（Part II）。在第一部分中，两条曲线都单调递增，代表在外力作用下维生素 B_{12} 从其结合口袋中解离的过程。在该过程中，外力要克服 BtuF 与维生素 B_{12} 之间的相互作用而做功，因此反应在平均功曲线上为一个递增的过程。再看平均功曲线，由于该曲线的第一部分是单调递增的，因此说明在外力将维生素 B_{12} 从其结合口袋拉出这一过程中，BtuF 对维生素 B_{12} 的作用可能始终是阻止其解离的。换句话说，BtuF 中与维生素 B_{12} 结合的氨基酸残基对于二者结合的贡献可能都是有益的。假设在维生素 B_{12} 结合口袋处存在着不利于维生素 B_{12} 结合的氨基酸残基，那么在对维生素 B_{12} 施加外力时，该残基就可能会对维生素 B_{12} 的解离做出一定贡献，从而使得外力做功曲线会出现一个小的平台期甚至一个较小的凹陷。再观察第二部分，可以发现两条曲线的上升趋势都变得较之第一部分平缓许多，标志着维生素 B_{12} 从 BtuF 解离后在水中随着拉力方向做近似匀速运动。由于“硬弹簧”的作用，维生素 B_{12} 在脱离了 BtuF 的束缚之后，其运动速率和方向很快便与牵引其前进的虚拟弹簧趋同。由于此时弹簧几乎不伸长，因此在此阶段外力对体系几乎不再做功，而体系自由能变化也很小。

在第一部分中，平均功曲线与体系自由能变化曲线几乎一致，很难将二者区分。在第二部分中，二者却泾渭分明。造成这种现象的主要原因是外力做功在第二部分，即在水中拉动维生素 B_{12} 前进这一过程中的波动较大。显然，根据 Jarzynski 方程, 在 SMD 模拟符合硬弹簧条件的前提下，外力做功的波动越大，则计算出的平均力势越小。正是由于在第二部分中，外力对体系做功的波动较大，因此使得第二部分中自由能变化相对于平均功的变化缓和，导致外力做功波动在 SMD 模拟的第二阶段中迅速加剧的原因很简单。在维生素 B_{12} 受到弹簧的牵引从 BtuF 中解离的过程中，弹簧的运动方向始终沿 z 轴负方向。而由于受到弹簧的牵引且弹簧的弹性系数较大，使得维生素 B_{12} 紧随弹簧的运动而运动。需要注意到的一点是，由于受到维生素 B_{12} 结合口袋周围的氨基酸残基的阻碍和碰撞，维生素 B_{12} 的运动不可能严格追寻弹簧的运动方向，可以想象，维生素 B_{12} 在紧随弹簧沿 z 轴负方向运动的同时必然会产生在 xy 平面上的位移。但是，同样是由于周围残基的作用，维生素 B_{12} 在 xy 平面上的运动不会太强。因此，在这个阶段的 SMD 模拟中，外力做功的波动相对较小（图 2-3B Part I）。然而，当维生素 B_{12} 在水中运动时，由于受到水分子的阻碍和碰撞，再加之周围没有限制其运动的氨基酸残基，因此维生素 B_{12} 在此阶段在 xy 平面上可能会展现出更大的运动性，从而导致外力做功的波动较大。对四次 SMD 模拟的轨迹进行观察之后发现，维生素 B_{12} 在 SMD 模拟的第一阶段内的运动轨迹几乎重合，而当维生素 B_{12} 进入水中后，其运动轨迹则各不相同。

如图 2-3B 所示，通过 Jarzynski 方程计算出的维生素 B_{12} 解离过程中自由能变化约为 113 kJ/mol，而整个拉伸过程中体系自由能变化约为 117 kJ/mol。实验已经测定，BtuF-B_{12} 的结合自由能约为 30 kJ/mol[32]。显然，本工作中计算出的自由能差值远大于实验测得的结合自由能。然而这并不令人感到奇怪，因为利用 Jarzynski 方程计算出的维生素 B_{12} 解离过程中自由能变化并不能简单地认为与其结合自由能等价。事实上，本工作中得到的自由能变化曲线仅能描述维生素 B_{12} 在当前条件，即假定 BtuF 在维生素 B_{12} 解离过程中不发生较大规模构象变化的情况下，从 BtuF 中解离的难易程度。很显然，根据计算得到的结果，在当前情况下，维生素 B_{12} 很难从 BtuF 中解离，而这与 Kandt 等得到的结论相吻合[22]。

基于以上的讨论，一个很自然的假设是 BtuF 在释放维生素 B_{12} 的时候很可能会发生较大规模的构象变化以促进维生素 B_{12} 解离。根据最近公布的 BtuCDF 复合物的晶体结构，发现维生素 B_{12} 在被 BtuCD 转运至细胞膜内后，BtuCD 和 BtuF 都发生了较大的构象变化[26]。但是，由于该复合物结构描述的是维生素 B_{12} 转运后的 BtuCDF 的复合物结构，因此我们很难从中判断 BtuF 是在维生素 B_{12} 转运完成前还是完成后发生的大规模构象变化。根据 Kandt[22]和我们的结论，BtuF-B_{12} 复合物结构非常稳定，在没有外力作用的情况下 B_{12} 很难解离。因此我们推断，当 BtuF-B_{12} 复合物未与 BtuC 结合时，不大可能发生较大的构象变化；而当 BtuF-B_{12} 与 BtuC 的膜外区结合后，在 BtuCD 的驱动下，BtuF 可能会渐渐发生构象变化，从而促进维生素 B_{12} 的解离。当维生素 B_{12} 被转运至细胞膜内之后，BtuF 可能会在 BtuCD 的驱动下继续发生较大规模的构象变化，直到最后从 BtuC 膜外区脱离。

根据 Ivetac 等主成分分析的结论，自由态的 BtuF 不仅能够展现出明显的“开-合”运动，而且还可能进行扭转运动[44]。该结论与 Kandt 等用正则模分析（normal mode analysis，NMA）得到的结果相符[22]。综合他们的计算结果，可以总结 BtuF 在自由态的运动模式，即其两个球状结构域可能在进行开合运动的同时还会相对于彼此进行“扭转”运动，形成一种开合和扭转并进的运动模式，而这种运动模式与一直以来被认为只有第一、二类周质结合蛋白才有的“捕蝇草”模式是吻合的。既然 BtuF 在自由态下拥有如此的运动模式，那么 BtuF 在结合了维生素 B_{12} 之后是否依然有类似的运动，或者说有类似的运动趋势呢？为了探寻复合物状态下的 BtuF 的运动模式，对 BtuF-B_{12} 复合物 MD 轨迹进行了主成分分析，其第一、第二主成分分别如图 2-4A 和 B 所示。显然，主成分分析表明，即使是在 BtuF-B_{12} 中，BtuF 依然展现出了“开-合”和“扭转”运动的趋势，而这正说明 BtuF 的柔性要比想象的大得多，很可能也采用所谓的“捕蝇草”机制来结合和释放其底物。

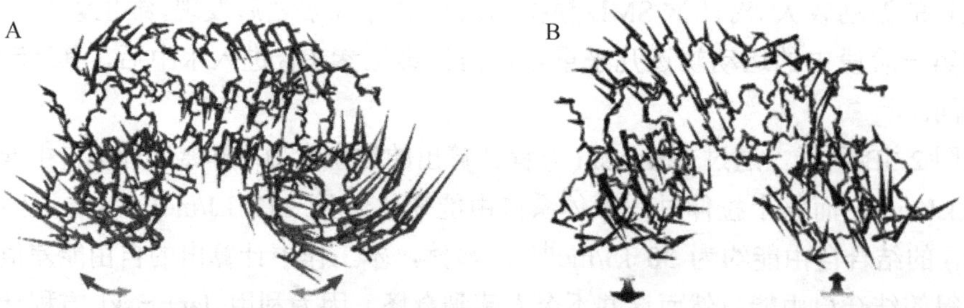

图 2-4　BtuF-B_{12}复合物主成分分析示意图。A．第一运动模式的“箭猪”图；B．第二运动模式的“箭猪”图。图中的圆锥体位于每一个C_α原子上，其长度代表该点的运动强度，方向指向另一个极端构象

为了更进一步的解释 BtuF 的工作机理，对 BtuF-B_{12}的 MD 轨迹进行了较为深入的分析。从直觉上来讲，一般会认为靠近 BtuF 两侧的氨基酸残基的柔性要大于位于连接区上的残基。在计算出了 BtuF-B_{12}复合物在 10 ns MD 模拟过程中的C_α原子的均方根涨落后（图 2-5），发现位于 BtuF 两侧的球状结构域上的氨基酸残基柔性较大，尤其是位于维生素 B_{12} 结合口袋附近 loop 区，如 44～50 和 140～150 等；柔性最弱的区域则位于连接区（残基号：106～126）。这些结果与实验给出的结果吻合得很好[25]。如图 2-5 所示，位于 N 端结构域 Gln45 附近的残基和位于 C 端结构域上的 Asp169 附近的残基柔性都明显高于其他残基。根据 BtuCDF 的晶体结构[26]，发现 Gln45 和 Asp169 等氨基酸残基位于 BtuF 与 BtuC 的膜外 loop 区的结合界面上。由于涉及与 BtuC 膜外 loop 区的相互识别，因此 Gln45 和 Asp169 附近的氨基酸残基的高柔性就显得不足为奇了。

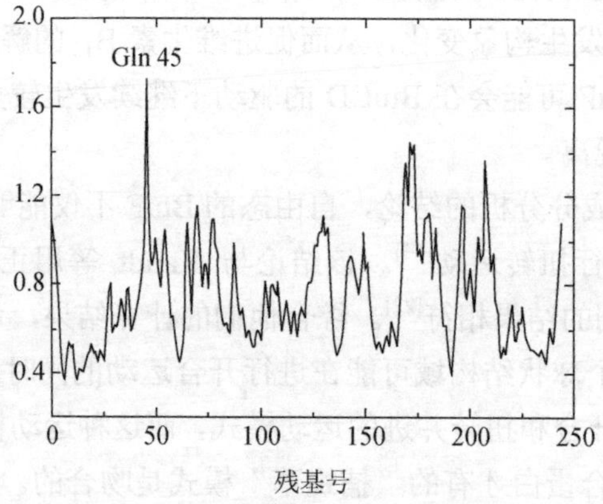

图 2-5　BtuF C_α原子的均方根涨落

根据图 2-5 所示的结果，Gln45 的柔性最大，其C_α原子的 RMSF 达到了 1.7 Å。在检查了 MD 模拟轨迹之后发现，Trp44 和 Gln45 两个残基的侧链始终紧紧地包裹在维生素 B_{12} 的底部。而在所有 SMD 模拟中，位于维生素 B_{12} 解离路径上的 Trp44 和 Gln45 两个残基，尤其是 Trp44，直到最后一刻才与维生素 B_{12} 分离。比较 BtuF 结合维生素 B_{12} 前后的晶体结构[23, 25]之后发现，Trp44 和 Gln45 的构象在两个晶体结构中是不同的

(图 2-6)。在复合物晶体结构中，Trp44 和 Gln45 的侧链指向 BtuF 的内部，构成了维生素 B_{12} 结合口袋的一部分，与维生素 B_{12} 结合较为紧密，特别是 Trp44 的侧链，与维生素 B_{12} 的咕啉环结合紧密；而在 BtuF 未结合维生素 B_{12} 时，根据其晶体结构发现，这两个残基的侧链都指向维生素 B_{12} 结合口袋的外侧。根据这些发现，我们推测 Trp44 和 Gln45 可能在维生素 B_{12} 结合和解离的过程中起“门控”作用。在 BtuF 结合维生素 B_{12} 之前，这两个残基可能会较倾向于开放状态，从而增大了维生素 B_{12} 的结合口袋，有利于维生素 B_{12} 的结合；而当 BtuF 与维生素 B_{12} 结合之后，这两个残基则可能会更倾向于闭合状态，使得 BtuF 与维生素 B_{12} 的结合更加紧密。在 BtuF-B_{12} 复合物与 BtuC 的膜外 loop 区结合后，为了促进维生素 B_{12} 的解离，这两个残基则可能首先发生一定的构象变化。

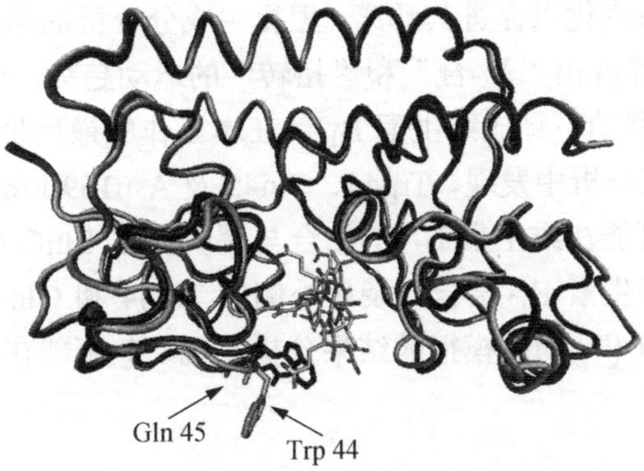

图 2-6　BtuF 结合维生素 B_{12} 前后的结构的比较，维生素 B_{12} 由灰色棍棒模型表示；BtuF 结构由黑色管道模型表示，自由态 BtuF 由灰色管道模型表示；两个结构中 Gln45 和 Trp44 分别由黑色和灰色棍棒模型表示

BtuF 中的 Trp44 和 Gln45 可与最近解析出的两种细菌亚铁血红素周质结合蛋白 ShuT 和 PhuT 中的亚铁血红素结合酪氨酸（heme tyrosine，heme Tyr）残基联系起来[45]。在结合了 heme 的 ShuT 和 PhuT 晶体结构中发现，该酪氨酸残基指向 heme 结合口袋内；而在未结合 heme 时，根据 ShuT 的晶体结构发现，该残基指向 heme 结合口袋外侧。而由于尚未得到自由态 PhuT 的晶体结构，因此无法断定其 heme Tyr 的取向。虽然这里的 heme Tyr 的构象变化规律与 BtuF 中的 Trp44 和 Gln45 类似，但是它们对于底物结合的贡献却不相同。在 ShuT 中，heme Tyr 的真正作用实际上是与位于 heme 咕啉环中央的 Fe^{2+}离子形成配位键从而稳定 heme 的构象[45]，而不像 BtuF 中 Trp44 和 Gln45 的门控机制。此外，在与 BtuF 的三级结构十分类似的铁载体结合蛋白 FhuD[34]中也没有发现类似于 Trp44 和 Gln45 的门控残基。基于这些事实，我们推测 BtuF 的门控机制可能并非为第三类周质结合蛋白所共有的特征。

在对 5 种细菌的 BtuF 的氨基酸序列进行比对后发现，在 3 种细菌中其门控残基为 Trp-Gln，而在另外 2 种细菌中则分别为 His-Gln 和 Asn-Arg[25]。尽管门控残基的保守性不是很高，但其突变也并非没有规律。例如，His 与 Trp 相比虽然其理化性质相差较远，但是 His 与 Trp 同属杂环类氨基酸残基，再加上 His 的侧链也较长，因此它可能起到与残基 Trp 类似的作用。再如，Asn-Arg，其中虽然 Asn 较之 Trp 的侧链要短很多，但是 Arg 的侧链却远长于 Gln，因此也可能起到门控的作用。

在本工作中，我们对 BtuF-B12 复合物进行了 MD 模拟和 SMD 模拟，并利用 Jarzynski 方程计算出了维生素 B_{12} 在外力驱动下解离过程的平均力势。在整个 SMD 模拟过程中，SMD 原子的运动轨迹与弹簧运动轨迹几乎一致且外力对体系做功的波动较小，说明利用 Jarzynski 方程计算得到的平均力势是合理的。由于 PMF 曲线是单调递增的，因此说明在维生素 B_{12} 的结合口袋中没有不利于维生素 B_{12} 结合的氨基酸残基。此外，根据 MD 模拟以及计算出的 PMF，发现 BtuF-B_{12} 复合物处稳定的闭合状态，这与 Kandt 等的结论相吻合[22]。根据最近获得的 BtuCDF 复合物的晶体结构及我们 SMD 模拟的结果，发现在 BtuF-B_{12} 复合物与 BtuC 的模拟 loop 区结合后，BtuF 在维生素 B_{12} 解离过程中可能会发生较大规模的构象变化以促进其解离。根据主成分分析的结果，发现即使是在复合物状态下，BtuF 也能展现出“开-合”和“扭转”的运动趋势，而这些运动趋势无疑有助于 BtuF 在 BtuC 的驱动下释放维生素 B_{12}。在本工作的最后阶段，对 BtuF 的柔性做了比较深入的分析。在分析中发现，Trp44、Gln45 及 Asp169-Pro173 等氨基酸残基的柔性远大于其他残基，可能在维生素 B_{12} 的结合与解离及与 BtuC 相互识别的过程中起一定作用。特别是位于维生素 B_{12} 结合口袋最外侧的 Trp44 和 Gln45，通过比较多个晶体结构、序列比对及 MD 和 SMD 模拟的结果分析发现，其可能在维生素 B_{12} 的结合和解离过程中起门控作用。

2.3.2　抗癌多肽 p28 与肿瘤抑制蛋白 p53 的拉伸分子动力学研究

P28 是来自 blue copper azurin 蛋白质的 28 个氨基酸（氨基酸序列 50～77）组成的多肽，研究显示该多肽能够通过结合到转录因子 p53 上进而达到抑制肿瘤的作用[46, 47]。最近，Bizzarri 和 Cannistraro 等将 AFS 实验应用到 p28-p53 体系上，具体研究了 p28 与全长的 p53 以及 p53 的各个结构域的解离过程[48]。研究发现，p28 只结合到 p53 的 DNA 结合域（DNA binding domain，DBD）上，与 N 端的转录结构域和 C 端的四聚化结构域都无相互作用。

然而，AFS 不能提供在结合位点上的原子细节信息，甚至不能测量复合物解离的实时演化过程，而这些对理解分子间的识别机制都是非常重要的[25, 26]。针对这些问题，我们运用 SMD 模拟方法研究 p53 DBD 与 p28 形成的复合物的解离过程。

SMD 模拟过程中，我们对 p28-p53 DBD 的设置尽可能地与该体系的 AFS 实验中的设置保持一致[48]。特别地，在 p28 的 N 端增加了一个 Cys，模拟 AFS 实验中通过附加的 Cys 中硫原子将 p28 连接到 AFM 的探针上，p28 则变成了 p29，p29 的序列也相应地变为从 Cys1 到 Asp29。同时，对于 p53 DBD 中的固定原子，选取 Lys139 侧链的氮原子来模拟 AFS 实验中将 p53 DBD 锚定在基板上。后者是根据如下方法选取的：首先查看 p53 DBD 中所有的赖氨酸，挑选在将 p53 DBD 锚定在基板时既不影响它的结构又不影响复合物形成的赖氨酸。在 5 个赖氨酸中（Lys101、Lys120、Lys132、Lys139 和 Lys164，

图 2-7 中用主链上的球表示），Lys101、Lys132 和 Lys164 处于复合物的结合界面附近，因此被排除。类似地，Lys120 也被排除，通过该残基将 p53 DBD 固定到基板上会阻碍复合物的形成。旋转 p29-p53 DBD 的复合物，使得 p53 DBD-Lys139 的氮原子与 p29-Cys1 的硫原子的连线与 x 轴平行。最后，复合物被放置在一个体积为 15.0 nm×7.0 nm×7.2 nm 充满 SPC 水分子的盒子中心，并运行 MD 使体系达到平衡。在 SMD 模拟中，固定 p53 DBD-Lys139 的氮原子，沿着 x 轴方向拉动固定在 p29-Cys1 硫原子的弹簧（图 2-7），拉伸速度恒定，外加力随时间变化：$F(t)=k(vt-\Delta x)$。其中，弹簧系数 k 设为 100 kJ/(mol • nm^2)（约 0.166 N/m）；Δx 是被拉伸原子相对初始位置沿 x 轴的偏移量。这里研究了 5 个不同的拉伸速度：0.5、1、3、5、10 nm/ns。对于拉伸速度最慢的模拟时间为 18 ns，拉伸速度为 1 nm/ns 的模拟时间为 10 ns，剩下的模拟时间都为 5 ns，以保证在模拟时间内复合物完全解离。对于每一个拉伸速度，运行了 5 条相互独立的轨迹。

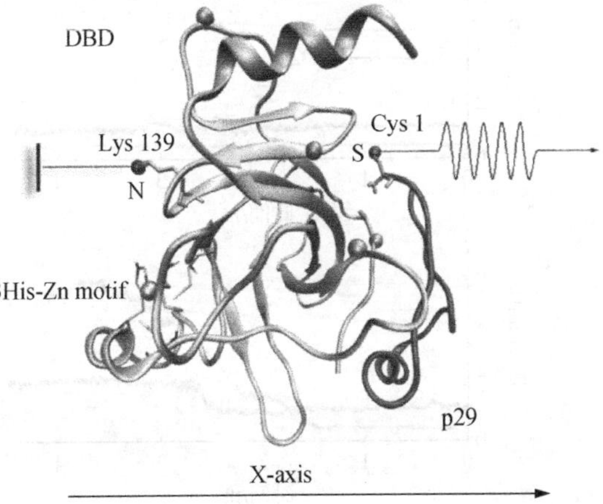

图 2-7　p29-p53 DBD 复合物 SMD 起始构象示意图：p53 DBD 中 Lys139 的 N 原子被固定，沿着 x 轴方向拉动 p29 中 Cys1 的硫原子。位于主链上的球显示的是 p53 DBD 中除了 Lys139 外的赖氨酸 C_α 原子

为了定量地监测复合物 p29-p53 DBD 在 SMD 过程中的结构变化，我们计算了几对原子对间的距离随模拟时间的变化情况。特别地，选择了如下两对原子对（图 2-8A）：① D1，Ala6 的 C_α 原子与 Tyr24 的 C_α 原子间的距离，用来监测 p29 的 β 片层的构象变化；② D2，Val11 的 C_α 原子与 Ser18 的 C_α 原子间的距离，可用来监测 p29 中 α 螺旋的构象变化。当拉伸速度低于 1 nm/ns 时，在整个模拟过程中 D1 和 D2 的值都保持在初始值附近，多肽的 α 螺旋和 β 片层结构也都保持稳定。在更高的拉伸速度下，D1 和 D2 偶尔会明显偏离初始值。

图 2-9 显示了拉伸速度为 3 nm/ns 时 D1 和 D2 表现出的两种不同的情况。图 2-9A 显示了 D1 和 D2 在模拟过程中几乎保持不变的情况，与 p29 在拉伸过程中结构保持稳定相一致。在另一些轨迹中，D1 和 D2 的值都明显上升，D1 甚至超过 5 nm（图 2-9B），这些距离的增加对应着 loop 的打开以及 α 螺旋的部分去折叠。

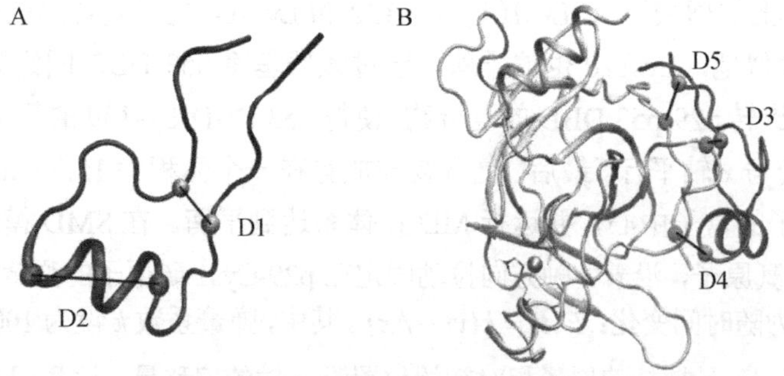

图 2-8　（A）p29-p53 DBD 复合物中多肽 p29 的初始结构，D1 和 D2 用来监测 p29 在 SMD 过程中的结构变化；（B）p29-p53 DBD 复合物的初始结构，D3～D5 被选来监测蛋白-多肽间的界面在解离过程中的变化情况

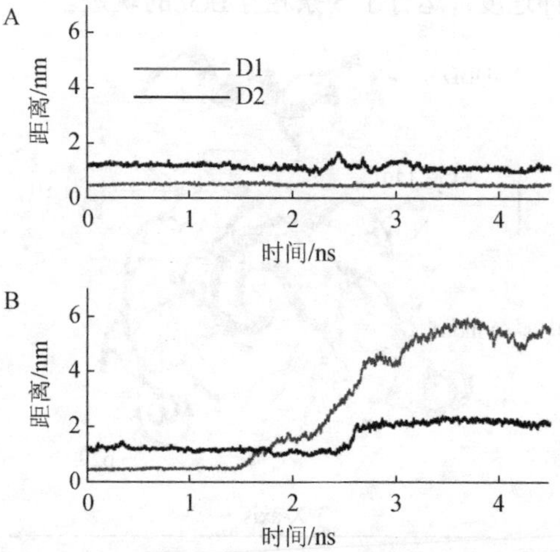

图 2-9　p29-p53 DBD 复合物 SMD 模拟过程中 D1（灰线）和 D2（黑线）随时间的变化。这里显示的是拉伸速度为 3 nm/ns 的轨迹，图 A 对应于 p29 的结构保持稳定的情况，图 B 对应于 p29 发生大的去折叠的情况

复合物的构象变化通过监测以下几对分子间的原子对距离来实现（图 2-8B）：① D3，p53 DBD 中的 C_α-Ser166 与 p29 中的 C_α-Ala5 间的距离；② D4，p53 DBD 中的 C_α-Val97 与 p29 中的 C_α-Gly10 间的距离；③ D5，p53 DBD 中的 C_α-Lys101 与 p29 中的 C_α-Asp28 间的距离。对应于 p29 在模拟过程中表现出的两种不同的现象，p28 与 p53 DB 的解离过程是沿着明显不同的路径进行的。对应于复合物解离过程中 p29 未发生大的构象变化的情况，p29-p53 DBD 复合物的解离过程主要是沿着 D5—D3—D4 的顺序进行的：p29 的两端和 β 片层首先与 p53 DBD 的表面分离，α 螺旋最后解离。而对应于 p29 在拉伸过程中出现显著的去折叠过程的情况，其解离过程是沿着 D3—D4—D5 的顺序进行的：当 p29 的 N 端与结合界面分离时，C 端与 p53 DBD 稳定地结合着，然后 loop 结构被打开，伴随着 β 片层的分离，紧接着是 α 螺旋从结合界面上分离（D4），最后 p29 的 C 端也开始从 p53 DBD 的表面离开。

有意思的是，考虑所有的不同拉伸速度的模拟轨迹，在 85%的轨迹中 p29 的结构都较为稳定。在这些轨迹中，复合物的解离过程根据 D3—D4—D5 的距离变化都沿着一个固定的解离路径。

复合物间形成的氢键网络在复合物的形成及稳定中起着至关重要的作用，这里我们也进一步分析了模拟过程中复合物间的氢键的行为。图 2-10 显示了复合物间形成的氢键的数目随时间的变化。作为比较，图 2-10 中同时显示了平衡 MD 模拟（不加外力）时复合物间形成的氢键数目随时间变化情况（图中灰线表示）。模拟的初始阶段，氢键的数目在 10 左右摇摆，然后逐步地减少为 0，在所有轨迹中都观察到该现象。

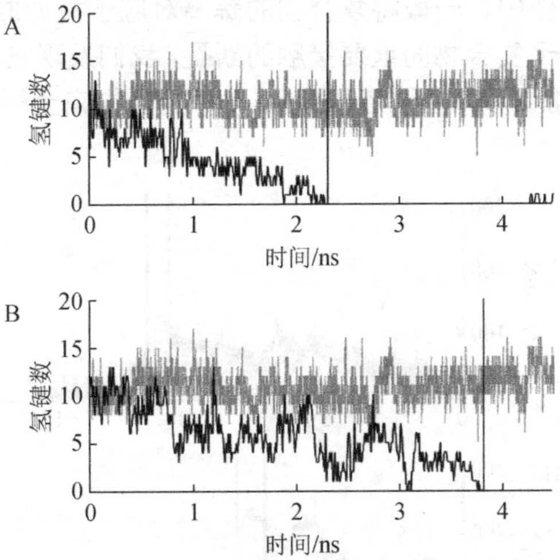

图 2-10　SMD 模拟过程中 p29-p53 DBD 复合物间形成的氢键数目随时间的变化（黑线）。这里显示的是拉伸速度为 3 nm/ns 的轨迹，图 A 对应于 p29 的结构保持稳定的情况，图 B 对应于 p29 发生大的去折叠的情况。图中的垂直线对应于复合物刚刚完全解离的时刻。作为对比，图中还显示了施加外力时复合物间形成的氢键数目的变化情况（灰线）

有趣的是，氢键的数目在模拟一开始便逐渐减少，这暗示着即便复合物的解离过程还未发生，拉伸过程也会减弱复合物间的氢键网络。当 p29 的结构在拉伸过程中保持稳定时，氢键数量在 2.5 ns 内减少为 0，而当 p29 的结构发生大的去折叠时则需要更长的时间（达到 4 ns），这与复合物解离过程所需的时间相一致（参看图 2-10 中的垂直线，这里假设解离完成在 p53 DBD 中所有的 C_α原子与 p29 中所有的 C_α原子间的距离都超过 1.3 nm）。这些现象在其他的轨迹中同样观测到。当拉伸速度增加时，氢键网络被打断的速度也更快。

总之，当使用较低的拉伸速度时，p29 在从 p53 DBD 上解离下来时结构保持稳定，复合物的解离过程沿着一个较为固定的路径（D5—D3—D4）。这些结果显示了复合物的形成及调节过程中分子间接触部位，可为设计优化多肽的结构以提高其结合能力提供一些有用的帮助。对于大的拉伸速度，在拉伸过程中 p29 偶尔会发生大的去折叠，暗示着充分考虑来自较低拉伸速度的轨迹信息非常重要。

通过合适的理论方法，可以从非平衡的 SMD 模拟中提取在平衡态时复合物形成的动力学信息以及解离过程的能量地形面[4, 49]。首先，我们分析了在不同拉伸速度下作用到复合物上的力随时间的演化情况。在下面的分析中，只考虑了在拉伸过程中两个单体

p53 DBD 和 p29 都保持相对稳定的轨迹。我们注意到，作用到复合物上的力会逐渐破坏复合物间形成的非共价相互作用，引导被拽动的分子在溶剂中做扩散运动[50]。图 2-11 显示了在三个不同拉伸速度（0.5、3、10 nm/ns）下拉力的变化趋势。对于每个拉伸速度，图中显示了两个不同初始状态的 SMD 对应的曲线。在所有情况中，拉力首先上升到一个最大值处，紧接着出现一个快速下降的过程，在拉伸速度较低时，该下降过程变得更加陡峭。图 2-11 中，用垂直线标出了解离过程刚刚结束的时刻。这些时刻主要落在拉力曲线最大值后下降区域开始的地方，与之前一些工作中观察到的相似。这里需要指出的是，在之前的工作中，一般将复合物的解离对应于拉力曲线的最大值处。然而，虽然最大值处一般对应于复合物间重要接触的断裂，我们发现它有时在此处复合物并未完全解离。基于此，可能本文中所用到的判据（即复合物完全解离所对应的时刻）更加合理。

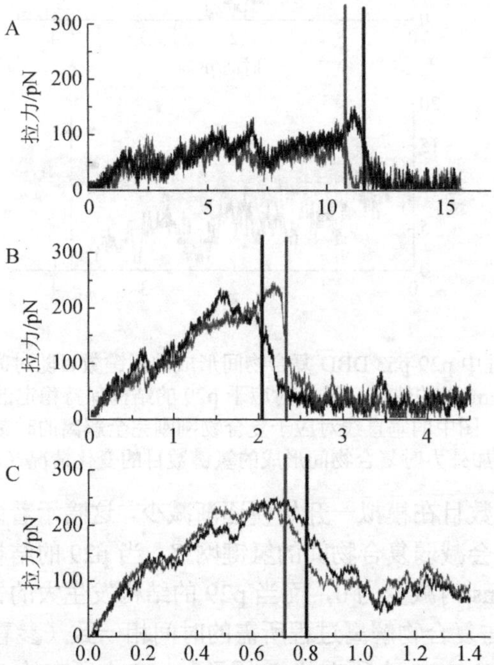

图 2-11　SMD 模拟过程中作用到 p29-p53 DBD 复合物上的力随时间的演化。这里显示了三个不同的拉伸速度 0.5 nm/ns（A）、3 nm/ns（B）和 10 nm/ns（C），每一拉伸速度显示了两条不同的轨迹（黑线和灰线）。图中的垂直线对应于复合物刚刚完全解离的时刻

进而，我们将 SMD 得到的拉力曲线与 AFS 实验中所得到的曲线进行比较。AFS 实验中，一般是记录拉力随距离（基板与探针间的距离）的变化曲线。这里，我们将图 2-11B 中的灰线曲线重新画出拉力-距离的变化曲线，距离为固定原子和拉伸原子间的距离。如图 2-12 所示，拉力逐渐上升到一最大值处，紧接着出现一个急速下降的过程，然后拉力保持在一个较低的常数附近振荡。复合物的解离发生在快速下降区域（图 2-12 中用叉号标出），对应于 AFS 试验中拉力曲线的跳跃（jump-off）区域[49]。

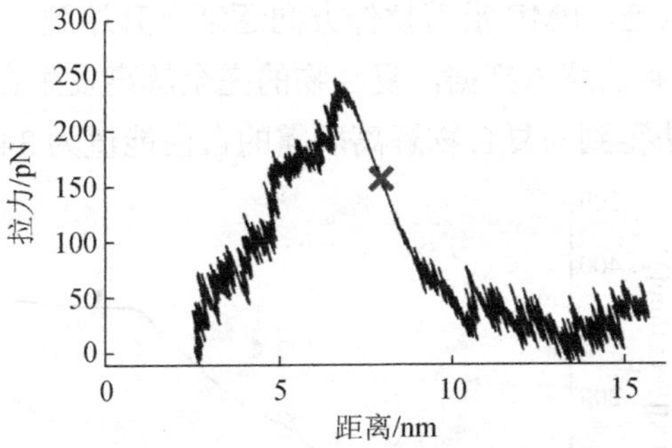

图 2-12　拉力作为距离（固定原子和拉伸原子间的距离）的函数的变化图，对应于图 2-9B（灰线）。图中的叉号对应于复合物刚刚完全解离的时刻

对于每个拉伸速度，将复合物刚刚完全解离时刻的力定义为解离力（F^*）。这些解离力的大小处于 50～400 pN 的范围，拉伸速度越大，对应的解离力的值越大。前面已经提到，在溶剂环境中拉动分子需要克服摩擦效应，解离力中也包含了摩擦力项（F_{fric}）。该摩擦力可以从 SMD 轨迹的最后阶段估算得到，被拉动的分子完全是在溶剂中运动，已经与另一个分子完全解离[50]。观测发现，在最低的拉伸速度下，摩擦力几乎为 0，随着拉伸速度的增加，摩擦力也不断增加。因此，对 p29-p53 DBD 复合物解离所需的有效解离力为 $F_{unb}=F^*-F_{fric}$。

图 2-13 显示了有效解离力（F_{unb}）以拉伸速度的对数为函数的图，几乎呈现一个线性的变化趋势。值得注意的是，这种线性变化趋势在许多复合物的 AFS 实验（包括复合物 p53 DBD-p28）中都被观测到。在 AFS 试验中，通过这种线性关系，根据 Bell-Evans 模型可以提取复合物解离所需跨过的能垒的高度和宽度。然而 SMD 模拟中所设置的弹簧系数和拉伸速度都要远大于 AFS 实验中所用的值。这使得很难用相同的理论模型从 SMD 模拟中提取相应的信息。

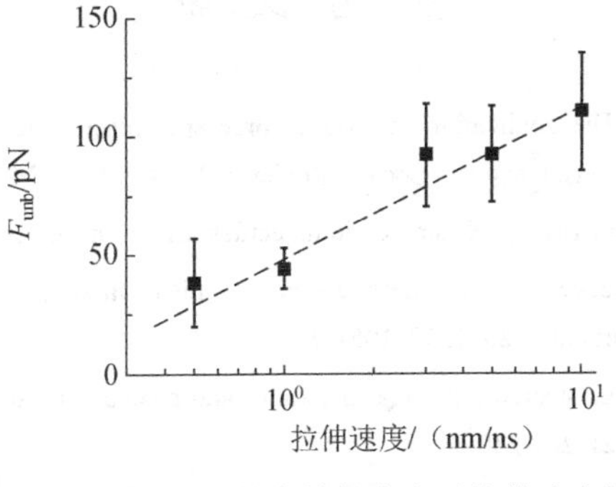

图 2-13　作用到 p29-p53 DBD 复合物上的有效解离力以拉伸速度的对数为变量的函数图。图中每个点所表示的都是相应拉伸速度下多条轨迹的平均值，对应的偏差用误差棒表示

最后我们采用 Jarzynski 等式估算了复合物沿反应坐标的结合自由能地形面。通过该方法能够从非平衡态下对体系所做的功来确定平衡态下反应的自由能。图 2-14 显示了拉伸速度为 1 nm/ns 时 PMF 沿反应坐标的变化情况，计算基于在该速度下运行得到

的 18 条独立的 SMD 轨迹。PMF 沿着拉伸方向逐渐上升达到一个最大值处，然后几乎保持不变。通过前面提到的解离判据，复合物的完全解离发生在 8.9 nm 处（图 2-14 中的箭头处）。通过该方法得到的复合物解离所需的自由能值为 343.1 kJ/mol。

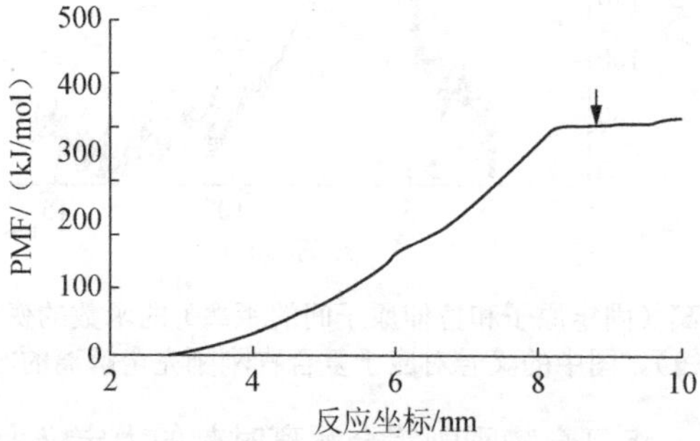

图 2-14　PMF 沿着反应坐标的变化图，这里反应坐标选为拉伸原子与固定原子间的距离。图中的箭头对应于复合物完全解离的时刻。计算基于拉伸速度为 1 nm/ns 时运行的 18 条独立的 SMD 轨迹

本工作将 SMD 方法应用到抗癌多肽 p28 和癌症抑制因子 p53 所形成的复合物上，在分子水平揭示了该复合物的解离过程。研究发现，p28 与 p53 DBD 的解离是沿着一个很保守的路径进行的，先是 p28 的 C 端的解离，然后是β片层部分，最后是α螺旋部分。另外还发现，在较低的拉伸速度下，多肽 p28 的结构保持稳定，而在较高的拉伸速度下出现一些去折叠现象。同时将 SMD 模拟得到的结果与 AFS 实验结果进行比较，并运用 Jarzynski 等式对拉力进行分析，确定了复合物解离过程所做的功以及 PMF 的变化。这些结果将有助于进一步理解 p53-DBD 与抗癌多肽 p28 的相互作用和分子识别机制，为针对 p53 的抗癌多肽设计提供一些有用的信息。

参 考 文 献

[1] Bizzarri A R, Cannistraro S. The application of atomic force spectroscopy to the study of biological complexes undergoing a biorecognition process. Chemical Society Reviews, 2010, 39(2): 734-749

[2] Rief M, Grubmuller H. Force spectroscopy of single biomolecules. ChemPhysChem, 2002, 3(3): 255-261

[3] Evans E. Probing the relation between force - lifetime - and chemistry in single molecular bonds. Annual Review of Biophysics and Biomolecular Structure, 2001, 30: 105-128

[4] Isralewitz B, Gao M, Schulten K. Steered molecular dynamics and mechanical functions of proteins. Current Opinion in Structural Biology, 2001, 11(2): 224-230

[5] Izrailev S, Stepaniants S, Balsera M, Oono Y, Schulten K. Molecular dynamics study of unbinding of the avidin-biotin complex. Biophysical Journal, 1997, 72(4): 1568-1581

[6] Liu M, Sun T G, Hu J P, Chen W Z, Wang C X. Study on the mechanism of the btuf periplasmic-binding protein for vitamin b12. Biophysical Chemistry, 2008, 135(1-3): 19-24

[7] Xu X J, Su J G, Chen W Z, Wang C X, Cannistraro S, Bizzarri A R. Steered molecular dynamics of an anticancer peptide interacting with the p53 DNA-binding domain. Progress in Biochemistry and Biophysics, 2014, 41(6): 598-609

[8] Jarzynski C. Nonequilibrium equality for free energy differences. Physical Review Letters, 1997, 78(14): 2690-2693

[9] Lorenzo A C, Bisch P M. Analyzing different parameters of steered molecular dynamics for small membrane interacting molecules. Journal of Molecular Graphics & Modelling, 2005, 24(1): 59-71

[10] Park S, Khalili-Araghi F, Tajkhorshid E, Schulten K. Free energy calculation from steered molecular dynamics simulations using jarzynski's equality. The Journal of Chemical Physics, 2003, 119(6): 3559-3566

[11] Ytreberg F M, Zuckerman D M. Efficient use of nonequilibrium measurement to estimate free energy differences for molecular systems. Journal of Computational Chemistry, 2004, 25(14): 1749-1759

[12] Zhang D Q, Gullingsrud J, Mccammon J A. Potentials of mean force for acetylcholine unbinding from the alpha7 nicotinic acetylcholine receptor ligand-binding domain. Journal of the American Chemical Society, 2006, 128(9): 3019-3026

[13] Tam R, Saier M H. Structural, functional, and evolutionary relationships among extracellular solute-binding receptors of bacteria. Microbiological Reviews, 1993, 57(2): 320-346

[14] Quiocho F A, Ledvina P S. Atomic structure and specificity of bacterial periplasmic receptors for active transport and chemotaxis: Variation of common themes. Molecular microbiology, 1996, 20(1): 17-25

[15] Felder C B, Graul R C, Lee A Y, Merkle H P, Sadee W. The venus flytrap of periplasmic binding proteins: An ancient protein module present in multiple drug receptors. AAPS PharmSci, 1999, 1(2): E2

[16] Koster W. Abc transporter-mediated uptake of iron, siderophores, heme and vitamin b12. Research in Microbiology, 2001, 152(3-4): 291-301

[17] Driessen A J, Rosen B P, Konings W N. Diversity of transport mechanisms: Common structural principles. Trends in Biochemical Sciences, 2000, 25(8): 397-401

[18] Clarke T E, Tari L W, Vogel H J. Structural biology of bacterial iron uptake systems. Current Topics in Medicinal Chemistry, 2001, 1(1): 7-30

[19] Newcomer M E, Gilliland G L, Quiocho F A. L-arabinose-binding protein-sugar complex at 2.4 a resolution. Stereochemistry and evidence for a structural change. The Journal of Biological Chemistry, 1981, 256(24): 13213-13217

[20] Spurlino J C, Lu G Y, Quiocho F A. The 2.3-a resolution structure of the maltose- or maltodextrin-binding protein, a primary receptor of bacterial active transport and chemotaxis. The Journal of Biological Chemistry, 1991, 266(8): 5202-5219

[21] Fukami-Kobayashi K, Tateno Y, Nishikawa K. Domain dislocation: A change of core structure in periplasmic binding proteins in their evolutionary history. Journal of Molecular Biology, 1999, 286(1): 279-290

[22] Kandt C, Xu Z T, Tieleman D P. Opening and closing motions in the periplasmic vitamin b-12 binding protein btuf. Biochemistry-Us, 2006, 45(44): 13284-13292

[23] Borths E L, Locher K P, Lee A T, Rees D C. The structure of escherichia coli btuf and binding to its cognate atp binding cassette transporter. Proceedings of the National Academy of Sciences, 2002, 99(26): 16642-16647

[24] Chimento D P, Mohanty A K, Kadner R J, Wiener M C. Substrate-induced transmembrane signaling in the cobalamin transporter btub. Nature Structral & Molecular Biology, 2003, 10(5): 394-401

[25] Karpowich N K, Huang H H, Smith P C, Hunt J F. Crystal structures of the btuf periplasmic-binding protein for vitamin b12 suggest a functionally important reduction in protein mobility upon ligand binding. The Journal of Biological Chemistry, 2003, 278(10): 8429-8434

[26] Hvorup R N, Goetz B A, Niederer M, Hollenstein K, Perozo E, Locher K P. Asymmetry in the structure of the abc transporter-binding protein complex btucd-btuf. Science, 2007, 317(5843): 1387-1390

[27] Locher K P, Lee A T, Rees D C. The e-coli btucd structure: A framework for abc transporter architecture and

mechanism. Science, 2002, 296(5570): 1091-1098

[28] Sheppard D N, Welsh M J. Structure and function of the cftr chloride channel. Physiological Reviews, 1999, 79(1 Suppl): S23-45

[29] Abele R, Tampe R. Function of the transport complex tap in cellular immune recognition. Biochimica et Biophysica Acta, 1999, 1461(2): 405-419

[30] Nikaido H. Prevention of drug access to bacterial targets: Permeability barriers and active efflux. Science, 1994, 264(5157): 382-388

[31] Gottesman M M, Ambudkar S V. Overview: Abc transporters and human disease. Journal of Bioenergetics and Biomembranes, 2001, 33(6): 453-458

[32] Cadieux N, Bradbeer C, Reeger-Schneider E, Koster W, Mohanty A K, Wiener M C, Kadner R J. Identification of the periplasmic cobalamin-binding protein btuf of escherichia coli. Journal of Bacteriology, 2002, 184(3): 706-717

[33] Borths E L, Poolman B, Hvorup R N, Locher K P, Rees D C. In vitro functional characterization of btucd-f, the escherichia coli abc transporter for vitamin b12 uptake. Biochemistry, 2005, 44(49): 16301-16309

[34] Clarke T E, Ku S Y, Dougan D R, Vogel H J, Tari L W. The structure of the ferric siderophore binding protein fhud complexed with gallichrome. Nature Structral & Molecular Biology, 2000, 7(4): 287-291

[35] Kale L, Skeel R, Bhandarkar M, Brunner R, Gursoy A, Krawetz N, Phillips J, Shinozaki A, Varadarajan K, Schulten K. NAMD2: Greater scalability for parallel molecular dynamics. Journal of Computational Physics, 1999, 151(1): 283-312

[36] Mackerell A D, Bashford D, Bellott M, Dunbrack R L, Evanseck J D, Field M J, Fischer S, Gao J, Guo H, Ha S, Joseph-Mccarthy D, Kuchnir L, Kuczera K, Lau F T K, Mattos C, Michnick S, Ngo T, Nguyen D T, Prodhom B, Reiher W E, Roux B, Schlenkrich M, Smith J C, Stote R, Straub J, Watanabe M, Wiorkiewicz-Kuczera J, Yin D, Karplus M. All-atom empirical potential for molecular modeling and dynamics studies of proteins. The Journal of Physical Chemistry. B, 1998, 102(18): 3586-3616

[37] Foloppe N, Mackerell A D. All-atom empirical force field for nucleic acids: I. Parameter optimization based on small molecule and condensed phase macromolecular target data. Journal of Computational Chemistry, 2000, 21(2): 86-104

[38] Marques H M, Ngoma B, Egan T J, Brown K L. Parameters for the amber force field for the molecular mechanics modeling of the cobalt corrinoids. Journal of Molecular Structure, 2001, 561(1-3): 71-91

[39] Jarzynski C. Equilibrium free-energy differences from nonequilibrium measurements: A master-equation approach. Physical Review E, 1997, 56(5): 5018-5035

[40] Park S, Schulten K. Calculating potentials of mean force from steered molecular dynamics simulations. The Journal of Chemical Physics, 2004, 120(13): 5946-5961

[41] Liphardt J, Dumont S, Smith S B, Tinoco I, Jr., Bustamante C. Equilibrium information from nonequilibrium measurements in an experimental test of jarzynski's equality. Science, 2002, 296(5574): 1832-1835

[42] Hummer G, Szabo A. Free energy reconstruction from nonequilibrium single-molecule pulling experiments. Proceedings of the National Academy of Sciences, 2001, 98(7): 3658-3661

[43] Sonne J, Kandt C, Peters G H, Hansen F Y, Jensen M O, Tieleman D P. Simulation of the coupling between nucleotide binding and transmembrane domains in the atp binding cassette transporter btucd. Biophysical Journal, 2007, 92(8): 2727-2734

[44] Valadie H, Lacapcre J J, Sanejouand Y H, Etchebest C. Dynamical properties of the mscl of escherichia coli: A normal mode analysis. Journal of Molecular Biology, 2003, 332(3): 657-674

[45] Ho W W, Li H, Eakanunkul S, Tong Y, Wilks A, Guo M, Poulos T L. Holo- and apo-bound structures of bacterial periplasmic heme-binding proteins. The Journal of Biological Chemistry, 2007, 282(49): 35796-35802

[46] Yamada T, Mehta R R, Lekmine F, Christov K, King M L, Majumdar D, Shilkaitis A, Green A, Bratescu L, Beattie C W, Das Gupta T K. A peptide fragment of azurin induces a p53-mediated cell cycle arrest in human breast cancer cells. Molecular cancer therapeutics, 2009, 8(10): 2947-2958

[47] Mehta R R, Hawthorne M, Peng X, Shilkaitis A, Mehta R G, Beattie C W, Das Gupta T K. A 28-amino-acid peptide fragment of the cupredoxin azurin prevents carcinogen-induced mouse mammary lesions. Cancer Prevention Research, 2010, 3(10): 1351-1360

[48] Bizzarri A R, Santini S, Coppari E, Bucciantini M, Di Agostino S, Yamada T, Beattie C W, Cannistraro S. Interaction of an anticancer peptide fragment of azurin with p53 and its isolated domains studied by atomic force spectroscopy. International Journal of Nanomedicine, 2011, 6: 3011-3019

[49] Bizzarri A R, Cannistraro S. Atomic force spectroscopy in biological complex formation: Strategies and perspectives. The Journal of Physical Chemistry. B, 2009, 113(52): 16449-16464

[50] Neumann J, Gottschalk K E. The effect of different force applications on the protein-protein complex barnase-barstar. Biophysical Journal, 2009, 97(6): 1687-1699

（许先进　刘　明）

第 3 章　膜蛋白体系的分子动力学模拟

3.1　引　　言

膜蛋白（membrane protein）是指能够结合或整合到细胞膜上的蛋白质的总称。根据细胞类型的不同，其占整个细胞膜表面积的 20%～75% [1]，在人中 30%的基因涉及膜蛋白[2]。膜蛋白在生物体中发挥着重要的作用，如介导信号转导以及物质与能量的跨膜传递等。许多膜蛋白已经成为药物靶标或者是潜在的药物靶标，据估计，超过半数的上市药物是以膜蛋白为药靶的[3]。因此，研究膜蛋白的结构与功能关系具有重要的科学意义与应用价值。

细胞膜是细胞外的有序双分子层，膜蛋白镶嵌或包埋于其中，有的膜蛋白跨越整个细胞膜。尽管不同来源的细胞膜的组成成分有所差别，但主要组分是具有亲水性头部和疏水性尾部的脂质分子。细胞膜以亲水性外层与外界环境和细胞内部的组分相互作用，以疏水层将细胞与环境隔开。许多研究已经表明，构成细胞膜的脂质分子在调节膜蛋白结构和功能方面起着积极的作用[4]，这使得在研究膜蛋白的功能时，必须在研究体系中包括脂质分子。

膜蛋白的结构与功能关系的研究方法包括实验方法和计算机模拟方法。一种广泛使用的计算机模拟方法是分子动力学（molecular dynamics，MD）模拟方法，尽管 MD 模拟方法在模拟时间尺度上受到限制，但其具有无可比拟的时间和空间分辨率，因而已经成为生物大分子结构与功能关系研究的必要手段。随着计算机软件和硬件以及 MD 模拟方法的不断发展，MD 模拟方法已经可以在微秒级时间尺度上对研究体系进行模拟。在这个时间尺度上，可以精确地对蛋白质的生物学功能进行阐明，能够对膜蛋白与其脂质双层环境的相互作用进行表征，并且可有助于理解离子、溶质分子跨膜运输的机理及信号转导的机理。

在本书第 1 章中已经介绍了蛋白质的 MD 模拟方法，但蛋白质-膜体系的 MD 模拟具有一定特殊性。例如，膜蛋白的 MD 模拟体系较为复杂，包括蛋白质、脂质双分子层、水、离子等，构建模拟体系时，蛋白质需要被正确插入到脂质双分子层中，水分子不应出现在诸如双分子层之间或者蛋白质内部的疏水环境中。在模拟的过程中，脂质双分子层与蛋白质相互作用，从而紧紧包裹蛋白质，并且其疏水尾部需要由规则的直链形式调整为卷曲形式，从而形成结构稳定的膜。在这些过程中，模拟体系很容易变形甚至崩溃。本章首先简要介绍膜和膜蛋白的类型及性质、膜-蛋白质-水复合体系的构建以及模拟过程，然后以 BtuC-POPC 体系为例，详细介绍利用 MD 模拟方法研究蛋白质-膜体系的方法。

3.2　膜蛋白分子动力学模拟研究进展

3.2.1　膜的性质和脂质分子的类型

生物膜基本上由蛋白质、脂质和碳水化合物组成。以重量计算，不同来源的质膜中蛋白质含量和脂质含量基本上相当。由于蛋白质分子质量远远大于脂质分子的分子质量，所以可以看出质膜中的脂质分子远远多于蛋白质。生物膜中的碳水化合物含量相对较少，其通常作为糖脂和糖蛋白出现。

真核生物膜的主要脂质结构是甘油磷脂，即磷脂酰胆碱（phosphatidyl choline，PC）、磷脂酰乙醇胺（phosphatidyl ethanolamine，PE）、磷脂酰丝氨酸（phosphatidyl serine，PS）、磷脂酰肌醇（phosphatidyl inositol，PI）和磷脂酸（phosphatidic acid，PA）。这些分子的疏水性部分是二酰基甘油（diacylglycerol，DAG），该二酰基部分为不同长度的饱和或不饱和脂肪酰基链。在真核生物膜中的甘油磷脂中，PC 在微生物质膜中以及在植物的叶绿体膜中含量丰富，其含量超过 50%。PC 可自发地自组装成平面双层结构，每个分子具有接近圆柱体的分子几何结构。在该双层结构中，疏水性尾部彼此相对且处于膜内部，极性头部朝外，可以与水分子相互作用。大多数的磷脂酰胆碱分子具有一个不饱和的脂肪酰基链，这使得该分子在室温下为流体。PE 是天然生物膜中所含的另一类重要的脂质，例如，在血红细胞膜的内层中，20%的脂质是 PE。此外，PE 通常是细菌细胞膜的主要组分。因为其极性头部相对于尾部显得较小，因而呈现圆锥形的分子几何形状。PE 的这种几何结构使得其存在于膜中时，有使膜弯曲的趋势，有利于出芽、分裂和融合。PE 和心肌磷脂还起到适应和调节所插入的蛋白质的作用。另外，在生物膜的双分子层中，各层中的脂质组成也可能会有一定差别，这也有利于膜的弯曲。

鞘脂构成了另一类型的结构脂质，它们的疏水性主链为神经酰胺（ceramide）。哺乳动物细胞内的主要鞘脂为鞘磷脂（SM）和鞘糖脂（GSL）。神经节苷脂是具有处于末端的唾液酸的鞘糖脂。鞘脂具有饱和的（或反式不饱和）尾部，所以能够形成比具有相同链长的 PC 更长且更窄的圆柱体几何结构，包裹得更紧密。固醇是细胞膜的一类主要的非极性脂质，其可以使鞘脂流化。其中，在哺乳动物中胆固醇占优，而在酵母中麦角固醇占优。

这些脂质分子的结构均可从网上获得，例如，CHARMM-GUI 的网站数据库（http://www.charmm-gui.org/?doc=archive&lib=lipid）中有数百种脂质分子的结构[5~7]。

3.2.2　膜蛋白的性质和类型

在细胞中，超过一半的蛋白质可以与膜以不同形式结合。根据与膜结合强度的不同，膜蛋白可以被分为两类：外周膜蛋白和整合膜蛋白。

外周膜蛋白是一种通过与整合膜蛋白结合或插入膜的外周区域而暂时结合于膜上

的蛋白质，其主要是通过疏水、静电和其他非共价相互作用来实现可逆结合。外周膜蛋白与生物膜的这种可逆结合可通过多种机制来调节信号转导和许多重要的细胞事件[8~10]。许多离子通道和跨膜受体的调节性亚基可归为外周膜蛋白。整合膜蛋白和外周膜蛋白都可以被翻译后修饰，如加上脂肪酸链和异戊二烯化，以帮助与脂膜结合。外周膜蛋白与生物膜的相对位置取决于外周膜蛋白的性质。当其属于完全水溶性蛋白质，即不含暴露的非极性残基或疏水性残基时，该蛋白质仅依靠静电吸引相互作用力而吸附在膜上。当膜蛋白是两亲性蛋白质，即具有暴露的疏水性残基或具有由非极性残基形成的α螺旋结构或环区（loop）结构时，膜蛋白通常以该部分插入膜内。

整合膜蛋白是整合于膜中的蛋白质，始终与膜结合在一起，需要使用去垢剂、非极性溶剂甚至变性试剂才能够从膜中分离出来。其通常以β折叠或α螺旋结构镶嵌在脂质膜内，为环状脂质分子（annular lipid）围绕。整合膜蛋白还可以根据与生物膜之间结合关系的差异进一步分为：跨膜蛋白（transmembrane protein，TP），即跨越整个膜具有细胞外区域和胞质内区域的蛋白质；单向整合膜蛋白，其只从一个方向（膜外或膜内）与膜结合，虽然部分插入膜中，但不跨膜[11]。

跨膜蛋白是一种贯穿生物膜两端、跨越整个生物膜一次或多次的蛋白质。许多跨膜蛋白的功能是作为物质的跨膜运输通道或者信号的转导中介。作为物质运输通道的跨膜蛋白在其内部具有门控通道，物质从细胞膜外侧进入该通道入口时，则通道打开，当物质进入到细胞质一侧时，通道关闭。当作为信号转导中介时，跨膜蛋白膜外区域与信号物质结合会发生构象改变，该构象改变可以引起胞质区域发生构象改变，从而引发信号转导。大多数跨膜蛋白水溶性差，在水中会发生凝聚并沉淀，这也是很难获得跨膜蛋白晶体结构的原因之一。跨膜蛋白有两种基本类型，即α螺旋蛋白和β折叠蛋白。α螺旋蛋白主要存在于细菌细胞的内膜或真核细胞的质膜中，也有时存在于真核细胞的外膜中。据估计，在人体内所有蛋白质的27%是α螺旋膜蛋白[12]。β折叠蛋白主要存在于革兰氏阴性菌的外膜、革兰氏阳性菌的细胞壁，以及线粒体和染色质的外膜中。大多数β折叠跨膜蛋白都具有类似的拓扑学结构，这可以反映出它们共同的进化起源和相似的折叠机制[2]。因此这些跨膜蛋白的三维结构容易通过同源建模的方法获得。

3.2.3　分子动力学模拟在膜研究方面的应用

在以前，由于膜在生理条件下具有一定流动性，并且关于膜脂质分子的原子的位置和运动的实验数据缺乏，对于膜的结构和运动特点的了解较少。MD模拟方法的出现，使得对于膜的研究得到快速的推进。

已经有大量MD模拟研究涉及膜，在这些模拟中，有采用单种类型的脂质分子进行研究的，也有采用多种类型的脂质分子进行研究的。Joakim 等发展了若干磷脂酰胆碱分子的全原子力场，并对由这些分子构成的膜进行了数百纳秒的MD模拟[13]。Christian 等研究了胆固醇对溶质分配进膜的影响，对含有不同含量的胆固醇的膜进行了MD模拟[14]。

Shahinyan 等研究了在不同膜厚度、膜中胆碱的倾斜角、水与磷脂的相对浓度等不同条件下磷脂膜的结构变化[15]。Poghosyan 用 MD 方法研究了含有二棕榈酰磷脂酰胆碱的磷脂膜的表面性质[16]。Yeghiazaryan 等用 MD 方法研究了磷脂膜中 DPPC 的各种性质[17, 18]。Hakobyan 等研究了含有胆碱的复杂磷脂双分子层的性质[19, 20]。

这些研究者以及其他科学家用 MD 方法几乎研究了所有类型的膜，并构建了由不同脂质分子构成的膜来作为一些生物膜的模型。例如，根据人红细胞膜的脂质分子组成，一般采用由 40% POPC、40% POPE 和 20%胆固醇组成的膜作为人红细胞膜模型；而根据大肠杆菌内膜的脂质分子组成，一般采用 70% POPE 和 30% POPG 组成的膜作为革兰氏阴性菌的内膜模型。

3.2.4　分子动力学模拟在膜蛋白体系的应用

膜蛋白体系的 MD 模拟与其他体系的 MD 模拟的区别在于，膜蛋白体系所包含的原子数目通常较多，这导致膜蛋白体系的 MD 模拟需要耗费大量计算机时。因此，对于像膜蛋白体系这样的大体系，MD 模拟时间通常是在纳秒级。膜蛋白，如跨膜运输通道蛋白，其发挥功能的时间尺度常常在微秒级，甚至更长。所以对于膜蛋白的研究，MD 模拟常常显得比较吃力，研究人员通常受限于超级计算机。为此，在常规 MD 模拟方法的基础上，发展了几种其他方法来模拟较大的体系。

一种方法是粗粒化分子动力学（coarse-grained molecular dynamics，CGMD）模拟方法。该方法将相关的几个原子合并成一个粒子，这样就大大减少了体系复杂度，从而可以在有限的模拟时间内对含有大量原子的体系进行结构功能研究。Arkhipov[21]等运用 CGMD 研究了 BAR 结构域对质膜的作用，通过 CGMD 观察到 BAR 结构域使膜发生了弯曲。他们还用 CGMD 研究了更大的病毒衣壳体系，解释了衣壳不可逆变形的机理[22]。Ying Yin 等使用 CGMD 对体系进行了 100 ms 的动力学模拟，详细阐明了带有 N-BAR 结构域的膜形成膜管的过程[23]。另一种方法是动力学重要采样（dynamics importance sampling，DIMS）方法，该方法可用于研究蛋白质结构的中间状态。如果大的蛋白质如膜蛋白通过实验解析了两种具有不同构象的状态，则可应用 DIMS 方法，引导模拟沿着可能的途径进行采样。该方法已经成功地用来研究蛋白质的折叠和麦芽糖糊精的构象改变[24]。巨动力学（metadynamics）方法可用于改善对模拟体系的能量曲面进行采样。该方法已应用于膜蛋白的研究[25]。另一种广泛使用的动力学模拟方法是弹性网络模型（elastic network model，ENM）方法。该方法是一种超级简化的方法，其将每个残基当成一个粒子，相邻粒子通过弹簧连接而形成网络。该方法可用于对大体系进行大尺度的动力学模拟，已经被成功用于阐明跨膜转运蛋白的功能性运动[26]。本书第四部分第 12 章和第 13 章专门阐述粗粒化模型及其应用。

通过 MD 模拟方法，已经阐明了许多膜蛋白的结构与功能关系及作用机理。一类广泛关注的膜蛋白是转运蛋白（transporter）。已经有大量 MD 模拟涉及转运蛋白的快速转运过程，如离子穿透跨膜通道以及水穿过水通道蛋白[27, 28]。另一类 MD 模拟广泛研究的膜蛋白是电压门控钾离子通道。钾离子跨膜通道被膜内外两侧的电势驱动发生结构变化的机理对于理解生理功能是十分重要的。微秒级别的 MD 模拟已经成功地用于阐明钾离子通道的这一机理[29, 30]。第三类有大量 MD 模拟方法研究的膜蛋白是五聚体配体门控离子通道（pentameric ligand-gated ion channel，PLGIC）。配体门控通道是离子通道型受体，这类通道在其细胞内、外的特定配体与膜受体结合时发生反应，引起门通道蛋白的一种成分发生构型变化，结果使“门”打开。这类蛋白质一直是科学家研究的热点，已经大量使用 MD 模拟方法来对该家族蛋白进行广泛研究[31, 32]。MD 模拟方法广泛研究的另一大家族膜蛋白是 G 蛋白偶联受体（G protein coupled receptor，GPCR）。GPCR 相关研究已经颁发了多次诺贝尔奖，是一类相当重要的膜蛋白。已经成功地用 MD 模拟方法阐明了离子锁（ionic lock）的形成机理[33, 34]。在信号传递的过程中，常常会形成复杂的膜蛋白复合体，通过实验方法研究存在一定难度，但通过 MD 模拟方法可以获得比较有用的信息[35, 36]。除了这些跨膜蛋白外，对于外周膜蛋白与膜的相互作用也通过 MD 模拟方法进行了很好的研究[37]。

随着具有解析的三维结构的膜蛋白越来越多，对从原子水平上阐明这些蛋白质的结构与功能以及作用机理的需求越来越多。鉴于 MD 模拟方法在上述体系方面的成功应用，它必将在将来发挥越来越重要的作用。

3.3　膜蛋白体系分子动力学模拟的基本方法和步骤

与常规体系的 MD 模拟步骤一样，膜蛋白体系的 MD 模拟的第一步是准备蛋白质模拟体系，即获得蛋白质的三维结构和确定可电离残基的电离状态。蛋白质的结构通常以 PDB 格式获得，大多数蛋白质的结构可以从 PDB 数据库（http://www.rcsb.org/pdb）下载。另外，Steve White 实验室的数据库（http://blanco.biomol.uci.edu/mpstruc/）收集了现有的、已解析的膜蛋白三维结构，可以直接从该网站下载膜蛋白的结构。对于目前三维结构尚未解析的膜蛋白，可以利用同源模建的方法和其他从头预测方法获得结构。对于不是通过 X 射线晶体衍射方法得到的三维结构，通常需要进行结构质量的评估，以确认所获得的结构是否合理。常用的结构评估程序有 Procheck[38]、WHAT_CHECK[39] 和 Prove[40]等。当然，如果想使自己的模拟体系更加精确，需要确定蛋白质结构中可电离残基的 pK_a 值，从而有利于准确确定自己模拟体系条件下各可电离残基的电离状态。一般来讲，膜蛋白包埋在膜中部分的残基一般都不带电荷。

在准备好蛋白质结构后，接下来需要构建脂质膜。在选择合适的膜模型时也需要谨慎，因为不同类型的膜具有不同的厚度，膜蛋白的跨膜部分显然需要与该厚度匹配。虽然通过我们的研究发现，膜能够在模拟过程中调整自己的厚度来适应插入其中的蛋白质，但这种调整所需的时间较长。另外，脂质膜的组成对插入其中的蛋白质也会产生影响。在上面 3.2.1 节中已经介绍了不同的膜类型和组成。可以根据所研究的膜蛋白的具体环境来选择脂质分子的类型和膜的组成。

通常，现有的模拟软件包带有产生常规膜的程序。例如，VMD软件[41]带有产生膜的插件，可以产生两种类型的膜，即POPC和POPE。与真实膜不同的是，所产生的膜由具有直的疏水尾部的单一脂质分子组成。遗憾的是，该程序仅能产生有限的两种膜类型，且膜仅包括一种类型的脂质分子。这种从头构建的膜需要较长的模拟时间才能接近真实状态。相比之下，可以利用已经通过MD模拟平衡好的膜。目前可以从许多研究人员的网站上下载平衡好的膜，且这些膜的类型多样，包括由多种不同脂质分子组成的膜[16, 42~45]。膜的大小的选择也应该谨慎，膜过小会造成膜对蛋白质的包裹不足，蛋白质与其镜像会相互干扰；膜太大会造成模拟体系分子数太大，从而耗费机时太多。

在获得膜和蛋白质的结构后，接下来是将膜和蛋白质组合在一起，即按照实验数据并结合蛋白质的结构特点将蛋白质插入膜中。常规的模拟体系构建可以用现有的模拟程序包以接近自动化的过程来完成，而膜-蛋白质体系构建需要手动操作。因为在构建过程中，需要人工判断膜蛋白在膜中的取向以及膜与蛋白质的对齐。对齐是指在膜-蛋白质体系中蛋白质的膜外部分刚好露出膜。如果蛋白质与膜的相对取向不正确或者二者之间不对齐，则二者之间会存在较大的应力，进行MD模拟时必然会造成模拟体系不稳定，从而体系有可能需要相当长的时间来调整，以达到稳定或者造成这种脆弱的膜-蛋白质体系完全崩溃。尽管从MD模拟的原理来看，最初构建的膜-蛋白质体系的不合理结构可以通过长时间的MD模拟来逐渐修正使其变得合理，但所耗费的计算机机时太多，使现有的计算机性能显得更加不足。因此，在开始MD模拟之前，构建合理的膜-蛋白质体系是后面MD模拟成败的关键。

这一过程常常需要借助于分子图形软件如VMD来完成。用VMD构建的或从网络上下载的预先平衡的膜结构的平面通常平行于坐标系的x-y平面，这有利于体系构建和后续的数据分析。同时，对于从PDB数据库获得的蛋白质结构，将其主轴平行于坐标系z轴可方便地将蛋白质插入膜中。另外，OPM数据库[46]（http://opm.phar.umich.edu）包含了相对于膜进行了位置调整的膜蛋白结构，可以采用从该数据库下载的蛋白质结构。为了将膜蛋白精确插入膜内，需要判断蛋白质的跨膜区（membrane spanning region，MSR）。MSP的确认可以通过酪氨酸（Tyr）和色氨酸（Trp）的侧链位置来判断[47, 48]，极性芳香族残基Tyr和Trp对接近脂质羰基的区域具有特异性亲和力。MSP也可以通过带电带（charged band）来确认，通常，膜蛋白的跨膜区内的残基不带电，带电荷的残基多存在于暴露在膜外的区域，当在图形软件中将膜蛋白结构中的带电残基突出显示时，会看到一个较为明显的分界线。一旦确认MSP后，即可借助于图形软件，使蛋白质的跨膜区完全嵌入膜内，非跨膜区暴露于膜外。

蛋白质插入膜内后，膜脂质分子以及水的一些原子必然会与蛋白质的原子重叠或过于接近，需要将与蛋白质原子发生冲突的这些脂质分子和水删除。这些操作均可通过编写简单的脚本语言程序来实现。完成这些操作后，接下来可以与其他模拟体系一样，给体系添加水分子和平衡离子。显然，水分子和平衡离子的添加只能位于膜的两侧且不与脂质分子和蛋白质分子发生几何冲突。

以上这些步骤也可以借助于网上的在线工具，半自动化地进行。Membrane Builder（http://www.charmm-gui.org/?doc=input/membrane）提供了这样一个平台[5, 6, 49]。

经过上述步骤后，就可以对整个水化的膜-蛋白质体系进行能量优化、约束动力学模拟和常规动力学模拟。对于从头构建的膜体系，通常需要数个约束动力学模拟步骤才能使构建的复杂体系稳定化。最为关键的一个约束动力学步骤称为“熔化”步骤，该步骤涉及约束脂质分子的极性头部，然后在高温下进行 MD 模拟，使脂质分子长的尾部获得足够的能量来调整结构。在膜-蛋白质体系的 MD 模拟过程中，需要对膜参数进行监测，包括膜的厚度和每个脂质分子的面积。当这些参数趋于平衡且与实验数据吻合时，即可将后续的 MD 模拟轨迹用来进行蛋白质的结构与功能分析。

下面将以本课题组研究的一个膜-蛋白质体系[50]为例，详细描述膜蛋白的 MD 模拟步骤和分析过程。

3.4 BtuC-POPC 膜蛋白体系的分子动力学模拟

3.4.1 研究背景

BtuCD 是革兰氏阴性菌中维生素 B_{12} 转运体系的周质转运蛋白，也是一种 ABC 转运蛋白[51]。BtuCD 包括两个亚基［即跨膜亚基（BtuC）和胞质内的 ATP 结合亚基（BtuD）］，分成四个结构域［即两个跨膜结构域（TMD）和两个 ATP 结合结构域（NBD）］，总共 1110 个残基。BtuC 的两个 TMD 相同，均由 324 个残基组成，而 BtuD 的两个 NBD 各由 231 个残基组成。BtuCD 负责将周质结合蛋白 BtuF 捕获的维生素 B_{12} 转运进胞质内。

TMD 各由 10 个跨膜 α 螺旋构成，两个结构域的螺旋共同形成了维生素 B_{12} 的跨膜通道。一对丝氨酸-苏氨酸残基对封闭了该通道在胞质一侧的入口，以防止其他物质进入胞质内，从而构成了“门”区。该通道在周质一侧形成一个孔穴，用于接纳维生素 B_{12} 分子。在胞质一侧，来自 BtuC 的两个 TMD 的两个短 α 螺旋（“L-环区”）与 BtuD 亚基的两个 NBD 有非共价键接触，该接触区构成了 BtuC 和 BtuD 之间能量传递的区域。BtuCD 的 NBD 具有 ABC 转运蛋白 NBD 的典型结构。一个 NBD 的“Walker A”基序与相对的另一个 NBD 的信号序列之间具有核苷酸 ATP 的结合位点。

我们课题组构建了 BtuC 镶嵌于棕榈酰油酸磷脂酰胆碱（POPC）脂膜中的体系，并进行了超过 57 ns 的 MD 模拟，以便从原子水平上理解 BtuC 的功能性运动。

3.4.2 材料和方法

1. 模拟体系的构建

模拟体系由 POPC 脂膜和其中的 BtuC 组成（图 3-1）。脂膜是由上、下两层 POPC

脂分子组成，每个 POPC 分子具有相同的初始构象（分子的疏水尾部是直的）。BtuC 的结构来自 BtuCD 的晶体结构(PDB 号为 1L7V)。首先，根据实验信息将 BtuC 插入 POPC 脂膜内。由于 BtuC 是跨膜蛋白，其 α 螺旋跨膜部分的残基基本上不带电荷，而在膜外的区域则存在带电荷的残基，从而形成清晰的带电残基带。通过带电残基带确定 BtuC 相对磷脂双层膜的初始位置，在初始构建的蛋白质-脂膜体系中，BtuC 的主轴基本垂直于脂膜表面。去除与 BtuC 交叠的 POPC 分子，这时得到的膜上下两层各有 119 个 POPC 分子。所有的氨基酸残基都认为是处于 pH7 时的状态。用 SOLVATE 程序[52]将该体系溶剂化，除去位于 POPC 脂膜和 BtuC 内的水分子，在整个体系中加入 15 483 个 TIP3P 水分子[53]，并加入 17 个 Cl^- 离子以保持体系电中性。整个模拟体系的大小为 12.4 nm×10.1 nm×8.6 nm，包含 88 447 个原子。整个模拟体系的构建用 VMD 软件完成。

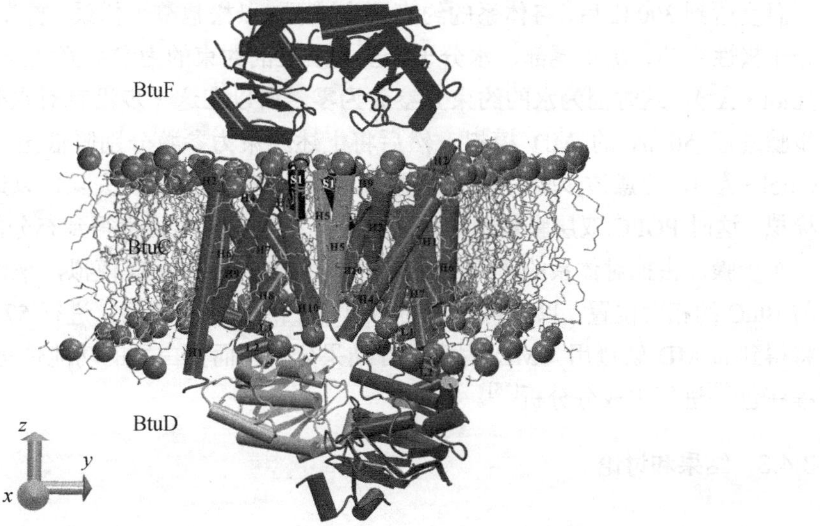

图 3-1　BtuC-POPC 模拟体系图。该图用 VMD 软件绘制，蛋白质结构用 Cartoon 绘图方法描绘。BtuF 显示为蓝色；BtuC 的两个结构域分别显示为红紫色和红色，其中来自两个结构域的短螺旋结构（见图中 S1）显示为黑色，两个α螺旋 H5 用绿色显示；BtuD 的两个结构域分别显示为深灰色和青蓝色。POPC 分子头部放大的磷原子显示为橙色，疏水尾部显示为银色；BtuC 的 10 个螺旋分别为 H1，H2，…，H10，与 BtuD 接触的两个短螺旋为 L1 和 L2（另见彩图）

2. 体系的 MD 模拟

MD 模拟用 NAMD 2.5 程序包[54]完成，蛋白质和磷脂采用 CHARMM27 力场[55]。均采用 10～12 Å 的双截断半径进行范德华相互作用计算，并采用 PME（particle mesh Ewald）方法计算长程静电作用力[56]。使用周期性边界条件。模拟过程中温度保持为 300 K，同时保持 1 个大气压的恒压。时间步长为 2 fs。

为使该体系达到平衡，首先固定 POPC 分子的头部和蛋白质，用最陡下降法进行 1000 步能量优化来优化磷脂分子的尾部和水分子，使这些部分的原子处于较合理的位置。然后固定磷脂尾部和蛋白质，对磷脂头部和水分子进行 1000 步能量优化。这时需要进行一个重要的步骤，以确保构建的双层磷脂膜能在后面的模拟步骤中保持正确的构象。在该步骤中，固定 POPC 分子的头部和蛋白质 BtuC，然后在 400 K 的温度下对体系进行 250 ps 的 MD 模拟，称为“熔化”步骤。在该步骤中，磷脂双层膜的厚度以及分子之间的距离保持不变，但磷脂分子长的疏水尾部在高温下获得足够能量可进行结构调整。然后，POPC 分子的疏水尾部由直的初始构象变成了合理的弯曲构象，这使得双层膜在随后的模拟步骤中不会“塌陷”。然后去掉所有约束，对整个体系进行 10^5 步能量优化，以松弛整个模拟体系。由于构建的体系在这个阶段仍然比较脆弱，为了避免过大的扰动，通过 10 个 MD 步骤将体系的温度逐渐升高至室温（300 K）。在逐步升温的过程中，脂分子头部与疏水尾部、水分子、蛋白质分别用力参数为 10、5、2、8 kcal/(mol · Å^2）的约束势进行约束，每次进行 50 ps 的 MD 模拟，每次温度升高 30 K。在体系温度达到 300 K 后，将体系的约束逐步减弱，以松弛整个体系。首先，将施加在 POPC 分子极性头部、疏水尾部、水分子、蛋白质上的约束的力参数降低至 5、2、0、4 kcal/(mol · Å^2)，这时因为水的约束力参数为零，所以在这一步没有对水分子进行约束，该步骤进行 50 ps 的 MD 模拟。然后将上述约束力参数分别降低至 2、0、0、1 kcal/(mol · Å^2)，注意该步骤对脂分子疏水尾部的约束也进一步去除，以进行 250 ps 的 MD 模拟。这时 POPC 双层膜基本稳定，水分子和蛋白质结构也得到充分的调整。在下面的一个步骤，去掉对体系的所有约束，再进行 250 ps 的 MD 模拟，来调整 POPC 双层膜与 BtuC 的相对位置，以获得紧凑的脂膜-蛋白质体系。最后，进行 57.7 ns 的 MD 模拟，将得到的 MD 轨迹用 VMD 程序进行结果分析，而蛋白质的功能性运动用 GROMACS 程序包[57]进行主成分分析[58]。

3.4.3　结果和讨论

1. 脂膜的平衡

每个脂分子的面积（area per lipid，APL）是磷脂双层膜的一个最重要的性质，通常在模拟过程中用来监控脂膜的平衡。

由于模拟体系的磷脂双层膜是由 238 个构象相同的疏水尾部是直的 POPC 分子构建，该磷脂双层膜需要一个伴随与 BtuC 相互作用而达到平衡的过程。从图 3-2 看出，在模拟过程中，POPC 脂膜的 APL 不断降低，在大约 40 ns 后达到平衡，并在此后超过 17 ns 的时间内保持为（63.0 ± 0.7）Å^2。该值略低于先前 MD 模拟纯 POPC 脂膜所得到平均值（64 ± 1）Å^2 [59]和 66.5 Å^2 [60]，但仍然接近 X 射线衍射实验获得的结果（63～66 Å^2）[61, 62]。

磷脂双层膜的另一重要性质是厚度，不同的脂膜具有不同的厚度。我们使用下面的公式[63]来计算 POPC 双层膜的有效厚度：

$$d = \int \frac{\rho_{\text{lipid}}}{\rho_{\text{lipid}} + \rho_{\text{water}}} \text{d}z \tag{3.1}$$

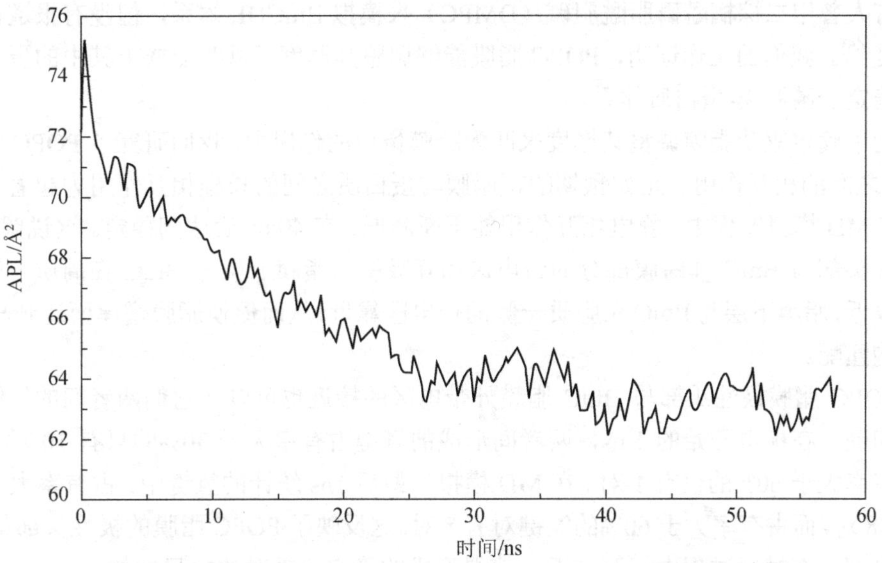

图 3-2　脂膜的每个脂分子的面积随 MD 模拟时间的变化

其中，ρ_{lipid} 与 ρ_{water} 分别是磷脂和水的密度。模拟结果显示，POPC 脂膜的厚度也在约 40 ns 后达到平衡，这与 APL 的平衡同步。所得的平衡厚度是（43.5 ± 0.3）Å（图 3-3）。该值大于 X 射线衍射实验所获得的纯 POPC 脂膜的厚度 35～41 Å[64]。值得注意的是，该厚度值更接近于实验所测得的棕榈酰油酸磷脂酰乙醇胺（POPE）脂膜的厚度 43.9 Å[65]。由于 BtuCD 是大肠杆菌的跨膜蛋白，而 POPE 分子是大肠杆菌脂膜的主要成分，所以 MD 模拟中 POPC 脂膜具有类似于 POPE 的厚度。该厚度增加可以通过 POPC 分子减小疏水尾部的弯曲度来实现，而这种尾部弯曲度的减小必然导致 POPC 分子之间的距离减小，这与观察到略小的 APL 值相吻合。

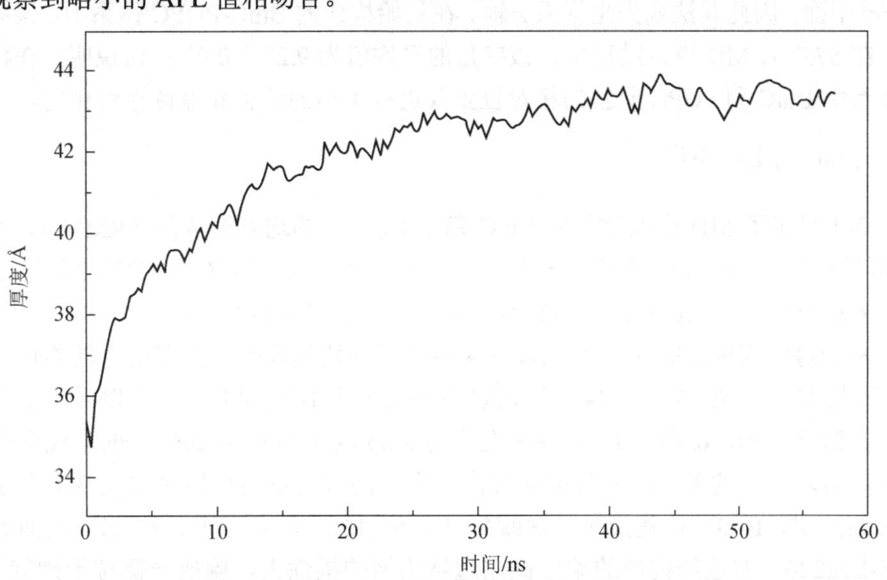

图 3-3　脂膜的每个脂分子的厚度随模拟时间的变化

有人曾用二棕榈酰磷脂酰胆碱（DMPC）来模拟 BtuCDF 体系，但没有报道该脂膜的厚度[66]。我们的工作证明，POPC 脂膜能够调整其厚度，以匹配嵌于其中的蛋白质而形成稳定的磷脂膜-蛋白质体系。

为了确定驱动脂膜调整其厚度来匹配跨膜蛋白的作用力，我们研究了 POPC 脂膜与 BtuC 之间的相互作用。正如预期的，脂膜与蛋白质之间的长程相互作用力起着关键作用。在 MD 模拟过程中，静电相互作用能不断降低，在 40 ns 后达到稳定。这说明 POPC 的极性头部与 BtuC 非跨膜部分的带电区相互吸引，脂膜上层与 BtuC 在周质一侧的带电区靠近，脂膜下层与 BtuC 在胞质一侧的带电区靠近，从而促使脂膜增厚而达到与 BtuC 的结构匹配。

POPC 脂膜极性头部与 BtuC 脂膜外带电区的接近也可以从它们两者间的氢键形成得到印证。在模拟开始的 1 ns，两者间形成的氢键占有率大于 30%的只有 10 对，而氢键占有率大于 60%的仅有 1 对。在 MD 模拟的最后 1ns 统计的氢键中，占有率大于 30%的有 38 对，而占有率大于 60%的氢键对有 8 对。这反映了 POPC 脂膜的极性头部与 BtuC 的带电部分在模拟过程中相互靠近，使得形成的稳定氢键对的数目增加。

2. BtuC 体系的平衡

由于 BtuC 分子数相对于脂膜来说较少且受脂膜的保护，因此在模拟过程中 BtuC 比 POPC 脂膜更容易达到平衡。MD 轨迹分析显示，在模拟进行到最后的松弛步骤后 BtuC 达到平衡，主链原子的均方根偏差（RMSD）稳定在 2.2 Å 左右。

BtuC 内跨膜通道中心的矢量和脂膜平面法线间的夹角，反映 BtuC 与脂膜的相对位置。跨膜通道中心的矢量定义为 BtuC 两个结构域的 Thr142 残基对的几何中心指向来自两个结构域的 Ser167 残基对的几何中心。在构建模拟体系时，将脂膜平面设定为坐标系的 x-y 平面，因此其法线为坐标系 z 轴。在初始构建的 BtuC-POPC 体系中，该夹角为 9.5°；在 57.7 ns MD 模拟过程中，该夹角的平均值为 9.2° ± 0.9°。这说明，在构建的模拟体系中 BtuC 和 POPC 脂膜的相对位置仅进行了小的调整并保持相对稳定。

3. BtuC 的柔性分析

图 3-4 显示了 MD 模拟过程中 BtuC 每个 C_α 原子的均方根涨落（RMSF）。可以看出，具有相同序列且三维结构几乎一致的两个结构域在大多数区域，尤其是跨膜 α 螺旋区域，表现出相似的柔性特点，但在有些区域也存在明显的差别。

在两个跨膜螺旋间的 loop 区（图 3-4 中标出的残基范围）具有更大的柔性。具体来说，残基 Met1 和残基 Ala324 周围的区域分别处于 N 端和 C 端，所以显示出最大的柔性。在胞质一侧，α 螺旋 H2 和 H3 之间的 loop 区（Phe81-Leu90）的柔性在两个结构域之间有较明显的差异，左边的明显高于右边的（左右结构域是以图 3-1 所示位置来定义的）。与 BtuD 亚基接触的短螺旋 L1 或 L2，即位于 H6 和 H7 之间的残基 Ser208-Leu226，右边结构域的柔性比左边结构域的柔性大。胞质一侧位于螺旋 H8 和 H9 之间的 loop 区 Leu266-His272 也具有同样的柔性特点。尽管两个结构域的结构对称，但它们的运动却是不对称的。在下面的主成分分析中将看到，Ser208-Leu226 和 Leu266-His272 这两个区域属于具有类似运动的模块，而 loop 区 Phe81-Leu90 属于另一个具有类似运动的模块。

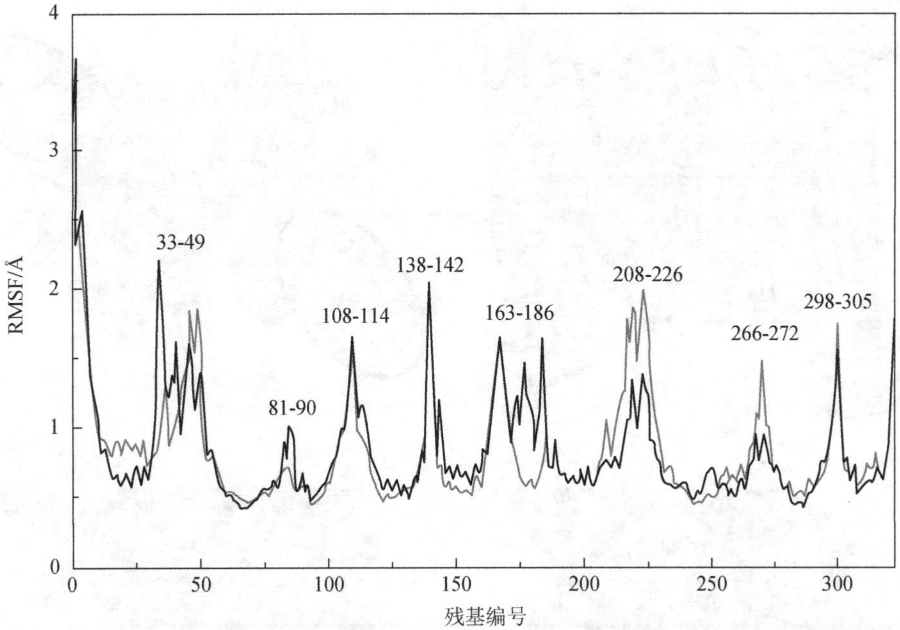

图 3-4 BtuC 体系 C_α 原子的均方根涨落。残基号范围表示均方根涨落较大所在的 loop 区残基。黑色和灰色曲线分别表示图 3-1 中 BtuC 左边和右边结构域对应的均方根涨落

另一个柔性较大的区域是螺旋 H5 在脂膜外末端的残基及其与螺旋 H6 之间的 loop 区（Ala163-Val186）。螺旋 H5 控制着跨膜通道，因此 H5 具有较大柔性，这是与它的功能相符合的。这段 loop 区还包括一段短的螺旋结构（即 Thr168-Gly184），为方便起见称为 S1。Hvorup 等认为，在 BtuF“对接”至 BtuC 上时，S1 可以插入 BtuF 的底物结合口袋，促使底物转移进 BtuC 中的通道[67]。在我们的 MD 模拟中，S1 表现出较大的柔性，可能是行使该功能所必需的。此外，S1 的柔性在两个结构域上也不一致，左边的结构域可能起主要作用。

4. 主成分分析

尽管进行了超过 57 ns 的 MD 模拟，但这个时间尺度还不足以观察到完成转运过程的整个功能性运动（约≥100 ms）[68]。研究表明，蛋白分子的自由度虽然非常多，但是其大部分的运动都集中在非常少量的自由度上，这些自由度构成一个“基本子空间”，在这个子空间内的运动与蛋白质的功能密切相关。主成分分析（PCA）可以分离蛋白质的该子空间，使得能更清楚地理解蛋白质的功能性运动模式，已成功地用来分析蛋白质的运动机制[69]。对 BtuC 主链原子的 PCA 分析显示，超过 54%的运动对应于最大的前 5 个本征值，而其他 46%的运动对应着剩余的 2557 个本征值。图 3-5 显示了前 5 个本征

矢量对应的运动模式。这里需要说明的是，图中显示的运动方向是从一个极端构象到另一个极端构象的方向。事实上，运动方向可以是所指示方向的反方向。

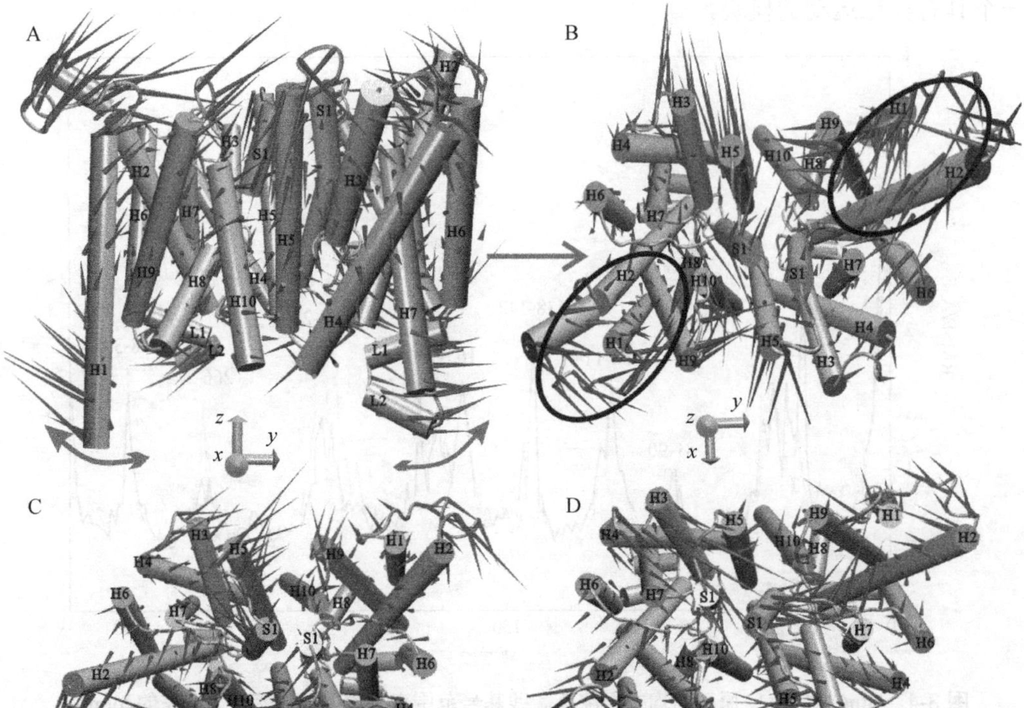

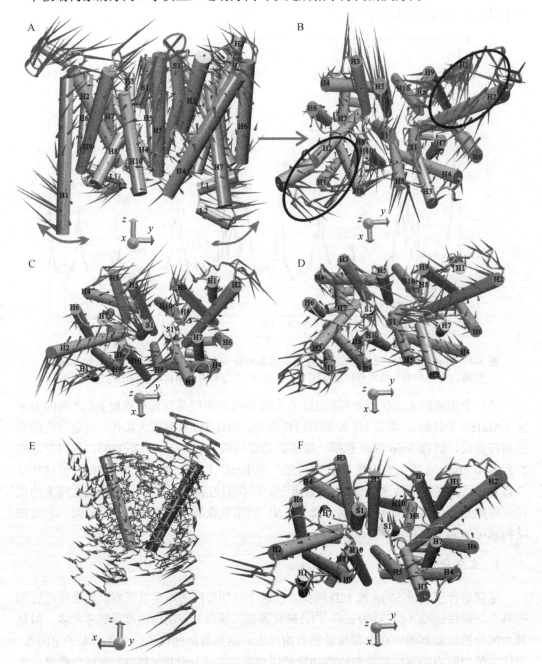

图 3-5　BtuC 运动的主成分分析。图 A 和 B 为第一主成分的示意图；图 B 中椭圆所示部分是与 BtuF 接触的区域；图 C～F 分别为第二、第三、第四主成分的示意图。坐标系 z 轴的方向与 POPC 脂膜（未表示出）平面的法线方向相同。圆锥的长短表示运动幅度的大小，圆锥的方向为从一个极端结构到另一极端结构。所有的标记与图 3-1 相同

结果表明，BtuC 的第一主成分占总运动的 30%。该运动模式大体可以描述为：在脂膜内一侧，两个结构域相互背离（如图 3-5A 中的箭头所示），而在周质一侧则相互靠近。这与 Davidson 等所观察到的麦芽糖转运蛋白 MalFGK2 的转运模式类似[70]。Ivetac 等用 MD 模拟 BtuCDF，也认为 BtuC 有类似运动[66]。但他们把该运动模式简单地理解为两个结构域各自作为一个刚性整体的相对运动。在我们的模拟中，这种运动看起来要复杂得多。每个结构域中的所有 α 螺旋并不是一个整体进行集合运动，而是具有不同运动方式的模块。

从胞质一侧观察，可以将 α 螺旋 H1、H2、H6、H7、H8、H9，以及短螺旋 L1 和 L2 归属为一个模块，来自两个结构域的该模块相互背离运动，而其余部分则属于另一个模块，来自两个结构域的该模块相互靠近运动。

从周质一侧观察（图 3-5B），α 螺旋 H1、H2、H6、H7、H9 属于一个模块，来自两个结构域的该模块有相互靠近的运动。值得注意的是，该模块包括与 BtuF 的两个结构域接触的区域（图 3-5B 中椭圆所圈出的区域，包含关键的接触残基 Arg56），因此在 BtuC 与 BtuF 结合时，该模块的运动可能会影响 BtuF 两个结构域的运动，使这两个结构域发生位置变化，促进两个结构域中间夹着的底物释放。α 螺旋 H3、H4、H5 组成了另一模块，来自两个结构域的该模块具有背离通道中心的运动，最明显的是两个关键螺旋 H5 的相互背离，改变了由螺旋 H5 控制的通道在 *x-z* 平面上的大小。

螺旋 H5 位于跨膜通道的两侧，与螺旋 H10 以及螺旋 H3 和 H8 的一部分构成了一个容纳底物的通道。H5 在脂膜内一侧末端的残基（Thr142）构成了通道在脂膜内一侧最窄的“门”区域。将螺旋 H5 在胞质一侧的末端残基 Thr142 指向其在周质一侧的末端残基 Ser167 的矢量作为螺旋 H5 的矢量，则左右两个结构域的这两个矢量的夹角变化可以反映通道的维度在 *x-z* 平面上的变化。此外，把 4 个点［左边结构域上的 Thr142 的质心（142L）和 Ser167 的质心（167L），以及右边结构域对应的点 142R 和 167R］限定的两个平面（即平面 142R-142L-167L 和平面 142L-142R-167R 之间的夹角）定义为两个螺旋 H5 之间的二面角，则该二面角变化可以反映通道的大小在 *y-z* 平面上的变化。同时，我们还把来自两个结构域的 Thr142 残基对间的距离以及 Ser167 残基对间的距离用来大致反映 BtuC 跨膜通道在胞质一侧和周质一侧开口的大小。为了监控这些变量，将 MD 模拟的轨迹投影在各本征矢量上并计算这些角度和距离的变化（图 3-6）。

结果显示，在第一运动模式下螺旋 H5 之间的二面角在 26.7°～36.3°之间变化，夹角在 32.2°～46.8°之间变化。这表明，在该运动模式下 BtuC 中的跨膜通道在两个不同方向上的维度能发生显著的改变。晶体结构中 H5 螺旋之间的二面角和夹角分别是 35.3°和 41.1°，均分别处于上面的两个范围内。这表明 BtuC 能达到的“开放”程度要大于晶体结构的“开放”程度，即晶体结构状态仅是一个中间状态。从测得的二面角和夹角范围的下限来看，二面角和夹角与晶体结构的“开放”状态比较分别减少了 8.6°和 8.9°，即跨膜通道在周质一侧有明显的闭合运动。

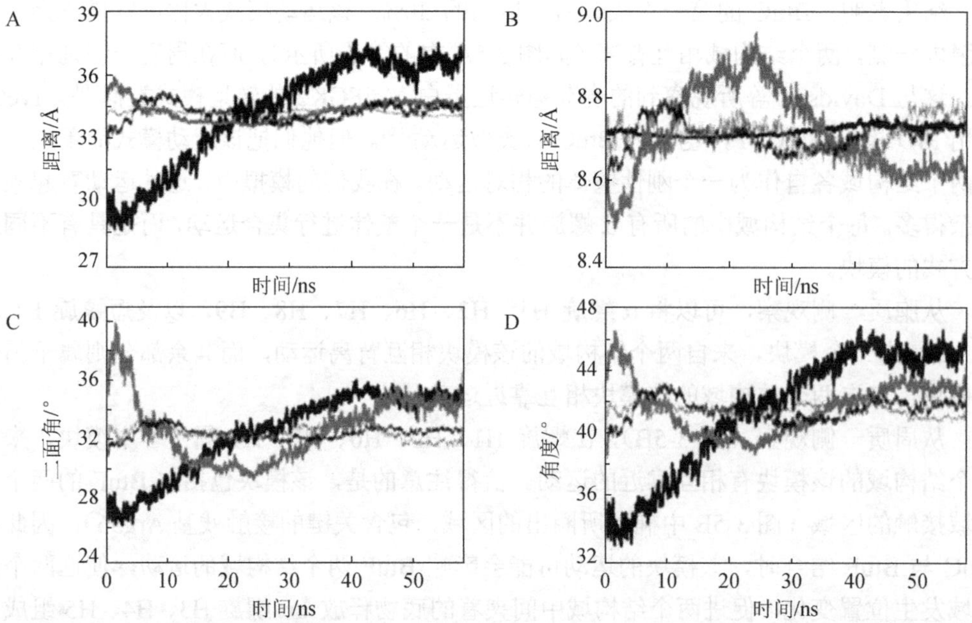

图 3-6　A 和 B 分别显示出模拟过程中 Ser167 对和 Thr142 对之间的距离变化；C 显示出两个 H5 螺旋的四个端点构成的两个平面之间的二面角变化；D 显示出模拟过程中两个 H5 螺旋之间的夹角变化。黑色粗线、灰色粗线、黑色细线、灰色细线分别对应第一、第二、第三、第四本主成分

前面的柔性分析已经表明短螺旋 S1 有较大的位置变化，观察该运动模式可清楚地看出螺旋 S1 具有向跨膜通道在周质一侧开口的中心移动的运动，而且在两个结构域中的运动幅度是有差异的。与晶体结构比较，左边结构域的 S1 的质心可产生约 5.7 Å 的偏移，而右边结构域的质心仅产生约 1.3 Å 的偏移。左边的短螺旋 S1 就像一个“盖子”，在周质一侧发生闭合运动时盖住通道在该侧的开口，当发生开放运动时，S1 又偏离通道中心，使得底物能够到达通道。可见，如果在 BtuF“对接”至 BtuC 上后 S1 确实能插入 BtuF 两个结构域之间的活性口袋的话，那么 S1 的这种运动势必会影响 BtuF 的结合。这一结果印证了 S1 及周围的 loop 区结构可能对 BtuF 与 BtuC 的结合很重要的观点[71]。

另外，第一本征矢量对应的运动主要影响跨膜通道在周质一侧的区域，而对通道在胞质一侧的开口影响较小。两个结构域的螺旋 H5 在周质一侧末端的 Ser167 残基对之间的距离和胞质一侧末端的残基对（即 Thr142 残基对）之间的距离可反映跨膜通道在这两侧的变化。结果表明，Ser167 残基对之间的距离变化范围是 28.5～37.7Å，而 Thr142 残基对的距离仅有 0.1 Å 的变化（见图 3-6A、B）。

图 3-5C 显示了对应于第二本征值的 BtuC 运动模式。从周质一侧来看，BtuC 两个结构域的运动模式也不完全一致。在左边的结构域中，螺旋 H3、H4、H5 与螺旋 H1、H2、H6、H7、H8、H9、H10 各自组成了运动方向相反的两个独立部分。在脂膜外一侧这两个部分相互背离，同时牵引短螺旋 S1 离开通道开口的中心。而右边的结构域大致具有绕 z 轴顺时针扭转的运动，整体的运动幅度低于左边结构域。这两个结构域的运动虽然不一致，但它们均导致跨膜通道在胞质一侧开口的改变。尽管第二运动模式仅占总

运动的 11%，但是在该运动模式下，H5 螺旋之间的二面角在 29.7°～40.0° 之间变化，夹角在 38.3°～46.5° 之间变化，幅度仅略小于第一运动模式。同样，晶体结构中 H5 螺旋之间的二面角和夹角也在这个范围内，这表明晶体结构是其中一个中间状态。在该运动模式下，Ser167 残基对的距离变化是 2.4 Å，接近第一运动模式对应的值的 1/4，Thr142 残基对的距离变化为 0.5 Å，尽管变化也很小，却大约是第一运动模式所引起的相应变化的 9 倍。

从图 3-5D 可以看出，第三运动模式与第一运动模式相反。具体来说，是两个结构域的螺旋 H3、H4、H5、H7 相对运动，往通道中心靠近。同时，短螺旋 S1 盖住了通道在脂膜外的开口。而螺旋 H1、H2、H8、H9、H10 则向通道外侧偏移。从该运动模式也可以看出 BtuC 的结构域存在着轻微的扭转运动，左边的结构域表现出围绕 z 轴的顺时针运动。

从图 3-5E 可以清楚地看出，第四个运动模式比前面的运动模式协同性要高，即每个结构域各自作为一个刚性整体运动。在该运动模式下，两个结构域以 y 轴为轴心发生相对运动，最直接的效果是两个螺旋 H5 像剪刀一样发生剪切运动。由于螺旋 H5 控制着 BtuC 内部的跨膜通道，这种运动模式将改变该通道的大小。在该运动模式下，螺旋 H5 之间的二面角和夹角分别有 2.2° 和 1.9° 的变化，而 Thr142 残基对之间的距离以及 Ser167 残基对之间的距离分别有 0.6 Å 和 0.2 Å 的改变（图 3-6）。

第五个运动模式仅占总运动的 3%，从图 3-5F 来看，BtuC 结构的模式和幅度都不太明显。该运动模式以及后面更小的运动模式不足以反映 BtuC 的功能性运动。

3.4.4　总结和展望

以上的步骤成功模拟了 BtuC-POPC 脂膜体系，通过超过 57 ns 的 MD 模拟和主成分分析，从原子水平上了解了 BtuC 的几种主要运动模式，这些结果有助于在原子水平上理解底物的转运机制。当然，数十个纳秒的模拟时间对于膜-蛋白质体系而言显得相对不足，所观察到的蛋白质运动不是十分明显。在后续的研究中，可以将通过该经典动力学模拟所获得的信息用于指导粗粒化动力学模拟，如基于形状的粗粒化动力学模拟（shape based coarse grained molecular dynamic，SBCG）[72, 73]，从而较精确地获得模拟体系的大尺度运动模式。

参 考 文 献

[1] Guidotti G. Discussion paper: Membrane proteins. Ann N Y Acad Sci, 1972, 195: 139-141

[2] Lodish H, Berk A, Zipursky S L, Matsudaira P, Baltimore D, Darnell J. Molecular cell biology. 4th. New York: W. H. Freeman, 2000: 1141-1149

[3] Klabunde T, Hessler G. Drug design strategies for targeting g-protein-coupled receptors. Chembiochem, 2002, 3(10): 928-944

[4] Lee A G. Structural biology: Highly charged meetings. Nature, 2009, 462(7272): 420-421

[5] Jo S, Kim T, Im W. Automated builder and database of protein/membrane complexes for molecular dynamics simulations. PLoS One, 2007, 2(9): e880

[6] Jo S, Lim J B, Klauda J B, Im W. Charmm-gui membrane builder for mixed bilayers and its application to yeast membranes. Biophys J, 2009, 97(1): 50-58

[7] Wu E L, Cheng X, Jo S, Rui H, Song K C, Davila-Contreras E M, Qi Y, Lee J, Monje-Galvan V, Venable R M, Klauda J B, Im W. Charmm-gui membrane builder toward realistic biological membrane simulations. J Comput Chem, 2014, 35(27): 1997-2004

[8] Ghosh M, Tucker D E, Burchett S A, Leslie C C. Properties of the group iv phospholipase a2 family. Prog Lipid Res, 2006, 45(6): 487-510

[9] Johnson J E, Cornell R B. Amphitropic proteins: Regulation by reversible membrane interactions (review). Mol Membr Biol, 1999, 16(3): 217-235

[10] Thuduppathy G R, Craig J W, Kholodenko V, Schon A, Hill R B. Evidence that membrane insertion of the cytosolic domain of bcl-xl is governed by an electrostatic mechanism. J Mol Biol, 2006, 359(4): 1045-1058

[11] 衡杰，吴岩，王先平，张凯. 脂分子对整合膜蛋白结构与功能的影响. 生物物理学报，2012，28（11）：866-876

[12] Almen M S, Nordstrom K J, Fredriksson R, Schioth H B. Mapping the human membrane proteome: A majority of the human membrane proteins can be classified according to function and evolutionary origin. BMC Biol, 2009, 7: 50

[13] Jämbeck J P M, Lyubartsev A P. An extension and further validation of an all-atomistic force field for biological membranes. Journal of Chemical Theory and Computation, 2012, 8(8): 2938-2948

[14] Wennberg C L, Van Der Spoel D, Hub J S. Large influence of cholesterol on solute partitioning into lipid membranes. Journal of the American Chemical Society, 2012, 134(11): 5351-5361

[15] Shahinian A A, Poghosyan A H, Badalyan H G. Computer simulation of structural changes in phospholipid bilayers. International Journal of Modern Physics C, 2000, 11(01): 153-158

[16] Poghosyan A H, Yeghiazaryan G A, Shahinyan K A, Shahinyan A A. Investigation of surface of phospholipid bilayer: A molecular dynamics study. Electronic Journal of Natural Sciences, 2003, 1(1): 8

[17] Yeghiazaryan G A, Poghosyan A H, Shahinyan A A. The water molecules orientation around the dipalmitoyl-phosphatidylcholine head group: A molecular dynamics study. Physica A, 2006, 362(1): 197-203

[18] Yeghiazaryan G A, Poghosyan A H, Shahinyan A A. Structural and dynamical features of hydrocarbon chains of dipalmitoylphosphatidylcholine (dppc) molecules in phospholipid bilayers: A molecular dynamics study. Electronic Journal of Natural Sciences, 2005, 4(1): 44

[19] Hakobyan P K, Gharabekyan H H, Poghosyan A H, Shahinyan A A. Dynamic research and simulation of the human erythrocyte membrane fragment by computer experiment. Biological Journal of Armenia, 2010, 62(1): 6-14

[20] Hakobyan P K. Molecular dynamics simulation of complex phospholipid bilayer with cholesterol. New Electronic Journal of Natural Sciences, 2009, 2(13): 58-62

[21] Arkhipov A, Yin Y, Schulten K. Membrane-bending mechanism of amphiphysin n-bar domains. Biophys J, 2009, 97(10): 2727-2735

[22] Arkhipov A, Roos W H, Wuite G J, Schulten K. Elucidating the mechanism behind irreversible deformation of viral capsids. Biophys J, 2009, 97(7): 2061-2069

[23] Yin Y, Arkhipov A, Schulten K. Simulations of membrane tubulation by lattices of amphiphysin n-bar domains. Structure, 2009, 17(6): 882-892

[24] Perilla J R, Beckstein O, Denning E J, Woolf T B. Computing ensembles of transitions from stable states: Dynamic importance sampling. J Comput Chem, 2011, 32(2): 196-209

[25] Leone V, Marinelli F, Carloni P, Parrinello M. Targeting biomolecular flexibility with metadynamics. Curr Opin Struct Biol, 2010, 20(2): 148-154

[26] Bahar I. On the functional significance of soft modes predicted by coarse-grained models for membrane proteins. J Gen Physiol, 2010, 135(6): 563-573

[27] Roux B. Ion conduction and selectivity in k(+) channels. Annu Rev Biophys Biomol Struct, 2005, 34: 153-171

[28] Hub J S, De Groot B L. Mechanism of selectivity in aquaporins and aquaglyceroporins. Proc Natl Acad Sci USA, 2008, 105(4): 1198-1203

[29] Delemotte L, Tarek M, Klein M L, Amaral C, Treptow W. Intermediate states of the kv1.2 voltage sensor from atomistic molecular dynamics simulations. Proc Natl Acad Sci USA, 2011, 108(15): 6109-6114

[30] Schwaiger C S, Bjelkmar P, Hess B, Lindahl E. 3(1)(0)-helix conformation facilitates the transition of a voltage sensor s4 segment toward the down state. Biophys J, 2011, 100(6): 1446-1454

[31] Zhu F, Hummer G. Pore opening and closing of a pentameric ligand-gated ion channel. Proc Natl Acad Sci USA, 2010, 107(46): 19814-19819

[32] Murail S, Wallner B, Trudell J R, Bertaccini E, Lindahl E. Microsecond simulations indicate that ethanol binds between subunits and could stabilize an open-state model of a glycine receptor. Biophys J, 2011, 100(7): 1642-1650

[33] Dror R O, Arlow D H, Borhani D W, Jensen M O, Piana S, Shaw D E. Identification of two distinct inactive conformations of the beta2-adrenergic receptor reconciles structural and biochemical observations. Proc Natl Acad Sci USA, 2009, 106(12): 4689-4694

[34] Vanni S, Neri M, Tavernelli I, Rothlisberger U. Observation of "ionic lock" formation in molecular dynamics simulations of wild-type beta 1 and beta 2 adrenergic receptors. Biochemistry, 2009, 48(22): 4789-4797

[35] Janosi L, Prakash A, Doxastakis M. Lipid-modulated sequence-specific association of glycophorin a in membranes. Biophys J, 2010, 99(1): 284-292

[36] Sengupta D, Marrink S J. Lipid-mediated interactions tune the association of glycophorin a helix and its disruptive mutants in membranes. Phys Chem Chem Phys, 2010, 12(40): 12987-12996

[37] Lumb C N, He J, Xue Y, Stansfeld P J, Stahelin R V, Kutateladze T G, Sansom M S. Biophysical and computational studies of membrane penetration by the grp1 pleckstrin homology domain. Structure, 2011, 19(9): 1338-1346

[38] Laskowski R A, Macarthur M W, Moss D S, Thornton J M. Procheck: A program to check the stereochemical quality of protein structures. J. Appl. Cryst., 1993, 26: 283-291

[39] Hooft R W, Vriend G, Sander C, Abola E E. Errors in protein structures. Nature, 1996, 381(6580): 272

[40] Pontius J, Richelle J, Wodak S J. Deviations from standard atomic volumes as a quality measure for protein crystal structures. J Mol Biol, 1996, 264(1): 121-136

[41] Humphrey W, Dalke A, Schulten K. Vmd: Visual molecular dynamics. J Mol Graph, 1996, 14(1): 33-38, 27-38

[42] Poghosyan A H, Arsenyan L H, Shahinyan A A. Molecular dynamics study of intermediate phase of long chain alkyl sulfonate/water systems. Langmuir, 2013, 29(1): 29-37

[43] Poghosyan A H, Arsenyan L H, Gharabekyan H H, Falkenhagen S, Koetz J, Shahinyan A A. Molecular dynamics simulations of inverse sodium dodecyl sulfate (sds) micelles in a mixed toluene/pentanol solvent in the absence and presence of poly(diallyldimethylammonium chloride) (pdadmac). J Colloid Interface Sci, 2011, 358(1): 175-181

[44] Poghosyan A H, Yeghiazaryan G A, Gharabekyan H H, Koetz J, Shahinyan A A. A molecular dynamics study of na–dodecylsulfate/water liquid crystalline phase. Molecular Simulation, 2007, 33(14): 1155-1163

[45] Poghosyan A H, Yeghiazaryan G A, Gharabekyan H H, Shahinyan A A. The gromacs and namd software packages comparison. Communications in Computational Physics, 2006, 1(4): 736-743

[46] Lomize A L, Pogozheva I D, Mosberg H I. Anisotropic solvent model of the lipid bilayer. 2. Energetics of insertion of small molecules, peptides, and proteins in membranes. J Chem Inf Model, 2011, 51(4): 930-946

[47] Killian J A, Von Heijne G. How proteins adapt to a membrane-water interface. Trends Biochem Sci, 2000, 25(9): 429-434

[48] De Jesus A J, Allen T W. The determinants of hydrophobic mismatch response for transmembrane helices. Biochim Biophys Acta, 2013, 1828(2): 851-863

[49] Jo S, Kim T, Iyer V G, Im W. Charmm-gui: A web-based graphical user interface for charmm. J Comput Chem, 2008, 29(11): 1859-1865

[50] Sun T G, Liu M, Chen W Z & Wang C X. Molecular dynamics simulation of the transmembrane subunit of BtuCD in the lipid bilayer. Science China Life Sciences, 2010, 53(5): 620-630

[51] Locher K P, Lee A T, Rees D C. The E. Coli btucd structure: A framework for abc transporter architecture and mechanism. Science, 2002, 296(5570): 1091-1098

[52] Grubmüller H. Solvate: A program to create atomic solvent models, 1996

[53] Jorgensen W L, Chandrasekhar J, Madura J D, Impey R W, Klein M L. Comparison of simple potential functions for simulating liquid water. The Journal of Chemical Physics, 1983, 79(2): 926-935

[54] Phillips J C, Braun R, Wang W, Gumbart J, Tajkhorshid E, Villa E, Chipot C, Skeel R D, Kale L, Schulten K. Scalable molecular dynamics with namd. J Comput Chem, 2005, 26(16): 1781-1802

[55] Mackerell A D, Bashford D, Bellott M, Dunbrack R L, Evanseck J D, Field M J, Fischer S, Gao J, Guo H, Ha S, Joseph-Mccarthy D, Kuchnir L, Kuczera K, Lau F T, Mattos C, Michnick S, Ngo T, Nguyen D T, Prodhom B, Reiher W E, Roux B, Schlenkrich M, Smith J C, Stote R, Straub J, Watanabe M, Wiorkiewicz-Kuczera J, Yin D, Karplus M. All-atom empirical potential for molecular modeling and dynamics studies of proteins. J Phys Chem B, 1998, 102(18): 3586-3616

[56] York D M, Darden T A, Pedersen L G. The effect of long - range electrostatic interactions in simulations of macromolecular crystals: A comparison of the ewald and truncated list methods. The Journal of Chemical Physics, 1993, 99(10): 8345-8348

[57] Berendsen H J C, van Gunsteren W F, Egberts E, Vlieg J D: Dynamic simulation of complex molecular systems, Supercomputer research in chemistry and chemical engineering: American Chemical Society, 1987: 106-122

[58] Amadei A, Linssen A B, Berendsen H J. Essential dynamics of proteins. Proteins, 1993, 17(4): 412-425

[59] Pasenkiewicz-Gierula M, Murzyn K, Rog T, Czaplewski C. Molecular dynamics simulation studies of lipid bilayer systems. Acta Biochim Pol, 2000, 47(3): 601-611

[60] Pandit S A, Chiu S W, Jakobsson E, Grama A, Scott H L. Cholesterol surrogates: A comparison of cholesterol and 16:0 ceramide in popc bilayers. Biophys J, 2007, 92(3): 920-927

[61] Smaby J M, Momsen M M, Brockman H L, Brown R E. Phosphatidylcholine acyl unsaturation modulates the decrease in interfacial elasticity induced by cholesterol. Biophys J, 1997, 73(3): 1492-1505

[62] Hyslop P A, Morel B, Sauerheber R D. Organization and interaction of cholesterol and phosphatidylcholine in model bilayer membranes. Biochemistry, 1990, 29(4): 1025-1038

[63] Patra M, Salonen E, Terama E, Vattulainen I, Faller R, Lee B W, Holopainen J, Karttunen M. Under the influence of alcohol: The effect of ethanol and methanol on lipid bilayers. Biophys J, 2006, 90(4): 1121-1135

[64] Rand R P, Parsegian V A. Hydration forces between phospholipid bilayers. Biochimica et Biophysica Acta (BBA) - Reviews on Biomembranes, 1989, 988(3): 351-376

[65] Gullingsrud J, Schulten K. Lipid bilayer pressure profiles and mechanosensitive channel gating. Biophys J, 2004, 86(6): 3496-3509

[66] Ivetac A, Campbell J D, Sansom M S. Dynamics and function in a bacterial abc transporter: Simulation studies of the btucdf system and its components. Biochemistry, 2007, 46(10): 2767-2778

[67] Hvorup R N, Goetz B A, Niederer M, Hollenstein K, Perozo E, Locher K P. Asymmetry in the structure of the abc transporter-binding protein complex btucd-btuf. Science, 2007, 317(5843): 1387-1390

[68] Ambudkar S V, Cardarelli C O, Pashinsky I, Stein W D. Relation between the turnover number for vinblastine transport and for vinblastine-stimulated atp hydrolysis by human p-glycoprotein. Journal of Biological Chemistry, 1997, 272(34): 21160-21166

[69] Haider S, Grottesi A, Hall B A, Ashcroft F M, Sansom M S P. Conformational dynamics of the ligand-binding domain of inward rectifier k channels as revealed by molecular dynamics simulations: Toward an understanding of kir channel gating. Biophys J, 2005, 88(5): 3310-3320

[70] Davidson A L, Chen J. Atp-binding cassette transporters in bacteria. Annu Rev Biochem, 2004, 73: 241-268

[71] Cadieux N, Bradbeer C, Reeger-Schneider E, Koster W, Mohanty A K, Wiener M C, Kadner R J. Identification of the periplasmic cobalamin-binding protein btuf of escherichia coli. J Bacteriol, 2002, 184(3): 706-717

[72] Arkhipov A, Freddolino P L, Schulten K. Stability and dynamics of virus capsids described by coarse-grained modeling. Structure, 2006, 14(12): 1767-1777

[73] Arkhipov A, Yin Y, Schulten K. Four-scale description of membrane sculpting by bar domains. Biophys J, 2008, 95(6): 2806-2821

（孙庭广）

第 4 章　蛋白质与 DNA 相互作用的分子动力学模拟

4.1　引　　言

自然界中一切生命过程都是由生物分子之间或生物分子和其他物质分子之间进行接触，进而发生物理和化学变化等所引起的。蛋白质和核酸是组成生命的主要生物大分子，它们具有各自的结构特征和特定功能。核酸主要包括 DNA 和 RNA 分子，其中 DNA 分子具有储存和传递遗传信息的功能，而蛋白质则贯穿生命的所有生理过程，对生物体的功能起到至关重要的作用。例如，DNA 的复制正是由 DNA 聚合酶、DNA 拓扑异构酶、RNA 聚合酶及其他相应蛋白质与 DNA 特异性的结合来实现[1, 2]。研究蛋白质与 DNA 分子之间的相互作用有助于阐明生物反应的机理，揭示生命现象的本质。

蛋白质与 DNA 的相互作用研究是新药设计和研发的基础，已日益成为一个十分活跃的研究领域[3]。如何从蛋白质数据中识别 DNA 结合蛋白，以及准确预测蛋白质与 DNA 相互作用的结合位点是后基因组时代生物信息学领域的重要研究方向。

4.2　蛋白质与 DNA 识别的结构特征

在大多数情况下，DNA 和蛋白质的特异性识别发生在 DNA 的沟和氨基酸侧链之间，特异性的相互作用通常是通过氢键相互作用和结构互补性来表征。

DNA 结合蛋白的种类繁多，具有不同的结构、功能类型及序列特征。曾经有研究将 DNA 结合蛋白分为 8 类，共 54 个家族[4]。随着新型 DNA 结合蛋白的不断发现和结构解析，DNA 结合蛋白的结构多样性将更加复杂。因此，传统的生物信息学方法，如数据库搜索、序列相似性比较、结构相似性比较等方法并不能高通量、精确地识别 DNA 结合蛋白。尽管 DNA 结合蛋白具有高度的多样性，但所有这些蛋白质均有一个共同点，即都能与 DNA 结合。有理由相信，DNA 结合蛋白的这一最基本特征隐藏在蛋白质的序列组成这一基本构成信息中，通过生物信息学方法最终可以挖掘出 DNA 结合蛋白的结构选择性、序列选择性，以及较为明确的结构特征。

4.2.1　DNA 结合蛋白的结构特征

DNA 结合蛋白在结构上都包含 DNA 结合的结构域，常见的结构域有锌指（zinc finger，ZF）、螺旋-转角-螺旋（helix-tum-helix，HTH）、亮氨酸拉链（leucine zipper，LZ）和螺旋-环-螺旋（helix-loop-helix，HLH）等，这些结构域都能够明显促进蛋白质特异性地与双链或者单链的 DNA 结合[4, 5]。

1. 螺旋-转角-螺旋

调控蛋白识别 DNA 的螺旋-转角-螺旋结构非常具有代表性，这种基序包括两个α螺旋，螺旋之间有一个 β 转角，使两个螺旋可以通过疏水作用装配起来（图 4-1A）。其中位于大沟的 α 螺旋对于识别 DNA 具有决定性意义，即识别螺旋。而识别螺旋的外侧面结构特征是保证 DNA 结合专一性的决定性因素。

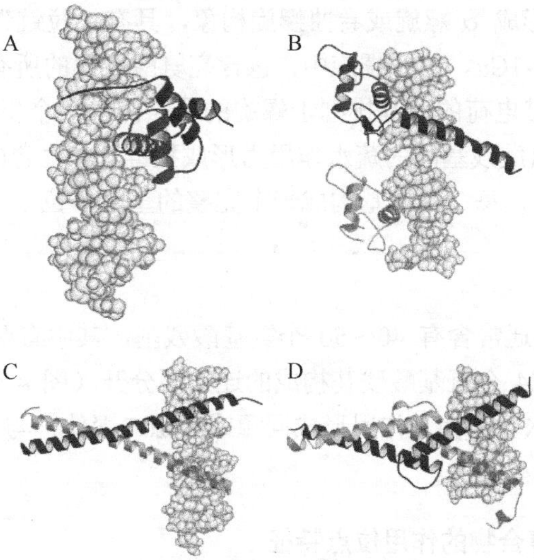

图 4-1　蛋白质中的 DNA 结合基序：（A）螺旋-转角-螺旋（PDB: 1FJL）；（B）锌指结构（PDB: 2NLL）；（C）亮氨酸拉链（PDB: 2DGC）；（D）螺旋-环-螺旋　（PDB: 1AMQ）

2. 锌指结构

Cys2/His2 锌指结构主要存在于转录因子 TFIIIA 与 DNA 结合的结构域中，有 9 个相似的重复单位，每个单位约有 30 个氨基酸残基。在每个单位中，锌离子与两个半胱氨酸残基和两个组氨酸残基形成的配位键，以及苯丙氨酸和亮氨酸形成的疏水核心，称为锌指区。单个锌指的保守区序列如下：

$$\text{Cys-X}_{2\text{-}4}\text{-Cys-X}_3\text{-Phe-X}_5\text{-Leu-X}_2\text{-His-X}_3\text{-His}$$

锌指结构中包括一个 β 折叠和一个相邻的 α 螺旋。每个锌指的侧链都与 DNA 的磷酸基和碱基形成氢键。α 螺旋中的精氨酸同 DNA 的鸟嘌呤形成的氢键连接构成序列特异性识别，并使螺旋结构维持在大沟处。

Cys2/Cys2 锌指蛋白家族主要是类固醇胸腺激素核受体家族，每个锌指的结构为锌离子与 4 个半胱氨酸残基形成配位键：

$$\text{Cys-X}_2\text{-Cys-X}_{13}\text{-Cys-X}_2\text{-Cys}$$

这些蛋白质一般不具有大量重复的锌指，与 DNA 的结合区域短且呈回文结构。此结构域包括两个相互垂直的 α 螺旋，每个 α 螺旋与延伸链相连。两个α螺旋间是一个疏水残基构成的核心。每一个锌离子与 α 螺旋上的两个 Cys 和延伸环上的两个 Cys 结合，形成两个相似的锌指结构，再折叠形成一个大的球形结构域。N 端的α螺旋是识别螺旋，另一个α螺旋与二聚化有关。

3. 亮氨酸拉链

在许多调控蛋白中都有一段富含亮氨酸的序列，每两个亮氨酸精确地相距 6 个氨基酸残基，这个区域易形成 α 螺旋或卷曲螺旋构象，具有“拉链”的两个蛋白质能够形成稳定的二聚体（图 4-1C）。在 α 螺旋中，包含亮氨酸在内的所有疏水氨基酸残基排列在螺旋的一侧，所有带电荷的残基排列于螺旋的另一侧，两个蛋白质分子的两个 α 螺旋平行排列，依赖亮氨酸残基间的疏水作用力形成拉链，产生卷曲螺旋并互相缠绕。每圈含 3.5 个氨基酸残基，每 7 个残基构成一个完整的重复单位。

4. 螺旋-环-螺旋

螺旋-环-螺旋结构通常含有 40～50 个氨基酸残基，其中有两个既亲水又亲脂的 α 螺旋，α 螺旋被 10～24 个氨基酸残基构成的连接环分开（图 4-1D）。此类蛋白质依赖两个螺旋对应面上疏水基团相互作用形成同源或异源二聚体，与 HLH 基序相邻的碱性区域是与 DNA 结合所必需的。

4.2.2 蛋白质-DNA 复合物的作用位点特征

由于组成 DNA 的磷酸基团带负电，DNA 分子整体上通常带有负电性，研究发现蛋白质中带正电的精氨酸（Arginine，Arg）易特异性结合鸟嘌呤，而谷氨酰胺（Glutamine，Gln）和天冬酰胺（Asparagine，Asn）更倾向于同腺嘌呤结合。一般来说，极性氨基酸在 DNA 结合蛋白中占有较高比例，这可能与氢键（包括水分子介导氢键）在蛋白质-DNA 相互作用过程中发挥较大的作用有关。总体而言，带正电的氨基酸和极性氨基酸在 DNA 结合蛋白中所占的比例要高于其在不结合的蛋白质中的比例，且精氨酸残基最为显著。但目前科学家仍未发现如同 DNA 转录和翻译过程一样存在着决定 DNA 结合蛋白组成的统一编码规则。

Arg 的正电性能确定了它是 DNA 结合蛋白中平均组成比例最高的氨基酸，Arg 可特异性地结合 DNA 大沟内的碱基。另外，DNA 结合蛋白中的 Arg 还能特异性地与 DNA 小沟内的碱基结合，并通过这种结合方式改变 DNA 小沟的宽度，进而引起 DNA 结构的弯曲和改变，增加 DNA 的负电势能。目前，研究已发现有许多含有 Arg 并且与 DNA 小沟特异性结合的蛋白基序列，如控制生物体形态学蛋白家族的 Arg-Gln-Arg 基序列、在细胞谱系的分化和神经发育中起调控作用的 Arg-Lys-Lys-Arg 基序列，以及人类雌激素受体的 Arg-Gly-GIy-Arg 基序列等。Rohs 等曾对大量 DNA 结合蛋白复合物结构进行统计，能够与 DNA 小沟发生相互作用的 Arg 所占比例最高，达到 28%。进一步对 DNA

结合蛋白中 Arg 在小沟区域结合的碱基对进行统计后发现，与 Arg 直接结合的碱基对中 AT 碱基对的比例约占 78%；GC 碱基对则相对较少，为 22%。可见，Arg 在 DNA 小沟区域内主要与 AT 碱基对相互作用[6]。

在蛋白质-DNA 复合物结构中，氨基酸残基侧链与核苷酸碱基间形成的氢键作用部分决定了蛋白质与核酸分子间的特异相互作用。氢键与范德华相互作用位点对氨基酸有显著的偏好性，例如，在蛋白质-DNA 复合物中，残基 Arg 易与 DNA 碱基间形成氢键；而在蛋白质-RNA 复合物中，残基 Asn、丝氨酸（Serine，Ser）、Gln 与碱基形成氢键的能力明显增强。氨基酸的极性大小及方向在决定其是否与核酸分子形成范德华力作用方面具有重要贡献，同时发现氨基酸侧链形成的空间位阻会阻碍其与核酸分子形成氢键作用[7]。

4.3　蛋白质-DNA 识别的研究方法

蛋白质与 DNA 的相互作用研究是伴随着 DNA 双螺旋结构的确立而展开的，尽管经过了半个多世纪的探索和研究，蛋白质与 DNA 的识别机制虽然取得了一些进展，但有些问题仍未研究清楚。究其原因，一方面是该研究体系本身的复杂性和多样性，另一方面也受到现有实验条件和实验数据的制约。

传统蛋白质-DNA 相互作用的研究主要通过生物化学和物理化学的实验手段来实现[8]。具体的研究方法有凝胶阻滞试验、DNase I 足迹试验、甲基化干扰试验、酵母单杂交技术、染色体免疫沉淀技术等。

生物信息学是利用数理和信息科学的观点、理论和方法去研究及解释生命现象，组织和分析日益增长的生物学数据的一门新兴学科。当前，在分子生物学和信息科学快速发展的背景下，生物信息学在生物研究领域中的作用越来越大。与其他方法相比，利用生物信息学的方法，包括常用的分子动力学（molecular dynamics，MD）模拟、分子对接、自由能计算等，可极大缩短研究蛋白质-DNA 相互作用所需的时间，能够显著减少传统实验方法带来的人力、财力、资源短缺等问题，还可以为传统实验方法提供有效的指导。

4.3.1　蛋白质与 DNA 的相互作用模式

DNA 与蛋白质的相互作用非常复杂，许多不同类型的非共价键在 DNA 和蛋白质的分子识别中起到重要作用。因为 DNA 是大的聚合阴离子体系，不仅需要考虑两个分离的分子间作用力，而且必须考虑溶剂和溶液中离子的相互作用，以及分子大小和吸引力物质的排列，这种排列使得 DNA 与蛋白质以一种独特的方式相互作用，而且蛋白质和 DNA 的特异性作用明显与分子结构有关[9]。

1. 静电作用

静电作用是指带电基团、偶极，以及诱导偶极间的各种静电吸引力。在蛋白质-DNA 复合物中，DNA 的多核糖核酸链的离子化磷酸残基带负电荷，蛋白质中赖氨酸的 ε 氨基、精氨酸的胍基或组氨酸的咪唑基团则带正电荷，它们之间存在静电吸引相互作用。这种相互作用的能量大约为 40 kJ/mol。

蛋白质-DNA 之间的静电相互作用较为持久，其强度与两种相反电荷间的距离成反比，不受方向影响，而且碱基组成的改变并不能完全改变磷酸基团在 DNA 中的构型，所以在蛋白质-DNA 相互作用中静电作用不产生特异性。静电作用受到溶液中盐浓度的影响，盐浓度增高则其强度减弱。由于水具有高介电常数，因而在两个离子化基团间无水分子的情况下，静电相互作用强度将会增强[10]。

2. 氢键

氢键是由两个电负性较大的原子对氢原子的静电吸引而形成，属于偶极-偶极相互作用。蛋白质-DNA 之间的氢键存在于氨基酸侧链和核酸碱基之间，GC 碱基对比 AT 碱基对更易形成氢键，可能因为 GC 碱基对具有较强的偶极，并且空间位阻较小，在每一个侧面都可以形成氢键。氢键的键能比共价键能弱，比范德华相互作用能强，在生物体系中通常为 8.4～33.4 kJ/mol。键长为 0.25～0.32 nm，比共价键的键长短。其键角一般为 135°～180°。

氢键具有一定的适应性和灵活性，虽然其键能不大，但对物质性质的影响很大。一方面由于物质内部趋于尽可能多的生成氢键而降低体系的能量，即形成氢键最多原理；另一方面，因为氢键的形成和破坏所需的活化能小，形成氢键的空间条件比较灵活，在物质内部分子间和分子内不断运动变化的条件下，氢键可不断地断裂和形成[11]。所以，保持一定数量的氢键结合，对物质的理化性质非常重要。氢键是产生蛋白质-DNA 特异性相互作用的最重要因素。

3. 疏水作用

疏水作用是指极性基团间的静电相互作用和氢键使得极性基团倾向于聚集在一起，因而排斥疏水基团，使疏水基团相互聚集所产生的能量效应和熵效应。一个非极性分子在水中形成一个急剧弯曲的界面，界面区域存在着一层有序的水分子。当非极性分子聚集时，界面的有序水分子被释放，成为部分无序的、分散的水分子，这种无序的增加，使系统内的熵值增大，自由能降低，因而稳定了非极性分子的聚集。疏水相互作用在维持蛋白质-DNA 复合物分子稳定构象方面具有十分重要的作用。

4. 色散力

碱基堆积由疏水和色散两种相互作用产生。分子中两个未成键的原子相互靠近引起的极化作用，形成瞬间偶极矩，并将在邻近分子中诱导出新的偶极矩。瞬间偶极矩和诱导偶极矩的相互作用力即色散力。这种作用力与两个偶极间距离的六次方成反比，对于分子的热运动非常敏感。

色散力对碱基堆积起着稳定作用，对于维持双链核酸结构非常重要。另外，碱基堆积有利于单链核酸与蛋白质的结合，这是因为芳香族蛋白质侧链能够以嵌入模式插入单链核酸碱基之间所致。

4.3.2　蛋白质-DNA 相互作用的实验方法

在所有生命活动中，蛋白质-DNA 的相互作用必不可少，二者的协作是各种生命现象的基础。将细胞或细胞器中的蛋白质、核酸等生物大分子的相互作用联系起来，是综合研究一个完整的生物学路径的核心内容[8]。近半个世纪以来，研究者们在核酸-蛋白质复合物的构成和分解过程中进行了大量探索，发展了一系列研究其识别的方法和技术，其中生物化学相关方法一直是重点与主流。

生物化学法主要是利用酶或其他化学制剂，通过切割、修饰等作用来分析或分辨存在相互作用的蛋白质-核酸复合物，研究其间潜在或实际的结合能力和结合方式。常用的方法有：印迹杂交（blot hybridization，BH）技术、酵母单杂交（yeast one hybrid，YOH）技术、扫描探针显微镜（scanning probe microscopy，SPM）技术、生物质谱（biological mass spectrometry，BMS）技术，以及其他技术。

1. 印迹杂交技术

印迹杂交技术主要用于调控蛋白与 DNA 调控元件相互作用的研究，是根据位点特异性 DNA 结合蛋白借助于氢键、离子键和疏水键与同位素标记的特异 DNA 序列探针结合，通过放射自显影体系对 DNA 结合蛋白进行定性、定量及对基因组 DNA 结合序列进行定位分析的一种方法。较之于其他相关的检测方法，它不但可以鉴定有无序列特异性 DNA 结合蛋白，而且还可用于检测蛋白质纯化过程中的 DNA 结合活性及 DNA 结合序列的定位，其最大的优点是可以确定结合蛋白的分子质量，并且可以用于 RNA-蛋白质相互作用的研究。其操作步骤包括：① 探针和细胞核蛋白的制备；② 凝胶电泳与电转移；③ 杂交；④ 放射自显影。该方法的特点是：稳定、操作简单、重复性好[12]。

2. 酵母单杂交技术

酵母单杂交体系是一种识别稳定结合于 DNA 上的蛋白质的强有力的研究方法，其突出特点是可在酵母细胞内研究真核细胞 DNA 和蛋白质之间的相互作用，并通过筛选 DNA 文库直接得到与靶序列相互作用的蛋白质基因序列。酵母单杂交体系目前主要有以下三种用途：① 确定已知 DNA-蛋白质之间是否存在相互作用；② 分离结合于目的顺式调控元件或其他短 DNA 结合位点的未知蛋白质；③ 定位已经证实的具有相互作用的 DNA 结合蛋白的 DNA 结合结构域，以及准确定位与 DNA 结合的核苷酸序列[13]。

3. 扫描探针显微镜技术

扫描探针显微镜是扫描隧道显微镜、原子力显微镜、摩擦力显微镜、磁力显微镜、扫描电化学显微镜、近场光学显微镜等一系列仪器的总称，是 20 世纪 80 年代发展起来的先进技术。它利用探针尖端与样品分子间的相互作用对生物分子进行成像，并以原子或分子分辨率和低于 pN（皮牛顿）的力敏感度探测生理环境下的生物表面力。该技术可得到直观的表面三维图像，可以在真空、大气、溶液、低温等多种环境下工作，避免生物样品制样过程中的形变及变性；亦可以在生理条件下连续观察样品，了解某些生命活动的动态过程[14]。

4. 生物质谱技术

生物质谱技术采用软电离技术使传统的、主要用于小分子研究的质谱技术发生了革命性变革，主要包括电喷雾质谱技术、基质辅助激光解吸/电离质谱技术和快原子轰击质谱技术等，这些技术具有高灵敏度和相当宽的检测范围，可以在 pmol（10^{-12} mol）甚至 fmol（10^{-15} mol）的水平上准确地检测分子质量高达几万到几十万的生物大分子，并且对于研究结合位点十分有效，已成功地应用于蛋白质、多肽和核酸等分析[15]。

5. 其他技术

凝胶迁移试验（DNA mobility shift assay，DMSA）的原理是，在凝胶电泳中由于电场的作用，裸露的 DNA 朝正电极移动的速率与其分子质量的对数成反比。当 DNA 分子与某种蛋白质结合时，由于分子质量增大，它在凝胶中的迁移作用便会受到阻滞，在特定电压和时间内朝正电极移动的距离也就相应缩短，从而在凝胶上形成滞后带。

DNase I 足迹试验（DNase I footprinting assay，DFA）的原理是 DNA 和蛋白质结合以后便不会被脱氧核糖核酸酶所分解，在测序时便出现空白区，从而得到与蛋白质结合部位的核苷酸对的数目，使用酶移出与蛋白质结合的 DNA 后，便可以得到相应的 DNA 序列。

差示扫描量热法（differential scanning calorimetry，DSC），一种热分析法，在程序控制温度下，测量输入到试样和参比物的功率差（如以热的形式）与温度的关系。Esposito 用 DSC 研究了带电荷的鲱精蛋白对鲱精 DNA 和小牛胸腺 DNA 热变性热力学的影响，用 Manning 等的聚电解质理论及 McGhee-von Hippel 课题组多位点排斥法评价了此鲱精蛋白对 DNA 的结合程度，从而提出了一种结合方式的热力学模型。Jen Jacobson 用等温滴定量热法分别测定蛋白质与核酸的热力学参数，从而提出了它们之间特异性结合和非特异性结合的模型[16]。

Zhou 等将蛋白质修饰到涂金压电石英晶体表面，发现其密度-溶液黏度及介电常数随 DNA 浓度变化而线性变化，可用于 DNA 分析[17]。Park 等将寡核苷酸组装于纳米材料上，用小角 X 光散射技术研究核酸与蛋白质相互作用的结构特征[18]。Feingold 设计了一种分子钳光学器件，用来研究单个 DNA 分子及蛋白质 RecA 与 DNA 分子的相互作用[19]。Brewer 用差示 FT-IR 技术研究了核苷与 RecA 的相互作用，总结了它们结构变化与 IR 谱的规律[20]。

4.3.3 蛋白质-DNA 识别研究的分子模拟方法

用实验方法测定蛋白质-DNA 复合物结构较为困难，截至到 2016 年 3 月 21 日，在 PDB 数据库中的总共 117 022 个结构中仅有 5532 个蛋白质-核酸复合物结构（占比

4.73%)，且所得数据局限于较小的核酸片段。从理论模型角度研究蛋白质-DNA 原子水平上的相互作用特点，发展精确预测蛋白质-DNA 复合物结构的计算方法，具有重要的理论和应用价值。因此，除了上面提及的实验技术和方法外，近年来分子模拟方法在核酸及蛋白质相互作用研究中的应用也日益受到重视。这类方法是在建立蛋白质-DNA 数学模型的基础上进行结构-能量优化，从而在理论上探讨其可能的相互作用。尽管此类方法没有考虑蛋白质-DNA 存在的复杂环境，但理论探索无疑将有助于对其相互作用的理解。

研究蛋白质-DNA 相互作用的理论模型和计算方法主要分为两类。一类是基于序列的方法，这类方法主要通过生物信息学途径对蛋白质数据库中的蛋白质-DNA 复合物中蛋白质结构和序列相似性比较、DNA 保守序列分析或构造统计势进行复合物结合模式预测；另外一类方法是基于结构的方法，这类方法主要是通过分子力学与分子动力学模拟方法以及对复合物进行结合自由能计算的方法，研究蛋白质-DNA 相互作用的结构特性、序列特性以及热力学和动力学特性。

目前研究蛋白质-DNA 相互作用，预测蛋白质上的 DNA 结合位点最常用的是基于序列的方法，这类方法在全基因水平上经得起检验，但对复合物结合模式细节的了解并不详尽；Kollman 等及 Case 等采用基于结构的方法（分子力学、分子动力学、结合自由能计算方法），研究了蛋白质与 DNA、RNA 的相互作用，取得了与实验相符的结果[21]。但由于蛋白质-DNA 相互作用的复杂性，目前在全原子水平上研究其相互作用的详细信息仍受到计算机能力的限制。因此，对于蛋白质-DNA 相互作用模式进行快速准确的预测，需要将基于序列方法与细致的基于结构方法结合起来。基于序列方法可以提供一个快速的柔性分析，减少基因序列的搜索空间，继而将计算耗时的、基于结构方法应用于最后的结合位点评价。同时，基于结构方法可以对蛋白质-DNA 相互作用的机制和特征进行深入的探讨。

国际上不同课题组联合使用 MD 模拟、分子对接、自由能计算以及构象分析方法开展了蛋白质-DNA 相互作用方面的研究[22]。基本过程是：① 构建 DNA 分子，通过一定的力场和电荷模型进行空间优化，即能量最小化；② 构建蛋白质分子模型，对其分子结构进行优化，具体包括去除水分子、去除盐分子、空间能量最小化等；③ 设定适合研究体系的参数，找出蛋白质中最大以及能量最优的结合空腔；④ 进行 DNA 分子与蛋白质分子对接，得到复合物的空间结合模型；⑤ 通过对接所得的模型，确定供体和受体之间可能的氢键位置以及键长等参数；⑥ 运用 CURVES 以及成簇等方法，分别对 DNA 和蛋白质体系进行详细的构象分析；⑦ 常用 MD 模拟和自由能计算方法综合分析体系识别方式以及主要作用力等信息。

不同来源的 DNA 碱基序列的复杂性给分子模拟技术带来了许多挑战。另外，目前所建立的对接模型主要还是刚性或柔性的单分子模型，尚未考虑温度、酸度、溶剂、离子强度等多种因素。而实际上，这些因素有时对于确定小分子与大分子的作用类型、主要作用力以及作用力强度等具有决定作用。因此，往往需要综合实验数据和分子模拟结果进行全面分析和对比，才能得到比较可靠的结论。

4.4　HIV-1 整合酶与病毒 DNA 识别的分子动力学模拟

人类免疫缺陷 I 型病毒（human immunodeficiency virus type 1，HIV-1）是引起艾滋病（acquired immunodeficiency syndrome，AIDS）的病原。患者体内 HIV-1 致死 $CD4^+$ 细胞，干扰 $CD4^+$ 正常功能，使人免疫功能减弱，进而引发艾滋病。当前，治疗 HIV-1 感染的方法主要是针对逆转录酶（reverse transcriptase，RT）和蛋白酶（protease，PR）两个靶点联合用药。联合治疗方法有很多的临床优势，但高抗药性的出现迫切需要能研制抗 HIV 新药物。

宿主细胞内 HIV-1 繁殖需要三个重要的酶参与，即 RT、PR 和整合酶（integrase，IN）。其中，IN 能将逆转录病毒 DNA 整合到宿主细胞 DNA 中，而且 IN 在人体正常细胞中无该蛋白质的功能类似物，所以 IN 已经成为研发治疗 AIDS 新药物的一个非常有意义的新靶点。2007 年，FDA 批准首个 IN 抑制剂药物 Raltegravir 上市[23, 24]，后续在 2012 和 2013 年分别有 Elvitegravir 和 Dolutegravir 上市，这使得基于 IN 结构的抗 HIV 先导化合物的设计成为研究的热点。

4.4.1　研究背景及意义

HIV-1IN（integrase，IN）共含 288 个氨基酸残基，折叠成 3 个结构域，分别是 N 端结构域（N-terminal domain，NTD）、催化核心结构域 （catalytic core domain，CCD）和 C 端结构域（C-terminal domain，CTD）。N 端结构域由 1～49 位氨基酸残基组成，包含 4 个 α 螺旋，折叠成螺旋-转角-螺旋结构。其中，His12、His16、Cys40 和 Cys43 结合 Zn^{2+} 构成一个 HHCC 型锌指结构。完整的 N 端结构域结构已通过 NMR 光谱实验解析出来，其功能主要是特异性识别病毒 DNA 末端并促进 IN 四聚化，进而增加 IN 与病毒 DNA 结合位点的数目和增强酶的催化活性。核心结构域也称为催化结构域，由 50～212 位氨基酸残基组成，是 IN 参与催化反应的主要部位。核心区含有核酸内切酶和聚核苷酸转移酶的酶切位点，还含有三个保守酸性残基（即 Asp64、Asp116 和 Glu152）构成的 DDE 基序。高度保守的 DDE 基序与二价金属离子（Mn^{2+} 或 Mg^{2+}）结合，共同构成 IN 的活性中心。C 端结构域由 213～288 位氨基酸残基组成，在 IN 的三个结构域中保守性最小。C 端结构域与 Src 同源区 3 很相似，参与结合非特异性 DNA，并有利于 IN 的多聚化[25~27]。

在 IN 的生物学功能方面，实验[28]表明，IN 通过参加 3′端加工（3′processing，3′-P）和链转移（strand transfer，ST）两步反应过程，催化逆转录病毒 DNA 整合到宿主细胞 DNA 中。IN 与病毒 DNA 的正确结合是该蛋白质发挥其生物功能的前提。目前，IN 与病毒 DNA 的结合模式尚不确定。光偶联及一系列突变实验[29~32]给出了 IN 与病毒 DNA 结合的一些关键残基。实验结果还表明：IN 的活性依赖底物病毒 DNA 的长度，病毒 DNA 越长，IN 活性越大；15 bp 长度的病毒 DNA 是 IN 发挥活性所需的最小长度。Luca 等[33]用分子对接方法分析了 3′-P 后的 27 bp 病毒 DNA（已切除 3′端 2 个核苷酸）与 IN

二聚体（IN_2）的结合模式。实际上，在生理状态下，病毒 DNA 先与 IN 结合后再发生 3′-P 反应，随之 IN 和病毒 DNA 的构象将发生一定变化。所以 3′-P 反应前后的结合模式可能会有所不同[28]。以前的研究没有涉及病毒 DNA 与 HIV-1 IN 结合的分布区，以及分布区与 DNA 长度的相关性等关键问题。

首先用分子对接研究了 3′-P 反应前的 8 bp 和 27 bp 病毒 DNA[31, 32]与 IN_2 的相互作用，给出了 IN_2 与 3′-P 反应前病毒 DNA 的结合模式，并用能量分解方法分析了关键残基的能量信息，以揭示关键残基在结合过程中的作用。用 DOT 程序[41]对优化后的 IN_2 和病毒 DNA 完成对接后，获得了实验数据支持的结合模式，随后对病毒 DNA、IN_2 及对接复合物（IN_2_DNA）三个体系进行了对比 MD 模拟，获得了动力学修正后的结合模式，最后讨论了 IN_2 与病毒 DNA 结合后的关联性运动、功能性运动模式和 DNA 构象的变化，以及水在 IN_2 与病毒 DNA 识别中的作用。

4.4.2　体系和方法

由于 HIV-1 全长的 IN_2 晶体结构还没有完全解析出来，通过组装 PDB 库中不同长度的 IN 片段晶体结构来搭建 IN_2 结构。首先用 Jackal 程序包[34]来模建 IN_2，模建过程分为以下 5 步：① 保留 1QS4 晶体结构[35]中 A、B 链的核心结构域，去除其中的配体、结晶水及 C 链，并把 4 个缺失残基 Ile141、Pro142、Tyr143 和 Asn144 依据 1BIS[36]中 B 链的同源区域补全；② 把晶体结构中两个突变残基 F158K 和 W131E 替换为天然的残基，得到的野生型核心结构域二聚体的 A、B 链分别包含一个 Mg^{2+}；③ 按照包含双金属离子与 HIV-1 IN 高度同源的鸟肉瘤病毒 IN 结构 1VSH[37]，将第二个 Mg^{2+}放置于 A、B 链相应的位置；④ 把双金属 IN_2 核心区与 PDB 代码为 1EX4[38]和 1K6Y[39]的结构依次叠落以获得全长的 IN_2；⑤ 最后与 1WJD[24]结构叠落补全缺失的 47～55 号残基。随后用 SYBYL 软件[40]搭建 8 bp 和 27 bp 病毒的标准 B 型 DNA，序列分别为 CTAGCAGT/complement[31]和 TAGTCAGTGTGGAAAATCTCTAGCAGT/complement[32]，其中 complement 表示互补链。用最陡下降法和共轭梯度法分别对 IN_2 和 2 个病毒 DNA 体系进行了 10 000 步能量优化，并将它们作为分子对接前的初始结构。

在 HIV-1 IN 与病毒 DNA 相互识别的分子模拟研究中，涉及方法有分子对接、MD 模拟、能量分解、动力学交叉相关图（dynamical cross-correlation map，DCCM）分析，以及主成分分析（principal component analysis，PCA）等。

1. 分子对接

分子对接采用 DOT 程序[41]。对接时不考虑受体和配体分子的柔性，分子间相互作用能量包括静电和范德华项。IN_2 受体分子的静电势用 APBS 程序[42]计算得到，采用的参数为离子浓度 150 mmol/L，溶剂介电常数 80，蛋白质内部介电常数为 1，其他的参数均为缺省值。配体分子病毒 DNA 的范德华吸引层的宽度设为 0.3 nm，格点数是 128×128×128，两个分子通过旋转和平移搜索超过 3770 亿个构象，所有计算在含 48 个 Intel Pentium-IV CPU 节点的 PC 集群上完成。

2. MD 模拟

用 AMBER 程序包[43, 44]和 AMBER 力场对三个体系（IN_2、DNA 和 IN_2_DNA）进行了 1380 ps 的 MD 模拟，其中包括 30 ps 的约束 MD 模拟和 1350 ps 去约束 MD 模拟。模拟温度为 300 K，溶剂采用 TIP3P 水模型[45]。对于两个模拟体系，均在溶质外围加上 0.8 nm 的水分子层，MD 模拟之前，对体系分别进行了两次能量优化，首先约束溶质［约束力常数为 2.09×10^5 kJ / (mol • nm^2)］，用最陡下降法（steepest descent，SD）优化 250 步，再用共轭梯度法（conjugate gradient，CG）优化 750 步。然后去约束后再进行 250 步最陡下降法优化和 2500 步共轭梯度法优化，收敛条件为能量梯度小于 4.18×10^{-4} kJ / (mol • nm)。

MD 模拟分为两步：首先进行了 20 ps 的约束溶质分子 MD 模拟［约束力常数为 4.18×10^3 kJ / (mol • nm^2)；而且温度从 0 K 逐步升高到 300 K］，接着进行 2000 ps 的无约束恒温 MD 模拟。模拟中，用 VMD 图像显示软件实时跟踪体系的构象，采用 SHAKE 算法[46]约束键长，MD 模拟的积分步长为 2 fs。非键相互作用的截断半径设为 1.2 nm。

IN_2、DNA 和 IN_2_DNA 三个体系中分别加入了 15 499、4307 和 31 495 个水分子，加水之后三个体系的总原子数分别是 55 067、14 688 和 104 778 个。

3. 能量分解

能量分解采用 GBSA（generalized Born/surface area）方法[47]，基本思想是把每个残基的能量贡献近似分为分子力学方法计算的真空下分子内能、广义玻恩（generalized Born，GB）模型[48]计算的极性溶剂化能，以及 LCPO 模型[49]计算的非极性溶剂化能，并且把能量分解到残基的主链原子和侧链原子上。通过能量分解可以考察蛋白质中主要残基对于结合底物分子所提供的贡献。

4. 动力学交叉相关图分析

生物大分子结构域的协同性运动对于生物大分子与其配体的结合以及发挥其他的特异性生物学功能起着重要作用。一般来说，生物大分子体系中能发挥特定功能的结构域的原子运动协同性较高[50]。目前，国际上一般用 MD 模拟采样，并用统计方法分析轨迹的动力学特征，并最终获得体系运动的相关性[51]。运动的相关程度用交叉相关系数 C_{ij} 大小表示。计算公式为

$$C_{ij} = <\Delta\vec{r}_i \cdot \Delta\vec{r}_j> / (<(\Delta\vec{r}_i)^2><(\Delta\vec{r}_j)^2>)^{1/2}$$

其中，i 和 j 是第 i 个和第 j 个原子；而 $\Delta\vec{r}_i(\Delta\vec{r}_j)$ 表示第 i 和第 j 个元素偏离平均位置的向量；尖括号 <…> 表示系综平均。以矩阵的形式给出，如果 $C_{ij}=1$，表示 i 和 j 完全正相关，运动方向相同；如果 $C_{ij}=-1$，表示 i 和 j 完全负相关，运动方向相反；如果 $C_{ij}=0$，表示 i 和 j 完全不相关，运动方向垂直。例子中的 C_{ij} 的矩阵元素分别是 IN_2 的 C_α 原子和病毒 DNA 的 C_4' 原子的位置。

5. 主成分分析

主成分分析（principal component analysis，PCA）可以从 MD 模拟轨迹中提取出全局性的功能慢运动。该方法把体系的运动模式分为两部分，即大振幅功能慢运动和几乎没有生物学功能的高频局部振动。PCA 已经成功应用到很多生物体系的功能性运动研究中[52]。把 PCA 应用到 MD 模拟中，对应的 MD 模拟称为主成分动力学（essential dynamic，ED）。PCA 分析可以采用 Gromacs 3.3 软件包[53]。基于 IN_2、DNA 和 IN_2_DNA 体系 MD 模拟平衡后的 500 ps 轨迹，共 1000 个构象中蛋白 C_α 原子和病毒 DNA 的 P 原子位置信息，首先剔除 C_α 和 P 原子的全局转动和平动，并构建 3 个协方差矩阵，大小分别为 810×810、156×156 和 966×966。将三个协方差矩阵对角化分别获得 270、52 和 322 个本征值及对应的本征向量。选取本征值最大的 3 个本征向量作为投影基矢，即功能性运动方向，把模拟轨迹向该基矢投影，并将两个偏离最大的投影坐标叠落，即可直观地看出功能性运动的趋势和幅度。

4.4.3 结果和讨论

1. 结合区域

图 4-2 给出了 3′-P 反应前 8 bp 和 27 bp 病毒 DNA 与 HIV-1 IN_2 对接的总能量（包括范德华能和静电能）最低的前 1000 个构象分布。从图 4-2A 可以看出，8 bp 病毒 DNA 主要结合到 IN_2 的两个区域。其中，区域 1 由 B 链的 CCD、NTD 与 A 链的 CTD 组成，而区域 2 由 A 链的 NTD 与 B 链的 CTD 组成。区域 2 一般认为是 IN 的非特异性 DNA 结合区[54]。课题组 Zhu 等 [55]从 CTD 二聚体（PDB 代码：1QMC）结构出发，用 AutoDock 对接方法研究了 HIV-1 IN CTD 的二核苷酸小分子 DNA 结合位点，结果表明，二核苷酸小分子 DNA 结合在两个 CTD 二聚体的外侧对称表面，这一点和本工作获得的区域 2 结果完全一致。

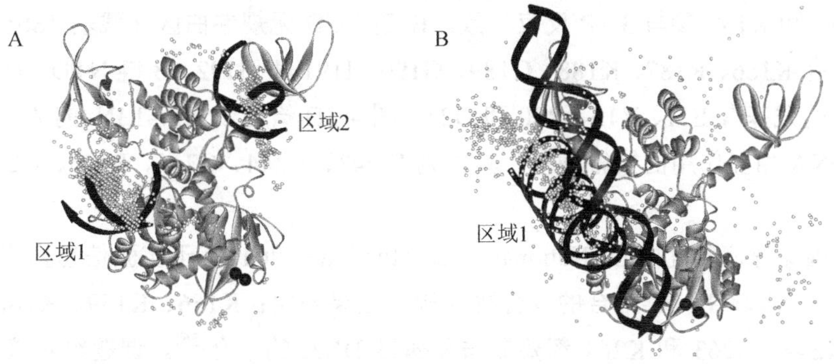

图 4-2　HIV-1 IN_2 和 8 bp（A）及 27 bp 病毒 DNA（B）的对接结果。DNA 几何中心用灰色小球表示，区域内的 DNA 代表构象用黑色箭条模型表示，IN_2 用灰色带状模型表示，Mg^{2+}用 CPK 模型表示

观察结合到区域 1 的 8 bp 病毒 DNA 的走向发现，DNA 主轴垂直于 B 链 CCD 和 A 链 CTD 的连线方向，目前所能获得的实验结果都没有报道过这种结合模式，该模式可能与病毒 DNA 和 IN_2 在该区域有较好的几何匹配有关。图 4-2B 给出了 27 bp 病毒 DNA 与 IN_2 的结合区域信息。可见 27 bp 病毒 DNA 主要结合在区域 1，分布在区域 2 的构象较少。区域 1 中的 27 bp 病毒 DNA 的走向，除了保持有 8 bp 病毒 DNA 的走向之外，还出现了一些与实验结果相吻合的结合模式。Chen 等[38]认为病毒 DNA 结合到 IN_2 的一条沿 B 链 CCD 到 A 链 CTD 的狭长正电沟槽中，参与结合的氨基酸残基有 B 链的 K159、K186、R187 和 K188，以及 A 链的 K211、K215、K219、K243、R263 和 R264。Chen 分析的是 1EX4 体系，该体系没有 NTD，如果补全 NTD，该正电沟槽还要通过 B 链 NTD。

通过结合区域分析可知，随着病毒 DNA 长度的变大，HIV-1 IN_2 与病毒 DNA 的具有生物活性的结合模式出现的可能性变大。Lee 等[29]在体外用荧光共振能量转移方法研究了 HIV-1 IN 的实时反应动力学，结果发现，IN 的催化功能依赖于底物病毒 DNA 长度，底物越长，活性越大。

2. 结合模式

3′-P 反应前的 27 bp 病毒 DNA 主要结合到 IN_2 的 4 个位置，具体来说是：B 链 CCD 的 α4 螺旋区（残基 150～165）、B 链 CCD 的 α5 螺旋与 α6 螺旋区之间的无规卷曲区（残基 186～195）、B 链的 NTD 的α1 螺旋（残基 4～15）和 α2 螺旋区（残基 19～26）、A 链 CTD 的 W243 和 R263 之间的β片区。

图 4-3 给出了病毒 DNA 与 IN_2 的 4 个结合位置的相互作用。图 4-3A 列出了 3′-P 反应活性部位在病毒 DNA 附近 0.4 nm 以内的接触残基。可以看出，接触残基有 S153、K156、E157 和 K159，尤其是 K156 和 K159 与 3′端切除碱基 G26-T27 的互补碱基 A28-C29 以及相邻碱基 A25 和 T30 都有相互作用，这与 Esposito 等[31]的突变实验所提出的 K156 和 K159 参与 3′-P 反应一致。B 链 CCD 无规卷曲区（残基 186～195）的接触残基有 K186、R187、K188、G189、G190、I191 和 G192。B 链 NTD 与病毒 DNA 相互作用的残基有 E11、Y15、R20 和 D25。图 4-3D 给出了 HIV-1 IN_2 的 A 链 CTD 能与病毒 DNA 相互作用的接触残基，具体为 W243、K244、G245、E246、G247、A248 和 R263。

美国国家癌症研究中心（National Cancer Institute，NCI）基于实验信息搭出了 HIV-1 IN 四聚体与病毒 DNA 结合的复合物结构，结果表明：K156、K159、K160、R20、W243、K244、R263 和 K264 都要参与和病毒 DNA 的结合[56]。课题组对接所得到的复合物模型与他们搭出的结构基本吻合。

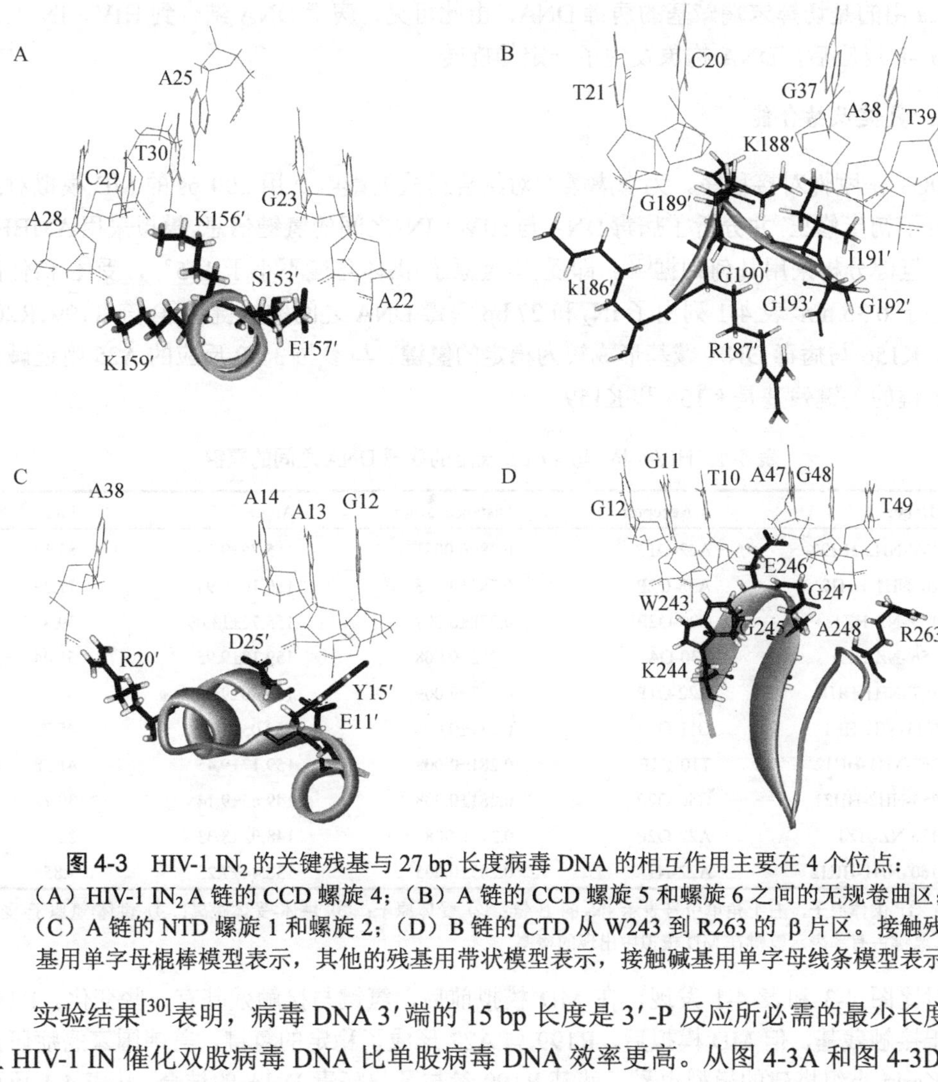

图 4-3　HIV-1 IN_2 的关键残基与 27 bp 长度病毒 DNA 的相互作用主要在 4 个位点：（A）HIV-1 IN_2 A 链的 CCD 螺旋 4；（B）A 链的 CCD 螺旋 5 和螺旋 6 之间的无规卷曲区；（C）A 链的 NTD 螺旋 1 和螺旋 2；（D）B 链的 CTD 从 W243 到 R263 的 β 片区。接触残基用单字母棍棒模型表示，其他的残基用带状模型表示，接触碱基用单字母线条模型表示

实验结果[30]表明，病毒 DNA 3′端的 15 bp 长度是 3′-P 反应所必需的最少长度，而且 HIV-1 IN 催化双股病毒 DNA 比单股病毒 DNA 效率更高。从图 4-3A 和图 4-3D 可以看出，HIV-1 IN_2 的 A 链 CCD 搭在 A25 上，而与 IN_2 的 B 链 NTD 端结合的第一个碱基是 G12，在结构上二者有 14 bp 的间隔，空间距离大约是 4.76 nm。从结合模式来看，病毒 DNA 两条链都要参与结合 HIV-1 IN_2，这也部分解释了为什么 IN 催化双股 DNA 比单股 DNA 效率更高。从上面分析还可以看出，HIV-1 IN 的三个结构域都参与了结合病毒 DNA，HIV-1 IN_2 的两个单体也都参与了与病毒 DNA 的结合。由此可见，完整二聚体是 IN 发挥生物活性的结构基础，这些与实验观点[38]一致。值得一提的是，病毒 DNA 末端的两个在 3′-P 反应中被切除的碱基（即 G26 和 T27）与 IN_2 无相互作用。参与 ST 反应的碱基 A25 与 HIV-1 IN_2 的残基 K156 有相互作用，同时 A25 的互补碱基 T30 也与 K156 有相互作用，可见碱性残基 K156 是 HIV-1 IN 结合病毒 DNA 的关键残基。与 Luca 小组[33]给出的结合模式相比，二者的结合区域相同，但病毒 DNA 刚好绕 DNA 主轴旋转 90°。本实例中的病毒 DNA 采用 3′-P 反应前的没有切除末端碱基 G26-T27 的结构，

而 Luca 用的是切掉末端碱基的病毒 DNA。由此可见，病毒 DNA 结合到 HIV-1 IN 上并经过 3′-P 反应后，DNA 构象发生了一定的旋转。

3. 氢键及结合能

DOT 是刚性对接程序。为考虑柔性对结合模式的影响，用 200 ps 的 MD 模拟对结构进行了初步修正，并分析了病毒 DNA 与 HIV-1 IN_2之间的氢键信息。模拟采用 AMBER 程序，氢键分析采用几何判据[57]，即受体-氢原子-供体角度不小于 135°，受体-供体间距离小于 0.35 nm。表 4-1 列出了 IN_2 和 27 bp 病毒 DNA 之间的氢键对。B 链 R199、R20、K159、K156 与病毒 DNA 碱基形成较为稳定的氢键。与参与 3′-P 反应的 A25 附近碱基形成氢键的关键残基是 K156 和 K159。

表 4-1　HIV-1 IN_2 与 27 bp 长度的病毒 DNA 之间的氢键

Donor ①	Acceptor ②	Distance ③/nm	Angle ④/°	Freq. ⑤/%
R199'-NH2-HH22	A22-O1P	0.28±0.008	155.75±9.75	83.17
R20'-NH1-HH12	A38-O2P	0.283±0.008	160.16±9.94	71.39
K159'-NZ-HZ1	C29-O2P	0.278±0.009	155.72±13.09	59.4
K156'-NZ-HZ3	T30-O4	0.282±0.008	159.18±9.95	56.44
R199'-NH1-HH11	A22-O1P	0.283±0.009	151.40±9.32	47.52
W243-NE1-HE1	G11-O3’	0.289±0.006	159.03±10.44	45.73
R262-NH1-HH12	T10-O1P	0.281±0.008	159.17±9.45	41.58
R263-NH2-HH21	G50-O2P	0.281±0.008	149.65±9.14	39.72
K186-NZ-HZ1	A22-O2P	0.27±0.008	148.92±8.33	22.77
K160'-NH1-HH12	A22-N7	0.283±0.005	138.44±7.25	7.85

注：① 供体原子，右上角单引号表示 IN_2 的 B 链；② 受体原子；③ 供体-受体距离；④ 供体-氢原子-受体角；⑤ 氢键占有率表示氢键在 MD 模拟中出现的概率

对比图 4-3 和表 4-1 发现，在 MD 模拟前后，氢键与接触残基有一些变化。R199 不属于接触残基，但 MD 模拟后，R199 与 A22 形成了稳定的氢键。美国国家癌症研究中心 Karki 小组搭建的模型也显示残基 R199 参与了与病毒 DNA 的结合。从表 4-1 还可以看出，与病毒 DNA 形成氢键的残基大部分是碱性残基（除 B 链 W243 外），这些碱性残基在 IN_2 表面形成了一个带正电荷的区域，这显然是带负电的病毒 DNA 较好的结合位置。由 MD 模拟轨迹发现，IN_2 的 B 链残基 K160、K186 和 K188 与碱基 T21 和 A22 形成的氢键较弱，主要是因为与角度的几何判据不符合（角度略小于 135°）。有意思的是，R263 是碱基 T49 的接触残基，MD 模拟后，R263 却与碱基 G50 形成了氢键，这是病毒 DNA 在水溶液中有较大柔性所导致的结果。

表 4-2 列出了 IN_2 关键残基与病毒 DNA 结合能（ΔE_{tot}）信息。从表 4-2 可知，这些残基基本上是碱性残基（除 W243 外），分子内范德华相互作用能（ΔVDW）和非极性溶剂化能（ΔGBSUR）都有利于 IN_2 与底物的结合；极性溶剂化能（ΔGB）不利于与底物的结合，但是这些残基的分子内静电相互作用能（ΔELE）利于结合底物 DNA 的趋势超过了极性溶剂化能的不利因素。总之，关键残基的极性相互作用（ΔELE+ΔGB）和非

极性相互作用（ΔVDW+ΔGBSUR）都有利于 IN_2 与病毒 DNA 的结合，而极性相互作用是最主要的。

表 4-2　IN_2 与病毒 DNA 结合的关键残基的能量分解

残基①	ΔELE ②	ΔVDW ③	ΔGB ④	ΔGBSUR ⑤	ΔE_{tot} ⑥
K186'	−1 293.33	−2.55	1 251.3	−1.17	−45.75
R199'	−1 290.98	1.17	1 245.48	−0.71	−45.04
R20'	−1 359.82	−2.63	1 326.28	−0.88	−37.01
K188'	−1 347.77	−6.52	1 326.7	−1.05	−28.65
R263	−1 207.68	−6.19	1 187.35	−0.84	−27.35
R262	−1 280.78	−3.89	1 265.06	−0.46	−20.07
K159'	−951.66	−2.8	935.35	−0.5	−19.57
K14'	−1 217.67	−1.09	1 202.79	−0.04	−16.02
K160'	−1 256.77	−5.35	1 247.7	−1.09	−15.52
R187'	−1 083.22	−4.18	1 072.52	−0.29	−15.18
K244	−1 159.92	−3.14	1 149.88	−0.38	−13.59
K219	−1 105.14	−0.16	1 092.13	−0.04	−13.13
W243	−52.78	−10.08	49.93	−1.25	−13.02
合计	−14 607.5	−47.38	14 352.46	−8.66	−309.89

注：① 右上角单引号表示蛋白的 B 链，单位是 kJ/mol；② 静电能；③ 范德华能；④ 溶剂化自由能的亲水部分；⑤ 溶剂化自由能的疏水部分；⑥ ΔE_{tot} = ΔELE + ΔVDW + ΔGB + ΔGBSUR

从表 4-2 还可看出，A 链残基 W243 的非极性相互作用利于 IN_2 和病毒 DNA 的结合，这与其侧链吲哚基是较大疏水基团有关。以前的研究工作对 B 链 K14 涉及不多，通过能量分析发现，B 链残基 K14 对于结合病毒 DNA 也十分重要。

通过计算 IN_2 所有残基与病毒 DNA 的ΔELE、ΔVDW、ΔGB、ΔGBSUR 发现，4 个参数值的总和分别为 −8831.09、−170.67、8794.20、−23.12 kJ/mol。可见，IN_2 的极性相互作用（ΔELE+ΔGB）和非极性相互作用（ΔVDW+ΔGBSUR）都有利于结合病毒 DNA，但主要因素是非极性相互作用。该结论似乎与前面提到的结论，即关键残基的极性相互作用是促进与病毒 DNA 结合的最主要因素不一致。实际上，关键残基（基本上是碱性残基）只有不到 20 个，而 IN_2 的非极性和酸性残基的个数总和远远大于碱性残基。占绝大多数的非极性残基和酸性残基的极性相互作用很弱，甚至还不利于结合病毒 DNA，所以 IN_2 与 DNA 结合主要是靠非极性相互作用推动。

用分子对接方法获得了与实验结果吻合较好的 3′-P 反应前 27 bp 病毒 DNA 与 HIV-1 IN_2 的结合模式[58]，从分子结构的角度解释了实验中 HIV-1 IN_2 为什么只能催化 15 bp 长度以上的病毒 DNA。最后通过能量分析发现，非极性相互作用是 IN_2 与病毒 DNA 结合的主要推动力，但关键残基与 DNA 之间的相互识别则主要依赖极性相互作用。

4. 分子动力学模拟

基于 DNA、IN_2 和 IN_2_DNA 体系 MD 模拟平衡后的 500 ps 采样数据，首先分析了三个体系势能随时间的变化。DNA、IN_2和IN_2_DNA 体系的势能平均值分别是−57 905、−167 929、−333 359 kJ/mol，标准偏差为 98、201、268 kJ/mol，涨落幅度都在 0.5%以内。图 4-4A 给出了体系 RMSD 随时间的变化，其中 DNA_COM 表示IN_2_DNA 复合物中的 DNA 体系，而IN_2_COM 表示IN_2_DNA 复合物中的IN_2体系。从图 4-4A 可以看出，结合前后的IN_2和 DNA 的 RMSD 变化不大，DNA、DNA_COM、IN_2和IN_2_COM 的 RMSD 均值分别是 0.44、0.48、0.36、0.36 nm，DNA 的 RMSD 比IN_2稍高一点，但在合理范围内，与前人的模拟工作类似[59]。图 4-4B 给出了体系 RMSD 数值的概率分布，DNA 在结合IN_2之后与标准 B-DNA 的 RMSD 更大，这是因为病毒 DNA 紧密结合IN_2后所发生的内在构象变化所致。IN_2在结合病毒 DNA 前后的 RMSD 概率分布相近。图 4-4C 和 D 给出了体系的 RMSF，其中黑线表示IN_2或 DNA 的 A 链，灰线表示 B 链。由图 4-4C 和 D 可知，IN_2两个亚基的 RMSF 分布类似，但结合病毒 DNA 之后，IN_2两个亚基的 RMSF 分布差别较大，尤其是 CCD 的变化，IN_2_COM 的 CCD 柔性大于IN_2的 CCD，这个结果在后面的交叉相关分析和主成分分析中也可以看到。另外，DNA 中间区域柔性小，两端柔性大，且 CA-OH 端的柔性更大。DNA_COM 中间区域 RMSF 仍然低，两端 RMSF 稍高，但 CA-OH 端的柔性比结合前要小一些，这与 CA-OH 端参与结合IN_2有关。

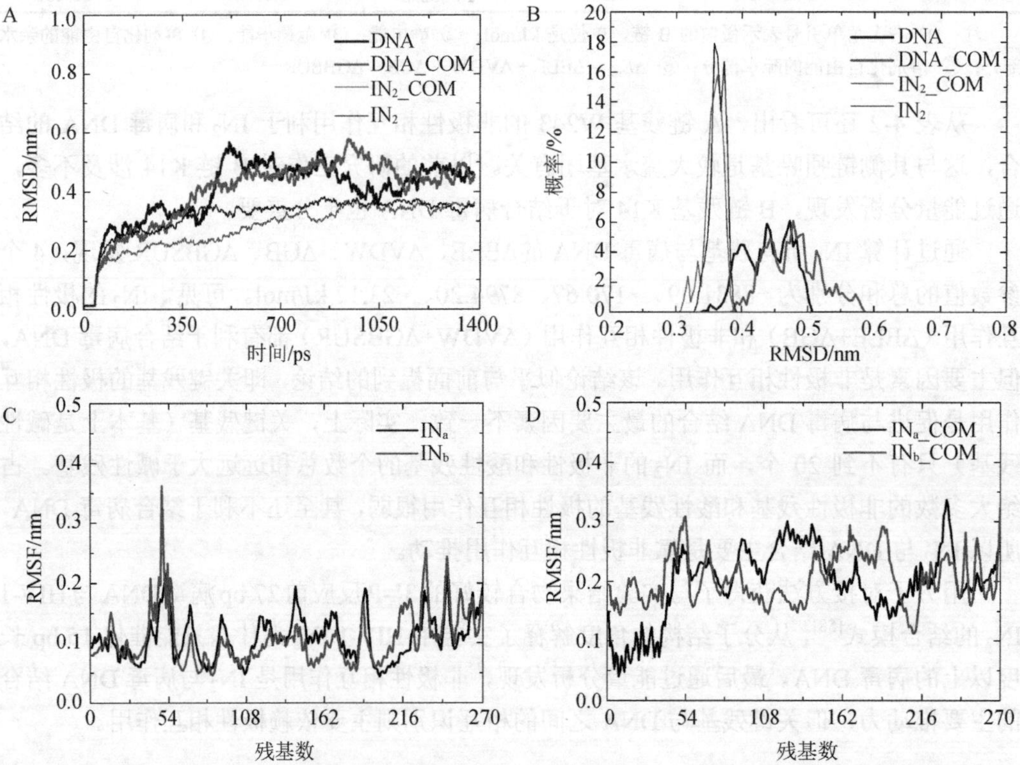

图 4-4　体系IN_2、DNA 和IN_2_DNA 的对比分子动力学模拟分析。（A）体系 RMSD 随时间的变化；（B）体系 RMSD 概率分布；（C）IN_2的 RMSF 分布；（D）IN_2_COM 的 RMSF 分布

5. 修正的结合模式

基于分子对接方法获得了IN_2与3′-P反应前27 bp病毒DNA的复合物模型，然后用MD模拟方法修正了对接复合物IN_2_DNA的结构。图4-5A列出了体系IN_2_DNA平衡后500 ps（860～1360 ps）平均结构中的IN_2与DNA距离小于0.4 nm的接触残基，其中残基右上角单引号表示IN_2的B链。参考Renisio小组[60]用NMR等实验手段分析的17 bp长度病毒DNA结构特征，并按照接触残基的有无以及多少把27 bp长度的病毒DNA分为5个区，即非结合区、强结合区1、弱结合区、强结合区2和反应区。图4-5B给出了复合物IN_2_DNA的三维结构，其中在IN_2与DNA结合中起着重要作用的碱性接触残基用黑色棍棒模型表示。修正后的IN_2与病毒DNA的结合模式和实验结果[61]基本吻合。

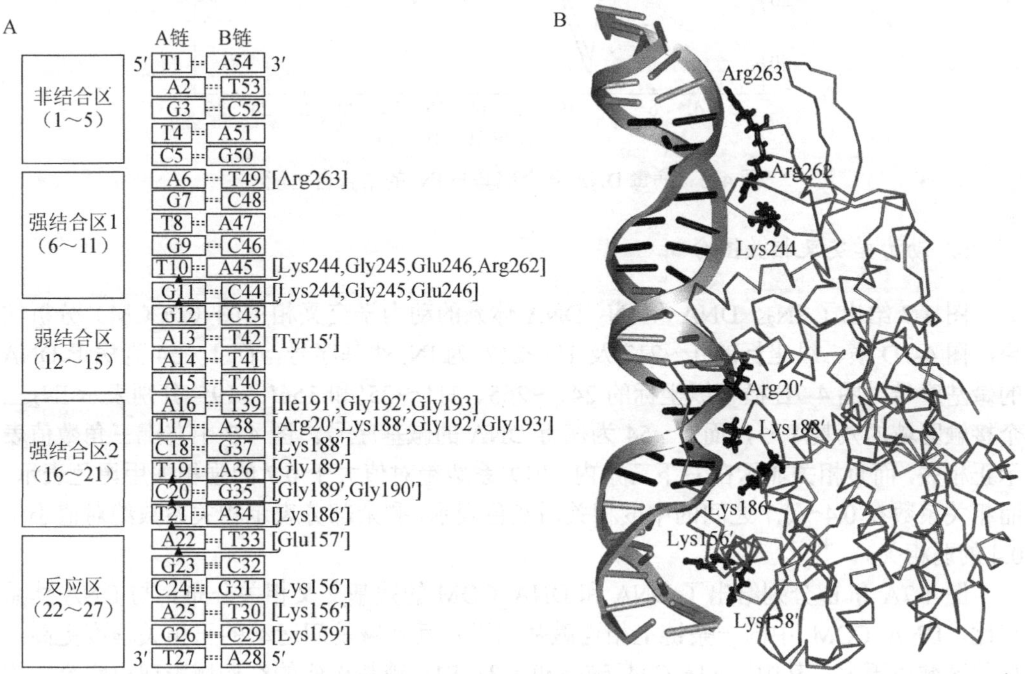

图4-5 修正后的IN_2与病毒DNA的结合模式：（A）IN_2接触残基及病毒DNA分区示意图；（B）结合模式的三维结构．病毒DNA用梯子模型表示，DNA加黑部分表示两个强结合区域。IN_2用线条模型表示，其中碱性接触残基用黑色棍棒模型表示

用GBSA方法[47]计算了IN_2_DNA体系中病毒DNA各个碱基和IN_2的结合自由能。基于MD模拟平衡后500 ps的1000个构象，每隔25个构象采样一次，自由能计算最终结果取40个结果的平均值。图4-6给出了病毒DNA各碱基对的结合自由能，图中的DNA_a、DNA_b和DNA分别表示IN_2_DNA复合物体系中DNA的A链、B链和整体DNA。从图4-6可知，两个强结合区的小沟内碱基对结合IN_2的能力较强。DNA两条链与IN_2的结合能力不同，A链结合能力较强的碱基主要集中在强结合区1，而A链、B链的强结合区2都有利于结合IN_2。病毒DNA_a的碱基G11、G12和A22不利于结合IN_2，与

这些碱基靠近带负电的酸性残基（即 Glu246 和 Glu157'）有关。按照图 4-5A 给出的病毒 DNA 分区，5 个分区的结合自由能分别为 −39.9、−66.2、−9.2、−62.1、−8.9 kJ/mol。可见，结合自由能计算进一步验证了病毒 DNA 分区的合理性。

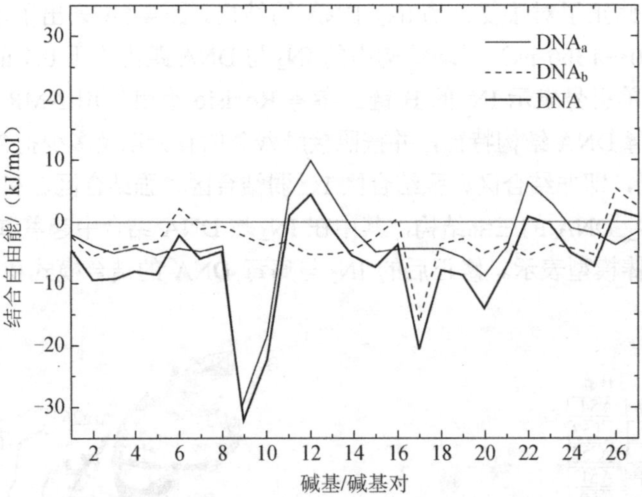

图 4-6　病毒 DNA 各个碱基与 IN_2 的结合自由能

6. *动力学交叉相关图分析*

图 4-7 给出了 IN_2、DNA 和 IN_2_DNA 体系的动力学交叉相关图（DCCM）分析结果。图 4-7D 横、纵坐标的 1～217 及 1′～217′为 IN_2 残基序号，而 1～54 为病毒 DNA 的碱基序号。图 4-7E 横、纵坐标的 241～265、11′～25′和 156′～195′分别表示 IN_2 三个接触区域的残基序号，而 1～54 为病毒 DNA 的碱基序号。图 4-7 中左上三角数值表示正相关，而负相关显示在右下三角内，相关系数绝对值大于 0.7 的强相关用黑色表示，而相关系数在 0.4～0.7 之间的中度相关用灰色表示，剩余部分表示相关系数绝对值小于 0.4 的弱相关。

图 4-7A 和 B 分别给出了 DNA 和 DNA_COM 的残基交叉相关分布。与 DNA 体系相比，DNA_COM 中同一条链上相连碱基间以及互补碱基间运动的正相关程度更高，相关区域也更大。其中，A16-C24 碱基和 G31-T41 碱基构成的结构域表现出完全正相关的集合运动；A6-A15 碱基和其互补的 T41-T49 碱基之间构成的结构域表现出中等正相关的集合运动；这两个结构域与两个强结合区基本对应。另外，DNA 中的一些中等负相关运动在 DNA_COM 体系中完全消失了，这主要是因为 DNA 与 IN 结合后限制了其围绕轴心的自由旋转运动。图 4-7C 和 D 分别给出了 IN_2 和 IN_2_DNA 体系中残基的运动交叉相关分布，其中坐标的右上角单引号表示体系 IN_2 和 IN_2_DNA 中 IN_2 的 B 链。从图可知，体系 IN_2 的 A 链（IN_a）和 B 链（IN_b）以及 IN_2_DNA 中的蛋白 A 链（IN_a_COM）和 B 链（IN_b_COM）都有较明显的三个集合协同运动区（即残基 1～55、56～220 和 221～270），这三个集合协同运动区与 IN 的三个结构域（NTD、CCD 和 CTD）基本对应。IN_2 及 IN_2_COM 体系的 NTD 和 CTD 之间、两个 NTD 之间的运动均有一定的正相关性。总体来说，IN_2 与 IN_2_COM 的运动相关性分布差别不大。微小差别在于与 IN_b 相比，

IN_b_COM 的运动正相关区扩大了一些，这与 IN_b_COM 是结合病毒 DNA 的主要区域有关。与 IN_2 相比，IN_2_COM 中运动负相关区明显减少。图 4-7E 给出了接触残基附近区域和病毒 DNA 的交叉相关系数。从图可见，IN_2 与 DNA 相互作用的接触区之间协同运动性较强。例如，IN_a_COM 接触残基区（残基 241～247、258～265）和与之接近的 DNA_COM 的碱基区（碱基 G7-T10、C44-G50）之间，以及 IN_b_COM 接触残基区（残基 11′～25′、156′～195′）和与之接近的 DNA_COM 的中间碱基部分之间，具有较强的运动相关性。

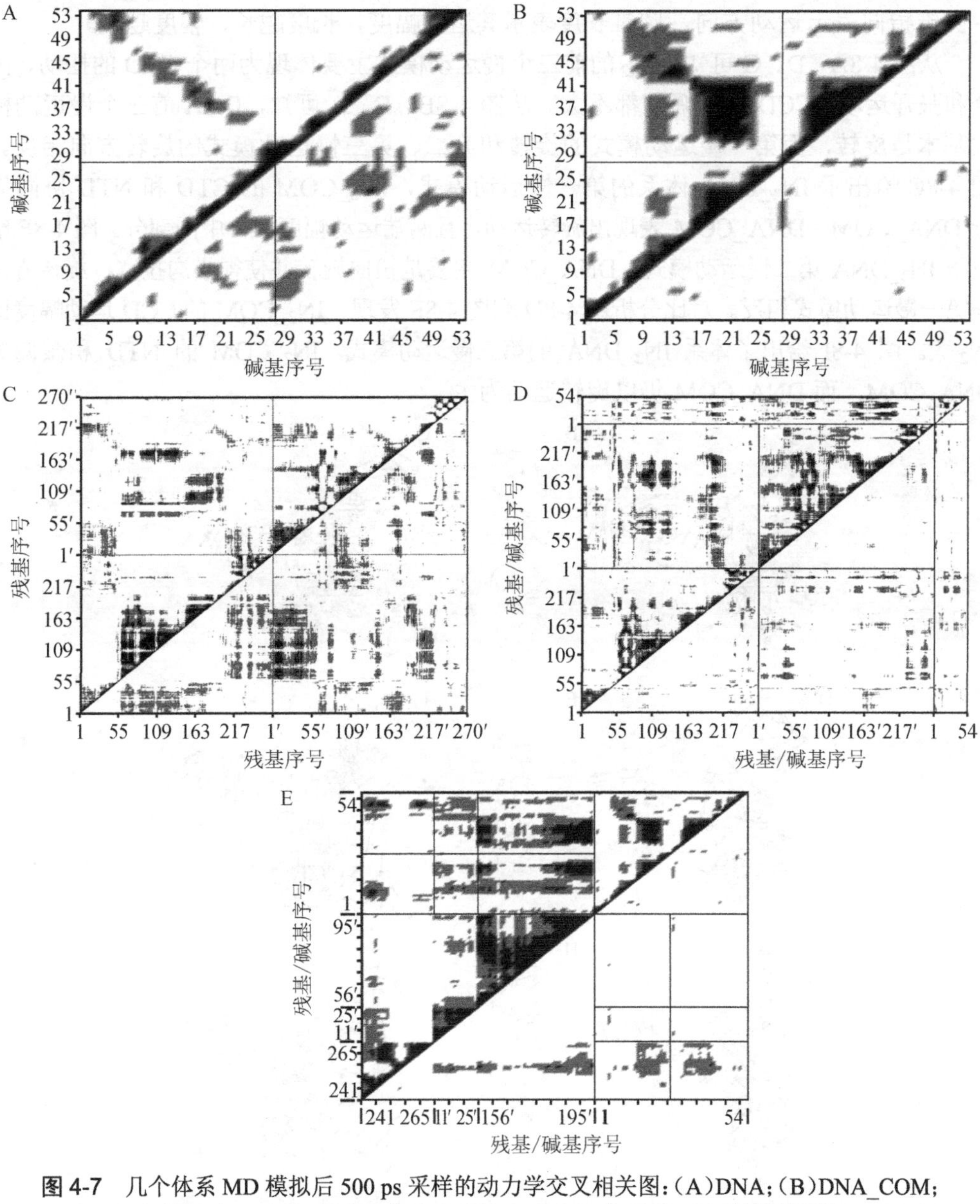

图 4-7　几个体系 MD 模拟后 500 ps 采样的动力学交叉相关图：(A)DNA；(B)DNA_COM；(C) IN_2；(D) IN_2_DNA；(E) DNA_COM 与 IN_2_COM 的接触面

综上所述，通过 DCCM 分析发现，病毒 DNA 和 IN_2 结合之后，正相关协同运动区域变大，强度也增加了，尤其发生相互作用的界面区运动表现出较大的正相关协同性。

7. 主成分分析

上面 DCCM 分析给出了体系的协同性运动信息，并划分出一些功能性基团，本节用主成分分析（PCA）方法对体系的功能性慢运动模式以及运动幅度进行了研究。图 4-8 给出了体系 IN_2、DNA 和 IN_2_DNA 前三个最大本征值对应的慢运动模式。图中圆锥指向表示运动方向，圆锥长度表示其运动幅度，长度越长，幅度越大。

从图 4-8A、D、G 可知，IN_2 的前三个慢运动模式主要体现为两个 CTD 的摆动、闭合和张开运动，CCD 运动幅度都不大。从图 4-8B、E、H 可知，DNA 前三个慢运动模式基本是旋转，而第一慢运动模式的旋转和第二、第三慢运动模式的旋转方向相反。图 4-8C 给出了 IN_2_DNA 体系的第一慢运动模式，IN_2_COM 的 CTD 和 NTD 协同靠近 DNA_COM，DNA_COM 表现出旋转运动，且两端运动幅度大于中间部分。图 4-8F 给出了 IN_2_DNA 第二慢运动模式，DNA_COM 主要是扭曲旋转并使得小沟拉宽，旋转方向与第一慢运动模式相反。对比分析图 4-8D 和图 4-8F 发现，IN_2_COM 的 CCD 运动幅度比 IN_2 大。图 4-8I 给出了体系 IN_2_DNA 的第三慢运动模式，IN_2_COM 的 NTD 稍微偏离 DNA_COM，而 DNA_COM 仍以旋转运动为主。

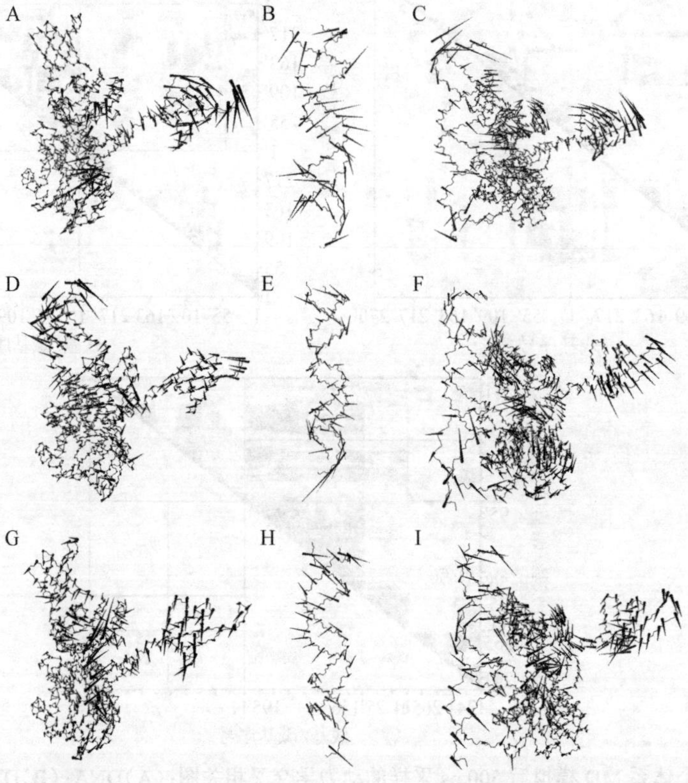

图 4-8　IN_2、DNA 和 IN_2_DNA 体系前三个慢运动模式示意图。（A～C）体系的第一慢运动模式；（D～F）体系的第二慢运动模式；（G～I）体系的第三慢运动模式

综上所述，病毒 DNA 和 IN_2 结合后，二者的功能性慢运动模式变化较大，主要体现在 IN_2_COM 协同靠近 DNA_COM，同时 IN_2_COM 的 CCD 运动幅度增大，而 DNA_COM 除了旋转外还有扭转运动，并使得结合部位小沟变宽[62]。

8. DNA 结构分析

1）大沟及小沟的变化

用 CURVES 软件[63]对比分析了 DNA_COM 与 DNA 结构的差别。图 4-9 给出了 DNA 和 DNA_COM 平均结构的大沟深度与宽度分布。由图 4-9A 和 B 可知，没有参与和 IN_2 结合的 DNA 区域（碱基 1～5）的小沟宽度与深度变化较小；DNA_COM 强结合区 1 的部分区域（碱基 6～9）和强结合区 2 的部分区域（碱基 16～19）的小沟比 DNA 宽，这是因为 IN_2 刚好与这两个小沟紧密结合而撑大了小沟宽度。与 DNA 相比，DNA_COM 的小沟普遍稍深。从图 4-9C 和 D 给出的大沟宽度和深度可知，DNA_COM 的大沟比 DNA 的大沟窄而浅。

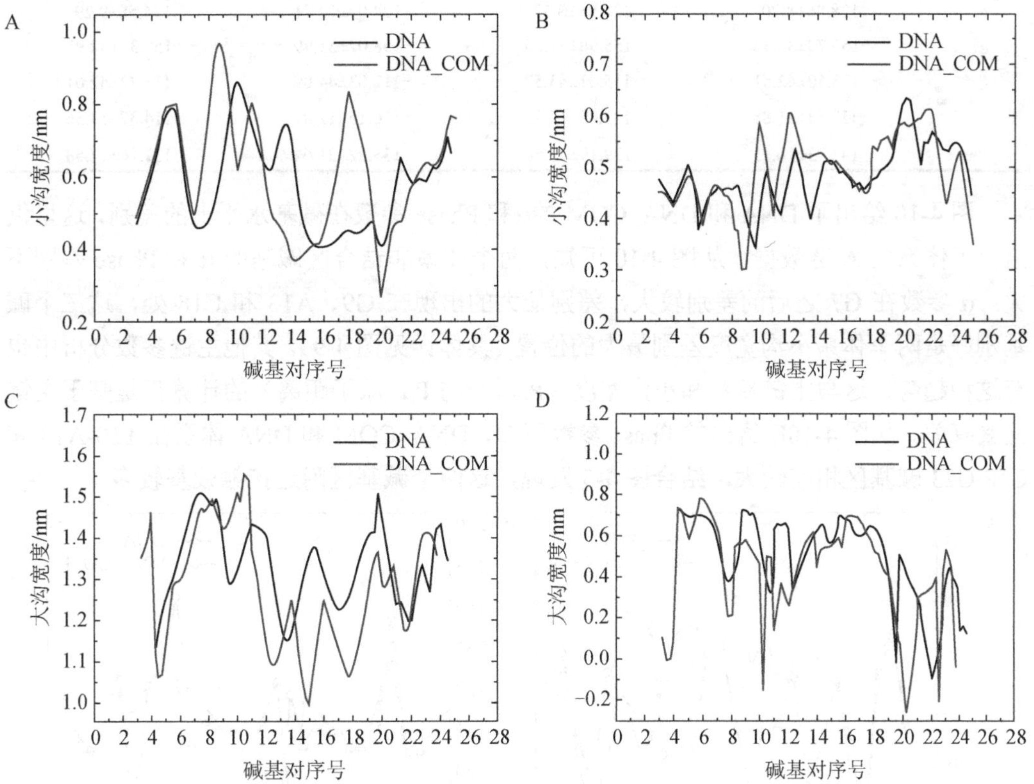

图 4-9　体系 DNA 和 DNA_COM 平均结构的沟宽度和深度：（A）小沟宽度；（B）小沟深度；（C）大沟宽度；（D）大沟深度

综上所述，与 DNA 相比，DNA_COM 构象更接近 A 型 DNA。另外，对比图 4-6 和图 4-9A 发现，小沟最宽的 G9 和 C18 碱基的结合自由能相对较低，这两个碱基可能是结合

IN 的关键碱基。

2）主链参数

表 4-3 给出了 DNA 和 DNA_COM 的 MD 模拟平均结构主链参数[63]的平均值及标准偏差。从表 4-3 可以看出，体系 DNA 两条链之间以及 DNA_COM 两条链之间的主链参数平均值和标准偏差差别都不大。就每条链而言，DNA_COM 和 DNA 的主链参数基本在同一个水平上波动；但前者标准偏差总体上大一些，表示结合 IN_2 之后的 DNA 结构更偏离标准 B 型 DNA 结构。值得一提的是，ε、ζ和 Phase 参数的标准偏差相对较大，这与大片段脱氧核糖核酸的糖链存在较大的弯折运动（repuckering）有关[64]。

表 4-3　体系 DNA 和 DNA_COM 平均结构的主链参数（单位：°）

参数	DNA_a	DNA_b	DNA_a_COM	DNA_b_COM
α	−69.70±5.59	−69.22±5.67	−68.81±4.80	−69.33±6.42
β	169.49±7.40	167.94±9.15	168.25±7.87	167.23±8.76
γ	50.89±5.37	51.20±4.62	51.38±5.58	52.52±5.09
δ	128.86±8.70	126.86±8.53	124.09±12.71	124.58±9.29
ε	−155.70±30.36	−155.90±31.25	−158.02±31.99	−157.39±32.91
ζ	−118.50±42.51	−115.61±43.57	−112.03±44.09	−113.22±42.61
χ	−113.83±11.88	−113.49±12.25	−116.15±12.01	−114.37±13.36
Phase	142.73±16.11	139.19±13.50	135.22±21.64	137.16±17.58

图 4-10 给出了 DNA 和 DNA_COM 的α和 Phase 参数在碱基水平上的差别，这里仅给出了体系的 A 链数据。从图 4-10 可知，两个体系非结合区碱基的 α 和 Phase 差别不大。α 参数在 G7 之后的差别较大，差别最大的出现在 G9、A13 和 C18 处，这三个碱基刚好是两个体系小沟宽度差别最大的位置（具体详见图 4-9）。其他主链参数分析中也有这种趋势，这与主链参数和小沟宽度（P_i 原子与 P_{i+3} 原子距离）的计算都是基于主链元素有关。从图 4-10B 给出的 Phase 参数可知，DNA_COM 和 DNA 体系在 T10-A13 和 C18-G23 碱基区相差较大，结合图 4-5 发现，这两个碱基区附近接触残基较多。

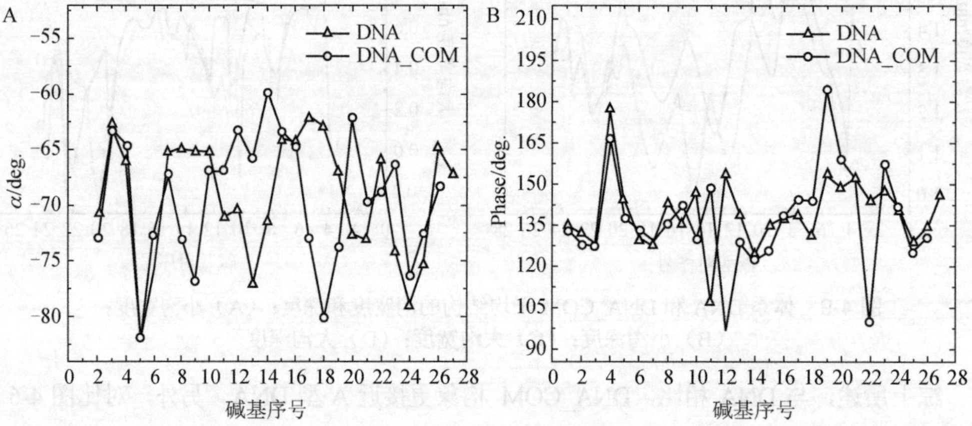

图 4-10　体系 DNA 和 DNA_COM 平均结构每个碱基上的α参数（A）和 Phase 参数（B）

通过碱基水平上主链参数的分析发现，DNA 和 DNA_COM 体系的非结合区主链参数相近，结合区和反应区的参数值差别较大。体系 DNA_COM 和 DNA 的各个主链参数的总体平均值接近，前者涨落幅度更大一些。

3）碱基参数

一般来说，碱基参数包括碱基-碱基、碱基-轴参数和碱基间参数。表 4-4 给出了 DNA 和 DNA_COM 体系平均结构的所有碱基参数。从表 4-4 可知，DNA 和 DNA_COM 体系同一参数间的平均值以及标准偏差接近。与 DNA 相比，DNA_COM 的螺距（Rise）参数稍有降低，与标准 A 型 DNA 的 Rise 参数（0.23 nm）差别较大，还是属于标准 B 型 DNA（0.34 nm）的范围，该模拟结果与 Beven 模拟 10 bp 的 DNA 模拟数值[64]基本相同。Renisio 等[60]用 NMR 实验并结合分子模拟方法分析了 17 bp 长度的病毒 DNA 的结构特征，发现结合 IN 之后的病毒 DNA 结构更接近标准 A 型 DNA。本工作计算结果表明，结合 IN_2 之后的病毒 DNA 一部分参数是接近标准 A 型 DNA（如沟参数），但大部分参数还是类似标准 B 型 DNA。

表 4-4　DNA 和 DNA_COM 的平均结构的碱基参数

参数		DNA_a	DNA_b	DNA_a_COM	DNA_b_COM
碱基-轴	X-disp/nm	−0.140±0.027	−0.140±0.028	−0.118±0.029	−0.119±0.031
	Y-disp/nm	0.019±0.016	−0.011±0.017	0.012±0.019	−0.009±0.020
	Inclination/deg.	2.29±5.74	1.28±5.36	0.63±5.16	0.38±4.78
	Tip/deg.	−5.43±3.49	−6.67±4.15	−6.46±4.75	−5.58±4.30
碱基-碱基	Shear/nm	0.000±0.013	0.000±0.013	0.001±0.017	0.001±0.017
	Stretch/nm	0.008±0.004	0.008±0.004	0.003±0.026	0.003±0.026
	Stagger/nm	−0.005±0.016	−0.005±0.016	−0.009±0.034	−0.009±0.034
	Buckle/deg.	1.01±9.43	1.01±9.43	0.25±9.11	0.25±9.11
	Propeller/deg.	−12.10±5.80	−12.10±5.80	−12.04±7.63	−12.04±7.63
	Opening/deg.	2.24±1.91	2.24±1.91	1.53±1.87	1.53±1.87
碱基间	Shift/nm	0.001±0.046	0.001±0.049	0.003±0.051	0.000±0.055
	Slide/nm	−0.002±0.043	0.002±0.043	−0.005±0.039	0.000±0.038
	Rise/nm	0.335±0.022	0.335±0.025	0.333±0.022	0.333±0.018
	Tilt/deg.	−0.46±5.38	0.18±5.58	−0.41±5.83	0.16±5.56
	Roll/deg.	0.58±6.01	−1.28±6.67	1.10±8.44	−1.32±6.92
	Twist/deg.	33.36±5.68	33.42±6.01	33.41±5.77	33.49±5.93

图 4-11 以碱基-轴参数 Y-disp、碱基-碱基参数 Propeller 和碱基间参数 Twist 为例给出了三个参数在不同体系的碱基水平上的差别。从图 4-11A 和 B 可知，DNA 和 DNA_COM 体系两条链的 Y-disp 参数基本对称性地围绕着 0 nm 中轴线涨落，DNA_a 和 DNA_a_COM 之间以及 DNA_b 和 DNA_b_COM 之间的数值类似，只是 DNA_COM 体系最后一个碱基对偏离了中轴线。从图 4-11C 来看，DNA 和 DNA_COM 体系非结合区碱基对的 Propeller 参数相近；结合区和反应区的 Propeller 参数差别较大，但平均值还是接近。图 4-11D 给出的 Twist 参数在碱基水平上的分布趋势和 Propeller 类似。可见，DNA_COM

和 DNA 体系非结合区碱基对的碱基参数接近，结合区和反应区碱基对的碱基参数则在维持类似平均值前提下发生了一定程度的漂移。

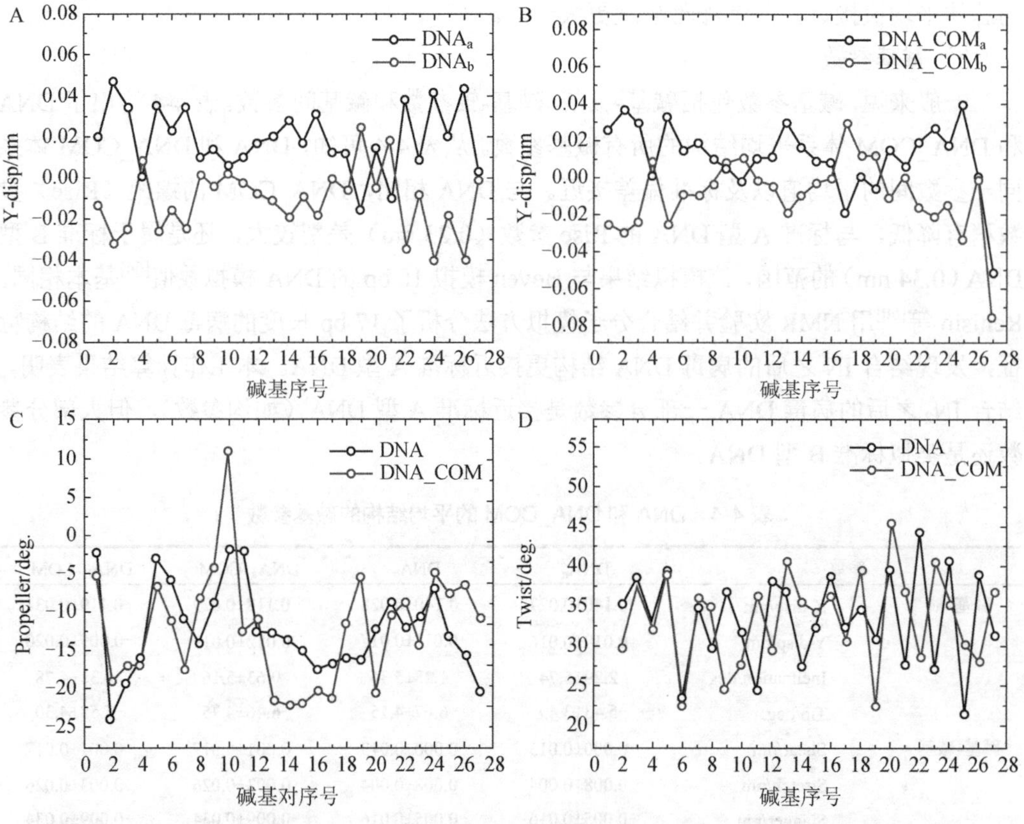

图 4-11 体系 DNA 和 DNA_COM 平均结构的三个碱基参数：(A) DNA 体系的 Y-disp 参数；(B) DNA_COM 体系的 Y-disp 参数；(C) DNA 和 DNA_COM 体系的 Propeller 参数；(D) DNA 和 DNA_COM 体系的 Twist 参数

综上所述，通过分析病毒 DNA 和 DNA_COM 体系的主链、碱基以及沟参数发现，病毒 DNA 结合 IN 前后内部碱基的平均柔性差别不大，但是具体到个别碱基上差别很大，这可能是因为 IN 与病毒 DNA 结合区域较广，某处碱基的参数变大，但另外一处的参数又会变小，总体差别不大[65]。

值得一提的是，从图 4-4A 和 B 可知，DNA 和 DNA_COM 体系的 RMSD 差别不大，但从上面的主链、碱基以及沟参数分析发现，DNA 和 DNA_COM 体系的微观结构差别是较大的。本工作和 Bevan 的观点一样[64]，即 RMSD 不是分析 DNA 结构偏差的好工具。同时，主链较大程度地偏离标准 B 型 DNA 和结合部位小沟的变宽都是病毒 DNA 识别并结合整合酶的结构基础。

9. 水参与了 IN 与病毒 DNA 的相互识别

表 4-5 统计了 IN_2_DNA 复合物 MD 模拟平衡后 500 ps 内每隔 50 ps 记录的各个界

面间水的个数。表中蛋白质-蛋白质、DNA-DNA 和蛋白质-DNA 的界面水能同时与对应的两个界面形成氢键，若表面的水与蛋白质或者 DNA 中任一方形成氢键即被统计，此处氢键形成采用几何判据[57]。从表 4-5 可知，IN_2_DNA 体系界面水的个数变化不大，其中有 3～6 个水分子参与 IN_2 与病毒 DNA 相互识别与结合。

表 4-5　体系 IN_2_DNA 的界面水个数统计

体系	时间/ps										
	0	50	100	150	200	250	300	350	400	450	500
IN_2-IN_2	3	3	2	2	3	3	3	3	4	1	4
DNA-DNA	5	2	6	3	2	3	4	4	1	2	1
IN_2-DNA	4	4	4	2	2	4	5	6	3	4	3
Interface	328	334	331	324	329	319	325	327	311	308	315

基于体系 IN_2_DNA 的 MD 模拟后 500 ps 平衡轨迹，图 4-12 给出了界面水与 IN_2_COM 和 DNA_COM 同时形成的氢键。从图 4-12 可知，能同时与 DNA_COM 和 IN_2_COM 形成氢键的水总数为 10 个，氢键总数为 27 个；DNA_COM 的 C24-A25 活性部位的水出现的概率最高。结合表 4-5 和图 4-12 可知，所有的 27 个氢键显然不能同时出现在一个 IN_2_DNA 构象中。

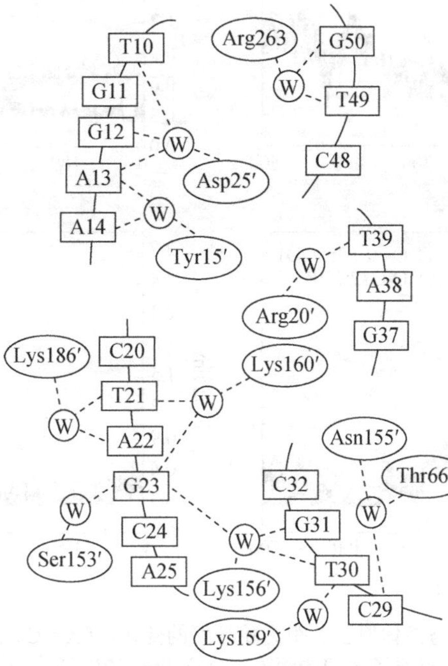

图 4-12　体系 DNA 和 IN_2 之间的界面水分子所形成的氢键示意图。其中椭圆和长方形分别表示水分子、IN_2 残基和关键碱基；虚线表示氢键，而粗线和细线分别表示病毒 DNA 的 A 链和 B 链

观察 MD 模拟轨迹发现，水在 IN_2_DNA 复合物界面上维持着动态变化。图 4-13 给出了一些典型界面水同时与 DNA_COM 和 IN_2_COM 形成氢键的距离动态变化过程。从

图 4-13 可看出三个有趣的现象：① 一些重要的氢键在整个过程中一直维持着，但是参与的水在动态的变化着，如图 4-13A 和 C 给出水同时与 Asp25′和 G12 形成氢键，但参与的水序号依次是 18 304、10 924 和 22 817；② MD 模拟过程中伴随着一些氢键消失，又会有一些新的形成，氢键变化很频繁，但是总数基本不变，如水与 lys159′和 T30 形成的氢键(图 4-13D)逐渐被后来的水与 lys156′和 T30 形成的氢键代替(图 4-13E 和 F)，其间有 3 个水参与这个氢键更替过程。与图 4-13A～C 一样，图 4-13E 和 F 也给出了不同水参与连接同一个氢键的情况；③ 大部分氢键存活时间比较短、更替很频繁，图 4-13G～I 给出了在水溶液中存留时间较短的几个氢键。从图 4-13G 和 H 可知，IN_2_COM 的 Arg263 能通过水在 270～370 ps 时间段同时与 DNA_COM 的 2 个不同碱基（即 T49 和 G50）有相互作用。有趣的是，同一个水在 470 ps 之后返回再次与 Arg263 和 T49 形成氢键（图 4-13G）。图 4-13I 给出了另外一个出现概率较低的水与 Arg20’和 T39 同时形成的氢键。这两个氢键仅在模拟的 350～450 ps 之间出现过。

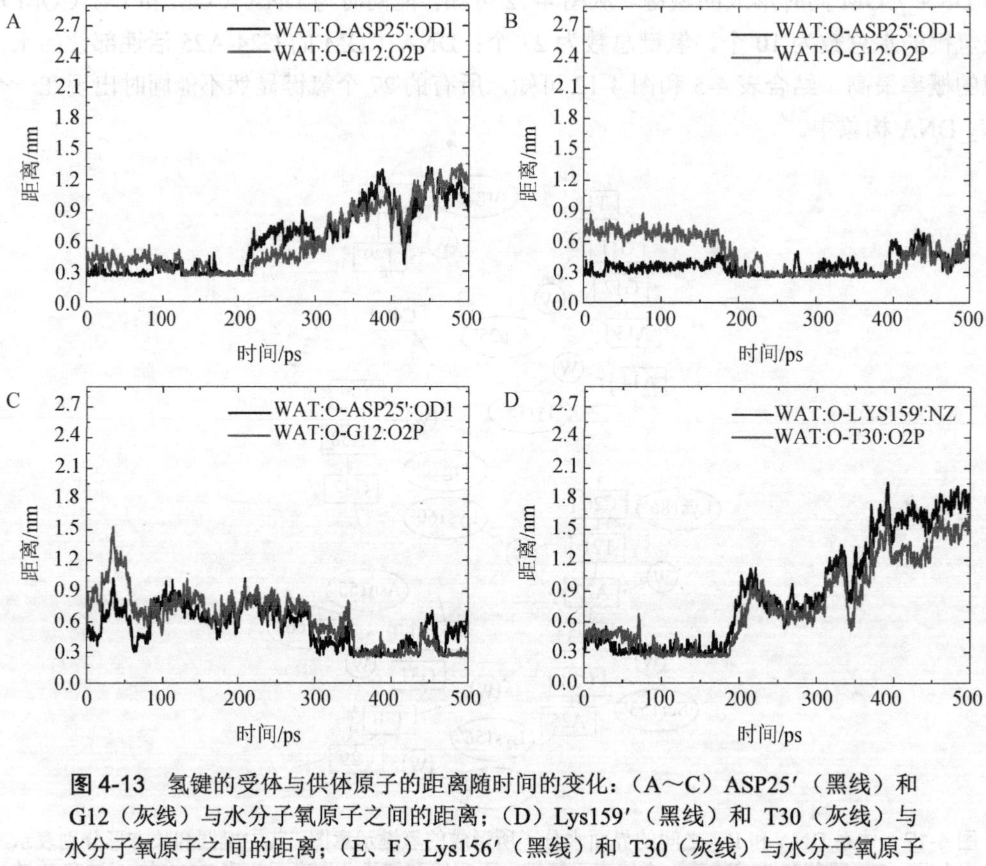

图 4-13　氢键的受体与供体原子的距离随时间的变化：（A～C）ASP25′（黑线）和 G12（灰线）与水分子氧原子之间的距离；（D）Lys159′（黑线）和 T30（灰线）与水分子氧原子之间的距离；（E、F）Lys156′（黑线）和 T30（灰线）与水分子氧原子之间的距离；（G）Arg263（黑线）和 T49（灰线）与水分子氧原子之间的距离；（H）Arg263（黑线）和 G50（灰线）与水分子氧原子之间的距离；（I）Arg20′（黑线）和 T39（灰线）与水分子氧原子之间的距离

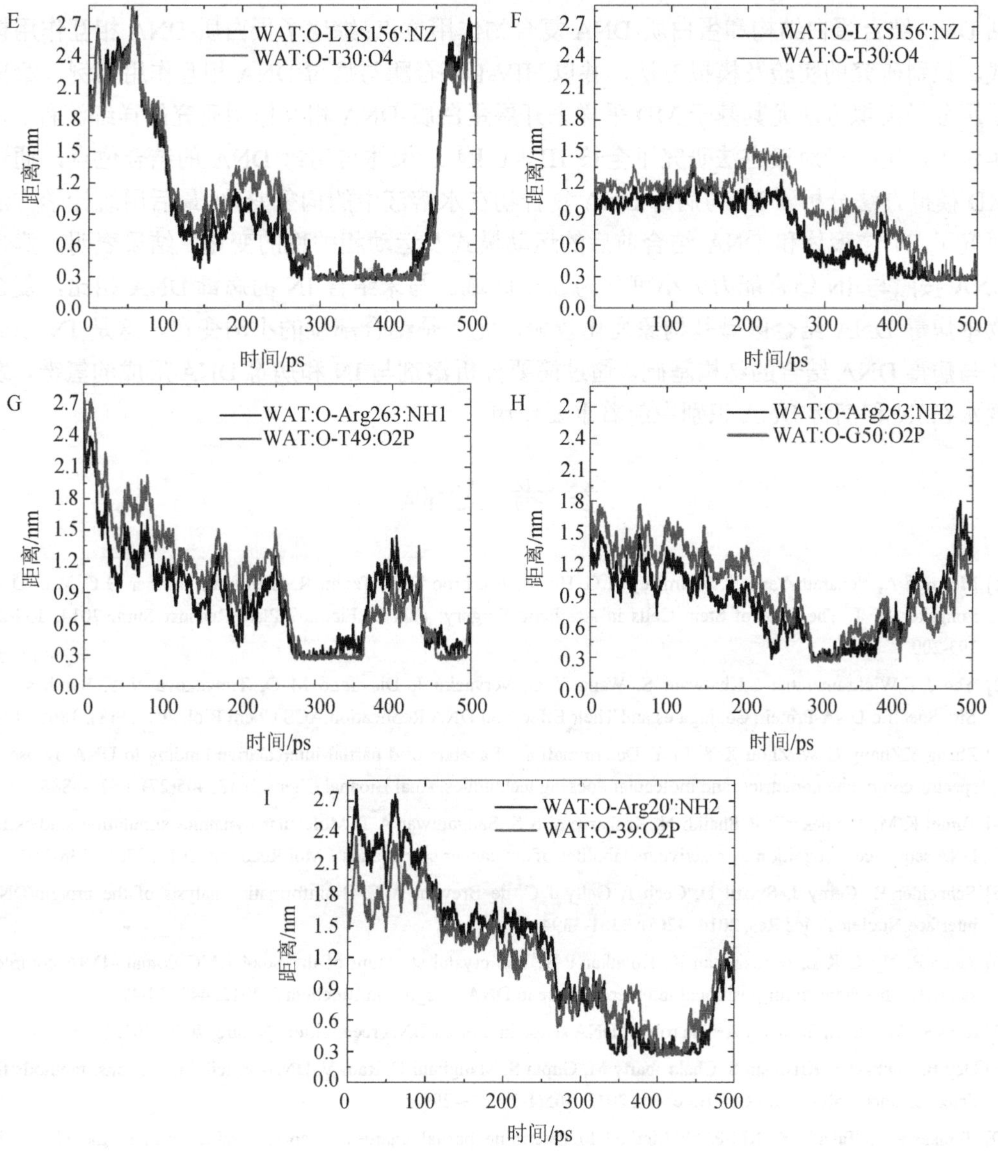

图 4-13　（续）

综上所述，水在 IN_2_COM 与 DNA_COM 之间的界面运动很频繁，但总数基本稳定，维持在 3～6 个。这些结果可能与 DNA_COM 和 IN_2_COM 之间的相互作用口袋浅而扁平有关。

4.5　小　　结

蛋白质与 DNA 的相互作用极大影响了基因的调控和表达，二者的识别研究对于药物分子设计和筛选具有重要意义。本章首先介绍了蛋白质与 DNA 识别的结构特征，包括DNA结合蛋白结构和蛋白质-DNA复合物作用位点；综述了蛋白质-DNA相互作用模式、识别研究的实验及模拟方法，并以HIV-1整合酶与病毒DNA相互作用为例，给出了用分子模拟方法尤其基于MD采样来开展蛋白质-DNA相互作用研究的详细流程。在实例中，用分子对接方法研究了全长HIV-1 IN二聚体与病毒DNA的结合位点，通过MD模拟方法分析了IN与病毒DNA复合物在水溶液中的构象变化，最后用统计学方法研究了IN二聚体和DNA结合前后的运动模式及运动相关性的变化。结果表明，病毒DNA按照与IN结合能力大小可分为5个区域。与未结合IN的病毒DNA相比，复合物中病毒DNA结合区碱基构象变化较大，尤其是结合部位的小沟变宽，这是IN二聚体与病毒DNA结合的结构基础。通过简要分析溶剂与IN和病毒DNA形成的氢键，发现水在IN和病毒DNA识别中起着重要作用。

参 考 文 献

[1] McArdle A, Senarath-Yapa K, Walmsley G G, Hu M, Atashroo D A, Tevlin R, Zielins E, Gurtner G C, Wan D C, Longaker M T. The Role of Stem Cells in Aesthetic Surgery: Fact or Fiction? Plast Reconsr Surg, 2014, 134(2): 193-200

[2] Yeo J E,Wickramaratne S,Khatwani S, Wang Y C, Vervacke J, Distefano M D, Tretyakova N Y. Synthesis of Site-Specific DNA-Protein Conjugates and Their Effects on DNA Replication.ACS Chem Biol, 2014, 9(8): 1860-1868

[3] Zhang Y,Zhang G W, Zhou X Y, Li Y. Determination of acetamiprid partial-intercalative binding to DNA by use of spectroscopic, chemometrics, and molecular docking techniques. Anal Bioanal Chem, 2013, 405(27): 8871-8883

[4] Tumbi K M, Nandekar P P, Shaikh N, Kesharwani S S, Sangamwar A T. Molecular dynamics simulation studies for DNA sequence recognition by reactive metabolites of anticancer compounds.J Mol Recognit, 2014, 27(3): 138-150

[5] Schneider B, Cerny J, Svozil D, Cech P, Gelly J C, de Brevern A G. Bioinformatic analysis of the protein/DNA interface.Nucleic Acids Res, 2014, 42(5): 3381-3394

[6] Jauch R, Ng C K L, Narasimhan K, Kolatkar P R. The crystal structure of the Sox4 HMG domain-DNA complex suggests a mechanism for positional interdependence in DNA recognition.Biochem J, 2012, 443: 39-47

[7] Rohs R, West S M, Sosinsky A. The role of DNA shape in protein-DNA recognition. Nature, 2009, 461: 1248-1253

[8] Dey B, Thukral S, Krishnan S, Chakrobarty M, Gupta S, Manghani C, Rani V. DNA-protein interactions: methods for detection and analysis.Mol Cell Biochem, 2012, 365(1-2): 279-299

[9] Terakawa T, Takada S. RESPAC: Method to determine partial charges in coarse-grained protein model and its application to DNA-binding proteins. J Chem Theory Comput, 2014, 10(2): 711-721

[10] Nicholas M L, Roman A L, Janet M T. Amino acid-base interactions: a three-dimensional analysis of protein-DNA interactions at an atomic level. Nucleic Acids Res, 2001, 29(13): 2860-2874

[11] Guerra C F, Bickelhaupt F M, Snijders J G, Baerends E J. The nature of the hydrogen bond in DNA base pairs: the role of charge transfer and resonance assistance. Chem Eur J, 1999, 5(12): 3581-3594

[12] 李英贤，贺福初．DNA与蛋白质相互作用研究方法．生命的化学，2003，23：306-308

[13] To A, Joubes J, Barthole G, Lecureuil A, Scagnelli A, Jasinski S, Lepiniec L, Baud S. Wrinkled transcription factors orchestrate tissue-Specific regulation of fatty acid biosynthesis in *Arabidopsis*. Plant Cell, 2012, 24(12): 5007-5023

[14] Liu K, Zheng X Y, Samuel A Z, Ramkumar S G, Ghosh S, Tan X X, Wang D, Shuai Z G, Ramakrishnan S, Liu D S. Stretching single polymer chains of Donor-Acceptor foldamers: toward the quantitative study on the extent of folding. Langmuir, 2013, 29(47): 14438-14443

[15] Darie C C. Mass spectrometry and its applications in life sciences.Aust J Chem, 2013, 66(7): 719-720

[16] Esposito D, Delvecchio P, Barone G. A thermodynamic study of herring protamine DNA complex by differential scanning calorimetry. Phy Chem Chem Phy, 2001, 3: 5320-5325

[17] Zhou A H, Xie Q J, Li P, Nie L H, Yao S Z. Piezoelectric crystal impedance analysis for investigating the modification processes of protein, cross-linker, and DNA on gold surface. Appl Surf Sci, 2000, 158: 141-146

[18] Park S J, Lazarides A A, Mirkin C A, Letsinger R L. Directed assembly of periodic materials from protein and oligonucleotide-modified nanoparticle building blocks. Angew Chem Int Ed, 2001, 40: 2909-2912

[19] Feingold M. Single-molecule studies of DNA and DNA-protein interactions, physica E: low-dimensional systems and nanostructures. Physica E, 2001, 9: 616-620

[20] Brewer S H, Cresawn S G, Nguyen D T, Donald G M. Difference FT-IR studies of nucleotide binding to the recombination protein RecA. J Phy Chem B, 2000, 104: 6950-6954

[21] Wako H, Endo S. Normal mode analysis based on an elastic network model for biomolecules in the Protein Data Bank, which uses dihedral angles as independent variables.Comput Biol Chem, 2013, 44: 22-30

[22] Wan H, Hu J P, Li K S, Tian X H, Chang S. Molecular Dynamics Simulations of DNA-Free and DNA-Bound TAL Effectors. PLoS One, 2013, 8(10): e.76045

[23] Summa V, Petrocchi A, Bonelli F, Crescenzi B, Donghi M, Ferrara M, Fiore F, Gardelli C, Paz O G, Hazuda D J, Jones P, Kinzel O, Laufer R, Monteagudo E, Muraglia E, Nizi E, Orvieto F, Pace P, Pescatore G, Scarpelli R, Stillmock K, Witmer M V, Rowley M. Discovery of raltegravir, a potent, selective orally bioavailable HIV-integrase inhibitor for the treatment of HIV-AIDS infection. J Med Chem, 2008, 51(18): 5843-5855

[24] Alian A, Griner S L, Chiang V, Tsiang M, Jones G, Birkus G, Geleziunas R, Leavitt A D, Stroud R M. Catalytically-active complex of HIV-1 integrase with a viral DNA substrate binds anti-integrase drugs. Proc Natl Acad Sci USA, 2009. 106(20): 8192-8197

[25] Ellison V, Gerton J, Vincent K, Brown P O. An essential interaction between distinct domains of HIV-1 integrase mediates assembly of the active multimer. J Biol Chem, 1995, 270: 3320-3326

[26] Hare S, Gupta S S, Valkov E, Engelman A, Cherepanov P. Retroviral intasome assembly and inhibition of DNA strand transfer. Nature, 2010, 464:232-236

[27] Larue R, Gupta K, Wuensch C, Shkriabai N, Kessl J J, Danhart E, Feng L, Taltynov O, Christ F, Van Duyne G D. Interaction of the HIV-1 Intasome with Transportin 3 Protein (TNPO3 or TRN-SR2). J Biol Chem, 2012, 287(41): 34044-34058

[28] Hu J P, Liu M, Tang D Y, Chang S. Substrate recognition and motion mode analyses of PFV integrase in complex with viral DNA via coarse-grained models. PLoS One. 2013, 8(1), e54929

[29] Lee S P, Kim H G, Censullo M L, Han M K. Characterization of Mg (2+) -dependent 3'-processing activity for human immunodeficiency virus type 1 integrase in vitro: real-time kinetic studies using fluorescence resonance energy transfer. Biochemistry, 1995, 34: 10205-10214

[30] Vink C, van Gent D C, Elgersma Y, Plasterk R H. Human immunodeficiency virus integrase protein requires a subterminal position of its viral DNA recognition sequence for efficient cleavage. J Virol, 1991, 65: 4636-4644

[31] Esposito D, Craigie R. Sequence specificity of viral end DNA binding by HIV-1 integrase reveals critical regions for protein-DNA interaction. EMBO J, 1998, 17: 5832-5843

[32] Espeseth A S, Felock P, Wolfe A, Witmer M, Grobler J, Anthony N, Egbertson M, Melamed J Y, Young S, Hamill T, Cole J L, Hazuda D J. HIV-1 integrase inhibitors that compete with the target DNA substrate define a unique strand transfer conformation for integrase. Proc Natl Acad Sci USA, 2000, 97: 11244-11249

[33] Luca L D, Pedretti A, Vistoli G, Barreca M L, Villa L, Monforte P, Chimirria A. Analysis of the full-length integrase–DNA complex by a modified approach for DNA docking. Biochem Biophys Res Commun, 2003, 310: 1083-1088

[34] Petrey D, Xiang Z X, Tang C L, Xie L, Gimpelev M, Mitros T, Soto C S, Goldsmith-Fischman S, Kernytsky A, Schlessinger A, Koh I Y Y, Alexov E, Honig B. Using multiple structure alignments, fast model building, and energetic analysis in fold recognition and homology modeling. Proteins, 2003, 53: 430-435

[35] Goldgur Y, Craigie R, Cohen G H, Fujiwara T, Yoshinaga T, Fujishita T, Sugimoto H, Endo T, Murai H, Davies D R. Structure of the HIV-1 integrase catalytic domain complexed with an inhibitor: a platform for antiviral drug design. Proc Natl Acad Sci USA, 1999, 96: 13040-13043

[36] Goldgur Y, Dyda F, Hickman A B, Jenkins T M, Craigie R, Davies D R. Three new structures of the core domain of HIV-1 integrase: an active site that binds magnesium. Proc Natl Acad Sci USA, 1998, 95: 9150-9154

[37] Bujacz G, Jaskolski M, Alexandratos J, Wlodawer A, Merkel G, Katz R A, Skalka A M. The catalytic domain of avian sarcoma virus integrase: conformation of the active-site residues in the presence of divalent cations. Structure. 1996, 4: 89-96

[38] Chen J C, Krucinski J, Miercke L J, Finer-Moore J S, Tang A H, Leavitt A D, Stroud R M. Crystal structure of the HIV-1 integrase catalytic core and c-terminal domains: a model for viral DNA binding. Proc Natl Acad Sci USA, 2000, 97: 8233-8238

[39] Wang J Y, Ling H, Yang W, Craigie R. Structure of a two domain fragment of HIV-1 integrase: implications for domain organization in the intact protein. EMBO J, 2001, 20: 7333-7343

[40] SYBYL 6.5. Tripos Inc. 1699 South Hanley Rd, St. Louis. MO. USA. 1999

[41] Akbal-Delibas B, Haspel N. A conservation and biophysics guided stochastic approach to refining docked multimeric proteins.BMC Struc Biol, 2013, 13(1): S7

[42] Kamzolova S G, Beskaravainy P M, Osypov A A, Dzhelyadin T R, Temlyakova E A, Sorokin A A. Electrostatic map of T7 DNA: comparative analysis of functional and electrostatic properties of T7 RNA polymerase-specific promoters. J Biomol Struc Dyn, 2014, 32(8): 1184-1192

[43] Case D A, Cheatham T, Darden T, Gohlke H, Luo R, Merz K M, Onufriev Jr A, Simmerling C, Wang B, Woods R. The Amber biomolecular simulation programs. J Computat Chem, 2005, 26: 1668-1688

[44] Wang J M, Wolf R M, Caldwell J W, Kollman P A, Case D A, Development and testing of a general amber force field. J Comput Chem, 2004, 25: 1157-1174

[45] Jorgensen W L, Chandrasekhar J, Madura J D, Impey R W, Klein M L. Comparison of simple potential functions for simulating liquid water. J Chem Phys, 1983, 79: 926-935

[46] Ryckaert J P, Ciccotti G, Berendsen H J C. Numerical integration of the cartesian equations of dynamics of n-alkanes. J Comput Phys, 1977, 23: 327-341

[47] Wang W, Donini O, Reyes C, Kollman P A. Biomolecular simulations: recent developments in force fields, simulations of enzyme catalysis, protein-ligand, protein-protein, and protein-nucleic acid noncovalent interactions. Annu Rev Biophys Biomol Struct, 2001, 30: 211-243

[48] Bashford D, Case D A. Generalized born models of macromolecular salvation effects. Ann Rev Phys Chem, 2000, 51: 129-152

[49] Still W C, Tempczyk A, Hawley R C, Hendrickson T, Semianalytical treatment of solvation for molecular mechanics and dynamics. J Am Chem Soc, 1990, 112: 6127-6129

[50] Kormos B L, Pieniazek S N, Beveridge D L, Baranger A M. U1A Protein-Stem Loop 2 RNA Recognition: Prediction of Structural Differences from Protein Mutations. Biopolymers, 2011, 95(9): 591-606

[51] Hu J P, Liu W, Tang D Y, Zhang Y Q, Chang S. Study on The Binding Mode and Mobility of HIV-1 Integrase With L708, 906 Inhibitor.Prog Biochem Biophys, 2011, 38(4): 338-346

[52] Issack B B, Berjanskii M, Wishart D S, Stepanova M. Exploring the essential collective dynamics of interacting proteins: Application to Prion Protein Dimmers. Proteins, 2012, 80(7): 1847-1865

[53] Berendsen H J C, Spoel D V, Drunen R V. Gromacs: A message-passing parallel molecular-dynamics implementation. Comput Phys Commun, 1995, 91(1-3): 43-56

[54] Mohammed K D, Topper M B, Muesing M A. Sequential Deletion of the Integrase (Gag-Pol) Carboxyl Terminus Reveals Distinct Phenotypic Classes of Defective HIV-1. J Virol, 2011, 85(10): 4654-4666

[55] Zhu H M, Chen W Z, Wang C X. Docking dinucleotides to HIV-1 integrase carboxyl-terminal domain to find possible DNA binding sites. Bioorg Med Chem Lett, 2005, 15: 475-477

[56] Ribeiro A J M, Ramos M J, Fernandes P A. The Catalytic Mechanism of HIV-1 Integrase for DNA 3 '-End Processing Established by QM/MM Calculations. J Am Chem Soc, 2012, 134(32): 13436-13447

[57] Hu J P,He H Q, Tang D Y, Sun G F, Zhang Y Q, Fan J, Chang S. Study on the interactions between diketo-acid inhibitors and prototype foamy virus integrase-DNA complex via molecular docking and comparative molecular dynamics simulation methods. J Biomol Struc Dyn, 2013, 31(7): 734-747

[58] 胡建平，柯国涛，常珊，陈慰祖，王存新．用分子对接方法研究 HIV-1 整合酶与病毒 DNA 的结合模式．高等学校化学学报，2008，7：1432-1437

[59] Cheatham III T E, Kollman P A. Observation of the A-DNA to B-DNA transition during unrestrained molecular dynamics in aqueous solution. J Mol Biol, 1996, 259: 434-444

[60] Renisio J G, Cosquer S, Cherrak I, Antri S E, Mauffret O, Fermandjian S. Pre-organized structure of viral DNA at the binding-processing site of HIV-1 integrase. Nucleic Acids Res, 2005, 33(6): 1970-1981

[61] Richard L, Ana L, Ghory H Z, Engelman A. Genetic analyses of DNA-binding mutants in the catalytic core domain of human immunodeficiency virus type 1 integrase. J Virol, 2005, 79: 2493-2505

[62] 胡建平，柯国涛，常珊，陈慰祖，王存新．HIV-1 病毒 DNA 与整合酶结合后的构象变化．物理化学学报，2008，24（10）：1803-1810

[63] Lavery R, Sklenar H. The definition of generalized helicoidal parameters and of axis curvature for irregular nucleic acids. J Biomol Struct Dyn, 1988, 6: 63-91

[64] Bevan D R, Li L, Pedersen L G, Darden T A. Molecular dynamics simulations of the d(CCAACGTTGG)$_2$ decamer: influence of the crystal environment. Biophys J, 2000, 78: 668-682

[65] Hu J P, Wang C X. Molecular dynamics simulation of HIV-1 integrase dimer complexed with viral DNA. Chin J Chem, 2010, 28: 33-40

（胡建平）

第二部分

蛋白质复合物结构预测

第5章 用分子对接方法预测蛋白质复合物结构

5.1 引　　言

随着人类基因组计划的进行，大量基因被发现和定位，基因的功能问题将成为今后研究的热点。大多数基因的最终产物是相应的蛋白质，因此要认识基因的功能，必然要研究基因所表达的蛋白质。蛋白质的功能往往体现在与其他蛋白质或核酸的相互作用之中。细胞各种重要的生理过程，如信号转导、细胞对外界环境及内部环境变化的反应等，都是以蛋白质间相互作用为纽带而进行的。近年来，蛋白质间相互作用的研究得到普遍的重视，逐渐形成了一个具有挑战性的研究领域——蛋白质组学（proteomics）。

蛋白质组学是在人类基因组计划研究发展的基础上形成的新兴学科，主要是在整体水平上研究细胞内蛋白质的组成及其活动规律。人类细胞中的全部基因称为基因组，由全套基因组编码控制的蛋白质则相应地被称为蛋白质组。由于生物功能的主要实现者是蛋白质，而蛋白质又有自身特有的活动规律，所以仅仅从基因的角度来研究生命现象是不够的。人体内真正发挥作用的是蛋白质，蛋白质扮演着构筑生命大厦的“砖块”角色，其中可能隐藏着开发疾病诊断方法和新药的“钥匙”。

蛋白质间相互作用存在于机体每个细胞的生命活动过程中，生物学中的许多现象，如基因的复制、转录、翻译和细胞周期调控等均受蛋白质间相互作用的调控。有些蛋白质由多个亚单位组成，它们之间的相互作用就显得更为重要。蛋白质间的相互作用可改变细胞内蛋白质的动力学特征（如底物结合特征、催化活性等），也可产生新的结合位点，改变蛋白质与配体作用的特异性，还可使其他蛋白质失活或复活以调控基因表达。因此，只有使蛋白质间相互作用顺利进行，细胞正常的生命活动才有保障。

蛋白质分子的功能不仅仅与由基因翻译形成的蛋白质氨基酸序列有关，还取决于它的特定三维结构，因而要揭示蛋白质分子的生物学功能，首先要确定其空间结构。相对于蛋白质单体，实验上解析蛋白质-蛋白质复合物结构要困难得多。这主要因为：在 X 射线晶体结构解析方法中，很多蛋白质复合物难以结晶，特别是蛋白质聚集体样品的获得十分不易；另外，结构解析对 X 射线光源的要求较高，往往需要大型的同步辐射装置才能产生；核磁共振（NMR）方法一般限于分析长度不超过 150 个氨基酸残基的小蛋白，并且需要样品量较大。目前 PDB（Protein Data Bank）数据库中，蛋白质单体结构有 43 669 个，蛋白质-蛋白质复合物结构的数量是 100 321。因此，理论上迫切需要发展有效的计算机模拟方法来探索蛋白质分子间的相互作用与识别过程，进而预测蛋白质-蛋白质相互结合形成的复合物三维结构[1~3]。为推动蛋白质复合物结构预测方法的发展，欧洲生物信息学中心于 2001 年发起了蛋白质相互作用预测实验（critical assessment of prediction of interaction，CAPRI）（http://www.ebi.ac.uk/ msd-srv/capri/），迄今已经成功举办了 34 轮实验，包含 105 个 targets，极大地促进了复合物结构预测方法——分子对接的发展。

理论模拟方法的发展不仅有助于我们理解蛋白质分子之间特异性识别的机制，并且可以为合理的药物开发和新型的蛋白质分子设计提供理论指导。分子对接方法已被广泛用于计算机辅助药物设计（computer-aided drug discovery，CADD）[4]。另外，最近国际上一些小组开始尝试改造蛋白质结构，或者设计新型蛋白质结构来与其他蛋白质分子相互结合[5~7]。这些研究已经取得了一些有创意的结果，具有广阔的发展前景。

5.2 蛋白质-蛋白质分子对接方法

5.2.1 分子对接的基本原理

1. 分子间相互作用的热力学过程

分子间相互结合时，有共价相互作用和非键相互作用两种情形。非键相互作用比共价相互作用更为常见，如药物和受体结合时，药物利用非键相互作用与受体结合有利于药物的代谢和排泄。非键相互作用可以用半经验力场方法或其他基于知识的方法来计算[8, 9]，半经验力场主要有 GROMOS、CHARMM、AMBER 和 OPLS 等。共价相互作用涉及化学键的生成与断裂，所以必须用量子化学方法计算。这里只讨论分子识别中的非键相互作用。

受体和配体分子存在于溶液环境中，周围的水分子对其有溶剂化作用。在配体与受体分子没有结合时，它们都有平动、转动和键的旋转熵（rotational entropy）。在形成复合物的过程中，配体和受体分子要失去各自的水合焓、平动、转动自由度和键的旋转熵，同时释放出水分子，结合水变成了自由水分子，受体与配体之间形成了非键相互作用。因此，分子对接过程中结合自由能的变化包括下面几部分的贡献：

$$\Delta G_{\text{bind}} = \Delta H_{\text{gas}} - T\Delta S - \Delta G_{\text{solv}}^{\text{R}} - \Delta G_{\text{solv}}^{\text{L}} - \Delta G_{\text{solv}}^{\text{R-L}} \tag{5.1}$$

其中，ΔG_{bind} 为结合自由能，R 和 L 分别代表受体和配体分子；ΔH_{gas} 为气相下分子对接过程的自由能变化，约为对接过程中 R 和 L 的焓变；$\Delta G_{\text{solv}}^{\text{R}}$、$\Delta G_{\text{solv}}^{\text{L}}$ 和 $\Delta G_{\text{solv}}^{\text{R-L}}$ 分别为受体、配体和复合物分子的溶剂化自由能；ΔS 表示对接过程中的熵变；T 为绝对温度。由上式可知，从热力学的观点来看，配体-受体相互作用是一个综合平衡的过程，生物分子的稳定构象是自由能最低的构象。

2. 分子对接的理论基础

所谓分子对接，就是已知两个分子的三维结构，考察它们之间是否可以结合，并预测复合物的结合模式。分子对接最早起源于 100 年前 E. Fisher 的“锁和钥匙模型”。E.

Fisher 认为，“锁和钥匙”互补识别的首要条件是它们在空间形状上要互相匹配。当然，分子对接比“锁和钥匙”模型复杂得多。首先锁和钥匙是刚性的，而受体和配体分子则是柔性的，其结构是可以发生变化的，受体和配体在对接过程中互相适应对方，从而达到更完美的匹配。分子对接和“锁和钥匙”模型的另一个不同之处是分子对接不仅要满足空间形状的匹配，还要满足能量的匹配。受体和配体能否结合以及结合的强度最终是由形成复合物过程的结合自由能变化决定的。

互补性（complementarity）和预组织（pre-organization）是决定分子对接过程的两个重要原则，前者决定识别过程的选择性，后者决定识别过程的键合能力。当然，互补性包括空间结构的互补性和电学性质的互补性。受体与配体分子在识别之前将受体中容纳配体的环境组织得越好，其溶剂化能力越低，则它们的识别效果越佳，形成的复合物越稳定，这就是分子识别的预组织原则。

综上所述，分子结合时须遵循以下互补匹配规则：

（1）几何形状互补匹配，原子紧密结合，使其具有较大的接触面积；

（2）静电相互作用互补匹配，正负电荷相对应；

（3）复合物界面包含尽可能多的氢键、盐桥；

（4）疏水相互作用互补匹配；

（5）尽量避免在界面上出现没有成对的极性基团。

3. 分子间结合机制及结合热力学对对接研究的启示

深入理解分子间的结合过程有助于发展强有力的对接算法。蛋白质分子间的结合机制高度依赖于具体研究的体系[10]。例如，对那些发生快速结合的复合物体系，其结合强烈地依赖于溶液离子浓度的变化。Camacho 等[12]通过分析复合物结合自由能曲面，得到如下结论：复合物中受体与配体分子快速结合过程主要是由长程静电力所驱动的，因而其结合对溶液离子浓度具有很强的依赖性；分子间发生缓慢结合的过程则不受或受到很小的长程力控制，而主要是疏水效应在发挥作用，这种效应对溶液离子浓度的依赖性较长程静电力弱得多。这一点对分子对接方法的研究是非常重要的。实验[11, 12]告诉我们，对那些主要由疏水效应控制结合的蛋白质复合物结构的预测是比较容易的。在这样的复合物中，蛋白质分子表面的几何互补性常常是一个很好的结构评价指标，对这类复合物的结构预测，只考虑其表面几何互补打分也是可以的。然而对那些分子结合过程中主要受长程静电力驱动的蛋白质复合物体系，它们的结构预测就比较困难，其中部分原因是由赖氨酸和精氨酸的侧链造成的。在受体和配体分子的 X 射线结构测定中，赖氨酸和精氨酸侧链位置的确定常常是十分不准确的，这将人为地导致分子自由态和结合态构象之间潜在的差异，因此自由态分子对接中，这些关键带电侧链位置的错误很可能造成结构预测的失败。

另外，分子结合中关键位置上侧链的作用也是不能低估的，一两个错误的侧链足以使受体和配体分子间失去原有的结合能力。Kimura 等[11] 已经证明，只有在溶液中蛋白质分子一些关键侧链以恰当构象存在的条件下与其底物结合时，化学亲和性才会将两分子共同稳定在结合区域处。由于在蛋白质分子 X 射线结构中，某些氨基酸残基或其侧链的位置是十分不准确的，所以这就需要分子对接算法能够在对接前或在对接过程中对受体和配体分子的结构进行优化（包括侧链），以改善它们之间的结合亲和性。尽管目前还很难对分子的柔性进行全面的考虑，但人们已经清楚地认识到在分子对接中调整关键氨基酸侧链构象的重要性。

受体与配体分子从各自的自由态到复合态转变的路径，是很难通过计算决定的。这其中的主要原因是，分子间相互作用表面的靠近会使范德华相互作用和其他短程相互作用逐渐加强，而这些是很难定量计算的。构象空间中相距几埃的状态在能量空间中彼此间可能会存在相当大的势垒障碍，这是简单的局域能量优化所不能跨越的。对这一问题的解决可能需要一种算法来对能量函数进行一定程度的平滑处理[12]。

Totrov 和 Abagyan[13] 提出了一个类似于真实情况中分子间结合的对接方法，并对一些蛋白质复合物结构作出了成功的预测。算法的第一步是在分子表面识别可能的结合区域，第二步才涉及复合物的形成。目前，常用的识别分子结合区域的算法主要是配体对其受体表面靶点的扩散性搜索方法。该方法首先在构象空间画出受体与配体分子静电相互作用和去水化自由能的曲面图，然后寻找曲面上的低谷来确定近似的结合区域[12]。当然，在方法的实施过程中，可以利用生化信息将结合区域限制在蛋白质分子表面的某些部分以缩小搜索区域。结合区域找到后，接下来就是细致地调整并优化结构，此时由于不能忽略范德华相互作用和其他短程相互作用的存在，致使能量曲面变得更加高低不平，所以使用恰当的平滑算法是成功结构预测的关键。

5.2.2　分子对接的关键步骤

一般情况下，分子对接方法可以分为三个阶段，见图 5-1。首先，将受体和配体分子处理为刚体（有些算法可能对分子表面进行了软化处理），搜索平动和转动六维空间，同时利用简单的分子表面几何互补性打分，初步排除一些不合理结构；然后，用精细的能量打分对结构作进一步的评价并排序；最后，对排序较靠前的结构进行能量优化，允许氨基酸侧链和骨架的运动。另外，如果在分子对接前能够获得任何关于结合位点的信息，那么可以在尽可能早的阶段利用它来缩小构象搜索的范围，提高结构的成功预测率。下面分别就这三个阶段作简要说明。

1. 全空间搜索

在不知道受体和配体分子任何结合位点信息的情况下模拟分子间的识别，首先就是要进行全空间的搜索。考虑到搜索的时间问题，目前仅有少数一些程序能够做到这一点，如对接程序 PPD[14]、HEX[15]、BIGGER[16]、几个基于遗传算法的程序[17~19] 和在快速傅里叶变换（fast Fourier transform，FFT）算法基础上建立起来的一些对接程序[20~24]。

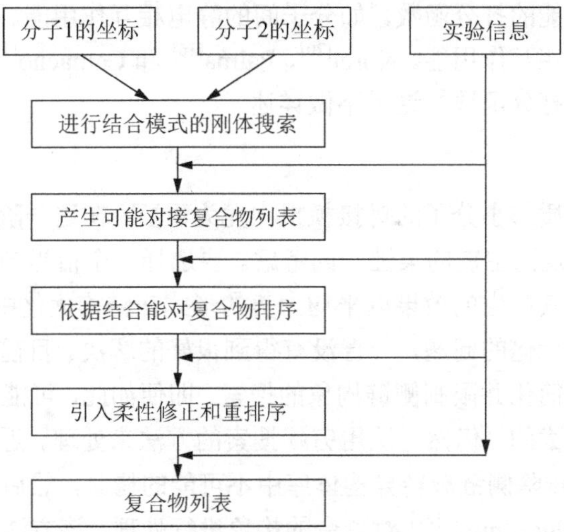

图 5-1　传统分子对接方法的关键步骤

由于 FFT 算法的实用性和高效性，它已被广泛地应用于分子对接方法中。在对接算法中，受体和配体分子被投影到 $N \times N \times N$ 的三维空间网格中，只要分子间的相互作用能（打分函数）可表示为 $\sum_{ij} p_i q_j$ 的形式（其中，p_i 和 q_j 分别为受体和配体分子某种特性的离散函数)，就可以利用 FFT 算法加快对它们的计算速度。Katchalski-Katzir 等[20] 首次将 FFT 用于分子对接方法中，随后产生了一系列基于该方法的分子对接程序，如 FTDock[20]、3D-Dock[21]、GRAMM[22]、ZDOCK[23]和 DOT[24]。

Ritchie 和 Kemp[15]在其对接程序 HEX 中，利用球极傅里叶相关技术来加速构象搜索。该方法将受体和配体分子表面和静电场按球谐函数展开，利用展开系数的傅里叶相关性来简化分子表面几何互补性和静电相互作用能的计算。随后，Palma 等[16]又提出了一个新的方法来完成全局搜索。在其对接程序 BIGGER 中，受体和配体分子被投影到三维空间网格中，根据格子所处的位置（表面还是内部）赋以整数值 0 或 1，然后利用快速点乘的规则加速采样。另外，还可采用遗传算法进行构象搜索，Taylor 和 Gardiner 所发展的对接方法就属于这一类。Gardiner[18] 采用溶剂可接近表面来描述蛋白质分子，并标有法线矢量、曲率和氢键特性，以表面几何匹配性来挑选近天然构象。Taylor[17] 则采用分子势能作为适应性函数来淘汰或保留对接构象。

2. 打分排序

经过第一阶段的构象搜索和初步打分后，一般会得到几百或几千个对接结构。为了进一步缩小预测结构的范围，必须用更加精细、可靠的打分函数重新评价这些结构，尽可能地将近天然构象排在较靠前的位置。

目前存在的打分方法大致可以分为两类。一类是基于知识的打分函数，如残基-残基接触能模型[20] 和原子-原子接触能模型[25]，这些模型都是从大量已知结构的蛋白质复合物中获得的统计性结果。其中，文献[20]中报道的残基-残基接触能模型是 Norel 等对抗原-抗体类复合物界面深入研究的结果，专门用于抗原与抗体相互作用与识别的研究。

另一类是基于分子势能的打分函数，如分子间的静电相互作用能、氢键相互作用能、去水化自由能和范德华相互作用能。Norel[20]、Palma[16] 和 Camacho[26]均采用了这类方法。因下面第 7 章专门讲打分函数，这里不做详述。

3. 结构优化

结构优化在蛋白质与小分子的对接模拟中尤为重要。在这一阶段，至少要将氨基酸残基侧链的柔性，或连同主链的柔性一同考虑。要选择一个恰当的分子力场，不必明确考虑溶剂分子，可将其产生的效果以平均力势的形式在结构优化中予以考虑。

如何对侧链进行优化的问题，一直没有得到很好的解决。目前，常用的方法是利用侧链旋转异构体库来简化并限制侧链构象的搜索。即便如此，可能的侧链旋转异构体组合的数字也是相当巨大的，仍然无法用穷竭搜索的方法来处理。近年来，人们对这种方法作了改进，首先，排除侧链旋转异构体库中不可能的构象，然后用基于树形的快速启发式算法（heuristic algorithm）[27] 对剩余的构象进行处理。该方法已被用于一些蛋白质与小分子的对接程序中，如 FlexE[28] 和 Dock4.0[29]。人们正在尝试将它用于蛋白质-蛋白质分子的对接[25]。

最近，Vajda[26, 30] 研究小组又提出了一种能量平滑算法，主要用于对范德华能量项的优化处理。在其所研究的例子中，对距天然结构均方根偏差为 10 Å 的对接结构，经能量优化后，减小到 2 Å，这一精度对结构预测来说已经相当不容易了。

到目前为止，分子对接方法还不能成功地处理复合物形成中较大的构象变化，如蛋白质分子域间类似于铰链的运动。对这一问题的处理方法在网站 http://capri.ebi.ac.uk 上有描述，但只是对蛋白质与小分子的复合物体系进行了测试。

5.3　分子对接方法的研究现状

在过去的 15 年中，随着分子生物学和 X 射线衍射晶体学、多维核磁共振（mD-NMR）等结构测定技术的不断发展，许多蛋白质复合物的三维结构被测定。这些结构为分子间相互作用的研究提供了必要的数据。与此同时，计算机科学的发展，也为分子间相互作用与识别的研究提供了良好的硬件平台。

5.3.1　分子对接方法的分类

分子对接方法根据不同的简化程度大致可以分为三类：刚性对接、半柔性对接以及柔性对接。

1. 刚性对接

刚性对接指在对接过程中，研究体系的构象不发生变化，其中比较有代表性的就是 Wodak 和 Janin[31]发展的分子对接算法。刚性对接适合考察比较大的体系，比如蛋白质与蛋白质、蛋白质与核酸之间的对接，它计算较为粗略，原理也相对简单。

2. 半柔性对接

半柔性对接指在对接过程中，研究体系尤其是配体的构象允许在一定范围内变化，其中比较有代表性的方法有 Kuntz 等发展的 DOCK[32]、Olson 等开发的 Autodock[33, 34]。半柔性对接方法适合于处理小分子和大分子之间的对接。在对接的过程中，小分子的构象一般是可以变化的，但大分子如靶酶则是刚性的。由于小分子相对较小，因此在一定程度考察柔性的基础上，还可以保持较高的计算效率。在药物设计，尤其在基于分子对接的数据库搜索中，一般采用半柔性的分子对接方法。

3. 柔性对接

柔性对接是指在对接过程中，研究体系的构象基本是可以自由变化的，其中比较有代表性的方法有 Accelrys 公司发展的基于分子力学和分子动力学的分子对接方法。柔性对接方法一般用于精确考察分子之间的识别情况。由于在计算过程中体系的构象是可以变化的，因此柔性对接需要消耗较长的计算时间。

5.3.2 几种重要的分子对接方法

下面列出了几种分子对接方法，就比较重要的用于蛋白质-小分子对接的方法 DOCK 和 Autodock，以及蛋白质-蛋白质对接的方法 FTDock、3D-Dock 和 ZDOCK 作一些较详细的说明。

1. DOCK

DOCK 是 Kuntz 实验室发展的分子对接程序，是目前应用最为广泛的蛋白质与小分子对接程序之一[32]。它能自动地模拟配体分子在受体活性位点的作用情况，并把理论预测最佳的方式记录下来。而且该方法能够对配体的三维结构数据进行自动搜索，因此被广泛应用于基于受体结构的药物筛选设计中，并取得了巨大的成功。用 DOCK 进行药物设计以及数据库的搜索基本上可以分为下面几个步骤：配体和受体分子相互作用位点的确定，评分系统的生成，DOCK 计算，DOCK 结果的处理与分析。

活性位点的确定和表达是 DOCK 最重要的特点之一。活性位点特征的确定对于 DOCK 研究是非常重要的，因为配体分子和受体分子相互作用过程的模拟主要就是参考表面位点的几何特征进行的。在 DOCK 中，活性位点的确定通过 sphgen 程序来完成。DOCK 软件包中 sphgen 程序生成受体表面所有的凹陷的负像，并对这些负像进行聚类分析。图 5-2 显示了在活性口袋中相互叠合的多个负像，黑色小球代表受体原子。在 DOCK 程序中，表面点采用 Richards 提出的模型[35]。在这些表面点的基础上，采用 sphgen 程序生成了负像，它实际上由一些与分子表面点相切的圆球叠加而成。

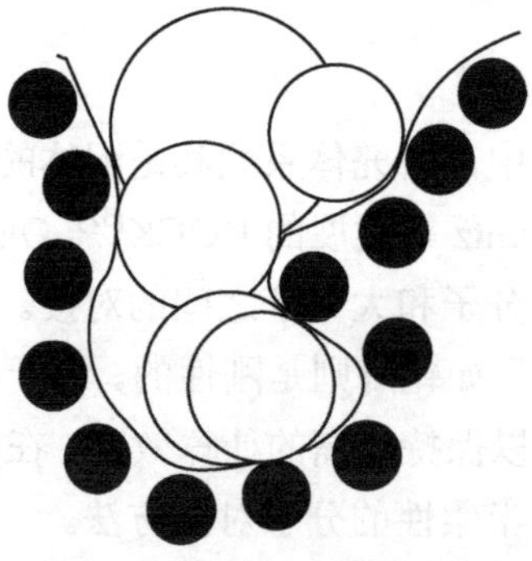

图 5-2　活性口袋中重叠的多个负像

在生成负像的基础上，就可以进行配体分子与活性口袋之间的匹配。在这里，配体也采用一组球集来表示，和负像不同的是，配体所用的球集表示配体所占的空间区域。如果一个配体分子能和活性口袋形成比较好的匹配，那么配体的球集一定能和活性口袋中的负像形成好的叠和。配体分子和负像之间的匹配原则是基于配体和受体分子之间球集内坐标的比较。按照匹配原则得到了配体和受体分子之间的匹配情况后，就要通过合理的打分函数来选择最优的结果。DOCK 提供了多种打分函数来评价配体和受体分子之间的结合情况，包括原子接触打分及能量打分。

DOCK 提供了简单的评价表面匹配的打分函数。这个打分函数为配体和受体分子之间的接触重原子数的简单加和。DOCK 把配体和受体分子之间的非键相互作用能作为能量匹配的打分，能量可以用下式计算得到：

$$E=\sum_{i=1}^{\text{lig}}\sum_{j=1}^{\text{rec}}\left(\frac{A_{ij}}{r_{ij}^{a}}-\frac{B_{ij}}{r_{ij}^{b}}\right)+332\frac{q_i q_j}{Dr_{ij}} \tag{5.2}$$

其中，E 表示配体和受体分子之间的相互作用能；r_{ij} 为原子 i 和 j 之间的距离；A_{ij} 和 B_{ij} 为范德华排斥项和吸引项力参数；a 和 b 表示范德华排斥和吸引方次；q_i 和 q_j 为原子 i 和 j 上的部分电荷；D 为介电函数。为了考察溶剂效应对分子对接的影响，Kuntz 等在式（5.2）中引入基于普适玻恩模型的去溶剂化能量项[36]。计算分析表明引入溶剂效应可以改善对接结果。

用 DOCK 进行分子对接时，配体分子可以是柔性的。对于柔性的分子，其键长和键角保持不变，但二面角是可以发生变化的。在 DOCK 中，柔性分子的构象变化通过下面的操作实现：首先是刚性片段的确定，然后是构象搜索。构象搜索采用两种方法：一种是优先搜索（anchor-first search），第二种方法是同时搜索（simultaneous search）。

2. Autodock

Olson 等充分考虑了配体的柔性，设计了将柔性配体对接到受体分子上的 Autodock 程序[34, 37]。该程序可用于预测小分子配体与生物大分子的相互作用，最新的版本为 Autodock4.2[38]。Autodock 采用模拟退火和遗传算法来寻找受体和配体分子最佳的结合位置，用半经验的自由能计算方法来评价受体和配体分子之间的匹配情况。

在 Autodock 中，配体和受体分子之间的结合能力采用能量匹配来评价。在 1.0 版本和 2.0 版本中，能量匹配打分采用简单的基于 AMBER 力场和非键相互作用能。非键相互作用来自于三部分的贡献：范德华相互作用、氢键相互作用，以及静电相互作用。范德华相互作用采用 Lennard-Jones 函数形式：

$$E_{\mathrm{vdw}} = \sum_{i<j,R_{ij}<R_{\mathrm{cut}}} \left(\frac{A_{ij}}{r_{ij}^{12}} - \frac{B_{ij}}{r_{ij}^{6}}\right) \tag{5.3}$$

其中，R_{cut}为截断半径。氢键相互作用采用传统的 12-10 势函数形式：

$$E_{\mathrm{H\text{-}bond}} = \sum_{i<j,R_{ij}<R_{\mathrm{cut}}} \left(\frac{C_{ij}}{r_{ij}^{12}} - \frac{D_{ij}}{r_{ij}^{10}}\right) \tag{5.4}$$

静电相互作用库仑势：

$$E_{\mathrm{elec}} = \sum_{i<j,R_{ij}<R_{\mathrm{cut}}} \left(\frac{q_i q_j}{\varepsilon(r_{ij})r_{ij}}\right) \tag{5.5}$$

其中，介电函数$\varepsilon(r_{ij})$可以设为常数或者是与距离有关的函数，如采用 S 函数的形式：

$$\varepsilon(r) = A + \frac{B}{k\mathrm{e}^{-\lambda Br}} \tag{5.6}$$

其中，$B = \varepsilon_0 - A$，ε_0为 78.4（水在 25° 时的介电常数）；$A = -8.5525$；$K = 7.7839$；$\lambda = 0.003\,627\ \text{Å}^{-1}$。

Autodock3.0 提供了半经验的自由能计算方法来评价配体和受体分子之间的能量匹配，计算采用下面的函数形式，结合自由能来自于 5 个部分的贡献：

$$\Delta G = \alpha\sum_{i,j}\left(\frac{A_{ij}}{r_{ij}^{12}} - \frac{B_{ij}}{r_{ij}^{6}}\right) + \beta\sum_{i,j}E(t)\left(\frac{C_{ij}}{r_{ij}^{12}} - \frac{D_{ij}}{r_{ij}^{10}}\right) + \gamma\sum_{i,j}\frac{q_{ij}}{\varepsilon(r)r_{ij}} + \eta N_{\mathrm{tor}} + \xi\sum_{i,j}(S_iV_j + S_jV_i)\mathrm{e}^{(-r_{ij}^2/2\delta^2)} \tag{5.7}$$

其中，α、β、γ、η 和 ξ 都是半经验参数，通过拟合得到；N_{tor} 是指配体分子在对接后被约束的可旋转键的数目。式（5.7）中的静电相互作用、范德华相互作用和氢键相互作用的计算方法与 Autodock 1.0 及 2.0 版本相同，只是每个计算出来的能量值需要乘上相应的权重系数。

在最早的Autodock版本[39]中，作者采用了模拟退火来优化配体和受体之间的结合。在 3.0 版本中，Morris 等发展了一种改良的遗传算法，即拉马克遗传算法（LGA）。测试结果表明，LGA 比传统的遗传算法和模拟退火具有更高的效率。在 LGA 方法中，作者把遗传算法和局部搜索结合在一起，遗传算法用于全局搜索，而局部搜索用能量优化。在 Autodock 中，局部搜索方法是自适应的，它可以根据当前的能量调节步长大小。这样改进后的 Autodock 3.0 包含了两大优点：大的搜索空间和强有力的能量评估。Autodock 3.0 是解决柔性配体与刚性蛋白质对接的比较好的方法。

3. FTDock

FTDock[21] 的思想最早是由 Katchalski-Katzir[20] 在 1992 年提出的。该方法首次将快

速傅里叶变换应用于分子对接算法中，大大地加快了配体和受体分子表面与静电互补性的计算，使分子对接的全空间搜索成为可能。

FTDock 程序分三步进行。首先将受体和配体分子投影到三维空间网格中，盒子的边长要达到配体和受体分子最大长度之和；然后对受体和配体分子的几何及静电信息进行离散化，表示成格点位置的函数；最后利用快速傅里叶变换加速平动和转动空间的全局搜索。考虑到分子转动后需要重新进行离散化，所以为了减少程序运行的时间，在分子对接中，固定较大的分子（通常是受体）不动，而使较小的分子（配体）转动和平动。

最初的 FTDock 方法仅使用几何互补性打分（图 5-3）。受体和配体分子的几何性描述可由其原子坐标获得。将它们投影到 $N\times N\times N$ 的三维空间网格中，受体和配体分子的几何离散函数可分别表示为

$$\overline{a}_{l,m,n}=\begin{cases}1 & \text{受体表面上的点}\\ \rho & \text{受体内部的点}\\ 0 & \text{受体外部的点}\end{cases} \tag{5.8}$$

和

$$\overline{b}_{l,m,n}=\begin{cases}1 & \text{配体表面上的点}\\ \delta & \text{配体内部的点}\\ 0 & \text{配体外部的点}\end{cases} \tag{5.9}$$

其中，分子表面为介于分子内部和外部具有一定厚度的边界层；l, m, n 为从 1 到 N 的整数；参数 ρ 和 δ 用于描述受体和配体分子内部的点，其缺省值分别为-10 和 1，并将所有外部的点设为 0。

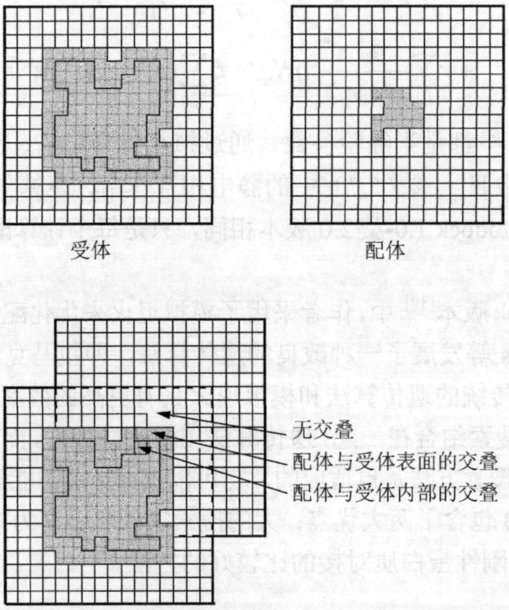

图 5-3　FTDock 中受体与配体分子的几何互补性评价[21]

FTDock 用离散函数$\overline{a}$和$\overline{b}$的相关函数来评价分子表面的几何互补性，$\overline{a}$与$\overline{b}$的相关性定义为

$$\overline{c}_{\alpha,\beta,\gamma}=\sum_{l=1}^{N}\sum_{m=1}^{N}\sum_{n=1}^{N}\overline{a}_{l,m,n}\cdot\overline{b}_{l+\alpha,m+\beta,n+\gamma} \tag{5.10}$$

其中，α、β和γ分别为配体分子相对于受体分子在平动的三维空间中移动的格点数。不难理解，如果对于位移矢量$\{\alpha, \beta, \gamma\}$，受体和配体分子间没有发生接触，那么相关函数为 0；若有一个表面接触，那么它对相关性的贡献为正值；若两分子内部交叠较多，$\overline{a}$与$\overline{b}$的相关性为负值，相当于对这种结合模式进行罚分。

直接计算式（5.10）是相当耗时的，快速傅里叶变换的引入很好地解决了这一问题。对式（5.10）两边进行离散函数的傅里叶变换（discrete Fourier transform，DFT），并利用卷积定理可以得到：

$$C_{o,p,q}=A_{o,p,q}^{*}\cdot B_{o,p,q} \tag{5.11}$$

其中，C和B分别是函数$\overline{c}$和$\overline{b}$的傅里叶变换；A^{*}是函数$\overline{a}$的傅里叶变换的复共轭。对函数C进行逆变换就可以得到$\overline{c}$，即受体与配体分子几何互补性打分，函数C的逆变换可表示为

$$\overline{c}_{\alpha,\beta,\gamma}=\frac{1}{N^3}\sum_{o=1}^{N}\sum_{p=1}^{N}\sum_{q=1}^{N}\exp[2\pi i(o\alpha+p\beta+q\gamma)/N]\cdot C_{o,p,q} \tag{5.12}$$

其中，所有的傅里叶变换都可以用快速傅里叶变换算法来实现。

下面，我们就快速傅里叶变换加速对接空间采样作一点说明。与式（5.10）算法的复杂性N^6相比，采用快速傅里叶变换后，算法的复杂性减小为$N^3\ln(N^3)$。这对于一个对接结构的几何互补性打分似乎在计算时间上并没有减少很多，但是考虑旋转自由度后，运算时间的减少是相当可观的。假设旋转自由度的采样间隔是 15°，那么就会产生$360\times360\times360/15^3$个方位，其中有 6389 个是不相同的[40]，可以想象 6389 个N^6的运算和 6389 个$N^3\ln(N^3)$的运算所耗机时的差距是非常大的。而且随着分子中原子数目的增加，N的取值会越来越大，这个差距也会更加变大。

以上只是对 FTDock1.0 版本的说明，1997 年 Sternberg 研究小组对 FTDock1.0 进行了改进，发展了 FTDock2.0 版本[21]。改进后的方法考虑了受体和配体分子表面几何互补性和静电互补性的打分，将受体与配体分子间静电相互作用能表示为受体分子在周围格点产生的静电势与配体原子所带电荷的相关性。静电互补性的引入在一定程度上提高了 FTDock 对复合物结合模式成功预测的能力。

总之，FTDock 方法的特点是不需要任何结合位点的信息，可以进行全空间的搜索，计算速度快，而且对分子大小的依赖性弱。

4. 3D-Dock

3D-Dock[41] 是 Sternberg 研究小组在 FTDock 基础上发展起来的蛋白质-蛋白质对接方法。该方法以 FTDock 作为第一步来获得复合物的结合模式，之后与结构优化程序和

更加精细的打分函数相结合，并利用结合位点信息过滤来完成复合物结构的预测。整个对接过程分 4 步进行：

（1）利用 FTDock2.0 程序对结合模式进行全空间搜索；

（2）对候选构象用经验的残基成对势打分排序，此过程由程序 Rpscore 完成；

（3）用结合位点的信息对筛选排在前面的构象进行筛选，由程序 Filter 完成；

（4）用程序 Multidock[42] 对结构进行能量优化，排除两分子界面上侧链的交叠。

中间两步是可以互相交换的，而且根据实际情况的需要，第三步结构筛选可以进行多次。

Rpscore 打分程序中利用了基于知识的残基-残基成对势。Filter 是一个简单的筛选程序，可以根据复合物界面信息保留具有一定特征的结构。这一信息可以使受体和配体分子的某两条链或两个残基或一条链与一个残基限制在一定的距离范围内。Mutidock[42] 程序利用氨基酸残基旋转异构体库对筛选得到的结构进行界面优化，优化中考虑了静电和范德华相互作用。

总之，3D-Dock 方法有两大特点：一是程序运行较灵活，可以根据具体情况调整各步骤运行的先后；二是复合物界面信息可以作为构象筛选条件快速地将不合理的结构排除。

5. ZDOCK

ZDOCK[23, 43]是 Weng 研究小组开发的蛋白质-蛋白质对接程序，是目前预测成功率较高的方法之一。该程序主要用于对接的初始阶段，目的是在不知道任何结合位点信息并且没有任何人为干预的情况下，在打分排在前面的近 2000 个结构中获得尽可能多的近天然构象。至于后续的结构优化和精细的能量打分，则由其他程序处理完成。

ZDOCK 也是在快速傅里叶变换基础上建立起来的，可以进行全局搜索。对接中，不仅考虑了受体和配体分子表面的几何互补性，而且还考虑了去水化自由能和静电相互作用能的贡献。ZDOCK 属于软对接算法，在较大程度上考虑了受体和配体分子结合过程中发生的构象变化。

ZDOCK 中几何互补性和静电相互作用能的打分与 FTDock 类似，这里不作过多说明，只对去水化自由能的计算作适当的描述。ZDOCK 中对去水化自由能的计算是基于原子接触能模型（atomic contact energy model，ACEM）[25]。传统的原子接触能模型将蛋白质原子分为 18 种类型，复合物的去水化自由能为受体和配体分子中相距 6 Å 以内的所有原子对的原子接触能之和。在 ZDOCK 中，为了加速计算，对原子接触能模型进行了修正。修改后的模型仍然将原子分为 18 种类型，只是一种原子与所有其他原子都具有相同的接触能，而不再像传统的原子接触能模型中有 18 种数值。去水化自由能打分中，在三维 $N\times N\times N$ 的网格空间，用复数形式的离散函数 R_{DS} 和 L_{DS} 来描述受体和配体分子的去水化特性。在具体计算中，首先将 R_{DS} 全部初始化为 0；然后设置每一个格点的 R_{DS} 的实部为距离该格点 6 Å 以内的所有原子接触能之和；最后给距离每一个原子最近的格点设置虚部为 1。L_{DS} 的初始化完全与 R_{DS} 相同。复合物的去水化自由能可以

用离散函数 R_{DS} 和 L_{DS} 的相关性表示：

$$S_{DS}(o,p,q)=\frac{1}{2}\times \mathrm{Im}\left[\sum_{l=1}^{N}\sum_{m=1}^{N}\sum_{n=1}^{N}R_{DS}(l,m,n)\cdot L_{DS}(i+o,m+p,n+q)\right] \tag{5.13}$$

利用离散傅里叶变换（DFT）和逆变换（IFT）对式（5.13）进行计算：

$$S_{DS}=\frac{1}{2}\mathrm{Im}\left[\frac{1}{N^3}\mathrm{IFT}(\mathrm{IFT}(R_{DS})\cdot \mathrm{DFT}(L_{DS}))\right] \tag{5.14}$$

将以上对接结构的去水化自由能打分和分子表面几何匹配打分 S_{SC}、静电相互作用能打分 S_{ELEC} 相加，并加上适当的权重，就是 ZDOCK 中使用的最终评价对接结构的打分函数：

$$S=\alpha S_{SC}+S_{DS}+\beta S_{ELEC} \tag{5.15}$$

其中，α 和 β 为权重。

概括起来，ZDOCK 对接方法的特点是：① 由于采用了快速傅里叶变换，使得该方法能够进行全空间搜索，这在一定程度上解决了不知道任何结合位点信息的结构预测问题；② 在一定程度上考虑了受体与配体分子结合过程中构象的变化，可用于真实情况的对接模拟问题；③ 全面地考虑了蛋白质分子结合过程中起主导作用的三个因素，即几何互补、疏水性互补和静电互补，具有较高的成功预测率。另外，作为蛋白质分子对接算法初始阶段的处理，ZDOCK 可以灵活地与其他后续结构优化和打分程序结合，使得该方法具有更大的潜力和发展空间。

分子对接的方法很多，表 5-1 总结了目前应用较为广泛的一些蛋白质与其配体的分子对接软件，并对其基本情况进行了简单的介绍。

表 5-1　常用的蛋白质与其配体对接程序

软件名称	适用范围	算法及特点	研发单位（人）
FTDock[20]	蛋白质-蛋白质	FFT 算法，几何匹配	Weizmann Ins. Sci. (Katchalski-Katzir)
3D-Dock[45]	蛋白质-蛋白质	FFT 算法，残基成对偏好性打分	BioMol. Mod. Can. Res. UK (Sternberg)
ZDock[46]	蛋白质-蛋白质	FFT 算法，并用 RDOCK 过滤及排序	Boston Univ. (Weng)
PPD[47]	蛋白质-蛋白质	基于几何匹配对接，采用多重打分组合	Columbia Univ. (Honig)
DARWIN[17]	蛋白质-蛋白质	GA 算法搜索	Pennsylvania Univ. (Taylor)
BiGGER[16]	蛋白质-蛋白质	用于 Unbound 对接，全局搜索，多重过滤	BioTecnol, S.A. (Palma/Moura)
Rosetta-Dock[48, 49]	蛋白质-蛋白质	MC 搜索，基于经验能量函数的打分函数	Washington Univ. (Baker)
ICM-DOCK[50]	蛋白质-蛋白质/小分子	MC 搜索，格点法计算能量，对话式图表工具操作	MolSoft LLC (Abagyan)
HADDOCK[51]	蛋白质-蛋白质/DNA	基于实验数据（比如 NMR 的化学位移、点突变等）对接程序	Utrecht Univ. (Bonvin)

续表

软件名称	适用范围	算法及特点	研发单位（人）
DOT[24]	蛋白质-蛋白质/DNA	FFT 搜索，打分函数只有范德华和静电项	S. Diego Super-comput. Cen. (Mandell)
GRAMM[22]	蛋白质-蛋白质/小分子	FFT 搜索，也可采用 6 维穷举算法，全局分子匹配预测复合物结构	SUNY/MUSC (Vakser)
DOCK[52]	蛋白质-蛋白质/小分子/DNA	第一个用于药物虚拟筛选的柔性对接，片段生长法，分步几何匹配策略。AMBER 力场经验势能函数打分	UCSF Mol. Des. Ins. (Kuntz)
Affinity[53]	蛋白质-小分子	最早实现商业化的分子对接程序，用 MC 和模拟退火确定可能结合位点，用 MD 优化结合模式	Accelrys Inc. (Luty)
AutoDock[54]	蛋白质-小分子	最流行的柔性蛋白-小分子对接程序，刚性蛋白，柔性配体，LGA 搜索	Scripps Res. Ins. (Olson)
LigandFit[55]	蛋白质-小分子	几何互补和 MC 搜索初始位置	Floridaatlantic Univ. (Venkatachalam)
FlexX[56]	蛋白质-小分子	商业化的能快速进行刚性蛋白-柔性配体复合物预测及用于虚拟筛选中等规模的数据库，Böhm 函数打分	BioSolveIT GmbH (Matthias Rarey)
GLIDE[57, 58]	蛋白质-小分子/DNA	高通量数据库筛选的快速精确的分子对接程序，MC 搜索算法，分级筛选搜索可能结合位点	Schrödinger GmbH (Friesner)
GOLD[59]	蛋白质-小分子	GA 搜索，配体柔性，部分考虑蛋白柔性，自动对接程序可用于虚拟数据库筛选	CCDC (Jones)
eHiTS[60]	蛋白质-小分子	高通量数据库筛选的柔性分子对接，配体分成刚性片段和柔性连接链的分而治之策略，神经网络算法筛选	SimBioSys Inc. (Zsoldos)
HoDock[61, 62]	蛋白质-蛋白质	结合位点预测，粗略和精细两步复合物构象采集，打分和成簇结合挑选最终结果	Beijing University of Technology (Wang)

5.3.3　国际 CAPRI 蛋白质复合物结构预测简介

自从 20 世纪末蛋白质复合物结构理论预测方法出现后，随着计算机处理能力的不断增强和人们对蛋白质分子间相互作用了解的逐步深入，复合物结构预测研究得到了越来越多的重视。为了推动分子对接技术的发展，2001 年欧洲生物信息学研究所开始举办蛋白质复合物结构预测实验（critical assessment of predicted interaction，CAPRI）[63]。截止到目前，共进行了 32 轮实验。在该实验中，组委会首先选取尚未发表实验结构数据的蛋白质复合物作为预测内容，要求国际上参加实验的小组在规定时间内，从蛋白质单体结构出发，用理论方法对蛋白质复合物结构进行预测，并通过网络提交 10 个预测结果。之后，CAPRI 评估小组会将这些结构与实验结构进行对比，来评估理论预测方法的准确性，并在网上公布。大约每隔 2～3 年，召开一次 CAPRI 评估与研讨会。目前已成功举办了 5 届，它们分别是于 2002 年、2004 年、2007 年、2009 年和 2013 年在法国、意大利、加拿大、西班牙和荷兰举办的。

这里再用一些篇幅介绍一下 CAPRI 评估小组对预测结果的评价标准。根据预测结构与实验结构的相似性程度，即配体均方根偏差［L_RMSD，预测结构与实验结构中的受体叠落后，配体间主链原子（N，C，CA，O）位置的均方根偏差]，评估小组将预测结构分为高精度、中等精度、可接受和错误结果 4 种类型。高精度预测结果的要求是 L_RMSD ≤0.1 nm，中等精度预测结果是 0.1 nm < L_RMSD≤0.5 nm，可接受预测结果为 0.5 nm < L_RMSD≤1.0 nm[64]，L_RMSD > 1.0 nm 的结构为错误结构。通常，考虑不低于中等预测结果的构象为有效结构[26, 49]。

在 CAPRI 实验初期，题目基本涉及 Bound 对接（已知来自实验复合物结构中拆分出的受体和配体结构，即 bound 结构，来预测复合物结构）和 Semi-bound 对接（受体或配体之一为 bound 结构，另一个来自单独结晶的结构，即 unbound 结构），且所选预测目标的 unbound 单体在结合前后构象变化相对较小。针对这样的题目，通常采用刚性对接（rigid dock），将分子视为刚体，不考虑其柔性或软对接（soft dock），通过软化分子表面允许其间可以部分交叠来间接地考虑分子柔性方法，用几何互补原则对对接结构进行打分排序，就可以从大量对接样本中筛选出正确结构。但这样的方法并不能够很好地适用于那些结合前后分子构象变化大的复合物结构预测。因此，考虑分子柔性和优化打分函数成为此后分子对接算法的主要研究方向。在之后的 CAPRI 实验中，出现了较多已知受体或配体的序列而非结构的预测题目，这又增加了一步对蛋白质单体结构的预测，无疑对复合物结构预测提出了新的挑战。当然，在这一阶段的 CAPRI 实验，目标分子结合前后的构象变化程度也高于上一阶段[65]，势必要求在对接过程中加入分子柔性的信息。在这一时期，针对分子柔性的考虑，研究人员提出了从侧链和主链两个层次出发解决问题的方法：针对侧链柔性发展了侧链转子库[66]、多拷贝优化[42]等技术；针对主链柔性，发展了多构象叠落[67, 68]、运动域分块[69]等方法。

另外，从 CAPRI 第 8 轮实验起设立了与结构预测平行的打分预测。打分函数是分子对接算法中不可或缺的一个重要组成部分，肩负着从众多对接采样中根据物理化学原理筛选出最佳结合模式的重大使命。每个预测小组在结构预测中除了提交 10 个结构外，自愿提交上百个结构，以此作为下一步打分预测的题目。这充分显示了发展准确快速打分方案的迫切性和重要的学术意义。尽管目前已经发展出多种类型的打分函数，但从历次 CAPRI 打分实验看，参与者提交的结构排序尚在一定程度上缺乏可靠性。因此，进一步改进打分函数仍将是今后 CAPRI 的一个重要目标。

纵观 CAPRI 的历史，新的对接方法不断涌现，并在一些研究体系上取得了成功。我们小组自 2002 年以来，共参加了 22 轮实验，期间在蛋白质结合位点预测、分子柔性考虑、过滤方案及打分函数的设计方面做了较深入的研究工作，提出了 Softdock、BESDock 和 HoDock 等对接方法，在不同程度上提高了蛋白质复合物结构预测成功率[62, 68, 70, 71]，曾在数个体系的结构预测和打分预测中获得了较好的成绩。在第 2 轮 CAPRI 实验中，题目是“抗原-抗体复合物结构预测”，我们考虑到抗体上高度可变区常常与抗原结合这一信息，利用所发展的 Softdock 算法对 Target 06 进行了结构预测，所提交的 5 个结构中 2 个结构的 L_RMSD 都小于 0.4 nm；在第 9 轮 Target 25 的打分预测中，我们利用所发展的复合物类型依赖的组合打分函数获得了第一名的成绩，大赛组织者 Janin 教授特发 E-mail 表示祝贺："祝贺你们在 T25 打分预测中取得的成功，你们从大量的结构中挑出了正确的模型，并且这个模型是最好的结构"。在第 17 轮 Target 39 的结构预测中，国际上近 50 个参赛小组提交的 366 个结构中只有 3 个正确结构，其中之一就是我们利用 HoDock 预测获得的高精度预测结果。还有一些预测成功的例子就不一一介绍了，所提出的方法会在该部分的后续章节中详细讲述。

5.4　难点和亟待解决的问题

目前，蛋白质-蛋白质对接方法中主要存在两大难点和问题。第一个是分子模型过于简单。常用的分子模型，如残基球模型、立方格子模型和表面点模型等，对分子柔性的考虑还不够充分。其次，势函数过于简单。大多数蛋白质-蛋白质对接算法中采用的打分函数是基于经验的势函数，把一个多粒子体系量子力学水平上的相互作用，以原子对之间相互作用的和来表示，显然是过于粗略了。用半经验力场虽然可以处理包含几千到一万个原子的体系，但结果仍然有一定的近似性。另外，对多自由度的复合物体系，如何找到结合自由能能量曲面上的全局极小，迄今为止仍没有找到有效的办法来解决。

长期以来，科学家们正在努力解决这些问题。对物理模型的改进主要制约因素是计算能力，严格地说，20 世纪初发展起来的量子力学理论对描述多粒子体系是严格的，其后发展的 Hartree-Fock-Roothaan 方法、密度泛函方法等，在处理分子体系时虽有一些近似，但物理模型是合理的，只是由于生物分子粒子数过多、计算能力不允许才不得不使用分子的简单模型和半经验势函数。当前速度达每秒几千亿次（约 10^{11} Flops/s）浮点运算的计算机已商品化，千万亿次（约 10^{15} Flops/s）的计算机也已研制成功。随着计算机能力的快速提高，使用复杂力场的可能性越来越大，物理模型会越来越真实。

第二个是关于极值搜寻问题。目前对它的讨论与改进是很多的。要根本解决这一问题，了解真实发生在生物体中的事件是重要的。蛋白质尽管自由度极大，但在生物体中最终都形成了确定的天然态，可以说多极值问题在活体中是解决了的。所以要确定蛋白质复合物的构象，应该把由实验获取的生物学信息加到理论模拟中去，这也许是解决这一问题的好办法。现在蛋白质分子设计中非常有效的同源模建方法，就是依赖于结构生物学提供的信息实现的。也正是这一点令很多科学家感到鼓舞并充满希望。

以上所讲的势函数的精确性和自由能极小化两大难题是分子模拟所涉及的根本的瓶颈问题，不但是分子对接，所有的分子模拟方法，如 MD 模拟、蒙特卡洛模拟、自由能计算等，都势必遇到这些问题。就分子对接方法而言，目前仍然存在以下难点：① 如何找到正确的结合位点；② 如何建立好的打分函数；③ 如何处理分子柔性；④ 如何考虑溶剂化效应；⑤ 如何从对接结构中挑选近天然复合物结构。下面有两章分别专门介绍结合位点和打分函数的问题。关于分子柔性的问题，本章也涉及一些处理分子柔性的方法，但如何进一步考虑分子柔性，仍然还有许多亟待解决的问题。溶剂化效应的问题涉及分子模型和势函数，也涉及算法。在本书其他章节，如粗粒化模型、静电计算模型等也涉及并讨论了这方面的内容。关于如何挑选近天然复合物结构，除了需要考虑有关的实验信息外，还要建立正确的计算和统计算法。我们课题组通过参加 CAPRI 比赛和评估会，在以上有关问题的解决过程中也积累的一些思路和方法[62, 68, 70, 71]，具体详见发表在 *Proteins* 期刊上的 CAPRI 比赛和评估会的专辑文献。

参考文献

[1] Janin J. The targets of CAPRI rounds 20-27. Proteins-Structure Function and Bioinformatics, 2013, 81(12): 2075-2081

[2] Huang S Y. Search strategies and evaluation in protein-protein docking: principles, advances and challenges. Drug Discovery Today, 2014, 19(8): 1081-1096

[3] Vakser I A. Protein-protein docking: from interaction to interactome. Biophysical Journal, 2014, 107(8): 1785-1793

[4] Taft C A, Da S V, Da S C. Current topics in computer-aided drug design. J Pharm Sci, 2008, 97(3): 1089-1098

[5] Correia B E, Bates J T, Loomis R J, Baneyx G, Carrico C, Jardine J G, Rupert P, Correnti C, Kalyuzhniy O, Vittal V, Connell M J, Stevens E, Schroeter A, Chen M, Macpherson S, Serra A M, Adachi Y, Holmes M A, Li Y, Klevit R E, Graham B S, Wyatt R T, Baker D, Strong R K, Crowe J J, Johnson P R , Schief W R. Proof of principle for epitope-focused vaccine design. Nature, 2014, 507(7491): 201-206

[6] Whitehead T A, Baker D, Fleishman S J. Computational design of novel protein binders and experimental affinity maturation. Methods Enzymol, 2013, 523: 1-19

[7] Azoitei M L, Correia B E, Ban Y E, Carrico C, Kalyuzhniy O, Chen L, Schroeter A, Huang P S, McLellan J S, Kwong P D, Baker D, Strong R K, Schief W R. Computation-guided backbone grafting of a discontinuous motif onto a protein scaffold. Science, 2011, 334(6054): 373-376

[8] Vajda S, Weng Z, Rosenfeld R, DeLisi C. Effect of conformational flexibility and solvation on receptor-ligand binding free energies. Biochemistry, 1994, 33(47): 13977-13988

[9] Gulukota K, Vajda S, Delisi C. Peptide docking using dynamic programming. Journal of Computational Chemistry, 1996, 17(4): 418-428

[10] Camacho C J, Kimura S R, DeLisi C, Vajda S. Kinetics of desolvation-mediated protein-protein binding. Biophysical Journal, 2000, 78(3): 1094-1105

[11] Kimura S R, Brower R C, Vajda S, Camacho C J. Dynamical view of the positions of key side chains in protein-protein recognition. Biophysical Journal, 2001, 80(2): 635-642

[12] Trosset J, Scheraga H A. Prodock: Software package for protein modeling and docking. Journal of Computational Chemistry, 1999, 20(4): 412-427

[13] Totrov M, Abagyan R. Flexible protein-ligand docking by global energy optimization in internal coordinates. Proteins-Structure Function and Bioinformatics, 1997, Suppl 1: 215-220

[14] Norel R, Sheinerman F, Petrey D, Honig B. Electrostatic contributions to protein-protein interactions: fast energetic filters for docking and their physical basis. Protein Science, 2001, 10(11): 2147-2161

[15] Ritchie D W, Kemp G J. Protein docking using spherical polar Fourier correlations. Proteins-Structure Function and Bioinformatics, 2000, 39(2): 178-194

[16] Palma P N, Krippahl L, Wampler J E, Moura J J. BiGGER: a new (soft) docking algorithm for predicting protein interactions. Proteins-Structure Function and Bioinformatics, 2000, 39(4): 372-384

[17] Taylor J S, Burnett R M. DARWIN: a program for docking flexible molecules. Proteins-Structure Function and Bioinformatics, 2000, 41(2): 173-191

[18] Gardiner E J, Willett P, Artymiuk P J. Protein docking using a genetic algorithm. Proteins-Structure Function and

Bioinformatics, 2001, 44(1): 44-56

[19] Hou T, Wang J, Chen L, Xu X. Automated docking of peptides and proteins by using a genetic algorithm combined with a tabu search. Protein Eng, 1999, 12(8): 639-648

[20] Katchalski-Katzir E, Shariv I, Eisenstein M, Friesem A A, Aflalo C, Vakser I A. Molecular surface recognition: determination of geometric fit between proteins and their ligands by correlation techniques. Proc Natl Acad Sci USA, 1992, 89(6): 2195-2199

[21] Gabb H A, Jackson R M, Sternberg M J. Modelling protein docking using shape complementarity, electrostatics and biochemical information. Journal of Molecular Biology, 1997, 272(1): 106-120

[22] Vakser I A. Evaluation of GRAMM low-resolution docking methodology on the hemagglutinin-antibody complex. Proteins-Structure Function and Bioinformatics, 1997, Suppl 1: 226-230

[23] Chen R, Weng Z. Docking unbound proteins using shape complementarity, desolvation, and electrostatics. Proteins-Structure Function and Bioinformatics, 2002, 47(3): 281-294

[24] Mandell J G, Roberts V A, Pique M E, Kotlovyi V, Mitchell J C, Nelson E, Tsigelny I, Ten E L. Protein docking using continuum electrostatics and geometric fit. Protein Eng, 2001, 14(2): 105-113

[25] Zhang C, Chen J, DeLisi C. Protein-protein recognition: exploring the energy funnels near the binding sites. Proteins-Structure Function and Bioinformatics, 1999, 34(2): 255-267

[26] Camacho C J, Gatchell D W, Kimura S R, Vajda S. Scoring docked conformations generated by rigid-body protein-protein docking. Proteins-Structure Function and Bioinformatics, 2000, 40(3): 525-537

[27] Althaus E, Kohlbacher O, Lenhof H P, Muller P.A combinatorial approach to protein docking with flexible side chains. Journal of Computational Biology, 2002, 9(4): 597-612

[28] Claussen H, Buning C, Rarey M, Lengauer T. FlexE: efficient molecular docking considering protein structure variations. Journal of Molecular Biology, 2001, 308(2): 377-395

[29] Ewing T J, Makino S, Skillman A G, Kuntz I D. DOCK 4.0: search strategies for automated molecular docking of flexible molecule databases. J Comput Aided Mol Des, 2001, 15(5): 411-428

[30] Camacho C J, Vajda S. Protein docking along smooth association pathways. Proc Natl Acad Sci USA, 2001, 98(19): 10636-10641

[31] Wodak S J, Janin J. Computer analysis of protein-protein interaction. Journal of Molecular Biology, 1978, 124(2): 323-342

[32] Kuntz I D, Blaney J M, Oatley S J, Langridge R, Ferrin T E. A geometric approach to macromolecule-ligand interactions. Journal of Molecular Biology, 1982, 161(2): 269-288

[33] Morris G M, Goodsell D S, Halliday R S, Huey R, Hart W E, Belew R K, Olson A J. Automated docking using a Lamarckian genetic algorithm and an empirical binding free energy function. Journal of Computational Chemistry, 1998, 19(14): 1639-1662

[34] Goodsell D S, Olson A J. Automated docking of substrates to proteins by simulated annealing. Proteins-Structure Function and Bioinformatics, 1990, 8(3): 195-202

[35] Connolly M L. Solvent-accessible surfaces of proteins and nucleic acids. Science, 1983, 221(4612): 709-713

[36] Shoichet B K, Leach A R, Kuntz I D. Ligand solvation in molecular docking. Proteins-Structure Function and Bioinformatics, 1999, 34(1): 4-16

[37] Goodsell D S, Morris G M, Olson A J. Automated docking of flexible ligands: applications of AutoDock. Journal of Molecular Recognition, 1996, 9(1): 1-5

[38] Morris G M, Huey R, Lindstrom W, Sanner M F, Belew R K, Goodsell D S, Olson A J. AutoDock4 and AutoDockTools4: Automated docking with selective receptor flexibility. Journal of Computational Chemistry, 2009, 30(16): 2785-2791

[39] Goodsell D S, Olson A J. Automated docking of substrates to proteins by simulated annealing. Proteins-Structure Function and Bioinformatics, 1990, 8(3): 195-202

[40] Lattman E E. Optimal sampling of the rotation function. Acta Crystallographica Section B, 1972, 28(4): 1065-1068

[41] Moont G, Gabb H A, Sternberg M J. Use of pair potentials across protein interfaces in screening predicted docked complexes. Proteins-Structure Function and Bioinformatics, 1999, 35(3): 364-373

[42] Jackson R M, Gabb H A, Sternberg M J. Rapid refinement of protein interfaces incorporating solvation: application to the docking problem. Journal of Molecular Biology, 1998, 276(1): 265-285

[43] Pierce B G, Wiehe K, Hwang H, Kim B H, Vreven T, Weng Z. ZDOCK server: interactive docking prediction of protein-protein complexes and symmetric multimers. Bioinformatics, 2014, 30(12): 1771-1773

[44] Pierce B G, Hourai Y, Weng Z. Accelerating protein docking in ZDOCK using an advanced 3D convolution library. PLoS One, 2011, 6(9): e24657

[45] Aloy P, Querol E,Aviles F X,Sternberg M J. Automated structure-based prediction of functional sites in proteins: applications to assessing the validity of inheriting protein function from homology in genome annotation and to protein docking. J Mol Biol, 2001, 311(2): 395-408

[46] Chen R, Li L, Weng Z. ZDOCK: an initial-stage protein-docking algorithm. Proteins-Structure Function and Bioinformatics, 2003, 52(1): 80-87

[47] Norel R, Sheinerman F, Petrey D, Honig B. Electrostatic contributions to protein-protein interactions: fast energetic filters for docking and their physical basis. Protein Science, 2001, 10(11): 2147-2161

[48] Wang C, Schueler-Furman O, Baker D. Improved side-chain modeling for protein-protein docking. Protein Science, 2005, 14(5): 1328-1339

[49] Gray J J, Moughon S, Wang C, Schueler-Furman O, Kuhlman B, Rohl C A, Baker D. Protein-protein docking with simultaneous optimization of rigid-body displacement and side-chain conformations. Journal of Molecular Biology, 2003, 331(1): 281-299

[50] Fernandez-Recio J, Totrov M, Abagyan R. Identification of protein-protein interaction sites from docking energy landscapes. Journal of Molecular Biology, 2004, 335(3): 843-865

[51] Dominguez C, Boelens R, Bonvin A M. HADDOCK: a protein-protein docking approach based on biochemical or biophysical information. Journal of the American Chemical Society, 2003, 125(7): 1731-1737

[52] Kuntz I D, Blaney J M, Oatley S J, Langridge R, Ferrin T E. A geometric approach to macromolecule-ligand interactions. Journal of Molecular Biology, 1982, 161(2): 269-288

[53] Luty B A, Wasserman Z R, Stouten P F W, Hodge C N, Zacharias M, McCammon J A. A molecular mechanics/grid method for evaluation of ligand–receptor interactions. Journal of Computational Chemistry, 1995, 16(4): 454-464

[54] Morris G M, Goodsell D S, Halliday R S, Huey R, Hart W E, Belew R K, Olson A J. Automated docking using a Lamarckian genetic algorithm and an empirical binding free energy function. Journal of Computational Chemistry, 1998, 19(14): 1639-1662

[55] Venkatachalam C M, Jiang X, Oldfield T, Waldman M. LigandFit: a novel method for the shape-directed rapid docking of ligands to protein active sites. Journal of Molecular Graphics & Modelling, 2003, 21(4): 289-307

[56] Rarey M, Kramer B, Lengauer T, Klebe G. A fast flexible docking method using an incremental construction algorithm. Journal of Molecular Biology, 1996, 261(3): 470-489

[57] Halgren T A, Murphy R B, Friesner R A, Beard H S, Frye L L, Pollard W T, Banks J L. Glide: a new approach for rapid, accurate docking and scoring. 2. Enrichment factors in database screening. Journal of Medicinal Chemistry, 2004, 47(7): 1750-1759

[58] Friesner R A, Banks J L, Murphy R B, Halgren T A, Klicic J J, Mainz D T, Repasky M P, Knoll E H, Shelley M, Perry J K, Shaw D E, Francis P, Shenkin P S. Glide: a new approach for rapid, accurate docking and scoring. 1. Method and assessment of docking accuracy. Journal of Medicinal Chemistry, 2004, 47(7): 1739-1749

[59] Jones G, Willett P, Glen R C, Leach A R, Taylor R. Development and validation of a genetic algorithm for flexible docking. Journal of Molecular Biology, 1997, 267(3): 727-748

[60] Zsoldos Z, Reid D, Simon A, Sadjad B S, Johnson A P. eHiTS: an innovative approach to the docking and scoring function problems. Curr Protein Pept Sci, 2006, 7(5): 421-435

[61] 龚新奇，刘斌，常珊，李春华，陈慰祖，王存新．蛋白质复合物结构预测的集成分子对接方法．中国科学（C辑：生命科学），2009，(10)：963-973

[62] Gong X, Wang P, Yang F, Chang S, Liu B, He H, Cao L, Xu X, Li C, Chen W, Wang C. Protein-protein docking with binding site patch prediction and network-based terms enhanced combinatorial scoring. Proteins-Structure Function and Bioinformatics, 2010, 78(15): 3150-3155

[63] Janin J, Henrick K, Moult J, Eyck L T, Sternberg M J, Vajda S, Vakser I, Wodak S J. CAPRI: a Critical Assessment of PRedicted Interactions. Proteins-Structure Function and Bioinformatics, 2003, 52(1): 2-9

[64] Mendez R, Leplae R, De Maria L, Wodak S J. Assessment of blind predictions of protein-protein interactions: current status of docking methods. Proteins-Structure Function and Bioinformatics, 2003, 52(1): 51-67

[65] Janin J. The targets of CAPRI rounds 3–5. Proteins: Structure, Function, and Bioinformatics, 2005, 60(2): 170-175

[66] Gray J J, Moughon S, Wang C, Schueler-Furman O, Kuhlman B, Rohl C A, Baker D. Protein–Protein docking with simultaneous optimization of rigid-body displacement and side-chain conformations. Journal of Molecular Biology, 2003, 331(1): 281-299

[67] Smith G R, Sternberg M J E, Bates P A. The relationship between the flexibility of proteins and their conformational states on forming protein–protein complexes with an application to protein–protein docking. Journal of Molecular Biology, 2005, 347(5): 1077-1101

[68] Ma X H, Li C H, Shen L Z, Gong X Q, Chen W Z, Wang C X. Biologically enhanced sampling geometric docking and backbone flexibility treatment with multiconformational superposition. Proteins: Structure, Function, and Bioinformatics, 2005, 60(2): 319-323

[69] Schneidman-Duhovny D, Inbar Y, Nussinov R, Wolfson H J. Geometry-based flexible and symmetric protein docking. Proteins: Structure, Function, and Bioinformatics, 2005, 60(2): 224-231

[70] Li C H, Ma X H, Chen W Z, Wang C X. A soft docking algorithm for predicting the structure of antibody-antigen complexes. Proteins-Structure Function and Bioinformatics, 2003, 52(1): 47-50

[71] Gong X Q, Chang S, Zhang Q H, Li C H, Shen L Z, Ma X H, Wang M H, Liu B, He H Q, Chen W Z, Wang C X. A filter enhanced sampling and combinatorial scoring study for protein docking in CAPRI. Proteins-Structure Function and Bioinformatics, 2007, 69(4): 859-865

（李春华）

第 6 章　蛋白质结合位点预测

6.1　引　　言

蛋白质分子通过其结构表面上特定的部位与其他分子相互结合来发挥生物功能。通过计算方法预测出结合位点，并研究它们在物理、化学、生物和几何等方面的特征，找出具体的氨基酸残基和原子，分析它们对蛋白质-蛋白质分子间相互作用与识别的贡献，可以加深对蛋白质结构与功能关系的认识，有助于促进基于蛋白质结构的计算机辅助药物设计和新型功能蛋白质设计[1~6]。

蛋白质结合位点残基能够进行理论预测的基本前提是，表面上结合位点残基与其他非结合位点残基之间存在性质上的差异。一般认为，结合位点残基与非结合位点残基在序列保守性、极性、二级结构、残基类型分布和形成氢键特征等几个方面具有不同性质。不少研究指出，结合位点上的残基比非结合位点残基具有更高的序列保守性[7~12]，大多数结合位点预测方法都考虑了序列保守性[7~14]，其中有些研究工作得到不错的预测结果[10,15]。有研究发现，在蛋白质处于自由态时，其结合位点残基的溶剂可接近表面积（solvent accessible surface area，SASA）要大于非结合位点残基的 SASA[16]。Neuvirth 等发现，结合位点上的残基更倾向于形成β折叠和无规卷曲结构，较少形成 α 螺旋结构[17]。他们还发现，结合位点存在出现非极性疏水残基的偏好性（preference）。Chen 等[16]也发现，结合位点上出现概率最大的 5 个残基（亮氨酸、异亮氨酸、苯丙氨酸、酪氨酸和缬氨酸）都是非极性疏水残基。Janin 等发现结合界面可以分为不接触水溶液的中心残基和部分接触水溶液的外围残基，这两个部分残基的分布特性不一样[17]。Fernandez 等发现氨基酸残基在蛋白质分子内部形成主链氢键的特性也影响它是否出现在相互作用界面上[18,19]。

在蛋白质-蛋白质复合物结构预测中，利用理论预测得到的结合位点残基的信息，可将结合方位偏差太大的对接结构过滤掉，减少构象搜索，有效提高复合物结构预测的效率。蛋白质结合位点预测的一般方法是，首先由实验解析的复合物结构，统计分析位于结合界面上残基的特性，包括物理化学特征、结构特征、溶剂化特征等多方面的性质。然后，利用这些统计性质来建立理论方法，用来预测其他单体蛋白质可能的结合位点残基。虽然近年来这方面的研究有不少进展，但准确预测蛋白质结合位点仍然是分子生物学中的一个难题。同一个蛋白质分子在不同情况下可能以不同的结合位点与多个蛋白质分子相互作用。那么如何判断在受体上的多个结合位点中，哪个结合位点会与配体上的多个结合位点中的某个残基相互作用，这是复合物结构预测中尚未很好解决的问题。

蛋白质结合位点预测是蛋白质-蛋白质复合物结构预测中的关键问题之一[2,20,21]。国际上有很多实验室在开发新的计算方法。表 6-1 列出了在蛋白质-蛋白质复合物结构预测中经常使用的结合位点预测服务器。

表 6-1　常用的蛋白质结合位点预测服务器

名　称	方　法	网　址
ProMate[17]	贝叶斯方法，采用了二级结构、原子分布、残基成对倾向、序列保守性等特征	http://bioportal.weizmann.ac.il/promate/
PPI_Pred[22]	支持向量机方法，采用了表面形状、静电势等作为输入参数	http://bioinformatics.leeds.ac.uk/ppi_pred/
Cons-ppsip[23]	神经网络方法，采用了序列保守性和容积可接近表面积作为输入参数	http://pipe.scs.fsu.edu/ppisp.html
HotPatch[24]	根据生物和物化特性寻找蛋白质结构表面上的特殊区域	http://hotpatch.mbi.ucla.edu/
Sppider[25]	神经网络方法，预测的溶剂可接近表面积作为输入	http://sppider.cchmc.org/
InterProSurf[26]	表面残基成簇，采用了残基出现在界面上的倾向性和溶剂可接近表面积	http://curie.utmb.edu/prosurf.html
Meta-ppsip[27]	线性拟合了 cons-PPISP、Promate 和 PINUP 等三种不同方法的综合结果	http://pipe.scs.fsu.edu/meta-ppisp.html
COACH[28]	考虑了序列比对和结构特性，综合了其他三种预测程序的中间结果，来挑选最终结果	http://zhanglab.ccmb.med.umich.edu/COACH/
RaptorX Binding[29]	从氨基酸序列预测蛋白质结合位点，利用结构模型作为中间辅助	http://raptorx.uchicago.edu/BindingSite/

6.2　蛋白质结合位点的分类

蛋白质-蛋白质相互作用要完成多种不同的生物功能，为了行使这些不同的生物功能，形成的复合物界面可能包含多种不同特性的氨基酸残基和氨基酸残基的组合，也可能有不同的匹配模式[17]，如关键模块[30~33]、锚（anchor）残基[34,35]、热点（hot spot）残基[36~39]、主链氢键被疏水基团包埋[40]、配体-受体振动模式互补[41]、抗原决定簇氨基酸等。

6.2.1　结合位点上的热点残基

在结合界面上，氨基酸残基对结合自由能的贡献通常是不均衡的，有一些对结合自由能贡献非常大的残基出现在结合界面上，称为热点（hot spot）残基。这些残基多为 Trp、Tyr 和 Arg[34]，它们常常被一些能量上并不重要的残基所包围，为热点残基有效的相互作用提供有利的环境。

6.2.2　锚残基结合位点

锚残基（anchor residue）定义为，那些在复合物结构形成的前后，其侧链构象相似，在形成复合物之后，其侧链包埋最大的氨基酸残基（一般包埋面积≥1.0 nm^2）[34]。锚残基的存在说明，蛋白质复合物的结合过程可以避免在结合界面核心附近最大的动力学消耗，使识别结合过程相对比较平稳。锚残基的侧链能够促进蛋白质-蛋白质更好地识别，它们提供了一种类似锁-钥和诱导契合模型的几何匹配。

6.2.3　模块结合位点

除单个或几个氨基酸在蛋白质-蛋白质相互作用中起主要作用的情况外，也有不少情况是多个氨基酸组合成簇来共同起决定性作用，称为模块（patch）。例如，Hotpatch 方法[24]发现蛋白质表面上有些模块非常特殊，而这些特殊的模块中有一部分纯粹参与特定的相互作用来行使生物功能。InterProSurf [26]用聚类方法找出蛋白质表面的特殊氨基酸簇，并发现这些簇参与蛋白质相互作用。

6.3　常见的蛋白质结合位点预测方法

目前，国际上提出的蛋白质功能位点预测方法主要包括三大类：基于序列的预测[4, 42, 43]、基于结构的预测[44, 45]和基于理化性质的预测[46, 47]。以上方法各具优点，在不同类型的蛋白质功能位点预测中显示了各自的优势，但仍然没有一个普适性的方法适用于各种类型的蛋白质功能位点预测[2,3]。例如，当同源蛋白数量有限或序列的相似度较低时，基于序列方法的预测结果常常是不可靠的。基于理化性质的预测方法很难同时适用于不同类型的复合物，例如，对抗原/抗体适用的预测方法，很难同时成功应用于同源多聚体结合位点的预测。因为在这两类复合物中，对分子结合起主要作用的因素有很大的差异，前者主要是静电相互作用起主要作用，而后者则是疏水相互作用更重要。因此，表现在复合物界面上，这两种类型复合物的物理化学特性也是非常不同的。基于结构的预测方法往往在预测蛋白质功能位点比较集中的情况下比较有效，如酶的催化位点；但对于功能位点分布在多条链上且空间位置相距较远的体系进行预测时，常常就无能为力了。

6.3.1　基于序列的预测方法

在蛋白质分子进化过程中，重要的残基（功能残基）往往具有较高的序列保守性，且在空间上趋于成簇。因此，这类方法常常通过寻找同源蛋白来进行多序列比对，并根据各位点氨基酸残基的保守程度，赋予它们不同的分值，来预测蛋白质功能位点。

6.3.2　基于结构的预测方法

蛋白质某些局部的特定结构是形成一定功能位点的基础，如蛋白质空间结构中的口袋区常常结合底物或抑制剂。β 转角和无规卷曲则由于结构的高度可变性倾向于出现在活性部位。与 β 折叠相比，α 螺旋由于结构的刚性较少出现在结合位点。另外，在蛋白质的三维结构上常常存在一定的模体（motif）[41,45]，即识别子，并且结构相似的识别子一般具有相似的功能。

6.3.3　基于理化性质的预测方法

蛋白质功能位点区域相对于蛋白质表面的其他部分，在很多物理化学特性方面都存在明显的统计差异，如疏水性、极性等。这类方法一般是利用机器学习策略，如神经网络算法，通过已知功能位点的蛋白质数据进行预先训练学习，得到一定的规律后再进行真实的预测。

6.4　蛋白质结合位点预测实例

综合起来，上述三类方法预测效果不好的原因可能有三点：① 只考虑蛋白质单个氨基酸残基或空间上近邻的小区域的性质，而对残基间的长程相互作用和协同效应考虑不够；② 目前，对蛋白质特异性识别机理的认识还不够清楚的情况下，对所有的蛋白质采用统一的规则来预测功能位点是不现实的，例如，抗体的功能位点就在其重链和轻链的高度可变区，这是公认的，是不需要预测的；③ 由于现在 PDB 库中蛋白质结构数据量仍然有限，不同的蛋白质家族其成员数量多少不一，有些家族甚至还没有结构，这就要求在功能位点预测时采用不同的方法，具体情况具体对待。我们从两个方面开展了结合位点特征分析和理论预测工作。第一，通过分析蛋白质-蛋白质复合物数据集 Benchmark 2.0[48]中结合位点的特征后发现，如果蛋白质分子内主链氢键暴露在水溶液中并且聚集密度较大时，就比较容易出现在结合位点上。基于这一特性，建立了蛋白质单体结合位点预测程序 BHSsite（Backbone Hbond Solvation site），在蛋白质-蛋白质复合物数据集 Benchmark 2.0 上取得了较好的成绩。第二，通过分析探讨蛋白质三维结构中内部残基对表面残基参与界面相互作用的影响，构建了一种新型的蛋白质结构模块化方法，同时考虑了模块内残基的堆积密度和模块在水溶液中的暴露程度对模块参与形成界面相互作用的影响，利用这一模块特性构建的结合位点预测程序 PAMA（product of solvent accessible area multiplying contact area）可以更好地考虑蛋白质受体与配体结合位点之间的相互匹配特征，PAMA 针对蛋白质受体-配体的相互匹配，在 Benchmark 3.0 的双链复合物体系上取得了超过 90%的成功率。

6.4.1　基于主链氢键包埋的预测方法

蛋白质分子在溶液中与其他蛋白质分子相互作用时，除了蛋白质分子本身外，还受到周围水分子的影响。在水溶液中，蛋白质分子的极性基团常与周围的水分子形成极性相互作用，非极性疏水基团常常排开水分子而形成疏水相互作用。当两个蛋白质分子要相互结合时，它们要排除掉一些位于复合物界面上的水分子，空出一些极性基团和空间位置来形成界面的氢键、盐桥等相互作用。问题是，什么样的氨基酸残基在蛋白质-蛋白质结合时能释放出结合的水分子而参与界面相互作用？其周围的疏水基团大致有多少个？它们在蛋白质自由态中是否应该接触水分子？如果接触水分子，又倾向于接触多少个水分子呢？

首先通过在蛋白质结构表面添加足够的水分子，让所有残基尽可能自由的接触水分子，然后利用 CAPRI 竞赛委员会提供的数据集 Benchmark 2.0，计算该数据集中所有蛋白质单体溶剂可接近表面上形成氢键的主链 N/O 原子可接触水分子的个数，发现那些能形成蛋白质分子内部主链氢键，同时又能与水分子形成分子间氢键的氨基酸倾向于参与蛋白质-蛋白质相互作用。进而，把这些特殊残基按照空间距离进行成簇，发现那些包含残基越多的簇越容易出现在蛋白质-蛋白质复合物界面上。基于上述特征，建立了 BHSsite 结合位点预测方法。

该方法将蛋白质物理化学性质和空间结构性质相结合，充分考虑了能形成主链氢键的蛋白质分子主链中极性 O 和 N 原子对蛋白质相互作用特异性的贡献。

1. 研究体系

采用的数据集为 CAPRI 竞赛委员会提供的蛋白质-蛋白质复合物数据集 Benchmark 2.0（http://zlab.bu.edu/benchmark2）中的数据。去除那些自由态和结合态晶体结构中氨基酸残基个数不一致或者缺失主链原子的体系，剩下 13 组蛋白质-蛋白质复合物体系，其 PDB 代码为：1AY7，1BVK，1CGI，1D6R，1DFJ，1DQJ，1FSK，1KXQ，1MAH，1MLC，1PPE，1TMQ，2JEL。用 Jackal[49, 50]程序补齐所有自由态或结合态中缺失的侧链原子。这里以 CAPRI 竞赛中比较有代表性的体系 T09 为例来说明结合位点预测。

表 6-2 列出了所有 13 组蛋白质-蛋白质复合物体系的相关信息，包括生物功能种类、结合态中两条链的标号、自由态中两条链的 PDB 代码。表中还给出了复合物界面上的氢键个数和界面面积大小。这里蛋白质-蛋白质复合物界面的定义是按照 CAPRI 竞赛委员会的标准，即蛋白质受体和配体氨基酸之间的任意原子之间的距离小于 0.5 nm 时，这些氨基酸残基则视为界面残基。采用 HBexplore 2.0[51, 52] 程序计算氢键，氢键判据使用默认设置：氢键给体（D）与受体（A）之间的距离 $Distance_{DA} < 0.39$ nm，氢原子（H）与受体之间的距离 $Distance_{HA} < 0.25$ nm，氢键给体-H-受体之间的夹角 DHA > 120°。鉴于 PDB 代码为 3LZT 的蛋白质能以三个不同的结合部位参与形成 1BVK、1DQJ 和 1MLC 三个复合物，下面将以 3LZT 为实例讲解我们的结合位点预测方法 BHSsite 的具体实施方法。

表 6-2　用于结合位点预测的蛋白质-蛋白质复合物体系

复合物	种类	PDBid1	PDBid2	复合物界面氢键个数	$\Delta ASA^d/nm^2$
1AY7_A:B	E[a]	1RGH_B[e]	1A19_B	11	12.37
1CGI_E:I	E	2CGA_B	1HPT_[f]	16	20.53
1D6R_A:I[g]	E	2TGT_	1K9B_A	11	14.08
1DFJ_E:I	E	9RSA_B	2BNH_	7	25.82
1MAH_A:F	E	1J06_B	1FSC_	7	21.45
1PPE_E:I	E	1BTP_	1LU0_A	24	16.88

续表

复合物	种类	PDBid1	PDBid2	复合物界面氢键个数	ΔASA[d]/nm²
1TMQ_A:B	E	1JAE_	1B1U_A	17	24.01
1BVK_DE:F	A[b]	1BVL_BA	3LZT_	12	13.21
1DQJ_AB:C	A	1DQQ_CD	3LZT_	12	17.65
1MLC_AB:E	A	1MLB_AB	3LZT_	19	13.92
1FSK_BC:BC	AB[c]	1FSK_BC	1BV1_	11	16.23
1KXQ_H:A	AB	1KXQ_H	1PPI_	12	21.72
2JEL_HL:P	AB	2JEL_HL	1POH_	19	15.01

a. E 表示复合物种类为酶-配体复合物；b. A 表示 Unbound 抗体-抗原复合物；c. AB 表示 Bound 抗原-抗体复合物；d. ΔASA 表示形成复合物过程中溶剂可接近表面积的变化；e. 1RGH_B 表示蛋白质的 PDB 代码是 1RGH，它不只一条链，这里的单体是其中的 B 链；f. 1HPT_表示蛋白质的 PDB 代码是 1RGH，它只有一条链；g. 1D6R_A:I 表示复合物的 PDB 代码是 1D6R，它由两条链组成，分别是 A 和 I。

2. 研究方法

采用美国约翰霍普金斯大学Rose实验室(http://www.roselab.jhu.edu)开发的CHASA程序（conditional hydrophobic accessible surface area）[53]，计算蛋白质表面原子接触水分子的个数。它的基本思想是首先在蛋白质表面溶剂可接近的残基主链极性原子 N 或 O 处放置水分子，让那些能与水分子相互作用的极性原子先跟水分子相互作用，然后再考虑非极性原子与水分子的接触，所以它计算出来的溶剂可接近表面积称为“条件疏水可接近表面积”。具体做法是：在蛋白质表面溶剂可接近的残基主链原子 N 或 O 处划分 5 个等体积的圆锥体，把水分子从 5 个不同方向接近 N 或 O 原子，每个 N 或 O 原子能接触的水分子最多为 5 个，最少为 0。这种添加水分子的方式较 MD 模拟中的溶剂化方法更快、更简单，而且它与常用的在蛋白质表面上平均添加水分子来计算溶剂可接近表面积不同，该方法考虑到了极性原子和非极性原子在水溶液中的不同性质。

蛋白质分子内部原子之间形成的氢键也采用 HBexplore 2.0 程序计算得到，那些给体和受体原子都是主链原子 N 或 O 的氢键，被称为主链氢键。在蛋白质表面加上水分子后，找出那些既形成主链氢键又接触水分子的 N 和 O 原子。把这些既能形成内部主链氢键，又能接触水分子的氨基酸残基称为活性残基。

有研究指出，如果蛋白质分子内部的主链氢键没有被完全包埋，就可能参与蛋白质-蛋白质相互作用，所以这里还计算了主链氢键周围的疏水基团个数，找出那些形成没有被完全包埋的主链氢键的氨基酸残基，并把这些残基用来验证那些用水分子接触方法计算得到的残基。

但是，蛋白质表面上的活性残基个数众多，分布零散，空间距离较远，很难判断哪些残基会参与蛋白质-蛋白质相互作用。所以，我们进一步采用距离判据把那些比较密集的活性残基划分到一个簇中。具体的成簇方法如下：以活性残基的主链 C_α原子为中心画球，半径取 0.8 nm，主链 N 或 O 原子在这个球内的所有活性残基和这个中心活性残基一起构成以它为中心的活性残基簇。这里每个残基并不位于唯一的簇中，根据与周围残基的距离远近，它可能属于多个簇。在实际的结合位点预测时，可按照簇中残基个数的多少来排序，把包含残基个数最多的三个簇作为可能的结合位点残基块。

3. 结果与讨论

计算得到了蛋白质单体中主链氢键周围的疏水基团数和蛋白质表面既能形成主链氢键又能与水分子接触的氨基酸残基，进而按照上面所述的方法预测出活性位点残基块，通过与实验结构的比较，验证了该方法的可靠性。

通过对表 6-1 中所有体系的实验结合位点的分析，发现主链 O/N 原子能接触比较多（大于 4 个）水分子的氨基酸残基倾向于出现在界面上。另外，通过主链氢键周围的疏水基团个数的统计发现，那些周围疏水基团个数少于 22 个的主链氢键倾向于出现在界面上。

单链蛋白质 3LZT 与其他不同蛋白质相互作用形成了三个复合物结构 1BVK、1DQJ 和 1MLC，下面探讨同样的配体 3LZT 是如何与三个不同的蛋白质相互作用的。

表 6-3 给出了实验解析的多链复合物结构 1BVK、1DQJ 和 1MLC 中受体与配体之间的界面残基。这里按照 CAPRI 竞赛评价标准，两链之间任意两个原子的距离小于 0.5nm，表示这两个原子所属的氨基酸残基是界面残基。

表 6-3　多链复合物受体和配体各链之间界面残基

复合物	受体蛋白与配体蛋白之间界面残基
1BVK_DE:F	E30THR E31GLY E32TYR E33GLY E52TRP E53GLY E54ASP F116LYS F117GLY
1DQJ_AB:C	A30SER A31ASN B31SER B32ASP A92ASN A93SER C16GLY C19ASN C20TYR C21ARG C22GLY C73ARG C74ASN C75LEU
1MLC_AB:E	B30SER B31THR B32TYR A91SER A92ASN A93SER A94TRP B99GLY B100ASP B101GLY E46ASN E47THR E48ASP E49GLY E50SER E66ASP E67GLY E68ARG E81SER

由表 6-3 可以看出，在 1BVK 中 3LZT 只参与跟其中一条链的相互作用；在 1DQJ 和 1MLC 中，3LZT 参与跟其他两条链的相互作用。图 6-1 显示了这三个复合物的三维结构。

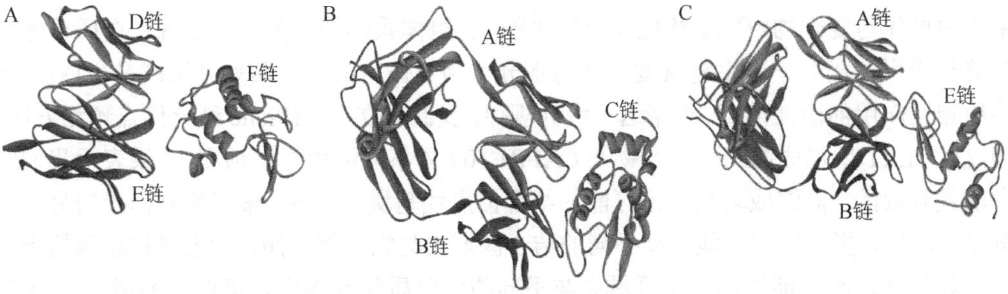

图 6-1　单体蛋白 3LZT 参与形成的三个复合物体系 1BVK、1DQJ 和 1MLC，其中，3LZT 在复合物中的链号分别为 F（图 A）、C（图 B）和 E（图 C）

图 6-2 给出了 3LZT 在与不同蛋白质相互作用以 F 链、C 链、E 链，以及形成 1BVK、1DQJ 和 1MLC 过程中参与蛋白质-蛋白质相互作用的界面残基块。在不同复合物体系中，3LZT 参与作用的部位不同。第一个残基块 Patch 1 显示的是 3LZT 参与形成 1BVK 复合物时的界面位点残基 F116LYS 和 F117GLY。第二个残基块 Patch 2 显示的是 3LZT 参与形成 1DQJ 复合物时的界面位点残基 C16GLY、C19ASN、C20TYR、C21ARG、C22GLY。第三个残基块 Patch 3 显示的是 3LZT 参与形成 1MLC 复合物时的界面位点残基 E46ASN、E47THR、E48ASP、E49GLY、E50SER、E66ASP、E67GLY、E68ARG、E81SER。

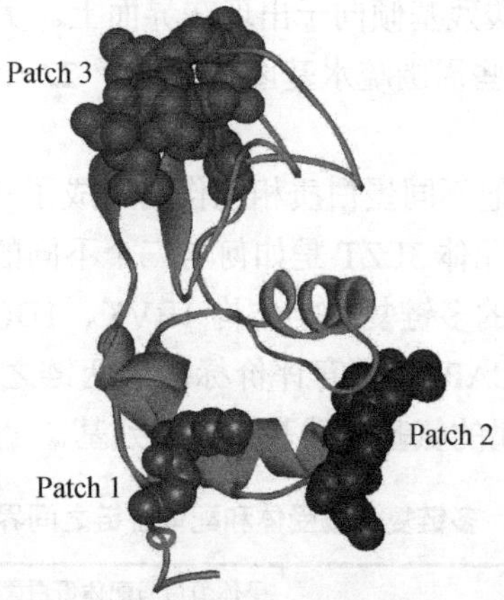

图 6-2 同一个配体蛋白 3LZT 以三个不同的结合部位参与形成三个不同的复合物体系。Patch 1 是参与形成 1BVK 复合物的残基块，Patch 2 是参与形成 1DQJ 复合物的残基块，Patch 3 是参与形成 1MLC 复合物的残基块

图 6-3 显示了结合位点预测方法 BHSsite 应用于 CAPRI 体系 T09 的结合位点预测效果。对于 T09 的受体蛋白，预测得到的结合位点与晶体结构中受体和配体相互接触形成的结合界面上三个残基块相吻合。图 6-3A 显示了晶体结构中受体与配体相互作用形成的复合物界面上的三个绿色、蓝色和黄色残基块，相应的，图 6-3B 显示了预测得到的三个结合位点残基块。从这两张图的比较中可以看出预测得到的结合位点基本与实验信息吻合。通过对 CAPRI 竞赛委员会提供的蛋白质-蛋白质复合物数据集 Benchmark 2.0 中蛋白单体与复合物中残基相比没有缺失的 13 组体系的统计分析，发现蛋白质单体中既能形成蛋白质分子内主链氢键又能与水分子相互作用的氨基酸残基可能是蛋白质-蛋白质相互作用的活性位点。根据这一统计规律，我们建立了 BHSsite 结合位点预测方法。通过对 3LZT 所形成的三个复合物及 CAPRI T09 体系的活性位点预测，结果表明我们的方法是有效的，能够成功预测出可能的结合位点残基块。当然，根据相互作用的另一个分子的不同，蛋白质有可能选择不同的结合区域去与它相互作用。加上以往看到的蛋白质，如抗体，有可能以同一个区域去与不同的蛋白质相互作用，可以认为蛋白质-蛋白质相互作用的特异性是相对的，一个位点可以与多个不同的位点结合。这为进行蛋白质功能改造和药物设计提供了有益的思路。

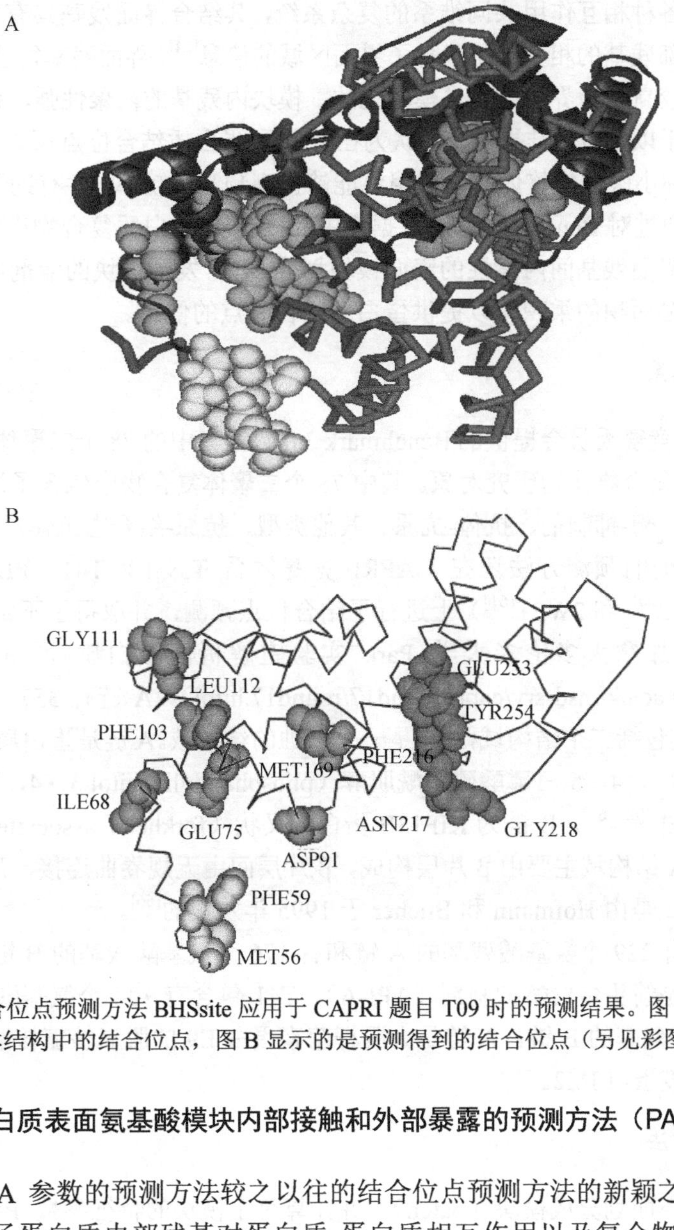

图 6-3　结合位点预测方法 BHSsite 应用于 CAPRI 题目 T09 时的预测结果。图 A 显示的是晶体结构中的结合位点，图 B 显示的是预测得到的结合位点（另见彩图）

6.4.2　基于蛋白质表面氨基酸模块内部接触和外部暴露的预测方法（PAMA）

基于 PAMA 参数的预测方法较之以往的结合位点预测方法的新颖之处在于，该方法有效地考虑了蛋白质内部残基对蛋白质-蛋白质相互作用以及复合物结构形成的影响。上述研究有助于进一步了解蛋白质-蛋白质相互作用的机理，以及蛋白质-蛋白质相互识别的特异性和亲和力的结构基础。

一些主链氢键在天然蛋白质折叠的时候缺少保护，容易受到极性水分子的攻击，周围含有极少的疏水残基。因此在形成复合物时，与其相互作用的分子要提供一些疏水结构基团来增加复合物的稳定性[18, 19]。

目前大部分结合位点预测方法仅基于蛋白质中单个氨基酸残基的性质进行预测，忽略了空间上近邻小区域的整体相互作用和协同效应。最近的研究表明，蛋白质分子是一个通过残基间各种相互作用共同维系的复杂系统，其结合界面残基具有协同效应：结合界面残基与内部残基的相互作用包含了界面区域的信息[54]，界面残基往往聚集成簇[55,56]，堆积密度相对较高[57]，界面结构是模块化的，模块内残基的内聚性强，模块间的耦合作用不多[58]。鉴于以上研究结果，我们认为在蛋白质-蛋白质结合位点预测中，考虑氨基酸残基空间上近邻小区域的整体相互作用将能够提高预测成功率，并有助于进一步理解分子识别机理。通过对 Benchmark 3.0 数据集中的蛋白质-蛋白质复合物进行研究，提出了一种能够体现界面残基间内聚性的表面模块划分方法，发现模块的溶剂可接近表面积与模块的内部接触面积的乘积可以提供蛋白质结合位点的信息。

1. 研究体系

以 CAPRI 竞赛委员会提供的 Benchmark 3.0 数据集中的 78 个二聚体和 34 个三聚体蛋白质-蛋白质复合物作为研究对象。其中 78 个二聚体复合物中包含了该数据集中的所有复合物类型：酶-抑制剂、抗体-抗原、其他类型、抗原-结合态抗体。

另外，我们的预测方法还在 CAPRI 竞赛体系 T39/T40/T41（PDB 代码分别是 3FM8[59]、3E8L[60] 和 2WPT[61]）上进行了结合位点预测，并取得了不错的成绩。

T39 是由加拿大多伦多大学 Park 实验室解析的蛋白质-蛋白质复合物结构（http://www.ebi.ac.uk/msd-srv/capri/round17/round17.html）。A 链有 357 个残基，B 链有 98 个残基。A 链包括三个结构域，B 链是一个单独的结构域。A 链是蛋白质 centaurin-alpha 1，它又被称为 3，4，5-三磷酸磷脂酰肌醇（phosphatidylinositol 3，4，5-trisphosphate，PIP3）结合蛋白 [62, 63]。B 链为 KIF13B 蛋白的叉状（forkhead associated，FHA）结构域 [64, 65]。FHA 结构域主要由 β 片层构成，β 片层间由无规卷曲连接，形似叉状，故得名叉状结构域，是由 Hofmann 和 Bucher 于 1995 年发现的[66]。

T40 包含有 229 个氨基酸残基的 A 链和有 176 个氨基酸残基的 B 链，A 链是 beta-胰岛素，B 链是箭头蛋白酶抑制剂（API-A）。T41 包含有 134 个氨基酸残基的 A 链和有 86 个氨基酸残基的 B 链，A 链是大肠杆菌素蛋白 E9 的脱氧核糖核酸酶 Dnase 结构域，B 链是免疫蛋白 IM2。

2. 研究方法

把蛋白质表面划分成模块（patch），并计算每个模块的特征参数 PAMA 值，通过 PAMA 值的大小来进行活性位点预测。这里，采用溶剂可接近表面面积（SASA）来定义界面残基。计算采用 NACCESS 程序[67]。蛋白质表面残基定义为该残基的 SASA 达到其最大表面积的 15%。界面残基定义为复合物结构中的 SASA 比单体中的 SASA 减少了 0.01 nm^2 以上的表面残基[68]。

1）蛋白质表面模块的划分

分别以蛋白质结构中的每个氨基酸残基为中心，将与之有接触的所有残基划分为一个模块。与传统算法中用距离判据来确定残基间是否接触的方式不同，这里采用的是维里几何算法 Qcontacts[69]，水分子探针采用默认值 0.14 nm。然后删除所有的内部模块（不包含任何表面残基的模块)，保留表面模块（模块中至少有一个表面残基）作为划分结果（图 6-4）。

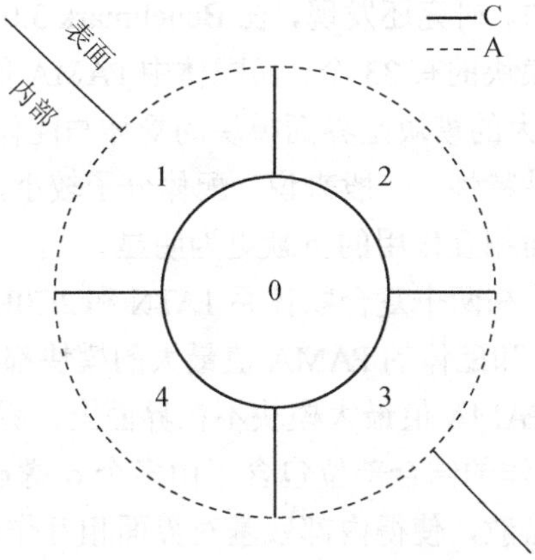

图 6-4　蛋白质表面模块示意图。以氨基酸残基 0 作为模块中心，周围的残基 1、2、3 和 4 都与它接触。C 表示接触面积，A 表示溶剂可接近表面积

2）模块参数的定义

对每个模块定义两个特征量：模块的溶剂可接近表面积 A 和模块的内部接触面积 C。模块的溶剂可接近表面积 A 为模块中所有残基的溶剂可接近表面积之和（见图 6-4）：

$$A = \sum_{i} A_i \tag{6.1}$$

其中，A_i 是第 i 个残基的溶剂可接近表面积。溶剂可接近表面积由程序 NACCESS 计算得到。水分子探针半径取默认值 0.14 nm。模块的内部接触面积 C 为模块内所有残基对的接触面积之和（见图 6-4）

$$C = \sum_{i} \sum_{j(j \neq i)} C_{ij} \tag{6.2}$$

其中，C_{ij} 是模块中残基 i 和残基 j 之间的接触面积，由 Qcontacts 计算得到。由以上两个参数的乘积得到模块的 PAMA 值：

$$\text{PAMA} = A * C \tag{6.3}$$

对每一个蛋白质单体，将其表面模块按照 PAMA 值的大小进行降序排列。具有最大 PAMA 值的模块为 1 号模块，次大 PAMA 值的模块为 2 号模块，依此类推，并对模块进行编号。

3. 结果和讨论

1）根据表面模块的 PAMA 值预测界面模块

根据上述的方法，发现 CAPRI Benchmark 3.0 数据集的 78 个复合物中，至少有一个单体拥有最大或次大 PAMA 值的模块是界面模块的复合物有 74 个，占整个数据集的 94.87%。其中，至少有一个单体拥有最大 PAMA 值的模块是界面模块的复合物的数量为 60 个，占整个数据集的 76.92%。20 个复合物的受体和配体的最大 PAMA 值模块都

是界面模块，而界面模块则含有至少一个与另一个单体相互作用的界面残基。以上结果说明蛋白质单体的最大或次大模块倾向于参与蛋白质-蛋白质相互作用。这种倾向性对于受体和配体是有所不同的。研究还发现，在 Benchmark 3.0 里 78 个复合物中，受体中 PAMA 值最大模块是界面模块的有 33 个，而配体中 PAMA 值最大模块是界面模块的有 47 个。PAMA 值最大或次大的模块是界面模块的受体与配体分别为 50 个和 62 个。这说明配体更倾向于拥有这种特性。一般来说，配体分子较小，形状更为规则，内部的残基对它所在的模块参与界面相互作用的贡献更为明显。

表 6-4 给出 PAMA 方法在两个复合物体系 1ATN 和 2C0L 上的预测结果。其中 1ATN 体系的预测结果很好，受体和配体的 PAMA 值最大的模块都在界面上。但 2C0L 的预测结果却没那么好，受体的 PAMA 值最大模块不在界面上，界面上模块最好的 PAMA 值排在第 20 位，这是由于受体的结合部位包含了由多个 α 螺旋组成的空穴（cavity），造成其内部残基的堆积比较松散，使得内部残基对界面相互作用的贡献比较小。

表 6-4　PAMA 方法在复合物 1ATN 和 2C0L 上的预测结果

复合物	受体				配体			
	最高界面模块排序[a]	界面模块数[b]	表面模块数[c]	模块总数[d]	最高界面模块排序	界面模块数	表面模块数	模块总数
1ATN	1	39	214	214	1	40	134	134
2C0L	20	50	168	168	2	28	80	80

a. 所有界面模块中按照 PAMA 值从大到小排序的最靠前位置；b. 参与形成界面的模块数；c. 有残基暴露在表面的模块数；d. 蛋白质中总共的模块数

在我们的方法中，每个模块的 PAMA 值既有表面残基的贡献，也有内部残基的贡献，该方法不仅考虑了表面残基对蛋白质相互作用的影响，同时也考虑了内部残基的影响。

2）具体实例分析

图 6-5A 和 B 显示了对 1ATN 和 2C0L 两个复合物体系的预测结果。1ATN 蛋白质由 A 链受体和 D 链配体组成，氨基酸残基数分别是 372 和 258；2C0L 蛋白质由 A 链受体和 B 链配体组成，氨基酸残基数分别是 292 和 122。

从图 6-5A 可以看出，对于 1ATN 的两个单体，其最大 PAMA 值模块都是界面模块。该复合物中，受体和配体的形状较为规则，特别是配体，更接近球形。对于这类复合物单体，其界面模块中残基堆积紧密，使内部残基与界面残基一起参与单体间的相互作用。

图 6-5B 显示，2C0L 复合物的界面是由配体的一个柔性较大的无规卷曲结构插入受体的由多个α螺旋组成的空穴中。除无规卷曲结构外，配体的整体形状接近球形，具有次大 PAMA 值的模块仍在界面上。对于受体而言，它的结合部位包含了由多个 α 螺旋组成的空穴，其内部残基的堆积比较松散，使得内部残基对界面相互作用的贡献比较小。

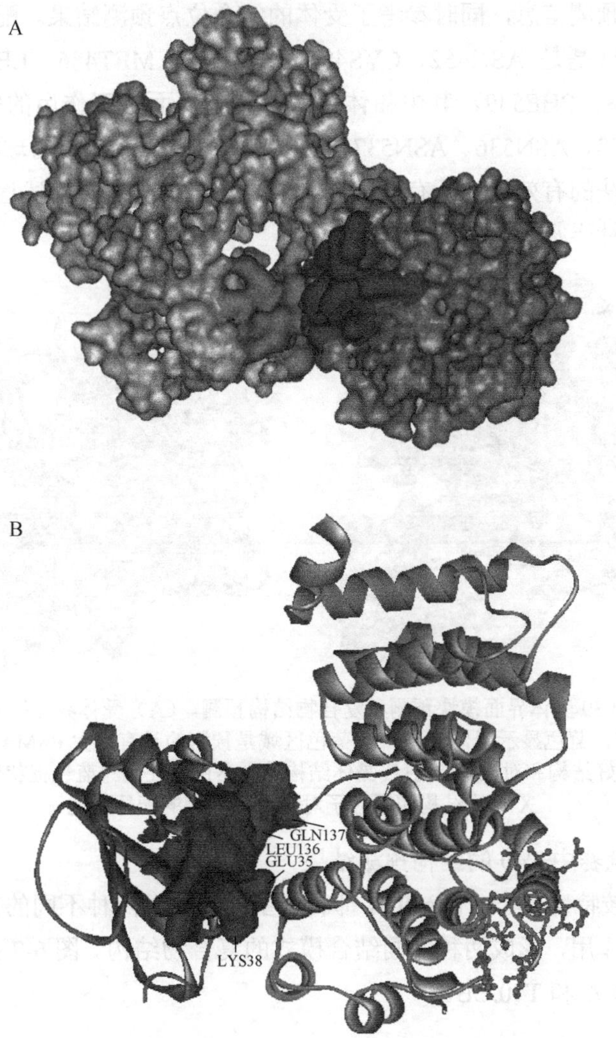

图6-5 蛋白质-蛋白质复合物具有最大或次大PAMA值模块的表面区域。(A)复合物1ATN。粉色显示受体A链，蓝色显示配体B链，红色和深蓝色显示表面界面模块。(B)复合物2C0L。粉色显示受体A链，蓝色显示配体B链。配体的深蓝色区域是具有次大PAMA值的界面模块，界面残基也进行了标记。用球棍模型显示的粉色残基处于具有最大PAMA值的模块中，但它不是一个界面模块（另见彩图）

3）CAPRI 竞赛中 Target 39 的结构预测结果

CAPRI 竞赛 Round 18 的 Target 39 的复合物结构预测有 37 个小组参与，共提交了 366 个结构，其中仅有 3 个结构为正确结构。本课题组提交的 10 个结构中有一个正确结构，配体均方根偏差为 0.25 nm。

如图 6-6 所示，在结构预测时，根据以上方法，定义了 Target 39 的受体和配体的模块，并计算了所有模块的 PAMA 值。由于 PAMA 值对于分子较小，形状规则的蛋白质单体的预测效果更好，在复合物构象采集结束后挑选正确结构时，我们利用了 Target 39

配体的结合位点预测信息，同时参考了受体的结合位点预测结果。配体最大 PAMA 值的模块中，表面残基是 ASN452、CYS484、GLY485、MET486、LEU533、ASN536、ASN537、HIS538、PHE539，其中晶体结构中参与界面相互作用的残基是 ASN452、MET486、LEU533、ASN536、ASN537、PHE539，在图 6-6B 中用球棍模型表示。这说明了我们预测方法的有效性。所有晶体结构的界面残基均采用上述程序 Qcontacts 计算得到，水分子探针半径为 0.14 nm。

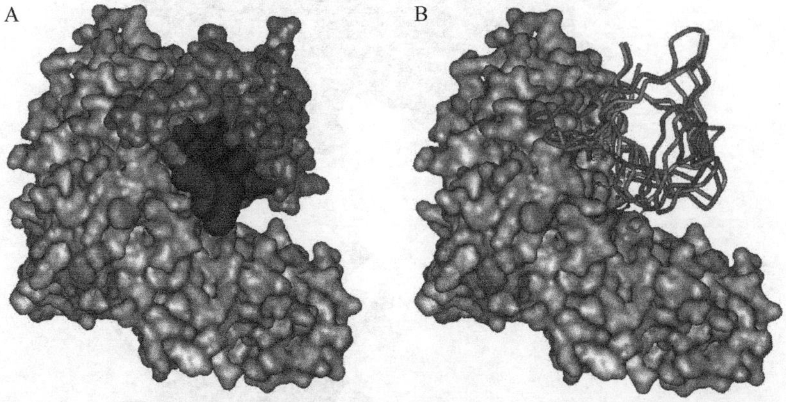

图 6-6　Target 39 受体界面模块预测和复合物结构预测。（A）受体界面模块的预测。粉色显示受体 A 链，蓝色显示配体 B 链，深蓝色区域是预测的具有最大 PAMA 值的界面模块。（B）预测的最好结构和对应的 X 射线晶体结构的叠落图。红色与蓝色棍状体分别显示配体 X 射线结构和用分子对接方法预测的配体结构

4）CAPRI 竞赛中 T40 的结构预测结果

T40 体系比较特殊，同一个 API-A 抑制剂蛋白能够以两种不同的部位与同一个胰岛素配体蛋白相互作用，形成两种不同结合模式的复合物结构。图 6-7 显示了这两种可能的结合模式 T40.CA 和 T40.CB。

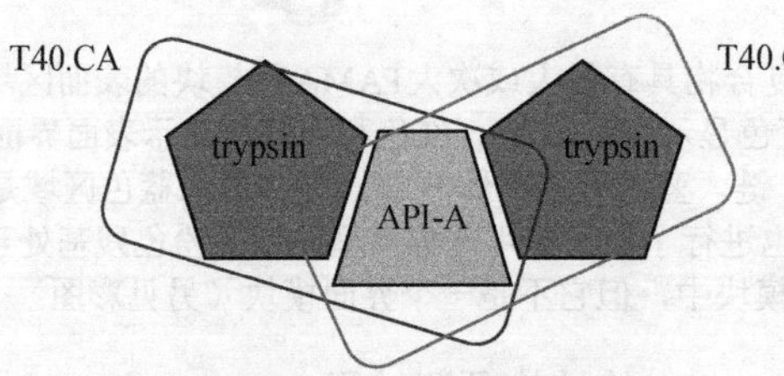

图 6-7　T40 的两种可能结合模式 T40.CA 和 T40.CB

图 6-8A 和 B 是预测得到的满足这两种模式的复合物结构图，图中显示了用上述方法预测得到的 A 链胰岛素蛋白的结合位点关键残基 GLN192 和 SER195，B 链 API-A 抑制剂蛋白的结合位点关键残基 LEU87 和 LYS145。

图 6-8A 复合物中配体均方根偏差 L_RMSD 为 0.16 nm，表明预测的结合位点是正确的。

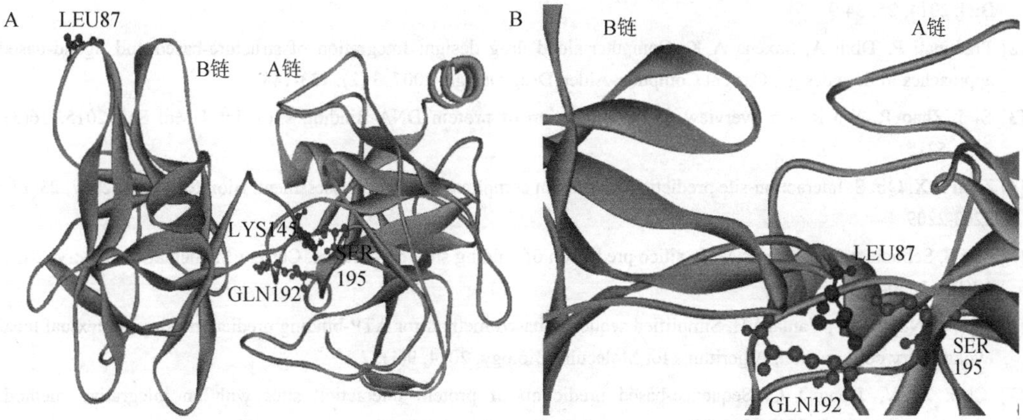

图 6-8　预测得到的 T40 的两种正确结合模式结构。图 A 中 B 链以 LYS145 参与相互作用；图 B 中 B 链以 LEU87 参与相互作用

6.5 展　望

蛋白质-蛋白质复合物结构预测的发展依赖于对蛋白质-蛋白质相互结合形成复合物机理的深入理解和更高效的模拟计算工具的进一步开发。蛋白质-蛋白质相互作用与识别是体系自由能达到极小化的结果，这一过程以正确的匹配模式发生在稠密且复杂的细胞环境中。目前，虽然这个领域已取得了较大进展，但与相互作用和识别过程有关的物理学原理仍然有待于进一步探索。同时，计算条件和工具的不完善，限制了计算模型的准确性。该领域仍有很多挑战尚未克服，包括难以准确预测单体结合位点并实现两个蛋白质分子中相应结合位点间的唯一配对，计算模型难以区分同一蛋白质分子与其他不同分子相互结合中的匹配差异性。

随着 2013 年 12 月 4 日 *Nature* 杂志发表了用冷冻电子显微镜方法解析的高分辨率痛觉和热知觉蛋白质 TRPV1 的三维结构[70]以来，结构生物学进入了快速发展的新路径。冷冻电镜方法克服了传统 X 射线方法需要大规模、无规律筛选结晶条件的缺点，还可以直接从溶液状态拿到多体蛋白质相互作用形成的特大复合物结构，而这正是结构生物学经过多年发展之后的重点方向。最近，也是用冷冻电镜方法，又一个结构生物学重大突破在 *Nature* 发表了，老年痴呆症致病蛋白 γ secretase（分泌酶复合物）精细三维结构被解析[71]。但要想解决多体（如 200～500 个蛋白质）相互作用形成的复合物结构，结合位点预测的理论计算方法在前期的实验设计和后期的结构解析中都将发挥至关重要的作用。为了迎接这新一轮生命科学实验的需要和挑战，结合位点预测方法本身要更多的考虑两体、三体和多体等之间的相互协调和网络匹配作用。

参 考 文 献

[1] Konc J, Janežič D. Binding site comparison for function prediction and pharmaceutical discovery. Curr Opin Struct

Biol, 2014, 25: 34-9

[2] Prathipati P, Dixit A, Saxena A K. Computer-aided drug design: Integration of structure-based and ligand-based approaches in drug design. Current Computer-Aided Drug Design, 2007, 3 (2): 133-148

[3] Si J, Zhao R, Wu R. An overview of the prediction of protein DNA-Binding sites. Int J Mol Sci, 2015, 16(3): 5194-5215

[4] Zhou H X, Qin S. Interaction-site prediction for protein complexes: a critical assessment. Bioinformatics, 2007, 23(17): 2203-2209

[5] Leis S, Schneider S, Zacharias M. In silico prediction of binding sites on proteins. Current Medicinal Chemistry, 2010, 17(15): 1550-1562

[6] Fang C, Noguchi T, Yamana H. Simplified sequence-based method for ATP-binding prediction using contextual local evolutionary conservation. Algorithms for Molecular Biology, 2014, 9(1): 7

[7] Chen X W, Jeong J C. Sequence-based prediction of protein interaction sites with an integrative method. Bioinformatics, 2009, 25(5): 585-591

[8] Neuvirth R R, Schreiber G. ProMate: A structure based prediction program to identify the location of protein–protein binding sites. Journal of Molecular Biology, 2004, 338: 181-199

[9] Ofran Y, Rost B. ISIS: interaction sites identified from sequence. Bioinformatics, 2007,23 (2):e13-16

[10] Landau M, Mayrose I, Rosenberg Y, et al. ConSurf 2005: The projection of evolutionary conservation scores of residues on protein structures. Nucleic Acids Research, 2005, 33: W299-W302

[11] Guharoy M, Chakrabarti P. Conservation and relative importance of residues across protein-protein interfaces. PNAS, 2005: 0505425102

[12] Rahat O, Yitzhaky A, Schreiber G. Cluster conservation as a novel tool for studying protein-protein interactions evolution. Proteins: Structure, Function and Bioinformatics, 2008, 71(2): 621-630

[13] Yanay O, Burkhard R. Predicted protein-protein interaction sites from local sequence information. FEBS letters. 2003, 544(1): 236-239

[14] Burgoyne N J, Jackson R M. Predicting protein interaction sites: binding hot-spots in protein-protein and protein-ligand interfaces. Bioinformatics, 2006, 22 (11): 1335-1342

[15] Vries S J D, Dijk A D J V, Bonvin A M J J. WHISCY: What information does surface conservation yield? Application to data-driven docking. Proteins: Structure, Function and Bioinformatics, 2006, 63 (3): 479-489

[16] Chen H, Zhou H X. Prediction of interface residues in protein-protein complexes by a consensus neural network method: Test against NMR data. Proteins: Structure, Function and Bioinformatics, 2005, 61(1): 21-35

[17] Neuvirth H, Raz R, Schreiber G. ProMate: A structure based prediction program to identify the location of protein-protein binding sites. Journal of Molecular Biology, 2004, 338 (1): 181-199

[18] Conte L L, Chothia C, Janin J. The atomic structure of protein-protein recognition sites. Journal of Molecular Biology, 1999, 285(5): 2177-2198

[19] Fernandez A, Scott R. Dehydron: a structurally encoded signal for protein interaction. Biophysical Journal, 2003, 85(3): 1914-1928

[20] Fernandez A, Sosnick T R, Colubri A. Dynamics of hydrogen bond desolvation in protein folding. Journal of Molecular Biology, 2002, 321(4): 659-675

[21] Dijk A D J V, Vries S J D, Dominguez C, Chen H, Zhou H X, Bonvin A M J J. Data-driven docking: HADDOCK's adventures in CAPRI. Proteins: Structure, Function and Bioinformatics, 2005, 60 (2): 232-238

[22] Shanahan H P, Thornton J M. An examination of the conservation of surface patch polarity for proteins. Bioinformatics, 2004, 20(14): 2197-2204

[23] Bradford J R, Westhead D R. Improved prediction of protein-protein binding sites using a support vector machines approach. Bioinformatics, 2005, 21(8) 1487-1494

[24] Pettit F K, Bare E, Tsai A, Bowie J U. HotPatch: A statistical approach to finding biologically relevant features on

protein surfaces. Journal of Molecular Biology, 2007, 369 (3): 863-879

[25] Porollo A, Meller J. Prediction-based fingerprints of protein-protein interactions. Proteins: Structure, Function and Bioinformatics, 2007, 66 (3):630-645

[26] Negi S, Braun W. Statistical analysis of physical-chemical properties and prediction of protein-protein interfaces. Journal of Molecular Modeling, 2007, 13 (11): 1157-1167

[27] Chen H L, Zhou H X. Prediction of interface residues in protein-protein complexes by a consensus neural network method: Test against NMR data. Proteins: Structure, Function and Bioinformatics, 2005, 61: 21-35

[28] Yang J Y, Roy A, Zhang Y. Protein-ligand binding site recognition using complementary binding-specific substructure comparison and sequence profile alignment. Bioinformatics, 2013, 29: 2588-2595

[29] Peng J, Xu J B. RaptorX: exploiting structure information for protein alignment by statistical inference. Proteins: Structure, Function and Bioinformatics, 2011, 79(S10): 161–171

[30] Wang P W, Gong X Q, Li C H , Chen W Z, Wang C X. Division of protein surface patches and its application in protein binding site prediction, Acta Physico-Chimica Sinic, 2012, 28: 2729-2734

[31] Gong X Q, Wang P W, Yang F, Chang S, Liu B, He H Q, Cao L B, Xu X J, Li C H, Chen W Z, Wang C X. Protein-protein docking with binding site patch prediction and network-based terms enhanced combinatorial scoring. Proteins: Structure, Function and Bioinformatics, 2010, 78(15): 3150-3155

[32] Gong X Q, Liu B, Chang S, Li C H, Chen W Z, Wang C X. A holistic molecular docking approach for predicting protein-protein complex structure. Sci China Life Sci, 2010, 53(9):1152-1161

[33] Innis C A, Anand A P, Sowdhamini R. Prediction of functional sites in proteins using conserved functional group analysis. Journal of Molecular Biology, 2004, 337(4): 1053-1068

[34] Bueno M, Camacho C J. Acidic groups docked to well defined wetted pockets at the core of the binding interface: A tale of scoring and missing protein interactions in CAPRI, 2007, 69 (4): 786-792

[35] Rajamani D, Thiel S, Vajda S, Camacho C J. Anchor residues in protein-protein interactions. PNAS, 2004,101 (31): 11287-11292

[36] Fischer T B, Arunachalam K V, Bailey D, Mangual V, Bakhru S, Russo R, Huang D, Paczkowski M, Lalchandani V, Ramachandra C, Ellison B, Galer S, Shapley J, Fuentes E, Tsai J. The binding interface database (BID): a compilation of amino acid hot spots in protein interfaces. Bioinformatics. 2003, 19 (11): 1453-1454

[37] Bogan A A, Thorn K S. Anatomy of hot spots in protein interfaces. Journal of Molecular Biology, 1998,280 (1):1-9

[38] Darnell S J, Page D, Mitchell J C. An automated decision-tree approach to predicting protein interaction hot spots. Proteins: Structure, Function and Bioinformatics, 2007, 68 (4): 813-823

[39] Clackson T, Wells J A. A hot spot of binding energy in a hormone-receptor interface. Science, 1995, 267 (5196): 383-386

[40] Fernandez A. Desolvation shell of hydrogen bonds in folded proteins, protein complexes and folding pathways. FEBS Letters, 2002, 527(1-3): 166-170

[41] Haliloglu T, Seyrek E, Erman B. Prediction of binding sites in receptor-ligand complexes with the Gaussian Network Model. Physical Review Letters, 2008, 100 (22): 228102

[42] Lichtarge O, Bourne H R, Cohen F E. An evolutionary trace method defines binding surfaces common to protein families. Journal of Molecular Biology, 1996, 257(2): 342-358

[43] Shen J, Zhang J, Luo X, Zhu W, Yu K, Chen K, Li Y, Jiang H. Predicting protein-protein interactions based only on sequences information. PNAS, 2007, 104 (11): 4337-4341

[44] Stark A, Shkumatov A, Russell R B. Finding functional sites in structural genomics proteins. Structure, 2004, 12(8): 1405-1412

[45] Glaser F, Morris R J, Najmanovich R J, Laskowski R A, Thornton J M. A method for localizing ligand binding pockets in protein structures, 2006, 479-488

[46] Jones S, Thornton J M. Prediction of protein-protein interaction sites using patch analysis. Journal of Molecular

Biology, 1997, 272(1): 133-143

[47] Gao Y, Wang R, Lai L. Structure-based method for analyzing protein-protein interfaces. Journal of Molecular Modeling, 2004, 10(1): 44-54

[48] Mintseris J, Wiehe K, Pierce B, Anderson R, Chen R, Janin J, Weng Z. Protein-protein docking benchmark 2.0: An update. Proteins: Structure, Function and Bioinformatics, 2005, 60(2): 214-216

[49] Xiang Z, Honig B. Extending the accuracy limits of prediction for side-chain conformations. Journal of Molecular Biology, 2001, 311(2): 421-430

[50] Petrey D, Honig B. Protein Structure Prediction: Inroads to Biology. Molecular Cell, 2005, 20(6): 811-819

[51] Tiwari A, Tiwari V. HBNG: Graph theory-based visualization of hydrogen bond networks in protein structures, 2007, 2(1): 28-30

[52] Lindauer K, Bendic C, Sühnel J. HBexplore--a new tool for identifying and analysing hydrogen bonding patterns in biological macromolecules. Comput Appl Biosci, 1996, 12(4): 281-289

[53] Fleming P J, Fitzkee N C, Mezei M, Srinivasan R, Rose G D. A Novel Method Reveals that Solvent Water Favors Polyproline II Over B-strand Conformation in Peptides and Unfolded Proteins: Conditional Hydrophobic Accessible Surface Area (CHASA). Protein Science, 2005, 14: 111-118

[54] Ezkurdia I, Bartoli L, Fariselli P, Casadio R, Valencia A, Tress M L. Progress and challenges in predicting protein-protein interaction sites. Brief Bioinform, 2009, 10(3): 233-246

[55] Wang J, Li C, Wang E, Wang X. Uncovering the rules for protein-protein interactions from yeast genomic data. PNAS. 2009, 106(10): 3752-3757

[56] Hakes L, Pinney J W, Robertson D L, Lovell S C. Protein-protein interaction networks and biology-what's the connection? Nat Biotech, 2008, 26(1): 69-72

[57] Kim P M, Sboner A, Xia Y, Gerstein M. The role of disorder in interaction networks: a structural analysis. Molecular Systems Biology, 2008, 4: 179

[58] Edwards A M, Kus B, Jansen R, Greenbaum D, Greenblatt J, Gerstein M. Bridging structural biology and genomics: Assessing protein interaction data with known complexes. Trends in Genetics, 2002, 18(10): 529-536

[59] Tong Y, Tempel W, Wang H, Yamada K, Shen L, Senisterra G A, Mackenzie F, Chishti A H, Park H W. Phosphorylation-independent dual-site binding of the fha domain of kif13 mediates phosphoinositide transport via centaurin alpha1. Proc Natl Acad Sci USA, 2010, 107: 20346

[60] Bao R, Zhou C Z, Jiang C, Lin S X, Chi C W, Chen Y. The ternary structure of the double-headed arrowhead protease inhibitor API-A complexed with two trypsins reveals a novel reactive site conformation. J Biol Chem, 2009, 284(39): 26676-26684

[61] Meenan N A G, Sharma A, Fleishman S J, MacDonald C J, Morel B, Boetzel R, Moore G R, Baker D, Kleanthous C. The structural and energetic basis for high selectivity in a high affinity protein-protein interaction. PNAS, 2010, 107(22): 10080-10085

[62] Tanaka K, Imajoh-Ohmi S, Sawada T, Shirai R, Hashimoto Y, Iwasaki S, Kaibuchi K, Kanaho Y, Shirai T, Terada Y, Kimura K, Nagata S, Fukui Y. A target of phosphatidylinositol 3,4,5-trisphosphate with a zinc finger motif similar to that of the ADP-ribosylation-factor GTPase-activating protein and two pleckstrin homology domains. Eur J Biochem, 1997, 245: 512-519

[63] Venkateswarlu K, Oatey P B, Tavaré J M, Jackson T R, Cullen P J Identification of centaurin-alpha1 as a potential in vivo phosphatidylinositol 3,4,5-trisphosphate-binding protein that is functionally homologous to the yeast ADP-ribosylation factor (ARF) GTPase-activating protein, Gcs1. Biochem J, 1999, 340: 359-363

[64] Durocher D, Taylor I A, Sarbassova D, Haire L F, Westcott S L, Jackson S P, Smerdon S J, Yaffe M B. The molecular basis of FHA domain: phosphopeptide binding specificity and implications for phosphodependent signaling mechanisms. Mol Cell. 2000, 6: 1169-1182

[65] Durocher D, Jackson S P. The FHA domain. FEBS Letters, 2002, 513(1): 58-66

[66] Hofmann K, Bucher P. The FHA domain: a putative nuclear signaling domain found in protein kinases and transcription factors. Trends Biochem Sci, 1995, 20: 347-349

[67] Hubbard S J, Thornton J M. NACCESS computer program. Department of Biochemistry and Molecular Biology, University College London, 1993

[68] Jones S, Thornton J M. Principles of protein-protein interactions. PNAS, 1996, 93(1): 13-20

[69] Fischer T B, Holmes J B, Miller I R, Parsons J R, Tung L, Hu J C, Tsai J. Assessing methods for identifying pair-wise atomic contacts across binding interfaces. Journal of Structural Biology, 2006, 153(2): 103-112

[70] Liao M F, Cao E H, Julius D, Cheng Y F. Structure of the TRPV1 ion channel determined by electron cryo-microscopy. Nature, 2013, 504: 107-112

[71] Lu P L, Bai X C, Ma D , Xie , Yan C Y, Sun L F, Yang G H, Zhao Y Y, Zhou R, Scheres Sjors H. W., Shi Y G. Three-dimensional structure of human γ-secretase. Nature, 2014, 512: 166-170

（龚新奇）

第 7 章　蛋白质分子对接打分函数设计

7.1　引　　言

从热力学的观点来看，蛋白质分子间的识别和相互作用是一个热力学平衡的过程，其形成的稳定复合物构象是结合自由能最低的构象。因此，采用结合自由能来评价通过对接得到的复合物结构无疑是最直接的方式。液相环境下，受体与配体形成复合物的过程中，结合自由能的变化（ΔG_{bind}）包括以下几项：

$$\Delta G_{\text{bind}} = \Delta H_{\text{gas}} - T\Delta S - \Delta G_{\text{solv}}^{\text{R}} - \Delta G_{\text{solv}}^{\text{L}} + \Delta G_{\text{solv}}^{\text{R-L}} \tag{7.1}$$

其中，R 和 L 分别代表受体和配体分子；ΔH_{gas} 为气相下分子对接过程中 R 和 L 的焓变；$\Delta G_{\text{solv}}^{\text{R}}$、$\Delta G_{\text{solv}}^{\text{L}}$ 和 $\Delta G_{\text{solv}}^{\text{R-L}}$ 分别为液相下受体、配体和复合物分子的溶剂化自由能变化；ΔS 表示对接过程中的熵变；T 为体系的绝对温度。由于使用式（7.1）计算熵变需要耗费大量的机时，且分子对接模拟过程将产生上百万个结合态结构，为了加快计算速度，常采用简化的方法计算结合自由能[1]，这在蛋白质-蛋白质分子对接中称之为打分函数[2]。

为推动蛋白质-蛋白质相互作用研究和分子对接方法的发展，欧洲生物信息学中心举办了蛋白质-蛋白质复合物结构预测竞赛（Critical Assessment of Prediction of Interactions，CAPRI）[3~5]。自 2001 年开始，到 2015 年 4 月已成功进行了 34 届国际蛋白质-蛋白质对接竞赛，大大促进了蛋白质-蛋白质分子对接方法的研究进展。目前，国际上相关领域的许多小组都在发展自己的打分函数，然而，从历次 CAPRI 竞赛结果看，参赛小组提交预测结构的排序结果仍然在一定程度上缺乏可靠性。因此，进一步改进打分函数和方法仍然是一个重要的目标。从 2005 年 CAPRI 第 8 轮竞赛开始，CAPRI 组委会增设了与结构预测竞赛平行的打分预测竞赛，充分显示了发展准确快速的打分方法的迫切性和重要性。本章将介绍蛋白质-蛋白质分子对接打分函数的国内外研究工作进展。

7.2　经典打分参量

传统的打分参量或打分项是蛋白质-蛋白质对接打分函数设计的基础，打分函数的性能也主要体现在对于打分参量的选取和优化上。目前常用的打分项主要包括：几何互补项，界面接触面积，范德华和静电项，统计成对偏好势。

7.2.1　几何互补项

根据“锁钥模型”，配体与受体分子会发生类似钥匙和锁的识别关系，这种识别关系主要依赖两者的几何匹配。实验结果发现，绝大多数蛋白质复合物配体与受体的相互作用界面上具有明显的几何互补特征。因此，在蛋白质-蛋白质对接方法研究的早期，几何互补性在复合物结构评价中占有至关重要的地位。一些早期对接算法的打分函数实际上仅包含几何互补项[6]。大量的对接模拟结果显示，几何互补打分用于结合态分子对接（bound docking）的结构评价效果很好，但用于自由态分子对接（unbound docking）的效果却并不理想，主要原因在于对接模拟中没有真实地考虑在结合过程中复合物所发生的构象变化。此外，并非所有的近天然结构都比错误结构具有更好的几何互补性。因此，现在的打分函数经常是综合考虑几何互补、能量互补等因素来筛选结构。但总体来看，几何互补性仍然是重要的对接结构评价指标。由于计算该项不太耗时，人们经常把它作为初步打分来预先排除掉一些不合理的结合模式，以减少下一步用精细而耗时的打分来评估结构的工作量。

几何互补性的计算方法随分子模型的不同而多样化。Katchalski-Katzir 等[7]在他们发展的 FTDock 打分函数中，将受体和配体分子投影到三维空间的网格中，定义两个离散函数来描述分子的空间构型，进而将几何互补性表示为两个离散函数的相关性，其表达式为

$$E_{\alpha,\beta,\gamma}=\sum_{l=1}^{N}\sum_{m=1}^{N}\sum_{n=1}^{N}\vec{a}_{l,m,n}\cdot\vec{b}_{l+\alpha,m+\beta,n+\gamma} \tag{7.2}$$

其中，$\vec{a}$ 和 $\vec{b}$ 分别是受体和配体的投影离散函数；N 是格点数；α，β，γ 分别是配体质心在三个坐标轴上偏离受体质心的格点步数。用快速傅里叶变换（fast Fourier transform，FFT）算法来加速相关函数的计算，从而提高了采样效率。由于 FFT 算法具有显著的高效性，现在已广泛应用在蛋白质-蛋白质分子对接程序中，如 ZDOCK[8]、DOT[9]和 3D-Dock[10]程序等。

另一个被广泛应用的几何互补性算法是几何哈希方法，这是来源于图像识别中的算法[11]。该算法包括预处理和识别两个过程。在预处理阶段，依据配体上的关键位点建立几何哈希表；在识别阶段，将受体的特征与配体进行匹配，根据匹配程度来确定配体的方位。该方法避免了对接采样过程中分子的平移和旋转操作，从而提高了计算速度。采用该方法的代表程序主要有 PatchDock[12]和 LZerD[13]等。

虽然几何互补的匹配方法有所区别，但对其好坏的评价标准还是比较统一的，即对分子间表面的接触给予奖励，对分子间内部的交叠给予罚分。另外，蛋白质分子在结合过程中往往会发生构象变化，该变化可以通过部分考虑软化分子表面的方式，以减少对分子间一定程度内部交叠的罚分。我们小组考虑了蛋白质分子表面具有较长侧链的氨基酸残基（Arg、Lys、Asp、Glu 和 Met）的柔性，在搭建分子模型时，适当减小了蛋白质分子表面上这 5 种氨基酸残基的半径，从而使它们在对接中与其他残基之间具有一定程度的可交叠性。该方法对自由态分子对接的结果有所改善[14]。

7.2.2　界面接触面积

界面接触面积是一个重要的结构评价指标。Janin 等统计了大量蛋白质-蛋白质复合物的界面面积，发现其大小在 12～16 nm^2 的范围之间变化[15]。Gardiner 等[16]已将该数

据用于对接算法中，他们假设复合物界面近似于球面，然后估计出 12～16 nm^2 球面所对应的球直径，并利用该直径参量来筛选近天然结构。Kuntz 等[17]的研究发现，结合能的绝对值开始会随着分子间接触面积的增加而增加，但是当结合能达到一定数值之后，其值将不再随界面面积增加而有明显的变化。这说明了将界面接触面积用作打分参量的合理性。在实际应用中，界面接触面积还常被用来衡量复合物界面的疏水效应。疏水效应在蛋白质-蛋白质结合过程中起着重要的作用，而且疏水区域往往对应着蛋白质的结合位点。溶剂可接近表面积（solvent accessible surface area，SASA）常被用于计算界面接触面积，许多打分函数还采用溶剂可接近表面积来计算蛋白质-蛋白质结合自由能中的溶剂化自由能[18~20]。Xiao 等[21]在其发展的 ASPDock 对接方法中，利用原子水化参数（ASP）模型来计算去水化自由能并用于打分，获得了比几何互补性打分更好的效果。

7.2.3 范德华与静电相互作用

范德华与静电相互作用在蛋白质-蛋白质相互作用与识别中起着至关重要的作用，可用理论公式对其相互作用进行定量计算。范德华相互作用可采用 6-12 形式的 Lennard-Jones 势来描述，即

$$E_{\mathrm{vdW}}=\varepsilon_{ij}\left[\left(\frac{r_{m,ij}}{r_{ij}}\right)^{12}-2\left(\frac{r_{m,ij}}{r_{ij}}\right)^{6}\right] \tag{7.3}$$

其中，r_{ij} 为原子 i 和 j 之间的距离；$r_{m,ij}$ 为范德华半径之和；ε_{ij} 是势阱深乘积的平方根。Baker 等在 RosettaDock 程序中就采用了这一函数形式[22]，并将范德华相互作用分成范德华排斥项和吸引项。为了使范德华能不至于在原子间距离太近时产生过大的数值，他们还对该函数形式进行了特殊的平滑处理。

静电相互作用可以通过多种不同的方法和程序来计算。一些分子模拟软件包，如 Delphi[23]、GRASP[24]和 UHBD[25]等，通过求解泊松-玻尔兹曼方程来计算静电相互作用，但计算速度相对较慢。分子对接模拟往往采用简单快速的静电计算方法，如静电库仑势：

$$E_{\mathrm{ele}}=\frac{q_i q_j}{4\pi\varepsilon_r r_{ij}} \tag{7.4}$$

其中，ε_r 为介电常数；r_{ij} 为原子 i 和 j 之间的距离；q_i，q_j 分别为原子 i 和 j 的电荷。BiGGER 算法[26]采用的是点电荷库仑相互作用势，原子的电荷参数来自 Amber 力场[27]；在 3D-Dock[10]、DOT[9]和 ZDock[8]对接方法中，静电势变为两个离散函数相关性的形式，并通过快速傅里叶变换（FFT）方法来加速静电能的计算；RosettaDock 程序[22]对静电项进行了细致的拆分，分为短程静电吸引、短程静电排斥、长程静电吸引和长程静电排斥 4 项。

7.2.4 统计成对偏好势

统计成对势是一个纯粹的经验势。为了获得该统计势，首先要建立蛋白质-蛋白质复合物非冗余结构数据库，然后统计界面上各种氨基酸（或原子）的成对偏好性，最后

根据玻尔兹曼关系导出氨基酸（或原子）的统计成对势。该偏好势通常采用复合物界面上某氨基酸（或原子）实际成对出现的概率除以某一参考态下的期望概率。不同的成对偏好势间的差异主要体现在粗粒化程度、参考态的选取以及用于统计的数据集的不同。Moont 等[28]的残基成对势函数为

$$\mathrm{Score}_{i,j} = \mathrm{Score}_{j,i} = \log(c_{i,j} / \mathrm{e}_{i,j}) \tag{7.5}$$

其中，$c_{i,j}$ 定义为残基 i 和 j 的 C_β 原子间距离在给定截断半径之内的接触数量；$\mathrm{e}_{i,j}$ 为期望的接触对数量。每一个接触对的分值被认为是该配对发生可能性的一个统计度量。因为这里是将接触对发生概率取对数值，所以一个构象所有出现的可能性为单个接触对得分的加和。

当不同类型原子 i 与 j 间的距离在给定的截断半径之内时，则认为这两个原子相互接触并存在原子水平的接触势。Weng[29]、Vajda[30]及 Zhou[31]小组分别统计了原子成对偏好势，并将其用于分子对接的初步打分。为了减少全局搜索时成对偏好势的计算量，常采用主成分分析方法来处理原始的成对偏好势，一般采用 2～4 个主成分便可以得到较好的结果。此外，迭代的统计势方法[32, 33]以及多体统计势[34]也逐步被应用到蛋白质-蛋白质分子对接，显示出较好的区分效果。

7.3 常用蛋白质分子对接软件中打分函数的设计

表 7-1 列出了目前国际上常用的蛋白质-蛋白质分子对接方法所采用的打分函数的主要特点。这里我们选择三个具有代表性的对接软件：ZDOCK、RosettaDock 和 HADDOCK，并对其打分函数的组成和设计进行介绍。

表 7-1 常用蛋白质分子对接程序打分方法比较

软件	打分项	打分策略	辅助信息	研究机构
3D-Dock[10]	几何互补，静电和残基成对势函数	多阶段打分	界面残基对过滤	英国皇家癌症研究基金会（通讯：Sternberg）
ZDOCK[8]	几何互补，静电，范德华，残基成对势函数	多阶段打分 组合打分	选择结合界面残基或非界面残基	美国波士顿大学（通讯：Weng）
BiGGER[26]	几何互补，静电和去溶剂化能	多阶段打分 组合打分	无	葡萄牙新里斯本大学（通讯：Palma）
RosettaDock[22, 35]	范德华，去溶剂化，氢键，静电和残基成对势函数	多阶段打分 组合打分	结合位点约束过滤	美国华盛顿大学（通讯：Baker）
DOT[9]	几何互补和静电势	组合打分	无	圣地亚哥超级计算中心（通讯：Mandell）
HADDOCK[36, 37]	范德华，静电势，包埋表面面积，去溶剂化能和模糊相互作用约束项	组合打分	核磁共振信息	荷兰乌特勒支大学（通讯：Bonvin）
ICM-DOCK[38]	范德华，静电，溶剂化，氢键和疏水能	多阶段打分 组合打分	无	Molsoft 公司（通讯：Abagyan）
PatchDock[12]	几何互补和原子去溶剂化能	多阶段打分	结合位点残基	以色列特拉维夫大学（通讯：Wolfson）

7.3.1 ZDOCK 打分函数

ZDOCK 软件由美国波士顿大学的研究小组开发完成[8]。ZDOCK 采用快速傅里叶变换方法进行刚性对接，对接结构采用几何互补、去溶剂化能和静电相互作用进行粗略的打分筛选。为了更准确地评价打分结果，后续发展的 ZRANK 采用了更精确的打分方法[39]，其打分函数的表达式为

$$\begin{aligned}\text{Score} &= w_{\text{vdW\_a}} \cdot E_{\text{vdW\_a}} + w_{\text{vdW\_r}} \cdot E_{\text{vdW\_r}} + w_{\text{elec\_sra}} \cdot E_{\text{elec\_sra}} + w_{\text{elec\_srr}} \cdot E_{\text{elec\_srr}} \\ &\quad + w_{\text{elec\_lra}} \cdot E_{\text{elec\_lra}} + w_{\text{elec\_lrr}} \cdot E_{\text{elec\_lrr}} + w_{\text{ds}} \cdot E_{\text{ds}}\end{aligned} \tag{7.6}$$

其中，$E_{\text{vdW\_a}}$、$E_{\text{vdW\_r}}$ 为范德华吸引和排斥能项；$E_{\text{elec\_sra}}$、$E_{\text{elec\_srr}}$ 为短程静电吸引和排斥能；$E_{\text{elec\_lra}}$、$E_{\text{elec\_lrr}}$ 为长程静电吸引和排斥能；E_{ds} 为去溶剂化能。相应的权重参数 $w_{\text{vdW\_a}}$ 为 1.0，$w_{\text{vdW\_r}}$ 为 0.009，$w_{\text{elec\_sra}}$ 为 0.31，$w_{\text{elec\_srr}}$ 为 0.34，$w_{\text{elec\_lra}}$ 为 0.44，$w_{\text{elec\_lrr}}$ 为 0.50，w_{ds} 为 1.02。在打分后期，还可以采用 RDOCK[40]对排在前 2000 位的对接结构进行进一步能量优化，以消除原子交叠。

与 ZDOCK 类似的方法还有 3D-Dock[10]、DOT[9]、BiGGER[26]、PIPER[30]、PatchDock[12]等程序，这些程序由于采用了快速傅里叶变换（FFT）方法或其他几何互补计算方法，都能够进行全空间搜索和快速打分评价，在不确定结合部位信息的情况下往往也能够取得较好的结果。但这类程序在搜索的初始阶段无法考虑蛋白质结构的柔性，如果蛋白质对接过程中的柔性较大，会影响最后的打分结果。

7.3.2 RosettaDock 打分函数

RosettaDock 软件由美国华盛顿大学 Baker 小组开发完成[22, 35]。RosettaDock 程序采用蒙特卡洛算法优化分子结构，包括侧链包被、刚性最小化和最终评分过程，不同的阶段采取不同的打分函数进行评价。其打分函数的表达式为

$$\begin{aligned}\text{Score} &= w_{\text{atr}} \cdot E_{\text{atr}} + w_{\text{rep}} \cdot E_{\text{rep}} + w_{\text{sol}} \cdot E_{\text{sol}} + w_{\text{sasa}} \cdot E_{\text{sasa}} + w_{\text{hb}} \cdot E_{\text{hb}} + w_{\text{dun}} \cdot E_{\text{dun}} \\ &\quad + w_{\text{pair}} \cdot E_{\text{pair}} + w_{\text{elec}}^{\text{sr-rep}} \cdot E_{\text{elec}}^{\text{sr-rep}} + w_{\text{elec}}^{\text{sr-atr}} \cdot E_{\text{elec}}^{\text{sr-atr}} + w_{\text{elec}}^{\text{lr-rep}} \cdot E_{\text{elec}}^{\text{lr-rep}} + w_{\text{elec}}^{\text{lr-atr}} \cdot E_{\text{elec}}^{\text{lr-atr}}\end{aligned} \tag{7.7}$$

其中，E_{atr} 和 E_{rep} 为范德华吸引和排斥项；E_{sol} 为隐含溶剂化能；E_{sasa} 为基于溶剂可接近表面面积的溶剂化能；E_{hb} 为氢键评分；E_{dun} 为转角概率项；E_{pair} 为残基成对势；$E_{\text{elec}}^{\text{sr-atr}}$ 和 $E_{\text{elec}}^{\text{sr-rep}}$ 分别为短程静电吸引和排斥项；$E_{\text{elec}}^{\text{lr-atr}}$ 和 $E_{\text{elec}}^{\text{lr-rep}}$ 分别为长程静电吸引和排斥项。具体的权重参数见表 7-2。

表 7-2 RosettaDock 打分函数的权重

打分项	权重		
	侧链包被	刚性最小化	最终评分
范德华排斥项	0.800	0.338	0.080
范德华吸引项	0.800	0.338	0.338
隐含溶剂化能	0.800	0.279	0.279

续表

打分项	权重		
	侧链包被	刚性最小化	最终评分
基于表面面积的溶剂化能	—	—	0.344
氢键评分	2.100	0.441	0.441
转角概率项	0.790	0.069	0.069
残基成对势	0.660	0.164	0.164
静电短程排斥项	—	0.025	0.025
静电短程吸引项	—	0.025	0.025
静电长程排斥项	—	0.098	0.098
静电长程吸引项	—	0.002	0.002

注："—" 表明该打分项没有被打分函数包含。

与 RosettaDock 程序类似的方法有 ICM-Dock[38]等程序，这些程序都采用了更为精确、复杂的能量函数，通过蒙特卡洛等算法能够进行局部搜索和侧链优化。在对接方位比较确定的情况下，往往能够取得较好的对接效果，如 Weng 等也采用了 RosettaDock 的评分方法对 ZDOCK 程序对接后的结构进行局部调整[41]。但如果完全没有任何结合位点信息，这些方法可能需要搜索较长时间，或者容易陷入局部极小。

7.3.3　HADDOCK 打分函数

HADDOCK 软件由荷兰乌特勒支大学的 Bonvin 小组开发完成[37]。HADDOCK 程序将能量优化和分子动力学模拟相结合来进行分子对接。首先通过刚性能量优化和半柔性模拟退火进行构象搜索，然后采用显含水的分子动力学模拟进行进一步的结构改进。打分函数的表达式为

$$\text{Score} = w_{\text{vdW}} \cdot E_{\text{vdW}} + w_{\text{elec}} \cdot E_{\text{elec}} + w_{\text{AIR}} \cdot E_{\text{AIR}} + w_{\text{BSA}} \cdot E_{\text{BSA}} + w_{\text{desolv}} \cdot E_{\text{desolv}} \tag{7.8}$$

其中，E_{vdW} 为范德华项；E_{elec} 为静电相互作用；E_{AIR} 为模糊相互作用约束项；E_{BSA} 为包埋表面面积；E_{desolv} 为去溶剂化能。权重参数由表 7-3 列出。

表 7-3　HADDOCK 打分函数的权重参数

打分项	权重		
	刚性对接	半柔性改进	显含水改进
范德华项	0.01	1.00	1.00
静电相互作用	1.00	1.00	0.20
模糊相互作用约束项	0.01	0.10	0.10
包埋表面面积	-0.01	-0.01	—
去溶剂化能	1.00	1.00	1.00

注："—" 表明该打分项没有被打分函数包含。

HADDOCK 程序的特点是在打分项中引入位点约束信息（即 AIR 项），还采用精确的显含水的分子动力学模拟进行结构优化。由于过程中考虑了实验信息和水的影响，在

实验信息确定的对接测试中，可以快速向正确结构收敛，并得到非常准确的复合物结构。但如果实验信息缺乏，打分效果将会受到影响。

7.4 打分函数设计实例

本小组在打分函数设计方面也进行了一些研究工作，主要包括基于蛋白质类型的组合打分函数[42]、基于结合位点信息的打分函数[43]，以及基于网络参量的打分函数[44, 45]，下面将对这些打分函数的组成和设计进行介绍。

7.4.1 基于蛋白质类型的组合打分函数

对已知蛋白质复合物界面特征的研究表明[46, 47]，蛋白酶/抑制剂、抗原/抗体，以及其他类复合物在氨基酸组成、疏水性和静电性方面都有明显的不同。我们选取 64 个蛋白质-蛋白质复合物进行对接模拟[48, 49]。根据复合物的界面性质，将 64 个复合物划分为 4 种类型，即蛋白酶/抑制剂、抗原/抗体、其他酶/抑制剂和其他类型复合物。应用 FTDock 程序[7]对所有蛋白质-蛋白质复合物进行了结合态（bound）和自由态（unbound）的对接，最终保留 30 000 个对接结构用于下一步打分评价。

基于复合物类型的打分函数组合了统计势和基于知识的势函数，公式如下：

$$\text{ComScore} = w_1\text{RP} + w_2\text{ACE} + w_3V_{\text{attr}} + w_4V_{\text{rep}} + w_5E_{\text{sa}} + w_6E_{\text{sr}} + w_7E_{\text{la}} + w_8E_{\text{lr}} \tag{7.9}$$

其中，RP 是界面残基成对偏好性；ACE 是原子接触势；V_{attr} 和 V_{rep} 是范德华吸引和排斥势能；E_{sa} 和 E_{sr} 是静电短程吸引和排斥势能；E_{la} 和 E_{lr} 是静电长程吸引和排斥势能。应用多元线性回归方法优化组合函数的权重。将 64 个蛋白质复合物分子分成两个训练集，其中 58 个蛋白质复合物作为训练集 1，剩下的 6 个蛋白质复合物作为训练集 2。采用训练集 1 中的复合物分子的 Bound 对接结果的前 2000 个最小 L_RMSD 的对接结构来拟合打分函数权重系数。

按照上面划分的 4 类复合物，不同复合物类型的组合打分函数的权重用多元线性回归的方法得到（表 7-4）。

表 7-4 组合打分函数的权重*

打分	RP 项	ACE 项	V_{attr} 项	V_{rep} 项	E_{sa} 项	E_{sr} 项	E_{la} 项	E_{lr} 项
蛋白酶/抑制剂（19 个复合物体系）								
S1_1	−0.267	0.107	0	0	0	0	0	0
S1_2	−0.310	0	0.277	0	0	0	0	0
S1_3	−0.299	0	0	0.0094	0	0	0	0
S1_4	−0.308	0	0.338	0.131	0	0	0	0
S1_5	***−0.282***	***0.105***	***0.0789***	***0.114***	***0.0637***	***0.0562***	***0.0777***	***0.0753***
S1_6	0	0.115	0.0762	0.121	0.0808	0.0842	0.0982	0.0962

续表

打分	RP 项	ACE 项	V_{attr} 项	V_{rep} 项	E_{sa} 项	E_{sr} 项	E_{la} 项	E_{lr} 项
				抗原/抗体　(20 个复合物体系)				
S2_1	-0.254	0.0228	0	0	0	0	0	0
S2_2	-0.227	0	0.416	0	0	0	0	0
S2_3	-0.232	0	0	0.0429	0	0	0	0
S2_4	-0.223	0	0.485	0.154	0	0	0	0
S2_5	***-0.208***	***0.0364***	***0.112***	***0.128***	***0.0602***	***0.0628***	***0.0754***	***0.0718***
S2_6	0	0.0275	0.303	0.142	0.0585	0.0751	0.0766	0.0730
				酶/抑制剂　(8 个复合物体系)				
S3_1	-0.442	0.0697	0	0	0	0	0	0
S3_2	-0.473	0	0.350	0	0	0	0	0
S3_3	-0.452	0	0	0.0498	0	0	0	0
S3_4	-0.471	0	0.392	0.101	0	0	0	0
S3_5	***-0.353***	***0.191***	***0.212***	***0.235***	***0.0388***	***0.0424***	***0.0945***	***0.0876***
S3_6	0	0.0794	0.2165	0.0856	0.0601	0.0772	0.1235	0.120
				其他（17 个复合物体系）				
S4_1	-0.320	0.0756	0	0	0	0	0	0
S4_2	-0.379	0	0.370	0	0	0	0	0
S4_3	-0.360	0	0	0.0629	0	0	0	0
S4_4	-0.376	0	0.416	0.0929	0	0	0	0
S4_5	-0.296	0.0918	0.2013	0.0884	0.0319	0.0375	0.0617	0.0589
S4_6	***0***	***0.0887***	***0.288***	***0.0989***	***0.0413***	***0.0580***	***0.0817***	***0.0791***

*RP 是界面残基成对偏好性；ACE 是原子接触势；V_{attr} 和 V_{rep} 是范德华吸引和排斥势能；E_{sa} 和 E_{sr} 是静电短程吸引和排斥势能；E_{la} 和 E_{lr} 是静电长程吸引和排斥势能。加黑斜体表示评分能力最好的打分函数。

图 7-1 显示了各项打分函数对每一类复合物的预测成功率。结果显示，四组基于复合物类型的组合打分函数都比单一项打分函数的成功率要高。对于蛋白酶/抑制剂类型复合物，S1_5 的评分能力明显优于其余函数，保留 1000 个对接结构时，其预测成功率达到 0.75 以上。这说明该打分函数能有效地反映这类复合物分子结合的能量变化关系，分类方法使得此类复合物的共同特征得以显现。对于抗原/抗体复合物，不同打分函数的对接结果的预测成功率持平，组合打分函数 S2_5 对近天然构象的区分能力略优于其他函数。部分原因是由于在对接过程中利用抗体的 CDR 生物信息进行初步过滤。S3_5 和 S3_6 在区分酶/抑制剂类型复合物的近天然构象时，成功率明显优于其他打分函数，但是二者预测能力并没有明显差异。出现这一现象的原因是这类复合物集合的数目太少，由于选取复合物将同时要求其具有复合物结构和单体结构，所以在很大程度上限制了此类复合物集合的个数。随着这类复合物的试验数据的增加，基于此类型的组合打分函数的预测能力也会更完善。对于其他类复合物，虽然组合打分函数 S4_6 的成功率要明显优于其他函数，但是与另外三类复合物的组合打分函数相比，其预测能力比较低，保留 1000 个对接结构的成功率只有 0.46。这类复合物是一个包含了除前三者以外的其他生物复合体类型，是一种特殊的混杂集合，也是蛋白质分子对接预测中的难点。

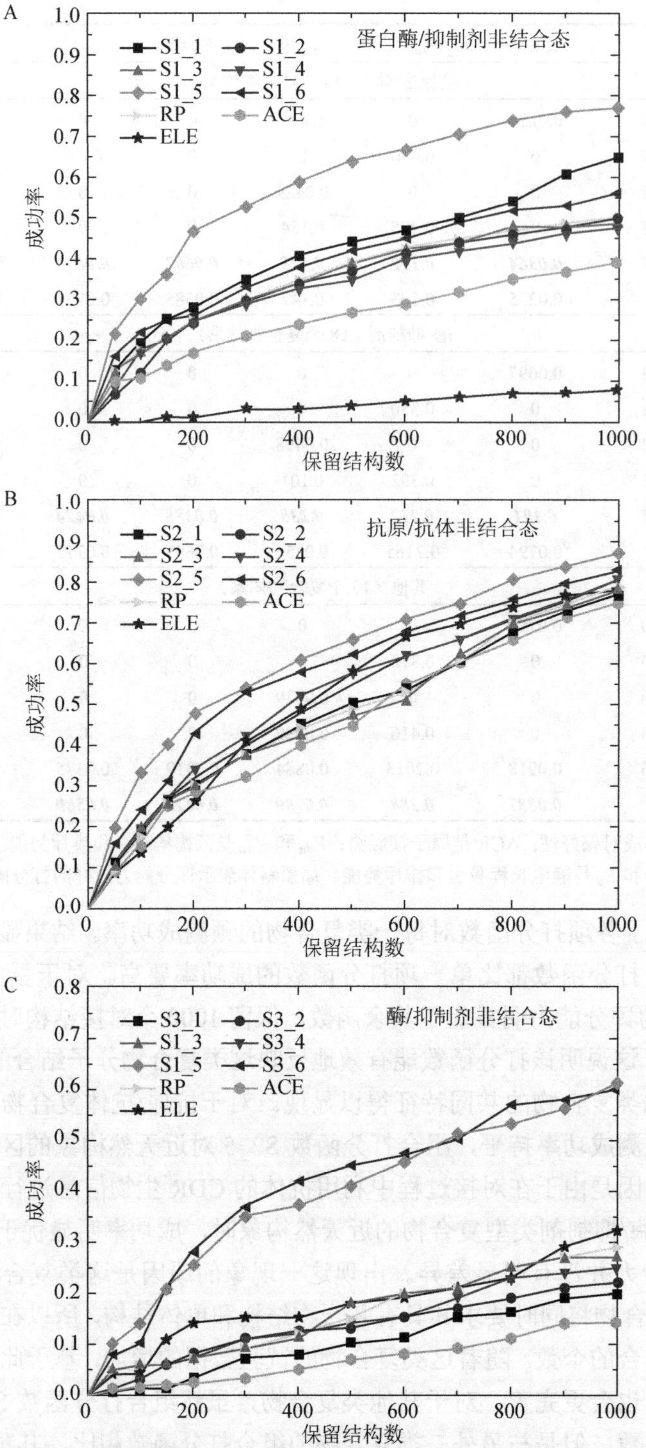

图 7-1　组合打分函数对蛋白酶/抑制剂（A）抗原/抗体（B）酶/抑制剂（C）以及其他类型（D）蛋白复合物的非结合态对接结果的预测能力

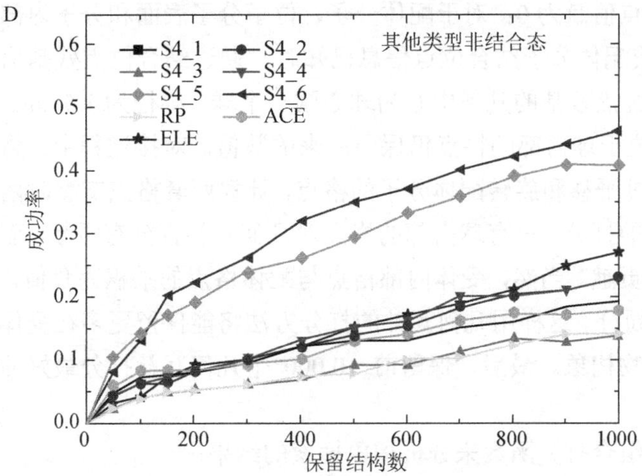

图 7-1　（续）

表 7-5 显示了与其他一些打分函数的比较。与 ZDOCK2.3 程序[50]所用打分函数以及 DFIRE[51]打分函数相比，我们发展组合打分函数的预测能力也有一定的提高。对于蛋白酶/抑制剂、抗原/抗体复合物，组合打分函数的预测成功率比 ZDOCK2.3 的打分函数和 DFIRE 打分函数要好。对于其他酶/抑制剂、其他类型复合物，组合打分函数的预测成功率与这两个打分函数的预测水平基本类似。ComScore 被应用于 CAPRI 的第 9～12 轮的打分比赛，通过实际的比赛来检验打分函数的效果[52]。在打分比赛中，Target T25 的打分预测结果为中等的和可接受的结构，其中的中等结构在所有预测打分小组中排名第 1。Target T27 也获得了一个可接受的预测结果。

表 7-5　基于复合物类型的组合打分函数与其他打分函数的比较

类型	成功率 a		
	组合打分 b	ZDOCK2.3 打分函数 c	DFIRE 打分函数 c
蛋白酶/抑制剂	17/19	11/16	11/16
抗原/抗体	14/20	4/15	7/15
酶/抑制剂	6/8	5/6	4/6
其他	7/12	4/6	4/6

a．成功率表示在前 50 个结果中有一个 Hit 结构的体系数量和总复合物体系数量的比率；b．复合物类型依赖的组合打分函数；c．结果来自参考文献[51]

7.4.2　基于结合位点信息的打分函数

在分子对接的打分函数设计中加入生物学信息可以有效地提高预测的成功率[53, 54]。基于结合位点信息的蛋白质-蛋白质打分方法是在 FTDock 分子对接程序[55]的基础上修改完成的，具体是在对接的几何评分中考虑了结合位点的生物学信息。在 FTDock 程序中，将位于受体分子表面的格点值赋为 1，位于受体分子内部格点值赋为−15，对于受体分子外部的格点值赋为0；对于配体分子，位于分子表面和分子内部的格点值都赋为1。当受体分子或配体分子结合位点信息已知时，通过结合位点残基信息来调整格点值的设置。以结合位点残基的几何中心为球心画一个球，半径为1.5 nm。将位于球外部的格点设置为0，位于球内部的格点仍保留原来的数值。对接过程中，将受体格点放置在原点坐标上，通过平移和旋转配体分子的格点，计算两套格点交叠时两个格点值的乘积来进行几何互补的打分。只有球内部的格点对几何互补打分有贡献，而球外部的格点对几何互补打分无贡献。当然，受体内部格点与配体格点的乘积为负值，互补打分不但无贡献，而且还要罚分。这样用几何互补的打分方法将能保留更多在受体或配体分子结合位点表面的复合物构象。最后，保留前 10 000 个几何互补打分最好的采样构象用于打分评价。

采用如下的组合打分函数来分析构象搜索的结果：

$$\text{Score} = \text{SC} \times 0.01 + \text{RP} \times 0.45 + \text{ACE} \times 0.35 + \text{ELE} \times 0.80 + V_{\text{attr}} + V_{\text{rep}} \qquad (7.10)$$

其中，SC 和 RP 分别表示 FTDock 计算的几何互补打分和界面残基成对偏好性（interface residue pairing preferences）[27]。ACE、ELE、V_{attr}、V_{rep} 分别表示体系的去溶剂化自由能[52]、分子间的静电相互作用能、范德华吸引势和排斥能。

选用 10 个复合物体系，这些复合物取自 2003～2004 年 CAPRI 国际竞赛上提供的预测蛋白复合物分子（http://capri.ebi.ac.uk）。其中，T09 的单体在结合时发生大的构象变化（主链 RMSD 大于 1.0 nm），目前的 MD 模拟方法还很难模拟出其结合前后的构象变化；T10 是一个对称三聚体结构，最好利用对称性来进行分子对接，所以在我们的数据集中没有考虑这两个体系。

表 7-6 比较了常规几何打分和基于结合位点信息的打分的结果。每个例子保留了 10 000 个打分结果。对所有目标复合物，基于结合位点信息的打分方法都比常规几何打分得到了更多近天然构象，而且得到最优结构的 L_RMSD 值在每个例子中均有所下降。这表明基于结合位点的打分方法相对于常规几何打分方法具有更强的区分能力。对于抗原-抗体复合物 T19 的打分评价，运用该方法显著改善了打分效果，近天然构象数从 4 个增加到了 131 个，最好的近天然构象的 L_RMSD 也从 0.66 nm 降低到 0.32 nm。获得这一成功主要基于以下两个原因：第一，两个分子界面面积比较小，相对容易选择合适的半径使球体覆盖整个抗体的相互作用表面。如图 7-2 所示，在常规的几何打分过程中，抗原分子的质心散落在抗体分子的周围；而在我们的打分方法中，抗原分子的质心更多的集中在抗体的结合位点附近。第二，该体系构象变化较小。抗体结构直接来自复合物的晶体结构，抗原则根据同源的 NMR 结构进行模建，模建结构相对复合物的晶体结构的主链 RMSD 小于 0.2 nm。

表 7-6　常规几何打分与基于结合位点信息的打分结果的比较

复合物	常规几何打分 [a]		基于结合位点信息的打分 [a]				
	Hits 数量	最佳 L_RMSD	Hits 数量	最佳 L_RMSD	排序	L_RMSD	选择的重要残基
T08	1	0.71	15	0.35	39	0.53	A73Asp, A75Asn, A77Val, A92Tyr
T11	10	0.55	20	0.23	25	0.93	B11Ser, B12Thr, B18Lys, B45Ser, B46Thr
T12	96	0.08	388	0.11	5	0.39	B11Ser, B12Thr, B18Lys, B45Ser, B46Thr
T13	7	0.51	34	0.44	9	0.34	H92Asn, H94Leu, L603Tyr, L601Thr
T14	0	1.90	3	0.45	1	0.87	B35Lys, B36Val, B37Lys, B38Phe
T15	7	0.84	25	0.76	6	0.99	A611His
T16	2	0.96	6	0.65	1	0.87	B84Trp, B128Glu, B274Trp
T17	0	1.17	4	0.66	118	0.96	B119Gln, B121Val, B122Asn, B129Thr, B131Thr, B133Asn
T18	0	1.35	53[b]	0.29[b]	15[b]	0.67[b]	B119Gln, B121Val, B122Asn, B129Thr, B131Thr, B133Asn
T19	4	0.66	131	0.32	8	0.76	H94Arg, H95Gly, H96Thr, L94Phe, L95Pro, L96Gln

a．L_RMSD 的单位为 nm；b．多构象对接结果

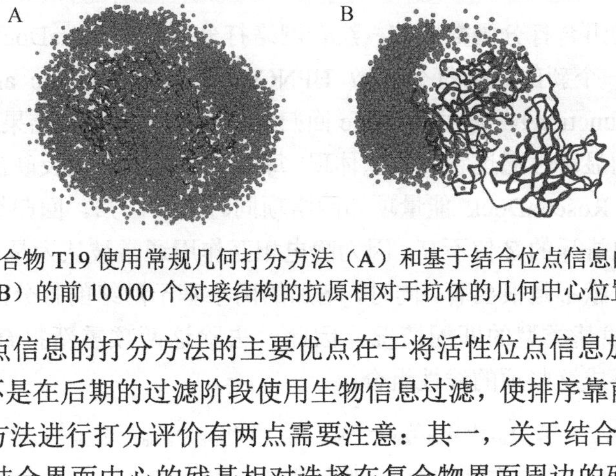

图 7-2　复合物 T19 使用常规几何打分方法（A）和基于结合位点信息的打分方法（B）的前 10 000 个对接结构的抗原相对于抗体的几何中心位置

基于结合位点信息的打分方法的主要优点在于将活性位点信息加入到分子对接的几何评分中，而不是在后期的过滤阶段使用生物信息过滤，使排序靠前的近天然构象数目增多。运用该方法进行打分评价有两点需要注意：其一，关于结合位点残基的选择，选择位于复合物结合界面中心的残基相对选择在复合物界面周边的残基的对接结果要更好些；其二，关于结合位点的球半径的选择，如果结合位点的球半径设置过大，将削弱生物信息约束能力，而半径设置过小也会导致采样不充分。

7.4.3　基于网络参量的打分函数

在蛋白质-蛋白质相互作用机理和对接预测研究中，蛋白质拓扑结构是很重要的因素，分析蛋白质复合物的拓扑结构将为蛋白质-蛋白质相互作用的研究提供启示。最近，

小世界网络方法已经成为研究蛋白质结构-功能关系的一个有力的几何拓扑工具。我们分别研究蛋白质-蛋白质复合物的疏水氨基酸网络和亲水氨基酸网络，并从网络的观点分析了蛋白质-蛋白质相互作用的机制。

首先将 20 种氨基酸分成两类[56]，疏水残基包括 Ile、Leu、Val、Phe、Met、Trp、Cys、Tyr、Pro 和 Ala，亲水残基包括 Gly、Lys、Thr、Ser、Gln、Asn、Glu、Asp、Arg 和 His。蛋白质复合物结构被分成两个无向网络，这样能够更好地描述残基类型的互补性。一个是疏水氨基酸网络，疏水残基作为节点，残基间的原子接触是边；另一个是亲水氨基酸网络，亲水残基作为节点，它们之间的原子接触是边。原子接触定义为两个不同残基之间任何两个原子的距离小于 0.5 nm[57]。为了区分不同的复合物构象，定义了两个基于网络的打分项。疏水相互作用项 S_{hnscore} 和极性相互作用项 S_{pnscore} 分别为

$$S_{\text{hnscore}} = \frac{\sum_{i}^{N^h} K_i^h}{L^h} \tag{7.11}$$

和

$$S_{\text{pnscore}} = \frac{\sum_{i}^{N^p} K_i^p}{L^p} \tag{7.12}$$

其中，K_i^h 是疏水网络界面残基 i 的度值；N^h 是界面残基数；L^h 是特征路径长度。类似的 K_i^p 是亲水网络界面残基 i 的度值；N^p 是界面残基数；L^p 是特征路径长度。

为了与通常的组合打分函数比较，组合网络打分项与 RosettaDock 打分函数的其他能量项[22]，得到一个新的组合打分函数 HPNCscore（hydrophobic and polar networks combined scoring function）。采用 Logistic 回归来拟合权重，回归结果展示在表 7-7 中。打分函数每一项的显著性通过它的权重体现，每一项权重的 Z 值反映出该项在打分函数中的贡献。首先，RosettaDock 能量项和网络项同时进行回归。回归结果显示，短程静电吸引和短程静电排斥的 Z 值不高。因为静电相互作用通常被认为是长程相互作用，因此短程打分项的贡献不是很显著。同时，增加的两个基于网络的打分函数项能够直观地考虑整个几何和残基类型的匹配情况。因此，去除这两项重新拟合权重，打分函数 HPNCscore 可以写成这些项的线性组合：

$$\begin{aligned} S_{\text{hpncscore}} &= w_{\text{rep}}S_{\text{rep}} + w_{\text{atr}}S_{\text{atr}} + w_{\text{sol}}S_{\text{sol}} + w_{\text{hbsc}}S_{\text{hbsc}} + w_{\text{hbbb}}S_{\text{hbbb}} + w_{\text{dun}}S_{\text{dun}} + w_{\text{pair}}S_{\text{pair}} \\ &\quad + w_{\text{sasa}}S_{\text{sasa}} + w_{\text{elec}}^{\text{lr-rep}}S_{\text{elec}}^{\text{lr-rep}} + w_{\text{elec}}^{\text{lr-atr}}S_{\text{elec}}^{\text{lr-atr}} + w_{\text{hnscore}}S_{\text{hnscore}} + w_{\text{pnscore}}S_{\text{pnscore}} \end{aligned} \tag{7.13}$$

其中，S_{rep} 是范德华排斥项；S_{atr} 是范德华吸引项；S_{sol} 是溶剂化项；S_{hbsc} 是侧链氢键项；S_{hbbb} 是主链氢键项；S_{dun} 是转子概率项；S_{pair} 是残基成对能量项；S_{sasa} 是基于表面面积的溶剂化项；$S_{\text{elec}}^{\text{lr-rep}}$ 是长程静电排斥项；$S_{\text{elec}}^{\text{lr-atr}}$ 是长程静电吸引项；S_{hnscore} 是疏水网络项；S_{pnscore} 是极性网络项。HPNCscore 与 RosettaDock 具有相同的项数，可以进行比较。

表 7-7　打分函数 HPNCscore 的权重

打分项	回归 1		回归 2	
	权重	Z 值	权重	Z 值
范德华排斥项	0.016	11.604	0.016	11.489
范德华吸引项	0.126	17.577	0.126	17.544
隐含溶剂化能	0.061	5.820	0.063	6.031
氢键（SC）[a]	0.187	18.629	0.187	18.688
氢键（BB）[b]	0.386	17.462	0.388	17.565
转角概率项	0.088	13.871	0.088	13.906
残基成对势	0.218	8.073	0.214	8.377
基于表面面积的溶剂化能	0.168	15.011	0.170	15.138
静电短程排斥项	−0.005	−1.126	—	—
静电短程吸引项	0.026	1.633	—	—
静电长程排斥项	0.037	3.740	0.036	3.689
静电长程吸引项	0.112	7.342	0.118	7.921
疏水网络打分项	0.097	10.563	0.097	10.579
极性网络打分项	0.045	4.899	0.044	4.795

a. SC 表示侧链；b. BB 表示主链。

"—" 表明该打分项没有被打分函数包含。

数据集包含来自 benchmark 2.0[58]的 42 个二体复合物结构。为了考察两个单体网络的重连效应，选择仅有单链的单体蛋白质结构。因此，数据集包含 18 个酶/抑制剂类型和 24 个其他类型。由于抗原/抗体类型具有抗体互补决定簇，所以被排除出该数据集。这些复合物的氨基酸数量从 126 到 915。为了评价打分函数的正确性，对每一个体系，采用 RosettaDock1.0 程序[22]分别产生 1000 个结合态结构和自由态结构。从结合态和自由态对接结构的比较中发现，HPNCscore 显示出比 RosettaDock 打分函数相对有效的区分能力。然而，为验证其可靠的扩展能力，函数需要在测试集上具有好的表现能力。因此，需要更多的关注 20 个测试蛋白质和 42 个自由态结构。如表 7-8 所示，采用 RosettaDock 打分函数在测试蛋白质上，总的有效数是 135，而 HPNCscore 是 152，数量增加了 12.6%。同时，采用 RosettaDock 打分函数在自由态结构上，总的有效数是 105，而 HPNCscore 是 125，数量增加了 19.0%。因此，HPNCscore 在区分能力上比 RosettaDock 打分函数提高了 12%。

表 7-8　打分函数区分能力比较

	结合态		自由态	
	RosettaDock 打分	HPNCscore 打分	RosettaDock 打分	HPNCscore 打分
酶/抑制剂类型				
Hit 体系数量[a]	16	16	17	20
Hit 排第一体系数量[b]	12	13	13	15

续表

	结合态		自由态	
	RosettaDock 打分	HPNCscore 打分	RosettaDock 打分	HPNCscore 打分
其他类型				
Hit 体系数量	12	14	7	9
Hit 排第一体系数量	8	10	3	4
总 Hits 数量 c	116/135/251d	148/152/300	105	125

a．第一个 Hit（结合态标准为 L_RMSD≤0.4 nm，自由态标准为 L_RMSD≤0.5 nm）结构被排在前 10 的体系数量；b．Hit 结构被排在第 1 位的体系数量；c．打分函数能够找到的总的 Hit 数量；d．第 1 个数字表示 22 个训练体系中的 Hit 数量，第 2 个数字表示 20 个测试体系中的 Hit 数量，第 3 个数字表示 42 个体系总的 Hit 数量。

选择了 4 个对接体系（PDB 编号：1ACB、1D6R、1Ak4、1FQ1），进一步分析网络打分项的改进效果。如图 7-3A～D 所示，RosettaDock 打分函数排序前 50 的结构的质心分布很分散。4 个体系前 50 个结构最大的 L_RMSD 分别是 2.093、2.020、3.191、2.362 nm。相反，加入网络参量，HPNCscore 排序前 50 的结构的质心分布更集中，而且位置都接近正确的质心位置（图 7-3E～H）。4 个体系前 50 个结构最大的 L_RMSD 分别是 0.217、0.598、1.936、0.785 nm。值得注意的是，体系 1AK4 晶体结构的界面面积是 10.29 nm^2，这比大多数稳定结合的蛋白质-蛋白质界面小[59]。但由于残基类型互补性好[60]，正确对接结构比不正确对接结构建立了更多有效的连通路径。因而，HPNCscore 也显示出比 RosettaDock 更优的打分结果。这些结果反映出蛋白质-蛋白质结合有一些明显的网络特征，说明网络参量可较好地描述复合物的整体性状和残基类型互补的性质。

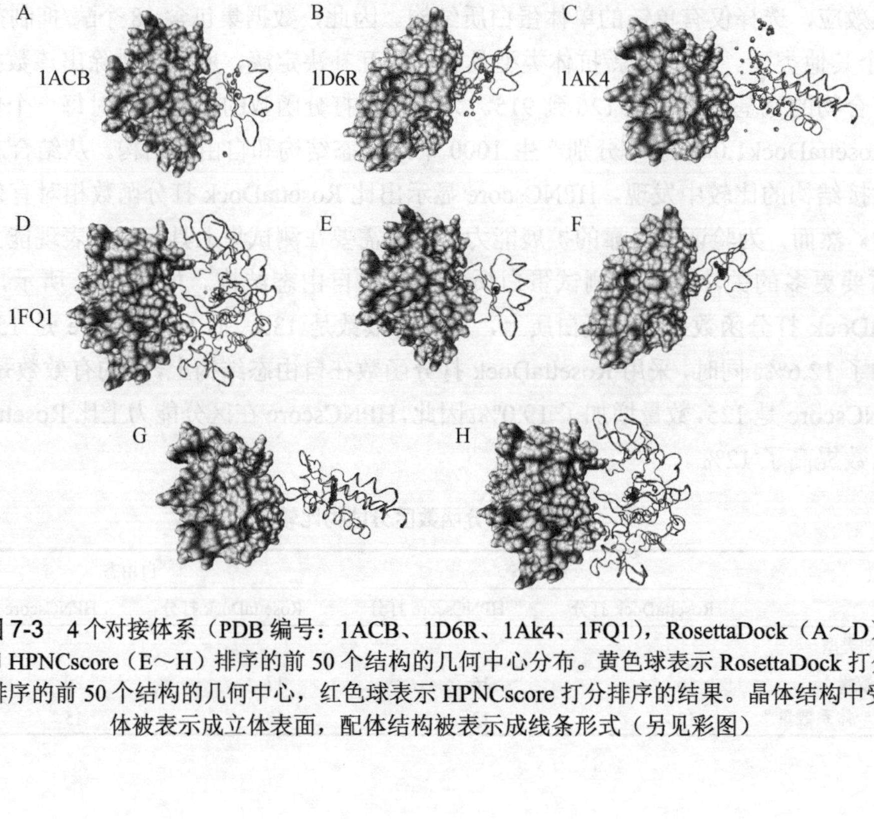

图 7-3　4 个对接体系（PDB 编号：1ACB、1D6R、1Ak4、1FQ1），RosettaDock（A～D）和 HPNCscore（E～H）排序的前 50 个结构的几何中心分布。黄色球表示 RosettaDock 打分排序的前 50 个结构的几何中心，红色球表示 HPNCscore 打分排序的结果。晶体结构中受体被表示成立体表面，配体结构被表示成线条形式（另见彩图）

HPNCscore 被应用于 CAPRI 的第 15～19 轮的打分比赛，取得了较好的成绩[61]。其中，Target T35 找到了唯一一个可接受的预测结果。Target T37 找到了 4 个中等结构和 2 个可接受结构。Target T40 找到了 1 个高精度结构、3 个中等结构和 4 个可接受结构。Target T40 找到了 7 个可接受结构。由于多轮比赛的突出表现，在 2009 年 CAPRI 第四次评估会上，北京工业大学课题组的打分函数总成绩位列世界第五。

7.5 展　望

从目前国内外研究进展看，今后蛋白质-蛋白质分子对接打分函数的发展方向将主要集中在两个方面。首先是提高打分函数的精确性。借鉴一些新的实验信息，如质谱或 X 射线小角散射（small-angle X-ray scattering，SAXS）数据，可以有效提升打分函数的评价效果[62, 63]。由于实际的生物分子存在于水溶液环境下，因此在结构评价中正确考虑溶剂及离子效应，发展更加真实的描述蛋白质分子结合过程的打分函数是下一步努力的目标[64, 65]。打分函数发展的另一个方向是提高计算的效率，如主成分分析降维方法、图形处理单元（graphic processing unit，GPU）并行方法已被用于打分函数的计算，可明显提高计算效率[66, 67]。目前，国内外许多小组正在该领域不断开展积极的探索和研究工作[68]，相信在不久的将来蛋白质-蛋白质分子对接打分函数方面的研究一定会取得更大的进展，相应的复合物结构预测的成功率也将会不断提高。

参 考 文 献

[1] 王存新，常珊，龚新奇，杨峰，李春华，陈慰祖．蛋白质-蛋白质分子对接中打分函数研究进展．物理化学学报，2012，28（4）：751-758

[2] Moal I H, Moretti R, Baker D, Fernandez-Recio J. Scoring functions for protein-protein interactions. Current Opinion in Structural Biology, 2013, 23(6): 862-867

[3] Janin J. Protein-protein docking tested in blind predictions: The capri experiment. Molecular Biosystems, 2010, 6(12): 2351-2362

[4] Janin J, Henrick K, Moult J, Ten Eyck L, Sternberg M J E, Vajda S, Vasker I, Wodak S J. Capri: A critical assessment of predicted interactions. Proteins-Structure Function and Bioinformatics, 2003, 52(1): 2-9

[5] Pons C, Grosdidier S, Solernou A, Perez-Cano L, Fernandez-Recio J. Present and future challenges and limitations in protein-protein docking. Proteins-Structure Function and Bioinformatics, 2010, 78(1): 95-108

[6] Huang S-Y. Search strategies and evaluation in protein-protein docking: Principles, advances and challenges. Drug Discovery Today, 2014, 19(8): 1081-1096

[7] Katchalski-Katzir E, Shariv I, Eisenstein M, Friesem A, Aflalo C, Vakser I. Molecular surface recognition: Determination of geometric fit between proteins and their ligands by correlation techniques. Proc Natl Acad Sci USA, 1992, 89(6): 2195 - 2199

[8] Pierce B G, Wiehe K, Hwang H, Kim B-H, Vreven T, Weng Z. Zdock server: Interactive docking prediction of protein-protein complexes and symmetric multimers. Bioinformatics, 2014, 30(12): 1771-1773

[9] Roberts V A, Thompson E E, Pique M E, Perez M S, Ten Eyck L F. Dot2: Macromolecular docking with improved biophysical models. Journal of Computational Chemistry, 2013, 34(20): 1743-1758

[10] Aloy P, Querol E, Aviles F X, Sternberg M J E. Automated structure-based prediction of functional sites in proteins: Applications to assessing the validity of inheriting protein function from homology in genome annotation and to protein docking. Journal of Molecular Biology, 2001, 311(2): 395-408

[11] Inbar Y, Schneidman-Duhovny D, Halperin I, Oron A, Nussinov R, Wolfson H J. Approaching the capri challenge with an efficient geometry-based docking. Proteins-Structure Function and Bioinformatics, 2005, 60(2): 217-223

[12] Mashiach E, Schneidman-Duhovny D, Peri A, Shavit Y, Nussinov R, Wolfson H J. An integrated suite of fast docking algorithms. Proteins-Structure Function and Bioinformatics, 2010, 78(15): 3197-3204

[13] Esquivel-Rodriguez J, Yang Y D, Kihara D. Multi-lzerd: Multiple protein docking for asymmetric complexes. Proteins-Structure Function and Bioinformatics, 2012, 80(7): 1818-1833

[14] Li C H, Ma X H, Chen W Z, Wang C X. A soft docking algorithm for predicting the structure of antibody-antigen complexes. Proteins-Structure Function and Genetics, 2003, 52(1): 47-50

[15] Chakrabarti P, Janin J. Dissecting protein–protein recognition sites. Proteins: Structure, Function, and Bioinformatics, 2002, 47(3): 334-343

[16] Gardiner E J, Willett P, Artymiuk P J. Gapdock: A genetic algorithm approach to protein docking in capri round 1. Proteins-Structure Function and Genetics, 2003, 52(1): 10-14

[17] Kuntz I D, Chen K, Sharp K A, Kollman P A. The maximal affinity of ligands. Proceedings of the National Academy of Sciences of the United States of America, 1999, 96(18): 9997-10002

[18] Klett J, Nunez-Salgado A, Dos Santos H G, Cortes-Cabrera A, Perona A, Gil-Redondo R, Abia D, Gago F, Morreale A. Mm-ismsa: An ultrafast and accurate scoring function for protein- protein docking. Journal of Chemical Theory and Computation, 2012, 8(9): 3395-3408

[19] 侯廷军，徐筱杰．基于分子表面的水化自由能预测方法．物理化学学报，2002，18（11）：1052-1056

[20] Moreira I S, Martins J M, Coimbra J T S, Ramos M J, Fernandes P A. A new scoring function for protein-protein docking that identifies native structures with unprecedented accuracy. Physical Chemistry Chemical Physics, 2015, 17(4): 2378-2387

[21] Li L, Guo D, Huang Y, Liu S, Xiao Y. Aspdock: Protein-protein docking algorithm using atomic solvation parameters model. Bmc Bioinformatics, 2011, 12(1): 36

[22] Gray J J, Moughon S, Wang C, Schueler-Furman O, Kuhlman B, Rohl C A, Baker D. Protein-protein docking with simultaneous optimization of rigid-body displacement and side-chain conformations. Journal of Molecular Biology, 2003, 331(1): 281-299

[23] Anthony N, Barry H. A rapid finite difference algorithm, utilizing successive over-relaxation to solve the poisson-boltzmann equation. J Comput Chem, 1991, 12(4): 435-445

[24] Nicholls A, Sharp K A, Honig B. Protein folding and association: Insights from the interfacial and thermodynamic properties of hydrocarbons. Proteins: Structure, Function, and Bioinformatics, 1991, 11(4): 281-296

[25] Madura J D, Briggs J M, Wade R C, Davis M E, Luty B A, Ilin A, Antosiewicz J, Gilson M K, Bagheri B, Scott L R, Mccammon J A. Electrostatics and diffusion of molecules in solution: Simulations with the university of houston brownian dynamics program. Computer Physics Communications, 1995, 91(1-3): 57-95

[26] Palma P N, Krippahl L, Wampler J E, Moura J J G. Bigger: A new (soft) docking algorithm for predicting protein interactions. Proteins-Structure Function and Genetics, 2000, 39(4): 372-384

[27] Case D A, Cheatham T E, Darden T, Gohlke H, Luo R, Merz K M, Onufriev A, Simmerling C, Wang B, Woods R J. The amber biomolecular simulation programs. Journal of Computational Chemistry, 2005, 26(16): 1668-1688

[28] Moont G, Gabb H A, Sternberg M J E. Use of pair potentials across protein interfaces in screening predicted docked complexes. Proteins-Structure Function and Genetics, 1999, 35(3): 364-373

[29] Vreven T, Hwang H, Weng Z P. Integrating atom-based and residue-based scoring functions for protein-protein docking. Protein Science, 2011, 20(9): 1576-1586

[30] Kozakov D, Brenke R, Comeau S R, Vajda S. Piper: An fft-based protein docking program with pairwise potentials. Proteins-Structure Function and Bioinformatics, 2006, 65(2): 392-406

[31] Zhang C, Liu S, Zhu Q Q, Zhou Y Q. A knowledge-based energy function for protein-ligand, protein-protein, and protein-DNA complexes. Journal of Medicinal Chemistry, 2005, 48(7): 2325-2335

[32] Huang S Y, Zou X Q. A knowledge-based scoring function for protein-rna interactions derived from a statistical mechanics-based iterative method. Nucleic Acids Research, 2014, 42(7): e55

[33] Yan Z, Guo L, Hu L, Wang J. Specificity and affinity quantification of protein–protein interactions. Bioinformatics, 2013, 29(9): 1127-1133

[34] Andreani J, Faure G, Guerois R. Interevscore: A novel coarse-grained interface scoring function using a multi-body statistical potential coupled to evolution. Bioinformatics, 2013, 29(14): 1742-1749

[35] Wang C, Schueler-Furman O, Baker D. Improved side-chain modeling for protein-protein docking. Protein Science, 2005, 14(5): 1328-1339

[36] Kastritis P L, Rodrigues J, Bonvin A. Haddock(2p2i): A biophysical model for predicting the binding affinity of protein-protein interaction inhibitors. Journal of Chemical Information and Modeling, 2014, 54(3): 826-836

[37] Dominguez C, Boelens R, Bonvin A. Haddock: A protein-protein docking approach based on biochemical or biophysical information. Journal of the American Chemical Society, 2003, 125(7): 1731-1737

[38] Neves M C, Totrov M, Abagyan R. Docking and scoring with icm: The benchmarking results and strategies for improvement. Journal of Computer-Aided Molecular Design, 2012, 26(6): 675-686

[39] Pierce B, Weng Z. Zrank: Reranking protein docking predictions with an optimized energy function. Proteins, 2007, 67(4): 1078 - 1086

[40] Li L, Chen R, Weng Z. Rdock: Refinement of rigid-body protein docking predictions. Proteins: Structure, Function, and Bioinformatics, 2003, 53(3): 693-707

[41] Pierce B, Weng Z. A combination of rescoring and refinement significantly improves protein docking performance. Proteins: Structure, Function, and Bioinformatics, 2008, 72(1): 270-279

[42] Li C H, Ma X H, Shen L Z, Chang S, Chen W Z, Wang C X. Complex-type-dependent scoring functions in protein-protein docking. Biophysical Chemistry, 2007, 129(1): 1-10

[43] Ma X H, Li C H, Shen L Z, Gong X Q, Chen W Z, Wang C X. Biologically enhanced sampling geometric docking and backbone flexibility treatment with multiconformational superposition. Proteins-Structure Function and Bioinformatics, 2005, 60(2): 319-323

[44] Chang S, Gong X Q, Jiao X, Li C H, Chen W Z, Wang C X. Network analysis of protein-protein interaction. Chinese Science Bulletin, 2010, 55(9): 814-822

[45] Chang S, Jiao X, Li C H, Gong X Q, Chen W Z, Wang C X. Amino acid network and its scoring application in protein-protein docking. Biophysical Chemistry, 2008, 134(3): 111-118

[46] Lo Conte L, Chothia C, Janin J. The atomic structure of protein-protein recognition sites. J Mol Biol, 1999, 285(5): 2177-2198

[47] Jackson R M. Comparison of protein-protein interactions in serine protease-inhibitor and antibody-antigen complexes: Implications for the protein docking problem. Protein Sci, 1999, 8(3): 603-613

[48] Chen R, Mintseris J, Janin J, Weng Z. A protein-protein docking benchmark. Proteins, 2003, 52(1): 88-91

[49] Fernandez-Recio J, Totrov M, Abagyan R. Identification of protein-protein interaction sites from docking energy landscapes. J Mol Biol, 2004, 335(3): 843-865

[50] Chen R, Li L, Weng Z P. Zdock: An initial-stage protein-docking algorithm. Proteins-Structure Function and Genetics, 2003, 52(1): 80-87

[51] Liu S, Zhang C, Zhou Y. Unbound protein-protein docking selections by the DFIRE-based statistical pair potential. Quantitative Biology, 2004, arXiv: q-bio. BM/0406025 http://arxiv. org/abs/q-bio/0406025

[52] Gong X Q, Chang S, Zhang Q H, Li C H, Shen L Z, Ma X H, Wang M H, Liu B, He H Q, Chen W Z, Wang C X. A filter enhanced sampling and combinatorial scoring study for protein docking in capri. Proteins-Structure Function and Bioinformatics, 2007, 69(4): 859-865

[53] Zhang C, Liu S, Zhou Y Q. Docking prediction using biological information, zdock sampling technique, and clustering guided by the dfire statistical energy function. Proteins-Structure Function and Bioinformatics, 2005, 60(2): 314-318

[54] Heuser P, Bau D, Benkert P, Schomburg D. Refinement of unbound protein docking studies using biological knowledge. Proteins-Structure Function and Bioinformatics, 2005, 61: 1059-1067

[55] Katchalski-Katzir E, Shariv I, Eisenstein M, Friesem A A, Aflalo C, Vakser I A. Molecular surface recognition: Determination of geometric fit between proteins and their ligands by correlation techniques. Proceedings of the National Academy of Sciences of the United States of America, 1992, 89(6): 2195-2199

[56] Sun S J, Brem R, Chan H S, Dill K A. Designing amino acid sequences to fold with good hydrophobic cores. Protein Engineering, 1995, 8(12): 1205-1213

[57] Greene L H, Higman V A. Uncovering network systems within protein structures. Journal of Molecular Biology, 2003, 334(4): 781-791

[58] Mintseris J, Wiehe K, Pierce B, Anderson R, Chen R, Janin J, Weng Z P. Protein-protein docking benchmark 2.0: An update. Proteins-Structure Function and Bioinformatics, 2005, 60(2): 214-216

[59] Janin J, Chothia C. The structure of protein-protein recognition sites. Journal of Biological Chemistry, 1990, 265(27): 16027-16030

[60] Gamble T R, Vajdos F F, Yoo S H, Worthylake D K, Houseweart M, Sundquist W I, Hill C P. Crystal structure of human cyclophilin a bound to the amino-terminal domain of hiv-1 capsid. Cell, 1996, 87(7): 1285-1294

[61] Gong X Q, Wang P W, Yang F, Chang S, Liu B, He H Q, Cao L B, Xu X J, Li C H, Chen W Z, Wang C X. Protein-protein docking with binding site patch prediction and network-based terms enhanced combinatorial scoring. Proteins-Structure Function and Bioinformatics, 2010, 78:3150–3155

[62] Karaca E, Bonvin A. On the usefulness of ion-mobility mass spectrometry and saxs data in scoring docking decoys. Acta Crystallographica Section D-Biological Crystallography, 2013, 69: 683-694

[63] Schneidman-Duhovny D, Hammel M, Sali A. Macromolecular docking restrained by a small angle x-ray scattering profile. Journal of Structural Biology, 2011, 173(3): 461-471

[64] Vajda S, Hall D R, Kozakov D. Sampling and scoring: A marriage made in heaven. Proteins-Structure Function and Bioinformatics, 2013, 81(11): 1874-1884

[65] Kilambi K P, Pacella M S, Xu J, Labonte J W, Porter J R, Muthu P, Drew K, Kuroda D, Schueler-Furman O, Bonneau R, Gray J J. Extending rosettadock with water, sugar, and ph for prediction of complex structures and affinities for capri rounds 20-27. Proteins-Structure Function and Bioinformatics, 2013, 81(12): 2201-2209

[66] Ritchie D W. Recent progress and future directions in protein-protein docking. Current Protein & Peptide Science, 2008, 9(1): 1-15

[67] Ritchie D W, Venkatraman V. Ultra-fast fft protein docking on graphics processors. Bioinformatics, 2010, 26(19): 2398-2405

[68] Lensink M F, Wodak S J. Docking, scoring, and affinity prediction in capri. Proteins-Structure Function and Bioinformatics, 2013, 81(12): 2082-2095

（常　珊）

第三部分

用分子模拟方法研究蛋白质折叠

第 8 章 蛋白质折叠研究简介

8.1 蛋白质折叠的研究背景与意义

蛋白质是生物体内重要的生物大分子，它是构成机体细胞的基础物质，同时也是生物体生命活动的主要承担者[1~3]。任何一个生命体的生存繁衍、生长发育、新陈代谢等都需要大量蛋白质的协调行动才能得以顺利进行。生物体内很多复杂而又精巧的生物功能的实现都需要蛋白质来完成[1, 2, 4]，例如，输运蛋白能够把各种化学物质输运到所需要的地方；抗体蛋白能够有效地与抗原结合，保护机体免受入侵者的损害；酶能够高效、专一地与底物结合，对各种化学反应进行催化；驱动蛋白能够把化学能转化为机械能，完成精巧的机械运动；调控蛋白能够准确地调节基因的转录、翻译、表达。蛋白质之所以能够完成如此众多复杂的生命活动，主要原因是其可以具有各种复杂多变的空间结构[4]。分子生物学家普遍接受的一个基本观点是：蛋白质的空间结构决定蛋白质的生物学功能。确定蛋白质的空间结构是预测其生物学功能的前提和基础。因此，研究蛋白质空间结构的形成机制，即蛋白质折叠问题，具有重要的科学意义。

继 DNA 双螺旋结构发现后，克里克（Crick）于 1958 年提出了分子生物学的中心法则，指出储存在 DNA 分子中的遗传信息，转录到 RNA，再以 RNA 为模版翻译成多肽链，进而，多肽链折叠形成具有功能的蛋白质，如图 8-1 所示。中心法则揭示了遗传信息传递的方向和途径，是分子生物学领域最基本、最重要的规律之一[5]。目前，DNA 和 RNA 的复制、转录、逆转录和翻译的机制已经阐明，人们已经掌握了从 DNA 到多肽链这一遗传信息传递过程。但是，翻译生成的多肽链如何折叠形成具有特定空间结构的蛋白质，目前还不清楚。蛋白质折叠问题是中心法则中尚未阐明的重要课题，是连接“DNA 遗传信息”和“蛋白质功能”的关键环节[6]。

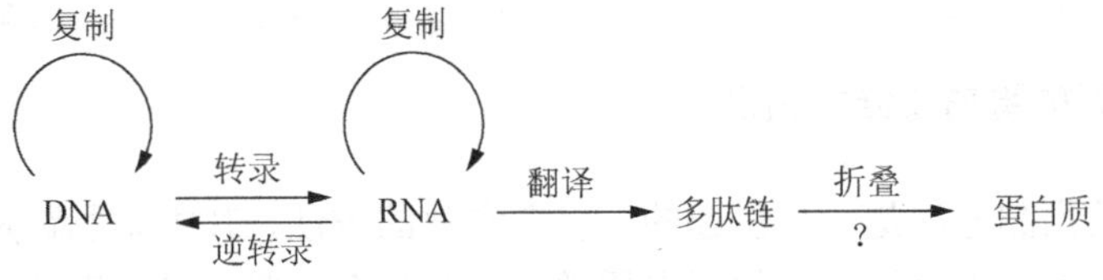

图 8-1 中心法则

近年来，蛋白质折叠错误所导致疾病的发现，包括疯牛病、帕金森病、阿尔茨海默病等，使得蛋白质折叠研究更加具有紧迫性和现实意义[7]。同时，蛋白质折叠研究还可以为蛋白质的结构-功能关系研究、蛋白质的功能性改造，以及基于结构的药物设计提供理论基础。

20 世纪 50 年代，Anfinsen 及其同事对牛胰核糖核酸酶进行的一系列体外变性复性实验显示[8]，该变性蛋白质能够在一定的物理化学环境下自发而快速地折叠到其具有活性的天然结构。Anfinsen 基于这一实验事实提出了蛋白质折叠的热力学假说：蛋白质的一级序列包含了其三维折叠结构的所有信息，即蛋白质一级序列决定其三级结构。并且，根据热力学理论，蛋白质的折叠结构对应于自由能的全局极小态。Anfisen 原理奠定了从一级序列出发进行蛋白质三维结构预测和蛋白质折叠研究的理论基础。同时，Anfinsen 的实验表明，多肽链可以从复杂的生物体环境中分离出来，独立进行体外折叠研究，排除了其他生物因素的影响，使得蛋白质折叠研究大大简化。基于 Anfinsen 原理，蛋白质体外折叠的实验和理论研究逐步发展起来。

近年来，随着分子伴侣的发现，人们开始思考蛋白质体外折叠是否能够反映体内折叠过程，Anfinsen 原理是否适用于蛋白质体内折叠。最新的研究显示[9~13]，细胞内具有大量的高浓度的生物分子，新生肽链的折叠是在一个非常拥挤的环境中进行的，分子伴侣的作用主要是保护肽链的折叠免受拥挤环境中其他生物分子的影响，避免新生肽链形成聚集体沉淀或陷入到错误的折叠构象。因此，分子伴侣主要起保护作用，并不向蛋白质折叠提供其他结构方面的信息，蛋白质一级序列决定其三维结构这一结论依旧成立。除了分子伴侣外，蛋白质体内折叠过程还有其他因素参与[14~16]，例如，体内折叠可能是在核糖体上与翻译同时进行的过程；一些多肽链要经过翻译后修饰再进行折叠；异常拥挤的细胞环境可能会对折叠造成影响。最新的实验和理论研究成果表明[9, 17~20]，上述因素可能会影响蛋白质体内折叠的动力学过程，但是并不改变蛋白质一级序列决定其三维结构这一基本规律，Anfinsen 原理同样适用于蛋白质体内折叠。蛋白质折叠研究的著名学者 Fersht 指出[21]，对于小的、快速折叠蛋白的体外折叠机制同样适用于它们的体内折叠过程，并且在很大程度上，这些机制依旧适用于大蛋白的每个单独结构域的体内折叠。

既然蛋白质序列包含了其三级结构的所有信息，如何从一级序列预测其三级结构是结构生物学家关注的热点问题。目前，蛋白质结构预测方法大致可以分为两大类：基于知识的预测方法和基于物理的从头折叠方法。下面对这两类方法进行简单介绍。

8.2　蛋白质折叠的计算机模拟研究

8.2.1　基于知识的蛋白质结构预测

基于知识的预测方法是一种快速的、注重实效的方法，其主要思路是：根据现有蛋白质数据库中所有已知空间结构的蛋白质数据，找出其一级序列与三级结构之间的统计规律，建立一定的数学模型，并用这些已知数据进行训练拟合，获得更为合理的模型，利用所建立的模型对给定序列进行结构预测，并进行优化和评估，获得最终结构[22]。目前，比较成功的基于知识的预测方法包括同源模建[23, 24]、Threading 方法[25]、*de novo* 预测方法[26, 27]等。同源模建是目前最为成功的预测方法，对于同源性大于 50%的蛋白质可以得到高精度的预测结构，而对于同源性小于 30%的蛋白质则预测效果很差[24]。而

Threading 方法对于同源性小于 30%的蛋白可以得到比较好的预测结果，对于小蛋白，预测结构的均方根偏差在 3.0～7.5 Å 之间。*de novo* 方法的预测效果普遍较差，比较突出的是 David Baker 小组的 Rosetta 程序[26, 27]，取得了很好的预测结果。基于知识的预测方法严重依赖已有信息，获得的已知信息越充分，预测效果就会越好，相反，已有信息越少，预测精度就会大大降低。由于蛋白质数据库中蛋白质数据量和结构类型毕竟是有限的，这势必限制了对新的结构类型的蛋白质的预测。同时，基于知识的预测方法归根结底是一种统计方法，它并不关注蛋白质结构形成背后的物理机制，对于理解蛋白质折叠的微观过程和折叠机理帮助不大。

8.2.2　蛋白质从头折叠研究

为了揭示蛋白质折叠的动力学过程和折叠机制，并最终解决蛋白质折叠问题，需要借助于从头折叠方法[28, 29]。从头折叠方法不需要任何实验信息，仅仅从基本的物理原理出发来研究蛋白质折叠问题。从物理学的观点来看，蛋白质折叠过程是很多相互作用力协调作用的结果，包括化学共价键作用、范德华相互作用、静电和疏水相互作用。从头折叠方法就是揭示这些相互作用如何导致蛋白质折叠的[30, 31]。其主要思路是：对蛋白质结构进行描述，必要时可做适当的简化，建立一定的物理模型。根据蛋白质内部以及蛋白质与溶剂之间相互作用给出适用于该模型的力场。通过求解相应的动力学方程或其他的采样方法获得蛋白质折叠的轨迹，通过对长时间轨迹的平均，也可以获得体系的热力学规律。从头折叠方法需要解决的关键问题是如何给出足够精确的适用于蛋白质模型的力场。根据采样方法的不同，从头折叠方法可以分为分子动力学模拟[32]、蒙特卡洛模拟[33]、遗传算法[34]等。

关于蛋白质从头折叠的全原子分子动力学模拟研究将在第 10 章中讨论，关于蛋白质从头折叠的粗粒化模型研究将在第 12 章和第 13 章中详细讨论。

参 考 文 献

[1] 阎隆飞，孙之荣．蛋白质分子结构．北京：清华大学出版社，1999：1-3

[2] 赵南明，周海梦．生物物理学．北京：高等教育出版社；海德堡：施普林格出版社，2000：1-16

[3] 陈惠黎，李茂深，朱运松．生物大分子的结构和功能．上海：上海医科大学出版社，1999：1-15

[4] Echenique P. Introduction to protein folding for physicists. Contemporary Physics, 2007, 48(2): 81-108

[5] Yockey H P. Information theory, evolution, and the origin of life. 1st ed. Cambridge: Cambridge University Press, 2005: 20-26

[6] 邹承鲁．生物学在召唤．上海：上海科技教育出版社，1999：1-20

[7] Prusiner S B. Prions. Proc Natl Acad Sci USA, 1998, 95(23): 13363-13383

[8] Anfinsen C B. Principles that govern the folding of protein chains. Science, 1973, 181(96):223-230

[9] Hartl F U, Hayer-Hartl M. Converging concepts of protein folding in vitro and in vivo. Nat Struct Mol Biol, 2009, 16 (6): 574-581

[10] Mattoo R U, Goloubinoff P. Molecular chaperones are nanomachines that catalytically unfold misfolded and alternatively folded proteins. Cell Mol Life Sci, 2014, 71(17):3311-3325

[11] Kim Y E, Hipp M S, Hayer-Hartl A B M, Hartl F U. Molecular chaperone functions in protein folding and proteostasis. Ann Rev Biochem, 2013, 82(8): 323-355
[12] 王志珍．新生肽链折叠的新概念．生命科学，1996，8（5）：5-10
[13] 邹承鲁．新生肽链的折叠．生命科学，1993，5（4）：1-6
[14] Dobson C M. Protein folding and misfolding. Nature, 2003, 426 (6968): 884-890
[15] Kaiser C M, Goldman D H, Chodera J D, Tinoco I Jr, Bustamante C. The ribosome modulates nascent protein folding. Science, 2011, 334(6063): 1723-1727
[16] Bartlett A I, Radford S E. An expanding arsenal of experimental methods yields an explosion of insights into protein folding mechanisms. Nat Struct Mol Biol, 2009, 16 (6): 582-588
[17] Elcock A H. Molecular simulations of cotranslational protein folding: fragment stabilities, folding cooperativity, and trapping in the ribosome. PLoS Compt Biol, 2006, 2 (7): e98
[18] Elcock A H. Models of macromolecular crowding effects and the need for quantitative comparisons with experiment. Curr Opin Struct Biol, 2010, 20 (2): 196-206
[19] Dandage R, Bandyopadhyay A, Jayaraj G G, Saxena K, Dalal V, Das A, Chakraborty K. Classification of chemical chaperones based on their effect on protein folding landscapes. ACS Chem Biol, 2015, 10(3): 813-820
[20] Wang W, Xu W X, Levy Y, Trizac E, Wolynes P G. Confinement effects on the kinetics and thermodynamics of protein dimerization. Proc Natl Acad Sci USA, 2009, 106 (14): 5517-5522
[21] Fersht A R, Daggett V. Protein folding and unfolding at atomic resolution. Cell, 2002, 108 (4): 573-582
[22] Baker D, Sali A. Protein structure prediction and structural genomics. Science, 2001, 294 (5540): 93-96
[23] Kelley L A, Sternberg M J. Protein structure prediction on the Web: a case study using the Phyre server. Nat Protoc, 2009, 4(3): 363-371
[24] Jacobson M, Sali A. Comparative protein structure modeling and its applications to drug discovery. Ann Rep Med Chem, 2004, 39(4):259-276
[25] Huber A T, Russell A J, Ayers D, Torda A E. Sausage: protein threading with flexible force fields. Bioinformatics, 1999, 15 (12): 1064-1065
[26] Bradley P, Misura K M S, Baker D. Toward high-resolution de novo structure prediction for small proteins. Science, 2005, 309 (5742): 1868-1871
[27] Schueler-Furman O, Wang C, Bradley P, Misura K, Baker D. Progress in modeling of protein structures and interactions. Science, 2005, 310 (5748): 638-642
[28] Osguthorpe D J. Ab initio protein folding. Curr Opin Struct Biol, 2000, 10 (2): 146-152
[29] Voelz V A, Bowman G R, Beauchamp K, Pande V S. Molecular simulation of ab initio protein folding for a millisecond folder NTL 9(1-390). J Am Chem Soc, 2010, 132 (5): 1526-1528
[30] Duan Y, Kollman P A. Computational protein folding: from lattice to all-atom. IBM Systems Journal, 2001, 40 (2): 297-307
[31] Saunders J A, Gibson K D, Scheraga H A. Ab initio folding of multiple-chain proteins. Pacific Symposium on Biocomputing, 2002, 7: 601-612
[32] Beck D A, Daggett V. Methods for molecular dynamics simulations of protein folding/unfolding in solution. Methods, 2004, 34 (1): 112-120
[33] Tadetomi H, Ueda Y, Gō N. Studies on protein folding, unfolding and fluctuations by computer simulation. I. The effect of specific amino acid sequence represented by specific inter-unit interactions. Int J Pept Protein Res, 1975, 7 (6): 445-459
[34] Unger R, Moult J. Genetic algorithms for protein folding simulations. J Mol Biol, 1993,231 (1): 75-81

（苏计国）

第 9 章　用复杂网络方法研究蛋白质折叠

9.1　复杂网络模型简介

9.1.1　引言

生命是一台构造非常复杂的“机器”。在以前的生命研究过程中，大多数生物学家认为，不论这样的生物“机器”有多么复杂，只要把其内部的每一个“零部件”（基因和蛋白质、细胞、组织等）的结构和功能弄清楚，再根据基本的物理、化学原理将这些零部件装配成生物体，就可以认识生命的奥秘。这种研究采用的是一种分析的策略：将生物体“打碎”、“拆散”，进一步对各个部分逐个进行研究，最后进行组合得到整体的性质。很显然，这样的研究中没有对生命活动和非生命活动进行本质上的区别，而是认为它们遵循同样的物理、化学规律，并可以通过物理和化学的手段来进行研究。然而，随着“人类基因组计划”的实施，当今生物学的研究进入到了“后基因组时代”与“系统生物学”时代。人们认识到，生命是一个巨大的“复杂系统”，并不能简单按照还原论的方法来研究。

在复杂生命系统中，生物体的每一个层次都拥有特定的行为或表现出特定的性质。这些特定的行为或性质不是编码在系统的组成部分里，而是由组成部分间的相互作用所形成。因此，复杂生命系统的一个重要特点是，整体行为不简单等于系统部分行为之和，而是比部分之和更大，即非线性。这种现象被称为“涌现”（emergence）。造成这种非线性特征的原因是生物分子间广泛而复杂的相互作用，例如，生物个体成千上万种的基因，以及生物个体内种类和数量庞大的蛋白质。在执行生物功能时，这些生物分子彼此间以各种方式发生广泛而复杂的相互作用。这些相互作用形成了生物体内的各种网络，如基因转录调控网络、信号转导网络或代谢网络。在这些网络的功能基础上，生命活动才得以延续。

复杂生命系统的另一个重要特征是结构和功能在时间与空间上的高度有序性。对于秩序性非常高的生命活动，参与其间的各个生命系统要素在时间上要有严格确定的秩序，同时在空间上也要有相对稳定的位置。在复杂生命系统中，系统的各个子部分（生物大分子）总是处在不停的运动之中，并且所有的生物分子的寿命都是有限的，从而导致生物体内的各种网络不是处于静态，而是始终处在运动的状态中，但各个子部分的运动是高度有序的，只在某个特定时间状态下形成生物体内的特定所需的网络，才可以完成规定的功能。在时间上，生物体内的各种网络具有动态特征，并且是高度有序的。

一方面，复杂生命系统中，各种生物大分子通常都被限制在不同的区域内来执行不同的功能；另一方面，通过生物大分子在不同功能区域间的移动来执行或完成特定的生物学功能。例如，储藏遗传信息的 DNA 只存在于细胞核内，核糖体则留在细胞质内；而细胞的能量代谢主要发生在线粒体内，蛋白质翻译则在细胞质内进行。在空间上，生物体内的各种网络是高度有序的。

随着人类基因组计划的完成，涌现出海量的生物学数据。由于以上所述的复杂生命系统的特点，过去几十年一直沿用的还原式研究方法变得很难处理如此海量的数据，由此诞生了系统生物学。系统生物学不是以单个基因或单个蛋白质为研究对象，而是以多个生物大分子（如多个基因、多个蛋白质等）通过其间复杂的相互关系和相互作用形成的生物网络作为研究对象。系统生物学是以整体性研究为特征的一种科学，在细胞、组织、器官和生物体整体水平等不同的层次上研究结构功能千差万别的各种生物大分子，探讨生物分子之间如何通过动态的相互作用完成特定的生物功能，并通过计算生物学来开发能够描述系统结构和行为的数学模型，进一步定量描述和预测生物功能、表型和行为。系统生物学的诞生提升了后基因组时代的生命科学研究能力，因此常把系统生物学称为 21 世纪的生物学。系统生物学中计算生物学的研究方法主要包括图论、网络及数学模型。图论的方法主要利用图论与统计的知识，得到对系统直观的认识。数学模型目前主要用在分析某一系统的定量演化，但数学模型的建立依赖于某些反应参数的获得，否则只能得到定性的模型。网络方法兼具图论与数学模型方法的优点，目前被广泛应用。

对于网络模型，由于生物系统的行为非常复杂，如何利用生物网络来研究生物复杂系统的静态及动态特征是目前研究的热点与难点之一。本章利用复杂网络模型探索研究蛋白质折叠过程中的一些规律，主要内容包括：首先介绍复杂网络模型的基本知识及其在生物学中的应用，然后介绍如何利用复杂网络模型研究分析蛋白质构象对应的氨基酸网络的静态与动态特性，以及利用复杂网络模型研究蛋白质构象网络的特性。

9.1.2　复杂网络的概念

对于自然界中的大量复杂系统，都可以将其抽象并用不同的网络模型来描述。网络模型是由许多的节点与它们之间的边组成，其中节点表示系统中不同的个体，而边则用来表示个体间的关系或相互作用。当两个节点之间存在相互的关系或作用，则在此两节点间连一条边；若两个节点之间不存在相互关系或作用，两节点间不存在边。例如，万维网是以网页为节点，网页之间的超链接为边；科研文章引用网是以文章为节点，文章之间的引用关系为边；神经系统网络，节点是大量的神经细胞，而边是连接神经细胞之间的神经纤维；在计算机网络中，节点是自主工作的计算机，而边是计算机之间通过通信介质，如光缆、双绞线、同轴电缆等形成的相互连接；科学家之间的合作网络，其节点是科学家，边是科学家之间的合作关系。类似的还有电力网络、社会关系网络、交通网络等。

在考虑网络的时候，人们往往只关心节点之间有没有边相连，对于节点的位置，以及边的不同形态等却不在意。进一步将网络不依赖于节点的具体位置和边的具体形态就能表现出来的性质叫做网络的拓扑性质，相应的结构叫做网络的拓扑结构。对于真实系统，如何通过恰当的抽象，得到系统对应的拓扑结构呢？在最初对这个问题的研究中，人们以一些规则的结构来近似代替真实系统中各因素之间的关系，从而将系统简化为规则网络，并以二维平面上规则网格等来表示。随着研究的推进，一种新的构造网络的方法被提出：在这种方法下，以一定的概率确定两个节点之间是否连接，由此生成的网络称为随机网络。在随后的研究中，对于描述的真实系统，随机网络得到广泛的应用。在最近几年中，由于计算能力的提高，通过大量的计算与研究，发现许多真实网络既不是规则网络，也不是随机网络，而是具有与两者皆不同的统计特征，将这些具有与规则网络或随机网络不同统计特征的网络命名为复杂网络（complex network）。

复杂网络是在拓扑层次上对大量真实复杂系统的抽象简化，它比规则网络和随机网络要复杂得多。复杂网络是研究大量复杂系统的有力工具，它是研究复杂系统结构和行为的关键。近年来，复杂网络已迅速成为了一个科学研究热点，同时相关的基础和应用研究已经渗入到物理学、生物学、计算机科学等许多学科之中，并具有重要的理论与实际应用价值。

9.1.3　复杂网络的特征

1. 复杂网络的统计特性

如前所述，复杂网络具有很多与规则网络和随机网络不同的统计特征，其中最重要的是小世界效应（small-world effect）[1, 2]和无标度特性（scale-free property）[3]。

在网络中，两点间的距离被定义为连接两点的最短路径所包含的边的数目，把所有节点对的距离求平均，就得到了网络的平均距离（average distance）。另外一个参数叫做集聚系数（clustering coefficient），专门用来衡量网络节点聚类的情况。例如，在朋友关系网中，你朋友的朋友很可能也是你的朋友；你的两个朋友很可能彼此也是朋友。集聚系数就是用来度量网络的这种性质的。用数学的语言来说，对于某个节点，它的集聚系数被定义为它所有相邻节点之间边的数目占可能的最大边数目的比例，网络的集聚系数 C 则是所有节点集聚系数的平均值。

研究表明，规则网络具有大的集聚系数和大的平均距离，随机网络具有小的集聚系数和小的平均距离。1998 年，Watts 和 Strogatz[2]通过以某个很小的概率切断规则网络中原始的边，并随机选择新的端点重新连接，构造出了一种介于规则网络和随机网络之间的网络（WS 网络），它同时具有大的集聚系数和小的平均距离，因此它既不是规则网络，也不是随机网络。随后，Newman 和 Watts 给出了一种新的网络的构造方法[4]，在他们的网络（NW 网络）中，不破坏原有的连边，并以一个很小的概率在原有规则网络上添加新的连边，从而缩短网络的平均距离。把大的集聚系数和小的平均距离两个统计特征合在一起称为小世界效应，具有这种效应的网络就是小世界网络（small-world network）。图 9-1 为随机网、小世界网络以及规则网的拓扑结构对比图。

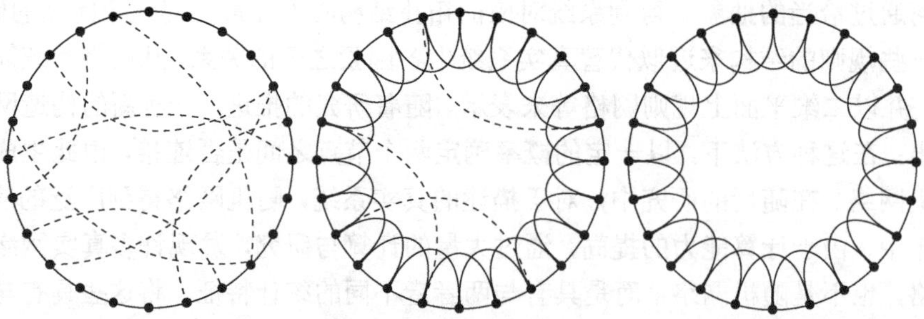

图 9-1　网络拓扑结构图

大量的研究表明，真实网络几乎都具有小世界效应，同时还发现大量真实网络的节点度服从幂率分布，这里某节点的度是指该节点拥有相邻节点的数目，或者说与该节点关联的边的数目。节点度服从幂律分布，就是说具有某个特定度的节点数目与这个特定的度之间的关系可以用一个幂函数近似地表示。幂函数曲线是一条下降相对缓慢的曲线，这使得度很大的节点可以在网络中存在。对于随机网络和规则网络，度分布区间非常狭窄，几乎找不到偏离节点度均值较大的点，故其平均度可以看作其节点度的一个特征标度。在这个意义上，把节点度服从幂律分布的网络叫做无标度网络（scale-free network），并称这种节点度的幂律分布为网络的无标度特性。图 9-2 为酵母菌体内蛋白质交互作用网络的拓扑结构示意图[5]，蛋白质相互作用网络为无标度网络。

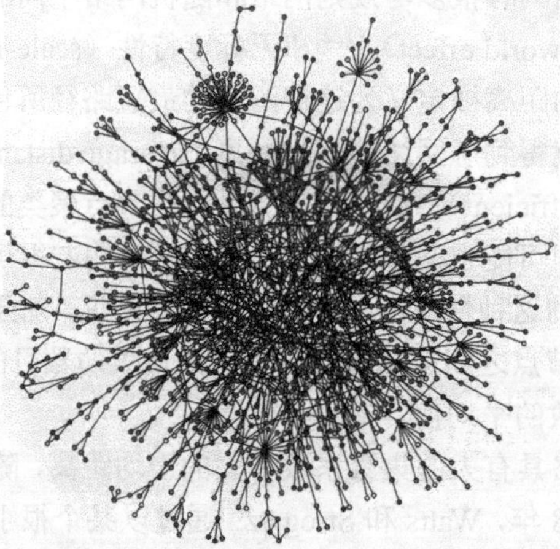

图 9-2　酵母菌体内蛋白质交互作用无标度网络的拓扑结构图[5]

除了小世界效应和无标度特性外，真实网络还有很多统计上的特征，如混合模式、度相关特性、超小世界性质等。

网络的拓扑结构可以采用邻接矩阵精确地进行描述。在邻接矩阵中，矩阵元为复杂网络中两个节点之间的连接强度的定量描述。若只作连接和不连接处理（取 1 表示连接，取 0 表示不连接），可构建网络拓扑矩阵；若对连接强度进行定量描述，为加权网络。

网络模体（network motif）是指不同类型的网络具有不同的典型连接方式。某些特定的连接方式种类在网络中反复出现，而在不同的网络中这些连接方式种类的出现频率是不同的。这些特定的连接方式种类称为“network motif”，是构造网络的基本结构模型。在 motif 的基础上，又出现另外一个构造特点，即若干个 motif 形成具有明显空间结构和功能特征的模块（modules）。网络的构成遵循着由下至上的原则，按照一种等级层次（hierarchical）的方式，首先形成网络的模体，作为网络的基本元素，在此基础上形成较高级的结构模块，最后形成完整的网络。把网络划分成 motif 不失为一种研究网络等级层次的好方法。

生物网络系统可以分解为结构模体和功能模块，相关研究已得到了一些有意义的结果。在结构上，生物网络系统表现出专一性和稳定性（specificity and stability）。Maslov 等[6]定量地分析了蛋白质相互作用和基因表达调控网络的结构特性，以及蛋白质的连接性（connectivity），发现高密度连接性的蛋白质（可以看成是 hub）之间的相互作用受到抑制，而主要相互作用发生在高密度和低密度连接性的蛋白质之间。这种结构特性减少了不同功能模块之间的“对话”(cross talk)，并将有害的扰乱控制在单个模块内，从而保证了模块功能的专一性和系统的稳定性。Han 等[7]将 DNA 芯片数据作为动态的参数引入到蛋白质相互作用网络的分析，发现在蛋白质网络中存在两种 hub：一种是具有稳定作用的 party hub，它们在低层次的系统组成模块中起作用；另一种是作用变化的 date hub，它们在高层次上动态地联系低层次的模块，从而控制着系统的动态变化。同样，生物网络系统随不同的生理条件和环境变化而变化。Luscombe 等[8]整合反映不同生理和环境条件的 DNA 芯片数据及基因转录调控的信息，发现在不同的条件下，基因转录调控网络系统的 hub 的连接性和结构模体等结构特性发生明显的变化，而且这种变化体现了生命体系随生理和环境的变化而变化。生物系统的演化规律在分子相互作用水平上也得到了部分验证。Wuchty 等[9]的研究表明，反映功能结构的样式可能代表了细胞网络系统保守的结构单元。把生物体系特定模块的结构和动力学放至生物进化和演化的内涵中，可以深入了解该物种与环境和其他物种区别开来的模块物理和分子特征。在遗传和代谢调控网络中，通过计算机模拟还观察到系统的复杂反馈过程中出现的另一个重要现象，即震荡行为（oscillations），这表明了生命的节律在分子水平上的机制。

2. 加权网络简介

目前，大多数研究工作都是关于非加权网络的。在所考虑的非加权网络模型中，节点之间的边只有两种可能：有连接或者无连接。如果有连接，则连接强度都为固定值 1；无连接则为 0。

然而，与现实世界中大量复杂系统相对应的大量实际网络中，网络各个节点之间是具有不同权值的，或者节点之间的连接强度与连接能力是千变万化的。例如，社会关系网内，大量个人节点之间的关系紧密程度是不同的；新陈代谢路径上，不同物质具有不同的代谢速率；食物网络内，掠食者与被掠食者之间具有不同的相互作用强度；神经网络内，不同神经具有不同的生理电信号发生与传输能力；在科研合作网络中，各个研究者（节点）之间合作的论文数量（连接权值）是不同的；在 Internet 或通信网络中，各个连接的流量也是不同的；交通网络内，不同路径上具有不同的交通流量等。以上系统，由于节点之间具有不同的连接强度，显然，用加权网络模型来描述更为适合。

非加权网络只是对复杂网络的一种近似简化描述，加权网络则能够对实际复杂网络的动力学演化特性提供更加真实、细致和全面的描述。同时网络权值可能很大程度地影响网络的各种性质及动力学，如在神经网络、Internet 等网络中，对于具有同样的连接拓扑结构的网络，各个连接上具有不同的权值可能导致不同的动力学性质，在某些权值下网络可能是稳定的，而在另一些权值下可能就会是振荡的甚至混沌的。所以对于这些需要用加权模型来描述的复杂网络来说，用不加权的网络模型描述和分析可能会导致与事实不一致的、甚至是相反的和错误的结果。因此对加权复杂网络的研究是十分重要的，也是目前十分紧迫的任务。

关于加权复杂网络的研究目前还比较少的原因是多方面的。首先，根据事物发展的规律，对任何问题的研究都是从简单到复杂逐步进行的，对复杂网络的研究也是如此，不加权的网络模型只需关心网络的拓扑连接，显然要比加权网络简单得多。在复杂网络研究的起步阶段，采用简化模型只考虑网络的某些特性对研究工作的开展是有利的，这也是各个学科发展过程中通常所采用的策略。此外，关于复杂网络权值的数据和信息的获得要比网络的拓扑连接数据和信息的获得困难一些，这也是造成加权复杂网络研究相对迟缓的一个原因。

9.1.4 复杂网络在生命科学研究中的应用

1. 复杂网络在蛋白质结构-功能关系研究中的应用

蛋白质分子可视为由氨基酸残基及其相互作用构成的复杂网络。相关学者研究了不同氨基酸的物化特性与其对应氨基酸网络参量之间的关系[10]，研究了氨基酸之间长短程相互作用以及静电相互作用构成的氨基酸网络与蛋白质结构之间的关系[11]，分析了不同蛋白质类型对应氨基酸网络的差异[12]。利用蛋白质氨基酸网络模型，可以开展蛋白质结构-功能关系的相关研究[13, 14]，相关工作包括：通过对蛋白质网络拓扑性质的分析，以及相关网络特征量的计算，寻找鉴定蛋白质折叠中的关键残基（key residues）[15]、活性位点[16]、蛋白间相互作用的可能结合位点[17, 18]，以及对蛋白质柔性区和刚性区的识别[19]；利用氨基酸网络，分析位点突变对蛋白质整体稳定性的影响[20]，研究参与细胞间通讯的蛋白质关键残基[21]；通过对不同构象氨基酸网络性质的分析，研究蛋白质结构的拓扑特性对蛋白质折叠动力学的影响[22~25]；利用氨基酸网络，研究蛋白质进化对蛋白质复合物结构的影响[26]。相关研究小组开发了氨基酸网络的可视化与计算分析软件[27, 28]。

在蛋白质与 DNA（或 RNA）相互作用时，将氨基酸网络模型进行了扩展：在将氨基酸简化为网络节点时，同时将 DNA（RNA）简化为网络节点，依据节点之间的相互作用情况，得到扩展后的氨基酸网络。通过相关网络参量，如最短路径、次优路径、介数（betweenness）等的计算，可以对整体网络以及相关节点进行分析[29, 30]。这里介数衡量的是节点的影响力，指网络中所有的最短路径中经过该节点的数量。

从另外一个角度，把蛋白质折叠过程中的不同构象作为节点，以不同构象之间的联系作为网络的边，构建蛋白质折叠构象网络[31~34]，进一步通过网络分析的方法来研究蛋白质折叠过渡态，以及折叠路径等信息。同时结合蛋白质运动的动力学信息，利用氨基酸网络，还可以开展变构机制的相关研究[35]。

2. 蛋白质相互作用网络

在蛋白质-蛋白质相互作用网络的研究中，节点为蛋白质，连线的存在表示已经有实验证实这两种蛋白质之间是结合在一起的。对酵母的这类网络研究[36]表明，其度分布为 $p(k) \propto (k+k_0)^{-\gamma} \cdot \mathrm{e}^{-(k+k_0)/k_c}$，其中，$k_0=1$，$k_c=20$，$\gamma=2.4$。显然它的度分布既不是幂律分布，也不是指数型分布，而是一种具有指数截断型的幂律分布。这种网络表现出广义随机图的特征。

3. 传染病扩散

在传统的传染病研究中，一个基本假设就是传染是等几率的，其理论基础是数理统计。但人群接触关系构成的复杂网络，有着与随机网络明显的特征差别，如小世界性质。这种复杂网络的结构特征决定传染过程的行为。因此，必须建立全新的、以复杂网络理论为基础的传染病传播理论。近年来在复杂网络结构上的疾病传播得到系统的研究[37]。理想的无标度网络传染强度不存在阈值，也就是疾病可以在该网络结构上无限制地传播。这显然有悖于客观现实。实际上，人际接触网络不是理想的无标度网络，在度分布曲线中存在一个快速下降的折线。该特征导致阈值存在。由于复杂网络上的疾病传播会直接破坏网络的局域结构，局域结构直接决定扩散过程而不是宏观统计特征。通过模拟发现疾病传播导致的这种结构破坏会有效地削弱传播能力，这种效应称为网络自我免疫性。

4. 基因调控网络

细胞通过改变基因组中的专门基因来适应外界环境的改变。一个特定基因转录的效率由各种调控蛋白与基因启动子上的专门序列之间的相互作用来决定。一组调控蛋白如何调控一套基因的过程被定义为调控网络[38, 39]。一些研究者已开始绘制控制整个活细胞基因表达的调控网络。真核细胞中的调控网络要比噬菌体的调控网络复杂得多，即使最简单的真核生物——酿酒酵母，都有 200 多个蛋白质调控大约 6200 个基因的转录。过去几年，对酵母在环境刺激和基因缺失时基因组范围的表达数据有了大量的积累。酿酒酵母是第一个测定基因组序列的真核生物，对研究其基因组功能很有帮助。

5. 代谢网络

Jeong 等[40]研究了 34 种组织构成的新陈代谢网络。在这些网络构造中，节点表示为各种基质，如 ATP 与 ADP，连线用来表示这些基质参与了某种化学反应。研究表明，网络中节点的入度与出度的分布都服从幂律，其指数范围在 2.0～2.4，因而它们都具有无标度网络的特征。此外还发现，网络的平均路径长度对所有组织几乎相同。对 *E. coli* 的能量和生物合成代谢网络研究[41, 42]发现，度分布服从幂律，有小的平均最短路径和大的集聚系数，从而说明这种网络不仅有无标度特征，也具有小世界性质。最近，有人已经开始讨论这种网络上的整体动力学行为，并用所得结果来说明有关的生命现象。

9.2　氨基酸网络模型及其在蛋白质折叠研究中的应用

9.2.1　氨基酸网络的统计特性及其与蛋白质折叠的关系

1. 引言

蛋白质分子是由氨基酸组成且通过氨基酸之间各种相互作用共同维系的复杂系统，可看成是以氨基酸为节点、以其间相互作用为连接而组成的复杂网络[2, 15, 43]。近年来，复杂网络研究的兴起，为蛋白质折叠以及结构-功能关系的研究提供了全新的角度与思路。例如，Vendruscolo 和 Karplus 等[15]通过对 PDB 数据库中 978 个具有代表性的蛋白质进行结构分析，得到氨基酸之间的成对几率，以该几率的倒数作为对应氨基酸之间的距离。对一个特定的蛋白质结构，通过截断半径（8.5 Å）判定残基之间是否接触，并对边赋予该对残基之间的权重，通过研究蛋白质网络的拓扑性质，计算网络特征量介数（betweenness）来寻找蛋白质折叠中的关键残基（key residues）；Dokholyan 等[22]通过研究 CI2 和 C-Src SH3 两个小蛋白的折叠过渡态的氨基酸网络性质，来揭示蛋白质结构的拓扑特性对蛋白质折叠动力学的影响；Atilgan 等[23]研究了氨基酸残基位置变化对蛋白质网络性质的影响，从而揭示了蛋白质结构和动力学之间的联系；Amitai 等[16]通过研究蛋白质网络的特征量来预测蛋白质活性位点；Jacobs 等[19]通过蛋白质网络来识别蛋白质柔性区和刚性区。

在建立蛋白质的氨基酸网络时，通常将残基简化为一个点作为网络节点，并依据节点之间的距离判定节点间的连接情况。目前常用的建网方法有：以残基的 C_α 原子为节点，取 7.0 Å[23]或 8.5 Å[15] 为截断半径，当节点间距离小于截断半径时，在节点间建立连接；另一种建网方法仍以氨基酸的 C_α 原子为节点，但以 4.5 Å[44]或 5.0 Å[45]为截断半径来判断原子之间的接触，当两节点之间有原子接触对存在时，就在此节点对之间建立连接。在氨基酸网络的加权方式上，目前有以下几种方法：以残基之间的原子接触对数为权[44]；或基于原子接触对数，并考虑残基相互作用特异性，以修正后的残基接触强度为权[42]；或者以天然蛋白质中氨基酸的成对几率作为连接权重[15]。

关于氨基酸网络，尤其是加权的氨基酸网络方面的工作在国际上刚刚起步，仍有许多值得深入探讨的问题，例如，什么样的氨基酸网络加权方式更加合理，以及网络特征量如何随蛋白质结构的变化而变化等。为此，我们将从以上两个角度对蛋白质氨基酸网络进行初步研究，提出一种新的基于能量的氨基酸网络加权方式[46]。选取 197 个非同源的蛋白质[44]，研究其静态结构的氨基酸网络（非加权网络与加权网络）的统计特征量，包括蛋白质氨基酸网的平均集聚系数、平均最短路径等与蛋白质大小的关系，以及残基的平均度与残基类型的关系等。

2. 氨基酸网络的构建

在构建基于能量的氨基酸加权网络时，以残基侧链几何中心为节点、6.5 Å 为截断半径（r_c），建立残基之间的连接[47]，即当残基 i 与残基 j 之间的距离 r_{ij} 小于截断半径 r_c 时，在节点 i 与 j 之间建立连接；否则，节点 i 与 j 之间没有连接。由此得到非加权氨基酸网。邻接矩阵（adjacency matrix）元 a_{ij} 的表达式为

$$a_{ij}=\begin{cases}1 & i\neq j \text{ 且 } r_c>r_{ij}\\ 0 & i=j \text{ 或 } r_c\leqslant r_{ij}\end{cases} \tag{9.1}$$

以氨基酸之间的相互作用为权，参考 MJ 矩阵[47]，得到基于能量的加权氨基酸网，其邻接矩阵元 a_{ij}^{w} 的定义如下：

$$a_{ij}^{w}=\begin{cases}a_{ij}w_{ij} & j\neq i\pm 1\\ 2.55 & j=i\pm 1\end{cases} \tag{9.2}$$

其中，w_{ij} 为依据残基类型与 MJ 矩阵而确定的残基 i 与残基 j 之间的连接权重。为计算方便，避免权重的负值，在加权时均取 MJ 矩阵元素的负值。同时，对于残基 i 与残基 $i\pm1$ 之间的共价键的权重，参考残基相互作用势的平均值[47]，赋值为 2.55。基于加权的邻接矩阵，构建加权氨基酸网络的距离矩阵，定义矩阵元为：

$$d_{ij}=\begin{cases}0 & i=j\\ \infty & a_{ij}=0 \text{ 且 } i\neq j\\ 2.55/(w_{ij}) & a_{ij}=1\end{cases} \tag{9.3}$$

两残基之间的相互作用越大，则残基之间的连接对整体结构稳定性的贡献越大，残基间的连接权值也越大，而残基之间的距离却越小。

然后，引入新的网络特征量-强度（strength），节点 i 的强度值 S_i 为[48, 49]

$$S_i=\sum_{j=1}^{N}a_{ij}^{w} \tag{9.4}$$

其中，N 为网络的节点数；a_{ij}^{w} 为邻接矩阵元。因此可以定义整体网络的强度为 $S=\frac{1}{2}\sum_{1}^{N}S_i$。加权后，集聚系数的计算采取以下公式[48, 49]

$$C_i=\frac{1}{S_i(k_i-1)}\sum\nolimits_{j,h}a_{ij}a_{ih}a_{jh}\frac{w_{ij}+w_{ih}}{2} \tag{9.5}$$

其中，S_i 为节点 i 的强度值；k_i 为节点 i 的度值；a_{ij} 与 w_{ij} 的意义同式（9.2）。

由加权网络计算的集聚系数衡量的不仅仅是拓扑结构上的成簇，由式（9.5）可以看出，还要考虑局部成环结构上与节点 i 相连的边的权重，也就是不仅要考虑节点 i 的近邻中封闭环的个数，还要考虑在这些环上，与节点 i 相连的边上的权值与节点总的权值和（强度）的相对大小。在真实的加权网络中，对于集聚系数有两种相反的情况：当 $C^w > C$ 时，网络内的封闭环大部分是由具有较大权值的边形成的；当 $C^w < C$ 时，表示网络内的封闭环主要是由权值较小的边构成的。此时，拓扑上的成环对网络的结构组织影响较小，而网络内大部分的相互作用（作用的强度、频率，或其他关系）则出现在不成环的边上。

加权氨基酸网络节点之间的最短路径的计算依据加权网络距离矩阵，求得节点间距离最短的路径。

引入加权平均近邻度（weighted average nearest-neighbors degree）[49]：

$$k_{nn,i}^{w} = \frac{1}{s_i}\sum_{j=1}^{N} a_{ij} w_{ij} k_j \tag{9.6}$$

其中，s_i, a_{ij}, w_{ij} 的意义同前；k_j 为节点 j 的度值。在加权网络内，应用基于连接权重的标准化系数 w_{ij}/s_i，对非加权网内节点的最近邻平均度 $k_{nn,i} = \frac{1}{k_i}\sum_j a_{ij} k_j$ 进行加权后的计算，得到加权后的平均近邻度。由此，当 $k_{nn,i}^{w} > k_{nn,i}$ 时，表示具有较大权值的边指向或连接到具有大度值的近邻；当 $k_{nn,i}^{w} < k_{nn,i}$ 时，情况正好相反。从而，基于节点之间实际的相互作用强度（或权重 w_{ij}）的 $k_{nn,i}^{w}$ 可以衡量与具有高的度值（或低的度值）近邻的形成连接的有效性。定义整体加权氨基酸网络的平均近邻度为

$$\left\langle k_{nn}^{w} \right\rangle = \frac{1}{\mathrm{N}}\sum_{i=1}^{N} k_{nn,i}^{w} \tag{9.7}$$

其中，$k_{nn,i}^{w}$ 为加权氨基酸网络节点 i 的平均近邻度；$\left\langle k_{nn}^{w} \right\rangle$ 为加权氨基酸网络整体的平均近邻度。

3. 关于氨基酸网络统计特性的结果与讨论

1）氨基酸网络的小世界（small world）特性

从蛋白质数据库（protein data bank，PDB）选取 197 个蛋白质，研究其静态结构的氨基酸网络。此数据集内的蛋白质序列同源性小于 20%，分辨率小于 1.8 Å，蛋白质的大小范围为 51～779 个氨基酸残基，包含 4 种蛋白质结构类型：α，β，α+β，α−β。

复杂网络与同等规模（节点数相同，连接数相同）的随机网络相比，若其平均集聚系数 C 与平均最短路径 L 满足以下关系[2]：

$$C >> C_r,\quad L \geqslant L_r \tag{9.8}$$

其中，C_r 与 L_r 分别为对应随机网络的平均集聚系数与平均最短路径，则称此网络具有“小世界”特性[2]。C_r 与 L_r 由以下表达式计算[2]：

$$C_r \approx \langle K \rangle / N,\quad L_r \approx \ln N / \ln \langle K \rangle \tag{9.9}$$

其中，N 为随机网络的节点数；$\langle K \rangle$ 为随机网络的平均度。图 9-3A 和 B 分别给出了 197 个蛋白质的加权与非加权氨基酸网与同等规模随机网络的平均集聚系数与网络平均最短路径。很明显，加权与非加权的蛋白质氨基酸网络均具有明显的“小世界”特性。将以上以 6.5 Å 为截断半径得到的结果与以 7.0 Å[15]（或 8.5 Å[23]）为截断半径得到的结果相比，由于截断半径变小，网络总连接数则明显减少，集聚系数也随之相应地降低，但氨基酸网络的小世界特性仍然存在，从而说明以 6.5 Å 为截断半径构建氨基酸网络是合理的。

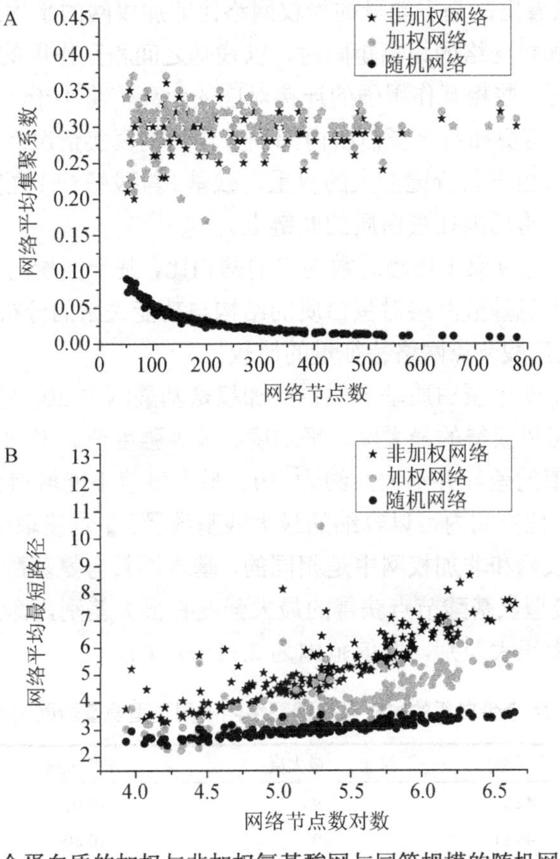

图 9-3　对于 197 个蛋白质的加权与非加权氨基酸网与同等规模的随机网：（A）网络平均集聚系数与网络节点数的关系；（B）网络平均最短路径与网络节点数对数的关系

在非加权网中，集聚系数 C 仅仅从拓扑的角度来衡量节点近邻内部连接的紧密程度，但在加权网中，由式（9.5）可以看出，集聚系数 C 则为节点近邻中成环的权值与节点强度的比值，或可以理解为在综合考虑拓扑连接与权重后，在强度中有多大比重的权之间是存在连接的。另外，在非加权网中，最短路径仅仅考察节点之间的连接数，代表的是连接数最少的路径的长度。但在加权网中，不同大小的权值将影响残基之间距离的大小，进而对最短路径的计算有很大影响。因此，加权网内节点之间的最短路径为综合考虑节点之间连接数与连接强度，是连接数少且连接强的路径。综上所述，加权网较非加权网包含了更多的蛋白质结构与残基差异性的信息。

另外，由图 9-3A 可以看出，氨基酸加权网与非加权网的平均集聚系数 C 相比，变化很小，只有部分网络的 C 值有微小的提高，即此种加权方式对网络特征量 C 的影响不大。当以原子接触对数及其修正形式为权时，得到的 C 值明显低于非加权网络的值[48]。原因在于此种加权方式，残基 i 与 $i\pm1$ 之间共价键上得到的权值比非共价键权值大，而节点 i 的近邻中，最多有两个是共价键（当节点为蛋白质的端部时，节点近邻中仅有一个共价键），即节点的强度中，成环几率小的共价键占很大比重，因而导致 C 值明显降低。

由图 9-3B 可以看出，基于能量的加权网络比非加权网的平均最短路径要小一些，主要是由于在构建加权网络的距离矩阵时，以残基之间相互作用的平均值 2.55 为标准，定义距离为 1，从而一些相互作用强的连接对应的距离值将小于 1，导致平均最短路径的长度变小。显然，这更加符合蛋白质内部相互作用的真实情况。当以原子接触对数及其修正形式为权时，由于共价键上大的权重，残基 i 与残基 $i\pm1$ 之间的距离将很小，最短路径中很大一部分将局限在蛋白质的肽链上。

综合以上分析，与以原子接触对数为权的网相比，基于能量的氨基酸加权网则更加合理，更适合于基于氨基酸网络对蛋白质的结构与功能关系的分析。

2）不同类型氨基酸节点网络特征量的比较

表 9-1 比较了 197 个蛋白质基于能量的加权氨基酸网中 20 种氨基酸的 4 个网络特征量：氨基酸节点可以获得的最大度、平均度、最大强度值、平均强度值。对不同种类的氨基酸，最大度值的差异并不大，约为 10。最大度值不能取得更大值的原因在于残基的空间位阻，即单位空间内可以容纳的最大残基数量。平均度取值范围为 1.16～2.81。这两个特征量在加权网和非加权网中是相同的，基本不具有氨基酸种类的区分能力。但在加权网中，不同类型氨基酸节点获得的最大强度有很大差别，最小 18.71，最大 61.19；同时，平均强度也有很大差别，取值范围为 2.11～15.01。

表 9-1　197 个蛋白质的加权氨基酸网络内不同类型氨基酸网络参量的对比

氨基酸	最大强度	最大度	平均强度	平均度
Cys	42.10	9	11.01	2.61
Met	48.81	9	10.80	2.34
Phe	51.06	9	13.36	2.44
Ile	57.16	10	14.80	2.814
Leu	61.19	10	15.01	2.644
Val	52.49	10	12.39	2.65
Trp	46.16	11	9.89	2.264
Tyr	36.13	11	8.63	2.184
Ala	34.94	10	6.49	2.034
Gly	27.18	10	4.66	1.844
Thr	27.46	9	4.95	1.91
Ser	25.65	9	3.93	1.741
Asn	21.08	8	3.48	1.611

续表

氨基酸	最大强度	最大度	平均强度	平均度
Gln	24.14	9	3.58	1.521
Asp	20.36	9	3.16	1.56
Glu	23.38	9	2.66	1.29
His	28.01	9	5.65	1.91
Arg	21.31	9	3.79	1.54
Lys	18.71	9	2.12	1.161
Pro	31.4	10	4.28	1.731

进一步研究发现，残基可以获得的强度值与残基的疏水特性密切相关。将氨基酸 Ile、Leu、Val、Phe、Met、Trp、Cys、Tyr、Pro 和 Ala 归为非极性疏水氨基酸，并简记为 H；把其余氨基酸 Gly、Lys、Thr、Ser、Gln、Asn、Glu、Asp、Arg、His 归为极性亲水氨基酸，简记为 P[50]。这样，氨基酸网络内的连接可以分为疏水-疏水连接（HH）、疏水-亲水连接（HP）以及亲水-亲水连接（PP）。在加权网中，三类连接占总连接数的比率分别为：HH 连接 40%，HP 连接 40%，PP 连接 20%。在非加权网中，以上比率与加权网中的比率是相同的。但在加权网中，不同类型的连接得到不同的权重，三类连接上的权对整体强度的贡献分别为：HH 连接 55%，HP 连接 35%，PP 连接 10%。

由以上结果可以看出，HH 连接与 HP 连接在数量上相当，均为 40%，但由于疏水-疏水之间作用强，从而 HH 连接获得的权值也较大，大于 HP 作用权值，故而 HH 连接上的权对整体的贡献大于 HP 连接上的权值对整体的贡献。

在真实的蛋白质分子中，不同类型的残基获得连接数与强度的能力不同。在非加权的氨基酸网中，氨基酸节点之间的特异性没有在网络模型中得到体现，从而非加权网络特征量对于氨基酸类型的区别能力有限。当构建加权的氨基酸网络后，由以上分析可以看出，氨基酸类型之间的差异性可以得到很好的体现，网络特征量对残基类型的区别度明显提高。

9.2.2　蛋白质去折叠路径上氨基酸网络特征量分析

在研究氨基酸网络特征量随结构的动态变化时，选取小蛋白 CI2（PDB 代码：3CI2）作为研究对象。对小蛋白 CI2 进行 498K 高温去折叠 MD 模拟。MD 程序库选用 GROMACS3.3[51]，采用 GROMOS96 43a1 力场及 SPC/E 水模型，模拟时间为 10 ns。在获得动力学轨迹后，以 10 ps 为间隔，建立轨迹上不同时刻蛋白质结构的氨基酸网络，应用基于能量加权的氨基酸网络，分析其网络特征量的变化规律。

1. 氨基酸网络整体特征量

蛋白质 CI2 高温去折叠后，主链原子的均方根偏差（root mean square deviation，RMSD）达到 12.6 Å，可以认为蛋白质已经去折叠。表 9-2 列出去折叠前后，蛋白质内总的非键连接数，以及 HH、HP、PP 连接数量与这些连接上的强度值的变化。

表 9-2　在 CI2 去折叠路径上天然态结构（0 ns）与变性态结构（10 ns）中加权氨基酸网络参量连接数与连接强度的对比

时间/ns	Total[a]		HH[b]		HP[c]		PP[d]	
	LN[e]	ST[f]	LN	ST	LN	ST	LN	ST
0	108	404.69	47	248.64	43	126.46	18	29.59
10	71	253.72	26	133.15	34	101.84	11	18.73

a．全部氨基酸网络；b．疏水氨基酸之间的连接；c．亲疏水氨基酸之间的连接；d．亲水氨基酸之间的连接；e．非共价连接数；f．氨基酸连接强度

分析表 9-2 的数据，可以看出蛋白质结构解聚的过程，主要表现为蛋白质内 HH 连接数的减少。与 0 ns 时刻氨基酸网络相比，在 10 ns 时，HH 连接数的减少占到总非键连接数减少的 56%。在考虑不同类型连接上的权重后，HH 连接数的减少对蛋白质稳定性降低将起主要贡献，大约占到 76%。HH 连接数的减少导致了蛋白质疏水核心的破坏。

在 10 ns 的模拟时间内，计算加权与非加权氨基酸网络的平均集聚系数 C，结果很相似，数值均大约稳定在 0.2～0.3 之间，可以看出 C 值对结构的变化很不敏感。原因主要有：当蛋白质结构解聚时，二级结构受到破坏，RMSD 达到 12.6 Å，但蛋白质仍然保持球形的无规卷曲（random coil）态，内部还存在大量的非键相互作用；另一方面，当连接数减少的时候，随着节点度的降低，集聚系数在一定范围内升高。当节点度为 2 时，节点的集聚系数在 0～1 间振荡；当节点度为 1 时，集聚系数为 0。综合以上因素，可以看出平均集聚系数 C 对二级结构变化不敏感。

另外，在 10 ns 的模拟时间内，随着蛋白质的解聚，结构变得松散，节点之间的最短路径 L 增大。对比加权网与非加权网的结果，如图 9-4 所示，加权网络计算得到的 L 对于结构的变化更为敏感一些。主要原因为：结构解聚时，疏水-疏水连接的减少占到总连接减少的大部分，并且疏水连接之间的距离小于 1。因而，当疏水核心破坏时，加权网的最短路径要比非加权网的最短路径上升更明显。

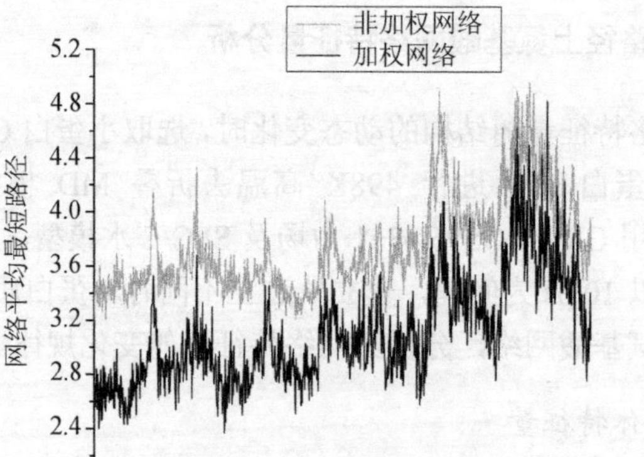

图 9-4　在 CI2 去折叠路径上，加权与非加权氨基酸网络的平均最短路径

2. 折叠核的网络特征量

首先对去折叠路径上的构象进行成簇分析[52]，确定折叠过渡态大约处于 2.35 ns。进行构象成簇分析时，计算蛋白质 CI2 去折叠动力学路径上的构象之间的 RMSD，并以图 9-5 中的每一个点代表去折叠路径上的一个构象，点与点之间的距离代表两个构象之间的 RMSD 的大小，它们之间按时间次序相连，过渡态后的构象之间以虚线连接。结构相似的构象成簇。图中，各个点之间的相对位置表示构象之间的差异的大小，而坐标的绝对值没有实际的物理意义。

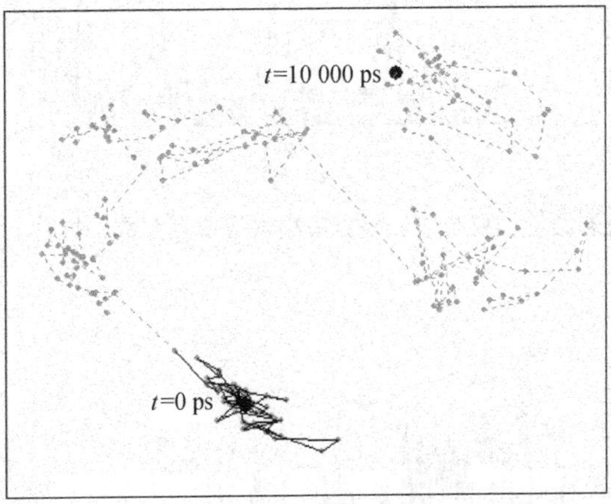

图 9-5　CI2 去折叠路径上构象成簇分析图

具体步骤为：假定在模拟中，得到 N 个构象，则可以计算任意两个结构之间的 RMSD 的大小，并以 D_{ij} 代表，由此得到一个 $N\times N$ 的矩阵。在二维平面上选取 N 个点，任意两点之间的距离记为 d_{ij}，以平面上的 N 个点来代表模拟得到的 N 个构象，则构象成簇问题转化为一个求极小值的问题，求 N 个点的坐标应使目标函数 $\xi=\sum_{i=1}^{N-1}\sum_{j>i}^{N}(D_{ij}-d_{ij})^2$ 取得极小值。由此得到平面上成簇的点就代表结构之间差异小的构象簇。

得到过渡态后，分析此时结构对应的氨基酸网络，计算各节点介数（betweenness），如图 9-6 所示。

在氨基酸网络的所有最短路径中，经过节点 i 的最短路径越多，点 i 的介数便越高，在网络内的影响力便越大。由图 9-6 可以看出，折叠核 A16、L49、I57[53, 54]处于一个重要的地位，其介数为局部极大[15]。对比加权网与非加权网的结果，考虑残基差异性的加权网对于折叠中起关键作用的折叠核的分辨能力明显提高。

在不同的时刻，计算折叠核强度的平均值与该时刻所有残基强度平均值的差，即 $s_{\text{core}}^t=\frac{1}{3}(s_{16}^t+s_{49}^t+s_{57}^t)-\overline{s^t}$，结果如图 9-7 所示。在去折叠路径上，随着蛋白质结构的解聚，疏水核心逐渐受到破坏，疏水残基之间的连接逐渐减少。但折叠核的强度平均值，在很长的时间内均高于残基的平均水平。尤其当处于近天然结构时，即去折叠未到达过渡态时（2.35 ns），此现象尤为明显。这反映了在蛋白质的折叠过程中，折叠核起到关键作用，它们之间将建立较多和较强的连接。

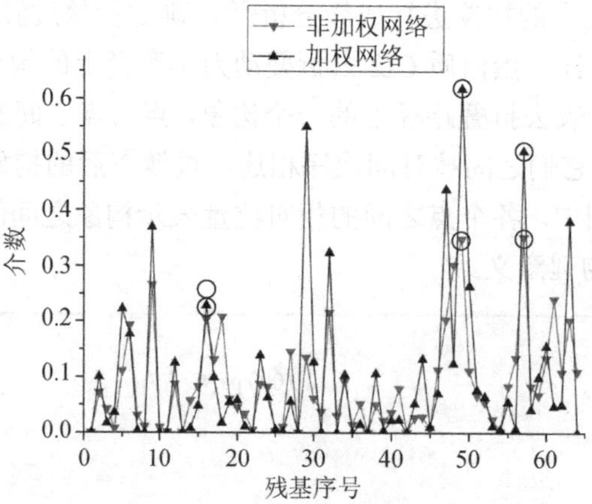

图 9-6　CI2 过渡态结构加权与非加权氨基酸网络节点介数，折叠核以黑色圆圈标记

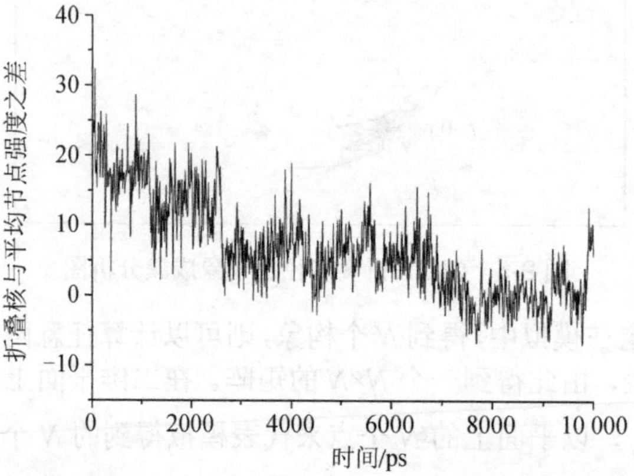

图 9-7　在 CI2 高温去折叠路径上，折叠核与蛋白质整体的平均节点强度值之间的差异

9.3　构象网络模型及其在蛋白质折叠研究中的应用

把蛋白质折叠过程中的不同构象作为节点，以不同构象之间的连接作为网络的边，构建蛋白质折叠网络[31, 55]，通过网络分析的方法来研究蛋白质折叠机理，是一个更富有挑战性的课题。相关工作有：Doye 和 Massen 把原子簇（atomic cluster）能量曲面的极小点所对应的态作为节点，态之间的转移作为边，构建了网络[32, 33]。Scala 等对 15 个残基的多肽链在二维格点模型上进行全空间采样，以多肽链的构象为节点，若构象之间可以通过一步蒙特卡洛移动来相互转换（忽略了多肽链中残基之间的相互作用），就在构象点之间建立一个连接[34]。通过对网络的分析，可以看出构象网具有“小世界”的特性。Gfeller 等用分子模拟的方法采集了大量的丙氨酸二肽（alanine dipeptide）构象，并构建了加权网络。通过复杂网络的方法定量分析了自由能曲面的性质[56]。Rao 等[31]对由 20

个氨基酸组成的小肽 beta3 进行 4 次独立的 MD 模拟（模拟时间 12.6 μm），采集了大量构象，以构象之间的相互转化为边，构建蛋白质折叠网络，发现构象网具有无标度（scale-free）特性；并对网络进行特征量分析，由高连通度、低集聚度判据得到折叠过渡态，进一步得到关于折叠路径等信息。王仲君等[57]利用 HP 模型，在二维格点模型上采集短肽（14 个氨基酸）的构象，在考虑残基之间的接触势能后，建立了构象网络，观察了蛋白质折叠构象能量漏斗，分析了网络的小世界、无标度特性及其集团性质。

我们课题组[58]在二维格点模型上，采集了由 HP 短链（13 个残基）在格点空间自回避行走产生的全部构象。将每一个构象视为网络中的一个点，如果构象之间的转变可以通过一次蒙特卡洛行走（包括三种转变规则：尾部旋转，转角跳跃，轴转动）实现，就在此两节点之间建立一条边，由此得到了蛋白质的构象网络。通过计算发现，在不考虑构象中氨基酸残基之间的相互作用时，构象网络只有小世界网络的性质，而没有无标度网络的特性。但当考虑结构中氨基酸残基之间的相互作用，并以此构建加权构象网络时，发现加权构象网既有小世界网络的特征，又具有无标度网络的特性。

计算中采用的加权模式如下：在此模型中，构象的能量定义为在链中不相邻的疏水氨基酸残基的拓扑接触数，即若多肽链中不相邻的疏水氨基酸残基在格点中处于相邻的位置，则对构象能量的贡献为−1。其他类型的氨基酸残基接触对构象能量没有贡献，也即 $E_{\mathrm{HH}}=-1$；$E_{\mathrm{HP}}=E_{\mathrm{PP}}=0$。由此，可以计算任何一个构象的能量 E，进而可以计算每一个构象的玻尔兹曼因子 $\exp[-E/k_{\mathrm{B}}T]$，其中，k_{B} 为玻尔兹曼常数；T 为绝对温度（此模型中，此二参量均设置为 1）。构象的权重定义如下：假设网络中点 i 和点 j、k、l 相连，则点 i 的权重定义为点 j、k、l 的玻尔兹曼因子之和。

加权网络出现无标度特性，这一结果说明能量对网络拓扑特征起重要影响作用。加权构象网络的“无标度"拓扑特征说明在蛋白质折叠过程中，重要构象的分布具有层次性，而蛋白质在折叠过程中更倾向于选择这些重要的构象做为折叠路径中的构象，而不是在构象空间中随机搜索，预示蛋白质折叠是沿着一定的路径进行的[59]。

构象网络的无标度拓扑特征是由其度分布的幂律形式所刻画的。为研究加权构象网络的拓扑特征和蛋白质折叠动力学之间的关系，还考察了加权构象网络度分布的幂指数和参数 Δ/Γ [60, 61]之间的关系。

$$\Delta=\frac{1}{N_c}\sum_{a>0}(E_a-E_0) \tag{9.10}$$

$$\Gamma^2=\frac{1}{N_c}\sum_{a>0}E_a^2-\Big(\frac{1}{N_c}\sum_{a>0}E_a\Big)^2 \tag{9.11}$$

其中，Δ 表示最低能态和所有激发态的能差的平均值；Γ 表示能谱的标准偏差；$E_a(a>0)$ 为激发态能量；E_0 为基态能量；N_c 为激发态个数。

Δ/Γ 这个参数经常被用来表述给定的一条序列多大程度上是一条天然序列，即是否具有热力学稳定性、相对较快的折叠速度和较强的抗突变能力。而幂指数刻画的是构象网络的拓扑性质，幂指数越大，说明幂函数越快衰减到零，较大的幂指数 γ 意味着找到权重大的点的概率较小。根据权重的物理含义，点的权重大意味着这个点所对应的构象附近有更多数目的亚构象，而权重大的点较少则说明在网络中只有较少的亚构象群。用能量地形面的观点来看，这说明能量地形面上没有较深的势阱和较高的势垒。因此，加权构象网络幂指数越大，说明自由能曲面越光滑。

研究发现，加权构象网络度分布的幂指数和参数Δ/Γ这二者之间有很好的相关性，如图 9-8 所示。这说明网络的拓扑性质对蛋白质折叠动力学有深刻影响，即幂指数大意味着多肽链的折叠速度较快。

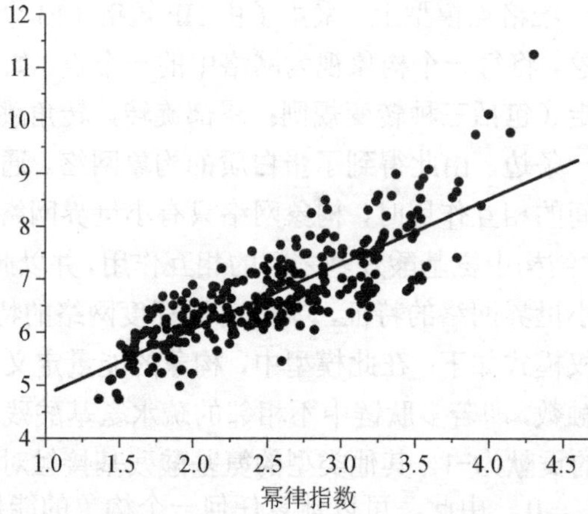

图 9-8　幂指数与Δ/Γ的关系，直线是二者数据的拟合，相关系数为 0.81

我们还考察了加权构象网络的模块化性质。网络的模块化是指网络中有一部分点作为一个集合，在这个集合内部，点之间的连接很紧密，而集合之内的点和集合外面的点连接很稀疏。利用多步贪婪算法（multistep greedy algorithm，MSG）[62]得出加权构象网络的模块化系数Q[62]，研究Q值和Δ/Γ值，以及Q值和网络幂指数的关系。研究发现，加权构象网络有显著的模块化结构，而且Δ/Γ值和Q值呈负相关（图 9-9）。大的Q值对应着较小的 Z-SCORE 值，这意味着折叠较快的序列在折叠过程中都避免形成显著的模块化结构。

从能量地形面的观点来看，蛋白质折叠可以被描述成沿着一个具有漏斗形状的能量地形面上从漏斗顶部到漏斗底部扩散的过程。由于蛋白质分子的多自由度以及各种相互作用力的复杂性，且这些相互作用是互相竞争的，使得能量地形面上有明显的拓扑阻错，形成很多的局部极小值和势垒。如果两个局部点之间具有较小的能垒，则它们对应构象之间就有丰富的动力可达路径。这种情景反映在网络上，相当于对于部分网络节点，它们之间相互联系很紧密；相反，如果在两个局部极小点之间的能垒较高，则它们之间的连接较少。这种图像和网络中的模块的图像相一致。网络的模块化结构是指网络中有一些点它们之间相联系比较紧密，而它们与其他点的连接相对稀少。从以上分析可知，Z-SCORE 值和Q值呈负相关说明，折叠速度越大的序列其对应的网络的模块化程度就越低。

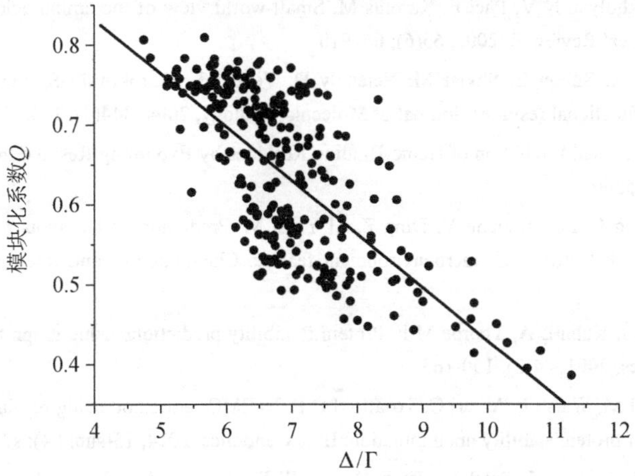

图 9-9　Δ/Γ 和模块化系数 Q 的关系，直线是对数据的拟合，相关系数是−0.70

参 考 文 献

[1] Amaral L A N, Scala A, Barthelemy M, Stanley H E. Classes of small-world networks. Proceedings of the National Academy of Sciences of the United States of America, 2000, 97(21):11149-11152

[2] Watts D J, Strogatz S H. Collective dynamics of 'small-world' networks. Nature, 1998, 393(6684): 440-442

[3] Goh K I, Kahng B, Kim D. Universal behavior of load distribution in scale-free networks. Physical Review Letters, 2001, 87(27): 278701

[4] Newman M E J, Watts D J. Scaling and percolation in the small-world network model. Physical Review E, 1999, 60(6): 7332-7342

[5] Jeong H, Mason S P, Barabasi A L, Oltvai Z N. Lethality and centrality in protein networks. Nature, 2001, 411(6833): 41-42

[6] Maslov S, Sneppen K. Specificity and stability in topology of protein networks. Science, 2002, 296(5569): 910-913

[7] Han J D J, Bertin N, Hao T, Goldberg D S, Berriz G F, Zhang L V, Dupuy D, Walhout A J M, Cusick M E, Roth F P, Vidal M. Evidence for dynamically organized modularity in the yeast protein-protein interaction network. Nature, 2004, 430(6995): 88-93

[8] Luscombe N M, Babu M M, Yu H Y, Snyder M, Teichmann S A, Gerstein M. Genomic analysis of regulatory network dynamics reveals large topological changes. Nature, 2004, 431(7006):308-312

[9] Wuchty S, Oltvai Z N, Barabasi A L. Evolutionary conservation of motif constituents in the yeast protein interaction network. Nature Genetics, 2003, 35(2): 176-179

[10] Sengupta D, Kundu S. Do topological parameters of amino acids within protein contact networks depend on their physico-chemical properties? Physica a-Statistical Mechanics and Its Applications, 2012, 391(17): 4266-4278

[11] Sengupta D, Kundu S. Rolc of long- and short-range hydrophobic, hydrophilic and charged residues contact network in protein's structural organization. Bmc Bioinformatics, 2012, 13:142

[12] Hu G, Yan W, Zhou J, Shen B. Residue interaction network analysis of Dronpa and a DNA clamp. Journal of Theoretical Biology, 2014, 348: 55-64

[13] Yan W Y, Zhou J H, Sun M M, Chen J J, Hu G, Shen B R. The construction of an amino acid network for understanding protein structure and function. Amino Acids, 2014, 46(6): 1419-1439

[14] Estrada E. Universality in Protein Residue Networks. Biophysical Journal, 2010, 98(5): 890-900

[15] Vendruscolo M, Dokholyan N V, Paci E, Karplus M. Small-world view of the amino acids that play a key role in protein folding. Physical Review E, 2002, 65(6): 061910

[16] Amitai G, Shemesh A, Sitbon E, Shklar M, Netanely D, Venger I, Pietrokovski S. Network analysis of protein structures identifies functional residues. Journal of Molecular Biology, 2004, 344(4): 1135-1146

[17] Liu R, Hu J. Computational Prediction of Heme-Binding Residues by Exploiting Residue Interaction Network. PLoS One, 2011, 6(10): e25560

[18] Ye L, Kuang Q, Jiang L, Luo J, Jiang Y, Ding Z, Li Y, Li M. Prediction of hot spots residues in protein-protein interface using network feature and microenvironment feature. Chemometrics and Intelligent Laboratory Systems, 2014, 131: 16-21

[19] Jacobs D J, Rader A J, Kuhn L A, Thorpe M F. Protein flexibility predictions using graph theory. Proteins-Structure Function and Genetics, 2001, 44(2): 150-165

[20] Giollo M, Martin A J M, Walsh I, Ferrari C, Tosatto S C E. NeEMO: a method using residue interaction networks to improve prediction of protein stability upon mutation. Bmc Genomics, 2014, 15(suppl 4): s7

[21] Angelova K, Felline A, Lee M, Patel M, Puett D, Fanelli F. Conserved amino acids participate in the structure networks deputed to intramolecular communication in the lutropin receptor. Cellular and Molecular Life Sciences, 2011, 68(7): 1227-1239

[22] Dokholyan N V, Li L, Ding F, Shakhnovich E I. Topological determinants of protein folding. Proceedings of the National Academy of Sciences of the United States of America, 2002, 99(13): 8637-8641

[23] Atilgan A R, Akan P, Baysal C. Small-world communication of residues and significance for protein dynamics. Biophysical Journal, 2004, 86(1): 85-91

[24] Fang Y, Ma D, Li M, Wen Z, Diao Y. Investigation of the proteins folding rates and their properties of amino acid networks. Chemometrics and Intelligent Laboratory Systems, 2010, 101(2): 123-129

[25] Yan L C, Su J G, Chen W Z, Wang C X. Study on The Characters of Different Types of Amino-acid Networks and Their Relations With Protein Folding. Progress in Biochemistry and Biophysics, 2010, 37(7): 762-768

[26] Zhang X, Perica T, Teichmann S A. Evolution of protein structures and interactions from the perspective of residue contact networks. Current Opinion in Structural Biology, 2013, 23(6): 954-963

[27] Doncheva N T, Klein K, Domingues F S, Albrecht M. Analyzing and visualizing residue networks of protein structures. Trends in Biochemical Sciences, 2011, 36(4): 179-182

[28] Aftabuddin M, Kundu S. AMINONET — a tool to construct and visualize amino acid networks, and to calculate topological parameters. Journal of Applied Crystallography, 2010, 43: 367-369

[29] Sethi A, Eargle J, Black A A, Luthey Schulten Z. Dynamical networks in tRNA: protein complexes. Proceedings of the National Academy of Sciences of the United States of America, 2009, 106(16): 6620-6625

[30] Sathyapriya R, Vijayabaskar M S, Vishveshwara S. Insights into Protein-DNA Interactions through Structure Network Analysis. PLoS Computational Biology, 2008, 4(9): e1000170

[31] Rao F, Caflisch A. The protein folding network. Journal of Molecular Biology, 2004, 342(1): 299-306

[32] Doye J P K, Massen C P. Characterizing the network topology of the energy landscapes of atomic clusters. Journal of Chemical Physics, 2005, 122(8): 084105

[33] Doye J P K. Network topology of a potential energy landscape: a static scale-free network. Physical Review Letters, 2002, 88(23): 238701

[34] Scala A, Amaral L A N, Barthelemy M. Small-world networks and the conformation space of a short lattice polymer chain. Europhysics Letters, 2001, 55(4): 594-600

[35] VanWart A T, Eargle J, Luthey Schulten Z, Amaro R E. Exploring residue component contributions to dynamical network models of allostery. Journal of Chemical Theory and Computation, 2012, 8(8): 2949-2961

[36] Gavin A C, Bosche M, Krause R, Grandi P, Marzioch M, Bauer A, Schultz J, Rick J M, Michon A M, Cruciat C M, Remor M, Hofert C, Schelder M, Brajenovic M, Ruffner H, Merino A, Klein K, Hudak M, Dickson D, Rudi T, Gnau

V, Bauch A, Bastuck S, Huhse B, Leutwein C, Heurtier M A, Copley R R, Edelmann A, Querfurth E, Rybin V, Drewes G, Raida M, Bouwmeester T, Bork P, Seraphin B, Kuster B, Neubauer G, Superti-Furga G. Functional organization of the yeast proteome by systematic analysis of protein complexes. Nature, 2002, 415(6868): 141-147

[37] McGee L, McDougal L, Zhou J, Spratt B G, Tenover F C, George R, Hakenbeck R, Hryniewicz W, Lefevre J C, Tomasz A, Klugman K P. Nomenclature of major antimicrobial-resistant clones of Streptococcus pneumoniae defined by the pneumococcal molecular epidemiology network. Journal of Clinical Microbiology, 2001, 39(7): 2565-2571

[38] Maniatis T, Reed R. An extensive network of coupling among gene expression machines. Nature, 2002, 416(6880): 499-506

[39] Frigerio G, Burri M, Bopp D, Baumgartner S, Noll M. Structure of the segmentation gene paired and the drosophila PRD gene set as part of a gene network. Cell, 1986, 47(5): 735-746

[40] Jeong H, Tombor B, Albert R, Oltvai Z N, Barabasi A L. The large-scale organization of metabolic networks. Nature, 2000, 407(6804): 651-654

[41] Zhang X L, Jantama K, Moore J C, Jarboe L R, Shanmugam K T, Ingram L O. Metabolic evolution of energy-conserving pathways for succinate production in Escherichia coli. Proceedings of the National Academy of Sciences of the United States of America, 2009, 106(48):20180-20185

[42] Fell D A, Wagner A. The small world of metabolism. Nature Biotech, 2000, 18: 1121-1122

[43] Vishveshwara S, Ghosh A, Hansia P. Intra and Inter-Molecular Communications through protein structure network. Current Protein & Peptide Science, 2009, 10(2): 146-160

[44] Brinda K V, Vishveshwara S. A network representation of protein structures: Implications for protein stability. Biophysical Journal, 2005, 89(6): 4159-4170

[45] Greene L H, Higman V A. Uncovering network systems within protein structures. Journal of Molecular Biology, 2003, 334(4): 781-791

[46] Jiao X, Chang S, Li C H, Chen W Z, Wang C X. Construction and application of the weighted amino acid network based on energy. Physical Review E, 2007, 75: 051903

[47] Miyazawa S, Jernigan R L. Residue-residue potentials with a favorable contact pair term and an unfavorable high packing density term, for simulation and threading. Journal of Molecular Biology, 1996, 256(3): 623-644

[48] Aftabuddin M, Kundu S. Weighted and unweighted network of amino acids within protein. Physica a-Statistical Mechanics and Its Applications, 2006, 369(2): 895-904

[49] Barrat A, Barthelemy M, Pastor-Satorras R, Vespignani A. The architecture of complex weighted networks. Proceedings of the National Academy of Sciences of the United States of America, 2004, 101(11): 3747-3752

[50] Sun S J, Brem R, Chan H S, Dill K A. Designing amino acid sequences to fold with good hydrophobic cores. Protein Engineering, 1995, 8(12): 1205-1213

[51] Lindahl E, Hess B, van der Spoel D. GROMACS 3.0: a package for molecular simulation and trajectory analysis. Journal of Molecular Modeling, 2001, 7(8): 306-317

[52] Li A J, Daggett V. Identification and characterization of the unfolding transition state of chymotrypsin inhibitor 2 by molecular dynamics simulations. Journal of Molecular Biology, 1996, 257(2): 412-429

[53] Itzhaki L S, Otzen D E, Fersht A R. The structure of the transition-state for folding of chymotrypsin inhibitor-2 analyzed by protein engineering Methods - Evidence for a Nucleation-Condensation mechanism for Protein-Folding. Journal of Molecular Biology, 1995, 254(2): 260-288

[54] Mirny L, Shakhnovich E. Protein folding theory: From lattice to all-atom models. Annual Review of Biophysics and Biomolecular Structure, 2001, 30: 361-396

[55] Caflisch A. Network and graph analyses of folding free energy surfaces. Current Opinion in Structural Biology, 2006, 16(1): 71-78

[56] Gfeller D, De Los Rios P, Caflisch A, Rao F. Complex network analysis of free-energy landscapes. Proceedings of the National Academy of Sciences of the United States of America 2007, 104(6): 1817-1822

[57] 王仲君，王能超．蛋白质折叠构象网络模型的建构及其特性分析．武汉生物工程学院学报，2005，1（1）：46-50

[58] Lai Z Z, Su J G, Chen W Z, Wang C X. Uncovering the properties of energy-weighted conformation space networks with a hydrophobic-hydrophilic model. International Journal of Molecular Sciences, 2009, 10: 1808-1823

[59] Chodera J D, Pande V S. The social network (of protein conformations). Proceedings of the National Academy of Sciences of the United States of America, 2011, 108(32):12969-12970

[60] Melin R, Li H, Wingreen N S, Tang C. Designability, thermodynamic stability, and dynamics in protein folding: a lattice model study. The Journal of Chemical Physics, 1999, 110(2): 1252-1262

[61] Schuetz P, Caflisch A. Efficient modularity optimization by multistep greedy algorithm and vertex mover refinement. Physical Review E, 2008, 77: 046112

[62] Schuetz P, Caflisch A. Multistep greedy algorithm identifies community structure in real-world and computer-generated networks. Physical Review E, 2008, 78: 026112

（焦　雄）

第 10 章　蛋白质折叠路径与折叠核预测

10.1　蛋白质折叠路径研究

10.1.1　Levinthal 悖论与折叠漏斗

Anfinsen 原理指出，蛋白质的天然构象对应于自由能的全局极小点，但是，他并没有告诉我们蛋白质是如何达到其天然结构的，尤其，蛋白质折叠过程又是一个非常快速的过程。针对这一问题，20 世纪 60 年代末，Levinthal 提出了著名的 Levinthal 佯谬[1]：蛋白质具有大量的自由度，其可能的构象数目是如此之多，以至于在这样的构象空间中要全局搜索出它的天然构象需要耗费天文时间，是不可能实现的。我们可以作一个简单的估计，假定每个残基平均有 10 个可能的构象，一条由 100 个氨基酸构成的多肽链就有 10^{100} 种可能构象，如果从一个构象搜索到另一个构象所需的时间尺度是 10^{-13} s，那么尝试该蛋白所有可能的构象以获得最低能量构象所需要的时间是 10^{33} 年。上述在构象空间中逐一尝试的过程可以用图 10-1A 所示的高尔夫场型的能量面中的自由行走来表示，在一个平面中毫无目的的任意行走，突然找到图中狭窄的能量阱的几率是非常渺茫的事情。然而，实验观测到的小蛋白的折叠是一个非常快速的过程，其时间尺度是 10^{-3}～1 s。Levinthal 给出了解决这一佯谬的蛋白质折叠图像[1, 2]，他指出蛋白质不可能尝试所有可能的构象，而是通过某些特定的折叠路径而到达其天然态，如图 10-1B 所示。Levinthal 的观点更强调了蛋白质折叠的动力学特征，指出蛋白质折叠态是动力学上可达的相对稳定的状态。他的观点受到了简单化学反应理论的影响，认为蛋白质折叠就像化学反应一样存在特定的路径。由于存在很陡的能垒，偏离该特定路径的其他微观状态是不可到达的。但是，实际上相对于化学反应，蛋白质折叠的驱动力要弱得多，蛋白质的微观状态转变也容易得多，因而，通向天然态的路径数目可能是巨大的，而不是某个或某几个特定的路径[3, 4]。

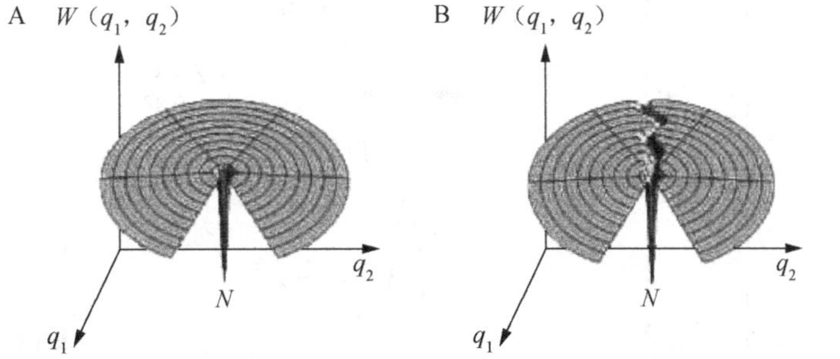

图 10-1　（A）高尔夫场型的能量面；（B）蚂蚁轨迹型的能量曲面[5]

蛋白质折叠如何既保证其折叠结构具有自由能极小的热力学特性，同时折叠过程又具有快速的动力学特性，一直是人们思考的问题。20 世纪 80 年代，Karplus、Dill 和 Wolynes 等提出了一种所谓“折叠漏斗”的新观点[3~9]，蛋白质折叠是在一个具有漏斗形状的能量地形面中进行的，如图 10-2 所示。能量地形面是一个高维的能量曲面，图 10-2 用二维示意图来表示，图中能量地形面的宽度表示蛋白质体系的熵，能量地形面纵向高低表示蛋白质每一个构象的能量，越向下能量越低。能量地形面是一个高低起伏且具有众多局域极小值的复杂的多维曲面体。其顶部表示熵比较大的去折叠态，漏斗底部对应蛋白质的天然构象。能量漏斗观点把蛋白质折叠过程描述成一个蛋白质构象系综在能量地形面上的集体扩散。这就好像多溪流水从具有复杂地形结构的山坡上流下一样，蛋白质并不是沿着特定的一条轨迹进行折叠，这种图像强调了蛋白质折叠的多路径特征，对于蛋白质折叠过程要从系综的观点去理解[9]，这种观点既保证了折叠态在热力学上的稳定性，同时折叠过程又具有快速的动力学特性。能量漏斗理论得到了实验[10]和理论[11]的支持，被相关领域研究者广泛接受。值得注意的是，能量漏斗的观点并不完全否定 Levinthal 的关于特定路径观点，前者强调系综特征，后者强调特定的路径。对于某些蛋白质，当能量曲面上有一条很深的峡谷通向天然态的时候，其折叠过程将展现为一条统计上占优的折叠路径[5]。

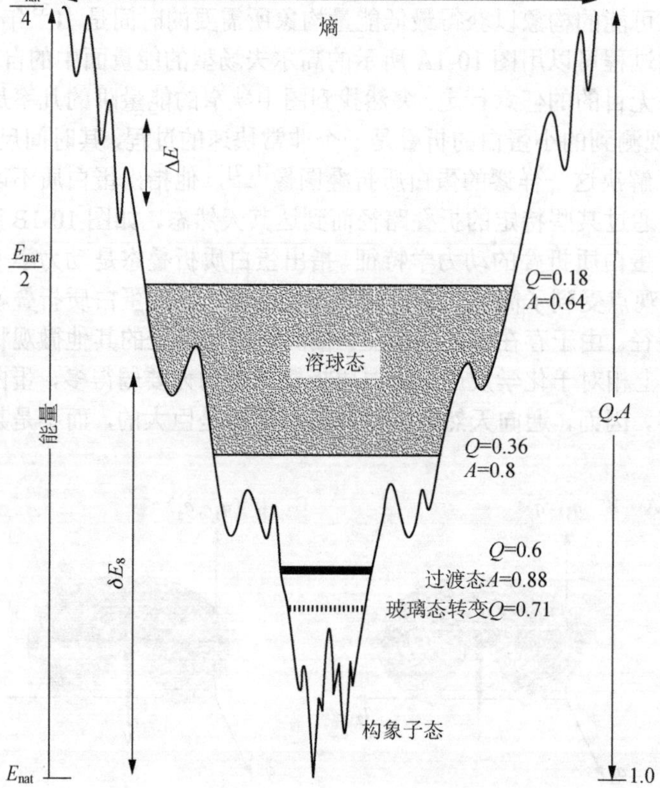

图 10-2　蛋白质折叠漏斗[8]

能量曲面的形状和它的粗糙度控制着整个折叠过程，能量曲面的粗糙性来自于氨基酸相互作用之间的竞争或者非天然相互作用的形成，这种能量阻挫会导致折叠过程中的一些中间态的形成，进而影响蛋白质折叠的动力学特性。自然界长期的进化选择使得这种能量阻挫降到最低，蛋白质折叠过程中非天然接触的形成达到最少，这一观点称为最小阻错原理[12~14]。最小阻挫原理保证了能量曲面的漏斗形状，使得蛋白质能够快速折叠到天然构象。

既然蛋白质折叠漏斗的能量阻挫降到最低，蛋白质折叠过程中尽量避免非天然接触的形成，因此蛋白质天然结构中所存在的残基间的接触是蛋白质折叠的原动力，蛋白质天然拓扑结构对蛋白质折叠具有重要影响，很多实验和理论研究已经证实了这一点。Baker 小组和 Serrano 小组通过对 SH3 domain 折叠过渡态的研究发现，结构类似而序列不同的蛋白质具有类似的折叠过渡态[15, 16]，例如，结构相似的α-spectrin SH3 domain 与 Src SH3 domain，虽然其序列同源性仅仅为 34%，但是它们折叠过渡态结构类似。Baker 小组发现，通过实验手段或者自然进化所导致的残基突变，对蛋白质折叠速率的影响不大，蛋白质折叠速率很大程度上由其拓扑结构所决定[17, 18]。他们提出了一个描述蛋白质拓扑特征的参量，即接触序（contact order），并且统计发现，小蛋白的折叠速率与接触序之间存在很好的线性关系[18,19]。基于上述实验事实，人们发展了很多理论方法，通过分析蛋白质的天然拓扑结构来揭示蛋白质的折叠机理。Alm 和 Baker 根据蛋白质天然结构信息而构建的折叠自由能曲面能够很好地描述蛋白质折叠速率及折叠过渡态特征[20, 21]。图论和复杂网络方法被广泛应用于蛋白质拓扑结构的分析，用来探讨蛋白质拓扑结构与蛋白质折叠之间的内在联系[22, 23]。仅考虑蛋白质天然结构中残基间相互作用的 Gō 模型被广泛应用于蛋白质折叠研究[24, 25]。这些简化模型和方法，使得蛋白质折叠这一异常复杂的问题得以简化，大大加深了对于蛋白质折叠机理的认识，正如 Baker 在 *Nature* 一篇文章中指出“蛋白质折叠存在惊人的简单性”，并把它作为文章的标题[18]。关于蛋白质折叠的 Gō 模型及其他简化模型，将在本章的 10.2.3 节作较为详细的介绍。

能量漏斗理论为蛋白质折叠研究提供了理论框架，但是，对于一个具体的蛋白质分子，其折叠的能量曲面形状如何、具有什么样的折叠路径，以及折叠过渡态结构如何等，这些问题的解决，还必须借助于具体的实验或计算机模拟方法来进行研究。

10.1.2　蛋白质折叠机制模型

关于蛋白质折叠模型，目前主要有框架模型、疏水塌缩模型和成核浓缩模型。

框架模型最早由 Ptitsyn 提出[26]，该模型认为在蛋白质折叠过程中，二级结构率先形成，这些二级结构主要是螺旋、转角和发夹。然后，这些二级结构通过随机扩散碰撞产生长程空间接触，逐渐形成更大的折叠中间体，最终形成三级结构。三级结构的形成进一步稳定早期形成的二级结构单元，最终通过侧链的堆积，形成蛋白质的折叠结构。该模型认为，局部的二级结构单元可以在三级结构形成之前独立形成。已经证实一些小的螺旋蛋白的折叠过程符合框架模型[27, 28]。

疏水塌缩模型[28~30]认为，疏水作用是蛋白质折叠的主要驱动力。通过对蛋白质结构的分析表明，蛋白质的天然结构内部常常包含一个由疏水残基构成的疏水核心，而极性氨基酸倾向分布于蛋白质的表面。在疏水作用的驱动下，蛋白质首先进行整体塌缩形成熔球态，熔球态是一个部分折叠状态，一些长程的三级接触率先形成，极大地缩小构象采样空间，在此基础上，二级结构逐步调整形成。

成核浓缩模型[31~33]综合了框架模型和疏水塌缩模型的特征，认为在蛋白质折叠过程中，二级结构和三级结构同时形成。该模型的提出基于一个重要的实验事实，Otzen 等通过对 CI2 蛋白过渡态的分析表明，二级结构和三级接触在过渡态同时形成[34]。该模型认为蛋白质的二级结构具有内在的不稳定性，而长程三级接触可以稳定弱的二级结构。在三级结构形成之前，局部的残基片段具有一定的形成二级结构的倾向性，如螺旋和发夹，三级结构的形成进一步稳定了局部的二级结构。该模型已经得到实验上的验证，Uversky 和 Fink 分析了 41 个天然或部分天然态蛋白，发现蛋白质分子的流体动力学体积与二级结构成分有很好的相关性，没有证据表明存在紧密而缺少二级结构的中间态和二级结构高度有序但整体松散的结构[35]。

10.1.3　蛋白质折叠路径的计算机模拟

早在 20 世纪 70 年代末，分子动力学（MD）模拟已经被用于生物大分子的热力学和动力学性质的研究[36]。MD 模拟的基本思路是：把研究体系（包括蛋白质分子及周围溶剂）中的每一个原子视为经典粒子，在给定初始状态（包括每一个粒子的坐标和速度）和粒子间相互作用势函数的情况下，通过求解经典的牛顿动力学方程来获得体系的微观运动状态。MD 模拟能得到原子的运动轨迹，获得体系的动力学特性，特别是许多微观细节在实际实验中无法获得，而在 MD 模拟中都可以方便地观察到[37]。对于平衡系统，根据各态历经假定，可以通过对长时间模拟轨迹作适当的时间平均来计算一个物理量的系综平均值，获得体系的热力学性质。关于 MD 模拟的基本原理和详细步骤参见本书第 1 章的内容。

影响 MD 模拟准确性的主要因素是描述原子间相互作用势函数（或称为力场）的精确度。目前，蛋白质分子相互作用势函数的一般形式包括成键项和非键项[38]，其中，成键项包括键长能、键角能、二面角能（正常二面角能和非正常二面角能），非键项包括范德华相互作用和静电相互作用。成键项的势函数一般用二次谐振势（正常二面角能用三角函数势）来表示。实际上，更为精确的共价键势函数形式应该是 Morse 势，在不允许共价键形成和断裂的情况下，二次谐振势是 Morse 势很好的近似，这种近似使得计算速度提高 3～4 个数量级。范德华相互作用用 Lennard-Jones 6-12 势表示，静电相互作用用库仑势表示。这些函数项中的力参数一般通过量子力学计算或者光谱实验数据进行拟合得到。用于生物大分子模拟的著名力场有 AMBER[39]、CHARMM[40]、GROMOS[41]等。

MD 模拟可以获得蛋白质折叠过程的微观运动细节，可以用来识别蛋白质折叠路径、中间态、过渡态等，通过长时间的模拟轨迹还可以得到体系的自由能曲面。但是，由于蛋白质折叠的 MD 模拟异常耗时，目前仅对一些小肽或小蛋白获得了比较好的模拟结果。下面对于这方面的进展作一个简单介绍。

1997 年，Van Gunsteren 小组最早采用 MD 模拟研究了由 6 个β-氨基酸所构成的多肽链在不同温度下的微观运动细节，观察到了多个折叠/去折叠过程，他们的工作证明了利用 MD 模拟手段研究多肽的折叠过程是可行的[42, 43]。1998 年，Duan 和 Kollman 利用显含水的全原子 MD 模拟方法对 Villin headpiece subdomain（36 个残基）进行了长达 1μs 的折叠模拟，发现该蛋白质从初始的伸展构象折叠到一个比较稳定的中间态[44]。虽然没有最终折叠到天然态，但是他们的模拟结果揭示了该蛋白质折叠的很多特征，发现了该蛋白质在折叠初始阶段的疏水塌缩和螺旋形成过程，找到了两条折叠路径。随后，很多小组采用隐含水的 MD 模拟方法来研究蛋白质折叠问题。隐含水模型使得 MD 模拟的速度大大加快，构象空间采样更加充分[45~48]。例如，Ferrara 和 Caflisch 利用隐含水的 MD 模拟[47, 48]研究了由 20 个氨基酸构成的具有反平行β结构的小肽的折叠过程，采集到了大量的折叠/去折叠事件。基于折叠采样，他们获得了折叠体系的自由能曲面，分析了过渡态能垒的特征，指出蛋白质天然拓扑结构对自由能曲面的形状和折叠机制具有重要影响。进而，多副本交换（replica-exchange）MD 方法的提出，提高了蛋白质折叠过程中构象采样的效率，成为蛋白质折叠研究的常用技术[49]。Garcia 和 Sanbonmatsu 利用多副本交换技术研究了 G 蛋白 B1 结构域 C 端β片的折叠过程[50]。Pitera 和 Swope 利用多副本交换技术和隐含水模型的 MD 模拟方法研究了 Trp-cage（含有 20 个氨基酸）及其突变体的折叠过程，获得了与核磁共振实验一致的结果[51]。为了增加模拟时间，提高采样数量，斯坦福大学的 Pande 小组主持的 Folding@home 分布式计算工程于 2000 年启动，它集中了世界各地超过 300 000 个 CPU 在系统空闲的时候进行模拟计算，使得蛋白质折叠研究的模拟时间和采样数大大增加，是单独每一个计算中心无法做到的事情[52]。同时，最近 GPU（general-purpose graphics processing unit）硬件技术的发展，也为蛋白质折叠研究提供了更加有效的计算工具[53]。

鉴于蛋白质折叠模拟异常困难，通常采用 MD 模拟进行蛋白质去折叠研究，主要基于以下两点考虑：其一，蛋白质折叠的时间尺度一般大于毫秒量级，而高温去折叠的时间尺度一般在纳秒量级，因而，去折叠过程的模拟要容易得多；其二，对于两态转变蛋白，其去折叠是折叠的逆过程，二者有相同的折叠过渡态，这一点已经被实验所证实[43]。因此，对蛋白质去折叠过程的研究有助于揭示蛋白质折叠的机制。国际上，Levitt 和 Daggett 小组在这方面做了大量的研究工作。1992 年，Daggett 和 Levitt 最早利用 MD 模拟研究了牛胰蛋白酶抑制剂的去折叠过程，分析了去折叠中间态的特征[54]。随后，他们通过对 CI2 蛋白的多次去折叠模拟，首次找到了过渡态，分析发现，过渡态中二级结构之间的堆积被打破，部分β片已经去折叠，疏水核心部分被破坏。实验中，通常采用 ϕ 值［定义见下节的式（10.1）］分析来研究蛋白质的过渡态[55]，Daggett 和 Levitt 发现，通过理论模拟得到的残基 ϕ 值与实验所得到的 ϕ 值很好的吻合。他们还发现蛋白质去折叠态不是完全无规的，而是具有部分的结构。通过对 barnase 蛋白去折叠模拟发现，该蛋白质存在一个稳定的中间态，并且 barnase 的去折叠过程是分步进行的，部分结构先去折叠，而另一部分比较稳定[56]。这与 CI2 不同，CI2 是一个协同去折叠过程。这些研究加深了对于蛋白质去折叠以及折叠机制的认识。随后，基于 MD 模拟的蛋白质去折叠研究广泛开展起来，取得了丰硕的研究成果。最近，Daggett 小组利用 MD 模拟了超过 2000 个具有代表性的蛋白质常温平衡动力学和高温去折叠动力学过程，并建立了蛋白质动力学数据库 Dynameomics，为蛋白质折叠/去折叠研究提供了很好的数据资源[57, 58]。

虽然 MD 模拟能够获取蛋白质折叠/去折叠过程的微观细节，但是，采用该方法来研究蛋白质折叠，尤其是体系比较大的蛋白质折叠，仍然受到一定的限制，主要体现在以下两点[38]。其一，模拟时间和采样技术有待于进一步提高。MD 模拟中积分步长的选取是由体系的高频运动所决定的，通常只能取飞秒的时间量级，这就使得 MD 模拟非常耗时，现有的计算机能力限制着蛋白质折叠问题的研究。同时，MD 模拟中所采用的势函数的势能面并不是光滑的，存在很多的局部极小，在给定的温度下，需要长时间的热力学弛豫平衡才能到达新的采样范围，因此采样空间受到限制，很难在短时间内到达天然构象。其二，目前常用的力场的准确度有待进一步提高。主要体现在以下几点：首先，现有的力场原子类型的划分还不够精细。其次，现有力场普遍采用成对相互作用，没有考虑多体相互作用效应。最后，势函数中的静电项采用了固定电荷近似，通常忽略了极化效应。力场的优化仍然是目前 MD 模拟需要解决的关键问题之一。

鉴于全原子 MD 模拟研究蛋白质折叠尚有困难，目前，蛋白质从头折叠研究常用的做法是采用简化模型，减少体系的自由度，平滑势能曲面，从而加快计算速度[58]。对于蛋白质折叠机理的认识更多的是来自于粗粒化模型的模拟结果。我们将在第 12 章和第 13 章对基于粗粒化模型的蛋白质折叠研究进展作一简单介绍。

10.2 蛋白质折叠核的识别研究

10.2.1 蛋白质两态折叠及过渡态的识别

1991 年，Jackson 和 Fersht 发现小蛋白 CI2 的折叠过程是一个两态转变过程，实验中没有发现稳定的中间态的存在[60]。此后，大量的实验研究表明，大多数单结构域的小蛋白的折叠过程都是两态转变过程[61, 62]。所谓两态转变是指，蛋白质折叠过程直接从去折叠态转变到折叠态，不存在实验上可探测到的中间态。从统计物理的角度来看，对于两态转变，体系自由能曲面存在两个极小点分别对应去折叠态和折叠态，在两态之间不存在其他稳定的自由能极小点。去折叠态和折叠态之间的自由能垒所对应的态称为过渡态，过渡态是由部分折叠的蛋白质构象所构成的系综，在过渡态，体系有 50%的几率折叠到折叠态或回到去折叠态[62]。

由于过渡态无法稳定存在，因此实验上很难直接观察到过渡态。目前，间接探测过渡态的实验方法主要是 Fersht 小组开发的残基突变的 ϕ 值分析方法[55]。该方法对体系中

的每个残基进行突变，计算每个突变所对应的 ϕ 值，ϕ 值定义为

$$\phi = \frac{\Delta G'_{T-D} - \Delta G_{T-D}}{\Delta G'_{N-D} - \Delta G_{N-D}} \tag{10.1}$$

其中，$\Delta G_{\mathrm{T-D}}$ 与 $\Delta G'_{\mathrm{T-D}}$ 分别为突变体和野生态蛋白质的过渡态和去折叠态之间的自由能差，以及突变体和野生态蛋白质的折叠态和去折叠态之间的自由能差。ϕ 值反映了残基突变对于过渡态能量稳定性和折叠态能量稳定性影响的比率。ϕ 值的取值在 0～1 之间，越接近 0 表明该残基在过渡态时还没有形成稳定的接触；ϕ 值接近 1，表示该残基在过渡态时已经形成天然接触。ϕ 值分析方法提出后，被广泛用于蛋白质折叠路径及过渡态的研究[63~66]。

利用全原子 MD 模拟来研究蛋白质折叠路径和过渡态是常用的计算手段之一，正如上一节所述，由于计算机计算能力的限制，用全原子 MD 模拟研究蛋白质的折叠过程还非常困难，常用的做法是进行高温去折叠模拟，进而识别并研究其过渡态特征。由于过渡态在热力学上是不稳定的，模拟轨迹中过渡态的采样数相对比较少，因此，可以通过成簇方法来识别过渡态，过渡态对应于去折叠态构象簇和折叠态构象簇之间的连接部分[67~69]。另外一种减小计算量的做法是在蛋白质折叠模拟过程中加入一些约束，缩小构象采样空间，加快折叠进程，进而获得蛋白质折叠轨迹，并识别折叠过渡态[70, 71]。其他比较常用的做法是采用粗粒化模型，对力场复杂度和构象空间进行简化，很多小组采用粗粒化 Gō 模型来模拟蛋白质折叠过程，并识别和分析折叠过渡态[72~74]。

10.2.2　蛋白质折叠核的预测方法

在蛋白质折叠过渡态中已经形成的接触的残基构成体系的折叠核。折叠核的形成可以有效减小构象搜索空间，并导致蛋白质后续的快速折叠[74~76]。因而，识别这些早期形成的折叠核有助于揭示蛋白质的折叠机制和折叠路径。根据上一节的讨论，利用残基突变的 φ 值分析以及 MD 模拟，可以获得蛋白质折叠的过渡态，因此，相应地可以识别出蛋白质的折叠核[77, 78]。然而，通过 MD 模拟来识别折叠核，需要进行长时间的折叠/去折叠模拟，非常耗时。能否直接从蛋白质天然结构出发，不进行折叠/去折叠模拟，来识别体系的折叠核呢？

大量的实验和理论证据表明，在长期的生物进化过程中，蛋白质折叠的自由能曲面具有极小的能量阻挫，导致蛋白质的天然拓扑结构很大程度上决定了蛋白质的折叠过程。很多研究工作显示，蛋白质折叠核的位置主要由其天然拓扑结构所决定[79, 80]。基于上述特征，很多基于蛋白质拓扑结构的粗粒化方法成功用于蛋白质折叠/去折叠路径的研究，以及蛋白质折叠核的识别研究。Rader 和 Bahar 利用高斯网络模型，通过分析蛋白质天然结构的快运动模式来识别蛋白质的折叠核[81, 82]。Weikl 和 Dill 等基于图论方法提出了有效接触序（effective contact order，ECO）的拓扑参量，能够从蛋白质天然结构出发预测蛋白质的折叠过程以及识别折叠核[83]。Alm 和 Baker 从蛋白质天然结构出发构造了折叠自由能曲面，并利用自由能极大值位置成功预测了蛋白质的折叠核[53]。

Lindberg 等和 Paci 等假定蛋白质折叠路径为熵减最小的路径，进而从蛋白质天然结构成功揭示了蛋白质的折叠路径和折叠核的位置[84, 85]。我们小组提出了迭代的弹性网络方法来预测蛋白质的去折叠过程及折叠核位置，该方法假定蛋白质去折叠的每一步都达到熵增最大，通过依次打断残基间非共价接触的方法来模拟蛋白质去折叠过程，去折叠过程中比较稳定的残基接触认为是体系的折叠核[86]。上述研究表明，通过蛋白质拓扑结构的分析，可以揭示蛋白质折叠路径及折叠核信息，是蛋白质折叠核识别的有效方法。

参 考 文 献

[1] Levinthal C. Are there pathways for protein folding? J Med Phys, 1968, 65 (1): 44-45

[2] Chan H S, Dill K A. Protein folding in the landscape perspective: chevron plots and non-Arrhenius kinetics. Proteins, 1998, 30 (1): 2-33

[3] Dill K A, MacCallum J L. The protein-folding problem, 50 years on. Science, 2012, 338(6110): 1042-1046

[4] Baldwin R L. The nature of protein folding pathways: the classical versus the new view. J Biomol NMR, 1995, 5 (2): 103-109

[5] Echenique P. Introduction to protein folding for physicists. Contemporary Physics, 2007, 48(2): 81-108

[6] Bryngelson D J, Onuchic J N, Socci N D, Wolynes P G. Funnels, pathways, and the energy landscape of protein folding: a synthesis. Proteins, 1995, 21 (3): 167-195

[7] Dobson C M, Sali A, Karplus M. Protein folding : a perspective from theory and experiment. Angew Chem Int Ed, 1998, 37 (7): 868-893

[8] Onuchic J N, Wolynes P G, Luthey-Schulten Z, Socci N D. Toward an outline of topography of a realistic protein-folding funnel. Proc Natl Acad Sci USA, 1995, 92 (8): 3626-3630

[9] Dill K A, Chan H S. From Levinthal to pathways to funnels. Nat Struct Biol, 1997, 4 (1): 10-19

[10] Mello C C, Barrick D. An enperimentally determined protein folding energy landscape. Proc Natl Acad Sci USA, 2004, 101 (39):14102-14107

[11] Wolynes P G. Energy landscapes and solved protein-folding problems. Philos Transact A Math Phys Eng Sci, 2005, 363 (1827): 453-467

[12] Bryngelson J D, Wolynes P G. Spin glasses and the statistical mechanics of protein folding. Proc Natl Acad Sci USA ,1987, 84 (21): 7524-7528

[13] Wolynes P G. Recent successes of the energy landscape theory of protein folding and function. Quarterly Rev Biophys, 2005, 38 (4): 405-410

[14] Ferreiro D U, Hegler J A, Komives E A, Wolynes P G. Localizing frustruation in native proteins and protein assemblies. Proc Natl Acad Sci USA, 2007, 104 (50): 19819-19824

[15] Grantcharova V P, Riddle D S, Santiago J V, Baker D. Important role of hydrogen bonds in the structurally polarized transition state for folding of the src SH3 domain. Nat Struct Biol, 1998, 5 (8): 714-720

[16] Martinez J C, Serrano L. The folding transition state between SH3 domains is conformationally restricted and evolutionarily conserved. Nat Struct Biol, 1999, 6 (11): 1010-1016

[17] Riddle D S, Grantcharova V P, Santiago J V, Alm E, Ruczinski I, Baker D. Experiment and theory highlight role of native state topology in SH3 folding. Nat Struct Biol, 1999, 6 (11): 1016-1024

[18] Baker D. A surprising simplicity to protein folding. Nature, 2000, 405 (6782): 39-42

[19] Plaxco K W, Simons K T, Baker D. Contact order, transition state placement and the refolding rates of single domain proteins. J Mol Biol, 1998, 277 (4): 985-994

[20] Alm E, Baker D. Matching theory and experiment in protein folding. Curr Opin Struct Biol, 1999, 9 (2): 189-196

[21] Alm E, Baker D. Prediction of protein folding mechanisms from free-energy landscapes derived from native structures. Proc Natl Acad Sci USA, 1999, 96 (20): 11305-11310

[22] Vendruscolo M, Dokholyan N V, Paci E, Karplus M. Small-world view of the amino acids that play a key role in protein folding. Phys Rev E Stat Nonlin Soft Matter Phys, 2002, 65 (6 Pt 1): 061910

[23] Jiao X, Chang S, Li C H, Chen W Z, Wang C X. Construction and application of the weighted acid network based on energy. Phys Rev E Stat Nonlin Soft Matter Phys, 2007, 75 (5 Pt 1): 051903

[24] Hills R D Jr, Brooks C L III. Insights from coarse-grained Gō models for protein folding and dynamics. Int J Mol Sci, 2009, 10 (3): 889-905

[25] Clementi C. Coarse-grained models of protein folding: toy models or predictive tools? Curr Opin Struct Biol, 2008, 18 (1): 10-15

[26] Ptitsyn O B. Stage in the mechanism of self-organization of protein molecules. Dokl Akad Nauk SSSR, 1973, 210(5):1213-1215

[27] Ahluwalia U, Katyal N, Deep S. Models of protein folding. Journal of Proteins and Proteomics, 2012, 3(2):85-93

[28] Daggett V, Fersht A R. Is there a unifying mechanism for protein folding? Trends Biochem Sci, 2003, 28(1):18-25

[29] Tsong T Y, Baldwin R L, Elson E L. Properties of the refolding and unfolding reactions of ribonuclease A. Proc Natl Acad Sci USA, 1972, 69(7):1809-1812

[30] Sinha K K, Udgaonkar J B. Early events in protein folding. Curr Sci India, 2009, 96(8): 1053-1070

[31] Daggett V, Fersht A. The present view of the mechanism of protein folding. Nat Rev mol Cell Biol, 2003, 4(6): 497-502

[32] Fersht A R. Nucleation mechanisms in protein folding. Curr Opin Stru Biol, 1997, 7(1): 3-9

[33] Ferguson N, Day R, Johnson C M, Allen M D, Daggett V, Fersht A R. Simulation and experiment at high temperatures: ultrafast folding of a thermophilic protein by nucleation-condensation. J Mol Biol, 2005, 347 (4): 855-870

[34] Otzen D E, Itzhaki L S, Elmasry N F, Jackson S E, Fersht A R. Structure of the transition state for the folding/unfolding of the barley chymotrypsin inhibitor 2 and its implications for mechanisms of protein folding. Proc Natl Acad Sci USA, 1994, 91(22): 10422-10425

[35] Uversky V N, Fink A L. Conformational constraints for Amyloid Fibrillation : the Importance of Being Unfolded. Biochimica et Biophysica Acta, 2004, 1698(2): 131-153

[36] McCammon J A, Gelin B R, Karplus M. Dynamics of folded proteins. Nature, 1977, 267(5612): 585-590

[37] 蔡锡年．分子动力学和物理力学．见：中国科学院力学研究所．力学未来 15 年．北京：科学出版社，1986：100-110

[38] Freddolino P L, Harrison C B, Liu Y, Schulten K. Challenges in protein-folding simulations. Nat Phys, 2010, 6 (10): 751-758

[39] Cornell W D, Cieplak P, Bayly C I, Gould I R, Merz K M J, Ferguson D M, Spellmeyer D C, Fox T, Caldwell J W, Kollman P A. A second generation force field for the simulation of proteins, nucleic acids, and organic molecules. J Am Chem Soc, 1995, 117 (19): 5179-5197

[40] Brooks B R, Bruccoleri R E, Olafson B D, States D J, Swaminathan S, Karplus M. CHARMM: A program for macromolecular energy, minimization, and dynamics caculations. J Comp Chem, 1983, 4 (2): 187-217

[41] Scott W R P, Hunenberger P H, Tironi I G, Mark A E, Billeter S R, Fennen J, Torda A E, Huber T, Kruger P, van Gunsteren W F. The GROMOS biomolecular simulation program package. J Phys Chem A , 1999, 103 (19): 3596-3607

[42] Daura X, van Gunsteren W F, Rigo D, Jaun B, Seebach D. Studying the stability of a helical-heptapeptide by molecular dynamics simulations. Chem Eur J, 1997, 3 (9): 1410-1417

[43] Daura X, Jaun B, Seebach D, van Gunsteren W F, Mark A E. Reversible peptide folding in solution by molecular dynamics simulation. J Mol Biol, 1998, 280 (5): 925-932

[44] Duan Y, Kollman P A. Pathways to a protein folding intermediate observed in a 1-microsecond simulation in aqueous solution. Science, 1998, 282 (5389): 740-744

[45] Schaefer M, Bartels C, Karplus M. Solution conformations and thermodynamics of structured peptides: molecular dynamics simulation with an implicit salvation model. J Mol Biol, 1998, 284 (3): 835-848

[46] Feig M, Brooks C L III. Recent advances in the development and application of implicit solvent models in biomolecule simulations. Curr Opin Struct Biol, 2004, 14 (2): 217-224

[47] Ferrara P, Caflisch A. Folding simulaions of a three-stranded antiparallel -sheet peptide. Proc Natl Acad Sci USA, 2000, 97 (20): 10780-10785

[48] Ferrare P, Caflish A. Native topology or specific interactions: what is more important for protein folding? J Mol Biol, 2001, 306 (4): 837-850

[49] Sugita Y, Okamoto Y. Replica-exchange molecular dynamics method for protein folding. Chem Phys Lett, 1999, 314 (1-2): 141-151

[50] García A E, Sanbonmatsu K Y. Exploring the energy landscape of a beta hairpin in explicit solvent. Proteins, 2001, 42 (3): 345-354

[51] Pitera J W, Swope W. Understanding folding and design: replica-exchange simulations of "Trp-cage" fly miniproteins. Proc Natl Acad Sci USA, 2003, 100 (13): 7587-7592

[52] Shirts M, Pande V S. Computing: screen savers of the world unite! Science, 2000, 290 (5498): 1903-1904

[53] Stone J E, Phillips J C, Freddolino P L, Hardy D J, Trabuco L G, Schulten K. Accelerating molecular modeling applications with graphics processors. J Comput Chem, 2007, 28 (16): 2618-2640

[54] Daggett V, Levitt M. A model of the molten globule state from molecular dynamics simulations. Proc Natl Acad Sci USA, 1992, 89 (11): 5142-5146

[55] Matouschek A, Jr Kellis J T, Serrano L, Fersht A R. Mapping the transition state and pathway of protein folding by protein engineering. Nature, 1989, 340(6229):122-126

[56] Wong K B, Clarke J, Bond C J, Neira J L, Freund S M, Fersht A R, Daggett V. Towords a complete description of the structural and dynamic properties of the denatured state of barnase and the role of residual structure in folding. J Mol Biol, 2000, 296 (5): 1257-1282

[57] van der Kamp M W, Schaeffer R D, Jonsson A L, Scouras A D, Simms A M, Toofanny R D, Benson N C, Anderson P C, Merkley E D, Rysavy S, Bromley D, Beck D A, Daggett V. Dynameomics: a comprehensive database of protein dynamics. Structure, 2010, 18 (4): 423-435

[58] Beck D A, Jonsson A L, Schaeffer R D, Scott K A, Day R, Toofanny R D, Alonso D O, Daggett V. Dynameomics: mass annotation of protein dynamical and unfolding in water by high-throughput atomistic molecular dynamics simulations. Prot Eng Des Sel, 2008, 21 (6): 353-368

[59] Osguthorpe D J. Ab initio protein folding. Curr Opin Struct Biol, 2000, 10 (2): 146-152

[60] Jackson S E, Fersht A R. Folding of chymotrypsin inhibitor-2. I. Evidence for a two-state transition. Biochemistry, 1991, 30(43): 10428-10435

[61] Jackson S E. How do small single-domain proteins fold? Folding and Design, 1998, 3(4): R81-R91

[62] Weikl T R. Transition states in protein folding. Communications in Computational Physics, 2010, 7(2):283-300

[63] Fersht A R, Matouschek A, Serrano L. The folding of an enzyme I. Theory of protein engineering analysis of stability and pathway of protein folding. J Mol Biol, 1992, 224(3):771-782

[64] Grantcharova V P, Riddle D S, Santiago J V, Baker D. Important role of hydrogen bonds in the structurally polarized transition state for folding of the src SH3 domain. Nature Struct Biol, 1998, 5(8):714-720

[65] Zarrine-Afsar A, Lin S L, Neudecker P. Mutational investigation of protein folding transition states by Phi-value analysis and beyond: lessons from SH3 domain folding. Biochem Cell Biol, 2010, 88(2):231-238

[66] Fersht A R, Sato S. ϕ-vlue analysis and the nature of protein-folding transition states. Proc Natl Acad Sci USA, 2004, 101(21):7976-7981

[67] Li A, Daggett V. Characterization of the transition state of protein unfolding by use of molecular dynamics: Chymotrypsin inhibitor 2. Proc Natl Acad Sci USA, 1994, 91(22):10430-10434

[68] Daggett V, Li A, Itzhaki L S, Otzen D E, Fersht A R. Structure of the transition state for folding of a protein derived from experiment and simulation. J Mol Biol, 1996, 257(2): 430-440

[69] Settanni G, Rao F, Caflisch A. Phi-value analysis by molecular dynamics simulations of reversible folding. Proc Natl Acad Sci USA, 2005, 102(3): 628-633

[70] Vendruscolo M, Paci E, Dobson C M, Karplus M. Three key residues form a critical contact network in a protein folding transition state. Nature, 2001(6820), 409: 641-645

[71] Paci E, Vendruscolo M, Dobson C M, Karplus M. Determination of a transition state at atomic resolution from protein engineering data. J Mol Biol, 2002, 324(1): 151-163

[72] Li L, Shakhnovich E I. Constructing, verifying, and dissecting the folding transition state of chymotrypsin inhibitor 2 with all-atom simulations. Proc Natl Acad Sci USA, 2001, 98(23): 13014-13018

[73] Naganathan A N, Orozco M. The protein folding transition-state ensemble from a Gō-like model. Phys Chem Chem Phys, 2011, 13(33): 15166-15174

[74] Ozkan S B, Dill K A, Bahar I. Computing the transition state populations in simple protein models. Biopolymers, 2003, 68(1): 35-46

[75] Micheletti C, Cecconi F, Flammini A, Maritan A. Crucial stages of protein folding through a solvable model: Predicting target sites for enzyme-inhibiting drugs. Protein Sci, 2002, 11(8):1878-1887

[76] Li A, Daggett V. Identification and characterization of the unfolding transition state of chymotrypsin inhibitor 2 by molecular dynamics simulations. J Mol Biol, 1996, 257(2):412-429

[77] Dokholyan N V, Buldyrev S V, Stanley H E, Shakhnovich E I. Identifying the protein folding nucleus using molecular dynamics. J Mol Biol, 2000, 296(5): 1183-1188

[78] Galzitskaya O V, Ivankov D N, Finkelstein A V. Folding nuclei in proteins. Mol Biol, 2001, 35(4): 605-613

[79] Mirny L, Abkevich V, Shakhnovich E. How evolution makes proteins fold quickly. Proc Natl Acad Sci USA, 1998, 95(9):4976-4981

[80] Shakhnovich E I. Folding nucleus: specific of multiple? Insights from lattice models and experiments. Fold Des, 1998, 3(6):R108-R111

[81] Demirel M C, Atilgan A R, Jernigan R L, Erman B, Bahar I. Identification of kinetically hot residues in proteins. Prot Sci, 1998, 7(12):2522-2532

[82] Rader A J, Bahar I. Folding core predictions from network models of proteins. Polymer, 2004, 45(2):659-668

[83] Weikl T R, Dill K A. Folding rates and low-entropy-loss routes of two-state proteins. J Mol Biol, 2003, 329(3):585-598

[84] Lindberg M O, Haglund E, Hubner I A, Shakhnovich E I, Oliveberg M. Identification of the minimal protein-folding nucleus through loop-entropy perturbations. Proc Natl Acad Sci USA, 2006, 103(11):4083-4088

[85] Paci E, Lindorff-Larsen K, Dobson C M, Karplus M, Vendruscolo M. Transition state contact orders correlate with protein folding rates. J Mol Biol, 2005, 352(3):495-500

[86] Su J G, Li C H, Hao R, Chen W Z, Wang C X. Protein unfolding behavior studied by elastic nework model. Biophys J, 2008, 94(12):4586-4596

（苏计国）

第 11 章　用相对熵方法研究蛋白质折叠

11.1　相对熵原理与方法

11.1.1　引言

从蛋白质一级序列预测其三维结构是分子生物学的热点问题之一。目前从蛋白质一级序列预测其三级结构的方法大致可分为两类：基于知识的方法和从头预测方法。基于知识的蛋白质结构预测方法取得了比较好的结果[1~4]。目前，同源模建方法被认为是进行蛋白质结构预测最为成功的一种方法，对于序列同源性大于 30%的蛋白质序列，其预测结构均方根偏差（RMSD）可达到 0.15 nm[2]。Threading 方法也取得了不错的结果，对于小的蛋白质，预测结构的 RMSD 在 0.3～0.75 nm 之间[3]。但是，这些方法都对已知结构的蛋白质序列依赖性很强，并且对理解折叠的动力学过程帮助不大。蛋白质结构预测的理论基础 Anfinsen 原理表明，蛋白质一级序列中氨基酸之间的物理相互作用足以决定它的折叠结构，即自由能最小的构象。已有很多工作通过蒙特卡洛（Monte Carlo）方法、分子动力学（MD）模拟或其他被称为 *ab initio* 的方法来优化体系的能量，预测蛋白的结构。从头预测方法不借助于任何其他的基于知识的信息，有助于理解各种物理的相互作用是如何导致蛋白质沿其能量曲面到达天然的三维结构（蛋白质折叠的动力学机制）。近年来，从头预测方法也取得了一些喜人的进展，几个研究小组对蛋白质所作的预测与 X 射线衍射测定的折叠结构已相当接近。Scheraga 等建立的阶梯式模型已经实现为全自动化的软件 PROTARCH，该方法基于联合残基力场和构象空间退火算法，对残基数为 70～244 的蛋白质进行了全盲预测，预测结构的 RMSD 低于 0.6 nm[5]。但由于体系的熵很难精确求出，一般的能量优化方法并不考虑熵的效应，因此预测结构并不对应自由能最小的状态。目前，如何精确计算熵效应以提高预测精度仍然是一个尚待解决的问题。

我们小组提出了基于相对熵的蛋白质从头折叠方法，采用相对熵代替传统的体系能量作为优化函数，该方法完全基于物理原理，其实质是在 Boltzmann 分布的构象空间中搜寻一条使给定序列具有最大占有率的结构。这一方法从理论上可以作为研究蛋白质折叠与蛋白质设计的统一框架，已经成功地应用于真实蛋白质折叠与设计的研究中，并取得了较好的结果[6~12]。基于相对熵的蛋白质折叠方法是对能量优化的改进，更接近于从自由能的角度考虑体系的优化，并具有势函数简单且收敛速度快的优点。

11.1.2　基本理论与方法

假设$H(S,r)$是蛋白质分子体系的哈密顿量，可表示为简单的接触势形式：

$$H(S,r)=\frac{1}{2}\sum_{i,j\neq i}^{N}U(s_i,s_j)A(\vec{r}_i-\vec{r}_j) \tag{11.1}$$

其中，N为蛋白质内残基总数；$S=(s_1,s_2,\cdots,s_N)$表示蛋白质的残基序列；$r=(\vec{r}_1,\vec{r}_2,\cdots,\vec{r}_N)$表示各残基的空间位置；$U(s_i,s_j)$为残基$i$与$j$之间的接触势；$A(\vec{r}_i-\vec{r}_j)$为残基$i$与$j$之间的接触强度函数，表示残基之间接触的紧密程度。对于一般的能量优化方法，其做法是对给定的目标序列，从所有可能的构象中寻找哈密顿量最小的构象作为该序列的折叠构象，即通过优化$H(S,r)$达极小值，获得最优r。但是，一般的能量优化方法，忽略了熵的效应，哈密顿量极小并不对应自由能极小。对于相对熵优化方法，其做法是，对给定目标序列，从所有可能构象中寻找相对熵最小的构象作为该序列的折叠构象，即通过优化体系的相对熵达极小值，以获得最优r。该方法更接近于从自由能的角度来优化体系。

1. 相对熵的定义及其物理含义

对于蛋白质折叠，相对熵的定义为[7]

$$G(r)=\sum_{S}P_\alpha\ln(P_\alpha/P_0) \tag{11.2}$$

其中，P_0表示对于蛋白质某一构象$r=(\vec{r}_1,\vec{r}_2,\cdots,\vec{r}_N)$，分子具有序列$S=(s_1,s_2,\cdots,s_N)$的几率，可表示为

$$P_0(S|r)=\frac{1}{Z_0(r)}\mathrm{e}^{-\beta H(S,r)} \tag{11.3}$$

其中，配分函数$Z_0(r)=\sum\limits_{S}\mathrm{e}^{-\beta H(S,r)}$；$\beta$为 Boltzmann 常数。$P_\alpha$表示对于蛋白质某一构象$r=(\vec{r}_1,\vec{r}_2,\cdots,\vec{r}_N)$，分子具有特定序列$S^\alpha=(s_1^\alpha,s_2^\alpha,\cdots,s_N^\alpha)$的几率，可表示为

$$P_\alpha(S^\alpha|r)=\frac{1}{Z_\alpha(r)}\mathrm{e}^{-\beta H(S,r)}\prod_i\delta_{s_i,s_i^\alpha} \tag{11.4}$$

其中，配分函数$Z_\alpha(r)=\sum\limits_{S}\mathrm{e}^{-\beta H(S,r)}\prod\limits_i\delta_{s_i,s_i^\alpha}$；$\beta$为 Boltzmann 常数；$\delta_{s_i,s_i^\alpha}$是 Delta 函数，由于$\mathrm{e}^{-\beta H(S,r)}\prod\limits_i\delta_{s_i,s_i^\alpha}=\mathrm{e}^{-\beta H(S,r)}\delta_{S,S^\alpha}=\mathrm{e}^{-\beta H(S^\alpha,r)}\delta_{S,S^\alpha}$，则

$$P_\alpha=\frac{\mathrm{e}^{-\beta H(S,r)}\delta_{S,S^\alpha}}{\sum\limits_{S}\mathrm{e}^{-\beta H(S,r)}\delta_{S,S^\alpha}}=\frac{\mathrm{e}^{-\beta H(S,r)}\delta_{S,S^\alpha}}{\mathrm{e}^{-\beta H(S^\alpha,r)}}=\delta_{S,S^\alpha} \tag{11.5}$$

相对熵又称为 Kullback-Leibler distance[13]，它用于衡量几率分布P_α与P_0之间的“距离”，该方法也是神经网络物理学中玻尔兹曼机（Boltzmann machine）的统计学习理论的推广。P_0可视为玻尔兹曼机使机器通过强迫学习并按P_α的几率规律训练，当$S=S^\alpha$

时，其参量 r 即为适应此变化的结果。

2. 相对熵的优化

可以证明相对熵 $G(r) \geqslant 0$，证明如下：

$$\begin{aligned} G(r) &= \sum_S P_\alpha \ln(P_\alpha / P_0) = \sum_S (P_\alpha \ln P_\alpha - P_\alpha \ln P_0) \\ &= \sum_S (\delta_{S,S^\alpha} \ln \delta_{S,S^\alpha}) - \sum_S [\delta_{S,S^\alpha} \ln(\frac{e^{-\beta H(S,r)}}{\sum_S e^{-\beta H(S,r)}})] = 1\ln 1 - \ln(\frac{e^{-\beta H(S^\alpha,r)}}{\sum_S e^{-\beta H(S,r)}}) \\ &= -\ln P_0(S^\alpha | r) \geqslant 0 \end{aligned} \tag{11.6}$$

并且，当 $P_0 = P_\alpha$ 时，相对熵 G 取极小值 0。

在蛋白质折叠研究中，对于给定序列 $S^\alpha = (s_1^\alpha, s_2^\alpha, \cdots, s_N^\alpha)$，可以通过优化体系的相对熵 G 来寻找最佳折叠构象 $r = (\vec{r}_1, \vec{r}_2, \cdots, \vec{r}_N)$。根据热力学原理，对于给定序列的最佳构象，就是使 $P_0(S^\alpha | r)$ 取最大值的构象，即相对熵 G 取最小值的构象。本工作中，我们采用最陡下降法优化 G 达极小值，最陡下降公式可表示为

$$\frac{d\vec{r}_i}{dt} = -\eta \frac{\partial}{\partial \vec{r}_i} G \tag{11.7}$$

其中，η 为调节参数，用来控制迭代收敛的速度。

由式（11.5）可知，P_α 与构象 r 无关，则

$$\frac{\partial}{\partial \vec{r}_i} G = \sum_S (\frac{\partial P_\alpha}{\partial \vec{r}_i} \ln \frac{P_\alpha}{P_0} + \frac{\partial P_\alpha}{\partial \vec{r}_i} - \frac{P_\alpha}{P_0} \frac{\partial P_0}{\partial \vec{r}_i}) = \sum_S (-\frac{P_\alpha}{P_0} \frac{\partial P_0}{\partial \vec{r}_i}) \tag{11.8}$$

将 P_0 的表达式（11.3）代入式（11.8），得

$$\begin{aligned} \frac{\partial}{\partial \vec{r}_i} G &= \beta \sum_S (P_\alpha \frac{\partial H}{\partial \vec{r}_i} - P_\alpha \sum_S P_0 \frac{\partial H}{\partial \vec{r}_i}) = \beta \sum_S P_\alpha (\frac{\partial H}{\partial \vec{r}_i} - < \frac{\partial H}{\partial \vec{r}_i} >_0) \\ &= \beta \left(< \frac{\partial H}{\partial \vec{r}_i} >_\alpha - < \frac{\partial H}{\partial \vec{r}_i} >_0 \right) \end{aligned} \tag{11.9}$$

其中，$<\cdots>_0$、$<\cdots>_\alpha$ 分别表示对于分布函数为 P_0 和 P_α 的物理量的系综平均值。

将接触势式（11.1）、式（11.9）代入到式（11.7），得到最陡下降法优化相对熵的迭代公式为

$$\vec{r}_i^{k+1} - \vec{r}_i^k = -\eta\beta \sum_{j \neq i} \left[U(s_i^\alpha, s_j^\alpha) - < U(s_i, s_j) >_0 \right] \frac{\partial}{\partial \vec{r}_i^k} A(\vec{r}_i^k - \vec{r}_j^k) \tag{11.10}$$

其中，$\beta = \frac{1}{RT}$；上标 k 为迭代次数；T 为绝对温度；R 为普适气体常数；$< U(s_i, s_j) >_0$ 为 $U(s_i, s_j)$ 在 P_0 分布下的系综平均值。

采用迭代式（11.10）进行计算之前，有三个物理量需要确定，分别是残基间接触势 U、接触强度函数 A 及接触势的系综平均值 $< U >_0$。U 和 A 需要事先给定，$< U >_0$ 可以通过近似计算获得。下面分别加以介绍。

11.2　基于相对熵方法的蛋白质折叠研究

11.2.1　接触势的选取

从物理角度来说，氨基酸单元在蛋白质体系中作用的差异来源于它们相互作用的不同。在本文所采用的简化模型中，相互作用更是不同氨基酸之间差异的唯一判据。在一些常用的相互作用矩阵中，随机势或Gō模型相互作用能够反映蛋白质体系的许多特点，但是它们没有特定的序列特征，这使得它们在蛋白质序列-结构的研究中并没有多大的作用。本文采用 MJ 矩阵表示 20 种残基之间的接触势 $U(s_i,s_j)$。MJ 矩阵是 Miyazawa 和 Jernigan 根据蛋白质数据库中氨基酸对出现的频率[14]，统计得到的表达不同残基间相互作用的矩阵，与天然 20 种氨基酸相对应，保证了模型多肽链与天然蛋白质分子性质之间的可比性。

11.2.2　接触强度的选取

为了使基于相对熵的蛋白质折叠研究和蛋白质设计研究在接触强度上统一，接触强度函数 $A(r_i-r_j)$ 采用文献[10]中采用的表达形式：

$$A(r_i-r_j)=A_1+A_2=\alpha\frac{1}{1+\exp[(r_{ij}-d)/C_0]}+\varepsilon(-\frac{\sigma^6}{r_{ij}^6}+\frac{\sigma^{12}}{r_{ij}^{12}}) \tag{11.11}$$

其中，α、C_0、ε和 σ为可调参数；d 是一个残基接触距离附近的值（此处 $d=0.7$ nm）。式（11.11）由两项组成，第一项 A_1 是 δ函数的连续形式，为蛋白质设计研究中所采用的形式[16]，它与接触势 $U(s_i,s_j)$ 一起考虑了蛋白质折叠的主要驱动力——疏水和亲水相互作用。参数 C_0 使该项的值随 r 的变化趋于缓和，通过对真实蛋白质折叠测试，C_0 取值 13[15]。为防止一些残基紧密靠近，第二项 A_2 的存在是必要的，该项采用了一个类似于范德华势，避免残基间过于靠近，在测试中发现，如果去掉这一项，蛋白质折叠后的结构会聚成一团。

11.2.3　接触势系综平均值的计算

通过迭代公式（11.10）可以发现，当 $<U(s_i,s_j)>_0=0$ 时，相对熵优化算法就变成了哈密顿优化方法。Lu 等[6, 7] 研究表明，含有 $<U(s_i,s_j)>_0$ 项的相对熵优化方法相对于哈密顿优化方法，多数情况下预测的天然接触数会增加，因而有更好的预测结果。这也表明蛋白质的天然态并不是处于能量最低的状态，而是对应于自由能最低的状态。但残基间接触势系综平均值的准确求解却是一个很困难的问题。Lu 等[6, 7] 采用近似方法对 $<U(s_i,s_j)>_0$ 进行了计算，认为蛋白质能够折叠到天然态构象的必要条件是它当前状态的能量必须小于或等于某个平均能量，可取蛋白质刚好变性时的能量。为了进一步完善基于相对熵的蛋白质预测方法，基于统计热力学微扰理论，提出了一种新的接触势系综平均值的计算方法，对 $<U(s_i,s_j)>_0$ 进行了较为精确的计算[12]，其表达式为

$$
\begin{aligned}
<U_{ij}>_0 &= -\frac{\partial F}{\partial A_{ij}} \\
&\approx <U_{ij}> + \beta(<U_{ij}^2> - <U_{ij}>^2)A_{ij} + \beta(<U_{ij}U_{jk}> - <U_{ij}><U_{jk}>)\sum_{k\neq i,j} A_{jk} \qquad (11.12)
\end{aligned}
$$

11.3　模拟结果与讨论

模拟计算采用非格点模型，蛋白质分子简化为由一组节点组成，每一个节点代表一个氨基酸残基，它的坐标为相应残基的 C_α 原子的位置。根据式（11.10）编写了蛋白质折叠程序。首先把蛋白质充分去折叠后作为预测的初始结构，其中天然结构中的二级结构和二硫键被完全破坏，初始结构相对于天然结构的 RMSD 大于 1 nm。在进行折叠计算的过程中，如果初始结构的键长偏离要约束的键长太大时，就先采用一个谐振势进行键长约束，然后再使用 SHAKE 刚性约束。SHAKE 约束的精度设为 0.0001 nm。当每个节点在连续两次迭代中的位置差都小于 0.0001 nm 时，就认为迭代已收敛。为了确定算法中各个参数的数值，首先把程序在真实蛋白上作了测试并优化，当参数 η = 0.05、T = 1.00、α = 0.378、ε = 2.860 和 σ = 0.356 nm 时，目标蛋白可得到结果较好的预测结构。

在蛋白质数据库（PDB）中选取了 12 个不同类型的单链蛋白，它们的 PDB 代码分别是 1uxc、1r0i、1uoy、1ame、1e68、1uj8、1ubq、1hqb、2hpr、1cyj、1rzl 和 1awd。分别计算这些蛋白质的初始结构和预测结构相对天然结构的均方根偏差，以及预测结构中出现的残基天然接触数。这些蛋白质的结构特征与预测结果列在表 11-1 中。在本文中，如果蛋白质中两个残基之间的距离小于 0.75 nm，则认为两个残基存在接触。由预测结果可以看出，预测结构的精度在 0.4～0.6 nm 之间，与最近报道的从头折叠预测结果精度相近[16]，并且预测结构的天然接触数超过了天然结构接触数的一半。图 11-1 显示了 PDB 代码为 1ame 和 1hqb 的蛋白质天然结构、去折叠结构与预测结构的 C_α 骨架图。天然结构取自 X 射线衍射分析的结果。从图中可以看出，蛋白质折叠前的初始结构（图 11-1B 和 E）都是不含任何二级结构的线团，折叠结构（图 11-1C 和 F）很好地预测了蛋白质主链走向，明显地恢复了天然结构中（图 11-1A 和 D）的α螺旋及部分折叠片。因而，折叠计算能够很好地获得一些天然结构中含有的二级结构成分。上述结果表明基于相对熵的蛋白质结构预测方法能够很好地预测蛋白质的三维骨架结构和二级结构走向，与国际上其他从头预测方法的预测精度相近，并且我们的方法势函数简单，收敛速度快，模拟的 12 个蛋白质都在几分钟之内获得收敛结果。

表 11-1　蛋白质折叠预测结果

PDB 代码	残基数	天然结构的接触数	初始结构的 RMSD/nm	预测结构的天然接触数	预测结构的 RMSD/nm
1uxc	50	171	1.12	96	0.52

续表

PDB代码	残基数	天然结构的接触数	初始结构的RMSD/nm	预测结构的天然接触数	预测结构的RMSD/nm
1r0i	53	137	1.03	72	0.49
1uoy	64	204	1.11	103	0.48
1ame	66	183	1.11	96	0.50
1e68	70	213	1.27	132	0.52
1uj8	73	190	1.17	97	0.56
1ubq	76	215	1.21	104	0.57
1hqb	80	218	1.25	115	0.53
2hpr	87	275	1.29	135	0.55
1cyj	90	264	1.30	127	0.58
1rzl	91	300	1.32	169	0.57
1awd	94	227	1.29	121	0.54

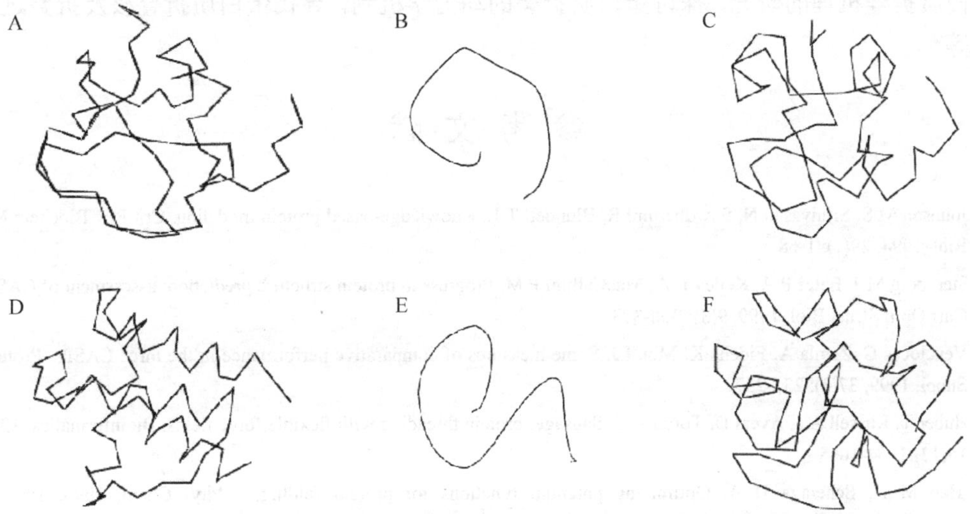

图 11-1　蛋白质 1ame 和 1hqb 的去折叠结构、天然结构和预测结构的 C_α 骨架图。（A）1ame 的天然结构；（B）1ame 的去折叠结构；（C）1ame 的预测结构；（D）1hqb 的天然结构；（E）1hqb 的去折叠结构；（F）1hqb 的预测结构

为了比较 $<U(s_i,s_j)>_0$ 对预测结果的影响，对于文献[6]中提到的预测蛋白也分别在相同的初始条件下做了预测计算。由预测结果可以看出，接触势系综平均值采用估计值的方法，所有蛋白质预测结构的天然接触数都有了提高。除了 PDB 代码为 1e68 的蛋白质外，其他蛋白质预测结构的 RMSD 都有了一定的降低，预测结构相对于天然结构的 RMSD 平均降低了 0.044 nm。这些结果表明，基于热力学微扰理论的接触势系综平均值的计算方法能够有效地提高蛋白质天然结构的预测能力。

11.4　小　结

基于相对熵的优化方法是完全基于物理原理的蛋白质从头折叠方法，本质上是在满足玻尔兹曼分布的构象空间中寻找一个使给定序列具有最大占有率的结构。本工作基于统计热力学微扰理论，采用一种新的接触势系综平均值的计算方法，该接触势项与自由能微扰的二阶近似相联系。相对于能量优化方法，基于相对熵的优化方法更接近于“蛋白质的天然态对应于自由能最低状态”的观点。

基于相对熵的优化方法采用非格点模型，成功预测了蛋白质主链的走向，其中只用到了蛋白质上两两连续的C_α原子间的距离信息以及20种氨基酸的接触势形式。该方法具有势函数简单、计算速度快的优点。由于该方法目前只考虑了C_α原子的简化模型，可以进一步把侧链考虑进去，以提高预测精确度。在此基础上，利用相对熵方法进行蛋白质折叠机理的研究，探讨蛋白质折叠的动力学机制，寻找蛋白质折叠核及折叠过渡态等。

参考文献

[1] Johnson M S, Srinivasan N, Sowdhamini R, Blundell T L. Knowledge-based protein modeling. Crit Rev Biochem Mol Biol, 1994, 29(1): 1-68

[2] Sternberg M J, Bates P A, Kelley L A, MacCallum P M. Progress in protein structure prediction: assessment of CASP3. Curr Opin Struct Biol, 1999, 9(3): 368-373

[3] Venclocas C, Zemla A, Fidelis K, Moult J. Some measures of comparative performance in the three CASPs. Proteins Suppl, 1999, 37(3): 231-237

[4] Huber T, Russell A J, Ayers D, Torda A E. Sausage: protein threading with flexible force fields. Bioinformatics, 1999, 15(12):1064-1065

[5] Hao M H, Schcraga H A. Optimizing potential functions for protein folding. J Phys Chem, 1996, 100(34): 14540-14548

[6] Lu B Z, Wang B H, Chen W Z, Wang C X. A new computational approach for real protein folding prediction. Protein Engineering, 2003, 16(9): 659-663

[7] 卢本卓，王存新，王宝翰．用于真实蛋白质结构预测的一种新的优化方法．化学物理学报，2003，16（2）：117-121

[8] 王屹华，王宝翰，刘赟，陈慰祖，王存新．基于相对熵的蛋白质设计方法的普遍近似．科学通报，2004，49（2）：135-139

[9] 苏计国，王宝翰，焦雄，陈慰祖，王存新．基于 HNP 三态模型及相对熵方法的蛋白质折叠的研究．生物化学与生物物理进展，2006，33（5）：479-484

[10] Jiao X, Wang B H, Chen W Z, Wang C X. Protein design based on the relative entropy. Phys Rev E, 2006, 73 (6): 061903

[11] 齐立省，苏计国，陈慰祖，王存新．基于 HNP 模型及相对熵的蛋白质设计方法在不同蛋白质体系中的应用．生物化学与生物物理进展，2008，35（9）：1070-1076

[12] Qi L S, Su J G, Chen W Z, Wang C X. Improvement of the relative entropy based protein folding method. Science in China Series G, 2009, 52(6): 885-892

[13] Miyazawa S, Jernigan R L. Estimation of effective inter-residue contact energies from protein crystal structures: quasi-chemical approximation. Macromolecules, 1985, 18: 534-552

[14] Li H, Helling R, Tang C, Wingreen N. Emergence of preferred structures in a simple model of protein folding. Science, 1996, 273(5275): 666-669

[15] Yarov Y V, Schonbrun J, Baker D. Multipass membrane protein structure prediction using Rosetta. Proteins, 2006, 62(4): 1010-1025

[16] Liu Y, Wang B H, Wang C X, Chen W Z. A new approach for protein design based on the relative entropy. Science in China, 2003, 46(6): 659-669

（齐立省）

第四部分

关于粗粒化模型

第 12 章　粗粒化模型简介

全原子分子动力学（MD）模拟是获得蛋白质微观运动细节的重要工具，它广泛应用于生物大分子动力学过程的研究。然而，由于计算机计算能力的限制，在蛋白质折叠和蛋白质结构-功能关系研究中，利用全原子 MD 来模拟蛋白质的整个折叠过程以及大幅度的功能运动还存在一定的困难。常用的做法是采用粗粒化模型，冻结残基的部分自由度，从而减小计算量。本章将简要介绍粗粒化模型构建的基本方法。对于粗粒化模型的构建，如何获得适用于该模型的精确的、可移植性强的势能函数是最关键的部分。理论和实验研究表明，在长时间的生物进化过程中，蛋白质序列得到了优化，使其具有“极小的能量阻挫”特征。蛋白质的折叠过程在很大程度上由其天然拓扑结构所决定，同时，蛋白质的功能性运动也在很大程度上由其天然拓扑结构固有的动力学特性所决定。基于上述事实，很多粗粒化模型通过天然结构来构建势能函数，回避了力场优化这一难题。Gō 模型和弹性网络模型（elastic network model，ENM）就属于这种类型，本章将重点介绍这两种粗粒化模型，以及它们在蛋白质折叠和蛋白质结构-功能关系中的应用。

12.1　粗粒化模型的构建方法

12.1.1　蛋白质模型的简化

蛋白质模型的简化包括两个方面的内容：蛋白质分子结构的简化和构象搜索空间的简化。

蛋白质分子结构的简化方式有很多种：如图 12-1 所示，每个氨基酸可以用 4～6 个点（主链原子 3～5 个点，侧链一个点）来代替；也可以用两个点（C_α 原子一个点，侧链一个点）来代替；甚至每个氨基酸用一个点来代替。

在四点模型中，主链三个重原子分别用三个点来代替，侧链用一个点来代替。在六点模型中，主链氢原子和氧原子也分别用两个点来代替。这种简化模型的好处是可以显含的考虑主链氢键，在蛋白质纤维化聚集研究中显示出一定的优势[1~3]。Scheraga 小组所发展的联合残基模型，将每个氨基酸用三个点来代替[4~6]。C_α 原子简化为一个点，残基侧链简化为一个点并用一个虚拟键与 C_α 原子相连，主链上的其他重原子也简化为一个点，放置在两个连续的 C_α 原子中间。所有 C_α 原子只起维持蛋白质几何形状的作用，侧链简化点和主链重原子简化点作为相互作用的作用位点。在两点模型中，C_α 原子简化为一个点，侧链简化为一个点[7]。在单点模型中，每个氨基酸简化为一个点，常取为 C_α 原子处，常用的 Gō 模型和弹性网络模型都属于单点模型。在简化模型的基础上，很多小组提出了分级计算方法来研究蛋白质折叠问题，例如，Scheraga 小组先用联合原子模型获得蛋白质低分辨的结构，在此基础上进一步细化获得主链全原子模型的结构，然后加上侧链，最后得到蛋白质全原子水平上的三维结构[6]。

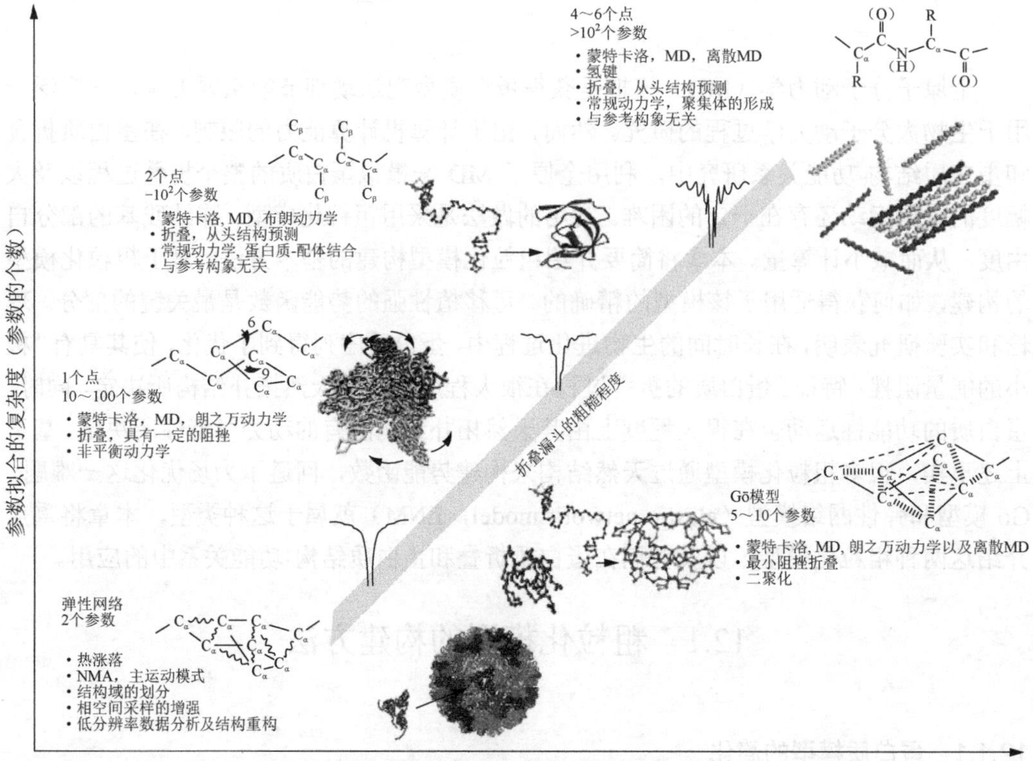

图 12-1　蛋白质的各种粗粒化模型[1]

原则上来讲，每个氨基酸用几个点来代替都可以，问题的关键是，如何给出适用于该简化模型的可移植性强的势函数。一般来讲，点的个数越少，模拟越容易，所能研究的体系也越大，但是，势函数的精确性也越低，可移植性越差[1]。根据残基物理化学性质进行力场参数的拟合是粗粒化模型的难点。

蛋白质模型简化所涉及的另外一点是，构象搜索空间的描述是否要离散化，即所谓的格点模型和非格点模型。蛋白质分子结构非常复杂，自由度非常多，所可能采取的构象千变万化。为了便于研究，Dill 等在 20 世纪 80 年代末引入了格点模型[8, 9]，将蛋白质的构象空间离散化，大大降低了蛋白质分子的内部自由度。在该模型中，一个蛋白质用一条多个节点构成的长链来表示，该链在二维或三维正方格子上自回避行走所得的轨迹代表蛋白质的不同构象，链中的每一个结点占据着格点空间中的一个格点。Chan 和 Dill 将 20 种氨基酸简化为两类——疏水（H）氨基酸和极性（P）氨基酸，并利用格点模型研究了蛋白质折叠和蛋白质设计的一些普遍特性[10]。该模型成功表明，氨基酸之间的疏水作用是蛋白质折叠的主要驱动力。Samudrala 采用立方格点模型，对蛋白质构象进行全空间搜索，获得了其稳定的空间拓扑结构，在此基础上，把二级结构和侧链加上，从而进行蛋白质空间结构预测[11]。格点模型能够用较小的计算量来揭示蛋白质折叠最一般的特征，在早期蛋白质折叠和蛋白质设计研究中得到了广泛应用。

但是，格点模型具有明显的缺陷，该模型将蛋白质内部结构和构象运动过程进行了离散化描述，无法精确地反映蛋白质的真实运动过程和构象变化细节，无法真实反映蛋白质的二级结构。随着计算机计算能力的提高及模拟技术的改进，目前，格点模型用得越来越少。

12.1.2　势函数的构建

如何设计优化获得适用于简化模型的势函数是简化模型构建中的关键问题。目前，发展简化模型力场的方法常用的有以下三种：对现有蛋白质结构数据进行统计，获得统计势；采用 Z-score 优化获得体系的平均力势；通过力匹配方法来获得体系势函数[12]。下面对这三种获得简化模型势函数的方法进行简单的介绍。

1. 统计势

统计势的基本思路是：利用已知的蛋白质结构数据，采用一定的统计学方法，通过统计所关心的结构参量（比如残基间距离、键长、键角、二面角等）的分布情况，基于玻耳兹曼（Boltzmann）原理，来获得体系的势能函数。比较著名的统计势有 MJ 矩阵[13, 14]、Sippl 统计势[15, 16]、Simons 等所得到的统计势[17]等。

这里以 MJ 矩阵 [13, 17, 18]为例，简单介绍一下获得统计势的方法：根据蛋白质数据库中已知的蛋白质结构数据，去除同源性比较高的冗余结构；并且假定所有氨基酸之间的相互作用是两体相互作用，即不考虑多体相互作用；由于不同氨基酸之间相互作用的强弱不同，会导致氨基酸两两接触的非均一分布，我们用 $\rho_{ij}(r)$ 表示这种分布，用 ρ^* 表示参考态（无相互作用状态）下残基接触的分布几率，则它们之间的相互作用能可以通过 Boltzmann 关系获得：

$$W_{ij}(r) = -KT\ln\left(\frac{\rho_{ij}(r)}{\rho^*}\right) \tag{12.1}$$

其中，k 为 Boltzmann 常数；T 为绝对温度；$\rho_{ij}(r)$ 表示任意一对氨基酸（i, j=1, 2, …, 20）相距为 r 的几率；ρ^* 为参考态下该残基对的分布几率。在统计势中参考态的选取是一个难点。Miyazawa 和 Jernigan 采用了随机混合近似，即假定在无相互作用的情况下，所有氨基酸和溶剂分子满足一种均一分布。

MJ 矩阵统计得到的是与残基间距离无关的统计势，Sippl 根据类似思想获得了距离依赖的统计势[14, 15]。Zhang 和 Kim 根据残基所处的二级结构环境（α 螺旋、β 片以及无规卷曲）的不同，构建了不同环境下的残基相互作用势，把 MJ 矩阵由 20×20 个矩阵元扩展到 60×60 个矩阵元[19]。研究发现，残基间相互作用势强烈依赖于残基所处的结构环境。马剑鹏小组从 20 种氨基酸的化学结构中抽象出 19 种刚性基团，统计获得了方向依赖的全原子统计势 OPUS-PSP[20]。随后，人们认识到蛋白质折叠是一个高度协同过程，二体相互作用可能不足以正确描述蛋白质内的相互作用，一些小组把多体相互作用考虑到统计势中，获得了更好的应用效果[21, 22, 12]。

2. Z-score 优化方法

根据能量地形面理论，经过长期的进化过程，天然可折叠蛋白的能量曲面具有漏斗形状，漏斗底部对应蛋白质的折叠态，蛋白质的天然结构相对于非天然结构具有大的能量间隙。基于上述观点，一些小组发展了通过优化所谓的 Z-score 来获得体系的能量函数。Z-score 定义为

$$Z=\frac{\langle E\rangle_{\text{native}}-\langle E\rangle_{\text{non-native}}}{\sigma} \tag{12.2}$$

其中，$\langle E\rangle_{\text{native}}$ 表示近天然结构能量的系综平均值；$\langle E\rangle_{\text{non-native}}$ 表示非天然构象能量的系综平均值；σ为非天然构象能量的标准偏差。通过优化 Z-score 达到最大化可以获得描述蛋白质体系的能量函数[23]。但是，使用该方法的一个重要前提是采集足够多的包括所有可能的氨基酸错误接触的非天然构象，这是一个非常困难的事情。Park 和 Levitt[24]通过非格点模型构建了 8 个小蛋白的错误构象数据库，用于势能函数参数的拟合。有了错误构象数据集，可以采用如下方法获得适用于简化模型的势函数：对于一个简化模型，赋予一套初始参数，从而计算得到一系列非天然构象；然后用这些构象通过优化平均力势的 Z-score 达极大值而得到新的势参数；经一步步迭代，直到得到一套收敛的参数为止[25]。有很多小组通过优化 Z-score 的方法来获取体系的势能函数[26~28]。

3. 力匹配方法

Voth 小组发展了一种多尺度粗粒化（multi-scale coarse graining，MS-CG）方法，并通过力匹配的方法来获得粗粒化模型的力场参数。该方法首先通过全原子经典力场对蛋白质体系进行模拟，获得模拟轨迹和蛋白质内部相互作用力数据，基于所得到的相互作用力数据，拟合获得粗粒化位点之间的相互作用力参数，使得粗粒化模型和经典全原子力场所获得的相互作用力能够很好的匹配。该方法的一个优点是所获得的力场能够隐含地反映经典全原子力场计算得到的平均力势的多体相互作用效应。

利用力匹配方法，Voth 小组获得了二肉豆蔻酰磷脂酰胆碱（DMPC）双层脂质的粗粒化模型。通过经典全原子力场拟合得到了水分子-水分子、水分子-DMPC 以及 DMPC-DMPC 之间的相互作用势[29]。进而，他们基于 CHARMM 力场，利用力匹配方法获得了十五碳丙氨酸和 V_5PGV_5 的粗粒化模型及力场，在他们所构建的粗粒化模型中，每个氨基酸简化为两个点和四个点。利用所建立的粗粒化模型和力场，能够很好地模拟这两个肽的折叠过程[7]。随后，Voth 小组对力匹配方法进行了改进，提出了迭代的力匹配方法，该方法能够很好地重现所研究体系的各种利用经典全原子力场所获得的分布函数[30]。

在众多粗粒化模型中，Gō 模型和弹性网络模型从蛋白质天然结构出发构建体系的势函数，回避了力场参数拟合这一难点，在蛋白质折叠研究中得到了广泛应用。Gō 模型是蛋白质折叠研究的主要模型之一，广泛用于蛋白质折叠研究。弹性网络模型是研究蛋白质功能性运动的主要模型之一，近年来也成功用于蛋白质折叠研究。12.2 节和 12.3 节将对这两个粗粒化模型及其在蛋白质折叠和蛋白质结构-功能关系研究中的应用进展作进一步介绍。

12.1.3　构象搜索算法

对于蛋白质折叠和蛋白质功能性运动研究常用的模拟方法包括分子动力学（MD）模拟、蒙特卡洛模拟、正则模分析等。同时，人们发展了各种新颖的采样技术来提高构象空间的搜索效率，如模拟退火技术、多复本交换技术、离散 MD 模拟等。

模拟退火技术是在一个大的构象空间中搜索全局最优解的常用方法之一。模拟退火算法源于对金属退火过程的模拟。首先将体系加热到很高的温度，体系可以在构象空间很大范围内随机采样，消除体系可能陷入局部极小的非最优结构；然后，将温度慢慢下降，在构象空间中搜索体系的最优结构，体系可以按照 Metropolis 规则以一定的概率从局部极小态跳出，最终趋于全局最优解。对于模拟退火方法，要获得体系的全局最优结构，采样数要足够多。Snow 利用模拟退火技术，研究了蛋白质在折叠能量曲面上的折叠过程，该能量曲面具有很多的局部极小，结果表明，从随机构象出发模拟退火技术可以较好地找到体系的能量最优构象，优于传统的极小化方法[31]。Agostini 等将模拟退火技术用于 GROMOS96 力场，研究了 18 个丙氨酸多肽的折叠过程，获得了能量极小的折叠构象[32]。

多复本交换分子动力学（replica-exchange molecular dynamics，REMD）是模拟退火方法的进一步发展。该方法构建多个并行的副本系统进行模拟，这些副本系统涵盖了不同的温度范围，每一个副本为处于不同温度下的正则系综，独立进行 MD 模拟。经过一定的时间间隔，不同副本之间按照 Metropolis 规则进行交换。目前，由于 REMD 技术能够对蛋白质构象空间进行有效的采用，已成为蛋白质折叠研究中常用的方法[33~37]。

离散分子动力学（DMD）模拟最早由 Alder 和 Wainwright 提出，用于研究硬球的动力学[38,39]，随后，Zhou 等将该方法用于蛋白质多肽链的动力学模拟[40]。相对于传统的 MD 模拟，DMD 将原子间的相互作用势进行离散化，用阶跃函数来代替。DMD 模拟过程由一系列的碰撞事件所构成，在两次碰撞之间原子的运动为匀速直线运动，直到两个原子发生碰撞，碰撞过程满足能量守恒、动量守恒和角动量守恒，根据这三个守恒定律可以计算出原子碰撞后的速度和方向。因此，DMD 模拟不需要计算原子所受到的相互作用力和加速度，相对于传统 MD、DMD 的计算量大大降低。DMD 模拟的另外一个好处是可以采用可调的时间步长，对于慢运动可以采用比较大的时间步长。DMD 模拟在蛋白质折叠和大尺度的功能性运动研究方面得到了广泛应用[41~43]。

12.2 Gō 模 型

Gō 模型的思想最早由 Gō 提出，并用于格点模型来研究蛋白质折叠问题[56]。随后，其被广泛用于非格点模型的蛋白质折叠研究中。由于 Gō 模型异常简化，用常规的分子模拟技术就可以进行比较充分的构象采样，能够较容易地得到蛋白质折叠的自由能曲面形状。因而，Gō 模型被广泛用来研究蛋白质折叠路径、过渡态、中间态、折叠速率、蛋白质稳定性及过渡态能垒高度等动力学和热力学性质。Gō 模型虽然简单，但是研究发现它能够与很多实验结果定量的吻合，能够揭示实验现象背后的物理机制。Gō 模型最早用于格点模型，发现能够有效分析蛋白质折叠/去折叠的统计力学特征。虽然格点模型能够反映蛋白质折叠的一些普遍规律，但是由于格点模型异常简化，无法描述蛋白质真实的三维结构[57]。随后，Gō 模型逐渐用于非格点模型，大量的研究工作采用 Gō 模型获得了很多蛋白质折叠的过渡态和中间态，发现能够与实验得到的过渡态和中间态性质很好的吻合。实验上可以通过ϕ值来反映过渡态中残基接触的形成情况，ϕ值大的残基为蛋白质折叠核。通过基于 Gō 模型的动力学模拟也可以得到残基的 ϕ值，模拟结果显示，模拟获得的 ϕ值能够与实验观测值惊人的一致[58~60]，这表明 Gō 模型的确反映了蛋白质折叠的一些普遍机制。Gō 模型有效性的另外一个重要应用是，它能够成功预测蛋白质的折叠速率，与实验能够定量吻合[59, 61, 62]。Wallin 和 Chan 利用 Gō 模型模拟了 13 个小蛋白的折叠速率，发现模拟值与实验观测值的关联系数达到 0.69[62]。最近，Onuchic 小组将 Gō 模型用于蛋白质-蛋白质之间的识别和对接过程的研究[63, 64]。实验发现，有些蛋白质是刚性对接过程，即单体先折叠到固定的三维结构，然后再进行对接。还有一些蛋白质对接过程是先对接后折叠，即两个单体在去折叠的状态下识别结合到一起，然后再逐步折叠到其天然结构。Onuchic 小组的研究发现，Gō 模型能够很好地模拟蛋白质之间不同的结合机制，表明蛋白质的拓扑结构决定其不同的对接机制。随后，很多小组采用 Gō 模型研究了蛋白质与配体识别过程中对接和折叠的耦合机理（称为“钓鱼”机理，“fly-casting” mechanism）以及它们在生物学上的重要意义[65, 66]。

Gō 模型一个重要的局限性是它仅仅考虑蛋白质的天然拓扑结构，忽略了所有的能量阻挫，因此，该模型无法揭示蛋白质序列对折叠的影响。例如，实验发现有些蛋白质虽然拓扑结构相似，但序列不同导致其折叠过程不同，一些残基突变会导致蛋白质的错误折叠和纤维化聚集，等等。基于上述实验事实，人们把蛋白质的序列信息加入到 Gō 模型中，根据残基的物理化学性质，对不同的残基接触赋予不同的能量系数。例如，Matysiak 等和 Sutto 等根据突变实验数据，对 src-SH3、CI2、G 蛋白和 S6 蛋白内残基间相互作用势进行了优化[67,68]。Celimenti 研究组利用迭代算法，通过优化折叠态和去折叠态的能隙来获得蛋白质内天然和非天然接触的能量函数[69]。Karanicolas 和 Brooks 通过 MJ 矩阵对残基间能量进行加权[70]。Rao 等和 Dixon 等分别通过实验 B 因子和氢氘交换实验数据对残基间能量进行加权[71, 72]。南京大学王炜小组根据残基的物理化学性质对传统 Gō 模型的势能函数进行加权，成功获得了 S6 的折叠特征[73]。这些蛋白质序列信息的加入，增加了能量曲面的受挫性质，可以探讨蛋白质序列对折叠的影响。例如，L 蛋白和 G 蛋白具有类似的拓扑结构，但是其折叠过程完全不同，Karanicolas 和 Brooks 通过 MJ 矩阵加权的 Gō 模型很好地解释了这一现象[70]。利用同样的模型，Hills 等比较了不同序列特征对 CHeY 同源蛋白质折叠的影响[74]。此外，一些研究通过在势能项中增加新的能量项以加强其受挫性质，使得能量剖面变得粗糙。例如，Chan 小组在非键相互作用中加入溶剂-去溶剂的能垒导致出现部分去溶剂化的折叠中间态[75]。我们小组把残基间的静电相互作用加入到传统 Gō 模型中，研究了冷激蛋白（cold shock protein）及其突变体的热稳定性和折叠/去折叠过程[74]，与实验很好的吻合。

随着 Gō 模型在小蛋白折叠研究上的成功，近年来，一个重要的研究趋势是，人们逐渐开始关注多结构域的、大的蛋白质体系和更为复杂的折叠现象。Das 等利用 Gō 模型研究了具有两个结构域的乳糖阻遏蛋白的折叠过程，与实验很好的吻合[77]。南京大学王炜小组和波兰的 Cieplak 小组基于 Gō 模型研究了细胞内拥挤环境下蛋白质的折叠和聚集过程[78, 79]。Elcock 利用 Gō 模型模拟了核糖体中新生肽链的边翻译边折叠过程[80]。最近几年，一些研究小组将 Gō 模型成功用于蛋白质功能性构象转变过程以及变构机理的研究，取得了一些重要的研究成果[81, 82]。上述研究表明，Gō 模型虽然简单，但是它能够反映蛋白质折叠、对接以及功能性变构中的一些普遍机制，广泛用于蛋白质折叠和结构-功能关系的研究。

通过上述讨论可以看出，Gō 模型可用于蛋白质折叠动力学特征的研究，但是，要获得物理量的系综平均值，必须要做长时间的 MD 模拟，采样要足够充分，通常比较耗时。为此可以对模型作进一步的简化，把蛋白质分子视为一个弹性网络，构建弹性网络模型。下面对弹性网络模型及其在蛋白质折叠和蛋白质结构-功能关系研究中的应用做一介绍。

12.3　弹性网络模型

20 世纪 80 年代，正则模分析（normal mode analysis，NMA）开始应用于蛋白质结构-功能关系的研究[83]。随后大量的研究表明，NMA 方法所得到的蛋白质结构本身所固有的慢运动模式对应于蛋白质的功能性运动。近年来，NMA 被广泛用于蛋白质结构-功能关系的研究。NMA 的基本思想是[83~85]，蛋白质体系内原子间精细的相互作用势函数总可以在平衡位置附近展开为二次谐振函数，在此基础上可计算出体系的各个简正运动模式，蛋白质体系的实际运动可以视为各个简正模式的叠加。NMA 方法的计算步骤如下：① 给出适用于所研究体系的力场，获得体系内原子间相互作用势函数，根据势函数，对体系的初始结构进行能量优化，获得体系能量最小的状态；② 对体系的能量函数求二阶偏导，得到 Hessian 矩阵；③ 将 Hessian 矩阵进行分解，获得相应的本征值和本征向量，本征向量表示体系的各个简正运动模式，相应的本征值就是该简正模式频率的平方；④ 获得体系在平衡位置附近的运动学方程为

$$r_i(t) = \frac{1}{\sqrt{m_i}} \sum_{k}^{3N} C_k a_{ik} \cos(\omega_k t + \phi_k) \tag{12.3}$$

其中，m_i为原子 i 的质量；C_k和ϕ_k为第 k 个运动模式的振幅和相位，它们的数值由初条件来确定；$v_k = \omega_k / 2\pi$为第 k 个运动模式的频率；a_{ik}为第 k 个本征向量中的第 i 个元素；⑤获得体系各个力学量的平均值。

Tirion 用谐振势函数来代替传统 NMA 方法中采用的经典力场，简化了计算，提出了弹性网络模型（ENM）[86]。在该模型中，势函数表达式为

$$E_p = \sum_{d_{ij}^0 < R_c} c(d_{ij} - d_{ij}^0)^2 \tag{12.4}$$

其中，d_{ij}为原子 i 与 j 之间的距离；d_{ij}^0为其平衡距离（天然结构中的距离）；c 是弹性系数，并且假定所有原子对之间的弹性力常数相同；R_c为截断半径。当原子间距离小于R_c时，它们之间存在相互作用；当原子间距离大于R_c时，认为它们之间没有相互作用。采用上述简化的相互作用势，相当于把蛋白质天然态作为计算的初始结构，认为天然态的结构能量是最低的（等于零），不需要对体系进行能量优化。研究表明，该方法能够很好的获得体系的慢运动模式，计算精度与传统的 NMA 方法相当。

由于蛋白质体系包含大量的原子，体系的 Hessian 矩阵需要占据很大的内存空间，并且矩阵分解的计算量也很大。Haliloglu 等对上述 ENM 模型进行了进一步简化，提出了高斯网络模型（Gaussian network model，GNM）[87]。该模型把蛋白质内的每个残基简化为一个点，用其C_α原子来代替。与 Tirion 的方法类似，存在相互作用的残基之间用一个弹簧相连。该模型假定所有氨基酸相对于其平衡位置的涨落满足高斯分布，因此称为高斯网络模型。由于 GNM 只考虑C_α原子，因此计算量大大简化，能够对非常大的体系进行分析。研究表明，该粗粒化模型能够很好的获得蛋白质体系的各个运动模式。GNM 方法假定残基的运动是各向同性的，因此该模型只能得到残基运动的幅度信息，无法给出残基运动的方向性。Atilgan 等在 GNM 基础上提出了各向异性网络模型（anisotropic network model，ANM）[88]，该模型能够得到残基在不同运动模式下的运动幅度和方向，能很好地分析蛋白质的功能性运动。

正则模分析及其简化方法被广泛应用于蛋白质结构-功能关系的研究，取得了很大的成功，显示出较大的计算优势。基于 ENM，人们提出了多种理论方法，并成功用于蛋白质功能位点的识别研究。Bahar 小组利用 ENM 研究了蛋白质的功能性集合运动模式，并且发现慢运动模式中的铰链区对应于蛋白质的功能位点[89~91]。Atilgan 等基于 ENM 发展了一种微扰响应扫描方法用于蛋白质构象变化中关键残基的识别[92, 93]。Haliloglu 等提出了一种统计热力学方法识别蛋白质内的功能残基[94]。Zheng 等发展了一种基于 ENM 的微扰分析方法，成功用于蛋白质功能运动中动力学关键残基的预测[95, 96]，同时，他们还提出了一种关联分析方法，用来识别蛋白质中与功能位点在动力学上耦合的关键残基[97, 98]。Ming 和 Wall 基于 ENM，提出了一种动力学微扰分析方法，他们对蛋白质表面各个部位进行微扰，发现能够显著改变蛋白质构象系综分布的微扰部位对应于蛋白质功能位点[99~102]。我们小组基于 ENM，提出了一种热力学微扰方法，成功用于蛋白质

构象转变中关键残基的识别研究。在我们的方法中，能够显著改变构象转变前后体系自由能差的残基认为是关键残基，自由能差通过热力学循环方法来进行计算。进而，对该微扰方法进行了改进，发展了一种识别蛋白质变构路径和关键残基的有效方法，研究了 AMPA 受体蛋白中的关键残基，预测结果与实验能够很好的吻合，验证了该方法的有效性。

弹性网络模型用于蛋白质折叠的相关研究还比较少。Micheletti 等发展了允许弹簧断裂的弹性网络模型，研究了 HIV-1 蛋白酶的折叠/去折叠过程[103]。随后，Cotallo-Abán 等利用该模型研究了 Apoflavodoxin 蛋白的折叠行为[104]。Dietz 和 Rief 利用弹性网络模型研究了绿色荧光蛋白在外力作用下的拉伸去折叠过程，与原子力显微镜实验结果很好的吻合[105]。Jernigan 小组利用弹性网络模型成功预测了蛋白质拉伸去折叠过程中残基间接触的断裂次序[106]。我们小组发展了一种迭代的弹性网络模型方法，根据残基之间距离涨落的大小，依次打断非共价接触，来模拟蛋白质的高温去折叠过程[107]。该方法假定蛋白质的去折叠过程是一个准静态过程，去折叠的每一步蛋白质都有足够多的时间寻找熵增最大的状态，该过程对应于体系的无限缓慢升温。随后，基于类似的思想，Arkun 和 Erman 提出了一种预测蛋白质折叠过程的优化方法[108]，在他们的方法中，蛋白质折叠过程也被视为一个准静态过程，蛋白质折叠沿着熵减最小的路径进行。Williams 和 Toon 结合弹性网络模型和经典动力学方法，成功模拟了蛋白质的折叠过程，其模拟结果与实验观测一致[109]。

参 考 文 献

[1] Tozzini V. Coarse-grained models for proteins. Curr Opin Struct Biol, 2005, 15 (2): 144-150

[2] Nguyen H D, Hall C K. Molecular dynamics simulations of spontaneous fibril formation by random-coil peptides. Proc Natl Acad Sci USA, 2004, 101(46):16180-16185

[3] Bereau T, Deserno M. Generic coarse-grained model for protein folding and aggregation. J Chem Phys, 2009, 130(23): 235106

[4] Liwo A, Pincus M R, Wawak R J, Rackovsky S, Scheraga H A. Calculation of protein backbone geometry from alpha-carbon coordinates based on peptide-group dipole alignment. Protein Sci, 1993, 2(10): 1697-1714

[5] Liwo A, Pincus M R, Wawak R J, Rackovsky S, Scheraga H A. Prediction of protein conformation on the basis of a search for compact structures: test on avian pancreatic polypeptide. Protein Sci, 1993, 2(10): 1715-1731

[6] Saunders J A, Gibson K D, Scheraga H A. Ab Inito Folding of Multiple-chain Proteins. Pacific Symposium on Biocomputin, 2002, 7:601-612

[7] Zhou J, Thorpe I, Izvekov S, Voth G A. Coarse-grained peptide modeling using a systematic multiscale approach. Biophys J, 2007, 92(12):4289-4303

[8] Dill K A. Theory for the Folding and Stability of Globular Proteins. Biochemistry, 1985, 24(6): 1501-1509

[9] Dill K A. Dominant Forces in Protein Folding. Biochemistry, 1990, 29(31):7133-7155

[10] Hinds D A, Levitt M. Exploring Conformational Space with a Simple Lattice Model for Protein Structure. J Mol Biol, 1994, 243(4):668-682

[11] Xia Y, Huang E S, Levitt M, Samudrala R. Ab Initio Construction of Protein Tertiary Structures Using a Hierarchical Approach. J Mol Biol, 2000, 300(1):171-185

[12] Czaplewski C, Liwo A, Makowski M, Oldziej S, Scheraga H A. Coarse-grained models of proteins: theory and applications. In Multiscale approaches to protein modeling. Springer-Verlag New York Inc. 2010

[13] Miyazawa S, Jernigan R L. Estimation of Effective Interresidue Contact Energies from Protein Crystal Structures: Quasi-Chemical Approximation. Macromolecules, 1985, 18(3): 534-552

[14] Sippl M J. Calculation of conformational ensembles from potentials of mean force. J Mol Biol, 1990, 213(4):859-883

[15] Cadari G, Sippl M J. Structure-derived hydrophobic potential hydrophobic potential derived from X-ray structures of globular proteins is able to identify native folds. J Mol Biol, 1992(3), 224:725-732

[16] Simons K T, Kooperberg C, Huang E, Baker D. Assembly of protein tertiary structures from fragments with similar local sequences using simulated annealing and Bayesian scoring functions. J Mol Biol, 1997, 268(1):209-225

[17] Miyazawa S, Jernigan R L. Residue-residue potentials with a favorable contact pair term and unfavorable high packing density term, for simulation and threading. J Mol Biol, 1996, 256(3):623-644

[18] Thomas P D, Dill K A. Statistical Potentials Ectracted from Protein Structures: How Accurate Are They. J Mol Boil, 1996, 257(2): 457-469

[19] Zhang C, Kim S H. Enviroment-dependent Residue Contact Energies for Proteins. Proc Natl Acad Sci USA, 2000, 97(6): 2550-2555

[20] Lu M, Dousis A D, Ma J. OPUS-PSP: an orientation-dependent statistical all-atom potential derived from side-chain packing. J Mol Biol, 2008, 376(1): 288-301

[21] Koliński A, Skolnick J. Monte Carlo simulations of protein folding. I. Lattice model and interaction scheme. Proteins, 1994, 18(4): 338-352

[22] Vendruscolo M, Domany E. Pairwise contact potentials are unsuitable for protein folding. J Chem Phys, 1998, 109(24): 11101-11108

[23] Chiu T, Goldstein R A. Optimizing energy potentials for success in protein tertiary structure prediction. Fold Des, 1998, 3(3): 223-228

[24] Park B, Levitt M. Energy Functions That Discriminate X-ray and Near-native Folds from Well-constructed Decoys. J Mol Boil, 1996, 258(2): 367-392

[25] Goldstein P A, Luthey-Schulten Z A, Wolynes P G. Protein Tertiary Structure Recognition Using Optimized Hamiltonians with Local Interactions. Proc Natl Acad Sci USA, 1992, 89(19): 9029-9033

[26] Hao M H, Scherage H A. How optimization of potential functions affects protein folding. Proc Natl Acad Sci USA, 1996, 93(10): 4984-4989

[27] Liwo A, Pincus M R, Wawak R J, Rackovsky S, Oldziej S, Scheraga H A. A united-residue force field for off-lattice protein-structure simulations. II: Parameterization of local interactions and determination of the weights of energy terms by Z-score optimization. J Comput Chem, 1997, 18(7): 874-887

[28] Fujitsuka Y, Takada S, Luthey-Schulten Z A, Wolynes P G. Optimizing physical energy functions for protein folding. Proteins, 2004, 54(1):88-103

[29] Izvekov S, Voth G A. A multiscale coarse-graining method for biomolecular systems. J Phys Chem B Lett, 2005, 109(7):2469-2473

[30] Zhou J, Thorpe I, Izvekov S, Voth G A. Coarse-grained peptide modeling using a systematic multiscale approach. Biophys J, 2007, 92(12): 4289-4303

[31] Snow M E. Minimum of protein-folding potentials from multiple starting conformations. J Comput Chem, 1992, 13(5):579-584

[32] Agostini F P, Soares-Pinto D O, Moret M A, Osthoff C, Pascutti F G. Generalized simulated annealing applied to protein folding studies. J Comput Chem, 2006, 27(11):1142-1155

[33] Sugita Y, Okamoto Y. Replica-exchange molecular dynamics method for protein folding. Chem Phys Lett, 1999, 314 (1-2): 141-151

[34] García A E, Sanbonmatsu K Y. Exploring the energy landscape of a beta hairpin in explicit solvent. Proteins, 2001,

42 (3): 345-354

[35] Pitera J W, Swope W. Understanding folding and design: replica-exchange simulations of "Trp-cage" fly miniproteins. Proc Natl Acad Sci USA, 2003, 100 (13): 7587-7592

[36] Earl D J, Deem M W. Parallel tempering: theory applications and new perspectives. Phys Chem Chem Phys, 2005, 7(23):3910-3916

[37] Lei H X, Duan Y. Improved sampling methods for molecular simulation. Curr Opin Struct Biol, 2007, 17(2):187-191

[38] Alder B J, Wainwright T E J. Studies in molecular dynamics. I. General method. J Chem Phys, 1959, 31(2): 459-466

[39] Buldyrev S V. Application of discrete molecular dynamics to protein folding and aggregation. Lect Notes Phys, 2008, 752:97-131

[40] Zhou Y, Hall C K, Karplus M. A first-order disorder-to-order transition in an isolated homopolymer model. Phys Rev Lett, 1996, 77(13):2822

[41] Shirvanyants D, Ding F, Tsao D, Ramachandran S, Dokholyan N V. Discrete molecular dynamics: an efficient and versatile simulation method for fine protein characterization. J Phys Chem B, 2012, 116(29): 8375-8382

[42] Sharma S, Ding F, Nie H, Watson D, Unnithan A, Lopp J, Pozefsky D, Dokholyan N V. iFold: a platform for interactive folding simulations of proteins. Bioinformatics, 2006, 22(21): 2693-2694

[43] Dokholyan N V, Buldyrev S V, Stanley H E, Shakhnovich E I. Discrete molecular dynamics studies of the folding of a protein-like model. Fold Des, 1998, 3(6): 577-587

[44] Dill K A. Polymer principles and protein folding. Prot Sci, 1999, 8 (6): 1166-1180

[45] Baldwin R L. The nature of protein folding pathways: the classical versus the new view. J Biomol NMR, 1995, 5 (2): 103-109

[46] Bryngelson D J, Onuchic J N, Socci N D, Wolynes P G. Funnels, pathways, and the energy landscape of protein folding: a synthesis. Proteins, 1995, 21 (3): 167-195

[47] Dobson C M, Sali A, Karplus M. Protein folding : a perspective from theory and experiment. Angew Chem Int Ed, 1998, 37 (7): 868-893

[48] Onuchic J N, Wolynes P G, Luthey-Schulten Z, Socci N D. Toward an outline of topography of a realistic protein-folding funnel. Proc Natl Acad Sci USA, 1995, 92 (8): 3626-3630

[49] Dill K A, Chan H S. From Levinthal to pathways to funnels. Nat Struct Biol, 1997, 4 (1): 10-19

[50] Mello C C, Barrick D. An enperimentally determined protein folding energy landscape. Proc Natl Acad Sci USA, 2004, 101 (39):14102-14107

[51] Wolynes P G. Energy landscapes and solved protein-folding problems. Philos Transact A Math Phys Eng Sci, 2005, 363 (1827): 453-467

[52] Bryngelson J D, Wolynes P G. Spin glasses and the statistical mechanics of protein folding. Proc Natl Acad Sci USA ,1987, 84 (21): 7524-7528

[53] Wolynes P G. Recent successes of the energy landscape theory of protein folding and function. Quarterly Rev Biophys, 2005, 38 (4): 405-410

[54] Ferreiro D U, Hegler J A, Komives E A, Wolynes P G. Localizing frustruation in native proteins and protein assemblies. Proc Natl Acad Sci USA, 2007, 104 (50): 19819-19824

[55] Hills R D Jr, Brooks C L III. Insights from coarse-grained Gō models for protein folding and dynamics. Int J Mol Sci, 2009, 10 (3): 889-905

[56] Gō N. Theoretical studies of protein folding. Annu Rev Biophys Bioeng, 1983, 12(12): 183-210

[57] Yue K, Fiebig K M, Thomas P D, Chan H S, Shakhnovich E I, Dill K A. A test of lattice protein folding algorithms. Proc Natl Acad Sci USA, 1995, 92 (1): 325-329

[58] Clementi C, Nymeyer H, Onuchic J N. Topological and energetic factors: what determines the structural details of the transition state ensemble and "en-route" intermediates for protein folding? An investigation for small globular proteins. J Mol Biol, 2000, 298 (5): 937-953

[59] Koga N, Takada S. Roles of native topology and chain-length scaling in protein folding: a simulation study with a Go-like model. J Mol Biol, 2001, 313 (1): 171-180

[60] Dokholyan N V, Buldyrev S V, Stanley H E, Shakhnovich E I. Identifying the protein folding nucleus using molecular dynamics. J Mol Biol, 2000, 296 (5): 1183-1188

[61] Jewett A I, Pande V S, Plaxco K W. Cooperativity, smooth energy landscapes and the origins of topology-dependent protein folding rates. J Mol Biol, 2003, 326 (1): 247-253

[62] Wallin S, Chan H S. Conformational entropic barriers in topology-dependent protein folding: perspectives from a simple native-centric polymer model. J Phys: Cond Matt, 2006, 18 (14): S307-S328

[63] Levy Y, Wolynes P G, Onuchic J N. Protein topology determines binding mechanism. Proc Natl Acad Sci USA, 2004, 101 (2): 511-516

[64] Schug A, Onuchic J N. From protein folding to protein function and biomolecular binding by energy landscape theory. Curr Opin Pharmcol, 2010, 10 (6): 709-714

[65] Wang J, Lu Q, Lu H P. Single-molecule dynamics reveals cooperative binding-folding in protein recognition. PLoS Comput Biol, 2006, 2 (7): e78

[66] Huang Y, Liu Z. Kinetic advantage of intrinsically disordered proteins in coupled folding-binding process: a critical assessment of the "fly-casting" mechanism. J Mol Biol, 2009, 393 (5): 1143-1159

[67] Matysiak S, Clementi C. Optimal combination of theory and experiment for the characterization of the protein folding landscape of S6: how far can a minimalist model go? J Mol Biol, 2004, 343 (1): 235-248

[68] Sutto L, Tiana G, Broglia R A. Sequence of events in folding mechanism: beyond the Gō model. Protein Sci, 2006, 15 (7): 1638-1652

[69] Das P, Matysiak S, Clementi C. Balancing energy and entropy: a minimalist model for the characterization of protein folding landscapes. Proc Natl Acad Sci USA, 2005, 102 (29): 10141-10146

[70] Karanicolas J, Brooks C L III. The origins of asymmetry in the folding transition states of protein L and protein G. Protein Sci, 2002, 11 (10): 2351-2361

[71] Rao M K, Chapman T R, Finke J M. Crystallographic B-factors highlight energetic frustration in aldolase folding. J Phys Chem B, 2008, 112 (34): 10417-10431

[72] Dixon R D, Chen Y, Ding F, Khare S D, Prutzman K C, Schaller M D, Campbell S L, Dokholyan N V. New insights into FAK signaling and localization based on detection of a FAT domain folding intermediate. Structure, 2004, 12 (12): 2161-2171

[73] Wu L, Zhang J, Wang J, Li W F, Wang W. Folding behavior of ribosomal protein S6 studied by modified Go-like model. Phys Rev E, 2007, 75(3):031914

[74] Hills Jr R D, Brooks C L III. Subdomain competition, cooperativity, and topological frustration in the folding of CheY. J Mol Biol, 2008, 382(2):485-495

[75] Liu Z, Chan H S. Desolvation is a likely origin of robust enthalpic barriers to protein folding. J Mol Biol, 2005, 349(4):872-889

[76] Su J G, Chen W Z, Wang C X. Role of electrostatic interacions for the stability and folding behavior of cold shock protein. Proteins, 2010, 78(9): 2157-2169

[77] Das P, Wilson C J, Fossati G, Wittung-Stafshede P, Matthews K S, Clementi C. Characterization of the folding landscape of monomeric lactose repressor: quantitative comparison of theory and experiment. Proc Natl Acad Sci USA, 2005, 102(41):14569-14574

[78] Wang W, Xu W X, Levy Y, Trizac E, Wolynes P G. Confinement effects on the kinetics and thermodynamics of protein dimerization. Proc Natl Acad Sci USA, 2009, 106 (14): 5517-5522

[79] Wojciechowski M, Cieplak M. Effects of confinement and crowding on folding of model proteins. Biosystems, 2008, 94(3):248-252

[80] Elcock A H. Molecular simulations of cotranslational protein folding: fragment stabilities, folding cooperativity, and

trapping in the ribosome. PLoS Compt Biol, 2006, 2 (7): e98

[81] Koga N, Takada S. Folding-based molecular simulations reveal mechanisms of the rotary motor F1-ATPase. Proc Natl Acad Sci USA, 2006, 103(14): 5367-5372

[82] Okazaki K, Koga N, Takada S, Onuchic J N, Wolynes P G. Multiple-basin energy landscapes for large-amplitude conformational motions of proteins: structure-based molecular dynamics simulations. Proc Natl Acad Sci USA, 2006, 103(32): 11844-11849

[83] Go N, Noguti T, Nishikawa T. Dynamics of a small globular protein in terms of low-frequency vibrational modes. Proc Natl Acad Sci USA, 1983, 80(12): 3696-3700

[84] Levitt M, Sander C, and Stern P S. Protein Normal-mode Dynamics: Trypsin Inhibitor, Crambin, Ribonuclease and Lysozyme. J Mol Biol, 1985, 181(3): 423-447

[85] Brooks B, Karplus M. Harmonic Dynamics of Proteins: Normal Modes and Fluctuations in Bobine Pancreatic Trypsin Inhibitor. Proc Natl Acad Sci USA, 1983, 80(21): 6571-6575

[86] Tirion M M. Large Amplitude Elastic Motions in Proteins from a Single-parameter, Atomic Analysis. Phys Rev Lett, 1996, 77(9): 1905-1908

[87] Haliloglu T, Bahar I, Erman B. Gaussian Dynamics of Folded Proteins. Phys Rev Lett, 1997, 79(16): 3090-3093

[88] Atilgan A R, Durell S R, Jernigan R L, Demirel M C, Keskin O, Bahar I. Anisotropy of Fluctuation Dynamics of Proteins with an Elastic Network Model. Biophys J, 2001, 80(1): 505-515

[89] Liu Y, Bahar I. Toward understanding allosteric signaling mechanisms in the ATPase domain of molecular chaperones. Pac Symp Biocomput, 2010, 15: 269-280

[90] Dutta A, Bahar I. Metal-binding sites are designed to achieve optimal mechanical and signaling properties. Structure, 2010, 18(9): 1140-1148

[91] Bahar I, Rader A J. Coarse-grained normal mode analysis in structural biology. Curr Opin Struct Biol, 2005, 15(5): 586-592

[92] Atilgan C, Gerek Z N, Ozkan S B, Atilgan A R. Manipulation of conformational change in proteins by single-residue perturbations. Biophys J, 2010, 99(3): 933-943

[93] Atilgan C, Atilgan A R. Perturbation-response scanning reveals ligand entry-exit mechanisms of ferric binding protein. PLoS Comput Biol, 2009, 5(10):e1000544

[94] Haliloglu T, Gul A, Erman B. Predicting important residues and interaction pathways in proteins using Gaussian network model: binding and stability of HLA proteins. PLoS Comput Biol, 2010, 6(7): e1000845

[95] Zheng W J, Brooks B R, Thirumalai D. Low-frequency normal modes that describe allosteric transitions in biological nanomachines are robust to sequence variations. Proc Natl Acad Sci USA, 2006, 103(20): 7664-7669

[96] Zheng W J, Brooks B R, Thirumalai D. Allosteric transitions in the chaperonin GroEL are captured by a dominant normal mode that is most robust to sequence variations. Biophys J, 2007, 93(7): 2289-2299

[97] Zheng W J, Liao J C, Brooks B R, Doniach S. Toward the mechanism of dynamical couplings and translocation in hepatitis C virus NS3 helicase using elastic network model. Proteins, 2007, 67(4): 886-896

[98] Zheng W J, Tekpinar M. Large-scale evaluation of dynamically important residues in proteins predicted by the perturbation analysis of a coarse-grained elastic model. BMC struct Biol, 2009, 9: 45

[99] Ming D, Wall M E. Quantifying allosteric effects in proteins. Proteins, 2005, 59(4): 697-707

[100] Ming D, Wall M E. Allostery in a coarse-grained model of protein dynamics. Phys Rev Lett, 2005, 95(19): 198103

[101] Wall M E. Ligand binding, protein fluctuations, and allosteric free energy. AIP Conf Proc, 2006, 851(1): 16-33

[102] Ming D, Cohn J D, Wall M E. Fast dynamics perturbation analysis for prediction of protein functional sites. BMC Struct Biol, 2008, 8(2): 5

[103] Micheletti C, Banavar J R, Maritan A. Conformations of proteins in equilibrium. Phys Rev Lett, 2001, 87(8): 88102

[104] Cotallo-Abán M, Prada-Gracia D, Mazo J J, Bruscolini P, Falo F, Sancho J. Analysis of apoflavodoxin folding behavior with elastic network models. AIP conf Proc, 2006, 851(1): 135-149

[105] Dietz H, Rief M. Elastic bond network model for protein unfolding mechanics. Phys Rev Lett, 2008, 100(9): 098101

[106] Sulkowska J I, Kloczkowski A, Sen T Z, Cieplak M, Jernigan R L. Predicting the order in which contacts are broken during single molecule protein stretching experiments. Proteins, 2008, 71(1): 45-60

[107] Su J G, Li C H, Hao R, Chen W Z, Wang C X. Protein unfolding behavior studied by elastic nework model. Biophys J, 2008, 94(12): 4586-4596

[108] Arkun Y, Erman B. Prediction of optimal folding routes of proteins that satisfy the principle of lowest entropy loss: dynamic contact maps and optimal control. PLoS One, 2010, 5(10): e13275

[109] Williams G, Toon A J. Protein folding pathways and state transitions described by classical equations of motion of an elastic network model. Prot Sci, 2010, 19(12):2451-2461

（苏计国）

第 13 章　粗粒化模型应用实例

13.1　Gō 模型在蛋白质折叠研究中的应用实例

本节通过一个具体实例来介绍 Gō 模型在蛋白质折叠研究中的应用，即利用 Gō 模型研究冷激蛋白的热稳定性和折叠动力学。

自然界中，很多微生物可以在大于 60℃的高温环境中生存[1]。相对于常温环境下的生物，来自于这些嗜热微生物的蛋白质具有比较高的热稳定性。揭示嗜热蛋白抗高温的物理机制是实验和理论生物学家的一大挑战性问题。大量已报道的文献发现,静电相互作用的增强是很多蛋白质体系热稳定性提高的主要因素[1~7]。

来自于嗜热的热溶芽孢杆菌（*Bacillus caldolyticus*）[8]以及常温的枯草芽孢杆菌（*Bacillus subtilis*）中的冷激蛋白（cold shock protein）[9, 10]是一个被广泛研究的体系。这两个同源蛋白质具有很高的序列和结构相似性，但是，它们在热稳定性上差别很大。实验和理论研究表明，静电相互作用是决定其稳定性差异的主要因素[3, 7, 11~21]。热溶芽孢杆菌冷激蛋白（Bc-Csp）和枯草芽孢杆菌冷激蛋白（Bs-CspB）在序列上有 12 个位点不同，其中 5 个位点涉及带电残基。大量的实验和全原子 MD 模拟研究显示[11~15, 22]，在这 5 个位点中，涉及带电残基的突变（R3E、E46A 和 R3E/L66E）是 Bc-Csp 热稳定性高于 Bs-CspB 的主要原因，尤其是 R3E 突变对 Bc-Csp 的热稳定性具有很大的影响[11~15, 19]。一些理论研究工作发现，通过静电相互作用的计算能够很好的定量解释这些突变对于蛋白质热稳定性的影响[16, 18, 21]。除了热稳定性，静电相互作用如何影响蛋白质折叠路径以及折叠动力学也是实验和理论生物学家感兴趣的课题。实验研究发现，Bc-Csp 和 Bs-CspB 的折叠都是可逆的两态转变过程[3, 12, 22~25]。并且，突变实验表明，上述影响蛋白质稳定性的 R3E、E46A 和 R3E/L66E 突变并不改变体系的折叠机制和折叠路径。野生态 Bc-Csp 和这三个突变体蛋白具有相同的折叠路径，即 N 端 β 片先形成，C 端 β 片后形成[3, 12, 22~26]。然而，实验发现这三个残基突变会大大影响 Bc-Csp 的折叠动力学，使其折叠速率显著降低[3, 12, 24~26]。

本工作采用粗粒化的 Gō 模型结合朗之万动力学研究 Bc-Csp 及其突变体的热稳定性和折叠机制。为了研究静电相互作用对蛋白质稳定性和折叠动力学的影响，我们对传统 Gō 模型的势能函数进行了修改，加入了静电相互作用项[27~30]。在本工作中，采用这一改进的 Gō 模型从理论上探讨了 Bc-Csp 及其三个突变体 E46A、R3E、R3E/L66E 的热力学稳定性和折叠机制，并揭示了静电相互作用对于蛋白质稳定性、折叠动力学以及折叠/去折叠路径的影响。

13.1.1　研究体系介绍

Bc-Csp 是一个有 66 个残基的小蛋白，由 5 股 β 片所构成，分别表示为 β1（2～10 号残基）、β2（15～20 号残基）、β3（23～29 号残基）、β4（46～54 号残基）和 β5（57～65 号残基），其中，β3 和 β4 由一个柔性的 loop（30～45 号残基）所连接，下文用 L 表示。Bc-Csp 的三维结构如图 13-1 所示。该蛋白质表面有 17 个带正电和负电的残基，图中分别用黑色和灰色的球棒模型表示。图中标出了本工作所要研究的三个突变残基 R3、E46 和 L66，其中 L66 残基用灰色的棒状模型表示。采用 Bc-Csp 的 X 射线晶体结构坐标（PDB 代码：1C9O）[8]来构建野生态蛋白质的 Gō 模型。三个突变体 Gō 模型的构建也采用野生态的晶体坐标，只不过要把突变残基的带电性质相应进行变化。因而，野生态和突变体 Gō 模型的差别在于它们静电相互作用项不同，这样我们就可以有针对性的研究静电相互作用对体系折叠性质的影响。

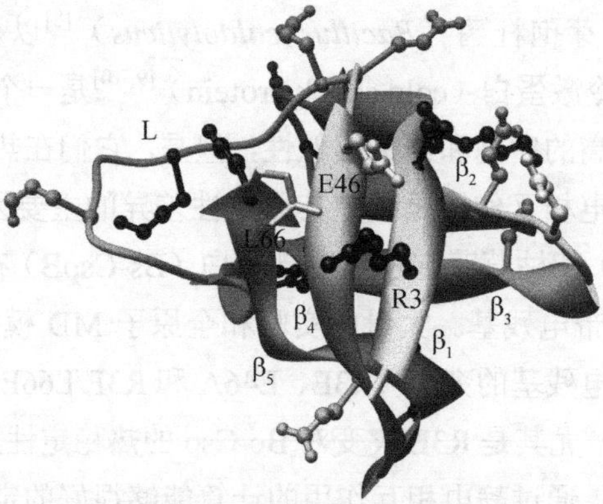

图 13-1　野生态 Bc-Csp 天然结构示意图。图中，正电和负电残基分别用黑色和灰色球棒模型表示，残基 L66 用灰色棒状模型表示。本章所研究的三个突变残基 R3、E46 和 L66 在图中已经标出

13.1.2　Gō 模型的改进及朗之万动力学模拟方法

本工作对传统的 Gō 模型进行了改进，在此基础上，结合朗之万动力学来模拟 Bc-Csp 及其突变体的折叠/去折叠过程。在 Gō 模型中，每个残基简化为一个点，用其 C_α 原子来代替。体系的势能函数基于蛋白质的天然结构进行构建，序列上相邻的两个和三个残基之间用键长和键角势进行约束，蛋白质的二级结构特征体现在二面角势和非键相互作用势中。除了这些传统的相互作用项以外，借鉴 Levy[27, 29]和 Cho[28]等的工作，增加了一项非结构特异的静电相互作用项。改进的 Gō 模型的势能函数具体写为

$$
\begin{aligned}
U(\Gamma,\Gamma_0) = & \sum_{i=1}^{N-1} K_r (r_{i,i+1} - r_{i0})^2 + \sum_{i=1}^{N-2} K_\theta (\theta_i - \theta_{i0})^2 \\
& + \sum_{i=1}^{N-3} \{K_\phi^1 [1 - \cos(\phi_i - \phi_{i0})] + K_\phi^3 [1 - \cos(3(\phi_i - \phi_{i0}))]\} \\
& + \sum_{i<j-3} \left\{ \varepsilon_1 \left[5\left(\frac{\sigma_{ij}}{r_{ij}}\right)^{12} - 6\left(\frac{\sigma_{ij}}{r_{ij}}\right)^{10} \right] + \varepsilon_2 \left(\frac{C}{r_{ij}}\right)^{12} \right\} \\
& + \sum_{i<j} \frac{332 q_i q_j}{\varepsilon_{\text{dielc}} r_{ij}} \exp\left[\left({-r_{ij}}/{\lambda_D} \right) \theta \right]
\end{aligned} \tag{13.1}
$$

其中，前三项分别表示键长、键角和二面角能。$r_{i,i+1}$、θ_i 和 ϕ_i 分别表示某一给定构象中相邻两个残基之间的键长值、连续三个残基所构成的键角值，以及连续四个残基所形成的二面角值；r_{i0}、θ_{i0} 和 ϕ_{i0} 分别代表天然结构中的键长、键角和二面角值。本工作中，这些势能项中的力常数取如下数值：$K_r = 100\,\varepsilon$，$K_\theta = 20\,\varepsilon$，$K_\phi^1 = \varepsilon$，$K_\phi^3 = 0.5\,\varepsilon$，$\varepsilon$ 为能量单位，这里取 $\varepsilon = 1.0$ kcal/mol。式（13.1）中的第四项为非键相互作用项，包括天然接触相互作用和非天然接触相互作用。天然接触相互作用用 10-12 式类李纳-琼斯势来刻画，非天然接触用一排斥势表示。这里，天然接触的判断依据如下：如果两个残基任意重原子之间距离小于 5.0 Å 时，就认为这两个残基之间形成接触。对于天然接触，式（13.1）中 $\varepsilon_1 = \varepsilon$，$\varepsilon_2 = 0$；对于非天然接触，其中，$\varepsilon_1 = 0$，$\varepsilon_2 = \varepsilon$。$r_{ij}$ 和 σ_{ij} 分别表示某一给定构象和天然构象中残基 i 与残基 j 之间的距离。参数 $C = 4.0$ Å，表示非天然接触之间的排斥距离。式（13.1）中的最后一项为带电残基之间的静电相互作用项。带正电的残基包括 K、R 和 H，带负电的残基包括 D 和 E。在静电相互作用势中，对于带正电的残基，q_i 和 q_j 取值为 1；对于带负电的残基，q_i 和 q_j 取−1；对于不带电残基，q_i 和 q_j 取 0。其中，$\varepsilon_{\text{dielc}}$ 为介电常数，用来控制静电相互作用的强弱，这里 $\varepsilon_{\text{dielc}}$ 取 50。$\exp\left[\left(-r_{ij}/\lambda_D\right)\theta\right]$ 项表示德拜离子屏蔽效应，本工作中不考虑离子屏蔽效应，θ 取 0。

基于上述势函数，采用朗之万动力学来模拟蛋白质折叠过程[31~33]，朗之万方程可以写为

$$
m\frac{\mathrm{d}^2\vec{r}}{\mathrm{d}t^2} = \vec{F}_c - \gamma\frac{\mathrm{d}\vec{r}}{\mathrm{d}t} + \vec{F}_r \tag{13.2}
$$

其中，m 为残基质量（这里所有残基的质量取相同值）；$\vec{F}_c = -\nabla U$ 为系统力；γ 为摩擦系数；$\vec{F}_r$ 为随机力，本工作采用高斯白噪声随机力，满足如下关系

$$
\langle F_r(t) F_r(t') \rangle = 2\gamma k_{\mathrm{B}} T \delta(t - t') \tag{13.3}
$$

其中，k_{B} 为玻尔兹曼常数；T 表示温度；t 为时间；δ 为狄拉克 δ 函数。

朗之万方程[式（13.2）]采用速度 Verlet 算法进行数值积分求解[34]。模拟的时间步长取为 $\Delta t = 0.005\,\tau$，这里 $\tau = \sqrt{ma^2/\varepsilon}$，$a = 3.8$ Å；摩擦系数取 $\gamma = 0.05\,\tau^{-1}$；温度 T 的单位为 $\varepsilon / k_{\mathrm{B}}$；$m$ 和 k_{B} 设置为 1。

13.1.3 静电相互作用对体系折叠机制及热力学稳定性的影响

对所研究的体系，在不同温度下进行独立的长时间折叠/去折叠模拟，采集大量的轨迹。基于这些轨迹，利用加权直方图分析方法（weighted histogram analysis method，WHAM）[35, 36]计算体系的热容 C_V 和自由能 F。同样，利用 WHAM 方法可以计算折叠态和去折叠态的焓和熵。本文采用 Azia 和 Levy 的定义方法[29]，如果一个构象中所形成的天然接触数的比率（Q）大于过渡态中的 Q 时，认为该构象属于折叠态系综，否则，属于去折叠态系综。进而折叠态和去折叠态系综的自由能可以通过下式进行计算

$$G_f(G_u)=-k_{\mathrm{B}}T\log\left[\sum_{Q_a}^{Q_b}\sum_i n(Q,E_i)\exp(-E_i/k_{\mathrm{B}}T)\right] \tag{13.4}$$

上式中下标 f 和 u 分别表示折叠态和去折叠态；(Q_a,Q_b) 代表折叠态和去折叠态系综的 Q 值范围；$n(Q,E_i)$ 为态密度函数；k_{B} 为玻尔兹曼常数；T 为温度。类似地，折叠态和去折叠态的焓和熵可以通过下面式子进行计算

$$H_f(H_u)=\sum_{Q_a}^{Q_b}\sum_i E_i n(Q,E_i)\exp(-E_i/k_{\mathrm{B}}T) \tag{13.5}$$

$$TS_f(TS_u)=H_f(H_u)-G_f(G_u) \tag{13.6}$$

其中，(Q_a,Q_b) 和 $n(Q,E_i)$ 的定义与式（13.4）相同。

图 13-2 显示了所研究的四个体系的热容 C_v 随温度 T 的变化曲线。图中可以看出，这些热容曲线只有一个转变峰，表明 Bc-Csp 及其突变体的折叠都是协同的两态转变过程，与实验结果一致[12, 23, 24, 26]。图 13-3 显示了所研究体系在各自的折叠转变温度（即热容曲线峰值所对应的温度）下的自由能曲面形状，图中选取天然接触形成几率 Q 作为反应坐标。从图 13-3 可以看出，自由能曲线存在两个波谷，分别对应于去折叠态和折叠态，波峰处对应体系的折叠过渡态。体系的热容曲线和自由能曲线说明 Bc-Csp 及其三个突变体都属于两态折叠蛋白，R3E、E46A 以及 R3E/L66E 带电残基的突变并不影响蛋白质的两态折叠机制。在我们改进的 Gō 模型中，静电相互作用的加入可能会导致一些能量陷阱以及折叠中间态的出现。但是，模拟结果显示，折叠过程为两态转变，并没有出现折叠中间态。此外，我们采用传统的不考虑静电相互作用的 Gō 模型对 Bc-Csp 进行了模拟，同样表现为两态折叠过程（结果未列出）。因此，静电相互作用的加入并不改变体系的两态折叠机制，这一折叠机制是蛋白质拓扑结构本身所固有的性质。

从图 13-2 的热容曲线可以看出，野生态 Bc-Csp 以及 E46A、R3E、R3E/L66E 三个突变体的折叠转变温度依次为 1.126、1.109、1.103 和 1.095。表 13-1 列出了模拟所得到的四个体系的折叠转变温度与实验测量值。可以看出，模拟结果与实验能够较好的吻合[11,12, 15]。上述三个涉及带电残基的突变会使体系的折叠转变温度降低，说明这些突变会降低体系的热力学稳定性。如图 13-2 所示，R3E 突变所导致的热容曲线向低温方向移动的幅度比 E46A 突变要大，表明 R3E 突变对蛋白质热稳定性的影响比 E46A 突变要显著。并且，相对于 R3E 单突变，R3E/L66E 双突变使体系的热稳定性进一步降低。然而，R3E/L66E 双突变相对于 R3E 单突变，体系转变温度的降低并不明显，因此，R3E 突变对体系热稳定性的影响要远

大于 L66E 突变。实验研究也发现，R3E 与 R3E/L66E 突变，尤其是 R3E 突变，是 Bc-Csp 热稳定性高于 Bs-CspB 的主要原因，模拟结果与实验很好的吻合[11, 12, 15]。

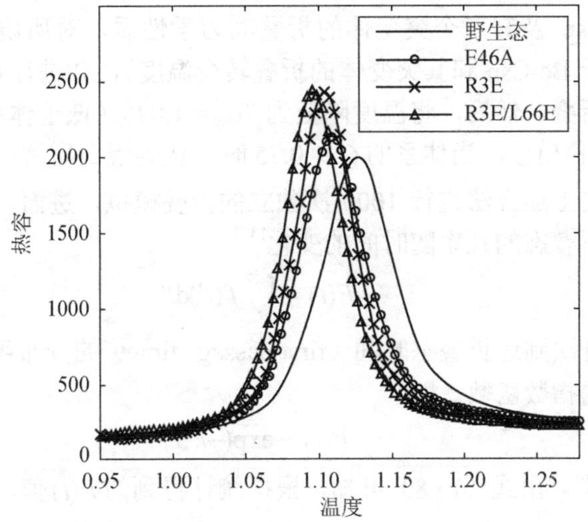

图 13-2　体系热容 C_v 随温度的变化曲线，本文中温度采用约化单位

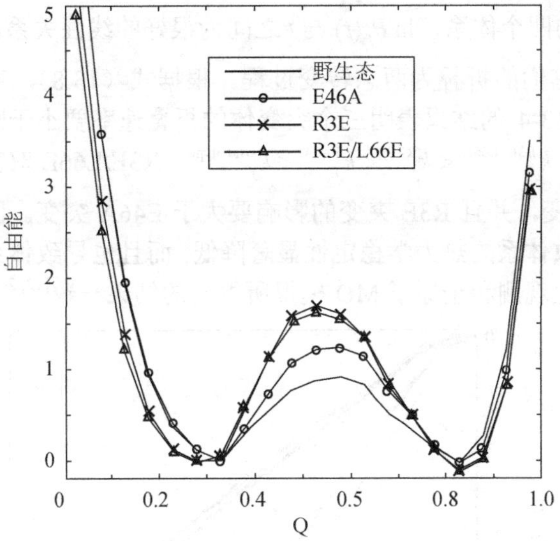

图 13-3　野生态 Bc-Csp 及其三个突变体在各自转变温度下的自由能曲线，选取天然接触形成几率 Q 作为反应坐标。野生态蛋白质和 E46A 突变体去折叠态自由能极小点位于 $Q = 0.33$ 处，而 R3E 和 R3E/L66E 突变体去折叠态自由能极小点位于 $Q = 0.27$ 处

表 13-1　实验和模拟得到的野生态 Bc-Csp 及其三个突变体折叠转变温度比较

研究体系	野生态 Bc-Csp	E46A 突变体	R3E 突变体	R3E/L66E 突变体
$T_f^{\exp(a)}$ / ℃	76.9	75.4	59.1	44.6
T_f	1.126	1.109	1.103	1.095

（a）上标“exp”表示实验结果，T_f 为折叠转变温度。

13.1.4 静电相互作用对体系折叠动力学的影响

为了研究 Bc-Csp 及其三个突变体的折叠动力学性质，对所研究体系的温度升到 $T_{\text{high}}=2.500$（远高于 Bc-Csp 和其突变体的折叠转变温度），并进行 1×10^5 步的去折叠模拟，使体系完全去折叠。然后，将温度降低到 $T_{\text{low}}=1.025$（低于体系的折叠转变温度）进行 1.5×10^6 步的折叠模拟，当体系的 $Q\geqslant0.75$ 时，认为蛋白质到达了折叠态。对于每一个研究体系，采用上述方法进行 1000 次独立的折叠模拟，进而，根据下式来统计计算体系仍然处于去折叠态的几率随时间的变化[37]

$$P(t)=\int_t^{\infty} f(t')\mathrm{d}t' \tag{13.7}$$

其中，$f(t)$ 为体系首次到达折叠态时间（first passage time）的分布函数。对于两态转变蛋白，$P(t)$ 是时间的指数函数，即

$$P(t)\sim\exp(-k_f t) \tag{13.8}$$

其中，k_f 为折叠速率。由式（13.8）可知，根据统计得到的 $P(t)$ 值，可以计算获得体系的折叠速率 k_f。

图 13-4 显示了野生态 Bc-Csp 及其三个突变体 $\ln P_f(t)$ 随 t 的变化关系。从图中可以看出，对于所研究的四个体系，$\ln P_f(t)$ 与 t 之间为很好的线性关系，能够用一条直线很好的拟合，验证了它们的折叠为两态转变过程。根据式（13.8），直线的斜率表示蛋白质的折叠速率。图 13-4 的结果表明三个突变体的折叠速率要小于野生态蛋白质，折叠速率的大小关系为：$k_f^{\text{R3E/L66E}}<k_f^{\text{R3E}}<k_f^{\text{E46A}}<k_f^{\text{wild-type}}$。R3E/L66E 双突变对折叠速率的影响要大于 R3E 单突变，并且 R3E 突变的影响要大于 E46A 突变。因此，上述涉及带电残基的突变不仅导致体系的热力学稳定性显著降低，而且也导致体系的折叠速率明显降低，上述结果与实验观测和全原子 MD 模拟所得到的结果一致[12, 24~26]。

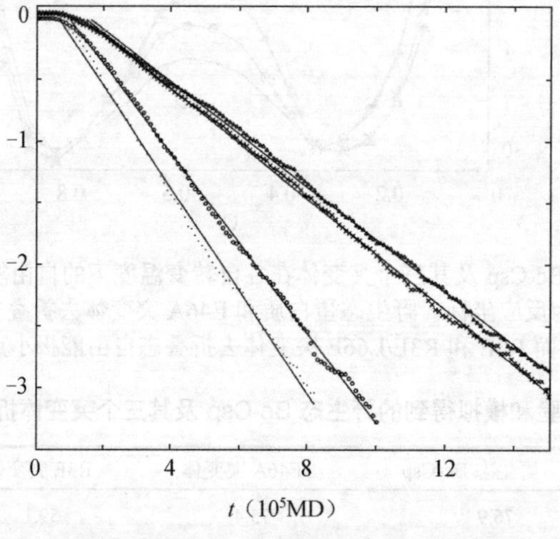

图 13-4　去折叠态几率的自然对数随时间的变化关系，图中点表示野生态 Bc-Csp，空心圆表示 E46A 突变体，叉表示 R3E 突变体，三角表示 R3E/L66E 突变体。相应的直线通过最小二乘拟合得到，直线的斜率表示蛋白质的折叠速率。横坐标 MD 表示 MD 模拟步数

图 13-4 还显示 E46A、R3E、R3E/L66E 突变会降低体系的折叠速率 k_f，但是折叠速率 k_f 的降低程度不同。如果一个残基的天然接触在过渡态的时候已经形成，说明这些天然接触对于过渡态的形成具有贡献，那么该残基突变将增加过渡态能垒的高度，进而降低折叠速率。E46 残基位于 β_4 上，它与 N 端 β 发夹之间的天然接触在过渡态的时候已经形成 （详见下面一节的讨论），残基 E46 突变成 A46 后，它与 R3E 残基之间有利的静电吸引作用消失，导致折叠过渡态的能垒升高，降低折叠速率。如图 13-4 所示，E46A 突变体的折叠速率低于野生态 Bc-Csp。Perl 等[12]通过实验也发现 E46A 突变使得体系的折叠速率下降 43%。对于位于 β_1 上的残基 R3，它与 E19、E21 和 E46 之间有利的静电相互作用在过渡态的时候也已经形成（详见下一节讨论），当残基 R3 突变成 E3 后，这些吸引作用变成了静电排斥作用，不利于过渡态的形成。因此，R3E 突变将大大降低体系的折叠速率（如图 13-4 所示）。Perl 等[12]的突变实验也发现 R3E 突变使得体系的折叠速率降低 18 倍。而对于 66 号残基，它的大部分的天然接触在过渡态之后形成（详见下一节的结果），因此，66 号残基的突变对过渡态能垒的影响不大。L66E 突变仅仅使体系的折叠速率有微小的下降（如图 13-4 所示），这与 Perl 等的实验结果一致[12]。

13.1.5 野生态 Bc-Csp 及其三个突变体的折叠/去折叠路径

基于上述模拟得到的 1000 条折叠轨迹，可以计算每一个天然接触的平均形成几率随 Q 的变化关系，通过这一关系可以揭示蛋白质的折叠路径，计算公式如下[38]

$$\left\langle Q_i(Q)\right\rangle_T = \left\langle \delta(Q_i - 1)\delta\left(\sum_{i=1}^{M} Q_i \big/ M - Q\right)\right\rangle_T \tag{13.9}$$

其中，T 为某一给定温度；M 为体系总的天然接触数；δ 为狄拉克 δ 函数。本工作中，同样进行了蛋白质高温去折叠模拟，进而，对体系的折叠和去折叠路径进行了对比，考察二者是否互为逆过程，以验证我们所采用的模型以及模拟结果的合理性。对于去折叠模拟，首先将体系在比较低的温度下（$T_{\text{low}} = 0.80$）进行平衡，进而将温度升高到 $T_{\text{high}} = 1.23$，模拟蛋白质的去折叠过程。每个体系进行 1000 次独立的去折叠模拟并采集轨迹，基于这些去折叠轨迹，同样利用式（13.9）研究蛋白质的去折叠路径，并与折叠路径进行对比。

图 13-5 显示了野生态 Bc-Csp 的 β_1 与 β_2、β_1 与 β_4、β_2 与 β_3、β_3 与 β_5、L 与 β_5、β_4 与 β_5 之间天然接触的形成几率随 Q 的变化曲线。从该图可以看出，β_1-β_2、β_2-β_3 和部分的 β_4-β_5 在折叠初始阶段快速形成，在折叠的早期（$Q < 0.4$），N 端 β 片中，包括 β_1、β_2 和 β_3，大部分（70%）的天然接触已经形成。然后，β_4 向 N 端部分靠近，在到达折叠过渡态时，β_1 与 β_4 之间的大部分天然接触也已经形成。这里折叠过渡态对应于 $0.5 \leqslant Q \leqslant 0.6$ 范围的小区域。从图 13-5 可以看出，在折叠过渡态中，β_1-β_2、β_2-β_3 和 β_1-β_4 之间的大部分的天然接触已经形成，而 β_5 与 β_3、β_5 与 L 之间只有约 10%的天然接触形成。β_4-β_5 发夹中的部分天然接触在折叠初期快速形成，但是，在折叠过渡态附

近又开始被打断，过了折叠过渡态后，整个β_4-β_5发夹中的天然接触才完全形成。实验观测同样发现在折叠过渡态时，N端结构已经形成，而C端区域仍然比较松散。跨过过渡态后，C端区域的β_5与β_3、β_4以及L之间的天然接触比较容易的、没有障碍的快速形成。模拟发现，E46A、R3E以及R3E/L66E三个突变体的折叠路径与野生态Bc-Csp类似（结果未列出），表明静电相互作用的改变对体系的折叠路径没有太大影响，这与实验观测一致。

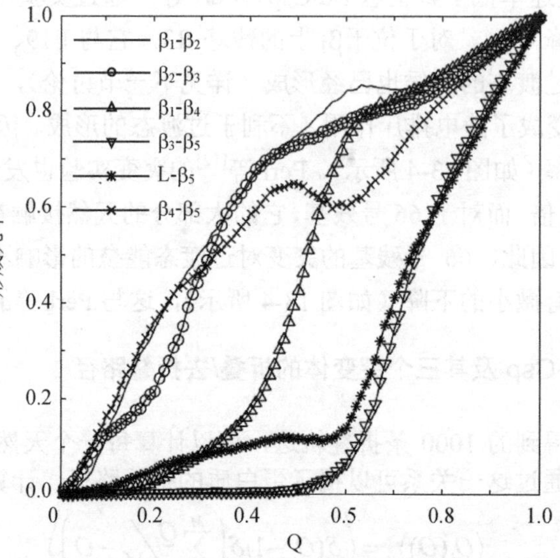

图 13-5　野生态 Bc-Csp 的不同二级结构的形成几率随反应坐标的变化

上述结果仅仅反映蛋白质二级结构的整体折叠特征，为进一步揭示详细的折叠路径，利用式（13.9），计算了每个天然接触的平均形成几率随反应坐标Q的变化关系。图13-6显示了野生态Bc-Csp的每个天然接触在四个不同折叠阶段的形成几率，图13-6A～D中天然接触的形成过程反映了蛋白质详细的折叠路径。

图13-6A显示了在折叠早期（$Q=0.25$）天然接触的形成几率。在这一阶段，N端β片中（包括β_1、β_2和β_3）大部分的天然接触已经形成，并且β_4-β_5发夹中的部分天然接触也已经出现。图13-6B显示了在折叠过渡态前（$Q=0.50$），天然接触的形成情况，从图中可以看出，β_1与β_4之间的天然接触快速形成，表明β_4向N端 β片靠近。跨过折叠过渡态后（$Q=0.6$）时，天然接触的形成情况显示在图13-6C中。结果表明，β_1与β_4之间的天然接触几乎完全形成，β_4-β_5发夹转角部分的天然接触在折叠过渡态时已形成，但其靠近蛋白质 C 端部分的天然接触依然没有形成。上述结果与实验所观察到的折叠过渡态特征一致[12, 23, 24]。如图13-6D所示，蛋白质的C端部分在折叠的最后阶段时（$Q=0.75$）才完全形成。我们还模拟得到了三个突变体的折叠路径和折叠过渡态，发现模拟结果与野生态蛋白质类似（结果未列出）。上述模拟结果与实验和全原子MD模拟结果很好的吻合[12, 19, 22~26]。

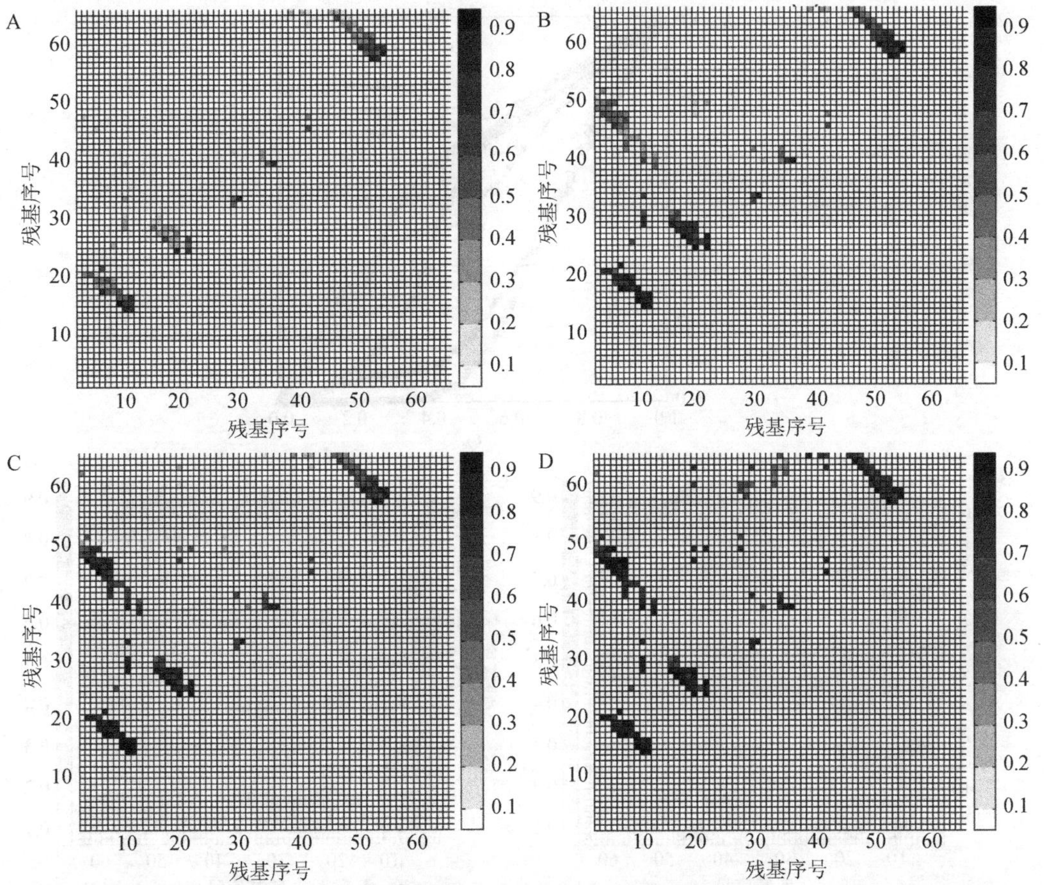

图 13-6　野生态 Bc-Csp 在四个不同折叠阶段，每个天然接触的形成几率。图 A～D 分别表示 $Q=0.25$、$Q=0.50$、$Q=0.60$ 和 $Q=0.75$ 时，天然接触的形成情况。图中，颜色越黑表示形成几率越大。从上述四个图的演变过程可以得到体系的折叠路径

为了考察蛋白质去折叠路径与折叠路径是否互为逆过程，并且为所采用的模型的合理性提供依据，对所研究的体系进行去折叠模拟，分析获得了去折叠路径。图 13-7 显示了野生态 Bc-Csp 详细的去折叠路径，其中，图 13-7A 显示了蛋白质二级结构的去折叠过程，图 13-7B～E 分别显示了在四个不同去折叠阶段（$Q=0.75$、$Q=0.60$、$Q=0.50$ 和 $Q=0.20$）时，天然接触的形成几率。比较图 13-7 与图 13-5 和图 13-6，发现去折叠路径的确是折叠路径的逆过程。在去折叠过程的早期，C 端的 β_3 - β_5 和 L - β_5 之间的天然接触消失，接着，β_4 - β_5 发夹中的天然接触被打断。在过渡态时，蛋白质的 C 端区域已经去折叠，而 N 端部分以及 N 端结构与 β_4 之间的相互作用依然处于天然状态。跨过过渡态后，β_4 与 N 端区域开始分开，N 端的三股 β 最为稳定，它们最后才去折叠。上述结果表明蛋白质的折叠和去折叠过程互为逆过程，证明了我们所采用的模型和模拟方法是有效的。

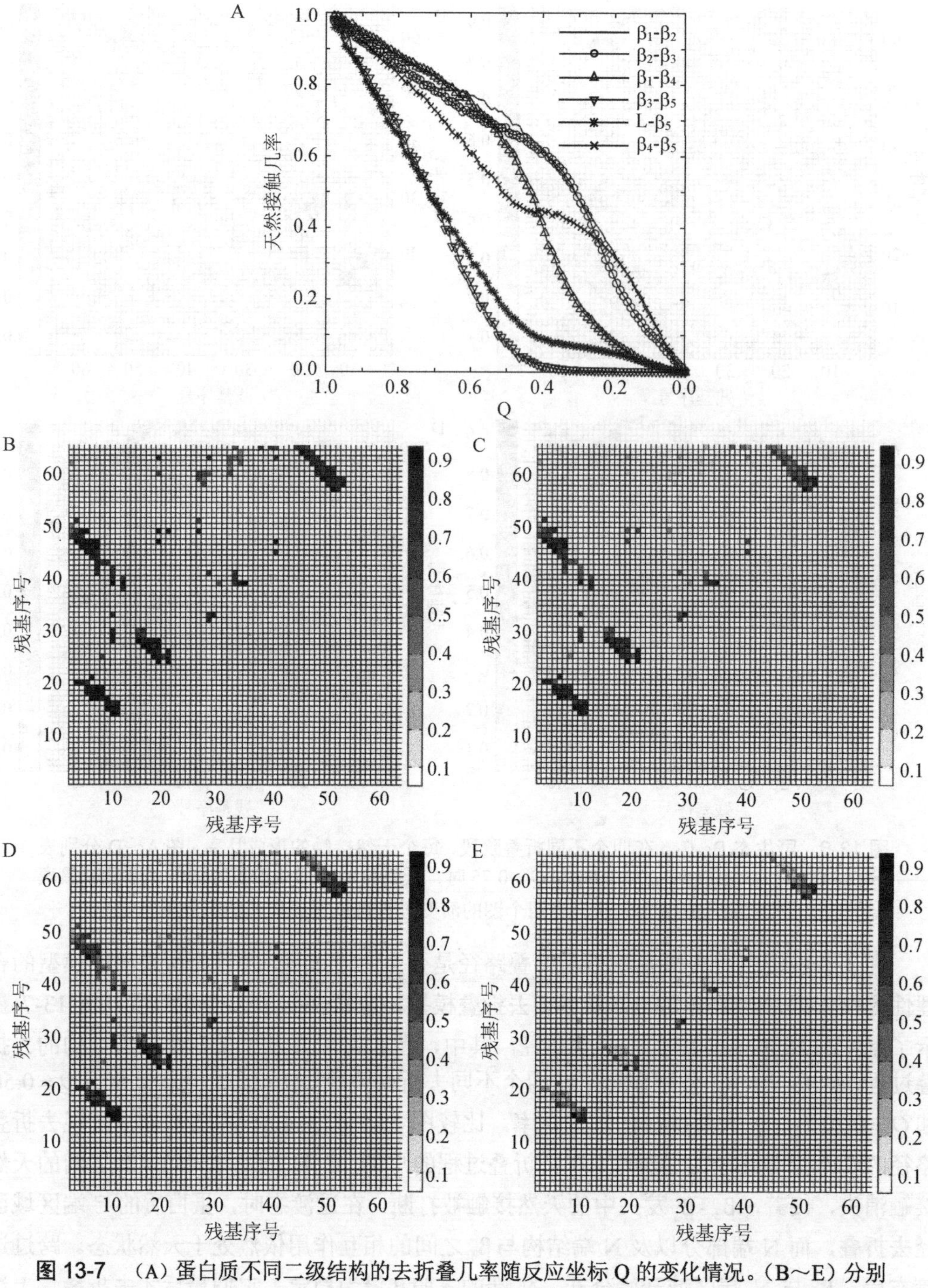

图 13-7　(A) 蛋白质不同二级结构的去折叠几率随反应坐标 Q 的变化情况。(B~E) 分别表示 $Q=0.75$、$Q=0.60$、$Q=0.50$ 和 $Q=0.20$ 四个不同去折叠阶段，蛋白质内天然接触的打断情况。颜色越黑表示接触越稳定。上述四个图的演化过程反映了蛋白质的去折叠路径

13.1.6　小结

综上所述，以上研究工作把静电相互作用加入到传统 Gō 模型中，研究了嗜热蛋白 Bc-Csp 及其三个突变体 E46A、R3E、R3E/L66E 的折叠行为和热力学稳定性。模拟结果表明，这四个体系均表现为两态折叠过程，与实验观测结果一致。同时，结果显示静电相互作用对 Bc-Csp 及其突变体的热稳定性具有决定性的影响。野生态、E46A 突变体、R3E 突变体，以及 R3E/L66E 突变体的热力学稳定性依次降低。在这三个残基突变中，R3E 突变对体系热稳定性的影响最为明显。

采用这一改进的 Gō 模型，还研究了 Bc-Csp 及其三个突变体的折叠动力学特征，揭示了静电相互作用对蛋白质折叠动力学的影响。结果显示，三个残基突变均导致体系折叠速率的降低。然而，它们的影响程度不同，3 号和 46 号残基的天然接触在折叠过渡态中已经形成，这两个残基的突变对折叠速率有显著影响，而 66 号残基的天然接触在过渡态后才形成，该残基的突变对折叠速率没有太大影响。上述结果与实验观测很好的吻合，并且从理论上很好的解释了三个残基突变对折叠动力学的不同影响。

虽然静电相互作用对体系的热稳定性和折叠动力学具有重要影响，但是它对 Bc-Csp 的折叠/去折叠路径以及折叠过渡态没有太大影响。Bc-Csp 与其三个突变体具有类似的折叠路径，即 N 端β片（包括β_1、β_2和β_3）要早于 C 端β片（包括β_4和β_5）先形成。在折叠过渡态中，N 端β片及其与β_4之间的天然接触已经形成，这与实验结果很好的吻合。模拟结果还显示，Bc-Csp 的折叠与去折叠过程互为逆过程。结果表明，改进后的粗粒化 Gō 模型能够成功地揭示 Bc-Csp 及其三个突变体的热稳定性和折叠行为。

13.2　弹性网络模型在蛋白质折叠/去折叠研究中的应用实例

蛋白质如何从一级序列折叠到其具有生物学功能的三级结构是分子生物学尚未阐明的重要问题。揭示蛋白质的折叠过程和折叠机制是理论和实验生物学家关注的研究热点[39~41]。目前，由于计算机计算能力的限制，利用全原子 MD 来模拟蛋白质的整个折叠过程还存在一定的困难，很多工作转而通过蛋白质的高温去折叠模拟来研究蛋白质的折叠/去折叠机制。研究发现，温度的升高可以加速蛋白质去折叠过程，但是并不改变其去折叠路径[42]。并且，一些研究工作证实，小蛋白的去折叠过程是折叠的逆过程[43]。因此，蛋白质去折叠过程的研究能够为蛋白质折叠研究提供有益的信息。

大量的实验和理论研究工作表明，蛋白质的天然拓扑结构对蛋白质折叠/去折叠过程具有重要影响。研究发现，蛋白质的折叠速率和折叠机制在很大程度上由其天然结构所决定[44]，序列不同而结构类似的蛋白质之间具有类似的折叠速率[26]。蛋白质折叠的自由能曲面可以通过对蛋白质天然结构的分析而构建出来，并且成功用于蛋白质折叠机制的预测[45]。按照能量的相对大小依次打断蛋白质天然结构中的氢键和盐桥，可以有效地模拟蛋白质的去折叠过程[46]。仅仅基于蛋白质拓扑结构，而不考虑蛋白质序列信息的粗粒化方法，可以有效揭示蛋白质的折叠过程和动力学特征[47, 48]。图论方法已被成功用于分析蛋白质的刚性和柔性区域，有效揭示了蛋白质去折叠过程中的柔性变化[46, 49]。

基于高斯网络模型（Gaussian network model，GNM），我们提出了一种迭代的 GNM 方法，成功地用于蛋白质去折叠过程的研究。GNM 是一种基于蛋白质拓扑结构的粗粒化方法，该模型不考虑蛋白质的序列信息[50, 51]，属于弹性网络模型（elastic network model，ENM）的一种。该模型将蛋白质抽象为一个弹性网络，蛋白质内的每个氨基酸简化为一个点，用其 C_α原子来代替，残基之间的相互作用用倔强系数相同的弹簧来代替。GNM 能够有效计算蛋白质内各个残基在平衡位置附近的涨落，但是，该方法仅仅描述了某一能量极小点附近体系的动力学特性。很显然，这种线性的正则模式由于忽略了蛋白质运动的非谐效应，很难完全精确地描述蛋白质运动。尤其是对于蛋白质折叠/去折叠过程，这种方法的局限性更加明显，因为蛋白质折叠的自由能曲面可能存在多个能量极小点。正如 Zhang 等的做法[52, 53]，克服这一局限性的一种方法是，在折叠/去折叠过程中，基于蛋白质构象的变化通过不断更新正则模式的计算来实现。类似地，在 Miyashita 等的工作中，蛋白质构象变化的非线性特征通过迭代进行正则模式的计算来描述，他们利用该方法研究了蛋白质的功能性构象转变过程[54]。借鉴上述做法，我们提出了一种类似的方法研究蛋白质去折叠过程，该方法通过迭代进行 GNM 计算来考虑蛋白质去折叠运动的非线性特征。

在我们的方法中，根据残基间距离涨落的大小，通过依次打断残基间的非共价接触来模拟蛋白质去折叠过程。首先，利用 GNM 计算天然结构中所有残基间距离涨落的大小；然后，打断具有最大距离涨落值的非共价接触。残基接触的打断将导致体系拓扑结构的改变；进而，根据新的拓扑结构，采用 GNM 重新计算所有残基间距离涨落的大小，并打断距离涨落最大的非共价接触。上述过程重复进行，直到所有的非共价接触被打断。上述过程等效于对体系缓慢升温，随着温度的逐步升高，残基间距离的涨落逐步增大，当涨落达到弹簧所能承受的极限，则弹簧被打断，涨落越大，相应的接触就越容易被打断。该方法的物理本质是：把蛋白质的去折叠过程视为缓慢升温下的准静态过程，去折叠的每一步蛋白质都有足够多的时间寻找熵增最大的状态。值得提出的是，最近 Arkun 和 Erman 基于类似的思想，提出了一种预测蛋白质折叠过程的优化方法[55]，在他们的方法中，蛋白质折叠过程也被视为一个准静态过程，蛋白质折叠沿着熵减最小的路径进行。

利用上述所提出的方法，研究了两个小蛋白 CI2 和 barnase 的去折叠过程，以验证该方法是否能够正确预测蛋白质的去折叠事件。结果显示，我们的方法能够有效揭示蛋白质的去折叠过程，表明蛋白质的去折叠过程主要由其天然拓扑结构所决定，同时还发现，这两个蛋白质的去折叠路径对于随机噪声具有一定的鲁棒性。

13.2.1　迭代的高斯网络模型方法

高斯网络模型（GNM）把蛋白质的三维结构抽象为一个弹性网络，体系的每个残基表示为一个点，用其 C_α 原子来代替。当两个残基间的距离小于某一截断半径（这里取 7.0 Å）时，认为它们之间存在相互作用，用一弹簧相连。在本工作中，残基间的相互作用分为共价相互作用和非共价相互作用，非共价相互作用的倔强系数都相同，取为 γ。与传统 GNM 不同的是，共价相互作用与非共价相互作用的倔强系数不同，这里取为 $c\gamma$。参数 c 和 γ 通过理论和实验温度因子的拟合得到。根据上述简化，体系的哈密顿量可以写为[56]

$$H = \frac{1}{2}\gamma[\Delta R^T(\Gamma \otimes E)\Delta R] \tag{13.10}$$

其中，列向量 ΔR 代表每个 C_α 原子的位置变化 $\Delta R_1, \Delta R_2, \cdots, \Delta R_N$；$N$ 为残基个数；上标 T 表示转置；E 为单位矩阵；$\otimes$ 表示直积；Γ 为 $N \times N$ 的对称矩阵，矩阵元为[57]

$$\Gamma_{ij} = \begin{cases} -c & \text{if } |i-j| = 1 \\ -1 & \text{if } |i-j| > 1 \text{ and } R_{ij} < r_c \\ 0 & \text{if } |i-j| > 1 \text{ and } R_{ij} > r_c \\ -\sum\limits_{i,j \neq i} \Gamma_{ij} & \text{if } i = j \end{cases} \tag{13.11}$$

这里，R_{ij} 为残基 i 与 j 之间的距离；r_c 为截断半径。

每个残基的均方根涨落以及残基之间涨落的交叉关联分别与 Γ 矩阵逆矩阵的对角元和非对角元成正比。Γ 的逆矩阵可以进行如下分解

$$\Gamma^{-1} = U\Lambda^{-1}U^T \tag{13.12}$$

其中，U 为正交矩阵，该矩阵的每一列 $u_i(1 \leqslant i \leqslant N)$ 对应于 Γ 的本征向量；Λ 为对角矩阵；矩阵元对应于 Γ 的本征值 λ_i。残基 i 与 j 之间涨落的交叉关联可以写成

$$<\Delta R_i \cdot \Delta R_j> = \frac{3k_B T}{\gamma}[\Gamma^{-1}]_{ij} \tag{13.13}$$

其中，k_B 为玻尔兹曼常数；T 为体系温度；γ 为弹簧的倔强系数。当 $i = j$ 时，式(13.13)表示残基 i 的均方根涨落。残基 i 的 Debye-Waller 温度因子可以通过下式计算获得

$$B_i = 8\pi^2 \langle \Delta R_i \cdot \Delta R_i \rangle / 3 \tag{13.14}$$

残基 i 在第 k 个运动模式下的均方根涨落可以写为

$$\langle \Delta R_i \cdot \Delta R_i \rangle_k = \frac{3k_B T}{\gamma}\lambda_k^{-1}[u_k]_i[u_k]_i \tag{13.15}$$

残基 i 与 j 之间距离 R_{ij} 的均方根涨落可以通过下式进行计算

$$\begin{aligned} \langle (\Delta R_{ij})^2 \rangle &= \left\langle \left(R_{ij} - R_{ij}^0\right)^2 \right\rangle = \left\langle \left(\Delta R_i - \Delta R_j\right)^2 \right\rangle \\ &= \langle \Delta R_i \cdot \Delta R_i \rangle + \langle \Delta R_j \cdot \Delta R_j \rangle - 2\langle \Delta R_i \cdot \Delta R_j \rangle \\ &= \frac{3k_B T}{\gamma}([\Gamma^{-1}]_{ii} + [\Gamma^{-1}]_{jj} - 2[\Gamma^{-1}]_{ij}) \end{aligned} \tag{13.16}$$

其中，R_{ij} 和 R_{ij}^0 分别表示残基 i 与 j 之间某一瞬时的距离和平衡距离。GNM 中，残基间归一化的交叉关联系数可以通过下式计算

$$C_{ij}=\frac{\langle \Delta R_i\cdot\Delta R_j\rangle}{[\langle \Delta R_i^2\rangle\cdot\langle \Delta R_j^2\rangle]^{1/2}} \tag{13.17}$$

为了模拟蛋白质去折叠过程，假定体系的温度是缓慢升高的，残基间的非共价接触被逐步打断，打断次序按照残基间距离涨落的大小依次进行。残基间距离涨落的大小可以通过 GNM 按照式（13.16）进行计算，并通过迭代进行正则模计算，用来考虑蛋白质去折叠运动的非线性特征。按照下面的步骤来模拟蛋白质的去折叠过程：

（1）基于天然结构，通过式（13.16）计算所有残基间距离的均方根涨落；

（2）打断具有最大距离涨落的非共价接触，即Γ矩阵相应的矩阵元由 1 变为 0，这样就得到了一个新的Γ矩阵，代表蛋白质去折叠过程中一个新的构象拓扑；

（3）基于新的Γ矩阵，利用式（13.16）重新计算所有残基间距离的均方根涨落，并打断具有最大涨落的非共价接触；

（4）重复上述两步，直到所有的非共价接触被打断；

（5）在上述计算过程中，获得体系去折叠过程中的各个构象拓扑，通过这些构象拓扑可以得到体系的去折叠路径。

下面简要讨论一下我们所提出的方法的物理本质。根据 GNM 理论，体系的振动熵可以写为

$$S=\frac{\langle H\rangle-F}{T}=\frac{1}{T}\left[\frac{3}{2}(N-1)k_{\mathrm{B}}T+k_{\mathrm{B}}T\ln Z\right]=\frac{3}{2}(N-1)k_{\mathrm{B}}+k_{\mathrm{B}}\ln Z \tag{13.18}$$

其中，$\langle H\rangle=\frac{3}{2}(N-1)k_{\mathrm{B}}T$ 为体系的内能；$F=-k_{\mathrm{B}}T\ln Z$ 为体系的亥姆霍兹自由能，$Z=\int\exp(-H/k_{\mathrm{B}}T)\mathrm{d}\{\Delta R\}$ 为配分函数；k_{B} 为玻尔兹曼常数；T 为绝对温度；N 表示体系的残基个数。当打断体系的某一弹簧γ_{ij} 时，将导致体系熵的增加，体系熵的变化可表示为

$$\begin{aligned}-\frac{\partial S}{\partial\gamma_{ij}}&=-\frac{\partial}{\partial\gamma_{ij}}\left[\frac{3}{2}(N-1)k_{\mathrm{B}}+k_{\mathrm{B}}\ln Z\right]=-k_{\mathrm{B}}\frac{\partial\ln Z}{\partial\gamma_{ij}}=-\frac{k_{\mathrm{B}}}{Z}\frac{\partial Z}{\partial\gamma_{ij}}\\&=-\frac{k_{\mathrm{B}}}{Z}\frac{\partial}{\partial\gamma_{ij}}\int\exp\left[-\frac{1}{2k_{\mathrm{B}}T}\sum_{i,j}\Gamma_{ij}\gamma_{ij}(\Delta R_{ij})^2\right]\mathrm{d}\{\Delta R\}\\&=\frac{1}{2T}\frac{1}{Z}\int(\Delta R_{ij})^2\exp\left[-\frac{1}{2k_{\mathrm{B}}T}\sum_{i,j}\Gamma_{ij}\gamma_{ij}(\Delta R_{ij})^2\right]\mathrm{d}\{\Delta R\}\\&=\frac{1}{2T}\langle(\Delta R_{ij})^2\rangle\end{aligned} \tag{13.19}$$

上式中负号表示弹簧倔强系数的减小。根据式（13.19）可以看出，在我们的方法中，打断残基间距离涨落最大的弹簧，其物理本质是，打断其中使体系熵增最大的弹簧。

13.2.2　研究体系

选取两个小蛋白 CI2 和 barnase 作为研究体系，以验证上述方法的可行性，它们的去折叠过程已经被实验和其他的理论工作广泛研究过。CI2（PDB 代码 2ci2）[58]由 64

个残基所构成，如图 13-8 所示，包含一个α螺旋和 3 股β片，α螺旋和β片之间形成一个疏水核心。由于该蛋白质晶体结构中前 19 个残基没有解析出来，下面的讨论中所有的残基序号均减去 19，使得体系的残基序号从 1 开始。已经有很多工作采用全原子 MD 模拟和统计力学模型研究了 CI2 的折叠/去折叠过程以及折叠/去折叠动力学[49~70]。Daggett 小组采用全原子 MD 模拟研究了 CI2 的去折叠过程，分析了过渡态的特征[61, 62, 64, 65]。Karplus 小组、Caflisch 小组以及 Haliloglu 小组利用 MD 模拟和蒙特卡洛模拟研究了 CI2 去折叠过程中各种去折叠事件的发生次序[60, 66, 60]。

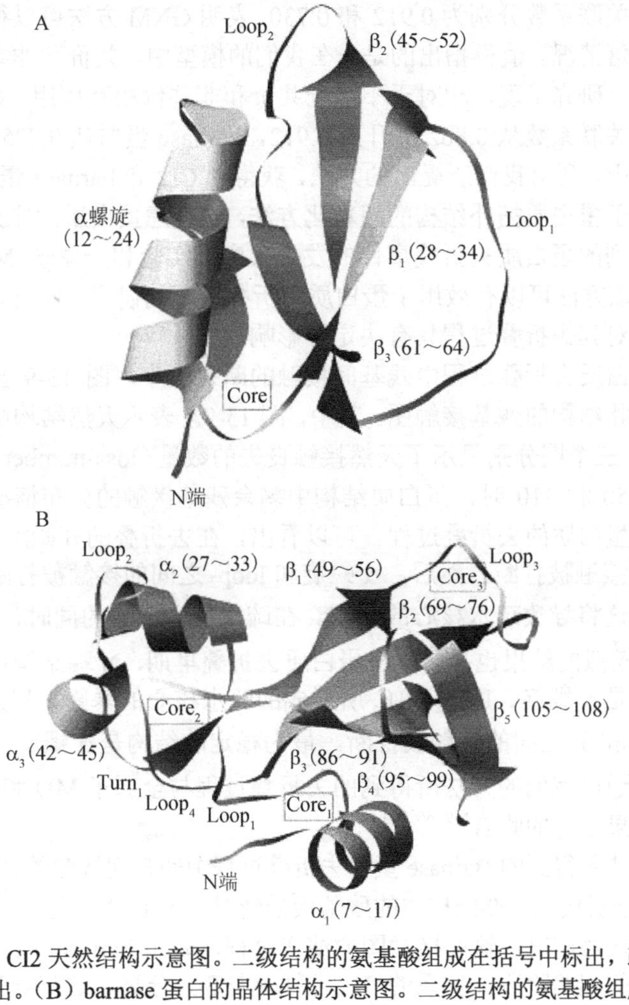

图 13-8　(A) CI2 天然结构示意图。二级结构的氨基酸组成在括号中标出，疏水核心的位置也在图中标出。(B) barnase 蛋白的晶体结构示意图。二级结构的氨基酸组成在括号中标出，三个疏水核心的位置也在图中标明

Barnase (PDB 代码 1A2P) 是一个具有 110 个残基的核糖核酸酶，它的结构为α+β类型，包含 3 个α螺旋和 5 股β片，该蛋白质存在三个疏水核心，第一个疏水核心 $Core_1$ 由 α_1 和β片堆积形成，第二个疏水核心 $Core_2$ 由 $loop_1$、$loop_2$、α_2、α_3 和 β_1 中的疏水残基接触形成，第三个疏水核心 $Core_3$ 由 $loop_3$、$loop_5$ 与β片堆积形成。由于该蛋白质晶体结构中前两个残基缺失，下面的讨论中所有的残基序号均减去 2，使得残基序号从 1

开始。Barnase 蛋白的折叠/去折叠路径已经被实验和全原子 MD 方法深入研究过[71~76]，所以，该体系拥有大量的数据可以与我们的方法所得到的结果进行比较。

13.2.3　CI2 和 barnase 蛋白的去折叠过程研究

在我们的模型中，共价和非共价相互作用的力常数 $c\gamma$ 和 γ 通过理论和实验温度因子的拟合得到。对于 CI2 蛋白，力常数的拟合值为 $c=9.3$，$\gamma=0.493\ k_BT/Å^2$。对于 barnase，$c=2.3$，$\gamma=0.945\ k_BT/Å^2$。通过拟合，对于所研究的两个体系，理论和实验温度因子曲线的关联系数分别为 0.912 和 0.730，表明 GNM 方法可以很好地预测蛋白质内各个残基的涨落情况。值得指出的是，在我们的模型中，共价和非共价相互作用采用了不同的力常数，研究发现，相对于不区分共价和非共价相互作用，CI2 蛋白的理论和实验温度因子的关联系数从 0.862 上升到 0.912，barnase 蛋白从 0.725 上升到 0.730。

本研究工作中，利用我们所提出的方法，获得了 CI2 和 barnase 蛋白的去折叠过程。该方法是一种基于蛋白质拓扑结构的粗粒化方法，不考虑蛋白质的序列信息。计算结果显示该方法所得到的蛋白质去折叠事件的发生次序与实验和全原子 MD 模拟所得到的结果一致，表明该方法可以有效用于蛋白质去折叠过程的研究。同时，模拟结果也说明蛋白质拓扑结构对其去折叠过程具有决定性影响。

为了描述蛋白质去折叠过程中残基间接触的断裂次序，图 13-9 显示了去折叠过程中一些代表性拓扑结构的残基接触图。其中，图 13-9A 表示天然结构中残基间的接触情况；图 13-9B～D 三个图分别显示了天然接触丧失的数量（loss-number-of-native-contact，LNNC）为 30、50 和 110 时，蛋白质结构中剩余残基接触的分布情况。上述四个图的演变情况反映了蛋白质的去折叠过程。可以看出，在去折叠的开始阶段，蛋白质 N 端和 β_3 之间的残基接触被打断，然后，α 螺旋和 $loop_2$ 之间的接触被打断，意味着 α 螺旋开始向外摆动，这将导致疏水核心的暴露。在疏水核心暴露的同时，β_2 与 β_3 之间的接触被破坏。MD 模拟的结果也显示，在蛋白质去折叠早期，N 端结构被破坏后，最主要的去折叠事件就是 α 螺旋、$loop_2$ 和 β_3 所形成的疏水核心的暴露，以及 β_2 - β_3 结构的破坏[60]。此后，β_1 和 β_2 之间的接触被打断。最为稳定的结构是 α 螺旋，它在去折叠的最后阶段才消失。通过我们的方法所得到的去折叠过程与全原子 MD 和蒙特卡洛（MC）模拟所得到的结果很好的吻合[59~66, 70]。

利用上述方法所得到的 Barnase 蛋白去折叠过程中残基间接触的打断次序如图 13-10 所示。图 A～F 分别代表天然结构中的残基接触情况以及 LNNC 等于 50、80、110、150 和 200 时的残基接触情况。这些接触图的演变过程反映了 barnase 的去折叠路径。可以看出，在去折叠的起始阶段，体系的 N 端和 α_1 与 β 片分离，这将导致疏水核心 $Core_1$ 的暴露，同时，$loop_1$、$loop_3$ 和 $loop_4$ 也已经去折叠，这将导致疏水核心 $Core_3$ 的破坏。然后，α_3 和 $loop_4$ 之间的接触消失，与此同时 α_1 也被完全破坏。此后，β_1 与 β_2，以及 α_2 与 β_1 之间的接触被打断。最稳定的结构是 β_3、β_4 和 β_5，它们在去折叠的最后阶段才消失。全原子 MD 模拟以及实验观测也证实 β_3 和 β_4 在去折叠态时依然比较稳定，它们在折叠过程中起着折叠核的作用[71, 72]。全原子 MD 模拟显示 α_1 与 β 片之间的接触在去折叠早期就被破坏，而 β_3 和 β_4 最为稳定，这与我们的结果很好的吻合[71~76]。

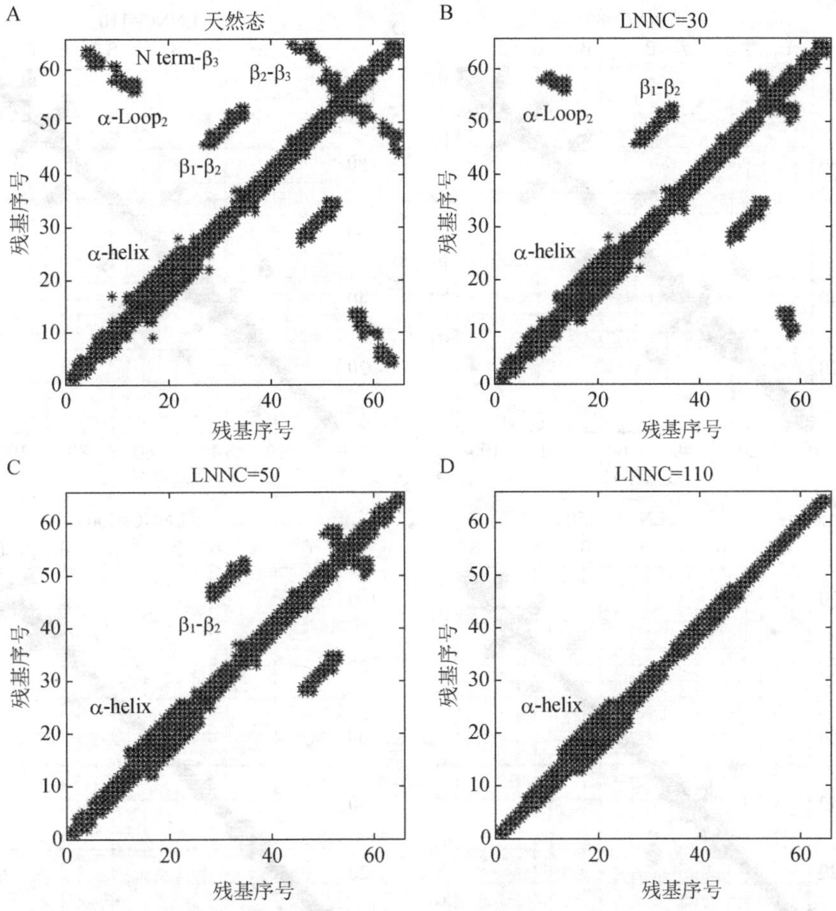

图 13-9　CI2 天然态中的残基接触图（A）以及天然接触丧失数（LNNC）为 30（B）、50（C）和 110（D）时的残基接触图。图中每个残基接触用一个‘*’表示

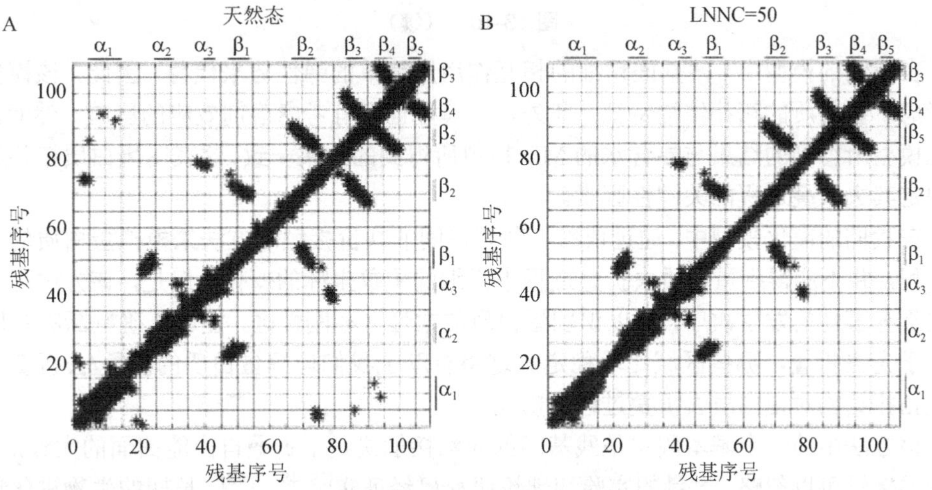

图 13-10　Barnase 天然结构中的残基接触图（A）以及 LNNC = 50（B）、80（C）、110（D）、150（E）和 200（F）时的残基接触图。图中每个残基接触用一个‘*’表示

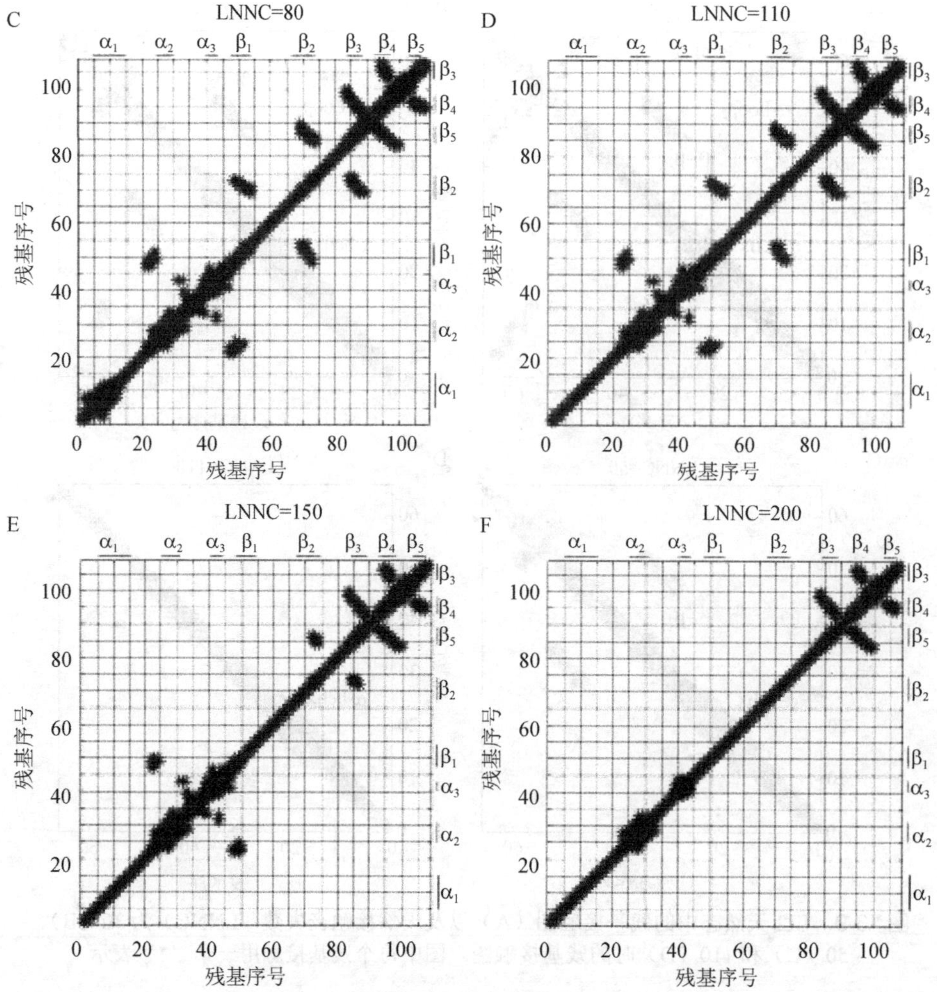

图 13-10　（续）

在我们的模型中，残基间精细的相互作用用简单的弹性势来代替，因此，该模型主要考虑了蛋白质的拓扑结构特征，此外，该模型也没有考虑溶剂效应的影响。然而，该简化模型所得到的结果与显含水的 MD 模拟所得到的结果一致，这表明蛋白质拓扑结构是决定其去折叠过程的关键性因素。

在我们的简化模型中，通过依次打断残基间非共价接触的方法来模拟蛋白质的去折叠过程，并不能得到蛋白质去折叠过程中详细的构象坐标的变化。但是，该方法可以预测去折叠事件的发生次序，可以识别蛋白质的柔性区和刚性区，能够正确判断哪些区域倾向于先去折叠，哪些区域比较稳定。这将有助于我们理解蛋白质的折叠/去折叠机制以及拓扑结构对蛋白质去折叠过程的影响。

该方法中的一个基本假定是残基间的天然接触决定了折叠自由能曲面的大致形状，非天然接触可以忽略。大量的实验和理论研究已经证实[39, 45, 77, 78]，长期的生物进化过程使得蛋白质，尤其是快速折叠蛋白质的自由能曲面具有最小的能量阻挫，因而，蛋白质的拓扑是结构决定蛋白质折叠/去折叠路径的重要因素。我们的工作也显示，对于 CI2 和 barnase 蛋白，残基间的天然接触决定了蛋白质的去折叠路径，而非天然接触对去折叠过程没有太大影响。

13.2.4　蛋白质去折叠过程的鲁棒性

为了研究蛋白质去折叠过程的鲁棒性，借鉴 Rader 等的做法[46]，在我们的方法中初步考虑了体系的随机特征，具体做法为：挑出距离涨落最大的三个残基接触，随机打断其中一个，而不是每次都打断涨落最大的接触。图 13-11 对比了加入随机性前后 CI2 的去折叠过程。加入随机性的去折叠模拟共进行了 500 次，平均结果显示在图 13-11A 中，作为对比，图 13-11B 给出了没有考虑随机性的去折叠模拟结果。可以看出，两图所给出的去折叠过程非常类似，蛋白质 N 端区域与β_3之间的接触很早就被打断，同时，β_2-β_3中的接触也被破坏。接着，α 螺旋和 $loop_2$之间的接触被打断。然后，β_1和 β_2之间的接触消失。最稳定的结构是α 螺旋，它最后才去折叠。这一结果与接触图所给出的结果一致（详见图 13-9）。对比图 13-11A 和 B，发现上述随机性的加入并不影响蛋白质的去折叠过程，这说明 CI2 的去折叠过程对于随机干扰具有一定的鲁棒性。对于 barnase 蛋白，也获得了类似的结果（未列出）。

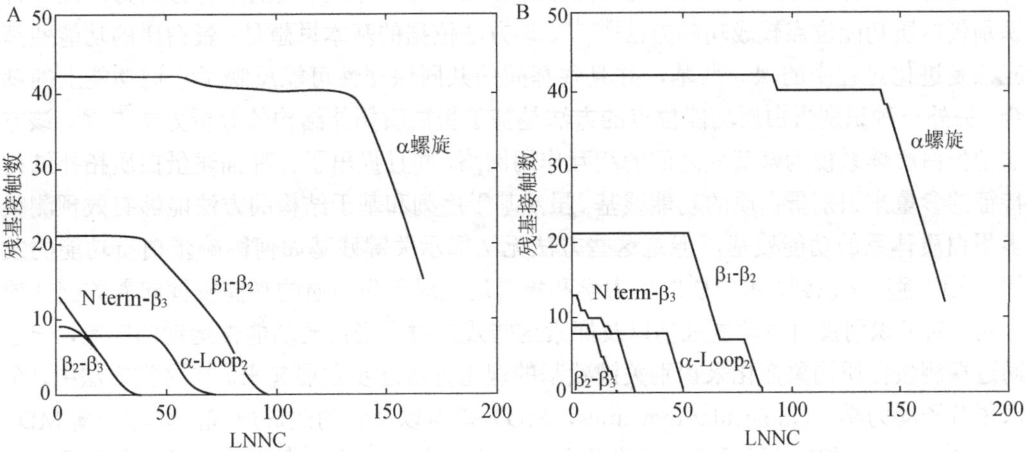

图 13-11　CI2 去折叠过程中残基间接触的打断次序。加入随机噪声后的去折叠模拟共进行了 500 次，平均结果显示在图 A 中。作为对比，没有考虑随机性的去折叠结果显示在图 B 中。x 轴为天然接触丧失数 LNNC，表示去折叠过程。y 轴表示图中所示二级结构之间的残基接触数

13.2.5　小结

本节基于统计物理理论，提出了一种迭代的 GNM 方法，成功地用于蛋白质去折叠过程的研究，获得了 CI2 和 barnase 的去折叠路径，与实验和 MD 模拟结果很好的吻合。该方法是一种基于蛋白质拓扑结构的粗粒化方法，忽略了蛋白质的序列信息，也不考虑蛋白质内原子间精细的相互作用以及溶剂效应。但是，该方法能够有效模拟蛋白质去折叠事件的发生次序，能够有效识别蛋白质去折叠过程中的柔性和刚性区域，所得到的结

果与实验以及 MD 和 MC 模拟结果一致，表明我们的方法能够有效揭示蛋白质的去折叠过程，同时也说明蛋白质的拓扑结构对 CI2 和 barnase 的去折叠过程具有决定性影响。模拟结果还显示 CI2 和 barnase 的去折叠路径具有很高的鲁棒性。

13.3　弹性网络模型在蛋白质结构-功能关系研究中的应用实例

越来越多的研究表明，除了静态结构外，蛋白质大幅度的集合运动对于蛋白质功能的发挥起着重要的作用[79~82]。蛋白质在执行生物学功能时，常常从一个构象转变到另外一个构象[83]，细胞内的很多生物学过程都伴随着蛋白质的构象转变，如酶的催化、信号转导、变构过程等[84]。蛋白质的集合运动中常常需要一些关键残基介导体系不同区域之间的信号转导[85]。识别这些重要的功能残基有助于更好地理解很多生物学过程的微观机制。同时，这些功能残基可以作为药物的作用位点或者蛋白质功能改造的位点。因此，如何从蛋白质天然结构中识别其功能位点是很多理论和实验生物学家关心的重要问题。由于实验上测定每个残基对体系功能的影响需要耗费大量的时间和物力，发展有效的计算方法预测蛋白质的功能位点具有重要的理论和现实意义。

目前，识别蛋白质功能位点的计算方法有很多种。基于序列的统计分析方法是一种识别蛋白质功能位点较成功的方法[86~93]。该方法依据的基本思想是：蛋白质的功能残基应该是进化过程中的保守残基，并且残基间的共同保守性可能反映了它们功能上的耦合。另外一种识别蛋白质功能位点的方法是基于蛋白质拓扑结构的分析方法[94, 95]，该方法把蛋白质体系视为氨基酸之间的相互作用网络，并且提出了各种描述蛋白质拓扑结构特征的参量来识别蛋白质的功能残基。虽然基于序列和基于结构的方法能够有效预测很多蛋白质体系的功能残基，但是这些方法无法揭示关键残基如何影响蛋白质功能的发挥。人们逐步认识到，蛋白质的动力学和集合运动对于蛋白质的功能发挥起着关键性的作用。为了识别蛋白质功能残基以及探索这些残基对于蛋白质功能性运动的影响，一些通过探测蛋白质构象变化来识别关键残基的理论方法逐步发展起来。在这类方法中，全原子分子动力学（molecular dynamics，MD）模拟以及它的改进形式，如非平衡 MD、目标 MD 等，被广泛用于蛋白质构象变化中关键位点的研究[96~98]。然而，全原子 MD 模拟非常耗时，模拟蛋白质大幅度的集合运动还比较困难。为了克服 MD 模拟的这一局限性，基于弹性网络模型（elastic network model，ENM）的正则模分析（normal mode analysis，NMA）方法被广泛用于蛋白质大幅度功能性运动的研究[99~104]。基于 ENM，人们提出了多种理论方法成功用于蛋白质功能位点的识别研究。

Bahar 小组采用 ENM 研究了蛋白质的功能性集合运动模式，并且发现慢运动模式中的铰链区对应于蛋白质的功能位点[105~107]。Atilgan 小组基于 ENM 发展了一种微扰响应扫描技术（perturbation-response scanning technique），成功用于蛋白质构象转变中关键残基的识别研究[108, 109]。Haliloglu 等在 ENM 的基础上，提出了一种统计热力学方法来识别蛋白质分子内能量传导中的关键残基[110]。Zheng 等发展了一种基于 ENM 的微扰分析方法，成功用于蛋白质功能运动中动力学关键残基的预测[111, 112]，同时，他们还提出了一种关联分析方法来识别蛋白质中与功能位点在动力学上耦合的关键残基[113, 114]。Ming 和 Wall 基于 ENM，提出了一种动力学微扰分析方法，他们对蛋白质表面各个部位进行微扰，发现能够显著改变蛋白质构象系综分布的微扰部位对应于蛋白质功能位点[115~117]。

受上述研究工作的启发，我们基于 ENM，提出了一种热力学方法来识别蛋白质构象转变过程中的关键残基[118]。该方法对蛋白质体系内的每一个残基进行微扰，能够显著改变蛋白质构象转变前后自由能差的残基认为是构象转变中的关键残基。为了计算微扰对于自由能变化的影响，我们构建了一个热力学循环，基于 ENM 理论，计算了相应的自由能变化，成功识别出蛋白质体系的功能残基，并与实验进行了对比。本工作以两个蛋白质体系为例，即热激蛋白 70 核苷结合结构域[119]和人/兔 DNA 聚合酶β[120]，验证了我们方法的有效性。实验发现，这两个蛋白质在发挥功能时伴随着大幅度的开合构象转变，本工作利用我们的方法识别这两个体系开合构象转变中的关键残基[118]。

13.3.1　识别蛋白质功能残基的热力学方法

蛋白质在执行生物学功能过程中，常伴随着大的构象转变，本工作探讨如何识别蛋白质构象转变中的关键残基。假定蛋白质发挥功能时，构象从 open 态转变到 closed 态。在我们的方法中，对蛋白质内的每个残基进行微扰，能够显著改变蛋白质构象转变前后（即 open 态和 closed 态）自由能差的残基认为是构象转变中的关键残基。然而，由于蛋白质从 open 态向 closed 态转变时，伴随着大的构象变化，计算相应的自由能变化非常困难。为了回避自由能计算中大的构象变化，我们构造了一个热力学循环，如图 13-12 所示。图中“Open”和“Closed”表示构象转变前后体系的状态，“Open′”和“Closed′”分别表示引入残基微扰后体系相应的状态。体系从 open 态转变到 closed 态时，自由能的变化用 ΔG_1 表示。当引入残基微扰后，体系从 open′态转变到 closed′态时，自由能的变化用 ΔG_2 表示。我们的目的是计算 $\Delta\Delta G = \Delta G_2 - \Delta G_1$，如果一个残基的微扰所导致的 $\Delta\Delta G$ 越大，说明该残基对体系的构象转变越重要。然而，ΔG_1 和 ΔG_2 的计算比较困难。根据热力学循环，可以采用另外一个途径计算 $\Delta\Delta G$。假定两个非真实的物理过程：“Open→Open′”和“Closed→Closed′”，相应的自由能变化分别为 ΔG_3 和 ΔG_4。由于自由能是态函数，仅与初态和末态有关，与路径无关，因此

$$\Delta\Delta G = \Delta G_2 - \Delta G_1 = \Delta G_4 - \Delta G_3 \tag{13.20}$$

本工作中，采用 GNM 理论计算 ΔG_3 和 ΔG_4 的值。根据热力学理论，式（13.20）可以写为

$$\begin{aligned}\Delta\Delta G &= \Delta G_4 - \Delta G_3 = (\Delta U_4 - T\Delta S_4) - (\Delta U_3 - T\Delta S_3)\\ &= (\Delta U_4 - \Delta U_3) - T(\Delta S_4 - \Delta S_3)\end{aligned} \tag{13.21}$$

其中，ΔU 和 ΔS 分别表示体系内能和熵的变化。

在该方法中，微扰的引入是通过对弹簧的倔强系数进行扰动而实现的。对于一对残基 i 和 j，它们在 open 态和 closed 态中都存在弹簧连接，对倔强系数 γ_{ij} 的微小改变，

将导致 open 态和 closed 态相同的内能变化，即 $\Delta U_4 = \Delta U_3$。由式（13.21）可以得到

$$\Delta\Delta G = -T(\Delta S_4 - \Delta S_3) = -T\Delta\Delta S \tag{13.22}$$

其中，ΔS_3 和 ΔS_4 可以通过高斯网络模型（GNM）进行计算。

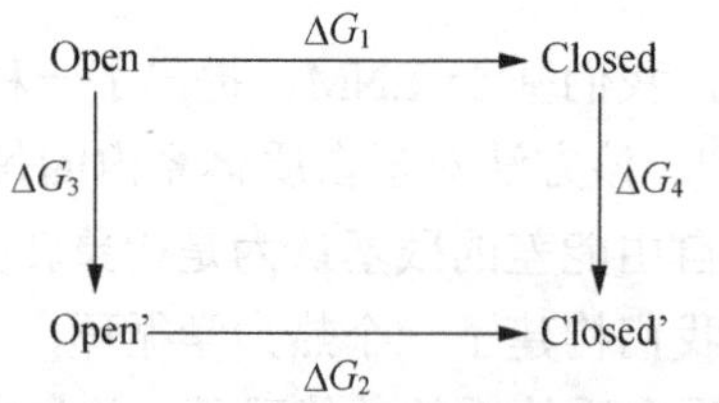

图 13-12　热力学循环示意图

基于 GNM 理论，对某一弹簧进行微扰，比如把某一个弹簧去除或者减小其倔强系数，将改变体系的熵，根据 GNM 理论，可以得到体系的振动熵，其表述式为[121]

$$S = \frac{\langle H\rangle - F}{T} = \frac{1}{T}\left[\frac{3}{2}(N-1)k_{\mathrm{B}}T + k_{\mathrm{B}}T\ln Z\right] = \frac{3}{2}(N-1)k_{\mathrm{B}} + k_{\mathrm{B}}\ln Z \tag{13.23}$$

其中，$\langle H\rangle = 3(N-1)k_{\mathrm{B}}T/2$ 为体系的内能；$F = -k_{\mathrm{B}}T\ln Z$ 为体系的亥姆霍兹自由能；$Z = \int \exp(-H/k_{\mathrm{B}}T)\mathrm{d}\{\Delta R\}$ 为配分函数；k_{B} 为玻尔兹曼常数；T 为绝对温度；N 表示体系的残基个数。当对某一弹簧的倔强系数 γ_{ij} 进行微扰时，体系相应熵的变化为

$$\Delta S = -\frac{\partial S}{\partial \gamma_{ij}}\Delta\gamma_{ij} \tag{13.24}$$

这里负号表示倔强系数的减小。根据式（13.23），可以得到

$$\begin{aligned}
\frac{\partial S}{\partial \gamma_{ij}} &= \frac{\partial}{\partial \gamma_{ij}}\left[\frac{3}{2}(N-1)k_{\mathrm{B}} + k_{\mathrm{B}}\ln Z\right] = k_{\mathrm{B}}\frac{\partial \ln Z}{\partial \gamma_{ij}} = \frac{k_{\mathrm{B}}}{Z}\frac{\partial Z}{\partial \gamma_{ij}} \\
&= \frac{k_{\mathrm{B}}}{Z}\frac{\partial}{\partial \gamma_{ij}}\int \exp\left[-\frac{1}{2k_{\mathrm{B}}T}\sum_{i,j}\Gamma_{ij}\gamma_{ij}(\Delta R_{ij})^2\right]\mathrm{d}\{\Delta R\} \\
&= -\frac{1}{2T}\frac{1}{Z}\int (\Delta R_{ij})^2 \exp\left[-\frac{1}{2k_{\mathrm{B}}T}\sum_{i,j}\Gamma_{ij}\gamma_{ij}(\Delta R_{ij})^2\right]\mathrm{d}\{\Delta R\} \\
&= -\frac{1}{2T}\left\langle(\Delta R_{ij})^2\right\rangle = -\frac{1}{2T}\left\langle(\Delta R_i - \Delta R_j)^2\right\rangle \\
&= -\frac{1}{2T}\left(\left\langle(\Delta R_i)^2\right\rangle + \left\langle(\Delta R_j)^2\right\rangle - 2\left\langle\Delta R_i\cdot\Delta R_j\right\rangle\right)
\end{aligned} \tag{13.25}$$

根据式（13.24）、式（13.25）及式（13.22），可以计算弹簧微扰所导致的 $\Delta\Delta G$ 值。如果计算得到的 $\Delta\Delta G$ 为正值，说明该弹簧的微扰不利于蛋白质的构象转变，如果为负值，则有利于构象转变。$\Delta\Delta G$ 的绝对值越大，则影响也就越大。

式（13.22）仅仅反映了对某个弹簧进行微扰的影响，而我们更关心的是某个残基突变对构象转变的影响。当对某个残基进行扰动时，相当于对与该残基相连的所有弹簧进行微扰。因而，残基扰动所导致的总的自由能差的改变 $\Delta\Delta G$ 与该残基相连的所有弹

簧进行微扰时的自由能差的改变总和相等。

13.3.2　识别关键残基的方法步骤

根据上面所提出的热力学方法，采用如下步骤识别蛋白质体系构象转变中的关键残基。

（1）基于 open 态和 closed 态结构，分别构建 GNM。需要指出的是，本研究中主要关心体系大幅度的构象运动，不考虑局部结构的微小涨落。然而，由于残基的热涨落以及 X 射线晶体衍射实验的误差，使得体系的 open 态和 closed 态可能存在局部结构的差异。为了消除这种差异，采用如下方法构建 GNM：如果两个残基 Cα 之间的距离 $R_{ij} < 7.5$ Å，则两个残基之间用一弹簧相连；如果 $R_{ij} > 10$ Å，则两个残基之间没有弹簧相连。如果，open 态（或 closed 态）中 $7.5 < R_{ij} < 10$ Å，并且 closed 态（或 open 态）中 $R_{ij} < 10$ Å，则 open 态（或 closed 态）中这两个残基之间用一弹簧相连。

（2）根据式（13.23），计算 open 态和 closed 态中每个弹簧微扰所导致的熵变 ΔS。因在本研究中主要关心大幅度的功能性运动，所以，在计算 ΔS 中仅仅采用前 $N/10$（N 为体系的残基个数）最慢的运动模式。

（3）根据式（13.22）计算每个弹簧微扰所导致的 $\Delta\Delta G$。然后，对于一每个残基，把与该残基相连的所有弹簧的 $\Delta\Delta G$ 加起来，评估每个残基对构象转变的重要性，$\Delta\Delta G$ 值大的残基为体系的功能残基。

13.3.3　热激蛋白 70 核苷结合结构域构象转变中关键残基的识别

热激蛋白 70（heat shock protein 70，Hsp70）是一个 ATP 驱动蛋白，它对于细胞内蛋白质的折叠、修复、降解起着重要的作用。该蛋白质由底物结合结构域（substrate binding domain，SBD）和核苷结合结构域（nucleotide binding domain，NBD）所构成[119, 122]。SBD 与底物的结合强度由 NBD 中 ATP 水解所调节，ATP 的结合导致 NBD 发生从 open 状态向 closed 状态的构象转变，进而使得 SBD 结合口袋打开，释放出底物[119]。因此，ATP 所驱动的 NBD 的开合构象转变对于 Hsp70 功能发挥异常重要。本工作中，采用以上所提出的基于 ENM 的热力学方法来识别 Hsp 70 NBD 构象转变过程中的关键残基。

本工作中，Hsp70 NBD open 状态的结构取自它与分子伴侣 BAG 的复合物晶体结构（PDB 代码 3c7n）[123]，closed 态的结构来自牛的 Hsp70 晶体结构 （PDB 代码 1hpm）[105, 124]。Hsp70 NBD 包含四个结构域：IA、IB、IIA 和IIB，其中IA 和IB 构成 lobe I，IIA 和IIB 构成 lobe II，这四个结构域围绕形成核苷结合口袋。对比 open 态结构和 closed 态结构可以发现，在体系构象开合转变中，四个结构域的相对位置发生了明显的改变，尤其是IB 和IIB 结构域的整体运动导致了体系的开合构象转变（图 13-13）。

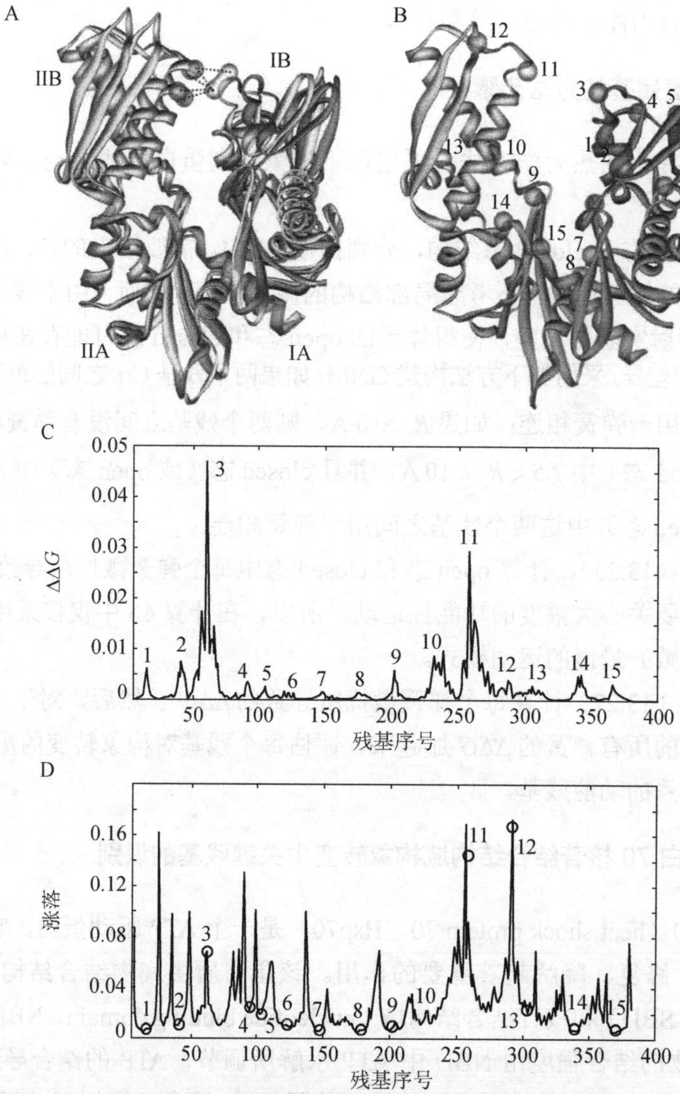

图 13-13　Hsp70 NBD 的计算结果。图 A 显示了 Hsp70 NBD open 结构（彩色）与 closed 结构（灰色）的叠落。在 open 结构中，该蛋白质的四个结构域分别用不用的颜色表示：IA（绿色）、IB（粉红色）、IIA（青色）和IIB（黄色）。图 B 显示了 $\Delta\Delta G$ 值相对比较高的 15 个残基簇中心残基的位置。这些中心残基用簇的序号表示，并用实心圆标出。图 C 显示了不同残基突变所引起的 $\Delta\Delta G$ 值。图中数字 1～15 表示 $\Delta\Delta G$ 值比较高的 15 个残基簇，它们的中心位置分别位于 Thr13、Tyr41、Ala60、Phe92、Val105、Val119、Tyr149、Glu175、Gly202、Asp234、Arg258、Tyr288、Leu305、Ser340 和 Asp366 处。图 D 显示了 Hsp70 NBD 开放（open）结构中残基的固有涨落，15 个具有较高 $\Delta\Delta G$ 值的残基簇在图中用空心圆标出，以显示它们的动力学特性（另见彩图）

根据体系结构的空间坐标，对于 Hsp70 NBD 的 open 结构和 closed 结构，分别计算了残基间的接触情况，并构建了 GNM。通过比较两个构象中的残基接触情况，可以发现，在 closed 结构中，形成了一些新的残基接触，如图 13-13A 中虚线所示。这些新形成的残基接触是位于IB 和IIB 两个结构域界面处的 Ala60-Lys257、Ala60-Arg258、Ala60-Arg261、Ala60-Arg262 和 Met61-Arg258。

然后，对体系中的每个残基进行微扰，利用我们所提出的热力学方法计算相应的 $\Delta\Delta G$ 值，$\Delta\Delta G$ 值比较大的残基认为对体系的开合构象转变起重要的作用。计算结果显示在图 13-13C 中，从图中可以看出，有 15 簇残基具有相对比较大的 $\Delta\Delta G$ 值，图中编号为 1～15。这些残基簇的中心分别位于 Thr13、Tyr41、Ala60、Phe92、Val105、Val119、Tyr149、Glu175、Gly202、Asp234、Arg258、Tyr288、Leu305、Ser340 以及 Asp366 处。为了形象显示这些残基所处的位置，这 15 簇的中心残基在图 13-13B 中用实心圆进行了标注，它们所处的簇号也标在了图中。

为了考察这些残基的动力学性质，我们利用 GNM 方法计算了 Hsp70 NBD open 结构中残基的固有涨落，计算时选取了体系的前 $N/10$ 慢运动模式。计算结果显示在图 13-13C 中，上述 15 簇残基用编号 1～15 在图中进行了标注。根据这 15 簇残基在蛋白质结构中所处位置的不同以及动力学性质的不同，它们可以大致分为 4 类。

（1）簇 3 和 11 位于IB 和IIB 结构域之间的界面区。这些残基之间的相互作用稳定了 NBD 的 closed 结构，它们对于体系的开合构象转变起关键的控制作用。残基涨落如图 13-13D 显示，这些残基具有大的均方涨落，也说明了它们对开合构象转变的驱动作用。Woo 等通过突变实验发现位于 11 簇中的 Arg261 突变成 Ala 后大大降低 ATP 驱动的构象转变过程，并且降低了 NBD 闭合构象的稳定性，使得 ATP 更加容易被释放[125]。Brehmer 等也发现核苷结合口袋界面的残基突变可以影响核苷的释放[126]。

（2）残基簇 2 和 6 位于IA 和IB 结构域之间的铰链区，簇 10、13 和 14 位于IIA 和IIB 结构域之间的铰链区。这些残基介导了相应两个结构域之间的信息传递，它们对于两个结构域之间的相对运动起着关键的作用。图 13-13D 残基涨落图也显示这些残基位于涨落的极小点，表明它们在蛋白质结构域相对运动中起着铰链的作用。

（3）簇 4 和 5 位于 NBD 的IB 结构域内。IB 结构域由两部分组成，每一部分都包含一个 α 螺旋和 3 股 β 片，这两部分之间由一个 α 螺旋相连接。簇 4 和 5 的残基位于这两部分结构所形成的界面处，它们介导了信号在整个IB 结构域内的传递。残基涨落图也显示这些残基位于涨落极小点，表明在蛋白质构象运动中起铰链的作用。

（4）簇 1、7、8、9、14 和 15 位于核苷结合口袋周围，其中，1、7、14 和 15 簇中的残基直接参与与核苷的相互作用，而 7 和 8 簇在核苷结合位点附近。这些残基簇对于保持核苷结合口袋的形状起着重要的作用。Liu 等利用进化痕迹方法（evolutionary trace method）详细分析了 Hsp70 家族成员的序列进化特征，发现这些核苷结合残基具有完全的保守性[105, 127]。从另外一个角度来看，这些残基位于 NBD 的 lobe I和 lobe II的铰链区，它们介导了两个结构域之间的信号转导，因此，这些残基对于蛋白质开合构象转变过程中 lobe I和 lobe II的运动起着关键性的作用。图 13-13D 也显示这些残基位于涨落曲线的极小点，表明这些残基在蛋白质集合运动中起着铰链的作用。其他的一些实验和理论研究工作也发现，这些残基对于蛋白质体系的功能性构象变化起着重要的作用。例如，Johnson 和 McKay 发现位于第 8 和 9 簇中的 Glu175、Asp199、Asp20 残基的突变会阻碍 NBD 的构象转变[128]。Vogel 等发现突变第 7 簇中的 Pro147 残基会导致 ATP 水解速度的降低[129]。Bahar 小组的研究工作也表明，核苷结合残基具有很高的序列保守性和堆积密度，它们在 NBD 的开合构象转变中起着轴心的作用[105]。

13.3.4　人/兔 DNA 聚合酶β构象转变中关键残基的识别

DNA 聚合酶对 DNA 复制过程中保持基因完整性起着重要作用。DNA 聚合酶β（polymerase β，pol β）在碱基切除修复途径中可修复 DNA 碱基的缺失[120, 130]。pol β由两个结构域构成，即 8kDa 结构域和 31kDa 结构域。其中，31kDa 结构域又可以分为 3 个小结构域，通常称为手掌（palm）结构域、手指（fingers）结构域和拇指（thumb）结构域（图 13-14A）。这些结构域围绕形成 DNA 结合口袋。pol β结构域之间的开合运动对于 DNA 和 dNTP 的结合至关重要。本工作采用我们所提出的基于 ENM 的热力学方法来识别 pol β开合运动过程中的关键残基。参照 Zheng 等的工作[85]，pol β的 open 结构来自于人的 pol β-DNA 复合物（PDB 代码 1BPX）[130]，closed 结构来自于兔的 pol β-DNA-ddCTP 复合物结构（PDB 代码 1BPY）[120]。对比 open 和 closed 结构，可以发现 dNTP 的结合导致体系发生了比较大的构象变化，主要表现为拇指结构域的运动。

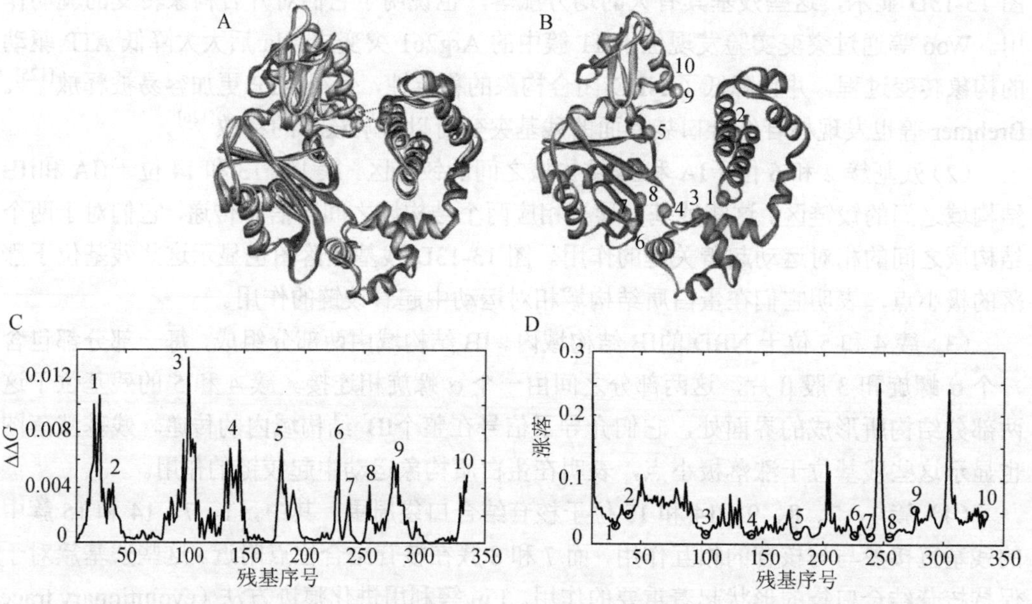

图 13-14　Pol β的计算结果。图 A 显示 Pol β open 结构（彩色）与 closed 结构（灰色）的叠落。在 open 结构中，该蛋白的四个结构域分别用不用的颜色表示：8kDa 结构域（粉红色），手指结构域（绿色），手掌结构域（青色），拇指结构域（黄色）。图 B 显示了 $\Delta\Delta G$ 值相对比较高的 15 个残基簇中心残基的位置。这些中心残基用簇的序号表示，并用实心圆标出。图 C 显示不同残基突变所引起的 $\Delta\Delta G$ 值。图中数字 1-10 表示 $\Delta\Delta G$ 值比较高的 10 个残基簇，它们的中心位置分别位于 Asn28、Tyr39、Arg102、Phe146、Ser180、Leu228、Gly237、Arg254、Ile277 和 Glu335 处。图 D 显示了 pol β open 结构中残基的固有涨落，10 个具有较高 $\Delta\Delta G$ 值的残基簇在图中用空心圆标出，以显示它们的动力学特性（另见彩图）

根据体系的三维结构坐标，对于 pol β 的 open 结构和 closed 结构，分别计算了残基间的接触情况，并构建了相应的 GNM。对比两个构象的残基接触情况，可以发现，如图 13-14A 中虚线所示，在闭合结构中，形成了一些新的残基接触。这些新形成的残基接触包括 Lys41-Ile277、Ser44-Glu355 和 Val45-Glu355，它们都位于手指结构域和 8kDa 结构域的界面处。然后，利用基于 ENM 的热力学方法计算每个残基微扰所导致的 $\Delta\Delta G$ 值，结果显示在图 13-14C 中。$\Delta\Delta G$ 值大的残基认为是构象转变中的关键残基，13-14C 显示有 10 簇残基具有相对比较大的 $\Delta\Delta G$ 值，图中编号为 1～10。这些残基簇的中心分别位于 Asn28、Tyr39、Arg102、Phe146、Ser180、Leu228、Gly237、Arg254、Ile277 和 Glu355 处（图 13-14C）。图 13-13D 显示了 GNM 计算得到的 pol β open 结构中残基的涨落情况，计算时选取了体系的前 $N/10$ 慢运动模式。上述 10 簇残基用编号 1～10 在图中标出，以显示其动力学性质。根据这些残基在蛋白质结构中所处位置的不同以及它们动力学性质的不同，可以把它们分为三类。

（1）位于拇指结构域和 8kDa 结构域的界面处，包括残基簇 2、9 和 10。这些残基之间的相互作用控制着 dNTP 结合口袋的开合状态。残基涨落图显示这些残基具有比较大的固有涨落，有利于体系开合构象的转变。

（2）位于 8kDa 结构域和手指结构域的界面处 （包括簇 1 和 3），位于手指/手掌结构域界面处（包括簇 4、6、7 和 8），以及位于手掌/拇指结构域界面处 （包括簇 5 和 9）。这些残基介导了相应结构域之间的信号传递，这些残基的突变将阻碍信号的交流，进而影响体系的构象转变和功能的发挥。残基接触图显示这些残基的涨落很小，在蛋白质功能运动中起铰链的作用。

（3）位于 dNTP 结合位点附近，包括残基簇 5 和 8。第 5 簇中的 Asp190 和 Asp192 是 dNTP 的结合位点，直接参与 dNTP 的相互作用[131, 132]。第 8 簇中的残基位于结合位点附近。残基涨落图显示这些残基位于涨落的极小点，表明它们具有很高的稳定性，这种稳定性有利于结合口袋保持合适的构象与 dNTP 结合。Menge 等的实验结果也表明，当位于第 8 簇中的 Asp 256 突变成 Ala 后，dNTP 的结合能力下降[131]。

13.3.5 小结

本节提出了一种基于 ENM 的热力学方法，可成功用于蛋白质功能性构象转变过程中关键残基的识别。在该方法中，对蛋白质内的每个残基进行微扰，能够显著改变蛋白质构象转变前后自由能差的残基是构象转变中的关键残基，自由能差的变化通过构造热力学循环进行计算。该方法计算简单、快速，能够有效地从蛋白质天然拓扑结构中识别蛋白质的功能位点。

利用该方法，获得了热激蛋白 70 核苷结合结构域和人/兔 DNA 聚合酶β功能性构象转变中的关键残基，发现这些关键残基在蛋白质结构中的分布具有一定的规律性，主要位于以下区域。① 控制底物结合口袋开合的结构域之间的界面区域。这些残基具有较高的固有涨落，它们驱动着结合口袋的开合运动；② 不同结构域之间的铰链区。它们对于不同结构域之间的信号转导异常重要，这些残基一般具有很低的涨落，它们在蛋白质构象运动中起着轴心的作用；③ 结合口袋附近区域。这些残基也具有很低的涨落，它们维持着结合口袋的形状以利于底物的结合。

参考文献

[1] Kumar S, Nussinov R. How do thermophilic proteins deal with heat? Cell Mol Life Sci, 2001, 58(9): 1216-1233

[2] Basu S, Sen S. Turning a mesophilic protein into a thermophilic one: A computational approach based on 3D structural features. J Chem Inf Model, 2009, 49(7): 1741-1750

[3] Motono C, Gromiha M M, Kumar S. Thermodynamic and kinetic determinants of thermotoga maritima cold shock protein stability: A structural and dynamic analysis. Proteins, 2008, 71(2): 655-669

[4] Karshikoff A, Ladenstein R. Ion pairs and the thermotolerance of proteins from hyperthermophiles: a "traffic rule" for hot roads. Trends Biochem Sci, 2001, 26(9): 550-556

[5] Xiao L, Honig B. Electrostatic contributions to the stability of hyperthermophilic proteins. J Mol Biol, 1999, 289(5): 1435-1444

[6] Karshikoff A, Ladenstein R. Proteins from thermophilic and mesophilic organisms essentially do not differ in packing. Prot Eng Des Sel, 1998, 11(10): 867-872

[7] Dominy B N, Minoux H, Brooks III C L. An electrostatic basis for the stability of thermophilic proteins. Proteins, 2004, 57(1): 128-141

[8] Mueller U, Perl D, Schmid F X, Heinemann U. Thermo stability and atomic-resolution crystal structure of the Bacillus caldolyticus cold shock protein. J Mol Biol, 2000, 297(4): 975-988

[9] Schindelin H, Marahiel M A, Heinemann U. Universal nucleic acid-binding domain revealed by crystal structure of the B. subtilis major cold shock protein. Nature, 1993, 364(6433): 164-168

[10] Schnuchel A, Wiltscheck R, Czisch M, Herrler M, Willinsky G, Graumann P, Marahiel MA, Holak TA. Structure in solution of the major cold-shock protein from Bacillus subtilis. Nature, 1993, 364(6433): 169-171

[11] Perl D, Mueller U, Heinemann U, Schmid F X. Two exposed amino acid residues confer thermostability on a cold shock protein. Nat Struct Biol, 2000, 7(5): 380-383

[12] Perl D, HoltermannG, Schmid F X. Role of the chain termini for the folding transition state of the cold shock protein. Biochem, 2001, 40(51): 15501-15511

[13] Martin A, Kather I, Schmid F X. Origins of the high stability of an in vitro-selected cold-shock protein. J Mol Biol, 2002, 318(5): 1341-1349

[14] Delbrück H, Mueller U, Perl D, Schmid F X, Heinemann U. Crystal structures of mutant forms of the Bacillus caldolyticus cold shock protein differing in thermo stability. J Mol Biol, 2001, 313(2): 359-369

[15] Perl D, Schmid F X. Electrostatic stabilization of a thermophilic cold shock protein. J Mol Biol, 2001, 313(2): 343-357

[16] Roca M, Messer B, Warshel A. Electrostatic contributions to protein stability and folding energy. FEBS Lett, 2007, 581(10): 2065-2071

[17] Gribenko A V, Makhatadzd G I. Role of the charge-charge interactions in defining stability and halophilicity of the CspB proteins. J Mol Biol, 2007, 366(3): 842-856

[18] Mozo-Villarias A, Cedano J, Querol E. A simple electrostatic criterion for predicting the thermal stability of proteins. Prot Eng Des Sel, 2003, 16(4): 279-286

[19] Garofoli S, Falconi M, Desideri A. Thermophilicity of wild type and mutant cold shock proteins by molecular dynamics simulation. J Biomol Struct Dyn, 2004, 21(6): 771-779

[20] Torrez M, Schultehenrich M, Livesay D R. Conferring thermostability to mesophilic proteins through optimized electrostatic surfaces. Biophys J, 2003, 85(5): 2845-2853

[21] Zhou H X, Dong F. Electrostatic contributions to the stability of a thermophilic cold shock protein. Biophys J, 2003,

84(4): 2216-2222

[22] Huang X, Zhou H X. Similarity and difference in the unfolding of thermophilic and mesophilic cold shock proteins studied by molecular dynamics simulations. Biophys J, 2006, 91(7): 2451-2463

[23] Garcia-Mira M M, Boehringer D, Schmid F X. The folding transition state of the cold shock protein is strongly polarized. J Mol Biol, 2004, 339(3): 555-569

[24] Garcia-Mira M M, Schmid F X. Key role of coulombic interactions for the folding transition state of the cold shock protein. J Mol Biol, 2006, 364(3): 458-468

[25] M orra G, Hodoscek M, Knapp E W. Unfolding of the cold shock protein studied with biased molecular dynamics. Proteins, 2003, 53(3): 597-606

[26] Perl D, Welker C, Schindler T, Schröder K, Marahiel MA, Jaenicke R. Schmid FX. Conservation of rapid two-state folding in mesophilic, thermophilic and hyperthermophilic cold shock proteins. Nat Struct Biol, 1998, 5(3): 229-235

[27] Levy Y, Onuchic J N, Wolynes PG. Fly-casting in protein-DNA binding: Frustration between protein folding and electrostatics facilitates target recognition. J Am Chem Soc, 2007, 129(4): 738-739

[28] Cho S S, Weinkam P, Wolynes P G. Origins of barriers and barrierless folding in BBL. Proc Natl Acad Sci USA, 2008, 105(1): 118-123

[29] Azia A, Levy Y. Nonnative electrostatic interactions can modulate protein folding: Molecular dynamics with a grain of salt. J Mol Biol, 2009, 393(2): 527-542

[30] Givaty O, Levy Y. Protein sliding along DNA: Dynamics and structural characterization. J Mol Biol, 2009, 385(4): 1087-1097

[31] Wang W, Xu W X, Levy Y, Trizac E, Wolynes P G. Confinement effects on the kinetics and thermodynamics of protein dimerization. Proc Natl Acad Sci USA, 2009, 106 (14): 5517-5522

[32] Kaya H, Chan H S. Solvation effects and driving forces for protein thermodynamic and kinetic cooperativity: how adequate is native-centric topological modeling? J Mol Biol, 2003, 326(3): 911-931

[33] Veitshans T, Klimov D, Thirumalai D. Protein folding kinetics: timescales, pathways and energy landscapes in terms of sequence-dependent properties. Fold Des, 1997, 2(1): 1-22

[34] Swope W C, Andersen H C, Berens P H, Wilson K R. A computer simulation method for the calculation of equilibrium constants for the formation of physical clusters of molecules: application to small water clusters. J Chem Phys, 1982, 76(1): 637-649

[35] Kumar S, Bouzida D, Swendsen R H, Kollman P A, Rosenberg J M. The weighted histogram analysis method for free-energy calculations on biomolecules. I: The method. J Comp Chem, 1992, 13(8): 1011-1021

[36] Ferrenberg A M, Swendsen R H. Optimized Monte-Carlo data analysis. Phys Rev Lett, 1989, 63(12): 1195-1198

[37] Kouza M, Chang C, Hayryan S, Yu T, Li M S, Huang T, Hu C. Folding of the protein domain hbSBD. Biophys J, 2005, 89(5): 3353-3361

[38] Qin M, Zhang J, Wang W. Effects of disulfide bonds on folding behavior and mechanism of the β-sheet protein tendamistat. Biophys J, 2006, 90(1): 272-286

[39] Wolynes P G. Recent successes of the energy landscape theory of protein folding and function. Quarterly Rev Biophys, 2005, 38 (4): 405-410

[40] Englander S W. Protein folding intermediates and pathways studied by hydrogen exchange. Annu Rev Biophys Biomol Struct, 2000, 29(1): 213-238

[41] Radford S E. Protein folding: progress made and promises ahead. Trends Biochem Sci, 2000, 25(12): 611-618

[42] Day R, Bennion B J, Ham S, Daggett V. Increasing temperature accelerates protein unfolding without changing the pathway of unfolding. J Mol Biol, 2002, 322(1): 189-203

[43] Daura X, Jaun B, Seebach D, van Gunsteren W F, Mark A E. Reversible peptide folding in solution by molecular dynamics simulation. J Mol Biol, 1998, 280 (5): 925-932

[44] Alm E, Baker D. Matching theory and experiment in protein folding. Curr Opin Struct Biol, 1999, 9 (2): 189-196

[45] Alm E, Baker D. Prediction of protein folding mechanisms from free-energy landscapes derived from native structures. Proc Natl Acad Sci USA, 1999, 96 (20): 11305-11310

[46] Rader A J, Hespenheide B M, Kuhn L A, Thorpe M F. Protein unfolding: rigidity lost. Proc Natl Acad Sci USA, 2002, 99(6): 3540-3545.

[47] Micheletti C, Lattanzi G, Maritan A. Elastic properties of proteins: insight on the folding process and evolutionary selection of native structures. J Mol Biol, 2002, 231(5): 909-921

[48] Micheletti C, Banavar J R, Maritan A, Seno F. Protein structures and optimal folding from a geometrical variational principle. Phys Rev Lett, 1999, 82(16): 3372-3375

[49] Hespenheide B M, Rader A J, Thorpe M F, Kuhn L A. Identifying protein folding cores from the evolution of flexible regions during unfolding. J Mol Graph Model, 2002, 21(3): 195-207

[50] Haliloglu T, Bahar I, Erman B. Gaussian Dynamics of Folded Proteins. Phys Rev Lett, 1997, 79(16): 3090-3093

[51] Yang L W, Liu X, Jursa C J, Holliman M, Rader A J, Karimi H A, Bahar I. iGNM: a database of protein functional motions based on Gaussian network model. Bioinformatics, 2005, 21(13): 2978-2987

[52] Zhang Z, Shi Y, Liu H. Molecular dynamics simulations of peptides and proteins with amplified collective motions. Biophys J, 2003, 84(6): 3583-3593

[53] He J, Zhang Z, Shi Y, Liu H. Efficiently explore the energy landscape of proteins in molecular dynamics simulations by amplifying collective motions. J Chem Phys, 2003, 119(7): 4005-4017

[54] Miyashita O, Onuchic J N, Wolynes P G. Nonlinear elasticity, proteinquakes, and the energy landscapes of functional transitions in proteins. Proc Natl Acad Sci USA, 2003, 100(22): 12570-12575

[55] Arkun Y, Erman B. Prediction of optimal folding routes of proteins that satisfy the principle of lowest entropy loss: dynamic contact maps and optimal control. PLoS One, 2010, 5(10):e13275

[56] Jernigan, R L, Demirel M C, and Bahar I. Relating structure to function through the dominant slow modes of motion of DNA topoisomerase II. Int. J. Quantum Chem, 1999, 75(3): 301-312

[57] Erman B. The Gaussian Network Model: Precise prediction of residue fluctuations and application to binding problems. Biophys J, 2006, 91(10): 3589-3599

[58] Mcphalen C A, James M N. Crystal and molecular structure of the serine proteinase inhibitor CI-2 from barley seeds. Biochemistry, 1987, 26(1): 261-269

[59] Reich L, Weikl T R. Substructural cooperativity and parallel versus sequential events during protein unfolding. Proteins, 2006, 63(4):1052-1058

[60] Lazaridis T, Karplus M. "New view" of protein folding reconciled with the old through multiple unfolding simulations. Science, 1997, 278(5345): 1928-1931

[61] Li A, Daggett V. Characterization of the transition state of protein unfolding by use of molecular dynamics: chymotrypsin inhibitor 2. Proc Natl Acad Sci USA, 1994, 91(22): 10430-10434

[62] Kazimirski S L, Wong K, Freund S M V, Tan Y, Fersht A R, Daggett V. Protein folding from a highly disordered state: the folding pathway of chymotrypsin inhibitor 2 at atomic resolution. Proc Natl Acad Sci USA, 2001, 98(8): 4349-4354

[63] Li L, Shakhnovich E I. Constructing, verifying, and dissecting the folding transition state of chymotrypsin inhibitor 2 with all-atom simulations. Proc Natl Acad Sci USA, 2001, 98(23): 13014-13018

[64] Li A, Daggett V. Identification and characterization of the unfolding transition state of chymotrypsin inhibitor 2 by molecular dynamics simulations. J Mol Biol, 1996, 257(2): 412-429

[65] Day R, Daggett V. Sensitivity of the folding/unfolding transition state ensemble of chymotrypsin inhibitor 2 to changes in temperature and solvent. Protein Sci, 2005, 14(5): 1242-1252

[66] Ferrara P, Apostolakis J, Caflisch A. Targeted molecular dynamics simulations of protein unfolding. J Phys Chem B, 2000, 104(18): 4511-4518

[67] Bruscolini P, Pelizzola A. Exact solution of the Munoz-Eaton model for protein folding. Phys Rev Lett, 2002, 88(25

Pt 1): 258101

[68] Muńoz V, Eaton W A. A simple model for calculating the kinetics of protein folding from three-dimensional structures. Proc Natl Acad Sci USA, 1999, 96(20): 11311-11316

[69] Hoang T X, Cieplak M. Sequencing of folding events in Go-type proteins. J Chem Phys, 2000, 113(18): 8319-8328

[70] Ozkan S B, Dalgýn G S, Haliloglu T. Unfolding events of chymotrypsin inhibitor 2 (CI2) revealed by Monte Carlo (MC) simulations and their consistency from structure-based analysis of conformations. Polymer, 2004, 45(2): 581-595

[71] Fersht A R. Protein folding and stability: the pathway of folding of barnase. FEBS Letters, 1993, 325(1-2): 5-16

[72] Kmiecik S, Kolinski A. Characterization of protein-folding pathways by reduced-space modeling. Proc Natl Acad Sci USA, 2007, 104(30): 12330-12335

[73] Bond C J, Wong K B, Clarke J, Fersht A R, Daggett V. Characterization of residual structure in the thermally denatured state of barnase by simulation and experiment: description of the folding pathway. Proc Natl Acad Sci USA, 1997, 94(25): 13409-13413

[74] Tirado-Rives J, Orozco M, Jorgensen W L. Molecular dynamics simulations of the unfolding of barnase in water and 8 M aqueous urea. Biochemistry, 1997, 36(24): 7313-7329

[75] Li A, Daggett V. Molecular dynamics simulation of the unfolding of barnase: characterization of the major intermediate. J Mol Biol, 1998, 275(4):677-694

[76] Shinoda K, Takahashi K, Go M. Retention of local conformational compactness in unfolding of barnase; Contribution of end-to-end interactions within quasi-modules. Biophysics, 2007, 3: 1-12

[77] Bryngelson J D, Wolynes P G. Spin glasses and the statistical mechanics of protein folding. Proc Natl Acad Sci USA ,1987, 84 (21): 7524-7528

[78] Ferreiro D U, Hegler J A, Komives E A, Wolynes P G. Localizing frustruation in native proteins and protein assemblies. Proc Natl Acad Sci USA, 2007, 104 (50): 19819-19824

[79] Henzler-Wildman K, Kern D. Dynamic personalities of proteins. Nature, 2007, 450(7172): 964-972

[80] Ma B, Nussinov R. Enzyme dynamics point to stepwise conformational selection in catalysis. Curr Opin Chem Biol, 2010, 14(5): 652-659

[81] Bahar I, Lezon T R, Bakan A, Shrivastava I H. Normal mode analysis of biomolecular structures: functional mechanisms of membrane proteins. Chem Rev, 2010, 110(3):1463-1497

[82] Karplus M, Kuriyan J. Molecular dynamics and protein function. Proc Natl Acad Sci USA, 2005, 102(19): 6679-6685

[83] Korkut A, Hendrickson W A. Computation of conformational transitions in proteins by virtual atom molecular mechanics as validated in application to adenylate kinase. Proc Natl Acad Sci USA, 2009, 106(37): 15673-15678

[84] Alberts B, Bray D, Lewis J, Raff M, Roberts K, Watson J D. Molecular biology of the cell. Garland Science, 2002, New York

[85] Zheng W, Brooks B R, Doniach S, Thirumalai D. Network of dynamically important residues in the open/closed transition in polymerases is strongly conserved. Structure, 2005, 13(4): 565-577

[86] Landau M, Mayrose I, Rosenberg Y, Glaser F, Martz E, Pupko T, Ben-Tal N. Consurf 2005: the projection of evolutionary conservation scores of residues on protein structures. Nucleic Acids Res, 2005, 33 (Web Server issue): W299-W302

[87] Mihalek I, Res I, Lichtarge O. A family of evolution-entropy hybrid methods for ranking protein residues by importance. J Mol Biol, 2004, 336(5): 1265-1282

[88] Capra J A, Singh M. Predicting functionally important residues from sequence conservation. Bioinformatics, 2007, 23(15): 1875-1882

[89] Tang S, Liao J, Dunn A R, Altman R B, Spudich J A, Schmidt J P. Predicting allosteric communication in myosin via a pathway of conserved residues. J Mol Biol, 2007, 373(5): 1361-1373

[90] Lockless S W, Ranganathan R. Evolutionarily conserved pathways of energetic connectivity in protein families.

Science, 1999, 286(5438): 295-299

[91] Estabrook R A, Luo J, Purdy M M, Sharma V, Weakliem P, Bruice T C, Reich N O. Statistical coevolution analysis and molecular dynamics: identification of amino acid pairs essential for catalysis. Proc Natl Acad Sci USA, 2005, 102(4): 994-999

[92] Shulman A I, Larson C, Mangelsdorf D J, Ranganathan R. Structural determinants of allosteric ligand activation in RXR heterodimers. Cell, 2004, 116(3): 417-429

[93] Lee J, Natarajan M, Nashine V C, Socolich M, Vo T, Russ W P, Benkovic S J, Ranganathan R. Surface sites for engineering allosteric control in proteins. Science, 2008, 322(5900): 438-442

[94] Chennubhotla C, Bahar I. Markov propagation of allosteric effects in biomolecular systems: application to GroEL-GroES. Mol Syst Biol, 2006, 2(1): 36

[95] Del Sol A, Fujihashi H, Amoros D, Nussinov R. Residues crucial for maintaining short paths in network communication mediate signaling in proteins. Mol Syst Biol, 2006, 2: 2006.0019

[96] Sharp K, Skinner J J. Pump-probe molecular dynamics as a tool for studying protein motion and long range coupling. Proteins, 2006, 65(2): 347-361

[97] Ota N, Agard D A. Intramolecular signaling pathways revealed by modeling anisotropic thermal diffusion. J Mol Biol, 2005, 351(2): 345-354

[98] Fornili A, Giabbai B, Garau G, Degano M. Energy landscapes associated with maromolecular conformational changes from endpoint structures. J Am Chem Soc, 2010, 132(49): 17570-17577

[99] Yang Z, Májek P, Bahar I. Allosteric transitions of supramolecular systems explored by network models: application to chaperonin GroEL. PLoS Comput Biol, 2009, 5(4): e1000360

[100] Yang L, Song G, Jernigan R L. How well can we understand large-scale protein motions using normal modes of elastic network models? Biophys J, 2007, 93(3): 920-929

[101] Eom K, Yoon G, Kim J I, Na S. Coarse-grained elastic models of protein structures for understanding their mechanics and dynamics. J Comp Theor Nanosci, 2010, 7(7): 1210-1226

[102] Doruker P, Nilsson L, Kurkcuoglu O. Collective dynamics of EcoRI-DNA complex by elastic network model and molecular dynamics simulations. J Biomol Struct Dyn, 2006, 24(1): 1-16

[103] Su J G, Jiao X, Sun T G, Li C H, Chen W Z, Wang C X. Analysis of domain movements in glutamine-binding protein with simple models. Biophys J, 2007, 92(4): 1326-1335

[104] Demirel M C, Keskin O. Protein interactions and fluctuations in a proteomic network using an elastic network model. J Biomol Struct Dyn, 2005, 22(4):381-386

[105] Liu Y, Bahar I. Toward understanding allosteric signaling mechanisms in the ATPase domain of molecular chaperones. Pac Symp Biocomput, 2010, 269-280

[106] Dutta A, Bahar I. Metal-binding sites are designed to achieve optimal mechanical and signaling properties. Structure, 2010, 18(9): 1140-1148

[107] Bahar I, Rader A J. Coarse-grained normal mode analysis in structural biology. Curr Opin Struct Biol, 2005, 15(5): 586-592

[108] Atilgan C, Gerek Z N, Ozkan S B, Atilgan A R. Manipulation of conformational change in proteins by single-residue perturbations. Biophys J, 2010, 99(3):933-943

[109] Atilgan C, Atilgan A R. Perturbation-response scanning reveals ligand entry-exit mechanisms of ferric binding protein. PLoS Comput Biol, 2009, 5(10): e1000544

[110] Haliloglu T, Gul A, Erman B. Predicting important residues and interaction pathways in proteins using Gaussian network model: binding and stability of HLA proteins. PLoS Comput Biol, 2010, 6(7): e1000845

[111] Zheng W J, Brooks B R, Thirumalai D. Low-frequency normal modes that describe allosteric transitions in biological nanomachines are robust to sequence variations. Proc Natl Acad Sci USA, 2006, 103(20): 7664-7669

[112] Zheng W J, Brooks B R, Thirumalai D. Allosteric transitions in the chaperonin GroEL are captured by a dominant

normal mode that is most robust to sequence variations. Biophys J, 2007, 93(7): 2289-2299

[113] Zheng W J, Liao J C, Brooks B R, Doniach S. Toward the mechanism of dynamical couplings and translocation in hepatitis C virus NS3 helicase using elastic network model. Proteins, 2007, 67(4): 886-896

[114] Zheng W J, Tekpinar M. Large-scale evaluation of dynamically important residues in proteins predicted by the perturbation analysis of a coarse-grained elastic model. BMC struct Biol, 2009, 9(1): 45

[115] Ming D, Wall M E. Quantifying allosteric effects in proteins. Proteins, 2005, 59(4): 697-707

[116] Ming D, Wall M E. Allostery in a coarse-grained model of protein dynamics. Phys Rev Lett, 2005, 95(19): 198103

[117] Ming D, Cohn J D, Wall M E. Fast dynamics perturbation analysis for prediction of protein functional sites. BMC Struct Biol, 2008, 8(2): 5

[118] Su J G, Xu X J, Li C H, Chen W Z, Wang C X. Identification of key residues for protein conformational transition using elastic network model. J Chem Phys, 2011, 135(17): 174101

[119] Bukau B, Horwich A L. The Hsp70 and Hsp60 chaperone machines. Cell, 1998, 92(3): 351-366

[120] Pelletier H, Sawaya M R, Wolfle W, Wilson S H, Kraut J. Structures of ternary complexes of rat DNA polymerase beta, a DNA template-primer, and ddCTP. Science, 1994, 264(5167): 1891-1903

[121] Bahar I, Atilgan A R, Demirel M C, Erman B. Vibrational dynamics of proteins: significance of slow and fast modes in relation to function and stability. Phys Rev Lett, 1998, 80(12): 2733-2736

[122] Flaherty K M, Deluca-Flaherty C, McKay D B. Three-dimensional structure of the ATPase fragment of a 70K heat-shock cognate protein. Nature, 1990, 346(6285):623-628

[123] Schuermann J P, Jiang J, Cuellar J, Llorca O, Wang L, Gimenez L E, Jin S, Taylor A B, Demeler B, Morano K A, Hart P J, Valpuesta J M, Lafer E M, Sousa R. Structure of the Hsp110:Hsc70 nucleotide exchange machine. Mol Cell, 2008, 31(2): 232-243

[124] Wilbanks S M, McKay D B. How potassium affects the activity of the molecular chaperone Hsc70. II. Potassium binds specifically in the ATPase active site. J Biol Chem, 1995, 270(5): 2251-2257

[125] Woo H J, Jiang J, Lafer E M, Sousa R. ATP-induced conformational changes in Hsp70: molecular dynamics and experimental validation of an in silico predicted conformation. Biochemistry, 2009, 48(48): 11470-11477

[126] Brehmer D, Rüdiger S, Gässler C S, Klostermeier D, Packschies L, Reinstein J, Mayer M P, Bukau B. Tuning of chaperone activity of Hsp70 proteins by modulation of nucleotide exchange. Nat Struct Biol, 2001, 8(5): 427-432

[127] Liu Y, Gierasch L M, Bahar I. Role of Hsp70 ATPase domain intrinsic dynamics and sequence evolution in enabling its functional interactions with NEFs. PLoS Compt Biol, 2010, 6(9): e1000931

[128] Johnson E R, McKay D B. Mapping the role of active site residues for transducing an ATP-induced conformational change in the bovin 70-kDa heat shock cognate protein. Biochemistry, 1999, 38(33): 10823-10830

[129] Vogel M, Bukau B, Mayer M P. Allosteric regulation of Hsp70 chaperones by a proline switch. Mol Cell, 2006, 21(3): 359-367

[130] Pelletier H, Sawaya M R, Wolfle W, Wilson S H, Kraut J.Crystal structures of human DNA polymerase complexed with DNA: implications for catalytic mechanism, processivity, and fidelity. Biochemistry, 1996, 35(39): 12742-12761

[131] Menge K L, Hostomsky Z, Nodes B R, Hudson G O, Rahmati S, Moomaw E W, Almassy R J, Hostomska Z. Structure-function analysis of the mammalian DNA polymerase beta active site: role of aspartic acid 256, arginine 254, and arginine 258 in nucleotidyl transfer. Biochemistry, 1995, 34(49): 15934-15942

[132] Rittenhouse R C, Apostoluk W K, Miller J H, Straatsma T P. Characterization of the active site of DNA polymerase β by molecular dynamics and quantum chemical calculation. Proteins, 2003, 53(3): 667-682

（苏计国）

第五部分

关于长程静电相互作用

第 14 章　蛋白质静电相互作用的重要性及研究状况

14.1　蛋白质静电相互作用的重要性

在我们周围，通过量子力学与统计力学原理，电磁力维持着生物体的结构和驱动生物分子的化学反应。在化学、生物化学和分子生物学等领域中，静电作用力作为一种长程作用力，在研究生物分子中的相互作用时起着重要的作用。目前，在生物、计算机科学、计算数学、物理与化学和分子生物学等交叉学科中，生物分子的静电性质得到了广泛的研究。很久以来，科学家们一直采用理论的方法分析大分子中的结构动力学，为生物学实验提供重要的补充。然而，当试图用物理化学原理来解释蛋白质分子折叠途径、生物酶分子如何发挥高效的催化功能、生物分子间如何通过特异性相互作用进行识别等问题时，试图对生物分子的序列、结构或功能进行定量预测或理性设计时，却发现我们面临着一个巨大的困难与技术鸿沟。生物大分子由成千上万的原子所组成，其结构和动力学性质通过大量的范德华力、疏水键、氢键、盐键等物理化学意义上的弱相互作用来维系或支配。这些弱相互作用在微观上缺乏对称性，使得很多经典的理论分析工具在生物大分子研究中失去了用武之地。最近计算机分子模拟技术的发展，为填平这道鸿沟提供了机遇。在多维核磁共振实验和 X 射线晶体衍射实验数据的结构修正中，分子动力学模拟已经成为一种常规手段。近年来，人工蛋白序列的设计、人造酶的设计等与定向进化等实验技术的结合，在生物分子工程领域取得了一系列影响深远的成果。分子动力学模拟在生物大分子中的成功应用，至少依赖于两个方面：一是模拟中能量模型能够准确地刻画生物大分子上的折叠、相互作用和动力学变化相关的分子间相互作用；二是分子动力学或蒙特卡洛等模拟技术能够对生物大分子的相空间进行合理的采样。后者与目前计算机模拟的时间尺度密切相关，现有计算机的能力仅限于模拟大生物分子在几十到数百纳秒量级的时间演化，而相当多的生物学过程包括蛋白质折叠、酶催化功能的运动等在毫秒或更长的时间尺度上发生。为了研究这些生物学过程，亟须发展新的模拟技术，以适用于生物分子工程的计算机模拟、实验数据的理论解释、生物大分子的装配问题和蛋白质热力学的理论研究等[1~3]。

蛋白质是构成生物体的基础物质之一，是构成细胞的基本有机物，是生命活动的主要承担者。蛋白质的重要性很早就被认识到了。早在 1838 年，当荷兰化学家 Mulder 提出蛋白质这个名称时，他就明确指出：在植物和动物中存在着这样一种物质，毫无疑问它是生命体中已知的最重要的物质，如果没有它，在我们这个星球上生命则是不可能存在的。蛋白质约占细胞干重的 50%以上。现在，人们虽然还远未了解生命现象的全部，但那些已经被人类所揭示的生命活动，却无一不与蛋白质密切相关。生物体中的每一个细胞和所有重要组成部分都有蛋白质参与。蛋白质分子通过和其他生物分子发生相互作用而发挥其生物学功能。实验研究表明，蛋白质分子的生理功能是通过复杂多样的蛋白质-蛋白质界面而发生相互作用。这些复杂多变的界面对应了多姿多彩、各具特色的蛋白质相互作用，有着复杂的物理化学性质和结构特征。在分析生物分子的生理功能时，静电作用是一个很重要的因素，它支配着生物分子中粒子的移动和相变。事实上，大量的生命活动都是由蛋白质之间的相互作用来调节完成的。例如，转录起始因子之间的相互作用调控着生物体内基因的表达；磷酸化激酶通过与受体相互作用控制细胞间的信号传输；抗体蛋白通过与各种抗原相互作用保护机体不受伤害；各种构成细胞骨架的蛋白质之间的相互作用使白细胞得以变形移动，对付入侵；肌动蛋白和肌球蛋白之间的相互作用使肌肉收缩、心脏跳动等。随着生物化学和分子生物学的发展，人们不断认识到诸如胚胎发育、生长、分化和繁殖等部是蛋白质参与作用并受到蛋白质的控制和影响，一种生物的性状实际上是由它们自身产生的各种不同蛋白质相互作用所表现出来的总的结果[4]。

1924 年，Linderstrφm-Lang 等对蛋白质分子静电相互作用做了开创性的工作。随后一些快速计算生物大分子之间的相互作用的方法陆续出现，包括蛋白质-蛋白质之间相互作用的建模等。近年来，伴随着结构基因组研究的开展，越来越多的蛋白质结构被测定出来，其中包括了大量的蛋白质复合物。迄今为止，蛋白质结构数据库（protein data bank，PDB）中收录的结构中大约有 101 046 个可能的蛋白质复合物（生物单元内 >2 条肽链，2014 年 6 月 18 日查询）。同时，PDB 里收录的蛋白质结构，其数量随时间而快速增加。现在，计算机模拟、化学材料合成、生物分子结构的测试等这些技术的结合构成了后基因组时代新药开发的新策略。这些新的技术有望能成功地指导蛋白质之间相互作用的设计、生产出全新的生物调控元件，推动了蛋白质分子之间对接技术的进步，加快蛋白质之间相互作用的新药开发，为人类疾病的治疗贡献力量。

静电相互作用在研究生物分子的结构和稳定性、酶的催化活性、生物分子之间的识别和反应速率及离子通道的选择性等方面，发挥了举足轻重的作用。事实上，生物大分子中的离子基团和极性基团，在蛋白质分子中有超过 20%的氨基酸在生理条件下形成电离态；而超过 25%的蛋白质分子其侧链以极性基团存在。绝大多数的生物膜也需要有少量的磷脂基团来维持它的生理功能。

14.1.1 蛋白质分子结构的稳定性

蛋白质多肽链在空间中的走向是决定蛋白质构象的基础。多肽链主链构象是指主链上的原子在空间上的排列，不涉及侧链基团的原子，表示了蛋白质的二级结构。一种蛋白质的多肽链主链实际上是由连续的刚性肽基构成的，或者可以看成是由重复的 -N-C_α-C-单位借肽键连接而成的线性结构。

螺旋结构是蛋白质二级结构重要的结构要素。如果一条多肽链绕它的每个 C_α 原子以相同的角度旋转，将会形成某种螺旋结构。α 螺旋是一种既有允许的构象角，又有最能有效形成氢键的多肽主链构象，是多肽链的一种特殊的刚性排列。在 α 螺旋中，氢键处在最适距离（氢键受体与给体原子的距离为 0.28 nm），是一种强有力的氢键。由于主链上所有的羰基和酰胺基部参与了这种氢键的形成，所以 α 螺旋是一种稳定的结构。在肽键的共振结构中，羰基氧带部分负电荷，而酰胺氮具有部分正电荷，从而形成了一种电偶极。由于所有的肽键都具有这种电偶极，而且它们会通过螺旋的氢键而衔接，导致净偶极沿螺旋延伸，并随螺旋长度的增加而加强，从而形成螺旋的偶极。由于螺旋末端的 4

个残基不能完全参与螺旋氢键的形成，螺旋偶极的正电荷和负电荷实际上分别属于接近螺旋末端的氨基和羧基。基于这样的理由，带负电荷的氨基酸残基往往会在螺旋接近氨基末端的部位找到，它们可与螺旋偶极的正电荷相互作用，起到稳定螺旋的作用。若带正电荷的氨基酸残基出现在同样的部位，则会导致螺旋去稳定。同样地，相对应的情况也会出现在羧基末端。

β 折叠片结构是由多个平行排列在一起的 β 链或肽段形成的一种多肽链主链折叠结构。与 α 螺旋不同的是，在 β 折叠片中，氢键出现在相邻多肽链之间或相邻肽段之间，而不是像 α 螺旋一样出现在直向的同一条链中。β 折叠片是蛋白质中普遍存在的主链结构要素。

当蛋白质多肽链未折叠时，它处在最不稳定的高能量状态，而当它折叠成天然构象后，它则处于热力学最稳定的低能量水平状态。蛋白质多肽链在生理条件下折叠成特定的构象是热力学上一种有利的过程，这告诉我们，在折叠中，总的自由能变化必定是负的[5,6]。自由能变化的公式为

$$\Delta G = \Delta H - T\Delta S \tag{14.1}$$

其中，ΔH 是焓的变化，大致相当于总的键能和之差；ΔS 是熵的变化，是系统有序度的量度。对于某一给定的构象转变来说，负的 ΔH 表明系统从较弱的键合到较强的键合作用转变；正的 ΔS 表明系统从较有序到较无序的状态转变。但是蛋白质折叠过程涉及从无序到有序状态的转变，因此该过程必然涉及混乱度的降低，即熵的减少。自由能变化公式表明，ΔS 的负值将会产生正的 ΔG，构象熵的变化对折叠做功。在研究蛋白质折叠时，我们不能忽视水的作用，因为在讨论蛋白质折叠所涉及的物理化学因素时，必须考虑多肽链与水的相互作用。此外，水溶液中的其他因素，如小分子的阴离子和阳离子，在决定蛋白质结构的稳定性方面也能起重要的作用。实际上，一个蛋白质折叠所成的特定结构是各种作用力相互抵消、精巧平衡的结果。这里，我们将讨论蛋白质折叠过程中各种作用力的性质和对 ΔG 的负值的贡献[7,8]。

14.1.2　推动蛋白质特定构象形成和稳定的作用力

1. 疏水作用

在天然蛋白质结构中，由于非极性侧链基团具有避开水的倾向，大多数在分子内部聚集，不与水溶剂接触，形成胶束状的构象。因此，非极性基团的疏水作用是蛋白质结构的重要决定因素[10]。

蛋白质折叠时负值 ΔG 的产生涉及多肽链和溶剂水的焓变与熵变：

$$\Delta G = \Delta H_{链} + \Delta H_{溶剂} - T\Delta S_{链} - T\Delta S_{溶剂} \tag{14.2}$$

疏水作用源于水作为溶剂的特殊性质。表 14-l 的热力学数据为疏水作用的产生提供了重要依据，因为碳氢化合物从水中转移到非极性溶剂中与蛋白质折叠时非极性侧链从蛋白质外部转移到内部是相似的。碳氢化合物从水溶液中转移非极性溶剂中的自由能变化 ΔG 表明，这样的转移过程是一个自发的过程。脂肪族化合物的转移过程是吸热的，即 ΔH 为正值，但是 ΔG 是负值，表明这种转移过程是熵增加推动的。同样，可以认为蛋白质的非极性基团从水溶液环境中转移到蛋白质非极性内部也是熵的增加推动的。

当非极性分子或非极性侧链被水溶剂化时，熵会减少。因为，非极性物质与水接触引起水分子在它们周围形成像笼状的结构，这种有序化使该系统水的混乱度降低，并伴随熵的减少。图 14-1 形象地描述了将气态环己烷转移到水溶液中各种化学量的变化。

表 14-1　碳氢化合物从水转移到非极性溶剂中的热力学变化（25℃）[12]

过程	ΔH/（kJ/mol）	$-T\Delta S$/（kJ/mol）	ΔG/（kJ/mol）
CH_4 从水转移到苯中	11.7	−22.6	−10.9
CH_4 从水转移到四氯化碳中	10.5	−22.6	−12.1
C_2H_6 从水转移到苯中	9.2	−25.1	−15.9
C_2H_4 从水转移到苯中	6.7	−18.8	−12.1
C_2H_2 从水转移到苯中	0.8	−8.8	−8.0
水中的苯转变成液态苯（18℃）	0	−17.2	−17.2
水中的甲苯转变成液态甲苯（18℃）	0	−20.0	−20.0

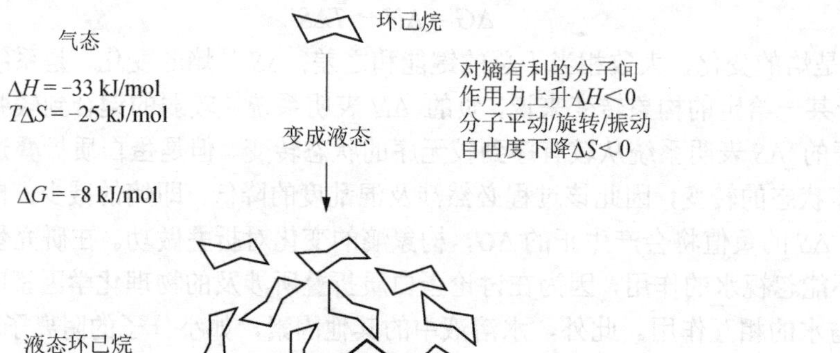

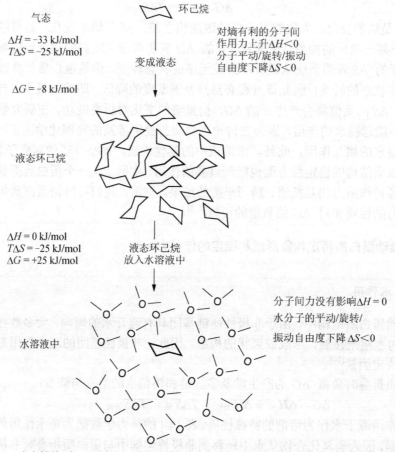

图 14-1　疏水性物质（环己烷）从气态变成液态再转移到水溶液中时，熵和能量的转变情况。首先，环己烷从气态变成液态，分子间作用力增加，而旋转和平动自由度下降。因此，在凝结过程中形成有利的焓变和不利的熵变。然后，将液态环己烷转移到水溶液中，分子内作用力的改变为 0，焓变也为 0，但水的熵减少。水在环己烷分子的周围变得高度有序化。因此，在这个过程中，焓变为 0，$T\Delta S$ 为负值，因此，ΔG 为负值

蛋白质通常含有相当数量的疏水侧链基团（如 Leu、Ile、Phe 等的侧链）。当多肽链处在未折叠状态时，这些疏水基团与水接触，极性水分子诱导非极性基团产生的偶极可以与水分子产生弱的静电相互作用，引起周围水的结构有序化，于是便产生了不利的自由能变化。但是，疏水侧链基团具有避开水的倾向，当它们减少与水接触时，它们中的大多数就会从水中转移到蛋白质分子内部。此时，它们所占据的空间的表面积小于它们各自单独占用空间表面积之和，导致非极性基团表面水的有序化程度总量有很大的降低。任何系统的稳定部必须在能量变化上是一个负值，熵的增加是产生负的自由能变化的主要因素。尽管非极性基团内聚给出的 $-T\Delta S$ 是一个较大正值，而溶剂水分子的混乱度增加给出的 $-T\Delta S$ 是一个很大的负值，两者抵消后得到总的 $-T\Delta S$ 是一个很显著的负值，因此肽链和溶剂的熵的改变在折叠过程中将贡献较显著的负自由能。蛋白质折叠过程中多肽链的焓变与溶剂的焓变相互抵消后，总焓变是很小的，对折叠不起支配作用。从折叠时的极性基团的焓变与熵变来看，它们给出的 ΔG 是一个很小的负值，对折叠的贡献是很小的。因此，非极性基团在蛋白质内部聚集所导致的溶剂熵增加对蛋白质的折叠和结构稳定的贡献是最大的。

根据对天然蛋白质空间构象中的单个侧链基团的定位详细分析，表明它们部是定位在预期会对天然结构的稳定性作出贡献的部位，非极性侧链基团被包埋在蛋白质结构的内部，而极性侧链残基则位于蛋白质结构的表面，并与环境水分子结合。当极性基团，尤其是主链上的羰基和酰胺基不与水结合时，它们总是强烈地彼此结合，其结果往往产生连续的重复结构，如 α 螺旋和 β 折叠片。

2. 氢键

氢键（D-H ·· A）是一种由弱酸性的供体基团（D-H）和一个具有孤对电子的原子（A）之间形成的最显著的静电作用力（图 14-2）。在生物学系统中，D 和 A 两者部是高电负性的 N、0 以及 S 原子。氢键的结合能大约是 −12～−30 kJ/mol；与范德华力相比，它有较强的方向性。D ·· A 间的距离正常情况下为 0.27～0.31 nm。蛋白质具有众多的氢键供体和受体，包括主链的羰基和酰胺基以及极性侧链基团[11]。

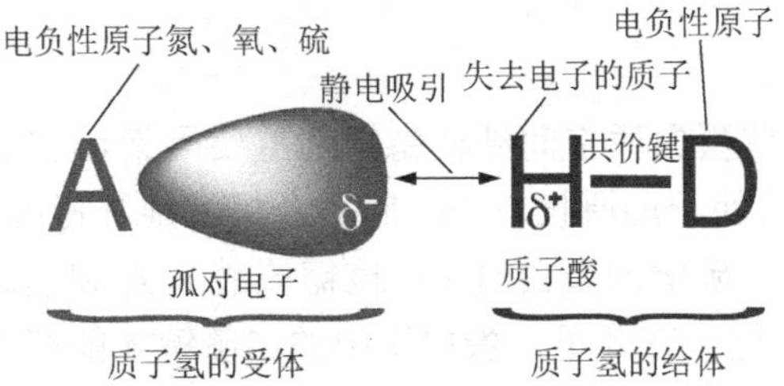

图 14-2　氢键各要素示意图，包括氢离子的接受体、给体和一对孤对电子

由于蛋白质分子内部的氢键结合基团几乎都有可能形成氢键，因此氢键对蛋白质的结构有很大的影响。但是，当蛋白质处在未折叠状态时，它的所有能形成氢键的基团部与水形成了氢键，因此内部氢键不可能为天然蛋白质折叠提供比它处在未折叠时形成的

氢键更多的自由能。但蛋白质内部氢键处在一个疏水环境下，几乎没有水分子与其竞争，因而内部氢键比分子表面的或近表面的氢键更加稳定；同时，蛋白质内部的氢键也为它的天然折叠格局提供了结构基础。如果蛋白质以阻止它的某些内部氢键形成的方式折叠，那么就会损失一部分自由能，其构象就会比所有氢键完全形成时的构象的稳定性低得多。因此，蛋白质氢键是蛋白质折叠和结构稳定的协同者或促进者。在很多情况下，多肽链的极性基团与水分子之间形成的氢键和静电作用力产生有利的焓（负值）。通常，焓对系统获得有利的水化作用比熵更重要。

3. 静电相互作用

蛋白质分子的相反电荷基团的结合成为盐键、离子键或离子对。当典型离子对（如谷氨酸残基的侧链羧基和赖氨酸残基的侧链氨基）的电荷中心处在介电常数为 4 的介质中被分开 0.4 nm 时的能量大约是 86 kJ/mol。但是，两个被分开离子的溶剂化自由能（自由离子在水溶液中是高度溶剂化的）与它们处在非溶剂化（处在蛋白质分子内部）状态所形成的离子对的能量几乎是相等的。因此，尽管离子对形成的自由能比较高，但它们对蛋白质天然结构的稳定性贡献不大。这就解释了为什么在蛋白质的疏水内部很少会有非溶剂化的离子对存在。然而，由于水分子的偶极性质，暴露在水溶剂的电荷离子与水分子的相互作用对蛋白质的结构起着稳定的作用。

在电中性分子之间的非共价结合称为范德华力或范德华相互作用，产生于永久的或诱导的偶极之间的静电相互作用，与那些非键合的邻近原子间的各种相互作用有关。永久偶极的相互作用是蛋白质的重要结构因素，因为蛋白质的许多基团，如肽主链上的羰基和酰胺基存在永久的偶极矩。这些相互作用比离子对的电荷间的相互作用要弱得多。但是，在 α 螺旋和 β 折叠片中，多肽主链上的羰基和酰胺基都指向同一方向，它们的相互作用是可以联合和相加的。因此，偶极与偶极的相互作用也显著的影响着蛋白质的折叠。

范德华力实际上包含静电吸引和静电排斥两种相反的作用力。上面偶极间的相互作用是静电吸引。但是，当非键合原子间彼此太接近，就会产生排斥力。这种排斥作用是原子间电子云重叠的结果。

4. 二硫键

二硫键也是维持某些蛋白质空间结构稳定的重要因素，它是由两个半胱氨酸的侧链 –SH 氧化形成的。但处于还原状态的细胞质会极大地降低细胞内二硫键的稳定性。事实上，几乎所有含有二硫键的蛋白质（如核糖核酸酶 A 和胰岛素）都分泌到氧化程度高的细胞外的特定部位，在那里，蛋白质中的二硫键才能有效地发挥稳定其结构的作用。

14.1.3 酶分子的催化反应

酶是生物体内具有催化生化反应功能的蛋白质。它能显著地加快生物体内特定的化学反应速率。生物体内绝大多数反应都是由各种不同的酶催化的。人们对蛋白质的研究，大多数是以酶为对象的。这是因为生命现象的本质是它能进行新陈代谢，与自然界进行物质和能量交换，而这些基本过程部是在酶的参与下完成的。按照热力学的观点，一个化学反应并不是从反应物直接向产物的方向进行的。反应的发生，即反应物向产物的转变，取决于过渡态的能量状况。只有当反应物在空间定向上有利于反应，而且反应物达到过渡态所需的能量时，反应才能发生。反应物从基态转变成过渡态的能量差称为活化能（$\Delta G^{\dagger}$）。化学反应的速率常数 k 与活化能之间的关系根据转换态理论由阿伦尼乌斯方程（Arrhenius equation）给出[12]：

$$k = \frac{k_{\mathrm{B}}T}{h}\mathrm{e}^{-\Delta G^{\dagger}/RT} \tag{14.3}$$

其中，h 是普朗克常数（Planck's constant）；k_{B} 是玻尔兹曼常数；R 是气体常数。每一个化学反应部有 $\Delta G^{\dagger}$，但活化能是可以改变的，它取决于催化剂是否存在和催化剂的类型。过渡态或者活化态是一种短暂的分子结构状态，它既不是反应物，也不是产物，是反应途径中一种最不稳定、具有最高自由能的分子形式。根据过渡态理论，催化剂的作用在于以某种途径降低反应活化能而加快化学反应速率。典型的酶促反应速率与无催化剂存在时相比，反应速率要高出 10^6～10^{12} 倍，也比非生物催化剂存在下的反应高出几个数量级。从经典的观点来看，静电相互作用比较适合描述酶分子催化作用的几个方面[13]。

酶的高效性和专一性是同一事物的两个方面，两者是统一的。两个基本而又相互关联的原理为酶的作用机制提供了普遍性解释：① 酶的大部分催化效力最终来自酶和它底物之间产生的多种弱作用力和相互作用所释放的自由能，这种自由能既贡献于酶作用的专一性，又贡献于它的催化效力；② 在反应的过渡态中，使这样的弱相互作用处于最佳状态。

根据对底物和酶功能基团之间的化学反应研究，酶的催化功能基团（活性部位特定氨基酸的侧链基团、辅酶或者金属离子）能与底物发生瞬间的相互作用，使底物激活。在很多情况下，这些功能基团通过提供一种较低能量反应途径降低活化能，从而使反应加速。但催化功能基团不是酶催化作用唯一的贡献者。降低活化能所需的能量通常来自底物和酶之间的弱的、非共价的相互作用。酶和底物相互作用产生的自由能叫做结合能。这种结合能的重要性已超出了单纯的酶-底物相互作用的范围，它是酶用来降低反应活化能所需自由能的主要来源。只有正确的底物才能参加到与酶的完全的相互作用中去，才能使结合能达到最大化。这种完全的互补的相互作用只有当底物处在它的过渡态时才能形成，因此，只有当酶与底物间的相互作用促使底物转变成过渡态时，最大结合能的释放才会出现。最稳定的相互作用（最大的结合能）发生在酶和底物的过渡态之间，但同时过渡态也是最不稳定的反应中间态，它存在的时间太短，以致很快分解为底物或产物。大多数相互作用涉及酶和它底物的非反应部位间的基团。这表明，酶和它底物的非反应部位间的相互作用也起到了提供结合能的作用。这种能量的补偿是使结合能达到最大的重要原因[14]。

底物（S）的紧密结合加深了酶（E）-底物复合物的能量陷阱，实际上降低了反应速度。升高ES复合物的能量水平将增高酶促反应速度。ES复合物的能量水平是通过两种途径达到的：① 由S和E的结合所造成的熵的减少；② ES复合物由于张力、变形、去溶剂化，以及其他的效应引起的去稳定作用。ES复合物是高度组织化的统一体，而溶液中的E和S是处在无序、高熵状态。底物进入到酶的活性部位引起反应基团及其他相关基团与底物一起进入较合适的位置。这种从无序到相对有序的转变必然导致熵的减少。此外，酶和底物两者在三维方向上的平移运动能和旋转能在酶同底物结合后将会有一定程度的损失。去稳定化作用涉及底物分子的荷电基团同酶活性部位的结合所产生的去溶剂化作用。在水中，荷电基团是很稳定的。当底物的荷电基团从水中移入到酶的活性部位时，往往会导致它们具有某种程度的去溶剂化，因为酶的活性部位相对是疏水的，从而使得这些荷电基团变得不稳定而表现出较大的反应性。

14.1.4　生物分子识别

生物分子识别是将两个或多个生物分子结合在一起形成新的个体的过程，而它们之间的结合自由能对它们结构的识别有着很重要的意义[15]。结构互补性（包括几何互补和能量互补）是生物分子间识别的手段。生命复杂而高度组织化的形式取决于生物分子彼此识别和相互作用的能力。如果一种分子的结构与另一种分子的结构是互补的，如酶与它的专一性底物、激素与它的受体、抗原与抗体等，那么这种分子之间的相互作用就能准确地实现。它们的这种关系如同锁和钥匙之间的关系。结构互补性是生物分子识别的基本要素，为认识生物系统的功能特征提供了思路。从大分子到细胞，所有生物系统都是经由基于结构互补性的特殊分子识别机制运转的——酶对它专一性底物的识别，DNA两条互补链的识别，精子与卵子的结合等。所有这些过程部涉及分子间的结构互补性[16, 17]。

由结构互补性所发生的生物分子间的识别是由前面介绍的非共价作用力介导的。由于这些非共价作用力很弱，在生理条件下这些过程是很容易逆向进行的。由于生物分子的相互作用存在瞬息变化的潜力，生物分子刚性静止的状态（这种状态会使细胞活性丧失）将不会在生物体内形成。所有经由结构互补性介导的生命过程都有着动态的相互作用，由互补分子间的特殊识别所诱导，最终导致特有生理活性的产生。生物分子的功能就是根据结构互补性和弱的化学相互作用的机制来实现的。

结构互补性原理可以向更高层次的相互作用延伸，这对于生命状态的确立是必不可少的。例如，超分子复合物的形成是由于复合物中的大分子成员间的识别和相互作用所致[18]，是由各成员间形成的弱的作用力决定的。如果能形成有效数量的弱的非共价作用力，如同在结构上彼此互补的大分子那样，更大的结构将会自动装配。分子的非极性倾向能启动超分子装配体的形成。复杂的亚细胞结构实际上也是某种装配过程自发形成的，这种装配过程也是通过结构互补性所积累的弱相互作用力推动的。

14.2　蛋白质静电相互作用的研究现状

人体是个复杂的生命机器，每时每刻都在进行复杂的生理生化演变。生物体内发生的反应，主要发生在水溶液中，紧密地调节着一些重要离子的浓度，如钠离子、氯离子、钾离子等，这些溶剂分子强烈地影响着分子的结构和功能，以及蛋白质的折叠稳定性和选择特异性等。因此，发展一种理论模型来研究这些生理现象的溶剂化效应势在必行，也因此出现了大量的计算方法和算法来研究蛋白质之间的相互作用。比较典型的有分子动力学模拟、布朗动力学模拟、蛋白质分子 pK_a 计算、蛋白质设计算法、蛋白质药物设计和蛋白质对接算法等[19~21]。分子动力学模拟方法，需要考虑溶剂中巨大数量的水分子和电解质粒子，很细致地刻画溶剂化过程。从计算的角度来看，其模拟是个很漫长的过程。实际上，我们比较感兴趣的是这些过程的统计平均效应，而隐式溶剂模型将溶剂分子的溶剂化效应隐式化处理，大大地降低了模拟时间，达到了很高的计算效率。

正因为如此，不是所有的溶剂化效应部能用隐式模型来准确地刻画。虽然这其中有许多的模型是公认有效的，其结果也能在多数情况下与实验观察相吻合，但是隐式溶剂模型是否能定量地处理特定的实验现象还存有很大的争议。介电表面的定义一直以来是一个公开的问题[22]。当然，我们可以用模拟的方法对蛋白质分子中原子半径拟合使溶剂化自由能与实验结果或分子动力学模拟结果相符。然而，这样得到的能量对表面的定义非常敏感[23, 24]。为了克服上面这些问题，一些作者提出了一种基于能量泛函的新方法。在这种理论框架下，分子表面的定义作为能量泛函中的自由度，通过求解能量泛函的极小值来获得分子表面的定义，从而也得到了自洽一致的物理模型[25]。标准的泊松理论也不能用来表达原子尺度上的作用力。例如，它不能解释水分子中的氢键可以桥接两个蛋白质分子，使得它们在没有融合在一起的情况下也会变得很稳定。泊松玻尔兹曼方程（PB 方程），其主要的局限性在以下几个方面：首先，模型假设离子是点电荷；其次，离子在平衡态下的相关性完全被忽略了；最后，线性泊松玻尔兹曼方程仅仅在很小电势情况下是合理的，在 DNA 或蛋白质活性位点附近高带电量显然不适用。电解质溶液中的静电性质研究也引起了越来越多研究者的兴趣，它们的出发点同样是泊松玻尔兹曼理论（PB 理论）。Borukhov 等[26]采用修正的 PB 理论（加入离子的尺寸因素），Lu 和 Zhou 等延伸了他们的方法[27]。Antypov 等在密度泛函框架下加入尺寸效应并与 PB 理论进行比较[28]。

目前已经有各种不同的隐式溶剂化模型，它们着重从计算精度和计算时间等方面来考虑。这些模型一般是通过物理分析而得到的，在一定程度上它们是一种合理的近似。相比之下，在计算物理中的其他领域，如计算流体力学、计算电磁学等，纳维叶-斯托克斯（Navier-Stokes）方程和麦克斯韦（Maxwell）方程是人们熟知的更加严格的方程。对于这些方程来说，目前已经有了很多理论分析和实验结果来研究它们在计算精度与计算时间之间的关系。它们的发展要比隐式溶剂化模型早很多，数值理论分析相对来说也已经相当成熟，因此，给我们隐式溶剂模型带来了新的挑战。当我们用隐式溶剂化模型来模拟溶液现象或提出一种新的模型时，需要着重考虑它的实用性与合理性。

计算代价几乎总是一个严格的限制因素。这种限制作用不断地促进这些模型和数值算法之间的交互与回馈作用，产生了一些新的模型和数值计算方法。总的来说，新模型或新算法的提出要比以前的方法在数值计算方面更快。介电系数的连续化即是一种很好的改进方法，在交界面厚度趋于零的极限情况下便可以恢复成原来的经典两介质模型。据作者所知，虽然一些研究者们对这种模型已经有了计算方法甚至是程序包，然而这方面严格的理论分析工作少之又少，仅仅是从数值结果方面对他们的模型进行分析，恰恰也是这些数值结果显现出这些近似模型的可靠性。对于泊松理论，可以引入非线性介质的影响，以提高模型的精确度。新的计算平台能有效地加快模拟过程，特别是图形处理单元（GPU）。在这些模型的求解过程中，带动和引发了一些新的快速计算方法，如快速多极子方法、并行计算和多重网格等[29, 30]。

的确，最近也涌现出了大量的关于蛋白质溶液模拟的研究性文章与综述[31~39]，它们或者是从计算数学的角度来探讨其算法的高效性，或是从物理学的观点对模型进行修正，拓宽其应用范围。这里我们忽略掉了所有的具体细节过程，但参考文献中完整的分析过程相信能给读者以收获。

参考文献

[1] Kolinski A. Multiscale approaches to protein modeling. Beijing: Science Press, 2014

[2] Philips R. Physical biology of the cell. Beijing: Science Press, 2012

[3] Gorham R D, Kieslich C A, Morikis D. Electrostatic clustering and free energy calculations provide a foundation for protein design and optimization. Ann Biomed Eng, 2011, 39(4): 1252-1263

[4] Bai H J, and Lai L H. Protein-protein interactions: interface analysis, binding free energy calculation and interaction design. Acta Phys Chim Sin, 2010, 26(7): 1988-1997

[5] Dobson C M. Principles of protein folding, misfolding and aggregation. Semin Cell Dev Biol, 2004, 15(1): 3-16

[6] Hartl F U, Hayer H M. Converging concepts of protein folding in vitro and in vivo. Nat Struct Mol Biol, 2009, 16(6): 574-581

[7] Herschel M W, Alexis V B, Francesco R, Makarov D E, and Kevin W P. Entropic and electrostatic effects on the folding free energy of a surface-attached biomolecule: an experimental and theoretical study. J Am Chem Soc, 2012, 134(4): 2120-2126

[8] Tzul F O, Schweiker K L, Makhatadze G I. Modulation of folding energy landscape by charge-charge interactions: linking experiments with computational modeling. Proc Natl Acad Sci USA, 2015, 112(3): 259-266

[9] Irbäck A, Mohanty S. Folding thermodynamics of peptides. Biophysical Journal, 2005, 88(3): 1560-1569

[10] Aurora R, Rose G D. Helix capping. Proteins, 1998, 7: 21-38

[11] Donald J E, Kulp D W, DeGrado W F. Salt bridges: geometrically specific, designable interactions. Proteins, 2011, 79(3): 898-915

[12] Zhang C F. Principles of biochemistry. Beijing: Higher Education Press, 2011, 90-134

[13] Eun C S, Peter M K, Metzger V T, and McCammon J A. A model study of sequential enzyme reactions and electrostatic channeling. J. Chem. Phys, 2014, 140: 105101

[14] Liu C T, Layfield J P, Stewart R J, French J B, Hanoian P, Asbury J B, Schiffer S H, Benkovic S J. Probing the electrostatics of active site microenvironments along the catalytic cycle for escherichia coli dihydrofolate reductase. J

Am Chem Soc, 2014, 136(29): 10349-10360

[15] Li L, Wang L, Alexov E. On the energy components governing molecular recognition in the framework of continuum approaches. Front Mol Biosci, 2015, 2: 5

[16] Sela-Culang I, Kunik V, Ofran Y. The structural basis of antibody-antigen recognition. Front Immunol, 2013, 4: 302-314

[17] Spyrakis F, Chanal A B, Barril X, and Luque F J. Protein flexibility and ligand recongnition: challenges for molecular modeling. Curr Top Med Chem, 2011, 11: 192-210

[18] Goshe A J, Steele I M, Ceccarelli C, Rheingold A L, and Bosnich B. Supramolecular recognition: on the kinetic lability of thermodynamically stable host-guest association complexes. Proc Natl Acad Sci USA. 2002, 99(8): 4823-4829

[19] Roca M, Vardi-Kilshtain, Warshel A. Toward accurate screening in computer aided enzyme design. Biochemistry, 2009, 48(14): 3046-3056

[20] Schreiber G, Haran G, Zhou H X. Fundamental aspects of protein-protein association kinetics. Chem Rev, 2009, 109(3): 839-860

[21 Tjong H, Zhou H X. Accurate calculations of binding, folding, and transfer free energies by a scaled generalized born method. J Chem Theory Comput, 2008, 4(10): 1733-1744

[22] Pang X D, Zhou H X. Poisson-Boltzmann calculation: van der Waals or molecular surface? Commun Comput Phys, 2013, 13: 1-12

[23] Wang T, Tomic S, Gabdoulline R R, and Wade R C. How optimal are the binding energetics of barnase and barstar? Biophys J, 2004, 87: 1618-1630

[24] Tjong H, Zhou H X. On the dielectric boundary in Poisson-Boltzmann calculations. J Chem Theory Comput, 2008, 4: 507-514

[25] Chen Z, Baker N A, Wei G W. Differential geometry based solvation model: I. Eulerian formulation. J Comput Phys, 2010, 229: 8231-8258

[26] Borukhov I, Andelman D, Orland H. Steric effectsin electrolytes: A modified Poisson-Boltzmann equation. Phys Rev Lett, 1997, 79(3): 435-438

[27] Lu B Z, Zhou Y C. Poisson-Nernst-Planck equations for simulating biomolecular diffusion-reaction processes: II Size effects on ionic distributions and diffusion-reaction rates. Bio-phys J, 2011, 100: 2475-2485

[28] Antypov D, Barbosa M C, Holm C. Incorporation of excluded-volume correlations into Poisson-Boltzmann theory. Phys Rev E, 2005, 71: 061106

[29] Zhang B, Peng B, Huang J F, Pitsianis N B, Sun X B, Lu B Z. Parallel AFMPB solver with automatic surface meshing for calculations of molecular solvation free energy. Computer Physics Communications, 2015, 190: 173-181

[30] Yokota R, Bardhan J P, Knepley M G, Barba L A, Tsuyoshi H. Biomolecular electrostatics using a fast multipole BEM on up to 512 GPUs and a billion unknowns. Comp Phys Comm, 2011, 182(6): 1271-1283

[31] Qiao Y, Tu B, Lu B Z. Ionic size effects to molecular solvation energy and to ion current across a channel resulted from the nonuniform size-modified PNP equations. J Chem Phys, 2014, 140(17): 174102

[32] Li H L, Lu B Z. An ionic concentration and size dependent dielectric permittivity Poisson-Boltzmann model for biomolecular solvation studies. J Chem Phys, 2014, 141: 024115

[33] Lu B Z, Zhou Y C, Holst M J, McCammon J A. Recent progress in numerical methods for the Poisson-Boltzmann equation in biophysical applications. Commun Comput Phys, 2008, 3(5): 973-1009

[34] Bardhan J P. Biomolecular electrostatics–I want your solvation. Computational Science & Discovery, 2012, 5: 013001

[35] Kukić P, Nielsen J E. Electrostatics in proteins and protein-ligand complexes. Future Med Chem, 2010, 2(4): 647-666

[36] Fogolari F, Brigo A, Molinari H. The Poisson-Boltzmann equation for biomolecular electrostatics: a tool for

structural biology. J. Mol Recognit, 2002, 15(6): 377-392

[37] Koehl P. Electrostatics calculations: latest methodological advances. Curr Opin Struct Biol, 2006, 16(2): 142-151

[38] Ren P, Chun J, Thomas D, Schnieders M J, Marucho M, Zhang J, Baker N A. Biomolecular electrostatics and solvation: a computational perspective. Rev Biophys, 2012, 45(4): 427-491

[39] Abrashkin A, Andelman D, and Orland H. Dipolar Poisson-Boltzmann equation: ions and dipoles close to charged interfaces. Phys Rev Lett, 2007, 99(1-4): 077801

（彭　波　卢本卓）

第 15 章　蛋白质静电相互作用的计算方法与应用

15.1　PB　方　程

15.1.1　PB 方程的研究历史与现状

泊松-玻尔兹曼方程（Poisson-Boltzmann equation，PB 方程）是用来计算电解质溶液中的静电相互作用的偏微分方程。该方程的雏形最早出现于 Gouy-Chapman 模型中的双电层理论[1]。在 Guoy-Chapman 模型中，生物分子表面附近的离子用玻尔兹曼分布来描述。PB 方程将溶液中的水简化为均匀电介质，这种隐式溶剂化（implicit solvent）的处理方法极大地提高了生物大分子溶液体系中的模拟和计算效率。目前，泊松-玻尔兹曼方程被广泛地应用于电解质溶液体系性质的计算和分子动力学模拟中，特别是生物体系中各种生物大分子在溶液中的溶剂化效应的计算中。

泊松-玻尔兹曼方程是二阶非线性椭圆偏微分方程，当离子溶液的电势能绝对值较小时，可以把 PB 方程中的指数项展开到一阶，得到线性的德拜-休克尔（Debye-Hückel）方程[2]。在稀溶液中，德拜-休克尔方程对于 PB 方程是很好的近似。除了在一些特定的简化体系中能求得它的解析解外，一般采用数值求解方法，如有限差分、有限元或者边界元，以及一些其他随机方法，同时也涌现出了大量的求解泊松-玻尔兹曼方程的软件包。这些软件包中，有的已经实现了并行化，真正地成为了分子尺度上模拟电解液的一种有效方法。

PB 方程采用平均场近似，当溶液中出现一定浓度的高价离子导致离子间相互作用和关联增强时，PB 方程的解将无法解释一些由关联所产生的现象，如带相同电荷的物体在高价盐溶液中相互吸引，以及带电胶体在高价盐溶液中的电泳呈现电荷反转，这些现象必须考虑离子间的关联才能得到合理解释[3,4]。近年来，通过在 PB 方程中加入一些被平均场忽略掉的项来修正 PB 方程，获得了比较理想的结果[5~7]。

15.1.2　PB 方程的导出和适用范围

1. *库仑定律*

真空中两静止的点电荷之间的相互作用力，与它们电荷量的乘积成正比，与距离的平方成反比，作用力的方向在它们的连线上。其数学表达式为

$$\boldsymbol{F}=\frac{1}{4\pi\varepsilon_0}\frac{q_1q_2}{r^2}\boldsymbol{r}_0 \tag{15.1}$$

其中，r 为两电荷之间的距离；$\boldsymbol{r}_0$ 为 q_1 到 q_2 的方向矢径；ε_0 ~$8.8541878\times10^{-12}\ \mathrm{C^2/(J\cdot m)}$

表示真空中的介电常数。

经典静电力学中一个最基本的问题是：给定空间中的电荷分布，如何计算空间中任意一点的静电势以及整个体系的静电自由能。考虑一种比较简单的情形，在均匀电介质中分布着 N 个点电荷，它们在空间中的点 $\boldsymbol{r}$ 处的静电势 $\phi(\boldsymbol{r})$ 可以根据库仑定律［式（15.1）］得到：

$$\phi(\boldsymbol{r})=\frac{1}{4\pi\varepsilon\varepsilon_0}\sum_{i=1}^{N}\frac{q_i}{|\boldsymbol{r}-\boldsymbol{r}_i|} \tag{15.2}$$

其中，ϕ 为静电势；q_i 和 $\boldsymbol{r}_i$ 分别表示点电荷的带电量和空间坐标（$i=1$，…，N）；ε 为介质的相对介电系数。

同样地，根据库仑定律，整个体系的静电自由能可以通过下面的公式计算：

$$\Delta G=\frac{1}{8\pi\varepsilon\varepsilon_0}\sum_{j\neq i}\frac{q_i q_j}{|\boldsymbol{r}_i-\boldsymbol{r}_j|} \tag{15.3}$$

式（15.3）在全原子模型中经常被用于计算体系的静电自由能。

2. 泊松方程

由于生物分子-溶液系统（含有生物大分子的电解质溶液，图 15-1）往往含有巨大数量的带电粒子，计算该系统的静电相互作用是一件极其耗时的工作。隐式溶剂方法是减少该计算耗时的一种有效方法，它将溶剂当作均匀电介质，隐式地表示溶剂中的电荷分布。在隐式溶剂模型中，静电势 $\phi(\boldsymbol{r})$ 满足如下的泊松方程：

$$-\nabla\cdot(\varepsilon_0\varepsilon(\boldsymbol{r})\nabla\phi(\boldsymbol{r}))=\rho(\boldsymbol{r}) \tag{15.4}$$

其中，$\rho(\boldsymbol{r})$ 为电荷密度分布函数；$\varepsilon(\boldsymbol{r})$ 为相对介电系数（刻画电介质的极化强度）。一般而言，介质的介电系数并不是常数，而与系统的电荷分布、电磁场、温度等物理量有着极为复杂的依赖关系。在连续化模型中，通常将生物大分子和溶剂近似为均匀的电介质，其相对介电系数取为不同的常数。在生物大分子中，相对介电系数的取值通常在 1～20 之间，而溶剂的相对介电系数通常取 80 左右[8]。

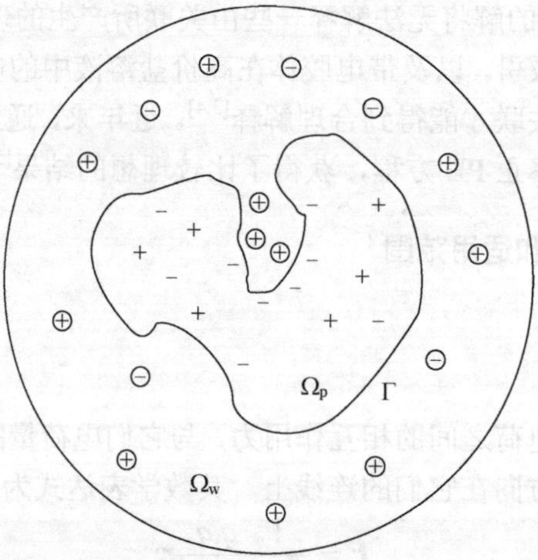

图 15-1　蛋白质分子-溶液系统模型，Ω_p 表示蛋白质分子区域，Ω_w 表示溶液区域，它们相应的介电系数分别为 ε_p 和 ε_w

3. 玻尔兹曼分布定律

为了用式（15.4）来计算生物分子-溶液系统的静电势，还需要定量地描述电荷密度分布函数 $\rho(\boldsymbol{r})$。生物大分子中的带电粒子（原子）由于受到化学键的束缚，它们不容易受到周围静电场和溶液中带电粒子的影响，其电荷分布通常较为固定，称这部分电荷为固定电荷，其密度分布函数 $\rho^{\mathrm{f}}(\boldsymbol{r})$ 可以由 Dirac-Delta 函数表示：

$$\rho^{\mathrm{f}}(\boldsymbol{r})=\sum_{i=1}^{M}q_i\delta(\boldsymbol{r}-\boldsymbol{r}_i)=\sum_{i=1}^{M}z_i\mathrm{e_c}\delta(\boldsymbol{r}-\boldsymbol{r}_i) \tag{15.5}$$

其中，$\delta(\boldsymbol{r}-\boldsymbol{r}_i)$ 为 Dirac-Delta 函数；q_i 和 $\boldsymbol{r}_i$ 表示固定电荷的带电量和空间坐标（i =l, …, M）；z_i 表示分子中原子的化合价，为无量纲参数；$\mathrm{e_c}$ 为元电荷。相比生物分子，溶液中的带电粒子（Na^+、Cl^-、K^+、Mg^{2+}等）由于受到周围静电场影响以及粒子的碰撞作用，将会频繁地改变它们的位置，因此描述它们在溶液中的分布是非常困难的。为了定量地刻画它们在溶液中的分布，用概率的方法（玻尔兹曼分布）来描述生物分子附近带电粒子的分布情况：

$$c(\boldsymbol{r})=c^{\mathrm{bulk}}\exp\left(-\frac{q\phi(\boldsymbol{r})}{k_{\mathrm{B}}T}\right) \tag{15.6}$$

其中，$c(\boldsymbol{r})$ 和 $\phi(\boldsymbol{r})$ 分别表示溶液中点 $\boldsymbol{r}$ 处的离子浓度和静电势；c^{bulk} 为宏观溶液的离子浓度；q 为离子的带电量，k_{B} 为玻尔兹曼常数（$k_{\mathrm{B}}\sim1.38\times10^{-23}$ J/K）；T 为热力学温度。对于含有 K 种粒子的电解质溶液，其离子电荷密度分布函数 $\rho^{\mathrm{ion}}(\boldsymbol{r})$ 可以表示为每种离子的密度分布函数的加和：

$$\rho^{\mathrm{ion}}(\boldsymbol{r})=\sum_{i=1}^{K}q_ic_i(\boldsymbol{r})=\sum_{i=1}^{K}q_ic_i^{\mathrm{bulk}}\exp\left(-\frac{q_i\phi(\boldsymbol{r})}{k_{\mathrm{B}}T}\right) \tag{15.7}$$

4. 泊松-玻尔兹曼方程

结合式（15.6）、式（15.7）与式（15.4），得到描述生物分子-溶液系统静电相互作用的 PB 方程：

$$-\nabla\cdot(\varepsilon_0\varepsilon(\boldsymbol{r})\nabla\phi(\boldsymbol{r}))=\rho^{\mathrm{f}}+\lambda\sum_{i=1}^{K}q_ic_i^{\mathrm{bulk}}\exp\left(-\frac{q_i\phi(\boldsymbol{r})}{k_{\mathrm{B}}T}\right) \tag{15.8}$$

其中，λ 在生物分子区域 Ω_p 中取 0，在水溶液 Ω_w 中取 1（见图 15-1）。特别地，在溶液中只有正负两种离子（$\pm1\mathrm{e_c}$）且浓度比为 1∶1 的时候，式（15.8）可简化为

$$-\nabla\cdot(\varepsilon_0\varepsilon(\boldsymbol{r})\nabla\phi(\boldsymbol{r}))=\rho^{\mathrm{f}}-2\lambda c^{\mathrm{bulk}}\mathrm{e_c}\sinh\left(\frac{\mathrm{e_c}}{k_{\mathrm{B}}T}\cdot\phi(\boldsymbol{r})\right) \tag{15.9}$$

令 $\beta=\dfrac{1}{k_{\mathrm{B}}T}$，$u(\boldsymbol{r})=\mathrm{e_c}\beta\phi(\boldsymbol{r})$，将式（15.9）进行无量纲化操作，得到无量纲形式的 PB 方程：

$$-\nabla\cdot(\varepsilon(\boldsymbol{r})\nabla u(\boldsymbol{r}))=\frac{e_c^2}{\varepsilon_0 k_B T}\sum_{i=1}^{M} z_i\delta(\boldsymbol{r}-\boldsymbol{r}_i)-\kappa^2\sinh(u(\boldsymbol{r})) \tag{15.10}$$

其中，κ 在生物分子区域中取为 0，而在溶剂中取作如下形式：

$$\kappa^2=\frac{2c^{\text{bulk}}e_c^2}{\varepsilon_0 k_B T}=\frac{2Ie_c^2}{\varepsilon_0 k_B T} \tag{15.11}$$

其中，离子强度 $I=\frac{1}{2}\sum_{i=1}^{K}c_i^{\text{bulk}}z_i^2$，$z_i$ 为第 i 种粒子的化合价。溶液中离子强度 I 对于蛋白质溶液中的静电作用有显著的影响，通过改变溶液中离子强度，可以增加或者减少溶液中电荷之间的静电吸引与排斥，因此为实验提供了一个途径，用来研究静电相互作用的重要性。

在 PB 方程中，ρ^{ion} 关于电势是非线性的，因此 PB 方程是非线性偏微分方程。在电势小的情况下可以对 PB 方程中的非线性项做线性近似，$\sinh(u(\boldsymbol{r}))\sim u(\boldsymbol{r})$，得到下面的线性泊松-玻尔兹曼（LPB）方程：

$$-\nabla\cdot(\varepsilon(\boldsymbol{r})\nabla u(\boldsymbol{r}))=\frac{e_c^2}{\varepsilon_0 k_B T}\sum_{i=1}^{M} z_i\delta(\boldsymbol{r}-\boldsymbol{r}_i)-\kappa^2 u(\boldsymbol{r}) \tag{15.12}$$

5. PB 方程的边界条件

在一些连续模型中，通常将生物分子-溶液体系划分为三部分：溶质区域（生物大分子），溶剂区域，溶质与溶剂的隔离层。隔离层由溶液构成，不同的是其中的离子受到一些生物分子的静电作用影响，无法自由移动（也可以看成是没有游离的粒子）。一个更为流行的是双介质模型（图 15-1），即将隔离层直接作为溶剂的一部分，整个体系由溶质区域与溶剂区域两部分构成。这一章中仅考虑这种两介质模型。在两个区域的交界面，介电系数急剧地跳跃。

根据经典静电力学，静电势函数 $\phi(\boldsymbol{r})$ 应满足两个条件：① 无穷远条件，即 $\lim_{r\to\infty}\phi=0$；② 它本身和电位移在法方向上的值在整个区域保持连续。特别地，在生物分子与溶剂的接触表面，满足 $[\phi]=0$ 和 $\left[\varepsilon\frac{\partial\phi}{\partial n}\right]=0$。这里符号 $[\phi]$ 表示静电势在蛋白质分子到溶液界面上时的跳量。在实际的有限差分法和有限元法计算中，计算区域是有限的。这时经常使用两种 Dirichlet 边界条件：① 在区域的外边界上为零；② Debye-Hückel 条件，即在边界上 ϕ 等于 $\sum_{i=1}^{M}\frac{1}{4\pi}\frac{\exp(-\kappa|\boldsymbol{r}-\boldsymbol{r}_i|)}{\varepsilon_w|\boldsymbol{r}-\boldsymbol{r}_i|}$。

接下来我们描述运用经典的静电学理论于蛋白质分子三维结构时的一些相关要点。实验研究表明，蛋白质分子中的电子向电负性大的原子集中的趋势导致这些原子的负电荷过剩，而那些失去电子的原子则将带部分正电荷，在这些原子对之间会形成永久性的电偶极子。在静电计算中，这些电偶极子是通过分子力场（实验得到或 *ab initio* 计算得到[9]）得到的部分电荷。蛋白质分子中的这些电偶极子可与其他偶极子、诱导偶极子及其周围水分子发生相互作用。这些相互作用非常复杂且蛋白质分子中的永久偶极子会发生位置的改变（也称重排），然而，其改变程度受限于蛋白质分子中的非共价键（氢键或范德华作用）及空间位阻的影响，使得这些电偶极子在蛋白质分子侧链上排成特定的几何形状，在蛋白质分子骨架上形成固定的结构。因此，如果知道蛋白质分子的三维结构，我们可以对蛋白质分子中的原子和共价键赋予电荷分布，将它们用于 PB 方程。而配体和离子基团的引入导致的蛋白质结构微扰，可以用分子动力学模拟方法或者直接从蛋白质三维结构来估计偶极子的重排度。因此，如果蛋白质的三维结构表达合理，所有电极化效应部将隐式的通过蛋白质溶液的介电系数反映出来。

相比之下，由水分子形成的偶极子则有不同的行为，其行为依赖于它们在溶液中的位置。我们称远离蛋白质分子的水偶极子为溶剂水，比起那些在蛋白质分子界面上的水分子和蛋白质中的永久偶极子，它们的自由度大得多。因此在 PB 模型中，将溶剂水分子的复杂平移与旋转运动隐式化，将它当成一种具有较大介电系数的电介质来刻画。它的介电系数可以通过实验精确地测量，在 0.1 MPa 大气压 25℃下，其值为 78.46[10]。而蛋白质分子界面上的水分子受到周围环境的静电场影响，它的重排则受限于蛋白质分子中原子形成的氢键网和界面上其他分子的作用。近年来，一些研究表明应将蛋白质表面上的水分子当作蛋白质分子的一部分[11]。蛋白质分子界面上的这些水分子，在蛋白质原子相互作用中发挥了桥梁的作用，在酶分子的催化作用和与配体的结合等方面起到了极其重要的作用[12]。虽然这些理论研究让我们知道它所发挥的重要作用，然而却也是极其有限的。为了简单化，在 PB 模型中，蛋白质分子界面上的水分子通常还是被当成溶剂水分子。蛋白质分子中的诱导偶极子（称为极化）来源于局部静电场，使得分子中的原子核周围电子云位置发生偏移，它的偶极矩 $\boldsymbol{\mu}$ 可以表示为 $\boldsymbol{\mu}_i^{n+1} = \chi \mathbf{E}(\boldsymbol{r}_i)^n$，这里 χ 是分子的极化常数，$\mathbf{E}(\boldsymbol{r}_i)$ 是总的静电场强，包括了蛋白质分子中的部分电荷、溶液与蛋白质中的离子和蛋白质中其他原子电子云的重排等所产生的总电场强度。因此，所有诱导偶极子的偶极矩 $\boldsymbol{\mu}_i$ 可以通过反复迭代计算得到。在多粒子体系中，这种迭代过程（有时称为极化灾难）成为在原子尺度上精确计算蛋白质中的静电相互作用的一个主要障碍。为了避免这种极化灾难，可以在 PB 模型中引入阻尼参数。进一步，为了避免在式（15.12）引入极化电荷，通常将蛋白质分子中的介电系数 ε_p 取为 2 以表示所有诱导偶极子和永久偶极子等其他因素的影响，而水分子产生的诱导偶极子则用介电系数 $\varepsilon_w = 80$ 来代替。

对于 PB 方程，无法求出它的解析解，而只能进行数值求解。仅在某些特殊情况下，可以求出线性 PB 方程的格林函数，然后由格林表示定理得到它的解析解。下面简单介绍几种特殊情况下的线性 PB 方程的解析解。

1. 均匀带电球壳

考虑单价溶液中半径为 R 的带电球壳，其所带电荷总量为 q 且均匀分布在小球表面，小球内的介电系数为 ε_p，溶剂区的介电常数为 ε_w。以小球的中心为坐标原点，由于电荷均匀分布在球表面，因此球壳表面电荷面密度 $\sigma = \dfrac{q}{4\pi R^2}$。利用小球的对称性，通过球坐标变换，线性 PB 方程可以转化为如下的常微分方程：

$$-\frac{1}{r^2}\frac{\mathrm{d}}{\mathrm{d}r}\left(r^2\frac{\mathrm{d}}{\mathrm{d}r}u_1\right)=0,\quad r\in\Omega_p$$

$$-\frac{1}{r^2}\frac{\mathrm{d}}{\mathrm{d}r}\left(r^2\frac{\mathrm{d}}{\mathrm{d}r}u_2\right)+\bar{\kappa}^2u_2=0,\quad r\in\Omega_w \tag{15.13}$$

其中，$\bar{\kappa}^2=\kappa^2/\varepsilon_w$，而由于小球的面电荷密度为$\sigma$，因此当$r=R$时，

$$u_1(r)=u_2(r),\quad \varepsilon_p\frac{\mathrm{d}u_1}{\mathrm{d}r}-\varepsilon_w\frac{\mathrm{d}u_2}{\mathrm{d}r}=\sigma=-\frac{q}{4\pi R^2} \tag{15.14}$$

结合式（15.13）与式（15.14），解得

$$u(r)=\frac{q}{4\pi\varepsilon_w R}\cdot\frac{1}{1+\bar{\kappa}R},\quad r\in\Omega_p$$

$$u(r)=\frac{q}{4\pi\varepsilon_w R}\cdot\frac{\mathrm{e}^{-\bar{\kappa}(R-r)}}{(1+\bar{\kappa}R)r},\quad r\in\Omega_w \tag{15.15}$$

2. 带电小球

理想情况下，视分子为点电荷，这时边界条件将变为连续条件：$u_1(R)=u_2(R)$，$\varepsilon_p\frac{\mathrm{d}u_1}{\mathrm{d}r}=\varepsilon_w\frac{\mathrm{d}u_2}{\mathrm{d}r}$。解析解可以按照上面的方法来进行求解。这里采用另外一种方法，即通过式（15.21）来求解。由于对称性，我们可以将积分号下的未知函数提到积分号前，直接计算可得：$\oint_\Gamma G\mathrm{d}S=R$，$\oint_\Gamma\frac{\partial G}{\partial n}\mathrm{d}S=-\frac{1}{2}$，$\oint_\Gamma F\mathrm{d}S=\frac{1}{2\bar{\kappa}}\cdot(1-\exp(-2\bar{\kappa}R))$，$\oint_\Gamma\frac{\partial F}{\partial n}\mathrm{d}S=\frac{1}{2\bar{\kappa}R}\cdot(1+\bar{\kappa}R)\exp(-2\bar{\kappa}R)$。经过简单的代数运算，得到整个系统的静电势：

$$u(r)=\frac{q}{4\pi\varepsilon_p r}-\frac{q}{4\pi\varepsilon_p R}+\frac{q}{4\pi\varepsilon_w R(1+\bar{\kappa}R)},\quad r<R$$

$$u(r)=\frac{q}{4\pi\varepsilon_w(1+\bar{\kappa}R)}\cdot\frac{\exp(-\bar{\kappa}(r-R))}{r},\quad r>R \tag{15.16}$$

3. 溶剂完全渗透

考虑一个细长的杆状分子放入到一个完全渗透的离子溶液中，在这种情况下整个溶液里面的电势可以用下式来描述：

$$-\nabla^2u(\boldsymbol{r})+\bar{\kappa}^2u(\boldsymbol{r})=\frac{1}{\varepsilon_w}\sum_{i=1}^{N}q_i\delta(\boldsymbol{r}-\boldsymbol{r}_i)$$

由于三维自由空间中的 Helmholtz 方程$-\nabla^2G(\boldsymbol{r})+\bar{\kappa}^2G(\boldsymbol{r})=\delta(\boldsymbol{r}-\boldsymbol{r}_i)$的格林函数为

$$G_1(\boldsymbol{r},\boldsymbol{r}_i)=\frac{1}{4\pi}\frac{\mathrm{e}^{\bar{\kappa}|\boldsymbol{r}-\boldsymbol{r}_i|}}{|\boldsymbol{r}-\boldsymbol{r}_i|}\qquad G_2(\boldsymbol{r},\boldsymbol{r}_i)=\frac{1}{4\pi}\frac{\mathrm{e}^{-\bar{\kappa}|\boldsymbol{r}-\boldsymbol{r}_i|}}{|\boldsymbol{r}-\boldsymbol{r}_i|}$$

结合无穷远处的边界条件，因此单个粒子情况下解有下面形式

$$u^{(i)}(\boldsymbol{r})=\frac{q_i}{4\pi\varepsilon_w}\frac{e^{-\bar{\kappa}|\boldsymbol{r}-\boldsymbol{r}_i|}}{|\boldsymbol{r}-\boldsymbol{r}_i|} \tag{15.17}$$

根据线性叠加原理得到细长杆状分子溶液的静电势为

$$u(\boldsymbol{r})=\sum_{i=1}^{N}u^{i}(\boldsymbol{r})=\sum_{i=1}^{N}\frac{q_i}{4\pi\varepsilon_w}\frac{e^{-\bar{\kappa}|\boldsymbol{r}-\boldsymbol{r}_i|}}{|\boldsymbol{r}-\boldsymbol{r}_i|} \tag{15.18}$$

以上仅列举了三种简单情形，更多复杂情况下 LPB 方程解析解的研究可以参考文献[13]。

15.1.3 PB 方程的求解方法

通常情况下很难求出 PB 方程的解析解，而只能通过数值方法求其近似解。这里将系统地介绍 PB 方程的一些常用数值解法及其最新进展，包括有限差分方法、有限元方法和边界元方法等。

1. *有限差分方法*

有限差分方法的基本步骤是首先对方程的求解区域进行划分，然后对方程中的导数项用网格点上的函数值来近似，得到关于网格点上未知函数的线性代数方程组。对于一些区域比较规则的偏微分方程，可以利用傅里叶变换方法来研究算法的收敛性及稳定性。

PB 方程中含有广义函数（Dirac-Delta 函数），对它进行差分离散时极易产生较大的数值误差，对差分格式的收敛性和稳定性产生很大的影响。因此，应用有限差分方法求解 PB 方程面临的首要问题是计算精度问题。此外，介电系数在生物分子表面的间断性、如何定义分子表面和网格质量等，也会对数值解的精度产生较大的影响。

20 世纪 90 年代，Dirac-Delta 广义函数引发的离散格式精度问题得到了有效的解决，出现了一系列有限差分方法求解 PB 方程的解法器，如 DelPhi[14]、APBS[15]、GRASP[16]、MEAD[17]、UHBD[18]、PBSA[19]、ZAP[20]和 CHARMM[21]等。近年来，基于结构化网格求解椭圆界面问题的数值方法有了很大的进展，使得 PB 方程中介电系数的间断性带来的问题得到解决。Wang 等对界面附近的差分格式进行局部化的修正，得到一种新的差分格式[22, 23]。这种格式离散后得到的线性方程组系数矩阵是对称正定的，可以采用预条件共轭梯度法和多重网格方法等进行快速求解。但它需要一个从不规则分子区域到参考网格的贴体网格映射，因此目前该方法只适用于一些表面充分光滑的简单生物分子。MIB（matched interface and boundary）方法利用界面条件对区域进行光滑延拓，得到了高阶精度和收敛速度的差分格式[24~26]。将解进行正则分解[22]，消去 PB 方程中 Dirac-Delta 函数的奇异性，MIB 方法甚至可以达到更高阶的精度和收敛速度[27]。MIB 方法的缺点在于离散的系数阵是不定矩阵，现有的加速算法很难发挥其功效。此外，IIM（immersed interface method）方法也是一种有效的差分方法，采用上面 Wang 等的思想，结合界面条件修正界面附近处的差分格式，具有较高的精度[28, 29]。IIM 能用于求解非线性 PB 方程[30]。另外一种值得借鉴的处理界面问题的方法是求解稳态抛物型方程的快速时间演化方法。该方法通过将界面上不连续的系数光滑化，使得扩散作用和原 PB 中的变系数作用可以分解成新的扩散作用、常系数和一个光滑的对流作用[31]。

2. 有限元方法

有限元方法基于微分方程变分原理的数值求解，广泛地应用于求解拉普拉斯方程和泊松方程。它通常包含三个步骤：单元剖分、有限元离散和求解离散的变分问题。

有限元求解 PB 方程比较早期的工作包括 Holst 和 Harvey 等[32, 33]、Bowen、Cortis、Friesner、Baker、Holst 和 Lu 等之后做了进一步的工作[34~41]。由于 PB 方程中广义函数的奇异性，Chen 等详细地讨论了 PB 方程 Galerkin 有限元方法解的先验估计与收敛性分析理论[42]。Chern 等提出解的正则格式分离方法[22]，之后被应用到 Lu 和 Zhou 等有限元方法中[43, 71]。利用有限元方法结合相应的界面条件求解正则部分，它的计算精度有了本质上的改进。Cortis 等利用伽辽金方法改进了有限元方法，但他们没能处理好非线性 PB 方程和分子界面上的条件[36]，Holst 和 Baker 等用自适应有限元方法，采用 Newton-AMG 方法对离散系统进行求解[38,39,44]。Xie 等提出了一种新的有限元离散格式，很好地处理了界面条件[45]，最近他们又提出了对方程进行正则化处理的新格式[46]，得到了较高的计算精度。Shestakov 等采用伪瞬态连续（pseudo-transient continuation）方法结合 Newton-Krylov 子空间迭代方法求解 PB 方程，然而这种方法目前尚未被用于具有复杂界面的生物分子系统的计算中，而仅仅被用于具有简单几何结构的胶粒的计算[47]。

3. 有限差分法和有限元法中的快速方法

应用有限差分方法求解 PB 方程还面临求解速度问题，生物大分子的复杂性和计算量大对求解器的求解速度提出了更高的要求。近年来，在发展 PB 方程快速求解器方面也有很多开创性的进展，比较常用的有 AMG、Inexact-Newton-Algebraic MultiGrid 和牛顿方法[32,44]。由于牛顿法求解非线性问题时的迭代次数不依赖于网格尺寸，求解 PB 方程的时间复杂度实际上等于迭代过程中求解线性系统的时间复杂度[48]。因此，牛顿法求解 PB 方程的空间复杂度和时间复杂度是线性的[32, 44]。从理论上讲，将牛顿法与 AMG 方法结合可以达到最优的时间复杂度与空间复杂度，然而这类方法非常难以实现。一些比较容易实现的算法如预条件共轭梯度法（PCG）、经典的静迭代法（SOR、Gauss-Seidel、Jacobi）、MICCG（modified incomplete cholesky factorization based PCG）方法等，可以在 $O(N^{1.25})$到 $O(N^2)$时间内获得方程组的解，仅有少数求解器可以达到线性时间复杂度[49]。

应用有限差分方法求解 PB 方程的另一个问题是计算规模问题。对于 PB 方程而言，计算区域的网格单元尺寸一般取 0.2～1 Å 之间，对于一些尺寸达到几百埃的生物大分子，离散自由度很容易就达到 $O(1000^3)$。解决该问题的方法包括自适应网格加密方法和叠缩技术（telescoping technique）等。自适应网格加密方法首先在粗网格上进行计算，然后在迭代过程中对解变化较大的区域进行局部加密。telescoping technique 首先在粗网格上得到一个近似解，通过对粗网格上的结果进行插值方法得到细网格上的边界条件，然后在局部用细网格进行求解[49]。更多这方面的工作可以参考文献[50]。

在自适应有限元求解 PB 方程的工作中[38, 39, 42]，采用 Newton-AMG 方法或者 Inexact-Newton-AMG 方法对离散有限元系统进行求解[32, 44, 48]，其时间复杂度和空间复杂度均为线性的[51]。最近，Olson 等提出了一种求解 PB 方程的混合自适应有限元方法（weighted adaptive least-squares FEM，the first-order system least-square FEM，FOSLS FEM）[52, 53]，该方法采用传统伽辽金方法和混合型伽辽金方法（mixed galerkin FEM）对 PB 方程进行有限元离散，通过引入残量泛函并极小化该泛函来得到后验误差估计，进行自适应网格加密。这种有限元方法的优点在于可以使得 PB 方程的解和解的梯度具有较高精度，且该方法具有较高的收敛速度。

此外，Lu 等通过解 PNP（Poisson-Nernst-Planck）方程来获得 PB 的结果[54, 55]：

$$\begin{aligned}&\frac{\partial c_i(\boldsymbol{r},t)}{\partial t}=\nabla\cdot(D_i(\boldsymbol{r})\nabla c_i(\boldsymbol{r},t)+\beta D_i(\boldsymbol{r})c_i(\boldsymbol{r},t)\nabla(q_i\phi(\boldsymbol{r},t)),\quad \boldsymbol{r}\in\Omega_s,\quad i=1,\cdots,K\\&\nabla\cdot\epsilon(\boldsymbol{r})\nabla\phi(\boldsymbol{r},t)=-\rho^{\mathrm{f}}(\boldsymbol{r})-\sum_i q_ic_i(\boldsymbol{r},t),\quad \boldsymbol{r}\in\Omega\end{aligned}\tag{15.19}$$

其中，c_i 和 $D_i(\mathbf{r})$ 分别表示第 i 种离子的浓度和扩散系数；K 为溶液中离子的种类。求解 PNP 方程的方法可以参看文献[43, 55~57]。PB 方程可以看成是下面稳态 PNP 方程组（15.20）的平衡态解（即处处流等于零）：

$$\begin{aligned}&\nabla\cdot(D_i(\boldsymbol{r})\nabla c_i(\boldsymbol{r},t)+\beta D_i(\boldsymbol{r})c_i(\boldsymbol{r},t)\nabla(q_i\phi(\boldsymbol{r},t))=0,\quad \boldsymbol{r}\in\Omega_s,\quad i=1,\cdots,K\\&-\nabla\cdot\varepsilon(\boldsymbol{r})\nabla\phi(\boldsymbol{r},t)-\rho^{\mathrm{f}}(\boldsymbol{r})-\sum_i q_ic_i(\boldsymbol{r},t)=0,\quad \boldsymbol{r}\in\Omega\end{aligned}\tag{15.20}$$

另外值得一提的是，最近随机方法也广泛应用于一些偏微分方程的边值问题中。由于统计采样方法固有的特性，随机方法不要求求解区域的性质，可以处理任意复杂的几何区域。因此，现在蒙特卡洛随机方法也是受欢迎的一类求解 PB 方程的方法。这种随机方法利用拉普拉斯方程的随机行走方法和积分中值公式结合 PB 方程的边界条件，根据轨迹的存活概率模拟出一系列的轨迹以获得 PB 方程在某些点上的解，它显著的优点在于其消耗的计算机内存非常小[58~60]。

4. 生物分子网格生成方法

在结构生物学和结构生物信息学中，分子表面网格广泛应用于可视化和几何分析计算。随着生物系统的数学建模和数值模拟的发展，对分子表面网格有了一些新的需求，如合格性、稳定性、有效性等，特别是对于上面提到的隐式溶剂化模型。在计算模拟中，需要频繁产生网格或为生物大分子体系产生网格时，高效率是十分必要的。它要求网格产生方法是稳定的，且在计算机许可条件下，能为任意尺度大小的分子系统产生网格。网格质量涉及网格光滑（避免锋利固体角等）、均匀性和拓扑正确性（避免孤立的顶点、相交单元等），其对于数值方法在求解偏微分方程的时候是至关重要的，能影响数值算法的收敛性及结果的合理性。网格剖分技术已经有几十年的发展历史了，到目前为止，结构化网格技术发展得相对比较成熟，而非结构化网格技术由于起步较晚、实现比较困难等方面的原因，现在正处于逐渐走向成熟的阶段。

1）贴体网格与非贴体网格

在基于有限差分的 PB 求解器里，需要对求解域进行网格剖分，通常采用结构化的网格来加速有限差分法的计算。而由于生物分子固有的特性——复杂外形，产生生物分子的贴体网格（body-fitted mesh）是极其复杂的过程，因此，一般采用结构化的非贴体网格（body-unfitted mesh）来离散求解域。目前结构化网格生成技术已有大量的文献。一般说来，它生成速度快、网格质量好、数据结构简单，然而它们给 PB 方程的求解在计算上带来难以估计的人为误差。为了降低非贴体网格带来的人为误差，目前另一种有效的方法是采用非结构化的贴体网格。非结构化网格没有规则的拓扑结构，网格节点的分布是随意的，因此具有很强的灵活性。在 20 世纪 90 年代时，非结构化网格的文献达到了它的高峰时期。随着人们对求解区域的复杂性不断提高，对非结构化网格生成技术的要求越来越高。从现在的文献调查情况来看，非结构化网格生成技术中只有平面三角形的自动生成技术比较成熟（边界的恢复问题仍然是一个难题，现在仍在广泛讨论），平面四边形网格的生成技术正在走向成熟。而空间任意曲面的三角形、四边形网格的生成，三维任意几何形状实体的四面体网格和六面体网格的生成技术还远远没有达到成熟，需要解决的问题还非常多。非结构化网格技术一般有应用于差分法（grid generation technology）和应用于有限元法和边界元法（mesh generation technology）。对平面三角形网格生成方法，比较成熟的是基于 Delaunay 准则的一类网格剖分方法（Bowyer-Watson algorithm and Watson’s algorithm）和波前法（advancing front triangulation）的网格生成方法。另外还有一种基于梯度网格尺寸的三角形网格生成方法，这一方法现在还在发展当中。基于 Delaunay 准则的网格生成方法的优点是速度快，网格的尺寸比较容易控制。其缺点是对边界的恢复比较困难，很可能造成网格生成的失败，对这个问题的解决方法现在正在讨论之中。波前法的优点是对区域边界拟合的比较好，所以在流体力学等对区域边界要求比较高的情况下，常常采用这种方法。它的缺点是对区域内部的网格生成的质量比较差，生成的速度比较慢。

三维实体的四面体和六面体网格生成方法现在还远远没有达到成熟。部分四面体网格生成器虽然已经达到了使用的阶段，但是对任意几何体的剖分仍然没有解决，现在的解决方法就是采用分区处理的办法，将复杂的几何区域划分为若干个简单的几何区域，然后分别剖分再合成。对凹区的处理更是如此。六面体的网格生成技术主要采用的是间接方法，即由四面体网格剖分作为基础，然后生成六面体。这种方法生成的速度比较快，但是生成的网格很难达到完全的六面体，会剩下部分的四面体，四面体和六面体之间需要金字塔形的网格来连接。现在还没有看到比较成熟的直接生成六面体的网格生成方法。

2）贴体表面网格的生成

为了描述分子结构的形状，人们提出了各种分子表面定义，包括范德华表面（van der Waals surface）、溶剂可接触表面（solvent-accessible surface）、溶剂排斥表面（solvent-excluded surface）、分子皮肤表面（molecular skin surface），最小分子表面（minimal molecular surface）和高斯表面（Gaussian surface）等。范德华表面被定义为球形原子的结合体的暴露表面，这些球的半径为分子中每个原子的范德华半径。溶剂可接触表面和溶剂排斥表面分别被定义为探针在范德华表面滚动时轨迹的中心和内边界。溶剂可接触表面和溶剂排斥表面是分子模拟中最为常用的两种表面。最小分子表面被定义为自由能最小化得到的表面。不同于这些定义，高斯表面定义为高斯核函数的和的水平集。通过选取合适的参数，高斯表面能很好地逼近范德华表面，溶剂可接触表面和溶剂排斥表面[61~63]。高斯表面被广泛应用于计算生物学的许多问题，如对接问题、分子形状对比、计算溶剂可接触表面的面积以及广义玻恩模型中。随着各种分子表面定义的提出，许多致力于分子表面计算的工作出现了。1983 年，Connolly 等提出了一系列算法来计算和分析了溶剂可接触表面[64]。1997 年，Vorobjev 等提出了 SIMS 算法，该方法计算平稳不变分子点表面，能去掉自相交的部分和光滑溶剂排斥表面的奇异区域[65]。Sanner 等开发了一个基于 α 形的工具 MSMS，为溶剂排斥表面产生三角形网格[66]。Ryua 等推广了 α 形方法，提出了 β 形的方法来产生三角形网格[67]。最近，Yu 等使用移动立方体算法（marching cube method）来为生物分子结构产生网格[68]。Can 等利用水平集的方法开发了 LSMS 用于生成溶剂排斥表面[69]。Cheng 等使用球的约束集合为分子皮肤表面生成网格[70]。此外，在计算结构生物学或结构生物信息学中，大多数的这些方法，如 GRASP、MSMS、LSMS，主要用于分子可视化和几何分析。对于一些数值模拟方法而言，如有限元或边界元方法，通常需要采取一些其他方法来提高网格质量[71]。最近，Chen 和 Lu 等开发的高斯表面生成程序包 TMSmesh，成功地为一百多万个原子的大生物分子产生表面网格并用于 BEM 计算[73]。

3）体网格的生成

一般来说，一个产生体网格的合理策略可分为以下两步：首先产生一个分子表面的一致网格，然后基于表面网格去生成体网格。Lu 研究组发展了这样一个产生体网格的工具链[40, 71, 74]。该工具链主要包括三部分：表面网格的生成，网格质量的提高，体网格的产生。首先，用 TMSmesh 为高斯表面进行三角形网格剖分，它能避免自相交，保持分子表面的拓扑结构[73]。在第二步，可以使用软件 ISO2mesh[75]去简化表面网格，如果存在自相交的三角形，再使用 TransforMesh[76]去掉那些自相交的三角形。最后，使用 TetGen[77]为上面得到的表面网格产生体网格。

5. 线性 PB 方程的边界元求解方法

边界元方法是一种求解线性偏微分方程的数值方法，其基本思想是：将原方程转化为边界积分方程，结合边界条件、界面条件等解出未知函数在边界上的值，从而得到整体解。边界元法的数学基础可以追溯到大约两百年前。1828 年，格林将位势问题的解表示为它与格林函数的法向导数乘积的边界积分。1903 年，Fredholm 证明了线性积分方程在一定条件下解的存在唯一性，奠定了积分方程理论的数学基础。

对于线性 PB 方程，通过格林第二公式可以转换成下面的边界积分方程[78, 79]：

$$\begin{aligned}\alpha(\boldsymbol{r})f(\boldsymbol{r}) &= \oint_\Gamma \left[\varepsilon G(\boldsymbol{r},\boldsymbol{r}')h(\boldsymbol{r}') - \frac{\partial G(\boldsymbol{r},\boldsymbol{r}')}{\partial n} f(\boldsymbol{r}')\right] \mathrm{d}S + \frac{1}{\epsilon_p}\sum_k q_k G(\boldsymbol{r},\boldsymbol{r}_k),\ \ \boldsymbol{r}\in\Gamma \\ (1-\alpha(\boldsymbol{r}))f(\boldsymbol{r}) &= \oint_\Gamma \left[-F(\boldsymbol{r},\boldsymbol{r}')h(\boldsymbol{r}') + \frac{\partial F(\boldsymbol{r},\boldsymbol{r}')}{\partial n} f(\boldsymbol{r}')\right] \mathrm{d}S,\ \ \boldsymbol{r}\in\Gamma\end{aligned} \tag{15.21}$$

其中，$f = u^{\text{ext}}$，$h = \dfrac{\partial u^{\text{ext}}}{\partial n}$ 为未知量；n 是表面上点 t 的单位外法向量；$\epsilon = \epsilon_w / \epsilon_p$；$G(\boldsymbol{r},\boldsymbol{r}') = 1/4\pi r$；$F(\boldsymbol{r},\boldsymbol{r}') = \exp(-\kappa r)/4\pi r$，$r$ 表示 $\boldsymbol{r}$ 与 $\boldsymbol{r}'$ 两点之间的距离。参数 $\alpha(\boldsymbol{r})$ 依赖于点 $\boldsymbol{r}$ 的几何特征，一般的可以取为 $A/4\pi$，A 为点 $\boldsymbol{r}$ 在表面处所张成的立体角。对于光滑的表面，可以取 $\alpha = 1/2$。对于非线性 PB 方程，解的积分表示需要用到它在整个区域上的体积分，降低了 BEM 方法的效率，即使采用一些加速技术，其求解速度仍然要慢于有限差分[80]。

通常可以采用伽辽金方法或者配点法对边界积分方程进行离散，对于 PB 方程，后者成为一种常用的选择。一般来说，采用边界元方法求解 PB 方程的优点在于：第一，相比体离散方法来说，边界元方法只需对表面进行离散，大大地减少了方程自由度；第二，边界元方法能很好地处理复杂的几何形状和 PB 方程的边界条件；第三，采用边界元方法对 PB 方程进行离散可以得到一个条件数较好的线性方程组[79]，因而无需采用预条件子求解；第四，它精确地处理了 PB 方程中的广义函数。而它的缺点在于：其一，相比体离散方法来说，尽管边界元法离散的自由度有所减少，但它所得到的线性方程组，其系数矩阵通常是非对称满秩的，因此边界元方法通常具有极高的空间复杂度和时间复杂度［分别为 $O(N^2)$ 和 $O(N^3)$］，这极大地限制了其在生物分子模拟中的应用，需要有效地降低边界元方法在应用于 PB 方程时的计算复杂度；其二，由于无法得到非线性 PB 方程的格林函数，边界元方法仅适用于求解线性 PB 方程；其三，计算边界单元上的积分较为耗时；其四，奇异积分的计算精度会影响解的精度与稳定性；其五，对于一些生物分子系统中出现的溶剂空腔和隔离层，边界元法需要额外的计算量。

最近，在加速边界元求解 PB 方程方面有了很多工作，如通过 Krylov 子空间迭代法求解线性方程组和仅计算部分矩阵系数以节省内存及 CPU 时间[78, 81]；快速多极子方法（FMM）[82]、快速傅里叶变换（FFT）[83,84]、面板聚类方法（panel clustering method）[85]和小波压缩方法（wavelet compression method）[86]等加速迭代法中的矩阵-向量乘运算。

快速多极子方法的基本思想是采用八叉树结构进行空间管理实现以一次计算代替多次计算从而加快计算速度。早期的快速多极子方法仅仅能用于库仑势的计算，其计算复杂度为 $O(N\log N)$，因此应用它可以加速泊松方程的求解[87, 88]。Bordner 和 Huber 等采用自适应多极子展开的方法，将它应用到边界元方法求解泊松方程中[89]。随后，Boschitsch 等将快速多极子应用到了屏蔽库仑作用的计算且成功地将它应用于 BEM 方法中[90]。最近，一种新的快速多极子方法将计算时间复杂度降至 $O(N)$[82]。比起早期的 FMM，新方法用对角变换进行平面波展开，大大地降低了运算量。这种方法结合 BEM，其总体性能（包括 Node-Patch 的应用）得到了很大的提高[81, 91]。使用 FMM 这个框架结合并行计算能延伸到任意体系生物分子的静电计算[124]，使得它在生物计算领域成为一个很有效的快速计算静电的工具。

White 等在他们的边界元 PB 求解器中采用了预校正的快速傅里叶变换方法（pre-corrected FFT）[84]。最近他们又提出了一种 FFTSVD 方法，利用八叉树结构将空间进行剖分，采用抽样方法计算源项和线性响应主成分的低秩近似，应用 FFT 计算长程作用[92, 93]。其数值结果显示 FFTSVD 的性能要优于 pre-corrected FFT。此外还有将 FFT 与快速多极子相结合的方法[94, 95]，其主要思想是利用小波基函数使得伽辽金矩阵的元素很小以致可以忽略，其运算复杂度接近于线性复杂度[96]。

通过对网格重新组织来加快边界元方法的求解速度。例如，可以通过合并相邻单元来降低自由度，以加快求解速度，但是这种方法通常会造成精度损失[97]。Node-Patch 方法很像有限元方法中的 Voronoi 网格，通过简单地重新安排每个 Patch，可以达到线性边界元方法的精度，同时又能保持常数边界元方法的运算量[78]。由于高阶基函数方法可以使得算法具有高的收敛阶，因此高阶方法可以采用较少的自由度来达到与低阶方法相同的精度[83, 98]。White 等用高阶边界元方法在一些小分子的计算中得到了很好的收敛阶[99]。Bardhan 等采用曲面元离散分子表面，得到了很好的计算精度[100, 101]，但整体计算时间仍然较长。

6. 超越 PB 方程

PB 方程形式简洁且便于计算，在弱耦合（低表面电荷密度、低浓度的单价离子溶液、高温度）条件下，PB 方程可以给出与实验较为一致的结果，是模拟生物分子-溶液系统静电相互作用的有效手段，因而被广泛应用于很多研究领域。尽管如此，传统 PB 模型仍然存在局限性：首先，传统 PB 模型将带电粒子视为点电荷，忽略了粒子的尺寸效应；其次，传统 PB 模型将蛋白质和溶液视为连续均匀的电介质，忽略了粒子的极化效应[102]；此外，传统 PB 模型基于平均场假设，因而无法反映系统的涨落[103, 104]，且忽略了粒子相互关联（ionic correlation）效应。这些被传统模型所忽略的效应被认为在溶液分层、电荷反转、同性电荷相吸、离子通道选择性等一系列生物进程中具有极其重要的作用[105~108]。

近年来，为了克服传统 PB 模型的局限性，一些新模型被陆续提出。通过引入被传统 PB 模型所忽略的效应，这些新模型可以更精确地描述离子溶液体系的溶剂化效应，并有助于解释一些传统 PB 模型无法解释的物理现象。一些研究致力于通过能量变分方法得到加入粒子尺寸效应的修正 PB 模型，这些修正模型主要包括 MPB（modified Poisson-Boltzmann）模型[109]、SMPB（size modified Poisson-Boltzmann）模型[7]，以及 SMPNP（size modified Poisson- Nernst-Planck）模型[56, 110]等。MPB 模型只适用于溶液中的粒子具有相同尺寸的情形。SMPB 模型的适用范围有所放宽，该模型可适用于溶液中的粒子具有两种不同尺寸的情形。SMPNP 模型则完全克服了粒子种类和粒子尺寸的约束，该模型可适用于溶液中含有任意多种不同尺寸的粒子的情形；另外，SMPNP 方程作为含时方程，不仅可以模拟蛋白质-溶液体系的平衡态，还可以用于模拟体系的非平衡动态过程以及溶液离子的输运过程。一些研究致力于修正 PB 模型中的介电系数，主要包括 DPB（dipolar Poisson-Boltzmann）模型[102]、NE（nonlocal electrostatic）模型[111]、VDPB（variable dielectric Poisson-Boltzmann）模型[6]等。DPB 模型主要考虑水分子极化效应对介电系数的影响，采用统计场论方法得到了一种介电系数依赖于电场强度和水分子偶极矩的变系数 PB 方程。NE 模型基于溶液模拟中的全局静电力学方法，得到了一种介电系数依赖于电势在整个空间的分布的变系数 PB 方程。VDPB 模型主要考虑粒子的体积排斥效应对溶液介电系数的影响，得到了一种介电系数依赖于离子浓度和离子尺寸的变系数 PB 方程。

此外，由于平均场理论的局限性，在强耦合条件下，传统 PB 方程的结果与实验结果存在较大偏差。因此，一些研究致力于发展适用于强耦合条件下的修正 PB 模型，这方面的工作可以参考文献[112]。

15.1.4　并行计算

一般来说，串行程序局限于较小的生物分子系统。对生物大分子溶液来说，即使是很快的解法器，在很精细的网格上也需要很长的计算时间。因此，加速原来的串行解法器来研究大分子系统的静电问题是一个亟待解决且艰巨的任务。好在最近新一代计算机的发展，为实现这个目的提供了重要的基础。逐个介绍各种类型计算机的并行架构超出了本综述范畴，这里主要介绍目前的一些主流并行程序在生物计算方面的应用，同时，它也受到越来越多人的关注。

虽然上面介绍的这些并行程序库很容易将一个串行解法器实现并行，然而各个处理器之间合理地调度工作任务，并行粒度等将对并行效率产生很大影响。

目前，一些广为使用的 PB 求解器，已经有了不同的并行程序实现，如 APBS、PBSA、DelPhi、AFMPB。这里，将简单描述这些解法器中的并行技术与实现[113]。

Band 和 Holst 等发展的偏微分方程有限元求解程序包 Adaptive Multilevel Finite Element Package，首先将整个区域剖分成一些小区域，然后将小区域上的计算分派给处理器，在每个处理器上求出粗网格上的近似解，将粗网格上的解当作初始解在细网格上进行迭代求解。

APBS 延伸了 Band 和 Holst 等的并行技术，将并行聚焦方法（parallel focusing

method）与静电聚焦方法（electrostatic focusing method）结合[37]。在并行聚焦方法中，将整个网格剖分成一些子网格（它们之间可以有重叠），每个子网格交给一个处理器来计算。粗网格上的解用来给子网格上定义边界条件，以减少了处理器之间的通信。Luo 等在 FDPB 中采用 Coarse-Grained Distributive Method，结合静电聚焦方法，将细网格剖分成多个独立的 FDPB 进行计算[114]。此外，DelPhi 将分子表面网格、静电势和静电自由能的计算分别采用特定的并行算法来实现在多处理器上的并行计算[115]。Hwang 等在他们的有限元离散中，引入一种新型的并行 NKS（Newton-Krylov-Schwarz）算法[113]。NKS 算法利用 INB（inexact newton method with backtracking）方法，可以对非线性 PB 方程进行求解。在每一个牛顿迭代步，利用 Krylov 子空间方法求解离散的雅可比线性系统，并结合区域分解方法来加快它的收敛性[113]。自适应网格加密的并行技术[116]加快 PB 方程的求解也正在发展中。Lu 等将并行自适应有限元软件平台 PHG[117]应用于 PB 方程，自适应地产生复杂生物分子区域的有限元网格，且成功地应用于 gA 离子通道的计算中[40, 41]。

在边界元法计算中，一些关于分子静电计算的软件包也有了并行实现。Yokota 等用 GPU 来实现 FMM 的并行，得到了很好的并行效率（512GPU 时的效率大于 50%）[118,119]。Geng 等用 MPI 实现了高阶边界元方法[120]和 GPU 对直接边界元方法[121]及树结构算法的并行计算（TABI）[122]。Barba 等的 PyGBe[123]，很好地处理了生物系统中的溶剂空腔（solvent-filled cavity）现象。最近，Lu 等把 FMM 计算过程用 DAG（directed acyclic graph）表示，借助图论里面的 NP 问题近似优化方法将 FMM 计算动态地分配给处理器以实现并行，各核之间的通信降到近似最低，用 Intel 编译器中的 Cilk 库得到了很好的并行效率，实现了超大分子的静电计算[124]。

15.1.5　静电计算结果的可视化

当我们通过计算得到数值结果时，可以借助可视化工具将数据转化为图片和视频等多媒体文件。这些多媒体文件对于科学研究可以起到很好的辅助作用，它们有助于研究者从整体上、从更直观的角度了解和掌握这些计算结果，同时也有助于各个领域的研究者之间的学术交流。尤其是对于生物模拟问题，其计算结果往往包含大量的数据和信息。因此，发展适用于生物分子模拟的可视化平台是很有必要的。目前国际上分子模拟领域常用的可视化软件包括 PyMOL[125]、VMD[126]、Chimera[127]、GRASP[16]等。其中，PyMOL 采用 Python 编写而成，具有非常强大的图片制作功能；VMD 采用了 Tk/Tcl 脚本语言，具有操作简便，新手也很容易使用等特点。PyMOL 和 VMD 部加入了很多由研究者根据工作需要自行编写的脚本，大大地方便了使用。Chimera 通常被用于分子对接和药物设计领域，而 GRASP 通常被用于分子表面的可视化。这些软件的缺点是不能处理一般非结构化网格数据及基于其获得的模拟数据结果。

最近，Bai 等开发了一款针对三维生物分子的可视化软件 VCMM（图 15-2）[128]。

VCMM 提供了生物分子模型计算网络和数值结果于一体的可视化功能，并有多种小工具，包括分子力场、网格质量分析、各种采样和体绘制等功能。在软件内部，运用了分子结构区域划分的方法和多种其他的采样方法，加快了大型分子数据的显示速度。此外，VCMM 拥有简单易用的界面和广泛的数据格式支持，包括 PDB、PQR、OFF、MESH、Medit、VTK 等常用的生物分子结构、网格结构以及数值计算结果等数据格式。

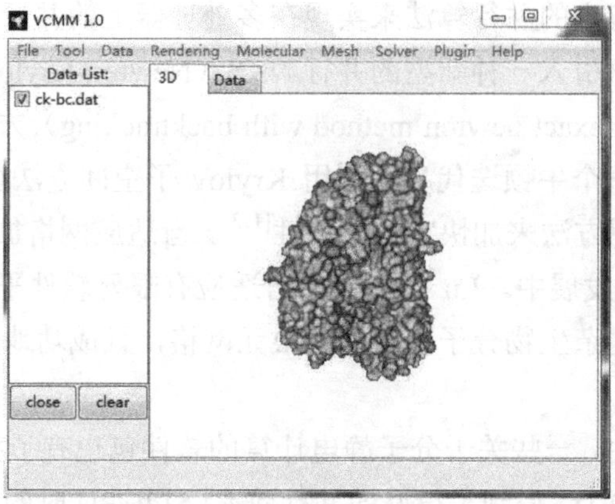

图 15-2　可视化软件 VCMM 界面

15.2　广义 Born 模型

广义玻恩模型（generalized Born model，GB）是 PB 模型的一种近似方法，该模型被广泛用于生物分子中的长程相互作用与溶剂化效应的计算。相比经典的 PB 模型，GB 模型采用半解析的计算方法快速地计算生物分子的溶剂化能。广义玻恩模型目前被广泛应用于分子动力学研究[129, 130]。这里主要介绍 GB 模型的一些计算方法和它在蛋白质溶液系统模拟中的一些应用。

15.2.1　Born 模型及广义 Born 模型的计算方法

我们从泊松方程[式（15.4）]的格林函数 $G(\boldsymbol{r}_i,\boldsymbol{r}_j)$ 出发来推导玻恩公式。为了方便起见，这一章中我们省略真空中的介电常数 ϵ_0。点电荷泊松方程的格林函数 $G(\boldsymbol{r}_i,\boldsymbol{r}_j)$ 满足如下方程：

$$\nabla\cdot(\varepsilon(\boldsymbol{r})\nabla G(\boldsymbol{r}_i,\boldsymbol{r}_j))=-\delta(\boldsymbol{r}_i-\boldsymbol{r}_j) \tag{15.22}$$

这里考虑简单的两介质模型，在生物分子内，格林函数 $G(\boldsymbol{r}_i,\boldsymbol{r}_j)$ 可以表示为：

$$G(\boldsymbol{r}_i,\boldsymbol{r}_j)=\frac{1}{4\pi\epsilon_p\left|\boldsymbol{r}_i-\boldsymbol{r}_j\right|}+G'(\boldsymbol{r}_i,\boldsymbol{r}_j) \tag{15.23}$$

这里的 $G'(\boldsymbol{r}_i,\boldsymbol{r}_j)$ 反映了生物分子表面极化电荷所产生的反应场。一般地，当介电表面存在时 $G'(\boldsymbol{r}_i,\boldsymbol{r}_j)\neq 0$。因此，分子的溶剂化能可以写成如下形式：

$$\Delta G_{el} = \frac{1}{2}\sum_{i,j} G'(\boldsymbol{r}_i, \boldsymbol{r}_j) q_i q_j \tag{15.24}$$

对任意形状、任意电荷分布的生物分子，计算 $G'(\boldsymbol{r}_i,\boldsymbol{r}_j)$ 与求解泊松方程［式（15.4）］同样困难。Kirkwood 等提供了在球对称情况下泊松方程的解析解[131]，得到了 $G'(\boldsymbol{r}_i,\boldsymbol{r}_j)$ 和 $G'(\boldsymbol{r}_i,\boldsymbol{r}_j)$ 的解析表达式[132]：

$$G'(\boldsymbol{r}_i, \boldsymbol{r}_i) = -\frac{1}{4\pi}\left(\frac{1}{\epsilon_p} - \frac{1}{\epsilon_w}\right)\frac{1}{R}\sum_{l=0}^{\infty}\frac{t_{ii}^l}{1 + \dfrac{l}{l+1}\alpha}$$

$$G'(\boldsymbol{r}_i, \boldsymbol{r}_j) = -\frac{1}{4\pi}\left(\frac{1}{\epsilon_p} - \frac{1}{\epsilon_w}\right)\frac{1}{R}\sum_{l=0}^{\infty}\frac{t_{ij}^l P_l(\cos\theta)}{1 + \dfrac{l}{l+1}\alpha} \tag{15.25}$$

其中，R 是分子的半径；r_i 是体系中原子 i 的质心到分子中心的距离；而 $t_{ij} = \dfrac{r_i r_j}{R^2}$；$\theta$ 为 $\boldsymbol{r}_i$ 与 $\boldsymbol{r}_j$ 之间的夹角；$\alpha = \epsilon_p / \epsilon_w$。

式（15.25）很有意义，然而在实际计算中，生物分子中的大部分原子部分布在表面附近，因此参数 t_{ij} 接近于 1，导致式（15.25）中的无穷级数收敛非常缓慢。当 $\epsilon_w \gg \epsilon_p \geqslant 1$ 时，考虑 ϵ_w 趋于无穷大的极限情况，这时候 α 趋于 0。经过一些代数运算，可以得到：

$$G'(\boldsymbol{r}_i, \boldsymbol{r}_i) = -\frac{1}{4\pi\varepsilon_p}\frac{1}{R - r_i^2/R} \tag{15.26}$$

$$G'(\boldsymbol{r}_i, \boldsymbol{r}_j) = -\frac{1}{4\pi\varepsilon_p}\frac{1}{\sqrt{r_{ij}^2 + \left(R - \dfrac{r_i^2}{R}\right)\left(R - \dfrac{r_j^2}{R}\right)}} \tag{15.27}$$

联解式（15.26）、式（15.27）和式（15.24）三式，能得到溶剂化能 ΔG_{el} 的计算公式。然而还需要确定一些参数，如生物分子的半径 R、原子到分子中心的距离 r_i。不过，最重要的是式（15.26）和式（15.27）为广义玻恩模型提供了数学依据。由于式（15.26）和式（15.27）都只依赖于 $R - r_i^2/R$，我们将其定义为原子的等效玻恩半径，记为 R_i。因此，如果求得生物分子中所有原子的等效玻恩半径，便可由式（15.27）求得所有的 $G'(\boldsymbol{r}_i,\boldsymbol{r}_j)$。

式（15.26）和式（15.27）的推导是在一种理想情况下得到的。而在实际计算中，一般采用下面的玻恩公式来计算生物分子的溶剂化能，它作为一种半解析计算的方法，其计算速度非常之快，已经广泛地应用于一些生物模拟方面的计算：

$$R_i = -\frac{1}{8\pi}\left(\frac{1}{\epsilon_p} - \frac{1}{\epsilon_w}\right)\frac{q_i^2}{\Delta G_{ii}^{el}}$$

$$\Delta G_{el} = \frac{1}{2}\sum_{i,j} G'(\boldsymbol{r}_i, \boldsymbol{r}_j) q_i q_j \approx -\frac{1}{8\pi}\left(\frac{1}{\epsilon_p} - \frac{1}{\epsilon_w}\right)\sum_{i,j}\frac{q_i q_j}{\sqrt{r_{ij}^2 + R_i R_j \exp\left(-\gamma \dfrac{r_{ij}^2}{R_i R_j}\right)}} \tag{15.28}$$

Still 等将 γ 取为 $\frac{1}{4}$，是一种常用的形式[133]，在其他一些文献中，也有将它取为 $\frac{1}{2}$、$\frac{1}{10}$ 等。虽然当 γ 不等于零时，式（15.28）已经不再是泊松方程的解析解，然而在一些非球形状的蛋白分子中，它却能较精确地估算溶剂化自由能[134]。式（15.28）即是在单原子情况下的玻恩公式，利用式（15.28）来计算溶剂化自由能，首先需要计算每个原子的等效半径 R_i。广义玻恩模型计算溶剂化自由能可以追溯到大约 50 年前，那时“generalized Born”还未曾出现在文献中[135]。玻恩公式提供了一种解析的计算相互作用力的有效方法。因此，两个问题随之出现了：① 如何快速计算每个原子的有效半径；② 玻恩公式[式（15.28）]能否合理的估算实际分子的溶剂化自由能。Onufriev 等利用数值方法求解泊松方程得到每个原子的等效半径，从而给予了肯定答案[136]。然而，他们的方法在计算机上是非常耗时的。因此在广义玻恩模型中，最主要的任务是计算原子的等效半径。实际上，现在几乎所有的 GB 模型，均采用式（15.28）来计算溶剂化效应，而它们之间的差异则反映在原子等效半径的计算上。下面主要介绍 GB 模型中原子等效半径的一些计算方法。一般来说，通常可以采用体积分的方法[137]或面积分的方法[138]来计算[式（15.28）]。然而我们却面临着两个方面的挑战：① 用简单的公式来计算 ΔG_{ii}^{el}；② 一个好的数值积分方法来计算体积分和面积分。David 和 Jackson 等采用库仑场近似（coulomb field approximation，CFA）方法[139]和能量密度积分方法得到原子等效玻恩半径公式如下：

$$\alpha_4 = R_i^{-1} = \frac{1}{4\pi}\int_{\text{ext}} \frac{1}{|\boldsymbol{r}-\boldsymbol{r}_i|^4}\mathrm{d}V = \rho_i^{-1} - \frac{1}{4\pi}\int_{r>\rho_i} |\boldsymbol{r}|^{-4}\,\mathrm{d}V \tag{15.29}$$

其中，ρ_i 表示原子 i 的范德华半径，式（15.29）中的积分区域为溶液中除去原子 i 所剩下的部分。值得注意的是，库仑场近似只对点电荷分布在对称的球形分子情况下成立。对于实际分子，库仑场近似得到的等效玻恩半径往往会偏大[140]。此外，通过参数化方法也可以提高等效玻恩半径的精度，如下面的计算公式：

$$\alpha_N = \left(\frac{1}{4\pi}(N-3)\int_{\text{ext}} \frac{1}{|\boldsymbol{r}-\boldsymbol{r}_i|^N}\mathrm{d}V\right)^{\frac{1}{N-3}} = \left(\rho_i^{3-N} - \frac{1}{4\pi}(N-3)\int_{r>\rho_i} |\boldsymbol{r}|^{-N}\,\mathrm{d}V\right)^{\frac{1}{N-3}} \tag{15.30}$$

从 α_N 的线性组合出发可以改进库仑近似，同时提高广义玻恩模型的精度，如 CHARMM 中的‘GBMV’利用 α_4 和 α_5 的线性组合来计算原子的等效玻恩半径，‘GBMV2’用 $R^{-1} = \left(1-\frac{\sqrt{2}}{2}\right)\alpha_4 + \frac{\sqrt{2}}{2}\alpha_7$ 计算原子的等效玻恩半径，提高了玻恩半径的计算精度[140]。最近，提高精度的方法包括拟合原子半径或将原子半径的梯度并入计算中[141]。

此外，我们可以类比点电荷分子情况下的泊松方程那样来推导一般溶液的等效玻恩半径公式。然而这时情况会变得非常复杂，为推导带来困难。实际上，人们更多的是采用经验公式与半解析的方法，如下面的方法来处理溶液中存在的离子[142]：

$$\Delta G_{el} = -\frac{1}{8\pi}\sum_{i,j}\left(\frac{1}{\epsilon\varepsilon_p} - \frac{\exp(-0.73kf^{\mathrm{GB}})}{\epsilon\varepsilon_w}\right)\frac{q_i q_j}{f^{\mathrm{GB}}} \tag{15.31}$$

其中，$f^{\mathrm{GB}} = \sqrt{r_{ij}^2 + R_i R_j \exp\left(-\gamma\frac{r_{ij}^2}{R_i R_j}\right)}$。其实，我们可以从单个原子的 PB 方程的解的形式 $\phi_i \sim \frac{\exp(-\kappa r)}{\epsilon_w}\times\frac{q_i}{r}$ 出发，将式（15.28）中的 $\left(\frac{1}{\epsilon_p}-\frac{1}{\epsilon_w}\right)$ 变为 $\left(\frac{1}{\epsilon_p}-\frac{\exp(-\kappa f^{\mathrm{GB}})}{\epsilon_w}\right)$。式中的常数 0.73 是通过与 PB 方程的预测结果进行对比而得到的拟合参数。

15.2.2　广义 Born 模型的应用

在运用经典的分子力学进行分子模拟和量子化学计算中，经常会用到隐式溶剂模型。它作为一种快速估算溶剂化自由能的方法，在蛋白质-底物分子作用的计算和蛋白质折叠等方面特别有用。在量子化学计算中，它也常用在计算溶剂中某些分子的 $\mathrm{p}K_\mathrm{a}$ 值。因此利用隐式溶剂模型来了解生物分子系统在反应过程中的构象转变和自由能面具有广泛的应用前景。目前，广义 Born 模型已成功地应用于计算一些蛋白质分子折叠反应过程的能量势能面[143~145]。与此同时，它也能用来探测环境温度、摩擦力和随机力对蛋白质折叠的影响，如蛋白质设计实验中点突变过程对蛋白质稳定性的影响[146, 147]。除此之外，广义 Born 模型在研究 DNA-蛋白质的相互作用方面大有用武之地[148~150]。

15.3　静电相互作用的若干应用

近年来，分子模拟技术得以广泛应用，在对生物分子的结构、功能和特性的研究中，计算机模拟技术逐渐占据主导地位。相比全原子模型，以 PB 和 GB 模型为代表的隐式溶剂模型可以极大地降低计算量，因而被广泛应用于分子模拟。下面将着重介绍 PB 和 GB 模型在生物计算和分子模拟中的应用。

15.3.1　静电相互作用在自由能计算中的应用

最近的现代药物设计中，人们最感兴趣的是计算蛋白质与配体、核酸与配体之间结合过程中的自由能变化。随着现代计算机技术的发展，现在已经能够快速计算蛋白质折叠、蛋白质-配体结合、蛋白质-蛋白质结合等生物反应中的自由能变化。通过分子动力学模拟采样，计算蛋白质复合物结合自由能的方法主要有 MM-PBSA（molecular mechanics Poisson-Boltzmann surface area）和 MM-GBSA（molecular mechanics generalized Born surface area）。它们可以计算两个蛋白质的结合自由能，也可以计算复合物界面残基突变造成的自由能差。利用 Jarzynski 公式和自由能微扰方法进行非平衡态模拟，原则上也能计算蛋白质复合物的结合自由能，但通常的蛋白质相互作用体系庞大，采样的计算量远远大于 MM-PB（GB）SA，因此其应用受到了一定程度的限制。在 MM-PB（GB）

SA 中，需要对蛋白质复合物进行分子动力学模拟以获得蛋白质的构象来计算结合自由能。它采用下面的热力学循环[151]：

$$\begin{array}{ccc} A+B & \xrightarrow{\Delta G_{\text{bind}}^{\text{gas}}} & AB \\ \downarrow \Delta G_{\text{solv}}^{\text{A}}+\Delta G_{\text{solv}}^{\text{B}} & & \downarrow \Delta G_{\text{solv}}^{\text{AB}} \\ A\cdot w+B\cdot w & \xrightarrow{\Delta G_{\text{bind}}^{\text{solv}}} & AB\cdot w \end{array}$$

根据这一循环，蛋白质的结合自由能可表示为

$$\begin{aligned} \Delta G_{\text{bind}}^{\text{solv}} &= \Delta G_{\text{bind}}^{\text{gas}} + \Delta G_{\text{solv}}^{\text{AB}} - \left(\Delta G_{\text{solv}}^{\text{A}} + \Delta G_{\text{solv}}^{\text{B}}\right) \\ &= \left(\Delta H_{\text{bind}}^{\text{gas}} - T\Delta S\right) + \Delta G_{\text{solv}}^{\text{AB}} - \left(\Delta G_{\text{solv}}^{\text{A}} + \Delta G_{\text{solv}}^{\text{B}}\right) \end{aligned} \tag{15.32}$$

其中，$\Delta H_{\text{bind}}^{\text{gas}}$ 表示气态复合物形成前后的焓变，包括 A 与 B 之间的静电势能和范德华势能；ΔS 表示复合物形成前后熵的改变，包括平动熵、转动熵、振动熵和构象熵；ΔG_{solv} 表示分子从气态转移到溶液中的自由能改变，也称为溶剂化自由能，通常可以分解为极性作用（主要指静电作用）和非极性作用，而极性自由能可通过解 Possion-Boltzmann 方程获得（MM-PBSA），或者利用广义玻恩模型获得（MM-GBSA）[152~155]。

15.3.2　静电相互作用在蛋白质相互作用中的应用

1. 蛋白质-蛋白质和蛋白质-配体相互作用

PB 模型广泛应用于分析蛋白质-蛋白质结合过程。蛋白 A 和蛋白 B 结合成 AB 过程中的结合自由能定义为

$$\Delta G_{\text{AB}} = G_{\text{AB}} - (G_{\text{A}} + G_{\text{B}}) \tag{15.33}$$

其中，$G_{\text{X}} = \dfrac{1}{2}\sum_i q_i\phi(r_i)$，X 表示分子或者复合物。结合自由能越小，表示结合反应越容易发生。早期的一些 PB 计算中，以溶剂排斥表面作为蛋白质分子-溶剂的分界面。其结果显示两分子结合自由能 ΔG_{AB} 为正，不利于它们的结合，这可能主要是因为分子上的那些带电基团和极性基团的去溶剂化作用还不足以弥补分子界面上的电荷与电荷之间的相互作用[156~158]。

芽胞杆菌 RNA 酶（细胞外解淀粉芽胞杆菌的核糖核酸酶）与芽胞杆菌 RNA 酶抑制剂，对于研究及发展抗癌药物有很重要的指导价值。由于很容易获得它们的单体与复合物的高分辨率结构[160]，研究芽胞杆菌 RNA 酶与其抑制剂之间的相互作用是一个很好的例子。芽胞杆菌 RNA 酶抑制剂通过盐桥、氢键和芽胞杆菌 RNA 酶紧密结合。它们的反应界面主要是一些极性残基、带电残基和水分子（不与溶剂接触）。这些残基之间高度的静电补偿和静电吸引有助于它们复合物的稳定。然而这些残基的去溶剂化则给复合物的结合带来了不稳定的影响，换句话说，蛋白质分子表面带电残基的溶剂化效应，以及复合物形成将这些残基转化到复合物分子内部（因此它们具有低介电系数），这些作用将反抗它与酶分子的结合[157]。

Steitz 等最早关于蛋白质-核酸相互作用的例子（大肠杆菌 DNA 聚合酶片段）发现 C 端结构域中的组氨酸是 DNA 底物上的活性区，能改变其与 DNA 结合，对蛋白质-DNA 结合有很重要的贡献[162]。众所周知，DNA 中磷酸基和 RNA 在蛋白质分子的活性部位会形成盐桥。然而，Qin 和 Zhou 等提供了大量的计算结果显示，蛋白质-核酸的结合能为正的，但他们采用溶剂排斥表面计算，而当用范德华表面计算时结合能则变为负的[163]。Szklarczyk 等计算了三种形式的 eIF4E 蛋白质的结合自由能，指出当加入非极性和相变作用时，结合自由能与实验结果很吻合[164]。

2. 配体-受体结合速率常数

PB 模型结合布朗动力学（BD）模拟可以计算配体-受体的结合速率。为了实现结合，配体须扩散输送到受体表面。扩散过程中配体遇到受体的速率受几个因素的影响，主要是反应物上复杂电荷分布产生的长程库仑力。由于多数分子的复杂外形结构和结合模式各不相同，结合速率通常不能解析计算得到，而采用数值模拟的方法计算得到。这里，布朗运动轨迹模拟方法便是一个很好的方法。首先为配体分子生成很多可能的轨迹，其初始时刻位于一个半径为 r_b，中心为受体坐标中心的球面上，球的半径应该充分大以使得受体与配体之间的静电作用力大致成中心对称。每条轨迹将遇到受体而停止继续行进，或者在到达一个半径为 r_q（足够大）的球面之前仍未遇到受体而放弃行进。配体扩散遇到受体的速率 k_b 与配体遇到受体轨迹的百分数、分子间作用势能、相对平移扩散系数和温度等因素有关[165,166]。配位体的轨迹是在受体激发的静电场中模拟所产生的，其电场可以通过求解 PB 方程得到，配体通常当成点电荷。分子结合的布朗运动模拟方法假定，配体的运动受分子间的静电相互作用力以及溶剂分子碰撞所产生的随机作用力的影响。

BD-PB 方法已经成功应用于分析铜锌超氧化物歧化酶催化 O_2^- 自由基的破坏[167, 168]、乙酰胆碱酯酶（AChE）水解神经递质乙酰胆碱产生胆碱和乙酸[170]与配体-蛋白质的结合速率[171]。虽然铜锌超氧化物歧化酶在生理 pH 条件下带负电荷，但它活性位点区主要是带正电的。Sharp 和 Sines 等对牛红细胞与铜锌超氧化物歧化酶做了一系列的布朗动力学模拟，旨在分析 O_2^- 对超氧化物歧化酶的活性位点的静电转向。他们考虑了离子强度与结合速率的相关性以及选定的带电残基的突变对结合速率的影响，同时采用实验的方法得到了实验观测数据，发现随着离子强度的增加，O_2^- Cu/Zn SOD 的反应速率下降[169]。

3. 酶催化反应-蛋白酪氨酸磷酸酶 PTP

PB 模型也可以应用到酶促反应静电方面的分析，预测酶分子在发生催化功能时其残基的电离状态。因为我们在用隔离态与束缚态研究它们的反应机理时，必须考虑酶分子和它的底物上的官能团的电离状态。

蛋白酪氨酸磷酸酶（PTPases）的重要性和功能的鉴定是通过酶分子动力学、位点定向突变和结构测定等方面体现出来的。去磷酸化时首先需要半胱氨酸离子（失去硫元素）与亲核磷酸盐在活性区进行碰撞形成磷酸化酶中间产物，而活性位点上的天冬氨酸残基需以酸的形式释放氢离子给酪氨酸残基，其底物上的磷酸基在反应中被认为是完全电离态。Dillet 等推断底物是一个双质子化的磷酸基团[172]，而 Kolmodin 和 Åqvist 用了一个完全去质子化的底物与半胱氨酸酶之间存在着强烈的静电排斥力及其反应的结合自由能来反对 Dillet 等的观点[173]。

4. 蛋白质分子结合稳定性与环境 pH 之间的相关性

蛋白质分子结构的稳定性、配体与受体分子的结合是依赖于环境 pH 的，因为相变和分子复合物的形成将会改变蛋白质分子中可滴定基团的质子化均衡，进而会改变离子基团的平均电荷及分子的静电自由能。

通过实验能测量芽胞杆菌 RNA 酶和芽胞杆菌 RNA 酶抑制剂复合物（Barnase-Barstar）的结合解离速率与 pH 之间的依赖关系。同样地，Dong 等运用下面的式子结合 PB 模型计算了 Barnase-Barstar 中在一定假设条件下 pH 与结合速率之间的关系[161]：

$$K(\mathrm{pH}) = K_o \frac{1+10^{[\mathrm{p}K(\mathrm{AB})-\mathrm{pH}]}}{1+10^{[\mathrm{p}K(\mathrm{A})-\mathrm{pH}]}} \tag{15.34}$$

其中，$\mathrm{p}K(\mathrm{AB})$ 和 $\mathrm{p}K(\mathrm{A})$ 分别为 Barbase 的一个主要受影响的残基在复合物与单体时的 $\mathrm{p}K_\mathrm{a}$ 值。

15.3.3　隐式溶剂分子模拟方法

分子动力学模拟一般可用于生物分子体系的结构和动力学性质的研究。目前来说，分子动力学模拟一般受限于模拟时间长度和体系自由度。随机动力学（SD）模拟方法正是在这一思想指导下提出来的。通常的随机动力学模拟方法不考虑溶剂平均力势和溶剂摩擦力的含时性，这限制了它的发展和应用。溶剂平均力势反映了溶剂对生物分子的平均效应，对生物分子的动力学性质有重要影响。Zauhar 和 Gilson 等利用 PB 方程把溶剂化效应加到分子动力学模拟中[174]。Wang 等把由边界元法决定的水化力结合到随机动力学模拟中，研究水化力和摩擦记忆性对系统相变和动力学行为的影响[175~178]。Gilson 等利用分子动力学模拟结合 PB 模型和 GB 模型研究了 HIV-1 蛋白酶的静电性质[179]。随后，PB 模型和 GB 模型结合分子动力学模拟研究生物分子的动态性质和结构、稳定性和预测 $\mathrm{p}K_\mathrm{a}$ 值相继提出。Luo 等比较了 TIP3P 显示溶剂模型与 PB 隐式溶剂模型在计算反应场能量时候的差异[180]；Wei 等用 MIB 方法求解 PB 方程进行分子动力学模拟[181]。Juffer 等用边界元方法求出了两个大分子体系的静电势并与蒙特卡洛模拟结果进行了比较[182]。在这些方法的基础上，一个重要的动力学方法 constant pH MD，结合蒙特卡洛采样原理被提出，很好地处理了生物分子构象变化、结构稳定性与溶液 pH 之间的依赖关系[183]。

15.3.4　其他

1. 蛋白质-配体复合物的形成对电离态的影响

$\mathrm{p}K_\mathrm{a}$ 值、反应溶液的酸度系数，在生物化学中表示酸离解氢离子的能力，其值为酸离解常数的负对数。对于酸 HA 的电离平衡式 $HA \rightleftharpoons H^+ + A^-$ 来说，酸的离解常数等于平衡时生成物浓度乘积（$[H^+][A^-]$）与反应物浓度（[HA]）的比值。运用 PB 模型来预测 pK_a 值需要计算蛋白质分子各个不同的质子态下的溶剂化能，近年来引起了大量的作者对它的关注[184,185]，其预测结果的精度依赖于 PB 模型计算精度[186]。由于广义玻恩模型计算的高效性，目前它结合分子动力学模拟方法广泛地应用于计算 pK_a 值[187]。

蛋白质分子和配体中的可滴定基团在它们复合物的形成中可以发生改变，导致结合自由能也发生改变。由于实验的复杂性，系统地研究它们在复合物形成时其质子化效应并不多见。事实上，质子化状态的改变可以通过实验探测到，如多维核磁共振波谱（NMR）、等温滴定量热法（ITC）。多维核磁共振波谱实验可以提供可滴定基团在质子态下的详细微观信息，而等温滴定量热法只测量整体的质子交互现象。然而，可以通过 PB 计算复合物形成中官能团等 pK_a 值的改变，比较详细地得到其微观性质[188]。

2. 细胞膜的离子输运

细胞中离子跨膜输运是细胞生理学的一个关键过程。离子通道是一种成孔蛋白，能催化脂双层膜中疏水环境下的离子运动，创建一个亲水性的环境，使离子很容易在它里面扩散[189]。通道大部分时间处于关闭状态以减少跨膜离子梯度的耗散作用，在需要的时候呈打开状态。它的打开与关闭，主要通过两种方式来调节：与配体的结合或跨膜电位的变化。研究离子通道传统的方法主要为一些实验手段，如电压固定技术、膜片钳技术、穿孔钳技术等。Grabe 等对钾离子通道的低分辨率结构运用 PB 模型求得通道的溶剂化能垒和膜电压对 S4 螺旋物运动的影响[190]。最近，Tu 和 Lu 等也搭建了用隐式溶剂方法研究三维离子通道内离子输运的完整有限元模拟软件平台[40, 74]，该方法采用了静电与扩散耦合的 PNP 模型。

参 考 文 献

[1] David C G. The electrical double layer and the theory of electrocapillarity. Chem Rev, 1947, 41(3): 441-501

[2] Debye P, Hückel E. Zur theorie der elektrolyte. Phys Zeitschr, 1923, 24: 185-206

[3] Vlachy V. Ionic effects beyond Poisson-Boltzmann theory. Annu Rev Phys Chem, 1999, 50: 145-165

[4] Collins K D. Why continuum electrostatics theories cannot explain biological structure, polyelectrolytes or ionic strength effects in ion-protein interactions? Biophys Chem, 2012, 167: 43-59

[5] Grochowski P, Trylska J. Continuum molecular electrostatics, salt effects, and counterion binding–A review of the Poisson-Boltzmann theory and its modifications. Biopolymers, 2008, 89(2): 93-113

[6] Li H L, Lu B Z. An ionic concentration and size dependent dielectric permittivity Poisson-Boltzmann model for biomolecular solvation studies. The Journal of Chemical Physics, 2014, 141: 024115

[7] Chu V B, Bai Y, Lipfert J, Herschlag D, Doniach S. Evaluation of ion binding to DNA duplexes using a size-modified Poisson-Boltzmann theory. Biophys J, 2007, 93(9): 3202-3209

[8] Schutz C N, Warshel A. What are the dielectric "constants" of proteins and how to validate electrostatic models? Structure Function Genetics, 2001, 44(4): 400-417

[9] Warshel A, Mitsunori K, Andrei V P. Polarizable force fields: history, test cases, and prospects. Journal of Chemical

Theory and Computation, 2007, 3(6): 2034-2045

[10] Uematsu M, Franck E U. Static dielectric constant of water and steam. Journal of Physical and Chemical Reference Data, 1980, 9(4): 1291-1306

[11] LeBard D N, Matyushov D V. Redox entropy of plastocyanin: developing a microscopic view of mesoscopic polar solvation. Journal of Chemical Physics, 2008, 128(15): 106-155

[12] Li Z, Lazaridis T. Water at biomolecular binding interfaces. Physical Chemistry Chemical Physics, 2007, 9(5): 573-581

[13] Niedermeier C, Schulten K. Molecular dynamics simulations in heterogeneous dielectrica and Debye Hückel media–application to the protein bovine pancreatic trypsin inhibitor. Molecular Simulation, 1992, 8(6): 361-387

[14] Klapper I, Hagstrom R, Fine R, Sharp K, Honig B. Focusing of electric fields in the active site of Cu-Zn superoxide dismutase: effects of ionic strength and amino-acid modification. Proteins, 1986, 1(1): 47-59

[15] Baker N A, Sept D, Joseph S, Holst M J, McCammon J A. Electrostatics of nanosystems: application to microtubules and the ribosome. Proceedings of the National Academy of Sciences, 2001, 98(18): 10037-10041

[16] Nicholls A, Bharadwaj R, Honig B. Grasp-graphical representation and analysis of surface-properties. Biophysical Journal, 1993, 64(2): 166

[17] Bashford D. An object-oriented programming suite for electrostatic effects in biological molecules. Lecture Notes in Computer Science, 1997, 1343: 233-240

[18] Luty B A, Ilin A, Antosiewicz, Gilson M K, McCammon J A. Electrostatics and diffusion of molecules in solution-simulations with the university of houston brownian dynamics program. Computer Physics Communications, 1995, 91(1-3): 57-95

[19] Jun W, Qin C, Li Z L, Zhao H K, Luo R. Achieving energy conservation in Poisson-Boltzmann molecular dynamics: Accuracy and precision with finite-difference algorithms, Chemical Physics Letters, 2009, 468(4-6): 112-118

[20] Prabhu N V, Panda M, Yang Q, Sharp K A. Explicit ion, implicit water solvation for molecular dynamics of nucleic acids and highly charged molecules. Journal of Computational Chemistry, 2008, 29(7): 1113-1130

[21] Brooks B R, Bruccoleri R E, Olafson B D, States D J, Swaminathan S, Karplus M. Charmm: A program for macromolecular energy, minimization, and dynamics calculations. Journal of Computational Chemistry, 1983, 4(2): 187-217

[22] Chern I L, Liu J G, Wang W C. Accurate evaluation of electrostatics for macromolecules in solution. Methods and Applications of Analysis, 2003, 10(2): 309-328

[23] Wang W C. A jump condition capturing finite difference scheme for elliptic interface problems. SIAM Journal on Scientific Computing, 2004, 25(5): 1479-1496

[24] Zhou Y C, Wei G W. On the fictitious-domain and interpolation formulations of the matched interface and boundary (MIB) method. Journal of Computational Physics, 2006, 219(1): 228-246

[25] Yu S N, Wei G W. Three dimensional matched interface and boundary (MIB) method for geometric singularities. Journal of Computational Physics, 2007, 227(1):602-632

[26] Yu S N, Geng W H, Wei G W. Treatment of geometric singularities in implicit solvent models. Journal of Computational Physics, 2007, 126(24): 244108-244120

[27] Geng W H, Yu S, Wei G W. Treatment of charge singularities in implicit solvent models. Journal of Chemical Physics, 2007, 127(11): 114106-114125

[28 Zhou Y C. Matched interface and boundary (MIB) methodand its applications to implicit solvent modeling of biomolecules. Ph.D. thesis, Michigan State University. 2006

[29] Wang C, Wang J, Cai Q, Li Z, Zhao H K, Luo R. Exploring accurate Poisson-Boltzmann methods for biomolecular simulations. Computational and Theoretical Chemistry, 2013, 1024: 34-44

[30] Qiao Z, Li Z L, Tang T. A finite difference scheme for solving the nonlinear Poisson-Boltzmann equation modeling charged spheres. Journal of Computational Mathematics, 2006, 24(3): 252-264

[31] Sayyed-ahmad, Tuncay K, Ortoleva P J. Effcient solution technique for solving the Poisson-Boltzmann equation. Journal of Computational Chemistry, 2004, 25(8): 1068-1074

[32] Holst M J. Multilevel methods for the Poisson-Boltzmann equation. Ph.D. thesis, University of Illinois at Urbana-Champaign, 1993

[33] You T J, Harvey S C. Finite-element approach to the electrostatics of macromolecules with arbitrary geometries. J Comput Chem, 1993, 14: 484-501

[34] Bowen W R, Sharif A O. Adaptive finite-element solution of the nonlinear Poisson-Boltzmann equation: a charged spherical particle at various distances from a charged cylindrical pore in a charged planar surface. Journal of Colloid and Interface Science, 1997, 187(2): 363-374

[35] Cortis C M, Friesner R A. An automatic three-dimensional finite element mesh generation system for the Poisson-Boltzmann equation. J Comput Chem, 1997, 18: 1570-1590

[36] Cortis C M, Friesner R A. Numerical simulation of the Poisson-Boltzmann equation using tetrahedral finite-element meshes. J Comput Chem, 1997, 18: 1591-1608

[37] Baker N A. Electrostatics of nanosystems: application to microtubules and the ribosome. Proceedings of the National Academy of Sciences, 2001, 98: 10037-10041

[38] Holst M J, Baker N A, Wang F. Adaptive multilevel finite element solution of the Poisson-Boltzmann equation I: algorithms and examples. Journal of Computational Chemistry, 2000, 21(15): 1319-1342

[39] Holst M J, Baker N A, Wang F. Adaptive multilevel finite element solution of the Poisson-Boltzmann equation II: Refinement schemes based on solvent accessible surfaces. Journal of Computational Chemistry, 2000, 21(15): 1343-1352

[40] Tu B, Chen M X, Xie Y, Zhang L B, Eisenberg B, Lu B Z. A parallel finite element simulator for ion transport through three-dimensional ion channel systems. J Comp Chem, 2013, 34: 2065-2078

[41] Xie Y, Tu B, Lu B Z, Zhang L B. Parallel finite element algorithms and adaptive mesh generation for solving nonlinear Poisson-Boltzmann equations. Journal of Software, 2013, 24: 110-117

[42] Chen L, Holst M J, Xu J C. The finite element approximation of the nonlinear Poisson-Boltzmann equation. SIAM Journal on Numerical Analysis, 2007, 45(6): 2298-2320

[43] Lu B Z, Holst M J, McCammon J A, Zhou Y C. Poisson-Nernst-Planck equations for simulating biomolecular diffusion-reaction processes I: Finite element solutions. Journal of Computational Physics, 2010, 229: 6979-6994

[44] Holst M J, Saied F. Multigrid solution of the Poisson-Boltzmann equation. Journal of Computational Chemistry, 1993, 14(1): 105-113

[45] Xie D X, Zhou S. A new minimization protocol for solving nonlinear Poisson-Boltzmann mortar finite element equation. BIT Numerical Mathematics, 2007, 47(4): 853-871

[46] Xie D X. New solution decomposition and minimization schemes for Poisson-Boltzmann equation in calculation of biomolecular electrostatics. J Comp Phys, 2014, 275: 294-309

[47] Shestakov A I, Milovich J L, Noy A. Solution of the nonlinear Poisson-Boltzmann equation using pseudo-transient continuation and the finite element method. Journal of Colloid and Interface Science, 2002, 247(1): 62-79

[48] Holst M J, Saied F. Numerical solution of the nonlinear Poisson-Boltzmann equation: developing more robust and effcient methods. Journal of Computational Chemistry, 1995, 16(3): 337-364

[49] Luo R, David L, Gilson M K. Accelerated Poisson-Boltzmann calculations for static and dynamic systems. Journal of Computational Chemistry, 2002, 23(13): 1244-1253

[50] Holst M J. Applications of domain decomposition and partition of unity methods in physics and geometry. Domain decomposition methods, 2010, 63-78

[51] Aksoylu B, Holst M J. Optimality of multilevel preconditioners for local mesh refinement in three dimensions. SIAM Journal on Numerical Analysis, 2006, 44(3): 1005-1025

[52] Bond S D, Chaudhry J H, Cyr E C, Olson L N. A first-order system least-squares finite element method for the Poisson-Boltzmann equation. Journal of Computational Chemistry, 2010, 31(8): 1625-1635

[53] Chaudhry J H, Bond S D, Olson L N. A weighted adaptive least-squares finite element method for the Poisson-Boltzmann equation. Applied Mathematics and Computation, 2012, 218(9): 4892-4902

[54] Lu B Z, Zhou Y C, Huber G A, Bond S D, Holst M J, McCammon J A. Electrodiffusion: A continuum modeling framework for biomolecular systems with realistic spatiotemporal resolution. J Chem Phys, 2007, 127(13): 102-135

[55] Li B, Lu B Z, Wang Z M, McCammon J A. Solutions to a reduced Poisson-Nernst-Planck system and determination of reaction rates. Physica A, 2010, 389: 1329-1345

[56] Lu B Z, Zhou Y C. Poisson-Nernst-Planck equations for simulating biomolecular diffusion-reaction processes II: size effects on ionic distributions and diffusion-reaction rates. Biophysical Journal, 2011, 100: 2475-2485

[57] Zhou Y Z, Lu B Z, Huber G A, Holst M J, McCammon J A. Continuum simulations of acetylcholine consumption by acetylcholinesterase: A Poisson-Nernst-Planck approach. J. Phys. Chem. B, 2008, 112:270-275

[58] Fenley M O, Mascagni M, McClain J, Silalahi R J, Simonov N A. Using correlated Monte Carlo sampling for effciently solving the linearized Poisson-Boltzmann equation over a broad range of salt concentration. Journal of Chemical Theory and Computation, 2010, 6: 300-314

[59] Mackoy T, Harris R C, Johnson J, Mascagni M, Fenley M O. Numerical optimization of a walk-on-spheres solver for the linear Poisson-Boltzmann equation. Communications in Computational Physics, 2013, 13: 195-206

[60] Simonov N A, Mascagni M, Fenley M O. Monte Carlo-based linear Poisson-Boltzmann approach makes accurate salt-dependent solvation free energy predictions possible. Journal of Chemical Physics, 2007, 127(18): 185105

[61] James F B. A generalization of algebraic surface drawing. ACM Transactions on Graphics, 1982, 1(3): 235-256

[62] Duncan B S, Olson A J. Shape analysis of molecular surfaces. Biopolymers, 1993, 33(2): 231-238

[63] Liu T T, Chen M X, Lu B Z. Parameterization for molecular Gaussian surface and a comparison study of surface mesh generation. J Molecular Modeling, 2015, 21(5): 113

[64] Connolly M L. Analytical molecular surface calculation. J Appl Crystallogr, 1983, 16(5): 548-558

[65] Vorobjev Y N, Hermans J. SIMS: Computation of a smooth invariant molecular surface. Biophysical Journal, 1997, 73(2): 722-732

[66] Sanner M F, Olson A J, Spehner J C. Reduced surface: an effcient way to compute molecular surfaces. Biopolymers, 1996, 38: 305-320

[67] Ryua J, Parka R, Kimb D S. Molecular surfaces on proteins via beta shapes. Computer-Aided Design, 2007, 39(12): 1042-1057

[68] Yu Z, Holst M J, McCammon J A. High-fidelity geometric modeling for biomedical applications. Finite Elements in Analysis and Design, 2008, 44(11): 715-723

[69] Tolga Can, Chen C I, Wang Y F. Effcient molecular surface generation using level-set methods. J Mol Graphics Modell, 2006, 25(4): 442-454

[70] Cheng H L, Shi X. Quality mesh generation for molecular skin surfaces using restricted union of balls. Comput Geom, 2009, 42(3): 196-206

[71] Lu B Z, Zhou Y C, Holst M J, McCammon J A. Recent progress in numerical methods for the Poisson-Boltzmann equation in biophysical applications. Commun Comput Phys, 2008, 3(5): 973-1009

[72] Chen M X, Lu B Z. TMSmesh: A robust method for molecular surface mesh generation using a trace technique. J Chem Theory Comput, 2011, 7(1): 203-212

[73] Chen M X, Tu B, Lu B Z. Manifold meshing method preserving molecular surface topology. J Mol Graph Model, 2012, 38: 411-418

[74] Tu B, Bai S Y, Chen M X, Xie Y, Zhang L B, Lu B Z. A software platform for continuum modeling of ion channels based on unstructrured mesh. Computational Science & Discovery, 2014, 7: 014002

[75] Fang Q Q, Boas D. Tetrahedral mesh generation from volumetric binary and gray-scale images. In Proceedings of

IEEE International Symposium on Biomedical Imaging, 2009, 1142-1145

[76] Zaharescu A, Boyer E, Horaud R P. Transformesh: a topology-adaptive mesh-based approach to surface evolution. In Proceedings of the Eighth Asian Conference on Computer Vision, 2007, 2: 166-175

[77] Si H. Tetgen, a delaunay-based quality tetrahedral mesh generator. Journal ACM Transactions on Mathematical Software, 2015, 41(2): 11:1-11:36

[78] Lu B Z, McCammon J A. Improved boundary element methods for Poisson-Boltzmann electrostatic potential and force calculations. Journal of Chemical Theory and Computation, 2007, 3(3): 1134-1142

[79] Juffer A H, Botta F F, Vankeulen A M, Vanderploeg A, Berendsen J C. The electric potential of a macromolecule in a solvent–a fundamental approach. J Comput Phys, 1991, 97(1): 144-171

[80] Boschitsch A H, Fenley M O. Hybrid boundary element and finite difference method for solving the nonlinear Poisson-Boltzmann equation. Journal of Computational Chemistry, 2004, 25(7): 935-955

[81] Lu B Z, Cheng X L, Huang J F, McCammon J A. Order Nalgorithm for computation of electrostatic interactions in biomolecular systems. Proceedings of the National Academy of Sciences, USA, 2006, 103(51): 19314-19319

[82] Greengard L F, Huang J F. A new version of the fast multipole method for screened coulomb interactions in three dimensions. Journal of Computational Physics, 2002, 180(2): 642-658

[83] Bruno O P, Kunyansky L A. A fast, high-order algorithm for the solution of surface scattering problems: basic implementation, tests, and applications. Journal of Computational Physics, 2001, 169(1): 80-110

[84] Kuo S S, Altman M D, Bardhan J P, Tidor B, White J K. Fast methods for simulation of biomolecule electrostatics. In: ICCAD'02: Proceedings of the 2002 IEEE/ACM international conference on Computer-Aided Design. ACM Press, New York, NY, USA. 466-473

[85] Hackbusch W, Nowak Z P. On the fast matrix multiplication in the boundary element method by panel clustering. Numerische Mathematik, 1989, 54(4): 463-491

[86] Tausch J, White J. Multiscale bases for the sparse representation of boundary integral operators on complex geometry. SIAM Journal on Scientific Computing, 2003, 24(5): 1610-1629

[87] Bharadwaj R, Windemuth A, Sridharan S, Honig B, Nicholls A. The fast multipole boundary element method for molecular electrostatics anoptimal approach for large systems. J Comput Chem, 1995, 16(7): 898-913

[88] Zauhar R J, Varnek A. A fast and space-efficient boundary element method for computing electrostatic and hydration effects in large molecules. J Comput Chem, 1996, 17(7): 864-877

[89] Bordner A J, Huber G A. Boundary element solution of the linear Poisson-Boltzmann equation and a multipole method for the rapid calculation of forces on macromolecules in solution. J Comput Chem, 2003, 24(3): 353-367

[90] Boschitsch A H, Fenley M O, Zhou H X. Fast boundary element method for the linear Poisson-Boltzmann equation. J Phys Chem B, 2002, 106(10): 2741-2754

[91] Lu B Z, Cheng X L, McCammon J A. "new-version-fast-multipole method" accelerated electrostatic calculations in biomolecular systems. J Comput Phys, 2007, 226(2): 1348-1366

[92] Altman M D, Bardhan J P, Tidor B, White J K. FFTSVD: a fast multiscale boundary element method solver suitable for Bio-MEMS and biomolecule simulation. Computer-Aided Design of Integrated Circuits and Systems, IEEE Transactions on, 2006, 25(2): 274-284

[93] Ying L, Biros G, Zorin D. A kernel-independent adaptive fast multipole algorithm in two and three dimensions. J Comput Phys, 2004, 196(2): 591-626

[94] Ong E T, Lim K M, Lee K H, Lee H P. A fast algorithm for three-dimensional potential fields calculation: fast fourier transform on multipoles. J Comput Phys, 2003, 192(1): 244-261

[95] Ong E T, Lee K H, Lim K M. A fast algorithm for three-dimensional electrostatics analysis: fast fourier transform on multipoles (FFTM). Int J Numer Methods Eng, 2004, 61(5): 633-656

[96] Alpert B, Beylkin G, Coifman R, Rokhlin V. Wavelet-like bases for the fast solutions of second-kind integral equations. SIAM J Sci Comput, 1993, 14(1): 159-184

[97] Totrov M, Abagyan R. Rapid boundary element solvation electrostatics calculations in folding simulations: successful folding of a 23-residue peptide. Biopolymers, 2001, 60(2): 124-133

[98] Ying L, Biros G, Zorin D. A high-order 3 D boundary integral equation solver for elliptic PDEs in smooth domains. J Comput Phys, 2006, 219(1): 247-275

[99] Kuo S H, White J. A spectrally accurate integral equation solver for molecular surface electrostatics. In: ICCAD'06: Proceedings of the 2006 IEEE/ACM international conference on Computer-aided design. New York: ACM Press, 899-906

[100] Bardhan J P, Altman M D, Willis D J, Lippow S M, Tidor B, White J K. Numerical integration techniques for curved-element discretizations of molecule-solvent interfaces. Journal of Chemical Physics, 2007, 127(1): 014701-014718

[101] Altman M D, Bardhan J P, White J K, Tidor B. Accurate solution of multiregion continuum biomolecule electrostatic problems using the linearized Poisson-Boltzmann equation with curved boundary elements. J Comput Chem, 2009, 30(1): 132-153

[102] Abrashkin A, Andelman D, Orland H. Dipolar Poisson-Boltzmann equation: ions and dipoles close to charged interfaces. Phys Rev Lett, 2007, 99(1-4): 077801

[103] Vlachy V. Ionic effects beyond Poisson-Boltzmann theory. Annu Rev Phys Chem, 1999, 50: 145-165

[104] Netz R R, Orland H. Beyond Poisson-Boltzmann: fluctuation effects and correlation functions. The European Physical Journal E: Soft Matter, 2000, 1(2-3): 203-214

[105] Allahyarov E, Gompper G, Lowen H. Attraction between DNA molecules mediated by multivalent ions. Phys Rev E, 2004, 69(4):1-13

[106] Tresset G, Cheng C D, Tan Y, Boulaire J, Lam Y M. Phospholipid-based artificial viruses assembled by multivalent cations. Biophysical Journal, 2007, 93(2): 637-644

[107] Bhuiyan L B, Vlachy V, Outhwaite C W. Understanding polyelectrolyte solutions: Macroion condensation with emphasis on the presence of neutral co-solutes. International Reviews in Physical Chemistry, 2002, 21(1): 1-36

[108] Lamperski S, Bhuiyan L B. Counterion layering at high surface charge in an electric double layer. Effect of local concentration approximation. Journal of Electroanalytical Chemistry, 2003, 540: 79-87

[109] Borukhov I, Andelman D, Orland H. Steric effectsin electrolytes: A modified Poisson-Boltzmann equation. Phys Rev Lett, 1997, 79(3): 435-438

[110] Qiao Y, Liu X J, Chen M X, Lu B Z. A local approximation of fundamental measure theory incorporated into three dimensional Poisson–Nernst–Planck equations to account for hard sphere repulsion among ions. J Statistical Physics, 2016, 163(1): 156-174

[111] Xie D X, Volkmer H W. A modified nonlocal continuum electrostatic model for protein in water and its analytical solutions for ionic Born models. Communications in Computational Physics, 2013, 13(1): 174-194

[112] Naji A, Kanduc M, Forsman J, Podgornik R. Perspective: Coulomb fluids–weak coupling, strong coupling, in between and beyond. J Chem Phys, 2013, 139: 150901

[113] Hwang F N. Parallel Newton-Krylov-Schwarz algorithms for the three-dimensional Poisson-Boltzmann equation in numerical simulation of colloidal particle interactions. Computer Physics Communications, 2010, 181: 1529-1537

[114] Hsieh M J, Luo R. Exploring a coarse-grained distributive strategy for finite-difference Poisson-Boltzmann calculations. Journal of Molecular Modeling, 2011, 17: 1985-1996

[115] Li C. Highly efficient and exact method for parallelization of grid-based algorithms and its implementation in DelPhi. Journal of Computational Chemistry, 2012, 33: 1960-1966

[116] Lian Y Y. Parallel adaptive mesh-refining scheme on a three-dimensional unstructured tetrahedral mesh and its applications. Computer Physics Communications, 2006, 175: 721-737

[117] Zhang L B. A parallel algorithm for adaptive local refinement of tetrahedral meshes using bisection. Numer Math Theory Methods Appl, 2009, 2: 65-89

[118] Yokota R, Bardhan J P, Knepley M G, Barba L A, Tsuyoshi H. Biomolecular electrostatics using a fast multipole BEM on up to 512 GPUs and a billion unknowns. Comp Phys Comm, 2011, 182(6): 1271-1283

[119] Yokota R, Narumi T, Sakamaki R, Kameoka S, Obi S, Yasuoka K. Fast multipole methods on a cluster of GPUs for the meshless simulation of turbulence. Computer Physics Communications, 2009, 180(11): 2066-2078

[120] Geng W H. Parallel higher-order boundary integral electrostatics computation on molecular surfaces with curved triangulation. J Comput Phys, 2013, 241: 253-265

[121] Geng W H, Jacob F. A GPU-accelerated direct-sum boundary integral Poisson-Boltzmann solver. Comp Phys Comm, 2103, 184(6): 1490-1496

[122] Geng W H, Krasny R. A treecode-accelerated boundary integral poisson-boltzmann solver for solvated biomolecules. J Comp Phys, 2013, 247: 62-78

[123] Christopher D C, Bardhan J P, Barba L Z. A biomolecular electrostatics solver using Python, GPUs and boundary elements that can handle solvent-filled cavities and Stern layers. Computer Physics Communications, 2014, 185(3): 720-729

[124] Zhang B, Peng B, Huang J F, Pitsianis N B, Sun X B, Lu B Z. Parallel AFMPB solver with automatic surface meshing for calculations of molecular solvation free energy. Computer Physics Communications, 2015, 190: 173-181

[125] The PyMOL molecular graphics system, version 1.8, Schrödinger, LLC

[126] Humphrey W, Dalke A, Schulten K. VMD: visual molecular dynamics. J Mol Graphics, 1996, 14(1): 33-38

[127] Pettersen E F, Goddard T D, Huang C C, Couch G S, Greenblatt D M, Meng E C, and Ferrin T E. UCSF Chimera–a visualization system for exploratory research and analysis. J Comput Chem, 2004, 25(13): 1605-1612

[128] Bai S Y, Lu B Z. VCMM: A visual tool for continuum molecular modeling. Journal of Molecular Graphics and Modelling, 2014, 50: 44-49

[129] Dominy B N, Brooks C L. Development of a generalized born model parametrization for proteins and nucleic acids. J Phys Chem B, 1999, 103: 3765-3773

[130] Nymeyer H, Garcia A E. Free in PMC simulation of the folding equilibrium of α-helical peptides: a comparison of the generalized Born approximation with explicit solvent. Proc Natl Acad Sci USA, 2003, 100: 13934-13949

[131] Kirkwood J G. Theory of solution of molecules containing widely separated charges with special application to zwitterions. J Chem Phys, 1934, 2: 351-361

[132] Sigalov G, Scheffel P, Onufriev A. Incorporating variable dielectric environments into the generalized Born model. J Chem Phys, 2005, 122(9): 094511-094511

[133] Still W C, Tempczyk A, Hawley R C, Hendrickson T. Semianalytical treatment of solvation for molecular mechnics and dynamics. J Am Chem Soc, 1990, 112: 6127-6129

[134] Onufriev A. The generalized born model: its foundation, application, and limitations. 2010, http://people.cs.vt.edu/~onufriev/PUBLICATIONS/gbreview.pdf

[135] Constanciel R, Contreras R. Self consistent field theory of solvent effects representation by continuum models: Introduction of desolvation contribution. Theoretica Chimica Acta, 1984, 65(1): 1-11

[136] Onufriev A, Case D A, Bashford D. Effective Born radii in the generalized Born approximation: the importance of being perfect. Journal of Computational Chemistry, 2002, 23(14): 1297-1304

[137] Onufriev A, Bashford D, Case D A. Exploring protcin nativc states and large-scale conformational changes with a modified generalized Born model. Proteins, 2004, 55(2): 383-394

[138] Romanov A N, Jabin S N, Martynov Y B, Sulimov A V, Grigoriev F V, Sulimov V B. Surface generalized born method: A simple, fast, and precise implicit solvent model beyond the Coulomb approximation. Journal of Physical Chemistry A, 2004, 108(43): 9323-9327

[139] Bashford D, Case A D. Generalized Born models of macromolecular solvation effects. Annu Rev Phys Chem, 2000, 51: 129-152

[140] Lee M S, Salsbury F R, Brooks C L. Novel generalized Born methods. J Chem Phys, 2002, 116: 10606-10614

[141] Onufriev A V, Sigalov G. A strategy for reducing gross errors in the generalized Born models of implicit solvation. J Chem Phys, 2011, 134: 164104

[142] Srinivasan J, Trevathan M, Beroza P, Case D L. Application of a pairwise generalized Born model to proteins and nucleic acids: Inclusion of salt effects. Theor Chem Accts, 1999, 101: 426-434

[143] Chen J, Im W, Brooks C L. Balancing solvation and intramolecular interactions: toward a consistent generalized Born force field. J Am Chem Soc, 2006, 128(11): 3728-3736

[144] Jang S, Kim E, Pak Y. All-atom level direct folding simulation of a betabetaalpha miniprotein. Journal of Chemical Physics, 2008, 128(10): 102-105

[145] Jagielska A, Scheraga H A. Influence of temperature, friction, and random forces on folding of the B-domain of staphylococcal protein A: All-atom molecular dynamics in implicit solvent. Journal of Computational Chemistry, 2007, 28(6): 1068-1082

[146] Lopes A, Alexandrov A, Bathelt C, Archontis G, Simonson T. Computational sidechain placement and protein mutagenesis with implicit solvent models. Proteins, 2007, 67(4): 853-867

[147] Felts A K, Gallicchio E, Chekmarev D, Paris K A, Friesner R A, Levy R M. Prediction of protein loop conformations using the AGBNP implicit solvent model and torsion angle sampling. J Chem Theory Comput, 2008, 4(5): 855-868

[148] Amaro R E, Cheng X, Ivanov I, Xu D, Mccammon J A. Characterizing loop dynamics and ligand recognition in human and avian-type influenza neuraminidases via generalized born molecular dynamics and end-point free energy calculations. Journal of the American Chemical Society, 2009, 131(13): 4702-4709

[149] Chocholousová J, Feig M. Implicit solvent simulations of DNA and DNA-protein complexes: agreement with explicit solvent vs experiment. J Phys Chem B, 2006, 110(34): 17240-17251

[150] Ruscio J Z, Onufriev A. A computational study of nucleosomal DNA flexibility. Biophys J, 2006, 91(11): 4121-4132

[151] Kollman P A, Massova I, Reyes C, Kuhn B, Huo S, Chong L, Lee M, Lee T, Duan Y, Wang W, Donini O, Cieplak P, Srinivasan J, Case D A, Cheatham T E. Calculating structures and free energies of complex molecules: Combining molecular mechanics and continuum models. Acc Chem Res, 2000, 33: 889-897

[152] Meirovitch H. Recent developments in methodologies for calculating the entropy and free energy of biological systems by computer simulation. Curr Opin Struct Biol, 2007, 17: 181-186

[153] Kuhn B, Gerber P, Schulz-Gasch T, Stahl M. Validation and use of the MM-PBSA approach for drug discovery. J Med Chem, 2005, 48: 4040-4048

[154] Hou T J, Wang J M, Li Y Y, Wang W. Assessing the performance of the MM/PBSA and MM/GBSA methods. I. The accuracy of binding free energy calculations based on molecular dynamics simulations. J Chem Inf Model, 2011, 51(1): 69-82

[155] Hou T J, Wang J M, Li Y Y, Wang W. Assessing the performance of the molecular mechanics/Poisson Boltzmann surface area and molecular mechanics/generalized Born surface area methods. II. The accuracy of ranking poses generated from docking. J Comput Chem, 2011, 32: 866-877

[156] Talley K, Ng C, Shoppell M, Kundrotas P, Alexov E. On the electrostatic component of protein-protein binding free energy. PMC Biophysics, 2008, 1:2

[157] Ting W, Tomic S, Gabdoulline R R, Wade R C. How optimal are the binding energetics of Barnase and Barstar? Biophys J, 2004, 87(3): 1618-1630

[158] Brock K, Talley K, Coley K, Kundrotas P, Alexov E. Optimization of electrostatic interactions in protein- protein complexes. Biophys J, 2007, 93: 3340-3352

[159] Ardelt W, Ardelt B, Drzynkiewicz Z. Ribonucleases as potential modalities in anticancer therapy. Eur J Pharmacol, 2009, 625(1-3): 181-189

[160] Buckle A M, Schreiber G, Fersht A R. Protein-protein recognition: crystal structural analysis of a barnase-barstar

complex at 2.0Å resolution. Biochemistry, 1994, 33(30): 8878-8889

[161] Dong F, Vijayakumar M, Zhou H X. Comparison of calculation and experiment implicates signiffcant electrostatic contributions to the binding stability of barnase and barstar. Biophys J, 2003, 85(1): 49-60

[162] Warwicker J, Ollis D, Richards F M, Steitz T A. Electrostatic field of the large fragment of Escherichia coli DNA polymerase. J Mol Biol, 1985, 186: 645-649

[163] Qin S B, Zhou H X. Do electrostatic interactions destabilize protein-nucleic acid binding? Biopolymers, 2007, 86: 112-118

[164] Szklarczyk O, Zuberek J, Antosiewicz J M. Poisson-Boltzmann model analysis of binding mRNA cap analogues to the translation initiation factor eIF4E. Biophys Chem, 2009, 140: 16-23

[165] Madura J D, Briggs J M, Wade R C, Davis M E, Luty B A, Ilin A, Antosiewicz J, Gilson M K, Bagheri B, Scott L R, McCammon J A. Electrostatics and diffusion of molecules in solution: Simulations with the University of Houston Brownian Dynamics program. Comput. Phys. Commun., 1995, 91: 57-95

[166] Friedman H L. A hydrodynamic effect in the rates of diffusion-controlled reactions. J Phys Chem, 1996, 70: 3931-3933

[167] Sharp K, Fine R, Honig B. Computer simulations of the diffusion of a substrate to an active site of an enzyme. Science, 1987, 236: 1460-1463

[168] Sines J J, Allison S A, McCammon J A. Point charge distributions and electrostatic steering in enzyme/substrate encounter: Brownian dynamics of modified copper/zinc superoxide dismutases. Biochemistry, 1990, 29(40): 9403-9412

[169] Argese E, Viglino P, Rotilio G, Scarpa M, Rigo A. Electrostatic control of the ratedetermining step of the copper, zinc superoxide dismutase catalytic reaction. Biochemistry, 1987, 26(11): 3224-3228

[170] Antosiewicz J, Wlodek S T, McCammon J A. Acetylcholinesterase: role of the enzyme's charge distribution in steering charged ligands toward the active site. Biopolymers, 1996, 39(1): 85-94

[171] Dlugosz M, Huber G A, McCammon J A, Trylska J. Brownian dynamics study of the association between the 70S ribosome and elongation factor G. Biopolymers, 2011, 95(9): 616-627

[172] Dillet V, Van E, Bashford D. Stabilization of charges and protonation states in the active site of the protein tyrosine phosphatases: A compuational study. J Phys Chem B, 2000, 104: 11321-11333

[173] Kolmodin K, Åqvist J. The catalytic mechanism of protein tyrosine phosphatases revisited. FEBS Lett, 2001, 498(2-3): 208-213

[174] Zauhar R J. The incorporation of hydration forces determined by continuum electrostatics into molecular mechanics simulations. Comput Chem, 1991, 12: 575-583

[175] Lu B Z, Wang C X, Chen W Z, Wan S Z, and Shi Y Y. A stochastic dynamics simulation study associated with hydration force and friction memory effect. J Phys Chem, 2000, 104(29): 6877-6883

[176] Lu B Z, Chen W Z, Wang C X. 边界元法与广义 Langevin 动力学相结合的模拟方法. 科学通报, 2000, 45(14): 1482-1486

[177] Lu B Z, Chen W Z, Wang C X, Xu X J. Protein molecular dynamics with electrostatic force entirely determined by a single Poisson-Boltzmann calculation. Proteins, 2002, 48(3): 497-504

[178] Wan S Z, Wang C X, Xiang Z X, Shi Y Y. Stochastic dynamics simulation of alanine dipeptide: Including solvation interaction determined by boundary element method. Journal of Computational Chemistry, 1997, 18: 1440-1449

[179] David L, Luo R, Gilson M K. Comparison of generalized born and poisson models. Energetics and dynamics of HIV protease. Journal of Computational Chemistry, 2000, 21(4): 295-309

[180] Wang J, Tan C H, Emmanuel C, Luo R. Quantitative analysis of Poisson-Boltzmann implicit solvent in molecular dynamics. Phys Chem Chem Phys, 2010, 12(5): 1194-1202

[181] Geng W H, Wei G W. Multiscale molecular dynamics via the matched interface and boundary (MIB) method. Journal of Computational Physics, 2011, 230: 435-457

[182] Xin W D, Juffer A H. A boundary element formulation of protein electrostatics with explicit ions. Journal of Computational Physics, 2007, 223: 416-435

[183] Chen W, Morrow B H, Shi C Y, Shen J K. Recent development and application of constant pH molecular dynamics. Mol Simul, 2014, 40(10-11): 830-838

[184] Alexov E, Mehler E L, Baker N A, Baptista A M, Huang Y, Milletti F, Nielsen J E, Farrell D, Carstensen T, Olsson H M, Shen J K, Warwicker J, Williams S, Word J M. Progress in the prediction of pKa values in proteins. Proteins: Struct. Funct. Bioinf., 2011, 79(12): 3260-3275

[185] Warvicker J. pKa predictions with a coupled finite difference Poisson-Boltzmann and Debye-Hückel methed. Proteins: Struct. Funct. Bioinf., 2011, 79: 3374-3380

[186] Meyer T, Kieseritzky G, Knapp E W. Electrostatic pKa computations in proteins: Role of internal cavities. Proteins: Struct. Funct. Bioinf., 2011, 79(12): 3320-3332

[187] Mongan J, Case D A, McCammon J A. Constant pH molecular dynamics in generalized Born implicit solvent. J Comput Chem, 2004, 25(16): 2038-2048

[188] Czodrowski P, Sotriffer C A, Klebe G. Protonation changes upon ligand binding to trypsin and thrombin: structural interpretation based on pKa calculations and ITC experiments. J Mol Biol, 2007, 367: 1347-1356

[189] Horn R. Conversation between voltage sensors and gates of ion channels. Biochemistry, 2000, 39: 15653-15658

[190] Grabe M, Lecar H, Jan Y N, Jan L Y. A quantitative assessment of models for voltage-dependent gating of ion channels. Proc Natl Acad Sci USA, 2004, 101: 17640-17645

（彭　波　卢本卓）

第六部分

药物分子设计方法与应用

第 16 章　药物设计研究进展

16.1　药物设计的发展简史

计算机辅助药物设计（computer aided drug design，CADD）是以计算机为工具，利用药物及生物大分子结构的知识，通过理论模拟、计算和预测，设计结构新颖的药物分子。通过与实验紧密结合，药物设计在药物研究中正发挥越来越重要的作用，逐渐成为创新药物研究的主要技术之一[1]。目前，随着人类基因组计划的实施，蛋白质组学迅猛发展，大量与疾病相关的基因被发现，使得与药物作用的靶标急剧增加；另一方面，计算机技术发展日新月异，计算能力迅速提高。这些都为 CADD 的发展提供了优良的条件和工具。

新药的寻找耗资巨大且效率很低，研发费用正以每年 20%的速度递增。造成这种状况的原因之一就是缺乏深入的理论指导，因此迫切需要研究新的理论方法以及开发新的技术手段。药物设计是在社会对医药需求的强大推动下逐步发展起来的，它能有效缩短药物研发周期，不但节约研发经费，而且能赢得宝贵时间，从而产生巨大的经济与社会效益。当前我国的医药产业仍非常严峻，拥有自主知识产权的新药很少。随着我国药品专利法的实施和加入 WTO，新药的研制日益显示出了重要性和紧迫性。应用计算机辅助药物设计方法进行药物分子的研发，对推动我国的新药研制工作具有十分重要的理论意义及实用价值[2]。

16.1.1　药物设计初期

19 世纪之前药物主要来源于人们盲目性的尝试或偶然的机遇，而且直到今日仍然是新药发现的途径之一。19 世纪，工业文明取得了巨大的进步，科学技术也有长足的发展，药物的研究方法及手段发生了很大的改变。20 世纪初，有机合成化学的发展为新药的发现提供了理论基础。20 世纪 30～40 年代发现了很多化学药物，该时期是药物化学发展史上的黄金时代。“反应停”（Thalidomide）事件对化学药物的发展产生了深远的影响。“反应停”化学名为沙利度胺，19 世纪 50 年代，作为抗妊娠反应药物在欧洲、日本、非洲、澳大利亚和拉丁美洲作为一种没有任何副作用的抗妊娠反应药物，成为孕妇的理想选择。不幸的是，“反应停”使用后不久，就出现了大量由它引起的海豹肢症（phocomelia）畸形胎儿。自 19 世纪 60 年代起，“反应停”就被禁止作为孕妇止吐药物使用，仅在严格控制下被用于治疗某些癌症、麻疯病等。

“反应停”事件之后，药物学家们意识到药物的药效固然重要，但是它的其他方面的性质（如毒性、致突、致畸、致癌）也同样会影响药物在临床上的应用及使用。该事件对药物的结构与功能关系的研究起到了一定的推动作用。20 世纪 60 年代，Hansch 和藤田将有机化学中取代基的电性或立体效应对反应中心的影响可以定量地评价并可外延的原则引入到药物分子与生物系统的相互作用以及与化学结构的关系，确立定量研究药物的化学结构与其生理活性之间的关系的科学构思和方法，建立了 Hansch 方程。人们一般将它作为药物设计的起点。其实，Hansch 方程是在哈密顿方程及塔夫托方程的基础上获得的。哈密顿方程是一个计算取代苯甲酸解离常数的经验方程，该方程建立了取代苯甲酸解离常数的对数值与取代基团的电性参数之间的线性关系。塔夫托方程建立了速率常数的对数与电性参数和立体参数之间的线性关系，主要用于估算脂肪族酯类化合物水解反应速率常数。几乎与 Hansch 方程的提出同时，Free 等提出了 Free-Wilson 方程，建立了分子结构和生理活性的回归方程。Hansch 方程、Free-Wilson 方程等均是将分子作为一个整体来研究化合物的性质，故被称为二维定量构效关系（2-dimension quantitative structure activity relationships，2D-QSAR）。

2D-QSAR 出现之后，在药物化学领域产生了很大影响，人们对化合物结构与生物活性关系的认识从定性水平上升到定量水平。定量的结构活性关系在一定程度上揭示了药物分子与生物大分子结合的模式。

16.1.2　药物设计的发展阶段

20 世纪 80 年代前后，人们开始研究基于分子三维构象的三维定量构效关系（3-dimension quantitative structure activity relationships，3D-QSAR）。1979 年，Crippen 提出基于距离几何学（distance geometry，DG）的 3D-QSAR；1980 年，Hopfinger 等提出分子形状分析（molecular shape analysis，MSA）方法；1988 年 Cramer 等提出了比较分子场方法（comparative molecular field analysis，CoMFA）。自从 CoMFA 提出以来，就一直受到研究者们的欢迎，是迄今为止基于定量构效关系研究最广泛应用的药物设计方法。20 世纪 90 年代，在 CoMFA 方法基础上改进的比较分子相似性方法（comparative molecular similarity index analysis，CoMSIA）、易位体比较分子场分析方法（Topomer CoMFA）。在距离几何学的 3D-QSAR 基础上发展的虚拟受体方法等三维定量构效关系方法。21 世纪以来，基于拟原子受体表面模型法（quasi-atomistic receptor models，Quasar）建立的一种定量构效模型发展较快，已由最初的 3D-QSAR 发展到 4D-、5D-及 6D-QSAR[3]。

到 20 世纪 80 年代中期，药物设计基本上停留在定量构效关系研究水平，通过总结一系列类似物的结构活性关系规律来发现新的更好的类似物。成功范例有：1981 年由百时美施贵宝公司开发上市的普利类降血压卡托普利（Captopril）（图 16-1A）；日本杏林制药公司 1978 年开发成功的诺氟沙星（Norlloxacin）（图 16-1B），属第三代喹诺酮酸类抗菌药物。

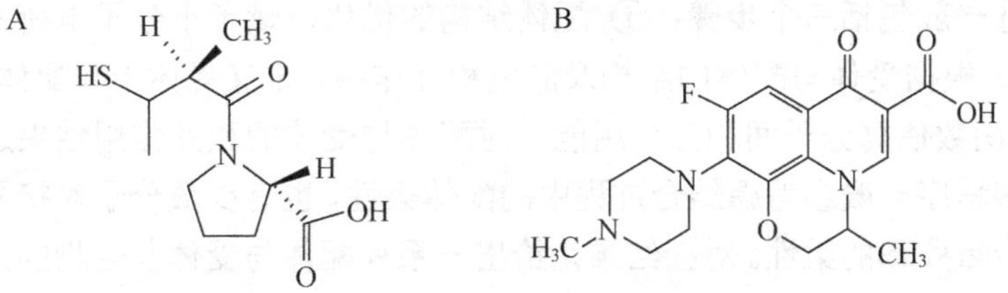

图 16-1　由药物设计开发成功为上市药物诺氟沙星的化合物结构

16.1.3　后基因组时代的药物设计

20 世纪 80 年代中期以后，特别是进入 90 年代以来，随着蛋白质结构测定技术及计算机科学的发展，CADD 也进入了一个崭新的时代，出现了基于生物大分子靶标三维结构知识的合理药物设计[4, 5]。国外各大制药公司为了在激烈的市场竞争中站稳脚跟，多出、快出产品，出好产品，竞相投资于 CADD，不但开发出了潜在的产品，也大大促进了 CADD 方法和软件的发展，使其逐渐变成了一门尖端技术。在短短的 10 年左右时间里，已有许多药物进入了临床试验阶段，一般从确定目标到临床试验只需 2～3 年，大大加快了药物开发的进程。相信在不远的将来，一定会有更多的药物通过 CADD 而走向市场。迄今为止，药物设计成功例子越来越多，所用的方法也千差万别，涉及的有抗病毒、抗肿瘤、抗寄生虫、抗青光眼、抗炎症、抗偏头痛等许多方面的药物，从中可以看出 CADD 的价值和潜在优势[6~8]。

16.2　药物设计方法简介

16.2.1　基于受体的药物设计方法简介

基于受体的药物设计是根据生物大分子（蛋白质、核酸等）的三维结构（晶体结构、核磁共振结构、低温电镜结构或分子模拟结构），用理论计算和分子模拟方法建立小分子-受体复合物的三维结构，预测小分子和受体的相互作用，在此基础上设计与受体活性口袋互补的新分子。受体蛋白结构可以由 X 射线晶体衍射法、核磁共振波谱法（NMR）等实验方法获得。基于受体结构的药物设计虚拟筛选方法，是已知小分子配体和受体结构，用分子对接方法搜索可能的配体与受体的最佳结合，以筛选出先导化合物（lead compound）。全新药物设计则是从受体结构出发，根据化学结构互补、疏水或静电等化学相互作用产生全新的小分子配体结构。

虚拟筛选使用分子对接方法，它源于配体与受体作用的“锁-钥原理”（lock and key principle）。先是将小分子配体放置于靶标蛋白的活性位点处，寻找其合理的取向和构象，通过打分函数计算药物分子与受体结合部位相互作用并评价结合的优劣，预测受体与小分子配体的结合亲和力。

虚拟筛选一般包括三个步骤：① 配体结构的优化，赋予小分子电荷并识别配体分子柔性键；② 根据受体与配体的结构及静电相互作用，定义受体中与配体结合的区域；③ 通过打分函数估算分子间相互作用能，对配体与受体的相互作用结果进行评价。当前的分子对接程序一般会考虑结合过程中的配体柔性，也有少数分子对接程序考虑受体结合部位的少量残基的柔性。对接结果是给出一系列配体与受体复合物的几何结构以及相应的结合自由能。下面简单介绍常见的对接程序。

GOLD[9]是一个计算大分子与小分子结合模式的自动分子对接程序，是 Sheffield 大学、GlaxoSmithKline 公司和剑桥晶体学数据中心（the Cambridge crystallographic data centre，CCDC）合作研发的。GOLD 采用遗传算法（genetic algorithm，GA）进行蛋白质-配体对接。配体可以选择刚性、部分柔性或全部柔性；受体可以选择刚性或部分柔性。能量函数部分依赖于来自剑桥结构数据库（The Cambridge Structural Database，CSD）的构象和非键接触。打分函数有 GoldScore、ChemScore 或用户自定义的函数。对接时程序会自动考虑活性口袋内结合的水分子，对特别的配体自动衍生 GA 设置等。GOLD 因其准确性和可靠性在分子对接类软件中评价较高，广泛应用于虚拟筛选和先导化合物的优化[10, 11]。

Autodock[12]是由 Olson 小组开发的，该程序是目前最流行的半柔性分子对接程序，对接过程中默认受体蛋白是刚性结构，而配体具有可以设置的柔性键。AutoDock 在 2.0 版本以前使用的是模拟退火算法（simulated annealing algorithm），其后的版本中改为拉马克遗传算法（Lamarckian genetic glgorithm，LGA）。Autodock 是一种基于格点（grid）的计算，首先用围绕受体活性位点的氨基酸残基形成盒子（box），然后用不同类型的原子作为探针（probe）进行扫描，计算格点能量，对配体在盒子范围内进行构象搜索（conformational search），最后根据配体的不同构象（conformation）、方向（orientation）和位置（position）进行评分（scoring）与排序（ranking）。Autodock 4.0 及其以后的版本可部分考虑受体氨基酸的柔性。Autodock 由于其免费及程序代码开源，因此受到广大科学工作者的欢迎，应用非常广泛[13, 14]。

分子对接方法可以揭示药物分子和靶点之间的相互作用，还可以为构效关系和药效团模型研究提供最为合理的活性构象。基于分子对接的虚拟筛选可以用于发现先导化合物。在药物设计中，虚拟筛选主要用来从小分子数据库中搜寻与受体生物大分子有较好亲和力的小分子，然后进行药理活性测试，从中发现新的先导化合物。

数据库搜寻得到的化合物通常都是已知化合物，而非新颖结构。近年来，全新药物设计，又称为从头药物设计（*de novo* drug design）[15, 16]，越来越受到人们的重视。它根据受体活性部位的形状和性质要求，让计算机自动构建出形状、性质互补的新分子，该分子能与受体活性部位很好地契合，从而有望成为新的先导化合物。全新药物设计方法出现的时间虽然不长，但发展极为迅速，现已开发出一批实用性较强的软件，其主要软件有 LUDI、Leapfrog、GROW、SPROUT 及 LigBuilder 等。

基于受体结构的药物设计方法的最大优势在于，它是基于靶点的“有的放矢”型，能够很快设计和优化出高效配体。但它仍然属于定向合成和筛选，即使目标化合物有很强的受体亲和活性，一旦在生物利用度、体内代谢或毒性测试中落选，基本上就意味着药物开发的失败。此外，近年来的研究发现，吸收、分配、代谢、排泄和毒性（absorption distribution metabolism excretion and toxicity，ADME/TOX）分析在开发新药的早期阶段是一个关键的因素。所以，在基于受体结构进行先导物分子设计的过程中，必须把设计的化合物在体内的吸收、分布、代谢、排泄和毒理方面的性质同时考虑进去，将基于结构和基于药物作用机制的 CADD 方法相结合，将会在新药的发现中发挥更大的作用。

16.2.2　基于配体的药物设计方法

基于配体的药物设计（ligand-based drug design，LBDD）依据这样一个事实：与已知有活性的分子具有类似结构的化合物也可能具有类似的活性。基于配体的药物设计方法常常用在受体结构未知或者受体结构信息不足的情况下。通过分析一系列能够作用于同一个结合位点的配体结构及活性，理论上可以构建出虚拟的受体模型用于药物设计。LBDD 主要包括定量构效关系（QSAR）方法和药效团模型方法。定量构效关系以小分子的结构和活性为基础，通过对一系列化合物的结构信息、理化参数与生物活性进行分析计算，建立结构与活性的数学模型，来揭示和证实生物活性与物理化学相互作用的定量依存关系，为药物设计及化合物改造提供理论依据。定量构效关系法是目前 CADD 广泛使用的方法之一[12]，一般用于指导先导化合物的改造。现在应用最为广泛的定量构效关系分析是三维定量构效关系（3D-QSAR）分析，即通过分析配体分子的三维结构来建立三维力场模型。

药效团是指在药物分子（或其他类型分子）与靶结构结合中发挥重要作用的药效特征元素（pharmacophore features）的空间排布。药效特征元素可以指特定的原子或原子团，也可以指抽象的活性功能特征，如疏水特征、氢键特征等。与 QSAR 方法不同的是，药效团模型方法可以基于不同类型的先导化合物，得到的是药物分子与受体结合时起主要作用的原子或基团，不但能用于优化先导化合物的结构，而且常用来寻找全新结构的先导化合物。结合药效团模型与 3D 小分子数据库搜索，可用于具有新颖结构的先导化合物的发现，又称基于药效团模型的虚拟筛选，与传统高通量筛选相比具有极高的效率和命中率。

1．定量构效关系

构效关系是指药物的结构对其生物活性的影响关系，一直是药物化学和药理学研究的一个中心问题，同时也是药物设计学的基础研究问题。定量构效关系是研究一组化合物的生物活性与其结构特征之间的相互关系，结构特征以理化参数、分子拓扑参数、量子化学指数和结构碎片指数来表示，用数理统计的方法进行数据回归分析，以数学模型表达并概括出量变规律。

由于药物分子与受体之间的作用是在三维空间进行的，因此准确地描述药物的结构与生物活性的关系，需要知道药物分子乃至受体分子的三维结构，来建立更加准确的模型。因此，结合计算机化学和计算机分子图形学，能够推测出模拟受体立体图像，建立药物结构活性关系表达式，从而据此进行药物设计。三维定量构效关系（3D-QSAR）研究是以配体和受体的三维结构特征为基础，根据分子的内能变化和分子间相互作用的能量变化来定量地分析三维结构与生物活性间的关系。构建 3D-QSAR 模型主要包括以下步骤。

（1）对配体结构的预处理。将二维的平面分子结构转化为三维立体结构，并进行能量优化，获得合理的三维构象。配体的三维构象合理与否对最终所构建的模型具有重要影响。特别是在受体结构未知的情况下，选择合理的配体构象成为构建 3D-QSAR 模型的一大难点。通常选用能量最低的构象作为配体构象，但能量最低构象有时却不是配体与受体结合时的真正构象。

（2）计算分子描述符是指以数字化描述符来表示分子的结构和性质。比较有代表性的计算和选择描述符的方法有距离几何法（distance geometry，DG）[17]、分子形状分析法（molecular shape analysis，MSA）[18]、比较分子力场分析（comparative molecular field analysis，CoMFA）[19]等。该领域的前沿理论是由量子力学衍生的分子描述方法[12]。

（3）构建 3D-QSAR 模型。构建 3D-QSAR 模型需要依靠统计、分析表示分子结构和性质的描述符及相应的实验活性信息来实现。在定量构效关系分析中，比较常用的统计方法有：偏最小二乘分析（partial least squares analysis，PLS）和偏最小二乘判别式分析（partial least squares discriminant analysis，PLS-DA），主成分分析（principal component analysis，PCA），聚类方法（clustering method），阶乘分析（factorial analysis，FA），遗传算法（genetic algorithm，GA），Hopfiled 神经网络（Hopfiled neural network，HNN）或 Kohonen 神经网络（Kohonen neural network，KNN），支持向量机（support vector machine，SVM）等[12]。

3D-QSAR 相比于 2D-QSAR 方法来说，在分子空间结构特点、描述构型、构象上有很大的进步，可以分析结构差异较大的不同类型的药物。但是，由于使用 3D-QSAR 技术是人为的构造化合物的构象，因此难免会使计算结果主观，与实际产生偏差和计算错误[12]。3D-QSAR 在理论和应用上得到了很大发展，但该方法仍然不能明确给出回归方程的物理意义及药物-受体间的作用模式。另外，由于在定量构效关系研究中大量使用了实验数据和统计分析方法，因而 QSAR 方法的预测能力在很大程度上受到试验数据精度的限制，目前尚需要进一步完善。

进行药物-受体相互作用研究时，受体的实际结构常常是未知的，因此，2D-QSAR 和 3D-QSAR 方法分别检测药物或其天然配基的结构,一般并不关心它与受体间的相互作用。虚拟受体表面模型方法通过建立单个结合位点的三维模型来估算配体-受体之间的相互作用。该方法假定受体位点的关键信息来源于一个平均三维表面（3D envelope），此表面模型由以范德华距离在配体分子周围分布一些三维表面构成，它的几何形状反映出结合位点的空间形状。由此映射出受体的结构参数，如氢键受体、氢键给体、氢键回旋质点（H-bond flip-flop particles）、盐桥、局部电性、疏水性、虚拟溶剂、空白区等，这些参数共同构成受体表面[20]。Quasar 正是基于虚拟受体表面模型方法建立起的一种定量构效模型，已由最初的 3D-QSAR 发展到 6D-QSAR。在 3D-QSAR 中，每个配体分子用一个单一的三维实体表示，Vedani 用 Quasar 法对β_2-肾上腺素（β_2-adrenergic）、芳烃（aryl hydrocarbon）、大麻（cannabinoid）、神经激肽（neurokinin-1）和甜味受体（sweet taste receptor）等进行了 3D-QSAR 研究，预测了独立测试集中的配体分子结合自由能，与实验值的均方根（RMS）值为 0.4～0.8 kcal/mol[21]。

在 3D-QSAR 中，受体和配体分子的生物活性构象、取向和可能的质子化态是影响模型质量的重要因素。如果基于不正确的生物活性构象，那么由此获得的虚拟受体将影响预测结果。同时，人们认识到配体分子的排列问题，构建 QSAR 模型时，必须非常小心地比较、选择分子的排列方向，任何细小的误差都会导致所建立的模型不合理。为了改善模型的质量，Quasar 法引入了 4D-QSAR 的概念。4D-QSAR 的基本原理和 3D-QSAR 基本一致，其结果也是以直观的 3D 形式来表示。不同之处在于加入了第 4 维，即取每个分子的全部构象、取向、质子化状态以及对映体的集合来表示第 4 维，以减少对生物活性构象和排列选择时的误差。以此集合作为变元，结合前面的受体表面构建，使用遗传算法和统计学方法对此模型进行评价和调整，并对配体结合自由能进行评价，最终获得所需的模型[22]。Caldas 等用 4D-QSAR 方法研究了多巴胺 D2 受体抑制剂，将遗传算法和偏最小二乘法相结合，获得了一个很满意的模型[23]。应用 4D-QSAR 可减少对生物活性构象和排列选择时的误差。

虽然 4D-QSAR 很好地解决了配体分子排列与构象选择问题，但它并未考虑诱导契合的形式及量级。诱导契合是配体分子与受体结合的过程中，配体诱导受体结合位点对配体分子几何形状的适应能力。如果不考虑诱导契合效应，计算结果就会存在很大误差，很难模拟生物体内受体-配体结合过程，故一般只用于体外生物活性的研究。Quasar 法用第 5 维，即诱导契合多重假设，将诱导契合也考虑进来。该方法考虑的诱导契合包括 6 种类型：① 线型适应；② 对立体场的适应；③ 对静电场的适应；④ 对氢键场的适应；⑤ 对能量最小化的适应；⑥ 对分子亲脂势能的适应[24, 25]。分别生成构象集合与诱导契合集合后，换算成相应的变量，再进行计算分析得到 5D-QSAR 模型。Vedani 等用 5D-QSAR 建立了神经激肽 NK-1 受体和芳烃 Ah 受体活性分子的定量构效关系。模型交叉验证相关系数 q^2 分别为 0.870 和 0.838，相应的 4D-QSAR 模型交叉验证相关系数 q^2 分别为 0.887 和 0.857，说明 5D-QSAR 的验证能力和 4D-QSAR 相当；而 5D-QSAR 模型预测相关系数 r^2 分别为 0.837 和 0.832，相应的 4D-QSAR 模型预测相关系数 r^2 分别为 0.834 和 0.795，说明 5D-QSAR 对生物活性的预测能力优于 4D-QSAR[26]。Oberdorf 等用 5D-QSAR 研究了螺环σ1 受体与配体的构效关系，用 MOE 程序包将配体叠合，然后基于 5D-Quasar 方法建立模型。模型交叉验证相关系数 q^2 分别为 0.84，而预测相关系数 r^2 分别为 0.64，说明 5D-QSAR 对生物活性的预测能力不错[27]。

为了更好的描述溶剂对模型的影响，Quasar 法又加入了第 6 维，它表示不同溶剂对模型的影响，将溶剂性质也映射到虚拟受体表面的部分区域，其位置与大小通过遗传算法进行优化，从而得到考虑不同溶剂类型的 6D-QSAR 模型[28, 29]。Vedani 等对雌激素受体（estrogen receptor）进行了研究，并对 3D-QSAR、4D-QSAR、5D-QSAR、6D-QSAR

的结果进行了比较，其交叉验证相关系数分别为 0.821、0.810、0.872、0.903，其预测相关系数分别为0.563、0.788、0.790、0.885[28]。

2. 药效团模型的构建

药效特征元素（pharmacophore feature）是指某种原子、原子团，或者某些活性功能特征，如疏水特征等，在药物分子与靶结构融合中起关键作用。基于此，药效团的概念是药效特征元素的空间分布。在药物研发中，三维药效团模型与三维数据库搜索两种方法共同发挥着关键作用[30]。在已知受体或者作用于同一靶点的配体的三维结构基础上所建立的三维药效团模型，如果能够代表以上两者结合起重要作用的特征元素，那该模型就可用于三维数据库检索，发现与其特征相符的化合物。目前应用较为广泛的建立药效团模型的方法有 GASP[31]和 Catalyst[32]。该软件或程序中一般会提供一系列药效团模型，除了参考软件给出的分数排序外，在挑选模型过程中，还需加入数据库检索能力的验证。将药效团模型应用到 3D 小分子数据库的检索，可虚拟筛选出具有全新结构的先导化合物。相比于传统的高通量筛选，虚拟筛选具有高效率和高命中率的特点。分子对接的结果可以与通过配体产生药效团模型的结果相互对照[33]，加入受体因素以验证药效团模型的合理性。

由于用计算机还无法完全模拟人体内部复杂的生理环境，所以并未完全了解药物在体内的相关反应。因此基于计算机模拟实验还不能完全替代实际情况。但是，就目前来讲，计算机技术作为一种药物设计的有效辅助手段大大缩短了相关人力、物力与时间的消耗。

16.3　三维定量构效关系实例——CCR5 受体吡咯烷类抑制剂的 CoMFA 与 CoMSIA 分析

16.3.1　CoMFA 和 CoMSIA 模型

1996 年，Deng 等发现化学趋化因子受体 CCR5（七次跨膜 G 蛋白偶联受体超家族成员）是 HIV-1 进入细胞的辅助受体[34]。CCR5 是巨噬细胞亲和性 HIV-1 病毒（又称 R5 型病毒）的辅助受体。研究表明，CCR5 的功能被抑制后对个体影响不大：缺失 CCR5 受体的约 1%的高加索人对 HIV-1 病毒的感染不敏感且健康状况表现正常[35]。近年来以 CCR5 为靶点的筛选实验成为研究的热点，一批结构新颖、活性较好的小分子化合物相继出现，有的已经进入临床期研究。

111 个吡咯烷类 CCR5 拮抗剂均由 Merck 实验室测得 IC_{50} 值[36]，保证生物学活性数据的一致性。72 个分子被选为训练集，39 个分子作为测试集。表 16-1 列出了两种分子叠合方法（公共骨架叠合与场叠合）以及是否进行区域聚焦（region focous）得到的 CoMFA 和 CoMSIA 模型的结果。在计算 CoMSIA 模型时，还考察了不同的场对结果的影响，最终确定除了立体场与静电场以外，引入氢键受体、氢键给体场以及疏水场对结果有利。总体来说，进行区域聚焦以后，模型的 q^2 值均有所提高，r^2 值则有涨有落。在 CoMFA 模型中，公共骨架叠合的 q^2 值与 r^2 值普遍高于场叠合，而在 CoMSIA 模型中两种叠合方法得到的结果近似。区域聚焦后，除 CoMFA2 外，模型的 q^2 值普遍得到提高，CoMFA2 中 q^2 值虽然稍有回落，但 r^2 值有明显提高，可见聚焦后确实可以消除部分噪声。若考虑到测试集的预测能力，可以看出公共骨架叠合以及区域聚焦后得到的模型的预测结果较好。

表 16-1　不同 CoMFA 和 CoMSIA 模型的统计结果

	CoMFA1	CoMFA2	CoMFA3	CoMFA4	CoMSIA 1	CoMSIA 2	CoMSIA 3	CoMSIA 4
叠合[a]	I	I	II	II	I	I	II	II
聚焦[b]	N	Y	N	Y	N	Y	N	Y
q^2	0.653	0.637	0.588	0.622	0.618	0.677	0.649	0.673
r^2	0.855	0.952	0.802	0.794	0.936	0.958	0.941	0.939
标准偏差	0.317	0.186	0.367	0.375	0.214	0.176	0.205	0.209
主成分数	3	5	2	2	5	7	5	5
F 值	133.835	259.873	140.097	133.165	192.035	207.208	210.172	202.338
分子场的分配情况								
立体场	0.458	0.373	0.371	0.431	0.089	0.146	0.060	0.079
静电场	0.542	0.627	0.629	0.569	0.284	0.280	0.311	0.291
氢键给体场	—	—	—	—	0.249	0.195	0.220	0.206
氢键受体场	—	—	—	—	0.189	0.161	0.225	0.229
疏水场	—	—	—	—	0.189	0.218	0.184	0.194
测试集								
R	—	0.785	—	0.729	—	0.806	—	0.694
标准偏差	—	0.384	—	0.357	—	0.365	—	0.431

a. 表示基于骨架叠合；b. 是否区域聚焦，Y=是；N=否

最佳的 CoMFA 模型为公共骨架叠合并进行区域聚焦后得到的模型 CoMFA2，该模型在取 5 个主成分时，具有最佳的 Leave-One-Out 交叉验证回归系数（$q^2 = 0.637$）、非交叉验证回归系数（$r^2 = 0.952$）、最小的标准偏差（SEE = 0.186）。采用该模型，我们预测了测试集 39 个分子的活性值，模型可对测试集分子作出很好的预测（$R = 0.785$，SD = 0.384）。图 16-2 显示了采用最佳模型得到的训练集（A）及测试集（B）中分子的预测活性与实测活性之间的关系。

最佳的 CoMSIA 模型为公共骨架叠合并进行区域聚焦后得到的模型 CoMSIA2，该模型在取 7 个主成分时，具有最佳的 Leave-One-Out 交叉验证回归系数（$q^2 = 0.677$）、非交叉验证回归系数（$r^2 = 0.958$）、最小的标准偏差（SEE = 0.176）。采用该模型，我们预测了测试集 39 个分子的活性值，模型可对测试集分子作出很好的预测（$R = 0.806$，SD = 0.365）。图 16-2 显示了采用最佳模型得到的训练集及测试集中分子的预测活性与实测活性之间的关系。

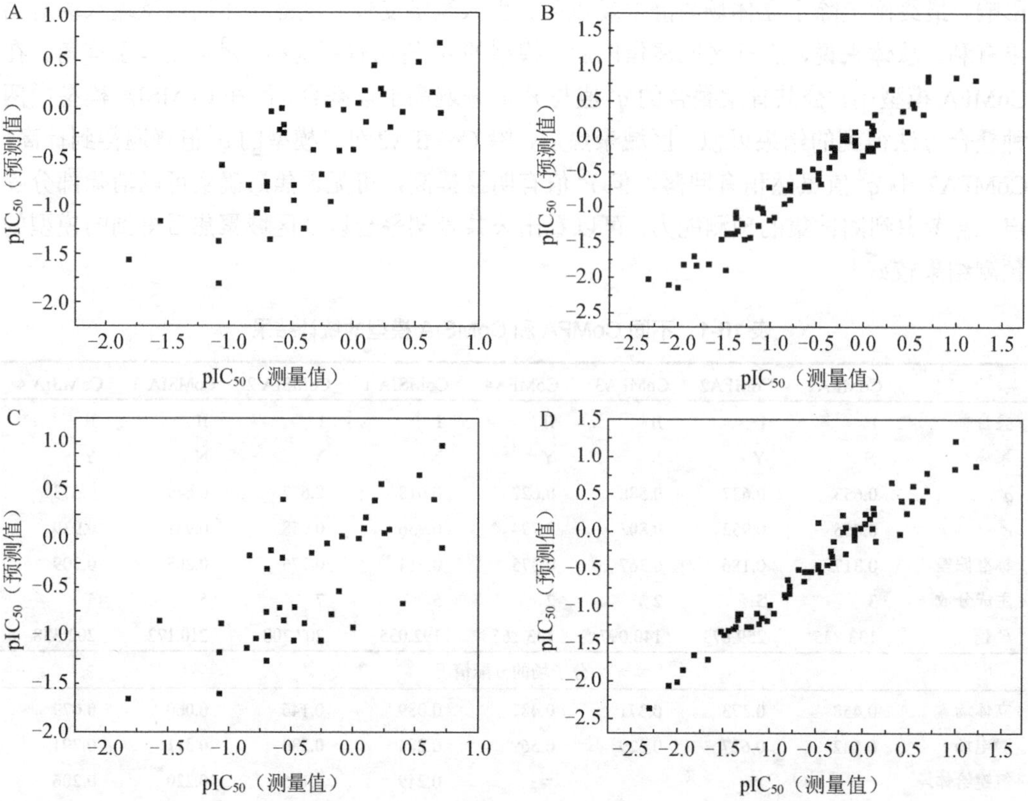

图 16-2　最佳模型 CoMFA2 和 CoMSIA2 对化合物的活性预测值与实验值的相关性。（A）、（B）为 CoMFA2 模型的训练集和测试集的预测值与实验值的相关性（pIC_{50}表示被抑制一半时抑制剂的浓度的负对数）；（C）、（D）为 CoMSIA2 模型的训练集和测试集的预测值与实验值的相关性

16.3.2　最佳模型的等势面图

310 号分子为活性最好的分子（IC_{50} 值为 0.06 nmol/L）；553 号分子为活性较差的分子（IC_{50} 值为 122 nmol/L）。CoMFA2 的等势面包括立体和静电场信息，图 16-3 中绿色和黄色表示立体场，绿色为大体积基团取代有利的区域，黄色为大体积取代不利的区域；红色和蓝色表示静电场，红色为有利于负电基团取代的区域，蓝色为有利于正电基团取代的区域。

CoMFA2 模型等势面图中（图 16-3），其哌啶环 4 位相邻碳原子上的基团被限制在黄色和蓝色的区域内，说明此处的取代基最好为体积较小的电正性基团，化合物 553 在这个位置的乙基可能对活性产生不利影响。活性较好的 310 号分子类似，没有较大的基团。化合物的右侧在 CoMFA 和 CoMSIA 模型中都有较大的黄色区域以及部分的红色区域，说明体积较小的电负性基团有利于活性的增加，310 号分子在此处有两个氟原子，氟原子体积较小且呈电负性，有利于提高活性，而 553 分子右侧的苯环部分接触到这个区域，亦不利于活性。右下方有绿色区域存在，说明这里体积较大的取代基有利于增加活性。

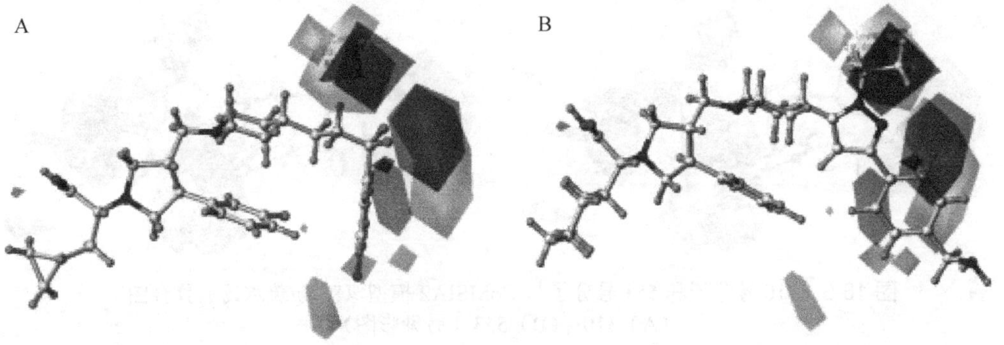

图 16-3　310 号分子和 553 号分子与 CoMFA 最佳模型的立体场和静电场叠合图；
（A）310；（B）553（另见彩图）

CoMSIA2 模型除了引入立体场和静电场以外，还引入了氢键受体场、氢键给体场和疏水场描述空间格点的能量分布。CoMSIA2 的等势面图中，除了立体和静电场以外（图 16-4），还给出了氢键受体场（橘色有利受体，红色不利受体）、氢键给体场（青色有利给体，紫色不利给体）、疏水场（白色有利疏水基团，蓝色有利亲水基团）的信息（图 16-5）。在 CoMSIA2 模型等势面图中（图 16-4），其立体场和静电场的分布类似于 CoMFA2，但在右上方区域的场分布体积较小，右侧和右下方的场分布体积较大，可见在 CoMSIA2 模型中右侧和右下方的场对活性的影响较大。在 310 号分子右下方苯环对位上连的氟原子指向立体场的绿色区域（图 16-4A）和氢键受体场的橘色区域（图 16-5A），氟原子具有弱的氢键受体性质，可见此处体积较大或具有氢键受体性质的基团取代均有利于活性的增加。左侧四氢吡咯环的 N 原子附近有一个青色区域，说明这里有利于氢键给体基团的出现，而 N 原子本身即为氢键给体。代表亲水性有利活性提高的蓝色区域与代表氢键受体有利活性提高的橘色区域分布在 310 号分子的左侧羧基取代位置、右上方两个氟原子取代位置和右下方苯环氟原子取代位置并毗邻出现；亲水性与氢键受体都属于极性基团的性质，两者毗邻是合理的，说明这些位置由极性基团，尤其是可以作为氢键受体的基团取代有利活性提高。

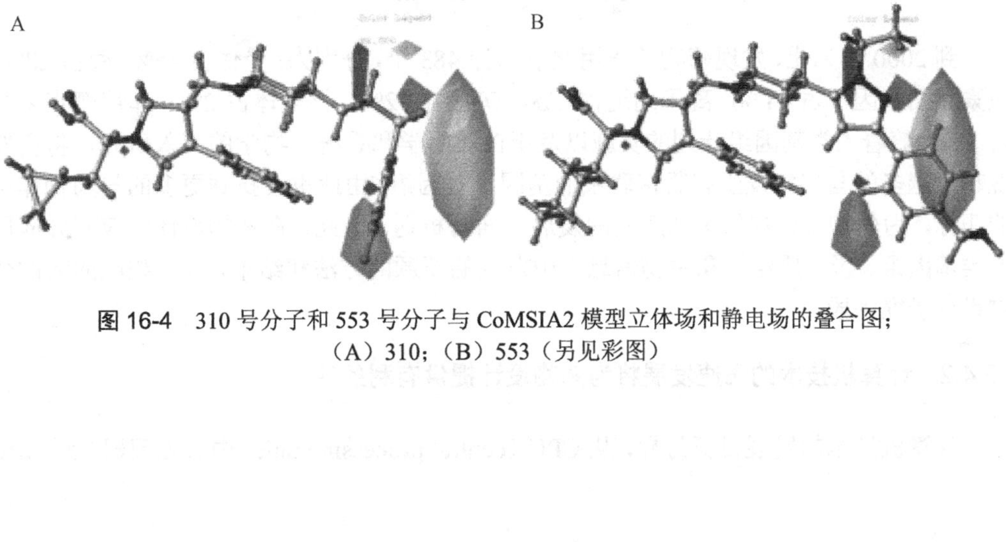

图 16-4　310 号分子和 553 号分子与 CoMSIA2 模型立体场和静电场的叠合图；
（A）310；（B）553（另见彩图）

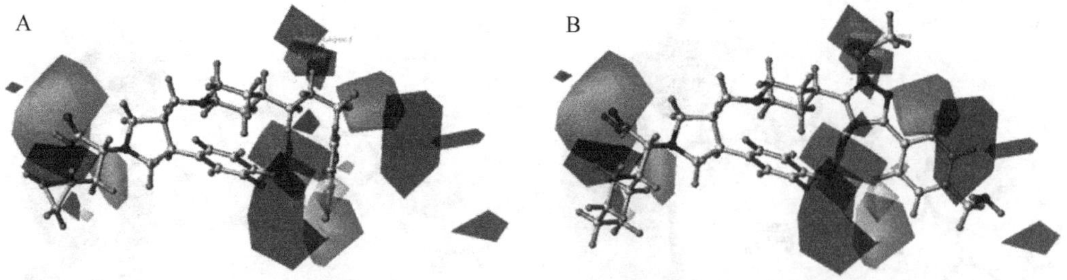

图 16-5　310 号分子和 553 号分子与 CoMSIA2 模型氢键场/疏水场的叠合图；
（A）310；（B）553（另见彩图）

通过对 CoMFA 和 CoMSIA 统计学模型和等势面的分析，发现最佳模型 CoMFA2 和 CoMSIA2 可以有效地预测训练集和测试集的活性，等势面与分子的活性变化较为一致，可为化合物的结构优化提供有用信息。比较了使用公共骨架叠合、场叠合以及是否使用区域聚焦对结果的影响，得到的最佳 CoMFA 模型（CoMFA2）在取 5 个主成分时，具有最佳的交叉验证回归系数（$q^2 = 0.637$）及非交叉回归系数（$r^2 = 0.952$），可对测试集分子作出较好的预测（$R = 0.785$）。而最佳 CoMSIA 模型（CoMSIA2）在取 7 个主成分时，具有最佳交叉验证回归系数（$q^2 = 0.677$）及非交叉回归系数（$r^2 = 0.958$），并对测试集分子作出的较好的预测（$R = 0.806$）。同时等势面图提供了立体场、静电场、氢键场和疏水场的可视化图像，本研究可为这类化合物的结构优化提供线索。

16.4　药物设计展望

药物分子设计是化学、物理学、生物学、计算机科学和信息科学等几大学科相互交叉、融合的产物。到目前为止，不仅已经在药物设计的理论和方法上取得了丰硕的成果，而且在实际应用方面也取得了令人瞩目的成绩。可以预期在不远的将来，药物设计领域将会成为一个充满新的挑战、激动人心的科学前沿[37]。

16.4.1　生物信息学的发展将为药物设计研究带来新希望

到 2000 年为止，发现药物的作用靶点总计 483 个，分别为：受体占 45%，酶占 28%，激素和细胞因子占 11%，离子通道占 5%，DNA 占 2%，核受体占 2%，作用靶点未知占 7%。随着人类基因组计划的实施以及蛋白质组学和系统生物学的深入研究，将会发现越来越多的与疾病发生有紧密联系的基因及基因组，由此也会找到更多的与药物作用的靶标，为药物设计提供更加广阔的发展空间与机遇。因此，在药物设计中应充分应用人类基因组、蛋白质组学和生物信息学中发现的新颖的方法和结果，发展相应的新的药物设计研究手段。

16.4.2　计算机技术的飞速发展将为药物设计提供有利条件

计算机技术的发展日新月异，从 CPU（central processing unit，中央处理器）到 GPU

（graphic processing unit，图形处理器），运算速度越来越快。计算速度的发展及新的计算方法的出现，将会在药物设计领域引起巨大的变化。目前复杂生物大分子体系的理论计算、分子模拟及药物设计仍面临很多瓶颈，其影响因素之一就是计算机计算速度及计算能力的限制。随着计算机技术的迅速发展，这种状况将有很大改观。当然，相应的也需要发展基于超级计算机的、能适应复杂生物体系理论计算和药物设计要求的应用软件。

16.4.3　组合化学及虚拟数据库的发展将为药物设计提供广阔的应用前景

组合化学（combinatorial chemistry）是 20 世纪 90 年代兴起的一门新学科。它将化学合成、组合理论、计算机辅助设计及机械手结合为一体，在短时间内将不同构建模块根据组合原理，系统反复连接，从而产生大批的分子多样性群体，形成化合物库（compound library）或虚拟化合物库（virtual compound library）。然后，运用组合原理，以对库成分进行筛选优化，得到可能的、有目标性能的化合物结构的科学。现在组合化学已应用到药物化学、有机化学、材料科学等领域。由于它在药物发现和新型材料研究方面具有很好的应用前景，受到国际学术界和产业界的高度重视。组合化学与计算机辅助药物设计两者互相结合、互相促进，将在药物设计中发挥独特的作用。

16.4.4　基于作用机理的药物设计方向是未来药物设计的发展方向

药物设计的主要方法之一是基于药物和靶标三维结构的设计方法。这种方法的不足之处是只考虑了化合物与靶标生物大分子之间的相互作用力，而没有考虑两者之间的其他作用方式。在此基础上发展起来的合理药物设计（mechanism-based drug design），不仅充分考虑配体与受体活性部位之间的几何互补性，而且充分考虑二者之间的性质互补性，如静电相互作用、氢键相互作用、疏水相互作用等。此外，对溶剂效应、配体与受体的协调运动等，也给予足够的重视[38]。一个优良的药物除了与靶标分子产生所预期的相互作用之外，还应该具有良好的体内输运和分布性质，以及良好的代谢性质。随着系统生物学、网络药理学及计算机科学的发展，考虑药物不同作用机理和全部过程的合理药物设计方法将逐步建立和完善。

尽管基于药物设计发现的新药还非常有限，但是随着药物设计领域的新方法、新手段、新技术的不断出现，药物设计研究一定会取得长足发展，基于 CADD 发现的新药会越来越多，CADD 将越来越引起人们的广泛关注。

参 考 文 献

[1] Ritenbaugh C, Hammerschlag R, Calabrese C, Mist S, Aickin M, Sutherland E, Leben J, Debar L, Elder C, Dworkin S F. A pilot whole systems clinical trial of traditional Chinese medicine and naturopathic medicine for the treatment of temporomandibular disorders. J Altern Complement Med, 2008, 14(5): 475-487

[2] 徐筱杰，侯廷军，乔学斌，章威．计算机辅助药物分子设计．北京：化学工业出版社，2004

[3] Zhu J F. [Implicitness-to-explicitness translation in English translation of traditional Chinese medicine]. Zhong Xi Yi Jie He Xue Bao, 2008, 6(6): 658-660

[4] Wang D, Li Z, Xu L, Guo H. Data mining analysis of professor Li Fa-zhi AIDS herpes zoster medical record. China Journal of Chinese Materia Medica, 2013, 38(15): 2497-2500

[5] Wang D, Li Z, Xu L, Guo H. Data mining analysis of professor Li Fa-zhi AIDS itchy skin medical record. China Journal of Chinese Materia Medica, 2013, 38(15): 2493-2496

[6] Chen Y, Di L, Zhang S, Chen M, Sun H, Gao F, Zhang Y, Li P. The randomized, multicenter, controlled clinic trail for treating advanced non-small cell lung cancer with combined traditional chinese medicine and vinorelbine (Navelbine, NVB) plus cisplatin (DDP) chemotherapy. Zhongguo Fei Ai Za Zhi, 2008, 11(3): 441-444

[7] Xie Z, Jiang Z, Li P, Yan L, Li Z. Study on Liangxue Xiaofeng Yin Treating HIV-Pruritic Popular Eruption. Chinese Journal of Experimental Traditional Medical Formulae, 2013, 19(18): 302-305

[8] Li Y, Wang J, Tang Y, Lin H, Li J, Wu X, Liu J, Li G, Tan Y, Zhang Z, Pan Y, Hong L. Clinical trial of the effect of Immune No.1 on immune functions of HIV infectors. Chinese Journal of AIDS & STD, 2012, 18(6): 356-359

[9] Li X, Wang F, Gao Y, Wang Y. Clinical observation of AIZHI 1 prescription used to treat HIV/ AIDS patients with abnormal fatty distribution resulting from HAART. Chinese Journal of AIDS & STD, 2010, 16(3): 226-228

[10] Wang J, Lin H, Li Y, Tang Y, Pan J, Wu X, Liu J, Huang S, Fan Y, Qin H, Liang J, Fang L, Li G, Hong L, Zhuo s, Deng X, Duan C, Zhang Z, Tan Y. Effect of Mianyi No.2 Formula on the Symptoms and Signs of HIV / AIDS Patients with Insufficient Immune Reconstitution　J Tradit Chin Med, 2012, 53(11): 923-926

[11] Zhang Y, Ma J, Ma X, Aihemaiti·Abudureyimu, Xu S, Zhang Z, Alimu·Asimu. Observation of clinical effect of Ping Ai Granule I treatment HIV infection in 20 cases. China Journal of Traditional Chinese Medicine and Pharmacy, 2012, 27(6): 1672-1674

[12] Yan L, Guo H. The Research Progression of AIDS Diarrhea Treated with TCM. Liaoning Journal of Traditional Chinese Medicine, 2011, 38(12): 2490-2493

[13] Zhang X, Huang N, Zheng Y. Advances in the study of anti-HIV natural compounds derived from traditional Chinese medicines. Acta Pharmaceutica Sinica, 2010, 45(2): 141-153

[14] Yu F, Liang F, Deng M, Song K. Effect of Tanreqing Combined with External Application of Traditional Chinese Medicine on Herpes Zoster in the Elderly with HIV/AIDS. The Chinese Journal of Dermatovenereology, 2013, 27(4): 369-370

[15] Cen Y, Tan X, Zhang J, Zhou G, Wan G, Xu L, Qu B, Sun L, Meng Z, Chen Z. Randomized controlled study of integrated treatment of traditional Chinese medicine and western medicine on AIDS with pulmonary inflammation patients. China Journal of Chinese Materia Medica, 2013, 38(15): 2448-2452

[16] Song C, Wei J, Huang X, Wang X, Li N, Wang Y, Xue L, Zhang T. Study on the ef fect of Ailing granule, a Chinese medicinal compound, on the function of immunological cells in people living with HIV/ AIDS. Chinese Journal of AIDS & STD, 2010, 16(1): 4-6

[17] Crippen G M. Distance Geometry Approach to Rationalizing Binding Data. J Med Chem, 1979, 22(8): 988-997

[18] Tang Y, Wang J, Li Y, Liu Y. Diversity changes of TCRVβ gene in AIDS patients with incomplete immune reconstitution and influence of drug. China Journal of Chinese Materia Medica, 2013, 38(15): 2438-2442

[19] Xu T, Liu J, Geng K, Sui B. Research progress on the treatment of aids with traditional Chinese medicine and related issues. China Medical Herald, 2012, 9(24): 22-23

[20] Li Q, Shang X H. Diagnosis and treatment of traditional Chinese medicine and laboratory medicine. Zhongguo Zhong Xi Yi Jie He Za Zhi, 2008, 28(2): 174-176

[21] Liu X, Hua B J. Effect of traditional Chinese medicine on quality of life and survival period in patients with progressive gastric cancer. Zhongguo Zhong Xi Yi Jie He Za Zhi, 2008, 28(2): 105-107

[22] Li X J, Zhang H Y. Western healers in traditional Chinese medicine. EMBO Rep, 2008, 9(2): 112-113

[23] Xu L M. Treatment of liver fibrosis and liver cirrhosis with traditional Chinese medicine. Zhonghua Gan Zang Bing Za Zhi, 2008, 16(3): 182-183

[24] Zhang Y, Li F, Gao G. Blood toxicity caused by HAART in HIV in HIV / AIDS patients and treatment with traditional Chinese. Chinese Journal of AIDS & STD, 2011, 17(5): 597-599

[25] Cai Y, Duan C, Liu Y, Zhao J, Yang S, Sun J. Analysi s of the Blood and Blood Change Law of 36 HIV/ AIDS Patients with HARRT Combined with Traditional ChineseMedicine. Yunnan Journal of Traditional Chinese Medicine and Materia Medica, 2011 32(10): 22-23

[26] Uttekar M M, Das T, Pawar R S, Bhandari B, Menon V N, Gupta S K, Bhat S V. Anti-HIV activity of semisynthetic derivatives of andrographolide and computational study of HIV-1 gp120 protein binding. Eur J Med Chem, 2012, 56: 368-374

[27] Jiang F, Zhang R, Guo H, Liu J, Cui W, Cheng Y, Jiang Z, Jin Y, Chen X. Double-Blind,Randomized-Controlled Trial of Aikang Granules for Human Immunodeficiency Virus Resistance. Journal of Traditional Chinese Medicine 2013, 54(13): 1115-1118

[28] Lu Z, Mbakaya C F L, Kombe Y, Kisingu W, Kariuki J, Muniu E, Kanyara L, Fang J, Jian P. The Chinese medicine Restore Plus Granules improves the immune status and decreases the HIV virus loading in patients with HIV/AIDS in Nairobi, Kenya. Chinese Journal of New Drugs, 2011, 20(22): 2241-2247

[29] Bai W, Li B, Mi N, Wang J, Liang B. Observation on the Clinical efficacy of Aining Particle in Treating HIV/AIDS Patients of Tanzania. China Journal of Chinese Medicine, 2012, 27(165): 131

[30] Feng L, Zhao G, Ma Y, Li M, Ma J, Jin J, Cui Y. Effect and mechanism of Andrographitis Herba on human $CD4^+$ Tcell Promoters CXCR4 and CCR5. China Journal of Chinese Materia Medica, 2011, 36(21): 3012-3017

[31] Tian M, Ni L, Wang G, Yang X, Tan X, Sun L, Wang Y, Wang R. Efficacy and Safety of Jianpi Zhixie Granule on Chronic Diarrhea of AIDS Patients. World Chinese Medicine, 2011, 6(3): 193-195

[32] Jiang S, Sun H, Xu Y, Pei J, Wang H. Randomized Double-blind Trials of Jingyuankang Capsule on Peripheral Blood Leukocyte in HIV /AIDS Cases. Chinese Journal of Experimental Traditional Medical Formulae, 2010, 16(14): 201-206

[33] Qiu L, Zhang Y. Research Progress of Natural Polysaccharide Compounds with Anti-HIV Bioactivity. China Journal of Chinese Medicine, 2012, 27(173): 1231-1234

[34] Deng H K, Liu R, Ellmeier W, Choe S, Unutmaz D, Burkhart M, DiMarzio P, Marmon S, Sutton R E, Hill C M, Davis C B, Peiper S C, Schall T J, Littman D R, Landau N R. Identification of a major co-receptor for primary isolates of HIV-1. Nature, 1996, 381(6584): 661-666

[35] Samson M, Libert F, Doranz B J, Rucker J, Liesnard C, Farber C M, Saragosti S, Lapoumeroulie C, Cognaux J, Forceille C, Muyldermans G, Verhofstede C, Burtonboy G, Georges M, Imai T, Rana S, Yi Y J, Smyth R J, Collman R G, Doms R W, Vassart G, Parmentier M. Resistance to HIV-1 infection in Caucasian individuals bearing mutant alleles of the CCR-5 chemokine receptor gene. Nature, 1996, 382(6593): 722-725

[36] Zhuo Y, Kong R, Cong X J, Chen W Z, Wang C X. Three-dimensional QSAR analyses of 1,3,4-trisubstituted pyrrolidine-based CCR5 receptor inhibitors. Eur J Med Chem, 2008, 43(12): 2724-2734

[37] Deng L, Li A, Jin Y, Luo L, Sun J. Analysis on the Application of Single Chinese Herb of Traditional Chinese Medical Compound Prescriptions in Treating AIDS. China Journal of Chinese Medicine, 2013, 28(177): 155-157

[38] Mao Y, Sun Y, Chou G, Hu Z. Enhanced anti-HIV efficacy of indinavir by metabolic interactions with the traditional Chinese medicine prescription ZYSH. China Journal of Chinese Medicine, 2012, 28(177): 2875-2880

（谭建军）

第 17 章　计算机辅助虚拟筛选方法与应用

17.1　计算机辅助虚拟筛选方法简介

计算机辅助虚拟筛选（computer aided virtual screening）是指以虚拟化合物库为对象在计算机上（*in silico*）进行的筛选，相对于在实验室进行的高通量筛选（high throughput screening，HTS），这种方法具有快速、高效、低成本的特点，是现代药物化学中广泛使用的研究手段，尤其适用于新颖先导化合物的发现。虚拟筛选的起源可追溯到 20 世纪 70 年代结构生物学及分子模拟技术的兴起。随着越来越多蛋白质晶体结构和核磁共振结构的解析、计算机计算能力的飞速提升以及分子模拟技术的不断发展，计算机辅助虚拟筛选已经成为现代药物研发流程中的重要环节。

第 16 章介绍了两种基本的计算机辅助药物设计方法：基于配体的药物设计和基于受体的药物设计。计算机辅助虚拟筛选是上述两种药物设计方法的延伸和推广，实质上是对小分子数据库的条件查询。根据查询条件的不同可分为基于配体的虚拟筛选，如子结构搜索、相似性搜索、药效团模型搜索、QSAR 模型搜索，以及基于受体的虚拟筛选，如分子对接等[1-3]。符合检索条件的小分子将被挑选出来，进入生物测活实验阶段。

通过虚拟筛选，可快速地从大型小分子数据库中寻找可能有活性的化合物，在短时间内将实验测定的范围从百万以上的分子锁定到几百个分子，大大提高实验筛选的速度和效率，是寻找和优化先导化合物、缩短新药研发周期的有力工具。实验表明，虚拟筛选不仅在节约经费、缩短研发时间方面优于高通量筛选，在实际命中率方面也毫不逊色。Doman 等同时使用 HTS 和虚拟筛选两种方法针对 2 型糖尿病靶点蛋白酪氨酸磷酸酶 1B（PTP1B）进行了抑制剂搜寻，最终 365 个打分较高的化合物被挑选出来进行了实验测定，虚拟筛选的命中率是 HTS 的命中率的 1700 倍[4]；又如 Paiva 等以肺结核病靶点二氢吡啶二羧酸还原酶（dihydrodipicolinate reductase）为受体，使用 Merck 公司化合物，同时进行了 HTS 及分子对接的虚拟筛选，对于半抑制浓度（half inhibitory concentration，IC_{50}）小于 100 μmol/L 的化合物，HTS 的命中率小于 0.2%，分子对接的虚拟筛选命中率为 6%[5]。Xu 等以阿尔茨海默病的关键蛋白 β-secretase 为靶点进行了虚拟筛选，获得了高活性及低神经细胞毒性的非肽类小分子抑制剂[6]。近年来，虚拟筛选成功的例子不断增加，研究对象涵盖各种类型蛋白，如包括 G 蛋白偶联受体等在内的多种细胞表面受体蛋白、激酶、蛋白酶、氧化/还原酶、水解酶及离子通道等[7]。

17.2　基于配体的虚拟筛选方法及应用

基于配体的虚拟筛选是指仅采用配体的结构信息，而不采纳任何受体结构信息，来寻找新化合物的计算机筛选方法。其基本假设是相似化合物可能对特定的靶点具有类似的活性。基于配体的虚拟筛选包括从一个已知的活性化合物出发，寻找结构、形状或者性质相似的新化合物；或者是从数个乃至几十个已知活性化合物结构出发，构建药效团模型，继而寻找满足药效团特征的新化合物。

17.2.1　配体的相似性

配体相似性包括二维结构或三维形状相似性以及物理化学性质的相似性。二维结构相似性通常使用 Tanimoto 相似性打分进行量化，目前有各种不同的方法描述一个分子的二维结构相似性，如 Daylight 指纹、原子对描述符[8]、SciTegic 指纹等。化合物的物理化学性质包括亲脂性（logP）、分子质量、可旋转键数目、氢键受体和供体数目以及 pK_a 值。形状相似性是指配体构象三维结构的相似，包括产生系列化合物构象、基于原子对或药效团性质或静电分布的化合物叠合，以及对形状相似性的定量打分[9]，常用的软件包括 Schrodinger 软件包中基于形状的筛选模块，以及 Openeye 公司的 ROCS。通常情况下基于二维结构相似性搜索获得的分子与已知活性分子具有高度的化学拓扑结构相似性，一般为具有共同骨架的系列化合物，适用于优化先导化合物；而基于分子形状的搜索则可以找到具有相似空间结构但不同骨架结构的化合物，比较适用于寻找结构新颖的化合物。

17.2.2　药效团模型的构建

当药物分子以活性构象（药效构象）与靶结构结合时，其中不同的基团对活性的影响是不同的，有些基团的改变对活性影响不大，而有些基团的变化则对药物分子与靶结构的结合，以及分子的生物活性有较大影响。早在 1900 年，Paul Ehrlich 在研究染料分子时就发现这个问题，并且第一次提出了药效团的概念。药效团是指在药物分子（或其他类型分子）与靶结构结合中发挥重要作用的药效团特征（pharmacophore feature）及其空间排布。药效特征元素可以指特定的原子或原子团，也可以指抽象的活性功能特征，如疏水特征、氢键特征等。尽管药效团的概念很早就已提出，但其发展和应用在近年内才兴起，尤其是 3D 数据库搜索技术。比较常见的药效团构建的方法有 Catalyst[10]、UNITY、PHASE 和 MOE。给定一组结构差异性大、活性好、柔性键相对较少的化合物，即可进行药效团模型的构建。一般的程序中都会给出一组药效团模型，在模型挑选的时候除了参照程序中提供的打分排序，也需要加入数据库搜索的能力如富集度（enrichment factor）

进行验证。也可将通过配体产生药效团模型的结果与分子对接的结果相互对照并验证[11]。通常基于药效团模型的虚拟筛选分两步：① 检查化合物中是否具有相应的原子类型或者药效团特征；② 将化合物构象叠合到药效团模型上，检查化合物中的原子特征或药效团特征是否符合药效团模型的空间排布。小分子数据库的三维构象直接影响最终筛选结构，一般需要对所有库中的分子产生多个低能量的空间构象以备筛选。值得注意的是，药效团模型是判断一个化合物是否有活性的必要条件，并不是充分条件，即满足药效团的分子可能成为活性小分子，但不一定是活性分子。通过药效团模型筛选得到的分子通常在化学结构上与已知活性分子有较大差异，可用于跳出原活性分子结构系列，寻找骨架结构新颖的分子。

17.2.3　应用实例——基于 CCR5 受体拮抗剂的药效团模型构建及组合化合物库筛选

CCR5 拮抗剂可抑制 HIV-1 病毒包膜蛋白与 CCR5 的相互作用，从而阻断病毒进入细胞。我们从文献中收集了 99 个已知活性值的化合物，将其分为训练集（含 25 个分子）和测试集（含 74 个分子）。训练集和测试集的挑选满足以下原则：① 训练集和测试集分子从不同类的化合物中挑选，以保证结构的相异性；② 训练集和测试集的活性应尽量覆盖各个数量级。应用 Catalyst 4.11 软件包，用训练集构建了三维药效团模型，并通过统计学方法及测试集预测结果验证了该模型的有效性[12, 13]。

图 17-1 给出了最佳药效团模型 Hypo 1 的三维结构图，其中深灰色的小球代表了正离子化特征 PI，浅灰色小球代表了疏水特征 HY，图中还列出了各个特征之间的距离约束。Hypo 1 由三个疏水特征和两个正离子化特征组成。图 17-2 给出了训练集中活性最好的化合物 A（IC_{50} = 0.06 nmol/L）和活性最差化合物 Y（IC_{50} = 10 000 nmol/L）与药效团模型的叠合情况。在叠合过程中选取“fast fit”，即快速叠合模式。化合物 A 可以很好地与药效团模型的各个特征叠合，预测活性为 0.15 nmol/L；化合物 Y 则有一个正离子化特征和一个疏水特征不能叠合，预测活性值为 1200 nmol/L，表明在 CCR5 拮抗剂与受体结合过程中，正离子化的氮原子基团及疏水基团起关键作用。

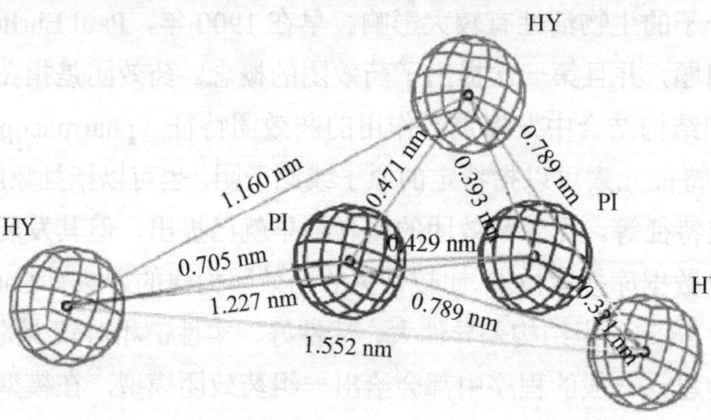

图 17-1　使用 Catalyst 4.10 软件包 Hypogene 模块生成的评价最佳药效团模型

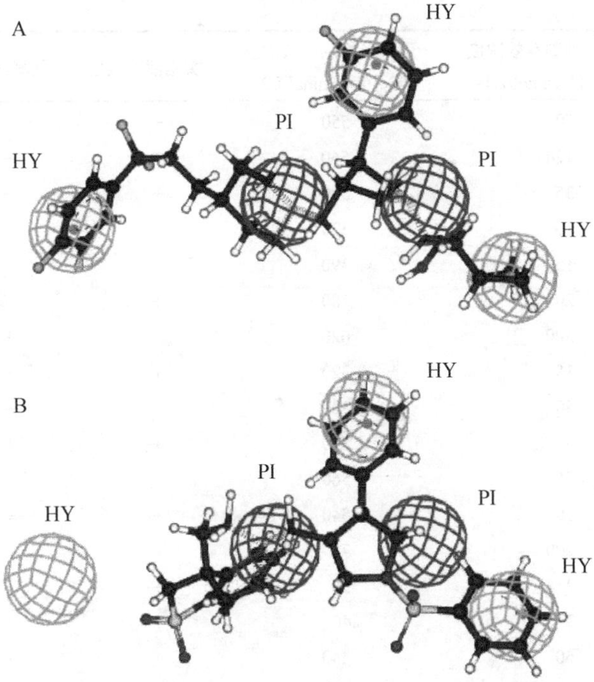

图 17-2　训练集的高活性化合物 A、低活性化合物 Y 与药效团模型假设 1（Hypo 1）的叠合

药效团模型构建的目的是为了对未知分子进行有效的活性预测。使用 Hypo 1 针对测试集的 74 个分子进行活性预测，以评价其对未知分子的活性预测能力，观察药效团模型是否能正确的区分活性和非活性分子。测试集分子的预测活性与实验活性的比较见表 17-1。表中将活性值分为三个等级：$IC_{50} \leqslant 10$ nmol/L 为高活性化合物，用“++”表示；10 nmol/L < $IC_{50} \leqslant 1000$ nmol/L 为中等活性，用“+”表示；$IC_{50} > 1000$ nmol/L 为没有活性，用“-”表示。在 48 个高活性化合物中，药效团模型将 35 个分子识别为高活性，13 个分子识别为中等活性。在 27 个中等活性分子中，3 个分子被过高估计为高活性分子。整个测试集的活性预测的相关系数为 0.703，表明模型可以较为有效地区分活性与非活性分子，具有发现未知活性化合物的能力，可用于新型化合物的设计。

表 17-1　由 Hypo 1 得到的测试集分子预测活性与实验活性的比较

化合物编号	实验半抑制有效浓度 IC_{50} 值/（nmol/L）	预测半抑制有效浓度 IC_{50} 值/（nmol/L）	实验活性级别	预测活性级别	误差 [a]
1	60	420	+	+	+7
2	590	540	+	+	−1.1
3	80	91	+	+	+1.1
4	150	890	+	+	+5.9
5	40	540	+	+	+13

续表

化合物编号	实验半抑制有效浓度 IC_{50} 值/（nmol/L）	预测半抑制有效浓度 IC_{50} 值/（nmol/L）	实验活性级别	预测活性级别	误差 [a]
6	70	550	+	+	+7.8
7	120	560	+	+	+4.7
8	35	540	+	+	+16
9	10	530	++	+	+53
10	15	390	+	+	+26
11	200	180	+	+	−1.1
12	300	620	+	+	+2.1
13	15	320	+	+	+21
14	50	320	+	+	+6.3
15	5	870	++	+	+170
16	35	560	+	+	+16
17	30	540	+	+	+18
18	200	70	+	+	−2.9
19	2	36	++	+	+18
20	3	40	++	+	+13
21	60	440	+	+	+7.3
22	49	660	+	+	+13
23	7	0.1	++	++	−70
24	100	1.1	+	++	−89
25	5	0.084	++	++	−60
26	2	0.1	++	++	−19
27	0.4	0.078	++	++	−5.1
28	0.5	0.24	++	++	−2.1
29	4	0.19	++	++	−21
30	2	16	++	+	+7.8
31	0.1	0.57	++	++	+5.7
32	36	320	+	+	+8.9
33	0.2	0.12	++	++	−1.6
34	6	21	++	+	+3.6
35	66	620	+	+	+9.4
36	3.9	20	++	+	+5.1
37	1.8	14	++	+	+8
38	1.7	12	++	+	+6.8
39	0.5	2.7	++	++	+5.4
40	0.1	0.22	++	++	+2.2
41	0.3	0.35	++	++	+1.2
42	0.9	12	++	+	+14
43	0.5	6.1	++	++	+12
44	4.8	0.52	++	++	−9.3

续表

化合物编号	实验半抑制有效浓度 IC_{50} 值/（nmol/L）	预测半抑制有效浓度 IC_{50} 值/（nmol/L）	实验活性级别	预测活性级别	误差 [a]
45	1.6	0.12	++	++	−14
46	5	16	++	+	+3.1
47	8	14	++	+	+1.8
48	27	2.3	+	++	−12
49	0.67	0.87	++	++	+1.3
50	0.29	0.48	++	++	+1.6
51	0.73	3.7	++	++	+5.1
52	1.6	4.7	++	++	+3
53	0.23	3.1	++	++	+13
54	0.6	4.6	++	++	+7.7
55	1	3.8	++	++	+3.8
56	2.5	0.39	++	++	−6.4
57	0.84	0.41	++	++	−2.1
58	2.8	22	++	+	+7.9
59	8.2	3500	++	-	+430
60	100	45	+	+	−2.2
61	1	6.8	++	++	+6.8
62	29	24	+	+	−1.2
63	0.5	0.19	++	++	−2.6
64	1.2	0.81	++	++	−1.5
65	1.2	10	++	++	+8.7
66	0.8	7.8	++	++	+9.8
67	0.6	6.3	++	++	+10
68	2.3	0.4	++	++	−5.7
69	4.2	1.1	++	++	−3.7
70	4.8	3.1	++	++	−1.5
71	0.8	2.2	++	++	+2.7
72	16	23	+	+	+1.5
73	41	0.67	+	++	−61
74	6.9	3.8	++	++	−1.8

a．+ 表示预测半抑制有效浓度高于实验半抑制有效浓度，误差 = 预测 IC_{50}/实验 IC_{50}；－表示预测半抑制有效浓度低于实验半抑制有效浓度，误差 = 实验 IC_{50}/预测 IC_{50}

根据文献报道的已知化合物分子结构，设计出如图 17-3 所示的两类核心结构的化合物分子，并采用 SYBYL/Legion 模块按照核心结构和取代基团进行了穷举组合化合物构建。加上 R/S 手性构型的区分考虑，得到一个具有 39 168 个分子的数据库。使用 Catalyst/CatDB 模块对数据库进行构象产生，每个分子的最大构象数目为 250。以 Hypo 1 为搜索条件，使用 Catalyst/CatSearch 模块对数据库中的每个分子进行活性预测。预测活性值小于 10 nmol/L 的高活性分子即为可能的活性分子。

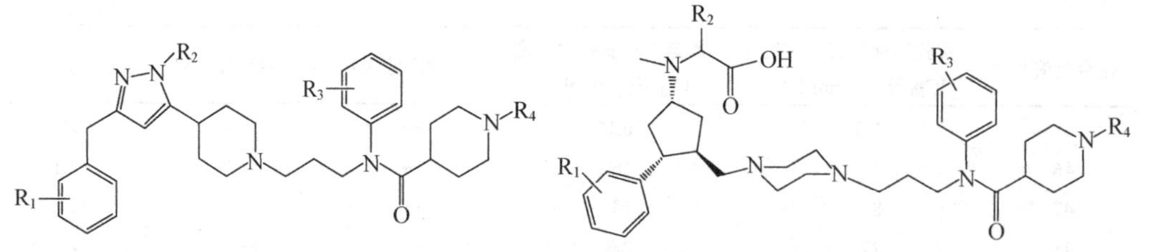

R_1:H,F,OMe,CF3,NH2,NO2,SO2Me,SO2i-Pr;
R_2:H,Me,Et;
R_3:H,F,CF3,NO2,Me,Br,Cl,CN;
R_4:COCF3,COCH3,SO2CH3,PO3;

R_1:H,F,OMe,CF3,NH2,NO2,SO2Me,SO2i-Pr;
R_2:H,Me,i-Pr,-CH2CH(CH3)CH3,-CH2OH,-CH2Ph;
R_3:H,F,CF3,NO2,Me,Br,Cl,CN;
R_4:COCF3,COCH3,SO2CH3,PO3;

图 17-3　组合化学库分子的二维结构图

17.3　基于受体结构的虚拟筛选方法及应用

17.3.1　基于受体结构的虚拟筛选方法

基于受体结构的虚拟筛选主要指使用分子对接方法，根据受体生物大分子（如蛋白质）的三维结构（X 射线晶体衍射实验、NMR 实验测定的结构或同源模建预测的结构），用理论计算和分子模拟的方法建立“小分子-受体”的复合物三维结构，并预测“小分子-受体”的相互作用，在此基础上对小分子数据库进行打分排序，以挑选与受体活性口袋具有良好互补性的可能的活性分子。

药物分子需要与靶酶相互结合才能产生药效，即两个分子要充分接近并采取合适的取向以使二者在必要的部位相互契合，发生相互作用，继而通过适当的构象调整，得到一个稳定的复合物构象。通过分子对接程序，可计算模拟小分子配体与生物大分子受体的复合物三维结构，并对小分子与靶蛋白的结合能力进行预测。

Kuntz 等开发的 DOCK 程序[14, 15]按柔性键将配体分子分为多个刚性片段，然后依照“锚优先搜索”的算法逐层进行片段生长来考虑配体的柔性。多年以来的持续研究，DOCK 程序包在搜索算法和打分函数方面有着很大的提高，并在新版本中增加了 RNA 与小分子对接的模块[16~18]。

Olson 等的 Autodock 程序[19, 20]允许定义有限数量的可旋转键，搜索算法包括模拟退火算法、遗传算法以及拉马克遗传算法，其中以拉马克遗传算法效率和准确性最好。在拉马克遗传算法中，配体的可旋转键、三个平动变量以及四个转动变量被定义成染色体中的基因，以配体受体对接能为目标函数，通过种群的进化得到最佳的个体。与一般遗传算法不同的是，拉马克遗传算法允许在表现型基础上进行优化并由表现型反过来决定基因型。在最新开发的 AutoDock4 版本中，加入了蛋白质柔性对接功能[6]。程序包可对用户选定的部分残基侧链进行有限的平移和转动，以考虑受体柔性。

Rarey 等开发的 FlexX 对接软件[21]已作为分子模拟软件包中的一个模块实现了商业化，当配体的核心结构在活性口袋中的位置确定以后，采用树形搜索方法在核心结构上依次“生长”配体分子中的其他片段。FlexE[22]是 FlexX 的进一步发展，通过蛋白质构象集系综的方法考虑受体蛋白质柔性。

Affinity[23]是最早实现商业化的分子对接程序，首先通过蒙特卡洛或模拟退火计算确定配体分子在受体活性口袋中的可能结合位置，然后采用分子力学或分子动力学方法对配体受体相对位置进行进一步精细的优化。

LigandFit[24]使用基于形状的方法进行分子对接。首先探索蛋白质表面的凹陷部位并作为可能的活性位置。采用蒙特卡洛方法产生配体构象。以蛋白质活性位置形状作为筛选条件，保留通过的配体构象并在活性位置处进行能量优化和打分评价。

eHiTS 对接程序[25]，采用一种分而治之的策略，将配体分成各个刚性片段和柔性连接链，将刚性片段在受体活性位点进行独立对接，然后用柔性连接链将各片段重新连接成配体并优化得到最终配体-受体结合态。对于可能存在不同质子化状态的受体或配体，eHiTS 对所有可能性进行评价和打分，以得到最好的结果。在打分函数方面，eHiTS 可使用已知数据对打分函数进行训练。只要提供活性化合物及非活性化合物的数据集，eHiTS 可用神经网络算法产生筛选条件，只有满足筛选条件的分子才能进入到正式对接阶段，可减少小分子数据库数目，加快对接的速度并提高精确度，避免部分假阳性现象的产生。

Surflex[26]程序在搜索算法方面比较特殊，首先在蛋白质活性位置区域将探针原子按照结合能力的大小进行摆放并成簇，确定其成为原型分子的位置。使用相似性搜索的算法将配体叠合到原型分子的位置上，并进行能量优化和打分排序。该程序在排除假阳性分子方面较佳，可在缩小库规模的同时尽量避免减少潜在活性分子的数目。

GOLD[27]是一个自动对接程序，它使用遗传算法来探索配体全范围的柔性构象和蛋白质的局部柔性。GOLD 对蛋白质的柔性处理局限在结合位点部分残基的部分基团，如丝氨酸（Ser）、苏氨酸（Thr）、酪氨酸（Tyr）的侧链羟基（—OH）的旋转。

Glide[28, 29]是一个近似为完全系统搜索配体的构象、取向和空间位置的对接软件，它使用一系列分级筛选来搜索配体在受体活性位点区的可能定位。在搜索中，首先通过一个粗略的位置和打分筛选，极大地减少搜索空间，然后对剩余的候选构象进行优化，从而得到精确的对接构象。

分子对接的另一个重要组成部分是打分函数，可将其分为 4 类：① 基于力场的打分函数，如建立在 AMBER 力场基础上的 AutoDock 打分函数[20]；② 经验打分函数，如 ChemScore[30, 31]、LUDI score[32]；③ 基于知识的打分函数，如 DrugScore[33]、PMF score[34]；④ 近年来提出的联合打分函数[35, 36]（consensus scoring）则是结合不同的打分函数对结果进行共同评价。每一类打分函数各有千秋，都有可以准确预测复合物结构和结合能力的实例，但是错误也会出现，如假阳性现象（即实验上不具备活性的化合物在打分函数的评价中却有较好的表现结果）和假阴性现象（即实验上具有活性的化合物在打分函数评价中却表现结果较差）。到目前为止，并没有一个标准的打分函数可以远远超越其他打分函数。实验证明，联合打分函数的使用可以在一定程度上减少假阳性、假阴性现象的发生，较多的用于化合物数据库的虚拟筛选中[35, 36]。

针对目前国际上出现的众多的分子对接程序，有一些小组对于它们预测结合模式和配体亲和能力的准确性以及虚拟数据库筛选的命中率等进行了比较，认为Glide、Gold、SurFlex等程序具有较好的性能[37, 38]，可较为有效地从具有一定结构差异性的化合物库中挑选出具有一定活性的先导化合物。但是如何考虑蛋白质柔性，以及如何提高结合自由能预测方法以便更加准确地预测结合模式与高亲和力配体，仍然是目前本领域面对的共同问题。

17.3.2　考虑受体柔性的诱导对接方法

基于受体的虚拟筛选结果十分依赖于受体结构，采用同一个受体蛋白的不同晶体结构或不同的构象进行虚拟筛选得到的结果往往有较大的差别。实际的受体与配体结合是一个动态过程，配体及受体在溶液中通常具有多种构象，相互寻找自由能最低的结合状态。因此，晶体结构的静态和单一的构象给对接带来了局限。尽管对接程序发展到现在已经取得了一些成果，例如，大部分对接程序可以充分考虑配体柔性，以及还原晶体结构中配体和受体的天然结合构象，但是对于受体大分子的柔性还考虑的不够。部分对接程序只是考虑了蛋白质的局部柔性，如Autodock和Gold程序只是选定部分残基考虑其侧链柔性，如末端羟基的旋转；FlexE程序通过蛋白构象集格点（protein conformation ensemble grids）的方法考虑蛋白柔性[39]；Glide程序可设定诱导契合模式考虑蛋白构象集合进行筛选。但是如何充分考虑受体大分子柔性以及提高对接结果的准确性，仍然是本领域的巨大挑战[40]。

尽管蛋白质晶体结构或NMR波谱结构能给出配体的结合口袋信息，但是在不同的配体与蛋白受体结合的情况下，受体可能发生构象变化从而形成新结合口袋构象，通常实验很难捕捉到这种变化。而分子动力学模拟方法可检测到蛋白质在水溶液中的构象变化，通过分析可发现可能产生的新口袋构象，如基于HIV-1整合酶晶体结构的药物设计往往不能获得预期活性的分子。然而通过分子动力学模拟，人们发现了之前任何整合酶晶体结构中未曾出现过的活性位置附近的亚口袋[41]。随后新型抑制剂和整合酶复合物晶体结构的成功解析验证了模拟中发现的小分子与亚口袋的相互作用。基于这些实验结果，默克公司进行了进一步的先导化合物优化，并最终成功发现了高效的抗病毒药物Raltegravir，成为第一个被美国FDA批准上市的HIV-1整合酶药物[42]。

用分子动力学模拟采集多个受体构象，基于受体构象集进行配体的筛选，这样每一个配体分子得到的不仅是在单个晶体结构受体上的打分，而是在受体构象集基础上的打分列表，通常可以采用平均打分对配体进行排序。该策略可有效提高虚拟筛选的富集能力，并有利于挑选出化学结构差异性较大的化合物。该方法已成功地应用到众多疾病靶标的药物开发中[43~45]。

出于计算速度的考虑，通常对接程序的打分函数在考虑构象熵和溶剂化自由能时比较粗略，在进行大规模筛选的时候，这种近似不失为一个折中的策略。但是在虚拟筛选的后期处理中，对打分排序较好的部分分子进行更为精确的自由能计算及重新排序，有利于降低假阳性及提高真实活性分子在候选分子中的富集率。分子动力学模拟在虚拟筛选中的另一个用途是处理对接后的复合物构象，获得更为准确的结合模式；或计算结合自由能并对候选分子进行打分排序[46~48]。自由能计算的方法包括热力学积分法（thermodynamic integration）[49, 50]、自由能微扰法（free energy perturbation）[51]、MM-PBSA（molecular mechanics-poisson Boltzmann surface area）、MM-GBSA（molecular mechanics-generalized Born surface area）方法[52~56]等。

总之，在对接之前使用分子动力学模拟采集多个构象作为受体，或者在对接之后进行分子动力学模拟和更为准确的自由能评估方法，是当前考虑蛋白柔性以及提高虚拟筛选准确性行之有效的手段[57]。

1. *应用实例——gp120 的柔性对接*

HIV-1 包膜糖蛋白 gp120 识别并结合表达于免疫细胞表面的 CD4 受体，是病毒进入细胞的第一步，在 HIV 病毒逃避宿主免疫系统的机制中起到至关重要的作用。HIV-1 进入抑制剂（小分子 BMS-378806 [58~60]），可抑制 gp120 和 CD4 的相互作用，从而阻断病毒进入细胞。为弄清抑制剂 BMS-378806 与 gp120 的结合模式，采用分子动力学模拟对自由态 gp120 蛋白进行构象采集以考虑蛋白柔性，提取 MD 构象系综中的 60 个构象作为受体进行了分子对接研究，获得在整个蛋白构象集上的最低能量构象并进一步进行了复合物动力学模拟，最终得到了可合理解释残基突变实验数据的结合模式[61]。

如图 17-4 所示，将对接受体 gp120 的构象叠合到晶体结构上，得到 60 个对接实验中对接打分排名在第一簇（cluster 1）的所有配体构象相对于晶体结构的取向分布。图中蛋白质使用线状飘带模型（line ribbon model）表示，糖基化的残基和糖基链用棍状模型（stick）表示，而对接实验中第一簇小分子配体构象则使用球状模型（ball）表示。根据对接打分，以能量最低原则选取了两种小分子结合模式的代表构象进行了复合物分子动力学模拟。其中一种结合模式在复合物分子动力学模拟中配体结合不稳定，另一个结合模式配体结合稳定且符合实验构效关系，该模式被选为最终配体-受体的结合模式（图 17-5）。

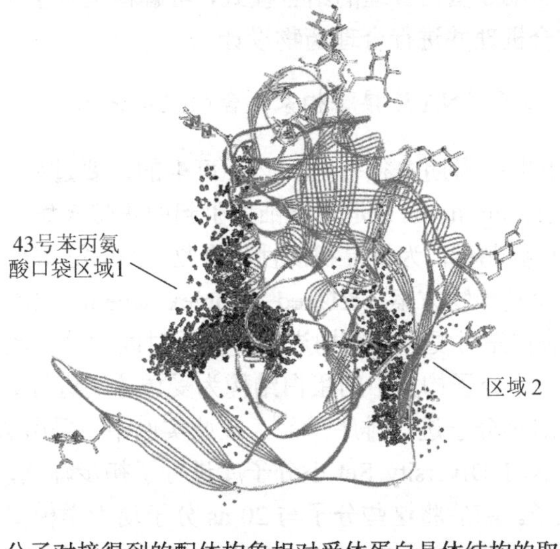

图 17-4　分子对接得到的配体构象相对受体蛋白晶体结构的取向分布图

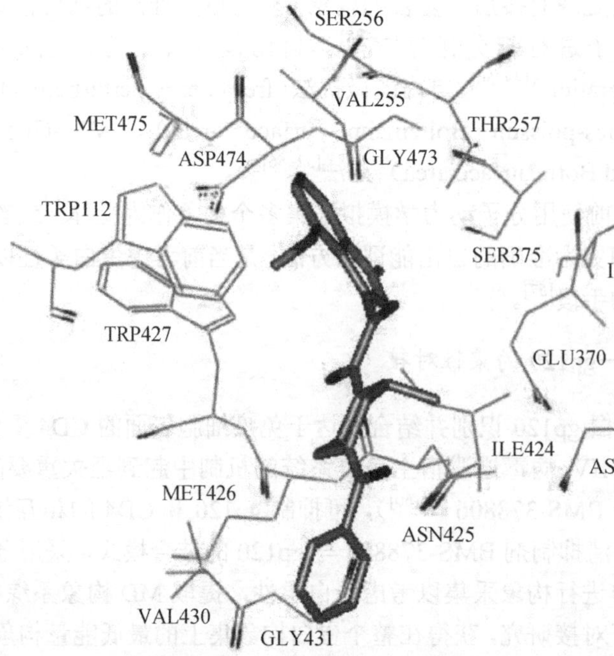

图 17-5　小分子 BMS-378806 与其周围 0.4 nm 以内残基的平均结构

从图 17-5 中可以看出，BMS-378806 的氮杂吲哚基团占据 gp120 蛋白的口袋，其机制类似于 CD4 蛋白的关键残基 Phe43 侧链苯环插入到该疏水口袋的方式[62, 63]。残基突变实验表明，当口袋内部残基突变成侧链体积较大的基团时，如 S375W 和 T257R，会对小分子结合产生空间位阻，导致其活性丧失。在预测结合模式中，小分子氮杂吲哚环上 C4 位置的甲氧基指向 Trp427 的吲哚环，与其产生较强的静电相互作用，而化合物基团取代实验也表明小分子的结合活性对 C4 位置的基团取代非常敏感[64]。模拟研究给出了 BMS-378806 与 gp120 蛋白合理的结合模式，可解释生物学实验研究结果，有利于阐释该类抑制剂的结合机理并进行合理药物设计。

2. *应用实例——基于 RNA 连接酶构象集合的虚拟筛选*

RNA 修饰是锥虫生命周期中独有的、必不可少的重要过程，其中起关键作用的 RNA 连接酶（RNA-editing ligase）是治疗锥虫引起的热带疾病如非洲嗜睡症（African sleeping sickness）的重要靶标。为了寻找活性化合物，Amaro 等使用分子对接与分子动力学模拟相结合的放松复合物方案（relaxed complex scheme，RCS），针对该靶标进行了虚拟筛选[65]。该方法首先对复合物结构进行一段长时间的分子动力学模拟采样并提取代表构象，然后以每一个分子构象中的蛋白结构为受体分别进行分子对接，最后使用在构象集上的平均打分对小分子进行排序[66, 67]。在此实例中，采用 Autodock 4 对接软件，以晶体结构为受体对 NCI Diversity Set 小分子库进行了初步筛选，选取了排序在前 2% 的小分子作为候选分子。随后将这些分子与 20 ns 分子动力学模拟中提取的 400 个构象分别进行对接，并使用基于构象集的平均打分进行了重新排序。结果表明，使用平均打分以后，原来在晶体结构对接中打分较差的真阳性分子被重新排序到靠前的位置，有效提高了富集率并降低了假阳性。该研究结果表明，从分子动力学模拟数据中采集构象是考虑蛋白质主链及侧链柔性的有效策略，可提高虚拟筛选的准确性。

17.4　反向虚拟筛选方法

与前述的传统虚拟筛选相对而言，所谓反向虚拟筛选（inverse virtual screening，IVS），是指对于给定的配体分子，运用理论计算方法搜寻能与之结合的靶点。对于特定的配体分子，确定其受体靶标在药物设计过程中具有非常重要的理论和实际意义。随着人类基因组测序工作的完成，目前已将研究重点转移到基因所编码的蛋白质上。人类基因组编码的蛋白质种类在 10^4 数量级（保守估计约为 2 万～3 万），而目前已经探明的可作为药物靶点的蛋白质数量约占总数的 5%[68]。现阶段药物设计主要针对单个靶点，其缺陷在于设计出的化合物分子无法保证特异性，有可能与体内的其他生物大分子如蛋白质、核酸等结合，最终导致毒副作用。最近的研究显示，现存药物平均每个可与 6.3 种蛋白质相结合[69]，揭示了大部分药物通过多个靶点协同发挥作用。对这些靶点蛋白质的确定，不但有助于设计更有效的药物分子，还可以有效地降低其毒副作用。IVS 方法已成功地应用于对化合物的毒副作用的预测、药物重定位（drug repositioning）、多靶点确定（multi-target identification），以及药物靶点网络（drug target network）等研究领域[68, 70~74]。

虽然反向虚拟筛选方法与传统虚拟筛选方法的筛选目标不同，但他们所用的搜索引擎（即判断受体-配体结合能力的方法，如分子对接方法）却是一样的。因此，根据搜索引擎的不同，IVS 同样被分为基于配体的 IVS 和基于受体的 IVS。除了搜索引擎之外，IVS 同样需要一个用于筛选的数据库。对于基于配体的 IVS，数据库中包含的是一系列已知活性的小分子的信息；而对于基于受体的 IVS，数据库中包含的则是受体结构的信息，如蛋白质结合位点的 3D 结构信息。筛选的过程就是将给定的配体分子与数据库中的所有配体或受体通过搜索引擎进行打分，然后根据所得的分值对数据库中的配体或受体进行排序，排在前面的则是可能的靶点。这两种方法各有利弊，基于配体的 IVS 速度快，无需受体蛋白质的结构信息，并且相应的数据库信息充足，所以该方法更早的被用于反向虚拟筛选。因为没有受体蛋白质的信息，也就无法知道与靶点蛋白质的结合模式以及作用机制。基于受体的 IVS 可以确切地了解配体与靶点蛋白质的结合模式以及作用机理，但其计算量相对较大，并且目前受体结构数据还相对有限，仍有许多受体蛋白质的结构未被解析。下面将对这两种方法分别进行介绍。

17.4.1　反向虚拟筛选的主要方法

如上所述，无论是基于配体还是基于受体的 IVS，均主要由数据库和搜索引擎两部分构成。下面将从数据库和搜索引擎分别对基于配体和基于受体的 IVS 进行介绍。由于

IVS 中所用到的搜索引擎实际上和传统的虚拟筛选方法中所用到的一样，关于该部分的详细介绍也可参考上两节的内容。

1. 基于配体的反向虚拟筛选

本章前面已经提到，拥有相似结构的分子倾向于具有相似的性能，即“分子相似性原理”，这里介绍的基于配体的反向虚拟筛选方法同样是基于该原理。在进行反向虚拟筛选之前，首先需要构建用于筛选的数据库，该数据库中的小分子必须是已知特性的，即已知它们的蛋白质靶点。所幸的是，一些公共数据库，如 ChEMBL（http://www.ebi.ac.uk/ chembl）、PubChem（http://pubchem.ncbi.nlm.nih.gov）、ChemBank（http://chembank.broadinstitute.org）等，已经收集了大量包含小分子-靶点等信息的相关数据。以 ChEMBL 数据库为例，截至目前（2015 年 2 月），该数据库已收集了 140 万个不同化合物分子及一万余种靶点的信息。根据研究目的及筛选方法的不同，可以从这些公共数据库中下载相关数据构建用于反向虚拟筛选的数据库。更多关于化合物分子数据库的相关信息可以参考文献[71]。

IVS 的另一个关键部分是搜索引擎，即对于给定的小分子，如何从包含海量信息的数据库中快速、准确搜索出目标分子。根据搜索方法的不同，可以将现有的搜索引擎分为三大类：相似性搜索（similarity searching）、药效团映射（pharmacophore mapping）和机器学习（machine learning）。相似性搜索方法直接比较给定分子与数据库中每个分子的相似程度，然后根据相似度的分值对数据库中的分子进行排序，排在前面的为目标分子。一般采用物理化学性质、2D 及 3D 指纹等分子描述符进行相似度计算。第二类方法中，药效团指在与蛋白质靶点结合中起重要作用的结构特征及其空间排列形式，这些特征包括：氢键供体、受体，正负电荷中心，芳香环中心，疏水、亲水基团等。搜索过程即寻找数据库中与给定分子拥有相似药效团的分子。第三类方法又称为数据挖掘，运用机器学习的方法根据分子特性（如分子描述符）对数据库中的分子进行成簇分类，反向虚拟筛选过程则变成了对被筛选分子的分类过程。

为了方便人们的使用，研究人员已经将上述方法建成了网络服务器，如基于分子相似性的服务器 ReverseScreen3D（http://www.modelling.leeds.ac.uk/ReverseScreen3D）[75]和 SEA（similarity ensemble approach）（http://sea.bkslab.org）[76]、基于药效团的服务器 PharmMapper（59.78.96.61/pharmmapper）[77]。这些网络服务器使用方法简单，计算速度快，仅需提供被筛选分子的结构信息。

2. 基于受体的反向虚拟筛选

基于受体的 IVS 同样离不开数据库的构建，不同的是该数据库中包含的是受体蛋白质的结构信息。近些年随着结构生物学的快速发展，越来越多的蛋白质三维结构被解析出来，截至目前（2015 年 2 月），PDB 数据库中蛋白质的结构数据已接近 10 万之多，其中很多蛋白质都可作为小分子的靶点，充分的数据量为受体数据库的构建提供了可能。一些基于 PDB 数据库的二级数据库应运而生，如 sc-PDB[78]（http://bioinfopharma.u-strasbg.fr/scPDB）数据库收集了 PDB 数据库中所有含有小分子配体的蛋白质结构，最近一次的数据更新显示，该数据库中共有 9283 个条目，囊括了 3678 种蛋白质和 5608 种配体分子，该数据库是目前包含受体结构信息，并且可以直接应用于 IVS 的数据量最大的数据库。然而该数据库的缺点也很明显，数据库中受体来自各种物种，缺乏针对性，并且没有对蛋白质的种类及相关疾病进行分类，这将大大增加后续分析的难度。因此，一些更有针对性的受体数据库更受欢迎，如治疗靶点数据库（therapeutic target database，TTD）[79]以及潜在药物靶点数据库（potentail drug target database，PDTD）[80]等。

理论上，所有适用于蛋白质-小分子对接的程序都可用于基于受体的 IVS。具体过程包括：将给定的小分子运用分子对接程序逐个对接到数据库中的受体上，根据对接得到的分值对受体库中的蛋白质进行排序，其中排位靠前的蛋白质为潜在的靶点。

同样地，为了方便人们使用，该方法已被开发成软件及网络服务器，例如，最早将分子对接方法应用于 IVS 的 INVDOCK[70]，以及免费使用的网络服务器 TarFisDock[81]、SePreSA[82]、idTarget[83]等。

17.4.2　反向虚拟筛选方法在药物设计中的应用

传统医学中有丰富有效的治疗疾病的配方，但机理不明确。近些年，人们开始结合现代医学方法，从中草药配方中提取有效成分，进而对其分子机制进行研究。在分子机制的研究过程中，对药物靶点的确定则显得至关重要。目前，对于特定的小分子，要完全通过实验来确定其靶点还是非常困难的，并且费时费钱；而 IVS 为此提供了一个很好的方法。最近，Yue 等运用 IVS 方法，并结合实验技术，研究了中医药材灵芝中主要成分 Ganoderic acid D 的毒性机制，并通过对靶点蛋白质的确定构建出可能的药物靶点网络[84]。

前面已经提到，毒副作用一直是药物设计过程中普遍存在并且难以克服的障碍，针对特定靶点设计出的有活性的化合物绝大部分都是因为毒副作用太大最终无法成药。如果能够事先预测化合物的毒副作用，则可大大提高新药研发的效率并减少药物研发的费用。理论上，对于给定的化合物分子，IVS 可以预测出能与之结合的蛋白质靶点，进而可以阐释潜在的毒副作用。实际上，最早的基于受体的 IVS 方法（INVDOCK）就是被应用于毒副作用的研究。例如，Chen 和 Ung 运用分子对接程序作为搜索引擎，从 PDB 库中收集了两千余个蛋白质结合位点信息作为受体数据库，成功筛选出 4-羟基他莫昔芬（4-hydroxy tamoxifen）和维生素 E 的已知靶点[70]。最近，Lounkine 等采用基于配体的 SEA 反向虚拟筛选方法大范围研究了已知药物的副作用靶点：具体地，针对上市的 656 种药物，运用基于 SEA 的 IVS 方法预测它们的副作用靶点，结果显示，接近一半的预测结果已被实验证实[85]。

众所周知，每一种新药的上市都耗费了巨大的人力和财力，而且耗时漫长，特别是在毒理分析及临床试验阶段。基于此，人们提出了旧药新用，即药物重定位概念，在已经上市的药物中，寻找其新的作用靶点和药效功能，这样便可以直接跳过毒理分析及临床试验阶段，极大地缩短新药研发的周期及投入。

17.4.3 反向虚拟筛选方法的应用前景

综上所述，IVS 方法已经被成功应用于药物设计的诸多方面，包括作用靶点的确定、毒副作用的预测以及药物重定位等。然而由于目前已知数据信息的限制，并且相应实验技术的缺乏，IVS 的准确性还未经过系统的研究论证。目前可用于反向虚拟筛选的搜索引擎种类繁多，以基于受体的分子对接方法为例，近些年已经开发出了数十种不同的程序软件，这些搜索引擎在 IVS 方法中的有效性还缺乏系统的研究对比。另外，针对搜索引擎，其中所包含的打分函数也亟待改进。随着生物技术及理论计算的不断发展，相信这些问题都将被克服，IVS 在生物制药领域必将获得更为广阔的应用。

参 考 文 献

[1] Meng X Y, Zhang H X, Mezei M, Cui M. Molecular docking: A powerful approach for structure-based drug discovery. Curr Comput Aided Drug Des, 2011, 7(2): 146-157

[2] Ou-Yang S S, Lu J Y, Kong X Q, Liang Z J, Luo C, Jiang H. Computational drug discovery. Acta Pharmacol Sin, 2012, 33(9): 1131-1140

[3] Sliwoski G, Kothiwale S, Meiler J, Lowe E W. Computational methods in drug discovery. Pharmacological Reviews, 2014, 66(1): 334-395

[4] Doman T N, Mcgovern S L, Witherbee B J, Kasten T P, Kurumbail R, Stallings W C, Connolly D T, Shoichet B K. Molecular docking and high-throughput screening for novel inhibitors of protein tyrosine phosphatase-1b. Journal of Medicinal Chemistry, 2002, 45(11): 2213-2221

[5] Paiva a M, Vanderwall D E, Blanchard J S, Kozarich J W, Williamson J M, Kelly T M. Inhibitors of dihydrodipicolinate reductase, a key enzyme of the diaminopimelate pathway of mycobacterium tuberculosis. Biochimica Et Biophysica Acta-Protein Structure and Molecular Enzymology, 2001, 1545(1-2): 67-77

[6] Xu W, Chen G, Zhu W, Zuo Z. Identification of a sub-micromolar, non-peptide inhibitor of β-secretase with low neural cytotoxicity through in silico screening. Bioorganic & Medicinal Chemistry Letters, 2010, 20(19): 5763-5766

[7] Kubinyi H: Success stories of computer-aided design in: Computer applications in pharmaceutical research and development. New York: Wiley, 2006

[8] Carhart R E, Smith D H, Venkataraghavan R. Atom pairs as molecular features in structure-activity studies: Definition and applications. Journal of Chemical Information and Computer Sciences, 1985, 25(2): 64-73

[9] Sastry G M, Dixon S L, Sherman W. Rapid shape-based ligand alignment and virtual screening method based on atom/feature-pair similarities and volume overlap scoring. Journal of Chemical Information and Modeling, 2011, 51(10): 2455-2466

[10] Kurogi Y, Guner O F. Pharmacophore modeling and three-dimensional database searching for drug design using catalyst. Current Medicinal Chemistry, 2001, 8(9): 1035-1055

[11] Aparoy P, Reddy K K, Reddanna P. Structure and ligand based drug design strategies in the development of novel 5-lox inhibitors. Curr Med Chem, 2012, 19(22): 3763-3778

[12] Kong R, Xu X M, Chen W Z, Wang C X, Hu L M. Pharmacophore model generation based on pyrrolidine- and butane-derived ccr5 antagonists. Acta Phys Chim Sin, 2007, 23(09): 1325-1331

[13] Zhuo Y, Kong R, Cong X J, Chen W Z, Wang C X. Three-dimensional qsar analyses of 1,3,4-trisubstituted pyrrolidine-based ccr5 receptor inhibitors. Eur J Med Chem, 2008, 43(12): 2724-2734

[14] Kuntz I D, Blaney J M, Oatley S J, Langridge R, Ferrin T E. A geometric approach to macromolecule-ligand interactions. Journal of Molecular Biology, 1982, 161(2): 269-288

[15] Ewing T J A, Kuntz I D. Critical evaluation of search algorithms for automated molecular docking and database screening. Journal of Computational Chemistry, 1997, 18(9): 1175-1189

[16] Ewing T J, Makino S, Skillman a G, Kuntz I D. Dock 4.0: Search strategies for automated molecular docking of flexible molecule databases. J Comput Aided Mol Des, 2001, 15(5): 411-428

[17] Moustakas D T, Lang P T, Pegg S, Pettersen E, Kuntz I D, Brooijmans N, Rizzo R C. Development and validation of a modular, extensible docking program: Dock 5. J Comput Aided Mol Des, 2006, 20(10-11): 601-619

[18] Lang P T, Brozell S R, Mukherjee S, Pettersen E F, Meng E C, Thomas V, Rizzo R C, Case D A, James T L, Kuntz I D. Dock 6: Combining techniques to model rna-small molecule complexes. RNA, 2009, 15(6): 1219-1230

[19] Goodsell D S, Olson A J. Automated docking of substrates to proteins by simulated annealing. Proteins-Structure Function and Genetics, 1990, 8(3): 195-202

[20] Morris G M, Goodsell D S, Halliday R S, Huey R, Hart W E, Belew R K, Olson a J. Automated docking using a lamarckian genetic algorithm and an empirical binding free energy function. Journal of Computational Chemistry, 1998, 19(14): 1639-1662

[21] Rarey M, Kramer B, Lengauer T, Klebe G. A fast flcxible docking method using an incremental construction algorithm. Journal of Molecular Biology, 1996, 261(3): 470-489

[22] Claussen H, Buning C, Rarey M, Lengauer T. Flexe: Efficient molecular docking considering protein structure variations. Journal of Molecular Biology, 2001, 308(2): 377-395

[23] Luty B A, Wasserman Z R, Stouten P F W, Hodge C N, Zacharias M, Mccammon J A. A molecular mechanics grid method for evaluation of ligand-receptor interactions. Journal of Computational Chemistry, 1995, 16(4): 454-464

[24] Venkatachalam C M, Jiang X, Oldfield T, Waldman M. Ligandfit: A novel method for the shape-directed rapid docking of ligands to protein active sites. Journal of Molecular Graphics and Modelling, 2003, 21(4): 289-307

[25] Zsoldos Z, Reid D, Simon A, Sadjad B S, Johnson a P. Ehits: An innovative approach to the docking and scoring function problems. Current Protein & Peptide Science, 2006, 7(5): 421-435

[26] Jain A N. Surflex: Fully automatic flexible molecular docking using a molecular similarity-based search engine. Journal of Medicinal Chemistry, 2003, 46(4): 499-511

[27] Jones G, Willett P, Glen R C, Leach a R, Taylor R. Development and validation of a genetic algorithm for flexible docking. Journal of Molecular Biology, 1997, 267(3): 727-748

[28] Friesner R A, Banks J L, Murphy R B, Halgren T A, Klicic J J, Mainz D T, Repasky M P, Knoll E H, Shelley M, Perry J K, Shaw D E, Francis P, Shenkin P S. Glide: A new approach for rapid, accurate docking and scoring. 1. Method and assessment of docking accuracy. Journal of Medicinal Chemistry, 2004, 47(7): 1739-1749

[29] Halgren T A, Murphy R B, Friesner R A, Beard H S, Frye L L, Pollard W T, Banks J L. Glide: A new approach for rapid, accurate docking and scoring. 2. Enrichment factors in database screening. Journal of Medicinal Chemistry, 2004, 47(7): 1750-1759

[30] Eldridge M D, Murray C W, Auton T R, Paolini G V, Mee R P. Empirical scoring functions .1. The development of a fast empirical scoring function to estimate the binding affinity of ligands in receptor complexes. Journal of Computer-Aided Molecular Design, 1997, 11(5): 425-445

[31] Murray C W, Auton T R, Eldridge M D. Empirical scoring functions. 2. The testing of an empirical scoring function for the prediction of ligand-receptor binding affinities and the use of bayesian regression to improve the quality of the model. Journal of Computer-Aided Molecular Design, 1998, 12(5): 503-519

[32] Bohm H J. The development of a simple empirical scoring function to estimate the binding constant for a protein ligand complex of known 3-dimensional structure. Journal of Computer-Aided Molecular Design, 1994, 8(3): 243-256

[33] Gohlke H, Hendlich M, Klebe G. Knowledge-based scoring function to predict protein-ligand interactions. Journal of Molecular Biology, 2000, 295(2): 337-356

[34] Muegge I, Martin Y C. A general and fast scoring function for protein-ligand interactions: A simplified potential approach. Journal of Medicinal Chemistry, 1999, 42(5): 791-804

[35] Charifson P S, Corkery J J, Murcko M A, Walters W P. Consensus scoring: A method for obtaining improved hit rates from docking databases of three-dimensional structures into proteins. Journal of Medicinal Chemistry, 1999, 42(25): 5100-5109

[36] Clark R D, Strizhev A, Leonard J M, Blake J F, Matthew J B. Consensus scoring for ligand/protein interactions. Journal of Molecular Graphics & Modelling, 2002, 20(4): 281-295

[37] Kontoyianni M, Mcclellan L M, Sokol G S. Evaluation of docking performance: Comparative data on docking algorithms. Journal of Medicinal Chemistry, 2004, 47(3): 558-565

[38] Kellenberger E, Rodrigo J, Muller P, Rognan D. Comparative evaluation of eight docking tools for docking and virtual screening accuracy. Proteins-Structure Function and Bioinformatics, 2004, 57(2): 225-242

[39] Claussen H, Buning C, Rarey M, Lengauer T. Flexe: Efficient molecular docking considering protein structure variations. J Mol Biol, 2001, 308(2): 377-395

[40] Carlson H A. Protein flexibility and drug design: How to hit a moving target. Current Opinion in Chemical Biology, 2002, 6(4): 447-452

[41] Schames J R, Henchman R H, Siegel J S, Sotriffer C A, Ni H, Mccammon J A. Discovery of a novel binding trench in HIV integrase. J Med Chem, 2004, 47(8): 1879-1881

[42] Hazuda D J, Anthony N J, Gomez R P, Jolly S M, Wai J S, Zhuang L, Fisher T E, Embrey M, Guare J P, Egbertson M S, Vacca J P, Huff J R, Felock P J, Witmer M V, Stillmock K A, Danovich R, Grobler J, Miller M D, Espeseth a S, Jin L, Chen I-W, Lin J H, Kassahun K, Ellis J D, Wong B K, Xu W, Pearson P G, Schleif W A, Cortese R, Emini E, Summa V, Holloway M K, Young S D. A naphthyridine carboxamide provides evidence for discordant resistance between mechanistically identical inhibitors of HIV-1 integrase. Proceedings of the National Academy of Sciences of the United States of America, 2004, 101(31): 11233-11238

[43] Kim M O, Feng X, Feixas F, Zhu W, Lindert S, Bogue S, Sinko W, De Oliveira C, Rao G, Oldfield E, Mccammon J A. A molecular dynamics investigation of mycobacterium tuberculosis prenyl synthases: Conformational flexibility and implications for computer-aided drug discovery. Chemical Biology & Drug Design, 2014: n/a-n/a

[44] Ivetac A, Swift S E, Boyer P L, Diaz A, Naughton J, Young J a T, Hughes S H, Mccammon J A. Discovery of novel inhibitors of HIV-1 reverse transcriptase through virtual screening of experimental and theoretical ensembles. Chemical Biology & Drug Design, 2014, 83(5): 521-531

[45] Feixas F, Lindert S, Sinko W, Mccammon J A. Exploring the role of receptor flexibility in structure-based drug discovery. Biophys Chem, 2014, 186: 31-45

[46] Xu X J, Su J G, Bizzarri a R, Cannistraro S, Liu M, Zeng Y, Chen W Z, Wang C X. Detection of persistent organic pollutants binding modes with androgen receptor ligand binding domain by docking and molecular dynamics. BMC Struct Biol, 2013, 13: 16

[47] Li C H, Zuo Z C, Su J G, Xu X J, Wang C X. The interactions and recognition of cyclic peptide mimetics of tat with HIV-1 tar rna: A molecular dynamics simulation study. J Biomol Struct Dyn, 2013, 31(3): 276-287

[48] Liu M, Cong X J, Li P, Tan J J, Chen W Z, Wang C X. Study on the inhibitory mechanism and binding mode of the hydroxycoumarin compound nsc158393 to HIV-1 integrase by molecular modeling. Biopolymers, 2009, 91(9): 700-709

[49] Beveridge D L, Dicapua F M. Free energy via molecular simulation: Applications to chemical and biomolecular systems. Annu Rev Biophys Biophys Chem, 1989, 18: 431-492

[50] Adcock S A, Mccammon J A. Molecular dynamics: Survey of methods for simulating the activity of proteins. Chem Rev, 2006, 106(5): 1589-1615

[51] Kim J T, Hamilton a D, Bailey C M, Domaoal R A, Wang L, Anderson K S, Jorgensen W L. Fep-guided selection of bicyclic heterocycles in lead optimization for non-nucleoside inhibitors of HIV-1 reverse transcriptase. J Am Chem Soc, 2006, 128(48): 15372-15373

[52] Hou T, Wang J, Li Y, Wang W. Assessing the performance of the mm/pbsa and mm/gbsa methods. 1. The accuracy of binding free energy calculations based on molecular dynamics simulations. Journal of Chemical Information and Modeling, 2011, 51(1): 69-82

[53] Hou T, Wang J, Li Y, Wang W. Assessing the performance of the mm/pbsa and mm/gbsa methods. 2. The accuracy of ranking poses generated from docking. Journal of Computational Chemistry, 2011, 32(5): 866-877

[54] Xu L, Sun H, Li Y, Wang J, Hou T. Assessing the performance of mm/pbsa and mm/gbsa methods. 3. The impact of force fields and ligand charge models. The Journal of Physical Chemistry B, 2013, 117(28): 8408-8421

[55] Sun H, Li Y, Tian S, Xu L, Hou T. Assessing the performance of mm/pbsa and mm/gbsa methods. 4. Accuracies of mm/pbsa and mm/gbsa methodologies evaluated by various simulation protocols using pdbbind data set. Physical Chemistry Chemical Physics, 2014, 16(31): 16719-16729

[56] Sun H, Li Y, Shen M, Tian S, Xu L, Pan P, Guan Y, Hou T. Assessing the performance of mm/pbsa and mm/gbsa methods. 5. Improved docking performance using high solute dielectric constant mm/gbsa and mm/pbsa rescoring. Physical Chemistry Chemical Physics, 2014, 16(40): 22035-22045

[57] Durrant J D, Mccammon J A. Molecular dynamics simulations and drug discovery. BMC Biol, 2011, 9: 71

[58] Wang T, Zhang Z X, Wallace O B, Deshpande M, Fang H Q, Yang Z, Zadjura L M, Tweedie D L, Huang S, Zhao F, Ranadive S, Robinson B S, Gong Y F, Riccardi K, Spicer T P, Deminie C, Rose R, Wang H G H, Blair W S, Shi P Y, Lin P F, Colonno R J, Meanwell N A. Discovery of 4-benzoyl-1-[(4-methoxy-1h-pyrrolo[2,3-b]lpyridin-3-yl)oxoacetyl]-2-(r)-methylpiperazine (bms-378806): A novel HIV-1 attachment inhibitor that interferes with cd4-gp120 interactions. Journal of Medicinal Chemistry, 2003, 46(20): 4236-4239

[59] Guo Q, Ho H T, Dicker I, Fan L, Zhou N N, Friborg J, Wang T, Mcauliffe B V, Wang H G H, Rose R E, Fang H, Scarnati H T, Langley D R, Meanwell N A, Abraham R, Colonno R J, Lin P F. Biochemical and genetic characterizations of a novel human immunodeficiency virus type 1 inhibitor that blocks gp120-cd4 interactions. Journal of Virology, 2003, 77(19): 10528-10536

[60] Lin P F, Blair W, Wang T, Spicer T, Guo Q, Zhou N N, Gong Y F, Wang H G H, Rose R, Yamanaka G, Robinson B, Li C B, Fridell R, Deminie C, Demers G, Yang Z, Zadjura L, Meanwell N, Colonno R. A small molecule HIV -1 inhibitor that targets the HIV-1 envelope and inhibits cd4 receptor binding. Proc Natl Acad Sci USA, 2003, 100(19): 11013 - 11018

[61] Kong R, Tan J J, Ma X H, Chen W Z, Wang C X. Prediction of the binding mode between bms-378806 and HIV -1 gp120 by docking and molecular dynamics simulation. Biochimica et Biophysica Acta (BBA) - Proteins and Proteomics, 2006, 1764(4): 766-772

[62] Moebius U, Clayton L K, Abraham S, Harrison S C, Reinherz E L. The human immunodeficiency virus-gp120 binding-site on cd4 - delineation by quantitative equilibrium and kinetic binding-studies of mutants in conjunction with a high-resolution cd4 atomic-structure. Journal of Experimental Medicine, 1992, 176(2): 507-517

[63] Sweet R W, Truneh A, Hendrickson W A. Cd4 - its structure, role in immune function and aids pathogenesis, and potential as a pharmacological target. Current Opinion in Biotechnology, 1991, 2(4): 622-633

[64] Wang J S, Le N, Heredia A, Song H J, Redfield R, Wang L X. Modification and structure-activity relationship of a small molecule HIV -1 inhibitor targeting the viral envelope glycoprotein gp120. Organic & Biomolecular Chemistry, 2005, 3(9): 1781-1786

[65] Amaro R E, Schnaufer A, Interthal H, Hol W, Stuart K D, Mccammon J A. Discovery of drug-like inhibitors of an essential rna-editing ligase in trypanosoma brucei. Proc Natl Acad Sci U S A, 2008, 105(45): 17278-17283

[66] Lin J H, Perryman a L, Schames J R, Mccammon J A. Computational drug design accommodating receptor flexibility: The relaxed complex scheme. J Am Chem Soc, 2002, 124(20): 5632-5633

[67] Amaro R E, Baron R, Mccammon J A. An improved relaxed complex scheme for receptor flexibility in computer-aided drug design. Journal of Computer-Aided Molecular Design, 2008, 22(9): 693-705

[68] Xie L, Xie L, Bourne P E. Structure-based systems biology for analyzing off-target binding. Curr Opin Struct Biol, 2011, 21(2): 189-199

[69] Mestres J, Gregori-Puigjane E, Valverde S, Sole R V. Data completeness--the achilles heel of drug-target networks. Nat Biotechnol, 2008, 26(9): 983-984

[70] Chen Y Z, Zhi D G. Ligand-protein inverse docking and its potential use in the computer search of protein targets of a small molecule. Proteins, 2001, 43(2): 217-226

[71] Koutsoukas A, Simms B, Kirchmair J, Bond P J, Whitmore a V, Zimmer S, Young M P, Jenkins J L, Glick M, Glen R C, Bender A. From in silico target prediction to multi-target drug design: Current databases, methods and applications. J Proteomics, 2011, 74(12): 2554-2574

[72] Ma D L, Chan D S, Leung C H. Drug repositioning by structure-based virtual screening. Chem Soc Rev, 2013, 42(5): 2130-2141

[73] Rognan D. Structure-based approaches to target fishing and ligand profiling. Mol Inf, 2010, 29: 176-187

[74] Xu X J, Su J G, Liu B, Li C H, Tan J J, Zhang X Y, Chen W Z, Wang C X. Reverse virtual screening on persistent organic pollutants 4,4'-dde and cb-153. Acta Physico-Chimica Sinica, 2013, 29(10): 2276-2285

[75] Kinnings S L, Jackson R M. Reversescreen3d: A structure-based ligand matching method to identify protein targets. J Chem Inf Model, 2011, 51(3): 624-634

[76] Keiser M J, Roth B L, Armbruster B N, Ernsberger P, Irwin J J, Shoichet B K. Relating protein pharmacology by ligand chemistry. Nat Biotechnol, 2007, 25(2): 197-206

[77] Liu X, Ouyang S, Yu B, Liu Y, Huang K, Gong J, Zheng S, Li Z, Li H, Jiang H. Pharmmapper server: A web server for potential drug target identification using pharmacophore mapping approach. Nucleic Acids Res, 2010, 38(Web Server issue): W609-614

[78] Kellenberger E, Muller P, Schalon C, Bret G, Foata N, Rognan D. Sc-pdb: An annotated database of druggable binding sites from the protein data bank. J Chem Inf Model, 2006, 46(2): 717-727

[79] Chen X, Ji Z L, Chen Y Z. Ttd: Therapeutic target database. Nucleic Acids Res, 2002, 30(1): 412-415

[80] Gao Z, Li H, Zhang H, Liu X, Kang L, Luo X, Zhu W, Chen K, Wang X, Jiang H. Pdtd: A web-accessible protein database for drug target identification. BMC Bioinformatics, 2008, 9: 104

[81] Li H, Gao Z, Kang L, Zhang H, Yang K, Yu K, Luo X, Zhu W, Chen K, Shen J, Wang X, Jiang H. Tarfisdock: A web server for identifying drug targets with docking approach. Nucleic Acids Res, 2006, 34(Web Server issue): W219-224

[82] Yang L, Luo H, Chen J, Xing Q, He L. Sepresa: A server for the prediction of populations susceptible to serious adverse drug reactions implementing the methodology of a chemical-protein interactome. Nucleic Acids Res, 2009, 37(Web Server issue): W406-412

[83] Wang J C, Chu P Y, Chen C M, Lin J H. Idtarget: A web server for identifying protein targets of small chemical molecules with robust scoring functions and a divide-and-conquer docking approach. Nucleic Acids Res, 2012, 40(Web Server issue): W393-399

[84] Yue Q X, Cao Z W, Guan S H, Liu X H, Tao L, Wu W Y, Li Y X, Yang P Y, Liu X, Guo D A. Proteomics characterization of the cytotoxicity mechanism of ganoderic acid d and computer-automated estimation of the possible drug target network. Mol Cell Proteomics, 2008, 7(5): 949-961

[85] Lounkine E, Keiser M J, Whitebread S, Mikhailov D, Hamon J, Jenkins J L, Lavan P, Weber E, Doak a K, Cote S, Shoichet B K, Urban L. Large-scale prediction and testing of drug activity on side-effect targets. Nature, 2012, 486(7403): 361-367

（孔　韧　许先进）

第 18 章　抗体分子设计

18.1　抗体结构与功能简介

抗体是机体的免疫系统在抗原刺激下，由 B 淋巴细胞或记忆细胞增殖分化成的浆细胞所产生的可与相应抗原发生特异性结合的免疫球蛋白（immunoglobulin，Ig）。抗体主要分布在血清中，也分布于组织液及外分泌液中。按理化性质和生物学功能，可将其分为 IgM、IgG、IgA、IgE、IgD 五类。

IgM 抗体是免疫应答中首先分泌的抗体。它们在与抗原结合后启动补体的级联反应。它们还把入侵者相互连接起来，聚成一堆便于巨噬细胞的吞噬；此外，IgM 独特的五聚体形式也让它显得与其他 Ig 分子不同。IgG 抗体激活补体，中和多种毒素，在除黏膜系统外的免疫中占主导地位，因此是人体内最重要的 Ig 分子。IgG 半衰期长，是唯一能在母亲妊娠期穿过胎盘保护胎儿的抗体。此外，IgG 还可从乳腺分泌进入初乳，使新生儿得到保护；IgA 抗体进入身体的黏膜表面，包括呼吸、消化、生殖等管道的黏膜，中和感染因子。还可以通过母乳的初乳把这种抗体输送到新生儿的消化道黏膜中，是在母乳中含量最多的抗体；IgE 抗体的尾部与嗜碱细胞、肥大细胞的细胞膜结合。当抗体与抗原结合后，嗜碱细胞与肥大细胞释放组胺类物质促进炎症的发展，这也是引发速发型过敏反应的抗体。IgD 抗体的作用还不太清楚，它们主要出现在成熟的 B 淋巴细胞表面上，可能与 B 细胞的分化有关。

作为一种重要的功能性蛋白，抗体的结构已被研究得十分透彻。目前，在 PDB 数据库中，以“antibody”为关键字检索，已经可以搜索到超过 2000 条抗体或抗体片段的结构信息，约占总结构信息量的 3%。一个基本的抗体分子由两条重链（heavy chain）和两条轻链（light chain）组成对称结构（图 18-1），分子质量约为 150 kDa。其中，H 链较长，由 4 个结构域组成，分别命名为 VH、CH1、CH2 和 CH3；L 链较短，仅由 VL 和 CL 两个结构域组成。在构成抗体分子的所有结构域中，二级结构极其均一，几乎全部由β折叠和 loop 构成，而α螺旋极其罕见。L 与 H 链及两条 H 链之间均由二硫键连接，而每个结构域的内部也有一对二硫键将结构域内部的两个β折叠共价连接起来。轻链有κ和λ两种，重链有 μ、δ、γ、ε 和 α 五种类型。不同类别的 L 和 H 链在一级结构上存在较大的差异。

整个抗体分子可分为可变区（variable fragment，Fv）和恒定区（constant fragment）两部分。其中，VL 和 VH 所构成的二聚体被称为可变区，负责与抗原的相互识别，是可与抗原相互作用的最小单位。VL 和 VH 上分别有三个结构与序列均多变的 loop 区，被称为互补决定域（complementary determinant region，CDR），是抗体特异性识别抗原

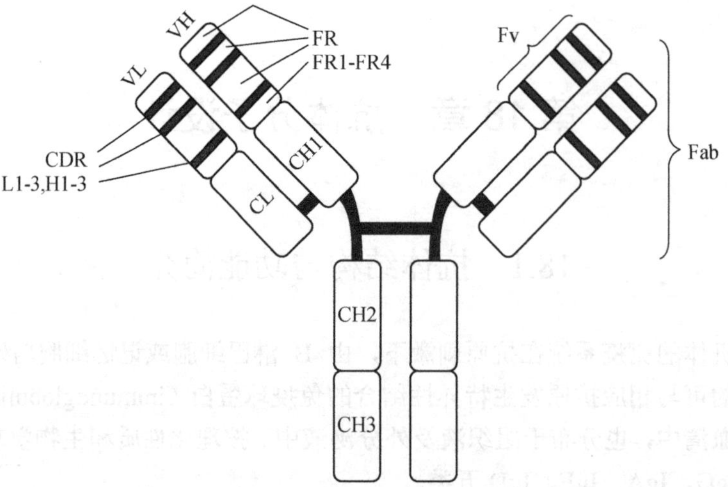

图 18-1　抗体结构示意图

的关键。一般将这 6 个 CDR 区定义为轻链 CDR1-3（亦可简称为 L1-3）和重链 CDR1-3（H1-3）。大多数情况下，抗原抗体识别过程中，H3 和 L3 对结合其主要作用，其次是 H1、L1、H2 和 L2。VL/VH 上除去 CDR 区以外的部分，被称为框架（framework region，FR）区，在抗原抗体相互识别的过程中起到结构支撑的作用。由于 Fv 的稳定性不够理想，因此常常在重链/轻链的 C 端和轻链/重链的 N 端之间连接上一条柔性肽，从而使得轻链和重链被连接成为一个完整的分子，即所谓的单链抗体（single chain Fv，scFv）。由于 scFv 具有完整的抗原结合活性，因此被广泛应用于抗体工程的研究之中。也有报道将 VL 和 VH 之间用二硫键耦联，从而提高 Fv 的稳定性。习惯上，将 VL、CL、VH 和 CH1 组成的区域称为 Fab（antigen-binding fragment）。Fab 具有完整的结合活性，因此也是抗体工程中常用的抗体片段形式之一。目前，PDB 数据库中所解析的抗体结构主要形式为 Fab 和 scFv，这主要是因为全抗体分子的 CH2 上有糖基化修饰，因此不容易形成结晶。此外，scFv 和 Fab 可由大肠杆菌表达，较之真核细胞表达可节约实验成本和时间，故而被广泛应用于晶体学研究中。由 CH2 和 CH3 组成的“Y”形分子柄部则被称为 Fc（crystalline fragment），主要负责与膜受体（如 Fcγn）结合以发挥生物学功能。这里需要特别指出的一点是，缩写 Fc 并不代表完整的恒定区。一个完整的恒定区由 CL、CH1、CH2 和 CH3 四个结构域组成。然而，从结构上来看，CL 和 CH1 与 Fv 的联系更加紧密，而与 Fc 之间则由柔性的铰链区连接，因此从结构生物学的角度，可将 Fab 和 Fc 视为在结构上彼此独立的结构片段，在进行结构改造的时候，可以独立的进行改造而不会影响到彼此之间的联系。

18.2　抗体合理设计方法

抗体合理设计是一套综合了生物信息学、结构生物学和分子生物学等学科优势的方法体系。狭义的合理设计方法，主要利用分子模拟技术对抗体或抗原-抗体复合物结构进行严格的分析，并给出相应的预测结果，然后据预测结果指导抗体改造；广义的合理设计方法，除了分子模拟技术以外，还会用到机器学习和基于知识的半经验设计。从应用角度来讲，抗体合理设计又可分为重新设计（redesign）和全新设计（*de novo* design）两种类型。所谓重新设计，即在亲本抗体的基础上进行序列优化，以达到提高某些方面性质的目的；而抗体全新设计则几乎不依赖于亲本抗体序列，仅需选定某一抗原的某些氨基酸残基作为靶点，然后利用分子模拟技术计算生成多条具有一定亲和力的抗体序列。就目前的技术水平而言，抗体重新设计依然是抗体合理设计的主要形式，而抗体的全新设计依然鲜有报道。在本节中，结合笔者的工作经验，我们仅对抗体合理设计中的亲和力成熟及稳定性改造两个重点问题做详尽的叙述。关于抗体合理设计的其他方法（如半衰期改造、人源化及抗体从头设计），请读者自行参考相关文献及书籍。

18.2.1　亲和力成熟

亲和力（affinity）是衡量抗体与抗原结合能力的重要指标，同时也是一株抗体能否最终走向临床应用的关键因素之一。亲和力常以解离常数 K_D 表示。K_D 由解离速率（k_{off} 或 k_d）和结合速率（k_{on} 或 k_a）的比值所确定。k_{off} 描述抗体-抗原解离的速度，k_{on} 则用来描述抗体-抗原结合的速度。实验上主要用表面等离子共振（surface plasmon resonance，SPR）[1, 2]或动力学排斥测定（kinetics exclusion assay，KinExA）[3]法对 KD 进行测定。SPR 方法用来测定 KD 大于 100 pmol/L 的抗原-抗体结合，而对于亲和力更高的反应则需采用 KinExA 进行测定。

目前，获得特异性单克隆抗体的主要方法为杂交瘤和抗体库技术。利用杂交瘤技术，往往可获得亲和力较高的抗体。然而，在经过人源化改造之后，其亲和力往往会受到较大程度的影响。此外，利用抗体库等技术获得的抗体亲和力往往在 10^{-9} M 以上，因此需要进行亲和力成熟。

通过亲和力成熟，可将亲本抗体的亲和力提高 10～10^4 倍以上。亲和力成熟方法很多，如易错 PCR（error-prone PCR）[4]、DNA 改组（DNA shuffling）[5]、CDR 行走（CDR walking）[6]及合理设计等。与传统实验方法相比，合理设计可以搜索的序列空间更大，因此可能获得一些用传统方法无法获得的高亲和力抗体。最直接的合理设计方法是根据精确的抗原-抗体复合物模型（晶体结构或经过实验验证的理论模型），利用各种计算软件（如 Rosetta[7, 8]、FoldX[9]等）进行突变体设计并进行能量评价，选取打分较高的突变体进行亲和力测定，再将亲和力获得提高的突变点进行组合并重新评价其亲和力。如此，经过若干循环后即可获得亲和力成熟的突变体。然而，在实际开发过程中，往往无法获得高质量的复合物模型，因此使上述方法的应用受到了较大的限制。一种更具有实际应用潜力的方法是首先利用分子模建与分子对接技术获得一个尽可能准确的复合物模型，再利用已有的实验信息对该模型进行验证和修正，然后根据复合物模型设计出若干可能提高亲和力的突变体，最后根据设计的突变点构建突变库用于随后的筛选。

图 18-2 给出一个典型抗体亲和力成熟合理设计策略。第一步，利用同源模建方法构建目标抗体的结构模型，并根据已知实验结果（如筛选过程中特定位点氨基酸出现频

次或点突变信息等）进行限制性分子对接以构建初步的抗原-抗体复合物模型。根据该复合模型，可以大致确定出抗原-抗体的结合界面。此时，虽很难精确确定抗原决定簇，但却可比较准确地确定出不参与抗原-抗体结合的CDR残基，从而大幅降低后续工作量。第二步，对抗体的6个CDR区上所有的氨基酸残基进行丙氨酸扫描（alanine scanning），并根据丙氨酸扫描的结果对上一步构建的抗原-抗体复合物模型进行验证与修正。第三步，根据修正后的模型设计突变库，并利用分子表面展示技术（噬菌体、酵母展示等）进行筛选。利用这一策略不仅可大幅降低工作量，而且还可获得一个较为准确的抗原-抗体复合物模型。利用这个修正后的模型，还可对随后抗体稳定性改造等步骤提供有益的帮助。经验表明，抗体的亲和力与其稳定性是相关的。因此，在进行突变体设计时，尽量不要因为过度追求亲和力而忽略了稳定性。一旦稳定性受到严重影响，可能会导致抗体表达量降低，甚至无法正常折叠。在获得较准确的抗原-抗体复合物模型以后，可以通过 Rosetta、FoldX 和 EGAD[10]等软件对设计的突变体的稳定性进行评估，从而提前避免上述现象的产生。

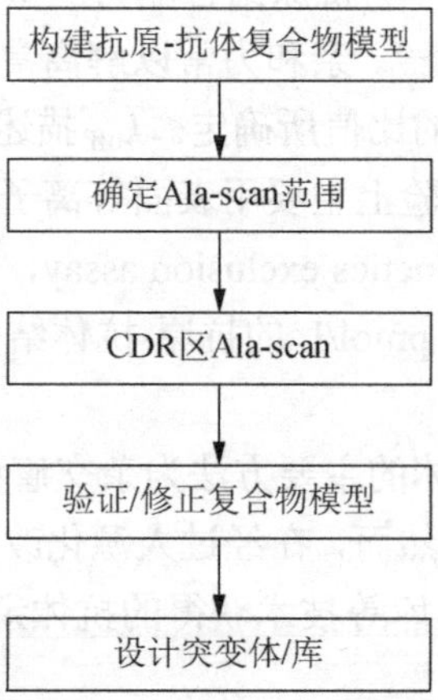

图 18-2　用合理设计方法进行抗体亲和力成熟的典型流程。首先，构建抗原抗体复合物模型，随后根据该模型确定丙氨酸扫描的范围；其次，根据丙氨酸扫描的结果对该模型进行验证和修正；最后，根据调整后的模型设计突变体或突变库

18.2.2　稳定性改造

蛋白质稳定性从理论上来讲是一个极为复杂的概念。在不同的领域，蛋白质的稳定性具有不同的意义及理论基础。一般情况下，在抗体工程中，我们所说的抗体稳定性是指抗体或抗体片段分子在特定温度下保持其结合活性的时间或在相同温度条件下抗体分子残留结合活性与4℃保存的抗体分子的结合活性的比值。

稳定性是单克隆抗体药物研发过程中所面临的重大难题之一。提高抗体的稳定性，对于抗体的开发具有重要的意义。首先，抗体的稳定性是其行使正确生物学功能的保障。其次，抗体的热稳性越高，则其新生肽链在细胞内装配时产生错折叠（mis-folding）的概率越低，从而可溶性表达量也越高[11~13]。因此，提高抗体的稳定性，可以大幅降低生产成本，从而使得药物便于普及。近十年的研究还表明，抗体的热稳定性与其在体内对各种蛋白酶的耐受性是相关的[14, 15]。抗体热稳定性越高，则其结构折叠得越紧凑，进而其内部的蛋白酶切位点越不容易暴露在外，因此在体内越不容易被蛋白酶降解，从而使得其在相同体内清除速率下在体内剩下的有效成分越多，而这在客观上使得在给药剂量相同的情况下其血药浓度越高。更重要的是，抗体稳定性越高，其在体内保持生物活性的时间也越长，因此给药周期也可相应延长，从而免除患者频繁给药的痛苦。由此可见，较高的热稳定性，是一株治疗性抗体能否最终走上临床并投放市场的关键因素之一。除此以外，抗体的热稳定性对于其保质期及存放条件等性质也是至关重要的。热稳定性越高，则在相同条件下的保存时间也就越长，而且对保存条件的要求也相对较低——这在一定程度上也降低了抗体的储存和物流成本。因此，在保证抗体亲和力及表达量等性质不受太大影响的情况下，最大限度地提高其热稳定性，对于抗体药物研发具有重要的现实意义与应用价值。

稳定性改造的前提是不能破坏亲本抗体分子的亲和力，这就要求我们在改造过程中尽量避开抗原决定簇。幸运的是，虽然精确地获得抗原-抗体复合物模型是一件繁琐而艰难的工作，但是利用生物信息学方法预测出大致的抗原决定簇却并非难事。因此，与亲和力成熟所面对的情况不同，在稳定性改造中，完全可以主要依赖于合理设计方法设计突变体，在不影响抗体亲和力的前提下，完成对抗体稳定性的改善。

1. 基于结构的定点突变

抗体的 CDR 区和 FR 区对抗体 Fv 结构域的稳定性都有贡献。抗体稳定性改造的前提是保持亲本抗体的亲和力不受到损害，因此在抗体稳定性改造过程中，主要需要对 FR 区和 CDR 区中远离抗原-抗体结合界面的残基进行改造，而这也同时意味着，在这项技术中，往往不需要十分精确的抗原-抗体复合物模型。

此方法中，首先需要构建出待改造的抗体模型，而复合物模型有无皆可，对实际操作影响不大。其次，根据构建的抗体模型在目标位置进行虚拟饱和突变（virtual saturation mutation）。虚拟饱和突变可利用相关蛋白质设计软件进行。若计算条件允许，可对多个位点甚至全部位点进行虚拟饱和突变，然后再根据打分排序来选择最佳的突变体。为了减少计算时间，可以对相关位点进行限制性虚拟饱和突变。如果突变位点选择在 FR 区，则应将突变残基类型限制在天然出现的人源残基范围内；而如果突变位点选择在 CDR 区的非接触残基，则可将突变类型限制相应的放宽。一般而言，突变类型中不应出现 Cys 和 Met 等特殊残基类型。

2. 基于经验的突变体设计

抗体分子属于人体内诸多蛋白质分子的一种，因此适用于其他蛋白质的稳定性改造方法也适用于抗体分子。理论研究表明，蛋白质的内部各二级结构之间的连接部位往往在蛋白质变性过程中率先去折叠[16]。相应的，若干研究表明，针对二级结构之间连接，尤其是转角（turn）处氨基酸残基类型的替换，会对被改造的蛋白质的稳定性产生巨大的影响。根据著名的 Chou 和 Fasman 参数，可知转角处最常出现的氨基酸残基类型为 Pro 和 Gly[17]。Watanabe 等研究发现，将转角处的氨基酸残基尽可能的替换为 Pro，可以大幅增加被改造蛋白质的稳定性[18]。而将蛋白质中的 Gly 尽可能的替换为其他类型的氨基酸残基，也可能会增加目的蛋白的稳定性。上述两种替换之所以成功，是因为不仅可显著降低去折叠态的构型熵，而且可抑制蛋白质易从二级结构连接处去折叠的倾向性。

3. 一致序列替换

抗体在体内会经过复杂的亲和力成熟过程。尽管该过程以随机突变为基础，但经过体内严格的亲和筛选后，仅有一些亲和力较高的突变体在体内得到富集。在亲和力成熟过程中，虽然抗体的亲和力不断提高，然而由于体内环境相对均一，其抗体的稳定性可能并未达到最优。根据这一思路，Steipe 等认为，在某一位点上出现频次最高的氨基酸，即一致序列（consensus sequence）是该位点上最稳定的氨基酸残基类型。因此，将目标抗体序列上非一致的氨基酸残基用一致序列替换，理论上可以增加目标抗体的稳定性。该方法于 1994 年由 Stepie 等提出，具有较好的实用性[19]。根据 Steipe 所给出的抗体一致序列信息（http://biochemistry.utoronto.ca/steipe/research/canonical.html），可以方便查询出各位点氨基酸残基类型的出现频次。一般而言，将某一位点上明显偏离一致序列的残基替换为一致序列，往往可以提高被改造抗体的稳定性[19]。

由于抗体的 L、H 链均可分为若干亚类，而每一亚类实际上都有自己所特有的一致序列。如果不对这些亚类进行区分，而将所有的抗体序列信息进行统计，那么势必会由于某一亚类序列较少（因而其权重较低）而出现统计偏差，甚至错误。例如，G37 在 17 个氨基酸长度的 L1 中非常保守，而在 18 个氨基酸长度的 L1 中则不然；再如，在较长的 L1 中，32 号残基往往是疏水的，而在较短的 L1 中，则被亲水残基所替代[15]。基于这一发现，Honegger 等后来又提出了一种修正的一致序列方法，即对不同亚类的抗体序列信息分别进行统计，然后根据获得统计信息指导突变体设计。该方法在一定程度上可提高改造成功率。

4. CDR 移植

上文介绍的方法拥有一个共同的特点，就是都需要先构建单点突变体，然后逐一进行鉴定，最终将筛选出的稳定性提高的单点突变逐步组合在一起。这类方法虽然效果显著且原理清晰，但是在实际应用中却略显繁琐。首先，需要对抗体的结构进行非常详尽的分析，然后再对设计的突变体逐个进行克隆、表达、纯化和检测。为了更加快速的获得一株稳定性提高的突变体，可以利用 CDR 移植技术。

CDR 移植最早被用于鼠源抗体的人源化，其核心思想是将非人源抗体的 CDR 移植到一个能与之相适应的人源 FR 区上。因此，若能找到一条稳定性较好的 FR 序列，则可利用 CDR 移植技术将待稳定性提高的抗体的 CDR 移植到该 FR 上，从而提高稳定性。与其他方法相比，CDR 移植法若操作得当，可以达到很好的效果，大幅降低工作量。

18.3 抗体合理设计实例

抗体亲和力成熟与稳定性改造是抗体工程中最重要的两种技术。在本节中，结合实际经验将给出两个相关的例子。

18.3.1　抗 VEGF 抗体的亲和力成熟

通过对全合成人源抗体库的筛选，获得了抗人血管内皮生长因子（vascular endothelial growth factor，VEGF）抗体 VA6，其亲和力达到了 12.7 nmol/L。体外实验结果显示，该抗体均有一定的生物学功能，但与上市抗体 Avastin[20]相比还有很大差距。Avastin 为目前市场上唯一一株针对 VEGF 的治疗性抗体，具有很强的中和活性。根据同批实验结果，发现其解离常数达到了 10 pmol/L 水平，且其解离速率 k_{off} 远低于筛选出的 VA6。在明确抗体功能的前提下，努力提高其亲和力，是增强其生物学活性的重要手段，因此有必要对 VA6 进行亲和力成熟以增加成药的可能性。

为了进行基于结构的突变体设计，需要先构建出 VA6 与 VEGF 的复合物模型。首先，以 VA6 抗体的 VL 和 VH 为目标序列，用 BLAST[21]程序在 PDB 数据库中进行序列比对，找到分别与 VA6 的 VL 和 VH 同源性较高的模板并利用同源模建方法构建出 VA6 的结构模型。通过前期的定点突变实验发现 AV6 与 VEGF 的结合模式可能和 1CZ8 中 VEGF 与抗体的结合模式类似，因此考虑通过“结构叠合”的方法获得 VA6 抗体 Fv 的结构及其与 VEGF 的复合物结构模型。首先，用 Swiss Viewer 4[22]中的 IMT（iterative magic fit）方法将上一步模建得到的 VA6-VL 与 VA6-VH 与 1CZ8 中抗体的 VL 和 VH 的构象进行叠合，获得 VA6 与 VEGF 的复合物结构。然后对叠合后的复合物结构进行能量优化，获得最终的复合物结构模型。能量优化利用 Discovery Studio 2.5 中的 CHARMm[23]模块进行，溶剂模型采用广义玻恩（generalized Born，GB）模型，优化算法采用最陡下降及共轭梯度法。最终获得 VA6-VEGF 复合物结构模型，如图 18-3 所示。

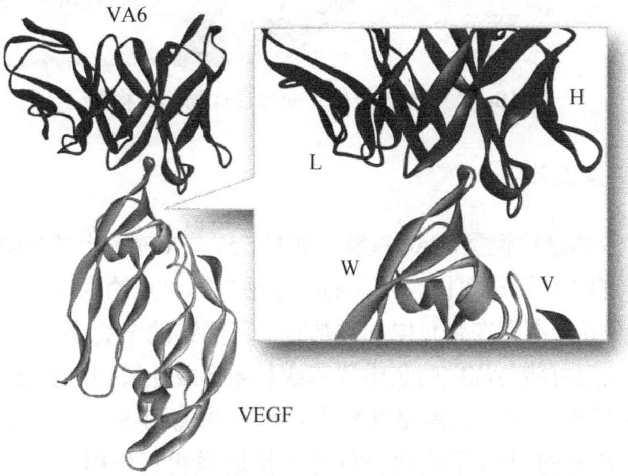

图 18-3　VA6 单克隆抗体和 VEGF 复合物模型。VA6 的 L、H 链分别用深蓝和紫色表示；VEGF 的两条链用青色和水蓝色表示（另见彩图）

拉氏图结果显示，绝大部分残基主链二面角都分布在最优区上，并且和参考模型（1CZ8）的 RMSD 仅为 0.9 Å，说明该模型结构比较合理，可以用于指导进一步的实验。

在获得了 VA6 与 VEGF 的复合物模型后，利用 DS2.5 中的 CHARMm 模块，计算了 VA6 和 VEGF 间的范德华与静电相互作用，认为 VA6 主要通过 L3、H2 和 H3 与 VEGF 相互作用，因此将突变体改造的范围限定在这三个 CDR 区内。

通过对 VA6 与 VEGF 相作用的界面残基详尽的分析，做三轮亲和力成熟。

1. 第一轮突变体设计

根据构建的 VA6-VEGF 复合物模型，VA6 轻链的 L-K90 分别与 VEGF 的 K84、H90、Q87 等残基相接触（图 18-4）。由于这些残基都带正电，可能存在较强的静电排斥，因此可以通过替换 VA6 的 90 位 Lys 残基，去掉该位点的正电荷，以改变局部的电荷环境，或者在该位点加上负电荷，以形成离子键，从而增加抗体与抗原间的静电相互作用。此外，VA6 轻链的 L-D92 与 VEGF 上的 E44 靠近，二者皆带负电荷，可能相互排斥，因此可将 VA6 轻链的 L-D92 突变成中性或碱性残基，以改变局部的静电相互作用，从而增加抗体与抗原的亲和力。

图 18-4　VA6 第一轮突变体设计局部结构图

2. 第二轮突变体设计

根据构建的复合物结构模型，VA6 重链上的 H-S57 与 VEGF 上的 H86 相接触（图 18-5），其侧链羟基与 H86 的主链形成氢键。游离的组氨酸的等电点约为 7.5，因此在生理条件下一般呈现电中性。当其周围存在带负电的残基时，其侧链的 pK_a 会发生偏移，使之在生理 pH 条件下带正电，从而可能与周围的负电残基或基团形成盐桥。此处，由于 H-S57 和 VEGF 的 H86 均位于界面外周，因此周围空间较大，可考虑将 H-S57 用 D 或者 E 进行替换，从而促使其与 VEGF 上的 H86 形成盐桥以进一步增强相互作用。

另外，根据结构与序列比对发现，VA6 的重链第 98 位氨基酸抗体局部结构与参考晶体结构相比十分相近，但是所参考的晶体结构在该位点多出了的 5 个氨基酸构成一个外伸的 loop 结构，与 VEGF 形成更大的作用面积，因此尝试在 VA6 该区域（图中标黄色区域）加上三个氨基酸，以期增加抗原-抗体相互作用面积。

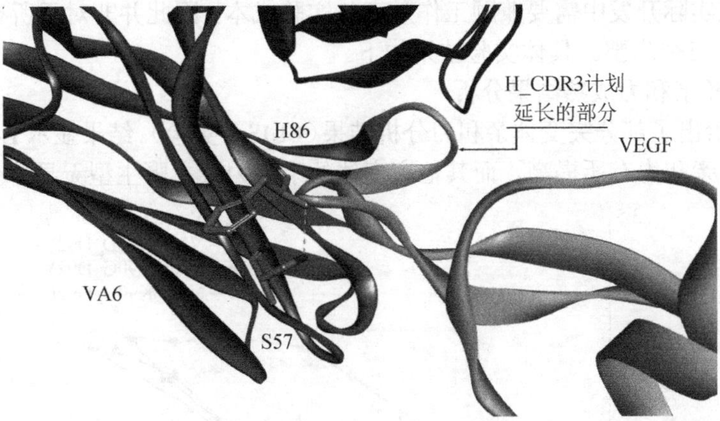

图 18-5　VA6 第二轮突变体设计局部结构图

3. 第三轮突变体设计

对构建的复合物结构模型的分析结果显示（图 18-6），VA6 重链的 H-S54 和 H-G55 与 VEGF 中 K48 间存在一定空间，因此可以考虑将 H-S54 和 H-G55 替换成酸性氨基酸残基，以增加静电相互作用。但由于 H-S54 与 VEGF 中的 Q89 间形成两个氢键，因此对于 H-S54 的突变可能会破坏侧链间的氢键。考虑到 H-S52、H-S54 与 VEGF 间的接触面较小，因此可考虑将二者突变为性质相似但体积较大的残基，如苏氨酸（T）、天冬酰胺等（N）。H-Y59 靠近 VEGF 的 H86，可以尝试将其替换成酸性残基以增强静电相互作用。此外，根据复合物模型，发现 H-S31、H-A50 残基附近还有一定的空间，因此可尝试替换成较大的残基。

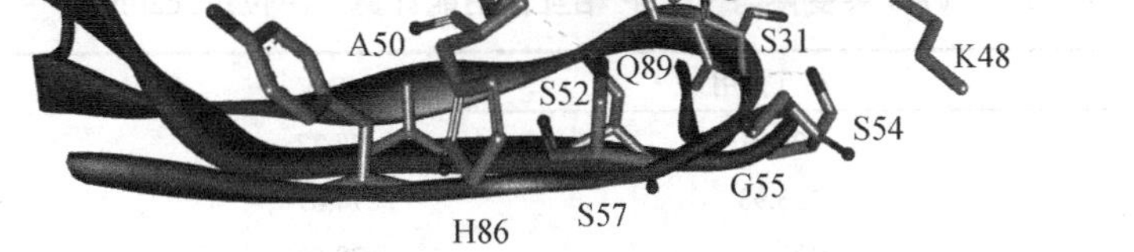

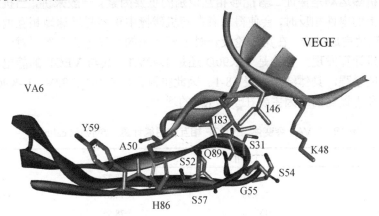

图 18-6　VA6 第三轮突变体设计局部结构图

完成突变体设计后，利用定点突变方法构建出了全部的突变体基因，并通过表达纯化获得了全部突变体。一般来讲，对于构建的突变体的分析总共分三个步骤。首先用 ELISA 方法对突变体进行初步的亲和力分析；其次，对亲和力较高的突变体进行准确的亲和力测定（Bia-core）及特异性分析；最后，对最终获得的突变体进行生物学活性的检测。由于在实际开发中需要兼顾工作效率与实验成本，因此并非对于所有的突变体都严格遵守以上三个步骤。具体实验结果如下。

1）第一轮亲和力成熟结果分析

图 18-7 给出了部分突变体亲和力分析结果（ELISA 实验）。结果显示 L-K90D_D92V（记作 A6-3）亲和力有所提高，而其他突变体的亲和力较之野生型无显著变化。

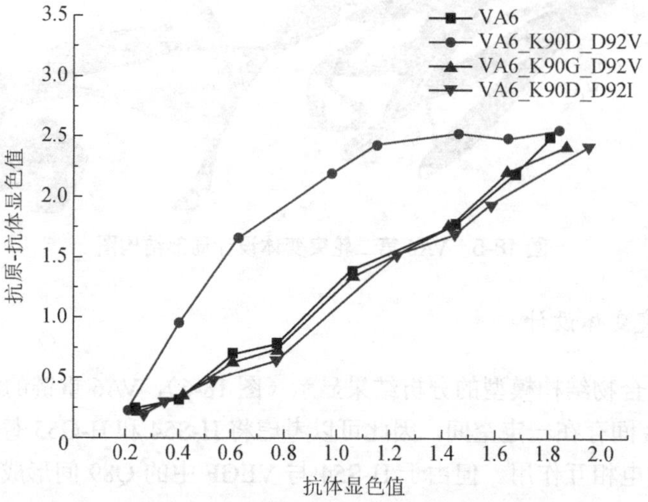

图 18-7　VA6 部分突变体（第一轮）亲和力结果

前面提到抗体的亲和力一般用解离常数 K_D 表示。解离常数由解离速率 k_{off} 与结合速率 k_{on} 的比值确定。其中，k_{on} 代表了抗体与抗原相互识别与结合的速率，而 k_{off} 则表示抗体与抗原形成的复合物的稳定性。在抗体与抗原相互识别的过程中，静电等长程相互作用及随机热运动是保证二者能够相互识别的重要因素。一般来讲，当抗原与抗体相互作用界面上的电性相反时，会使得二者在随机碰撞中更容易迅速地相互调整到最佳状态，从而迅速地完成结合。在第一轮设计时主要考虑的是静电相互作用对于亲和力的影响，通过能量计算发现，无论是 L-K90D 还是 D92V/I，其与 VEGF 的静电相互作用都获得了明显的增强，具体结果见表 18-1。因此推测，L-K90D_D92V、L-K90D_D92I 两株突变体亲和力提高的原因主要在于其 K_{on} 的增大。

表 18-1　VA6 突变体与 VEGF 相互作用能计算（单位：kcal/mol）

	相互作用	VDW	静电
WT	−126.71	−78.77	−47.94
L-K90D	−133.98	−74.61	−59.37
L-D92V	−132.08	−78.56	−53.51
L-D92I	−132.87	−79.18	−53.68

利用 Bia-Core 测定了 VA6 的两株轻链突变体 L-K90D_D92V、L-K90D_D92I 全抗体与 VEGF 的解离常数（K_D）分别达到了 5.3 nmol/L 和 8.8 nmol/L（表 18-2）。较之亲本抗体，两株突变体的亲和力均有一定提高，其中 L-K90D_D92V 的亲和力达到亲本抗体的 2.3 倍（将带有该突变的抗体命名为 A6-3）。这一结果再次说明所构建的 VA6 和

VEGF 的三维结构模型是正确的，可以作为进行突变体设计的参考模型。此外，由表 18-2 可以发现，两株突变体的 K_{on} 都有很大幅度的增加，这与预测的结果完全一致；但是同时 K_{off} 值都有不同程度的降低，这导致最终的突变体亲和力提高不明显。从表 18-2 中可以发现，虽然 L-K90D 大幅增加了静电相互作用的贡献，但同时却削弱了 VDW 相互作用，因此可能对抗体的 K_{off} 有一定不利的影响。根据特异性分析结果，亲和力获得提高的突变体与亲本相比，特异性没有显著变化，因此推测突变对于抗体表位影响不大。

表 18-2 VA6 及其突变体亲和力测定结果

重链	轻链	K_{on}/（10^5 1/ms）	K_{off}/（10^{-4}1/s）	K_D/（nmol/L）
A6H	A6L	0.35	4.46	12.7
A6H	L-K90D_D92V	2.83	14．9	5.27
A6H	L-K90D_D92I	2	18	8.8

2）第二轮亲和力成熟结果分析

重链突变体载体分别和 L-K90D_D92V 组合进行全抗体真核表达，纯化获得的全抗体进行亲和力分析。结果显示，H-S57E 与 L-K90D_D92V 组合表达的全抗体亲和力与 A6-3 相比较亲和力又提高了将近 2 倍。对该突变体进行 Bia-core 测定，结果显示，亲和力达到 1.8 nmol/L，是亲本抗体 VA6 亲和力的 7 倍（表 18-3），进一步证明了所构建的 VA6-VEGF 的三维结构模型在局部的正确性。为方便表示，以下将 H-S57E 与 L-K90D_D92V 组合表达的全抗体称为 A6H-57。由 Bia-core 实验结果可知，重链突变体亲和力提高的主要原因在于 K_{on} 的提高及 K_{off} 的降低。其中，K_{on} 的提高可能由抗体重链 E57 和 VEGF 的 H86 之间形成盐桥所致，而 K_{off} 的降低则可能是由于 E 较大的侧链与周围 VEGF 上的残基间形成额外的 VDW 相互作用所致。

表 18-3 VA6 及其突变体亲和力测定结果

重链	轻链	K_{on}（10^5 1/ms）	K_{off}（10^{-4}1/s）	K_D/（nmol/L）
A6H	A6L	0.35	4.46	12.7
A6H	A6L-K90D_D92V	2.83	14.9	5.27
H-S57E	A6L-K90D_D92V	5.51	9.61	1.82

另外，在 VA6 的重链第 98 位残基后增加氨基酸所设计的突变体亲和力都基本丧失，这说明计算机辅助设计进行抗体亲和力成熟过程中，随意改变氨基酸序列并不是明智的选择。对全抗体 A6H-57 进行的特异性分析结果显示其特异性较之亲本抗体无显著变化（文中未显示），提示其与 VEGF 的结合模式未发生明显变化，因此在第三轮突变体设计中可沿用最初的模型。

3）第三轮突变体设计分析

A6H-57 的亲和力虽然较之亲本抗体提高了 7 倍多，但与商业抗体 Avastin 的亲和力还有一定差距。在前两轮设计的基础上，进行了第三轮突变体设计。其中，轻链采用第一轮设计中最好的结果，即 L_K90D_D92V，而重链上全部包含 H_S57E 突变。ELISA 实验结果显示，H_S52T_S54T_S57E 和 L_K90D_D92V 组合表达的全抗体（记作 A6-9b）的亲和力与 A6H-57 的亲和力相比获得进一步的提高。

H-S31V、A6H 分别和 L-K90E_D92V 配对表达的全抗体进行亲和力比较，结果显示前者亲和力有所提高，说明 VA6 重链的第 31 位残基 Ser 突变为 Val 对抗体亲和力提高有利。随后，将 H-S57E 和 H-S52T_S54T_S57E 的第 31 位 Ser 突变为 Val，得到的重链突变载体和 L-K90E_D92V 配对表达全抗体并进行亲和力分析，结果获得了一株亲和力进一步提高的突变体 Mut_1（图 18-8）。结果表明，Mut_1 比 Mut_2（A6H-57）和 Mut_3（A6-9b）的亲和力要高，推测该突变体的亲和力可以达到 1 nmol/L 以下。在随后的细胞增殖实验中，发现 A69-b、A6-3 及 A6H-57 的细胞增殖抑制效率较之野生型均有一定的增强，说明通过亲和力成熟改善目标抗体的生物学活性这一方法是可行的。

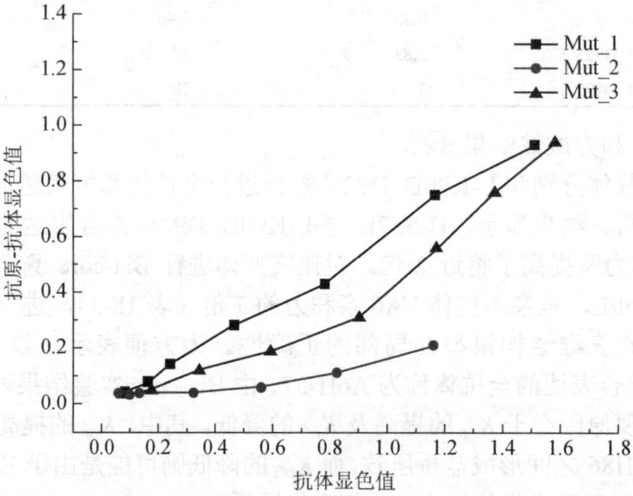

图 18-8　VA6 部分突变体（第三轮）亲和力结果。其中 Mut_1、2 和 3 分别代表 H-S31V_S52T_S54T_S57E/L-K90D_D92V、H-S57E/L_K90D_D92V（A6H-57）和 H-S52T_S54T_S57E/L-K90D_D92V（A6-9b）

综上所述，在本工作中，用基于结构的合理设计方法进行亲和力成熟，并通过实验加以验证。经过三轮的设计与验证后，最终获得了亲和力显著提高的突变体，说明通过合理的计算机辅助设计，可以直接获得高亲和力突变体。这一技术的应用，可以极大地推进抗体亲和力成熟的进程，为治疗性抗体的研发提供必要的技术支持。本研究虽然获得了高亲和力抗体突变体，但是抗体亲和力的提高还是局限于较小的范围，并且周期较长。这主要是由于突变体设计建立于人工分析抗体结合界面氨基酸性质的基础之上，有很大的局限性，并且大量突变体全抗体的表达、纯化及分析是一个相对耗时的过程。为了提高工作效率，可以根据预测结果先设计突变文库，然后利用噬菌体或酵母展示等方法筛选亲和力得到改善的突变株。待鉴定出较理想的突变株后，再构建全抗体表达载体并进行表达纯化及最后的鉴定。

18.3.2　抗 VEGF 抗体的稳定性改造

AV6 是一株经过亲和力成熟的抗 VEGF 中和性抗体。虽然拥有较高的亲和力和较好的药效，但在随后实验中，发现该株抗体经过长时间放置，会形成肉眼可见的沉淀；

此外，还发现这些抗体在小鼠体内失活速度很快，但其体内清除速度却相对较慢。根据这些现象，我们推测其热稳定性不够理想，而这一点在随后的实验中也得到了证实。在本研究中，利用合理设计的方法对 AV6 进行稳定性改造，旨在使其稳定性达到或超过上市抗体 Avastin 的稳定，从而为下一步的研发奠定基础。

由于抗体是一类被广泛研究的功能性蛋白，通过对抗体的结构信息的总结与分析，目前已经归纳出了一套有效的结构预测及筛选方案，可比较准确地模建出抗体的可变区。在本工作中，采用 Rosetta Antibody 对目标抗体的可变区进行模建，模建共生成 5000 个模型。对这些模型进行打分排序，挑选打分排在前 10 的模型进行细致的分析，选取综合性质最优的模型作为最终的模型。利用该方法，可以非常准确地模建出除重链 CDR3 以外的所有 CDR 区，对于较短（12 个残基以内）的重链 CDR3 区，也可以给出相对准确的模型[8, 24, 25]。

本工作的目的是在不影响 AV6QP 与 VEGF 间亲和力的前提下大幅提高其稳定性，因此有必要模建出 AV6QP 与 VEGF 的复合物结构。通过前期的丙氨酸扫描（Ala-scan）及大量的定点突变实验，已经较清楚地获得了 AV6QP 与 VEGF 的界面信息，因此可以通过限制性对接对 AV6QP-VEGF 的复合物进行预测。利用 ZDock 和 Rosetta SnugDock 做限制性对接，获得最终的复合物结合模式。其依据实验信息对 ZDock 刚性对接中打分靠前的预测模式进行筛选，确定大致的结合模式。随后，为了对该结合模式进行优化，利用 Rosetta SnugDock 重新进行了局部对接。为了评价对接结果及挑选最终的结合模式，可以计算总体打分、界面打分及对接结果与初始结构的 RMSD，并使总体打分、界面打分对该 RMSD 作图。一般来讲，若图像呈现明显的漏斗状形状，则说明对接结果具有较高的可信度[26]，且初始结合模式是一个近天然（near native）结合模式。如图 18-9A 和 B 所示，两种能量打分对于 RMSD 作图皆呈现出明显的漏斗形状，说明我们的对接结果比较可信。对总体打分和界面打分最低的两种结合模式进行比较，发现后者与实验数据更加符合，因此选取该结合模式为最终的 AV6QP-VEGF 复合物结合模式（图 18-10）。

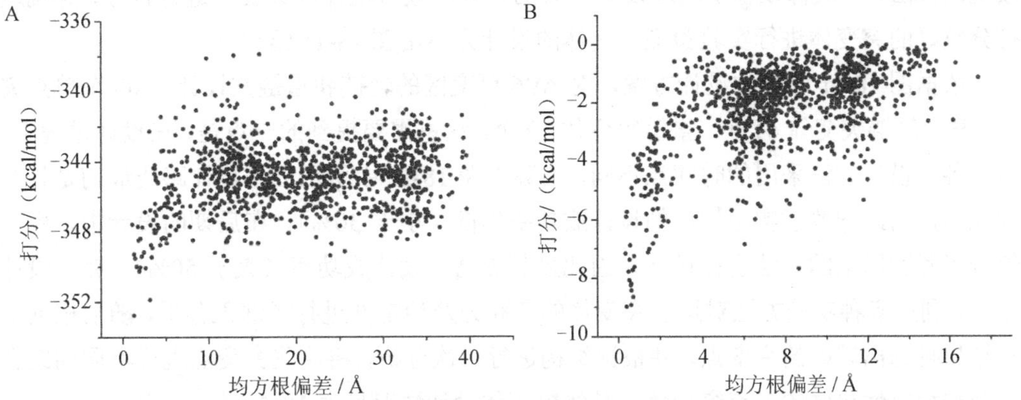

图 18-9　Rosetta Snugdock 对接结果。（A）总体对接打分；（B）界面打分

如图 18-10 所示，AV6QP 主要通过其 H3、L3 上大部分残基及 H1 与 L1 上小部分残基与 VEGF 相互作用。因此在设计突变体时，需要注意这些界面残基，避免影响亲和力和特异性。

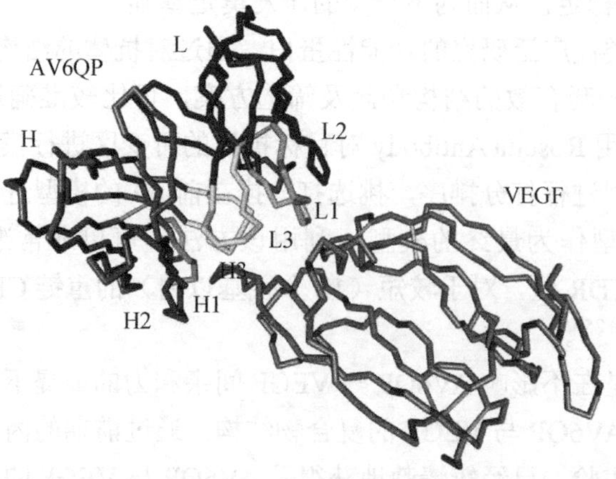

图 18-10　AV6QP-VEGF 复合物模型

在本工作中，主要采用了经验法、局部结构熵（local structure entropy，LSE）[27, 28]法及结构分析法等三种突变体设计方法以提高 AV6QP 的稳定性。经验法是指利用统计信息和以往设计积累下的经验进行蛋白质改造的方法，如将转角处的氨基酸残基替换成 Gly、Ser 及 Pro 等高频氨基酸残基，或通过序列比对将某些特定位置出现频次较低的氨基酸残基替换为同源蛋白中的高频氨基酸残基（该方法又被称为一致性设计法）。局部结构熵法是根据对 PDB 结果数据库中的结构进行统计分析并根据计算结果对蛋白质进行改造的一种方法。通过计算出一定长度（通常为 4 个氨基酸残基）肽段在某一位置的出现频次，可根据公式推断出一条特定的氨基酸序列的 LSE，LSE 越低说明拥有该序列的结构越稳定。结构分析法实际上是根据对蛋白质结构的综合分析对蛋白质稳定性进行改造的方法，一般都以基于物理及半经验的打分函数对设计的突变体进行打分，并挑选打分较好的突变体进行实验验证。具体的设计方案由图 18-11 给出。

依据图 18-11 所示的设计方案，对 AV6 可变区的轻链和重链共设计了 60 个单点突变，其中轻链突变体 41 个，重链突变体 19 个。这里需要提到的一点是，在设计过程中，由于各种设计方法采用的时间点不同，实际上图 18-11 中所示三条设计路线最初是相互独立的，由此导致了实验初期的设计成功率偏低（小于 30%）。在后期的设计中，由于综合了两种以上的方法进行设计，因此显著提高了设计成功率（大于 50%）。完成设计之后，利用多种实验方法对这些突变体的亲和力及稳定性进行了深入分析，随后根据实验结果挑选出较好的突变点，并根据结构进行二次分析，将这些突变点进行不同的组合以获得稳定性更强的多点突变体。具体突变体设计情况见表 18-4。

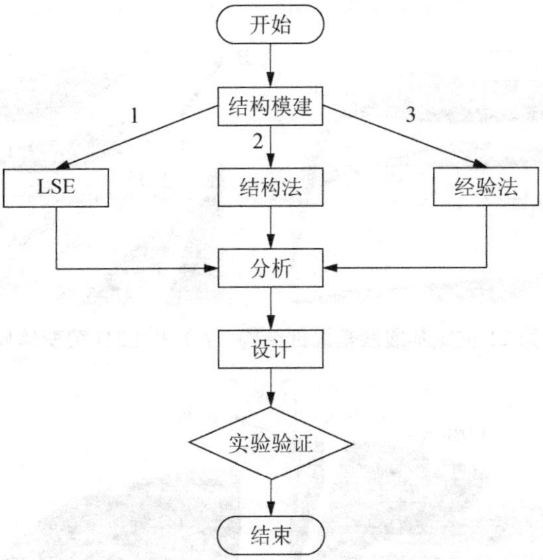

图 18-11　AV6QP 稳定性改造流程图

表 18-4　AV6QP 稳定性改造突变体设计

突变形式	突变体设计	突变体个数
L 链	A9S、T10S、L13V、P15L、R18S、A19L、A19V、L21I、S22H 、R24S、R24Q、Q27E、S28D、V29I、S31_*、S31G、S32G、S32D、A44S、R46E、R46K、G51D、G51A、A52G、S53E、S54N、S54D、R55L、R55E、A56E、T57E、T57P、V59I、V59L、A61S、A61D、A61P、T92Y、G97P、G97W、G97I	41
H 链	E6Q、A23T、T28P、T28D、S31D、S35L、T52S、G53P、G55D、E57S、D62P、S63P、T69K、N77K、N77G、Y80S、A88P、V93I、V105F	19

* S31，删除突变

受篇幅所限，在此仅对 10 个具有代表性的突变点设计进行说明，其他突变点的设计思路与这些点相仿。

1. 轻链突变体设计

1）L21I

L21I 是最先发现的一批可能提高 AV6QP 稳定性的突变点之一。首先，通过 FoldX 估算其折叠自由能较之亲本抗体 AV6QP 要低 0.33 kcal/mol。根据所构建的结构模型发现，轻链 L21 的侧链指向内部，与周围的疏水残基共同构成了一个疏水核心（图 18-12A）。将 L21 替换为 I 有助于与周围残基的接触（图 18-12B）。其次，统计数据表明（图 18-13），κ型轻链的第 21 位氨基酸残基为 I 的出现频次远高于 L 的出现频次，根据一致性设计原理，将 L 替换为出现频次更高的 I 有可能获得较好的效果。第三，通过计算 LSE，发现 L21I 的 LSE 较之 AV6OP 降低了约 0.014，这预示着 L21I 可能通过提高轻链自身稳定性而提高整个抗体分子的稳定性。根据以上三点完全一致的信息，推断 L21I 可能会提高

AV6QP 的稳定性。

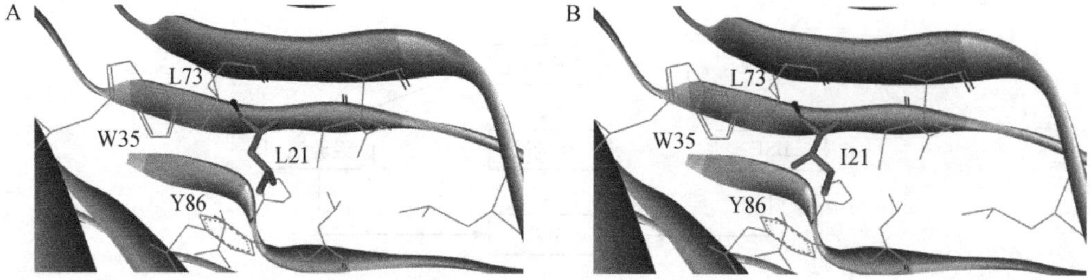

图 18-12　AV6QP 中第 21 位氨基酸残基局部结构（A）和 L21I 突变体局部结构（B）的比较

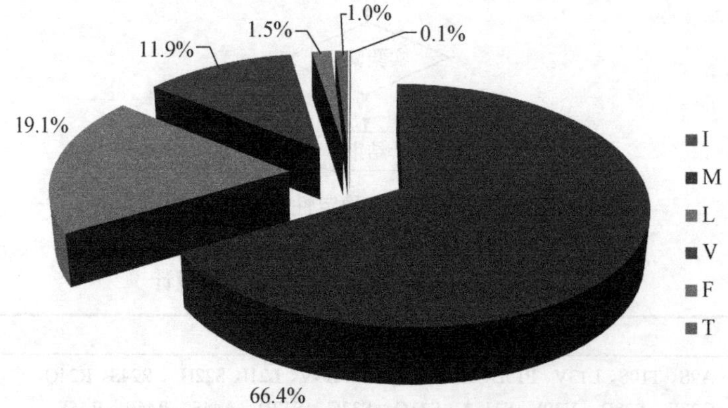

图 18-13　抗体轻链（kappa）第 21 位氨基酸残基出现频次统计

2）V29I

V29 位于 L1 的中间位置，侧链指向内部，与周围其他疏水残基组成了又一个疏水核心，对 L1 的空间构象起重要的支撑作用。根据结构模型来看，V29 与周围的残基接触不够紧密，因此可考虑换成较大的 I 或 L（图 18-14）。根据能量计算，V29I 的折叠自由能较 AV6QP 降低 0.62 kcal/mol，而 V29L 则升高了 0.66 kcal/mol，这可能是由于 L 的侧链较之 I 更加伸展。根据计算发现 V29I 的 LSE 和 AV6QP 差别不大。根据统计频率发现，kappa 链中第 29 位出现 V 的概率仅略高于出现 I 的概率。因此，推测 V29I 可以提高 AV6QP 的稳定性。

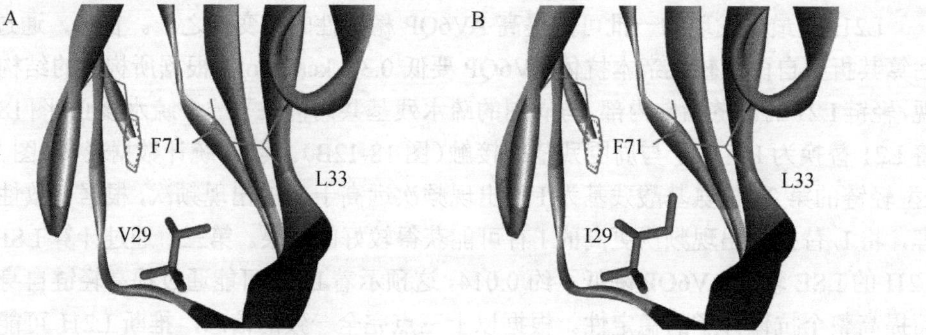

图 18-14　AV6QP 中第 29 位氨基酸残基局部结构 A 和 L29I 突变体局部结构 B 的比较

3）S30a 删除

通过序列比对发现，κ类型轻链中 30a 位氨基酸残基在 50%的情况下都是缺失的，而在我们的抗体中此位则为 Ser。一般来讲，在其他条件不变的情况下，loop 区越短则蛋白质越稳定，因此此处可以考虑删除 S30a。一般的基于结构蛋白质设计软件无法评估删除或插入突变前后蛋白的自由能变化，因此只能采用基于序列的或基于统计分析的方法对突变效果进行评估。通过计算发现，删除 S30a 之后，序列的 LSE 比亲本抗体减少了约 0.003，因此可尝试构造此突变体进行随后的实验验证。

4）A51G

从出现频次上来看，51 位氨基酸残基以 Ala 为主，占到了 kappa 链中总出现频次的 42%。然而，通过结构分析发现，此处 A51 的主链二面角出现在不许可区内，因此考虑将 A51 替换成柔性最强的 Gly 以减小空间位阻。通过计算发现，A51G 的折叠自由能及 LSE 较之亲本抗体分别降低了 0.67 kcal/mol 和 0.003。

5）T56P

从结构上看，T56 处于转角处，而一般来讲 Thr 不利于转角处局部结构的稳定性，因此可考虑替换成 S、P 等易于形成转角的残基。从序列上看，此位上 Ser 出现的频次远高于 Pro，但是能量计算表明 T56P 可显著降低折叠自由能。因此可尝试构建 T56P 进行后续实验。

6）A60D

A60 位于一个远离抗原结合区的转角上，与 R54 靠近。若将 A60 替换为带负电的残基，则可能会与 R54 形成盐桥，从而提高稳定性。通过序列分析发现，Asp 较易出现在 60 位，因此考虑构建 A60D 突变体。此外，LSE 计算也表明 A60D 可能会提高抗体的稳定性。

7）G96P/W

从结构上来看，轻链 96 位氨基酸残基位于轻重链界面，因此可能对于稳定轻重链之间的构象至关重要。从序列上看，此处也比较容易出现较大的疏水性残基，而这恰好印证了我们的观点。由于 G96 的φ和ψ二面角恰好位于 Pro 残基的许可区内，因此推测 G96P 可能会降低其折叠自由能。通过能量计算发现，G97P 的折叠自由能大幅降低了 1.35 kcal/mol，而 G97W 则表现出了较大的空间位阻。为了比较不同大小残基在此处对稳定性的作用，我们还是选择构建了 G97P 和 G97W 突变体。

2. 重链突变体设计

1）S31D

S31 位于 H1 上，能量计算表明 S31D 使得体系的自由能降低约 0.58 kcal/mol。这主要是因为 S31D 强化了局部的 VDW 堆积和静电相互作用。较之野生型，S31D 的 LSE 降低了 0.006。根据这些计算结果，认为 S31D 可能提高体系的稳定性。

2）A84P

与前面针对轻链 T56P 和 A84P 的设计思路一样，在重链上找到了几个适合突变为 Pro 残基的的位点，如 A84。A84P 突变使得体系的自由能降低了 2 kcal/mol。尽管 A84 位点出现 Pro 残基的频率非常低，但是由于其可显著地降低自由能，因此依然决定构建

A84P 突变体。

完成突变体设计后，利用常规方法进行突变克隆构建，并对构建的突变体进行表达纯化。与亲本抗体相比，大部分突变体的表达量获得大幅提升。例如，亲本抗体 AV6QP 的表达量仅为 60 mg/L，而轻链突变体 T57P 和 G97P 的表达量分别达到了 500 mg/L 和 170 mg/L，说明经过改造后的抗体的折叠效率提高、可溶性增强，预示着这些抗体的稳定性可能获得了一定的改善。用 ELISA 和 Bia-core 对纯化后的抗体的亲和力进行了初步分析，发现大部分突变体亲和力变化不大。由于全部的设计均参考了之前模建的复合物模型，因此说明模建的复合物模型具有一定的合理性。突变体的表达量与亲和力变化具体的信息参见表 18-5。

表 18-5　AV6QP 及其突变体的表达量与亲和力变化

突变体	表达量变化	亲和力变化	突变体	表达量变化	亲和力变化	突变体	表达量变化	亲和力变化
L_A9S	+	1	L_R46K	+	0.7	L_G97I	+	1.6
L_T10S	+	1	L_G51D	−	NT	H_E6Q	NE	NT
L_L13V	+	1	L_G51A	+	0.9	H_A23T	+	0.8
L_P15L	+/−	3	L_A52G	+	0.8	H_T28P	+	0.6
L_R18S	+/−	1	L_S53E	−	ND	H_T28D	+	1.2
L_A19L	+	3	L_S54N	+	1.3	H_S31D	+	1.3
L_A19V	NT[a]	NT	L_S54D	+	0.3	H_S35L	+	0.5
L_L21I	+	0.9	L_R55L	+	1	H_T52S	+	1.3
L_S22H	+/−	ND[b]	L_R55E	NE	NT	H_G53P	+	1.2
L_R24S	+	NT	L_A56E	−	NT	H_G55D	+	1.1
L_R24Q	+	1	L_T57E	+	0.7	H_E57S	+	1.5
L_Q27E	+	1	L_T57P	++	1.8	H_D62P	+	2.2
L_S28D	NE[c]	NT	L_V59I	+	0.6	H_S63P	+	1.1
L_V29I	++	0.9	L_V59L	NE	ND	H_T69K	+	1
L_S31_	++	1.1	L_A61S	+	NT	H_N77K	+	1.5
L_S31G	+	0.8	L_A61P	+	0.9	H_N77G	+	0.7
L_S32G	+	0.8	L_A61D	+	0.5	H_Y80S	+	0.6
L_S32D	+	0.9	L_T92Y	+	1.9	H_A88P	+	0.5
L_A44S	+	0.9	L_G97P	+	1.2	H_V93I	+	0.8
L_R46E	NE	NT	L_G97W	+	2.2	H_V105F	+/−	ND

a. 未测；b. 不结合；c. 不表达

由表 18-5 发现，一些被认为明显远离结合界面的突变点，如轻链 P15L、A19L、R24Q，重链 T28P、A88P 等，对于亲和力却有较大的影响。获得此结果之后，对这些点进行详细的分析，认为这些点的确毫无出现在结合界面的可能，如 P15L、A88P 等点甚至位于远离界面的框架区上。因此，我们推测这些突变对于亲和力的影响可能主要源自于其对稳定性的影响。首先，随着抗体稳定性的增加，在包被过程中保持天然构象的抗体比例也会增加，因此可能会使得测定出的表观亲和力升高；其次，从结构上来讲，抗原抗体复合物的稳定性主要由抗原、抗体自身稳定性和二者界面的稳定性所决定，在不影响界面性质的前提下，提高抗体的稳定性从客观上也提高了抗原抗体复合物的稳定性，因此也有利于二者的结合。

对蛋白质稳定性的测定有多种方法，如差示热分析仪、圆二色谱、荧光光谱法等。这些方法可以定量地给出蛋白质去折叠一半时的温度，即 T_m 值。除了 T_m 值，还可以通过测定蛋白质的半失活温度 $T_{1/2}$ 或在特定温度下失活一半的时间来衡量蛋白质的稳定性[29]。文献[29]中给出了一种简便的测量抗体 $T_{1/2}$ 的方法，利用该方法，首先测定了 AV6QP 与商业抗体 Avastin 之间的热稳定差异，实验结果如图 18-15 所示。由实验结果可知，AV6QP 的半失活温度（$T_{1/2}$）约为（60.0±0.5）℃，而同批测量的 Avastin 则在 63℃左右。

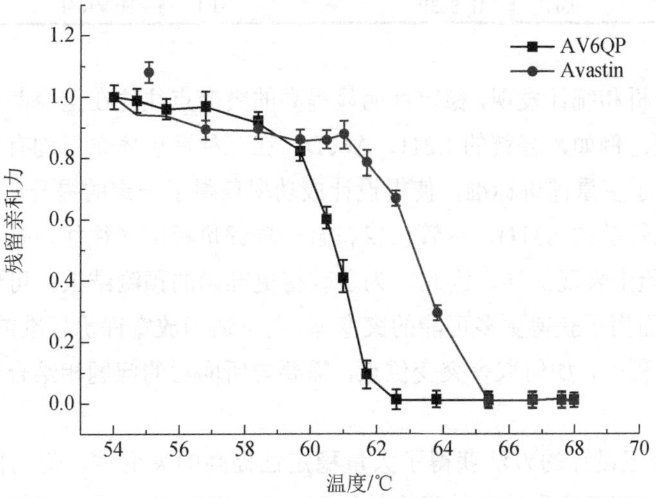

图 18-15　AV6QP 与 Avastin 稳定性分析

利用相同的方法，对纯化获得的突变体体外稳定性进行了测定，结果见表 18-6。在设计的 60 个单点突变中，20 个突变体的稳定性获得了明显提高，13 个突变体无明显变化，27 个突变体稳定性明显降低，总体设计成功率为 33%。

表 18-6　AV6QP 及其突变体的稳定性分析

突变体	$\Delta T_{1/2}$		突变体	$\Delta T_{1/2}$		突变体	$\Delta T_{1/2}$	
L_A9S	+/–	0.2	L_V29I	++	1.6	L_S54D	–	−1.4
L_T10S	+/–	0.2	L_S31_	++	1.2	L_R55L	–	−1.6
L_L13V	––	−1.1	L_S31G	+/–	0.2	L_R55E	NT	NT
L_P15L	––	−1.5	L_S32G	+/–	0.2	L_A56E	NT	NT
L_R18S	+/–	0.2	L_S32D	+	0.9	L_T57E	+	0.5
L_A19L	–––	−3.8	L_A44S	+/–	0.2	L_T57P	++	1.4
L_A19V	NT*	NT	L_R46E	NT	NT	L_V59I	–	−0.4
L_L21I	++	1.6	L_R46K	+/–	0.2	L_V59L	NT	NT
L_S22H	NT	NT	L_G51D	NT	NT	L_A61S	+	0.5
L_R24S	––	−1.2	L_G51A	–	−0.4	L_A61P	+/–	0.2
L_R24Q	––	−1.1	L_A52G	++	1.2	L_A61D	++	1.2
L_Q27E	+	0.5	L_S53E	NT	NT	L_T92Y	––	−1.6
L_S28D	NT	NT	L_S54N	++	1.1	L_G97P	+++	2.2

续表

突变体	$\Delta T_{1/2}$		突变体	$\Delta T_{1/2}$		突变体	$\Delta T_{1/2}$	
L_G97W	+++	2.3	H_S35L	--	−1.4	H_T69K	+/−	−0.3
L_G97I	+++	2.1	H_T52S	+/−	0.3	H_N77K	--	−1.3
H_E6Q	NT	NT	H_G53P	+	0.7	H_N77G	+/−	0.1
H_A23T	+	0.7	H_G55D	--	−1.4	H_Y80S	−	−0.7
H_T28P	+/−	0.3	H_E57S	--	−1.3	H_A88P	+	0.5
H_T28D	+	1.5	H_D62P	+	0.5	H_V93I	+/−	0.2
H_S31D	+	0.6	H_S63P	--	−1.1	H_V105F	NT	NT

* 未测

经过详细分析和统计发现，稳定性明显提高的突变点往往在至少两种的评价方法中具有较好的表现。例如，轻链的 L21I、A60D，在三种评价体系下均有良好的表现。在设计后期，采用了多重评价标准，使得设计成功率获得了一定的提升。然而，同时也发现有些位点，如轻链的 S31D，尽管仅仅符合一项评价标准（往往是基于结构的能量评价），但却在实验中表现优异。因此，为了获得更准确的预测结果，可以在设计中采用多重评价标准；而为了获得更多可能的突变体，则可适当放宽评价标准或减少评价标准。总之，在设计过程中，如何取舍突变位点，需要与所面对的问题相结合以选取最优的设计流程。

尽管通过合理设计的方法获得了大量稳定性提高的突变体，但与同靶点上市抗体 Avastin 相比，这些突变型抗体的稳定性还有一定差距。为了进一步提高其稳定性，对效果较好的点突变进行了组合。在设计组合突变的过程中，主要考虑将相互影响较小的突变点进行组合以减少不可预知的因素。一般来讲，将在空间上远离的突变点相互组合，可以起到叠加的效果。例如，将位于 H1 的 S31D、框架区的 A84P 及轻链 CDR3 的 G96P 相互组合后（图 18-16），较之亲本抗体 AV6QP，在同批实验中其 $T_{1/2}$ 升高了大约 4℃，明显超过了 Avastin 的稳定性（图 18-17）。根据单点突变的结果，轻链 T56P 的稳定性较之亲本抗体提高了大约 1.4℃，而在组合了其他三个突变点之后，发现稳定性提高不是十分明显。从结构上来看，T56P 是轻链 CDR2 上的最后一个残基，与前面提到的三个残基距离都相距较远，因此认为 T56P 不会影响其他三个突变点。为了解决这个貌似矛盾的问题，我们重新表达纯化了亲本抗体及这些突变体的 Fab，并利用同样的方法检测对应的 Fab 的稳定性。根据对 Fab 的实验结果发现，上述 4 个点突变组合之后的稳定性与单点突变体的简单加和一致，说明在这四个突变点提高稳定性的效果在 Fab 水平上具有可加性。

然而，究竟是什么原因导致了在全抗水平上，突变点的可加性变差甚至消失呢？为了进一步探索这一问题，我们还尝试了多种组合策略，如轻链 L21I、V29I、A51G、A60D、T56P、G96P 等与重链 S31D、A84P 等突变点进行各种组合，发现当突变型全抗体的 $T_{1/2}$ 低于 65℃时，突变点具有较好的可加性；当 $T_{1/2}$ 接近 65℃时，可加性变差。总之，通过对多种组合突变体全抗体的稳定性进行分析发现，突变型全抗体的 $T_{1/2}$ 的极限在 65℃

左右。当对部分突变体的 Fab 进行分析时发现，可加性变得明显，且在 65℃左右并未出现明显的极限，其中多个组合突变体在 70℃时仍未观察到明显的失活。根据这些实验结果，可以明显看到 Fab 的稳定性比全抗体的稳定性高。这主要是因为全抗体中 CH2 结构域的稳定性较差，因此影响了全抗体整体的稳定性。以往的研究工作表明[7, 13]，一般来讲，抗体中各个结构域的稳定性顺序为：CH3 > CH2 > Fab。由此可见，全抗体的稳定性极限主要由 Fab 结构域决定，因此当 Fab 的稳定性高于 CH2 时，全抗体的稳定性极限则转由 CH2 结构域所决定。

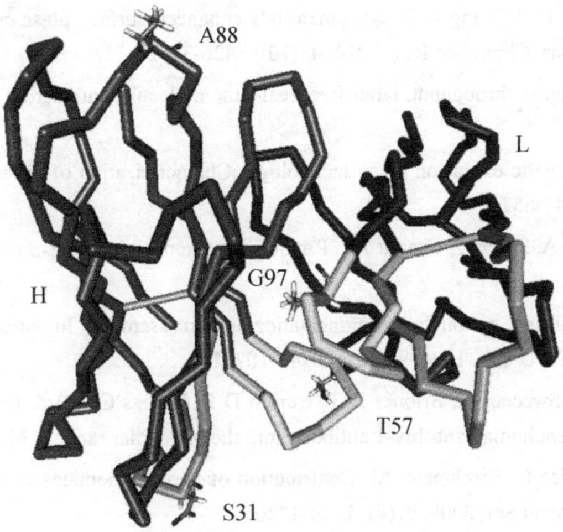

图 18-16　AV6QP 的一个 4 点组合突变体突变点示意图，其中各 CDR 区颜色含义与图 18-10 相同（另见彩图）

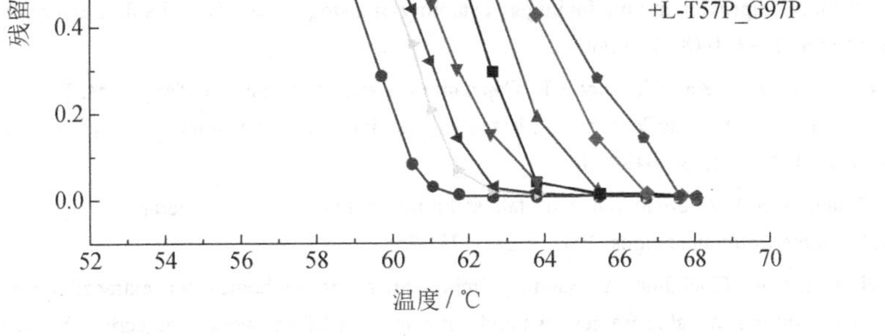

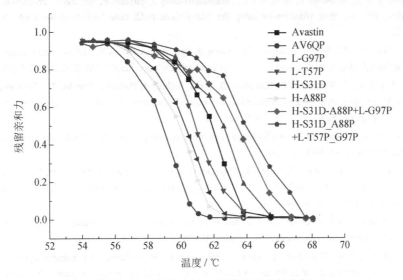

图 18-17　部分 AV6QP 突变体稳定性分析

综上所述，在本工作中，利用分子模拟技术对全人源抗 VEGF 单克隆抗体 AV6QP 的稳定性进行了全面改造，共获得了 20 个稳定性提高的单点突变体，为后期开发奠定了基础。总体设计成功率为33%，远高于传统设计方法。在后期设计中，由于综合使用了多种设计方法，使得设计成功率超过50%。根据实验结果，绝大部分突变体的亲和力受到影响不大，说明模建的复合物模型具有一定的合理性。此外，实验结果表明，稳定性增加的突变体，其表达量也有所增加，对于降低研发和生产成本具有重大意义。

参考文献

[1] Zeng S, Baillargeat D, Ho H P, Yong K T. Nanomaterials enhanced surface plasmon resonance for biological and chemical sensing applications. Chem Soc Rev, 2014, 43(10): 3426-3452

[2] Rich R L, Myszka D G. Higher-throughput, label-free, real-time molecular interaction analysis. Anal Biochem, 2007, 361(1): 1-6

[3] Darling R J, Brault P A. Kinetic exclusion assay technology: Characterization of molecular interactions. Assay Drug Dev Technol, 2004, 2(6): 647-657

[4] Mccullum E O, Williams B A, Zhang J, Chaput J C. Random mutagenesis by error-prone pcr. Methods Mol Biol, 2010, 634: 103-109

[5] Stemmer W P. DNA shuffling by random fragmentation and reassembly: In vitro recombination for molecular evolution. Proc Natl Acad Sci U S A, 1994, 91(22): 10747-10751

[6] Yang W P, Green K, Pinz-Sweeney S, Briones A T, Burton D R, Barbas C F, 3rd. Cdr walking mutagenesis for the affinity maturation of a potent human anti-hiv-1 antibody into the picomolar range. J Mol Biol, 1995, 254(3): 392-403

[7] Ionescu R M, Vlasak J, Price C, Kirchmeier M. Contribution of variable domains to the stability of humanized igg1 monoclonal antibodies. J Pharm Sci, 2008, 97(4): 1414-1426

[8] Sircar A, Kim E T, Gray J J. Rosetta antibody: Antibody variable region homology modeling server. Nucleic Acids Res, 2009, 37(Web Server issue): W474-479

[9] Schymkowitz J W H, Rousseau F, Martins I C, Ferkinghoff-Borg J, Stricher F, Serrano L. Prediction of water and metal binding sites and their affinities by using the fold-x force field. Proc Natl Acad Sci USA, 2005, 102(29): 10147-10152

[10] Pokala N, Handel T M. Energy functions for protein design: Adjustment with protein-protein complex affinities, models for the unfolded state, and negative design of solubility and specificity. J Mol Biol, 2005, 347(1): 203-227

[11] Demarest S J, Chen G, Kimmel B E, Gustafson D, Wu J, Salbato J, Poland J, Elia M, Tan X, Wong K, Short J, Hansen G. Engineering stability into escherichia coli secreted fabs leads to increased functional expression. Protein Engineering Design and Selection, 2006, 19(7): 325-336

[12] Jung S, Plückthun A. Improving in vivo folding and stability of a single-chain fv antibody fragment by loop grafting. Protein Engineering, 1997, 10(8): 959-966

[13] Wu S J, Luo J, O'neil K T, Kang J, Lacy E R, Canziani G, Baker A, Huang M, Tang Q M, Raju T S, Jacobs S A, Teplyakov A, Gilliland G L, Feng Y. Structure-based engineering of a monoclonal antibody for improved solubility. Protein Eng Des Sel, 2010, 23(8): 643-651

[14] Garber E, Demarest S J. A broad range of fab stabilities within a host of therapeutic iggs. Biochemical and Biophysical Research Communications, 2007, 355(3): 751-757

[15] Ewert S, Honegger A, Plückthun A. Stability improvement of antibodies for extracellular and intracellular applications: Cdr grafting to stable frameworks and structure-based framework engineering. Methods, 2004, 34(2): 184-199

[16] Su J G, Xu X J, Li C H, Chen W Z, Wang C X. An analysis of the influence of protein intrinsic dynamical properties on its thermal unfolding behavior. J Biomol Struct Dyn, 2011, 29(1): 105-121

[17] Chou P Y, Fasman G D. Prediction of protein conformation. Biochemistry, 1974, 13(2): 222-245

[18] Watanabe K, Masuda T, Ohashi H, Mihara H, Suzuki Y. Multiple proline substitutions cumulatively thermostabilize bacillus cereus atcc7064 oligo-1,6-glucosidase. Irrefragable proof supporting the proline rule. Eur J Biochem, 1994, 226(2): 277-283

[19] Steipe B, Schiller B, Pluckthun A, Steinbacher S. Sequence statistics reliably predict stabilizing mutations in a protein domain. J Mol Biol, 1994, 240(3): 188-192

[20] Los M, Roodhart J M, Voest E E. Target practice: Lessons from phase iii trials with bevacizumab and vatalanib in the treatment of advanced colorectal cancer. Oncologist, 2007, 12(4): 443-450

[21] Altschul S F, Madden T L, Schaffer A A, Zhang J, Zhang Z, Miller W, Lipman D J. Gapped blast and psi-blast: A new generation of protein database search programs. Nucleic Acids Res, 1997, 25(17): 3389-3402

[22] Guex N, Peitsch M C. Swiss-model and the swiss-pdbviewer: An environment for comparative protein modeling. Electrophoresis, 1997, 18(15): 2714-2723

[23] Brooks B, Bruccoleri R, Olafson B, States D, Swaminathan S, Karplus M. Charmm: A program for macromolecular energy, minimization, and dynamics calculations. Journal of Computational Chemistry, 1983, 4(2): 187-217

[24] Sircar A. Methods for the homology modeling of antibody variable regions. Methods Mol Biol, 2012, 857: 301-311

[25] Sivasubramanian A, Sircar A, Chaudhury S, Gray J J. Toward high-resolution homology modeling of antibody fv regions and application to antibody-antigen docking. Proteins, 2009, 74(2): 497-514

[26] Sircar A, Gray J J. Snugdock: Paratope structural optimization during antibody-antigen docking compensates for errors in antibody homology models. PLoS Comput Biol, 2010, 6(1): e1000644

[27] Bae E, Bannen R M, Phillips G N, Jr. Bioinformatic method for protein thermal stabilization by structural entropy optimization. Proc Natl Acad Sci USA, 2008, 105(28): 9594-9597

[28] Chan C H, Liang H K, Hsiao N W, Ko M T, Lyu P C, Hwang J K. Relationship between local structural entropy and protein thermostabilty. Proteins: Structure, Function, and Bioinformatics, 2004, 57(4): 684-691

[29] Wang S, Liu M, Zeng D, Qiu W, Ma P, Yu Y, Chang H, Sun Z. Increasing stability of antibody via antibody engineering: Stability engineering on an anti-hvegf. Proteins, 2014, 82(10): 2620-2630

（刘　明）

第 19 章 耐药性机理研究

19.1 引 言

耐药性（drug resistance）是指病原体的基因总在发生不定向的可遗传突变，一旦突变发生在关键酶的编码基因序列，就会引起这些关键酶分子发生改变，如改变膜的通透性而阻滞药物进入、改变靶结构使得药物敏感性下降，或改变原有代谢过程等，最终导致病原体对作用于这些关键酶的抑制剂不再敏感，致使药物对该病原体的疗效降低或无效。在与药物多次接触后，药物对抗药性突变体的产生起选择作用，当长期使用某药物时，对该药物敏感的病原株不断被杀死，而耐药的病原株保留下来并大量繁殖，最终使该病原体对该种药物的耐药率不断升高。如今耐药性成了困扰医学界的一大难题。由于病原体的基因总在自发的产生不定向突变，使得提前预测可能出现的耐药突变难以实现。此外，随着耐药病原体的不断增加，即使是长期以来容易控制的常见病原体感染，用已有药物都变得难以治疗。由于耐药病原体的产生速度远快于人类新药的开发速度，因此，对于产生耐药突变的病原体感染，迫切需要研制新的药物，同时也需要想办法最大限度地发挥这些药物的有效使用寿命。

在所有病原体导致的疾病中，病毒性传染病严重危害人类健康。在人类传染病中，70%以上是由病毒引起的。尽管现代医药科技的发展已经使许多难治性疾病得到了有效控制，但病毒性疾病的治疗仍是摆在医学科学家面前的难题，特别是病毒耐药性的出现，使抗病毒药物的临床应用和新的抗病毒药物的开发面临着巨大的挑战。对病毒耐药性的研究是病毒学研究领域的又一大热点。以人免疫缺陷病毒（human immunodeficiency virus，HIV）所产生的耐药性为例，人类在防治艾滋病（AIDS）、抗 HIV 的药物研究方面取得了很大进展。抗病毒药物的应用，尤其是高效联合抗病毒疗法（highly active antiretroviral therapy，HAART）亦称鸡尾酒疗法[1]的应用，对于延长 HIV-1 感染者的寿命、提高感染者生活质量起到了非常大的作用。已针对 HIV-1 生活周期中关键步骤研发了 40 种上市药物。然而，现有的临床抗 AIDS 药物均产生了耐药性。HIV-1 耐药的原因是由于病毒在复制过程中发生高频突变，编码病毒靶酶的基因组发生了突变，使得酶对抑制剂的敏感度降低，同时，酶自身的催化活性也有所下降而引起的。HIV-1 是 RNA 病毒，其基因组由单链 RNA 逆转录为前病毒 DNA 的过程由逆转录酶催化，而逆转录酶对转录中的错误无校正功能，转录中的碱基错配常导致基因突变，这就造成了病毒在复制中发生高频突变[2]。一旦突变发生在病毒关键酶的编码基因序列，就会引起这些关键酶分子发生改变，导致 HIV-1 对作用于这些关键酶的抑制剂不再敏感，从而产生耐药性。目前，AIDS 的治疗主要采用 HAART 疗法（鸡尾酒疗法），它是 AIDS 治疗的常用疗法。该疗法通过将作用于病毒复制不同阶段的抗病毒药物联合使用，能显著降低 AIDS 相关疾病的发病率和病死率。但有约 50%的患者在开始治疗仅 1 年后，由于对药物产生耐药而导致治疗失败[3]。

国际上关于耐药性方面的实验研究，主要集中在识别耐药突变位点并测定该耐药位点导致的药物敏感性变化方面。以 HIV-1 的关键酶 gp41 为例，gp41 是 HIV-1 的跨膜糖蛋白，是 HIV-1 包膜与宿主细胞膜融合过程中的关键蛋白，其功能是介导 HIV-1 包膜与靶细胞膜的融合，在病毒进入靶细胞的早期阶段发挥重要的作用[4]，是阻断 HIV-1 进入宿主细胞的药物靶标。然而，已有的融合抑制剂已产生了耐药性。目前，经过美国 FDA 批准上市的用于治疗艾滋病的融合抑制剂只有 ENF，自 ENF 2003 年上市以来，短短几年的时间，就已经发现了在 HIV-1 gp41 的 NHR（N 端重复序列）、CHR（C 端重复序列）上的许多耐药突变。例如，发生在 HIV-1 的跨膜蛋白 gp41 的 NHR 区上的突变会影响融合抑制剂，尤其是多肽类融合抑制剂与 gp41 结合的稳定性[5~7]，这被认为是突变导致药物抑制剂活性下降的原因。另有实验证明，发生在 NHR 区域的突变会导致 gp41 介导的膜融合速率的下降[8, 9]。到现在为止，在体外实验和临床中已发现很多 gp41 的突变体，这些突变体往往能引起抑制剂的活性下降。耐药突变，也成为 gp41 为靶点的抑制剂设计所面临的巨大挑战。另外，以 HIV-1 的关键酶整合酶（IN）为例，因为 IN 将病毒 cDNA 整合入宿主细胞的染色体 DNA 中，是病毒复制过程中必不可少的酶[3, 10]，而且人体细胞中没有 IN 的功能类似物[4]，因此 IN 抑制剂对于正常细胞毒性小。近来，HIV-1 IN 已成为研发抗艾滋病药物的最具吸引力的靶标。国际上有许多试验研究报道了 IN 在抑制剂的压力下所能产生的多种耐药突变株。大量体内外实验研究明确揭示，超过 60 种 IN 耐药突变株是针对已有的 IN 链转移抑制剂产生的[7]。在治疗失败的患者中，出现 N155S/H 耐药型病毒的比例最高，达 39%～42%[11]。Hazuda 等通过单周期感染实验（single-cycle infection assays）[12]发现，N155S 突变导致病毒对 DKA 类抑制剂的敏感性降低了 20 倍。Chen 和 Tsiang 等[13]也通过实验证实，N155S 突变对 S-1360、L-731988、L-870810 等 DKA 类抑制剂的药物敏感性比野生型 IN 降低了 10 倍以上，尤其是对 S-1360 的敏感性降低了 44 倍。Cocohoba 等[14]的研究表明，Raltegravir 导致 IN 产生的主要耐药突变包括 E92Q、Q148K/R/H 及 N155H。McColl 等[15]的研究表明，N155H 对 Raltegravir 的药物敏感性比对野生型降低了 21 倍。Hatano 等[16]的研究表明，Q148 或 Y143 位点的耐药突变株较 N155 位点的耐药突变株有更高的耐药性，通常比 N155 位点耐药株的耐药性高 100 倍以上。

以上大量的实验结果表明，关键酶产生耐药突变是成功进行疾病治疗及新药设计的重大障碍，已成为医学界面临的一大难题。系统、全面地探讨耐药突变株的耐药机理，寻找它们共有的结构及相互作用特点，并在此基础上设计和研发新的抑制剂，将对成功进行疾病治疗具有重要意义。因此，有研究者用分子模拟方法对耐药性问题进行了探讨，主要是通过分子对接（molecular docking）和分子动力学（MD）模拟方法进行，探讨抑制剂与野生型及耐药突变型酶的结合模式及动力学方面的异同，用来揭示耐药突变型酶对抑制剂产生耐药的机理，为研发能针对耐药株的新药提供帮助。分子对接方法以几何、能量及化学环境互补的原则来评价蛋白质与小分子抑制剂之间的相互作用，从而找出最佳结合模式，已成为快速有效发现先导化合物的重要方法。MD 模拟方法可用来研究蛋白质与小分子抑制剂之间的相互作用及动力学性质，模拟结果对于理解生物大分子与小分子间的结构-功能关系具有重要意义。结合自由能计算和自由能分解方法，可对抑制剂与耐药突变型酶的关键残基之间的相互作用和结合自由能进行探讨。

19.2　耐药性机理的研究方法

19.2.1　分子模拟方法

目前，通过分子模拟方法来探讨耐药机理的工作很多。这些工作主要通过分子对接方法来探讨野生型及突变型蛋白质受体与其配体的结合模式，并用自由能计算和自由能分解方法，分析野生型及突变型受体对于结合配体具有主要作用的残基，从动力学的角度解释野生型、突变型受体与配体的识别及抗药性机理。

1. 体系准备

对于具有 X 射线或 NMR 解析结构的受体，从蛋白质数据库中获得结构信息[17]。对于尚未解析结构的受体，则可用同源模建的方法获得受体结构。另外，从蛋白质数据库中下载或构建配体结构。突变型受体中的突变位点通过 Sybyl 7.3 中的 Biopolymer 模块进行氨基酸替换来实现。在 Amber ff03 力场下通过 xLeap 程序给体系添加氢原子，对野生型及突变型受体以及配体结构中的每个原子加上电荷。将受体结构放置在 TIP3P 水盒中，盒子中溶质和每个面之间最少保持 10 Å 的距离。添加合适类型和数量的离子（Na^+ 或 Cl^-）以使体系保持电中性。

2. MD 模拟

MD 模拟方法[18]是在牛顿力学的理论框架下，根据体系内原子之间的相互作用势，获得每个原子随时间运动的轨迹，通过系综平均得到感兴趣的、与结构和动力学性质有关的物理量，如平均原子坐标、平均能量、平均温度及原子运动的自相关函数等。这些物理量是通过对每个原子的运动轨迹，即对微观量求平均而得到的宏观量，因此可以与实验观测量进行比较。

将准备好的野生型及耐药突变型体系用 AMBER10 程序包和 parm03SB 力场进行 MD 模拟。首先将系统进行能量优化以减少体系内空间位置不合理的地方；然后对体系中的共价键长加以约束；之后对体系从 0 加热到 300 K 进行缓慢升温，以避免快速升温对体系结构可能造成的破坏；最后在 300 K 恒温和 1 atm 的恒压条件下进行去约束 MD 模拟，使体系达到热力学平衡。在模拟过程中，对体系的运动轨迹（如坐标、能量、速度和温度等）进行记录，以用于结果分析。具体可参考本书第 1 章。

3. 分子对接

分子对接的本质是两个或多个分子之间的识别过程，其过程涉及分子之间的几何匹配和能量匹配。为了得到实验尚未解析的蛋白质与其配体结合的复合物结构，分子对接方法将配体放置于蛋白质受体的活性部位处，用搜索算法来获取蛋白质受体与其配体结合的一系列具有合理取向和构象的复合物，并通过打分函数选出配体与受体的形状和相互作用的匹配最佳的最终复合物结构。

常用的分子对接软件有AutoDock[19]。将 MD 所得野生型及耐药突变型体系与抑制剂分子进行分子对接，以获得复合物结构。具体操作过程如下：首先，对受体和配体加电荷；其次，设置 AutoDock 中配体所在格点盒子（grid box）的中心为受体活性中心位置，设置盒子的大小足以使得配体在盒子中自由旋转，为了最大限度的考虑配体的柔性，配体上所有可自由旋转的单键都被定义为柔性键；每次对接计算生成多个复合物结构。最终，根据综合打分、聚类及实验信息选取最合理结合方式作为 MD 模拟的复合物初始结构。

进行复合物的 MD 模拟，方法同“2. MD 模拟”。

4. 结合自由能计算及自由能分解

结合自由能数值大小是评价蛋白质受体与配体结合程度的精确标准。研究受体与配体的结合自由能，可以更可靠地挑选对接复合物。另外，通过能量分解，可以分析关键结合残基对受体与配体结合的贡献，由此确定受体与配体的最终结合模式。自由能分解可通过分子力学与广义玻恩表面积（molecular mechanics-generalized Born surface area，MM-GBSA）模型进行计算。其基本思想是：把每个残基的能量贡献近似分解为三部分，即真空中分子的内能、极性溶剂化能和非极性溶剂化能，还有构象熵对自由能的贡献，然后再将这些能量分解到各个氨基酸残基上。其中，真空中分子的内能用分子力学方法计算得到，极性溶剂化能可根据广义玻恩（generalized Born，GB）模型计算得到，而非极性溶剂化能则根据 LCPO 模型计算获得。

在常用的 AMBER 10 pbsa 程序中，用分子力学与泊松-玻尔兹曼表面积（molecular mechanics-Poisson-Boltzmann surface area，MM-PBSA）模型和 MM-GBSA 方法计算结合自由能的变化[20]。受体和配体复合物的结合自由能变化 ΔG_{bind} 可表示为

$$\Delta G_{\mathrm{bind}} = \Delta E_{\mathrm{MM}} + \Delta G_{\mathrm{sol}} - T\Delta S \tag{19.1}$$

其中，公式右边 ΔE_{MM} 为分子内能的变化，由分子力学计算或 MD 模拟得到。因为这里

只考虑受体与配体的非键相互作用能，所以分子内能项只包括静电能（ΔE_{ele}）和范德华相互作用能（ΔE_{vdw}）项。溶剂化自由能ΔG_{sol}包括两项：一项是极性溶剂化自由能ΔG_{PB}，通过求解泊松-玻尔兹曼方程得到，也可以根据广义玻恩（generalized Born，GB）模型计算得到；另一项是非极性溶剂化自由能ΔG_{np}，通过计算溶剂可接近面积得到。最后一项（$-T\Delta S$）为构象熵对自由能的贡献，T 为体系的温度，ΔS可用正则模方法模拟得到。所以，上面结合自由能变化的公式可写为

$$\Delta G_{bind} = \Delta E_{ele} + \Delta E_{vdw} + \Delta G_{PB} + \Delta G_{np} - T\Delta S \tag{19.2}$$

本工作考虑到所涉及的单位点突变所引起的构象熵的变化不大，所以近似忽略了构象熵引起的结合自由能的变化。

19.2.2　实验方法

通过实验方法研究耐药问题，主要集中在临床识别耐药突变位点并测定该耐药位点导致的药物敏感性变化，以及体外测定临床已识别的耐药突变对新研发的抑制剂的敏感性变化方面。以下介绍我们小组进行的体外测定临床已识别的 HIV-1 IN 耐药突变体对新研发的抑制剂的耐药性实验方法。

1. 定点突变

先设计一对互补的、包含预期突变位点的正反向引物，之后以待突变的质粒作为模版，用这两个引物进行 PCR 扩增反应。这样可以产生含有预期突变的双链质粒。将重组质粒导入细菌，得到的克隆中将包含具有预期突变的质粒。

2. 表达和纯化[21]

重组质粒在大肠杆菌 *E. coli* BL21（DE3）中表达野生型及突变型蛋白。通过亲和层析方法，从细胞破碎上清液中纯化得到高纯度且有活性的重组蛋白。

3. IN 链转移反应活性测定[22]

我们小组根据分子信标的原理，设计了荧光基团和淬灭基团标记的模拟病毒 DNA 序列的 3′加工 DNA 底物，提出了一种检测链转移反应活性的新型荧光分析法。实验表明，该方法不但灵敏度、特异性高，操作简单，方便快捷，而且为全液相反应环境，能够实时定量监测 IN 链转移反应。该方法的具体方法和原理请见本书第 20 章。

4. 抑制剂的抑制率测定[22]

依据 IN 链转移活性测定方法，在加入 IN 前向反应体系中加入 5 μL 用 DMSO 稀释的 IN 抑制剂，并设置不加入抑制剂而加入 DMSO 为阳性对照，不加入 IN 为阴性对照。抑制剂在反应体系中设置浓度梯度。绘制剂量-抑制效应曲线，使用非线性拟合计算得到抑制剂对 IN 链转移反应抑制的 IC_{50} 值。计算抑制剂的半抑制浓度倍数变化（fold change，FC），即抑制剂对耐药突变 IN 的 IC_{50} 除以抑制剂对野生型 IN 的 IC_{50}，从而完成抑制剂的抑制率测定。

19.3　耐药性机理的分子模拟研究实例

19.3.1　gp41 的耐药性机理研究实例

gp41 是介导 HIV-1 包膜与宿主细胞膜融合的关键蛋白。对于 gp41 蛋白单突变产生耐药的机理，目前的研究普遍认为是由于抑制剂与 gp41 的六螺旋结构的结合受到影响而造成的。然而，由于突变导致的耐药机理及突变前后抑制剂与 gp41 的结合模式差异目前并不十分清楚，因此，我们开展了用分子模拟方法揭示 gp41 耐药机理的研究[23]。

以 HIV-1 gp41 的 N43D 单突变为研究对象，从蛋白质数据库（PDB）中获取 gp41 的解析结构作为受体，用 Sybyl 软件将 gp41 的 43 位残基天冬酰胺替换为天冬氨酸构建突变蛋白。然后，将野生型 gp41、N43D 突变的 gp41 分别与抑制剂 C34 对接，得到复合物结构。复合物分别命名为野生型（wild type）、N43D 突变型。之后分别对野生型和突变型复合物进行 20 ns 的 MD 模拟。最后，对模拟结果进行分析，包括复合物的结合模式、抑制剂与蛋白质的相互作用，并采用 MM-PBSA 和 MM-GBSA 两种方法计算了复合物的结合自由能变化。研究突变造成的 HIV-1 gp41 蛋白自身结构的变化，以及在野生型及突变型中抑制剂分子与蛋白间的相互作用的变化，详细分析了由于突变而导致的抑制剂 C34 与 gp41 受体结合过程中的结构变化，探索 HIV-1 位点突变而产生的耐药机理。

为了考察 MD 模拟过程中复合物整体结构的稳定性，计算了原子坐标相对于初始构象均方根偏差（RMSD）随模拟时间的变化。以下所有结果分析均是基于平衡轨迹而进行的。

1．分子柔性分析

首先分析配体 C34 与野生型和 N43D 突变型受体结合后残基水平的均方根涨落（RMSF）。结果发现，相比于野生型，N43D 突变型复合物中配体 C34（CHR）在 Glu137 之后的残基涨落较大，通过对比 N43D 突变前后复合物结构，发现 Glu137 正好位于受体的突变位点 Asp43 附近，这个区域的涨落变化可能与 N43D 的突变有关。而在野生型中，Glu137 可以和 gp41 的 NHR 结构域上的 Asn43 相互作用，并且还可以形成氢键。但在 Asn43 发生突变之后，这种相互作用明显下降。通过比较两个体系的结构发现，相比于野生型，N43D 突变使得配体 C34 在此处与受体的结合发生了扭转，导致了配体和受体之间相互作用发生了变化。

2．结合自由能计算结果

为了揭示复合物形成过程中起关键作用的残基，需要对复合物进行结合自由能计算及其分解。

表 19-1　各能量项对两种复合物形成的贡献*（单位：kcal/mol）

	野生型	N43D 突变型
ΔE_{elec}	169.67（38.41）	459.89（34.74）
ΔE_{vdw}	−121.74（6.37）	−111.88（7.86）
ΔG_{PB}	−118.54（36）	−403.84（32.65）
ΔG_{np}	−14.62（0.41）	−14.3（0.84）
ΔG_{bind}	−85.21（9.69）	−70.12（7.77）

* 括号内的值为标准误差。

由表 19-1 可以看出，配体 C34 与野生型受体的结合自由能更低，即更利于配体与受体结合而形成复合物。这也正好反映出在 HIV-1gp41 的 NHR 结构域发生 N43D 突变之后，配体 C34 与 gp41 的亲和力会受到影响。两个体系中静电能（ΔE_{elec}）为正，不利于与配体 C34 的结合，极性溶剂化能（ΔG_{PB}）虽然在相当大程度上抵消了这种趋势，但这两项的加和，即总静电能（野生型为 51.13 kcal/mol，N43D 突变型复合物为 56.05 kcal/mol）也为正值，不利于复合物的形成。两体系中的范德华相互作用能（ΔE_{vdw}）对结合能的贡献最大，对 C34 与受体的结合十分有利。相比之下，非极性溶剂化能（ΔG_{np}）在两个体系中对结合能的贡献都小得多，在−14 kcal/mol 左右，范德华相互作用能与非极性溶剂化能两项加和，即疏水相互作用能对抑制剂 C34 与 gp41 结合的贡献最大，这一结论与已有实验结果相吻合。实验表明，疏水相互作用是维系 gp41 核心六螺旋束的主要驱动力，是 C34 与 gp41 受体结合的主要贡献[24, 25]。对于 N43D 突变型而言，静电对结合是很不利的，为 459.89 kcal/mol，这比野生型大了很多，这主要与 Asn43 突变为 Asp 有关，由于 Asp 带负电荷，将与受体上邻近的 Glu136 和 Glu137 发生静电排斥。由于静电溶剂化能（ΔG_{PB}）的抵消作用，静电对突变前后总自由能的差异影响并不是最大，对于两个体系而言，范德华相互作用能的巨大差别却是造成总能量差异的主要因素。事实上两个体系在范德华作用上的差异正是由于静电排斥引起的，这在之后的结构分析中将会提到。

图 19-1 显示了野生型和 N43D 突变型复合物的结构对比。由图 19-1 可以看出，配体 C34（野生型用白色表示，N43D 突变型用蓝色表示）与受体结合模式总体变化不大，但是，在 E137 之后，C34 在突变体中的结构发生了一个较大的扭转。在野生型中，抑制剂 C34 始终保持着 α 螺旋结构插入在 gp41 的疏水沟槽中，E137 之后的氨基酸结构倾向于 gp41 核心螺旋束的 NHR-B 链；而在发生 N43D 突变之后，抑制剂 C34 在 E137 之后的氨基酸则偏向六螺旋束的 NHR-A 链。

通过对比图 19-1，可以看出，在 N43D 突变型中，带电的 N43 突变残基在配体 C34 发生扭转的残基 E137 附近，事实上，受体的突变残基 N43 与抑制剂 C34 上的一个含多个谷氨酸的区域非常接近，这可能会造成氨基酸之间发生静电排斥，从而导致复合物构象的变化以及结合能的损失。

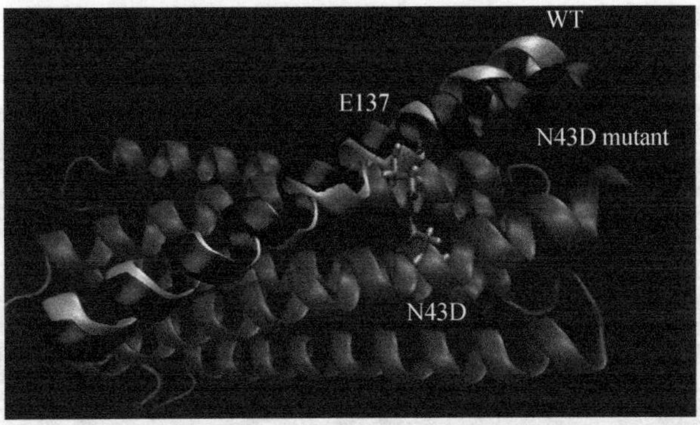

图 19-1　野生型（白色）和 N43D 突变型（蓝色）中 E137 附近的接触残基（另见彩图）

之后，用 MM-GBSA 方法计算得到两个复合物（野生型-C34、N43D-C34）中，受体及配体的各个残基的能量贡献。用野生型中各残基的能量贡献减去 N43D 单突变型中各残基的能量贡献。通过对比可以发现，受体中突变前后能量贡献差异较大的残基主要是 Gln40 和发生突变的 Asn/Asp43。通过氢键分析，发现这些残基的能量变化差异主要与分子间氢键有关。

有实验报道，当分子间距离大于 8.5 Å 时，分子间的范德华作用力极小可以忽略不计。因此，为了比较这些氨基酸在两个体系中的差别，我们以 8.5 Å 为参数计算了抑制剂 C34 的接触残基（图 19-2）。比较结构可以发现，野生型中这些氨基酸与受体的接触残基要多于 N43D 突变型。这应该是由于静电造成的排斥，对抑制剂 C34 与受体 NHR 的这个区域的接触产生了不利影响，造成的结构扭转是导致疏水相互作用减弱的主要原因，也正是由于此，造成了此处配体 C34 的结合并不稳定，这也正好与此处 RMSF 的较大涨落相吻合。

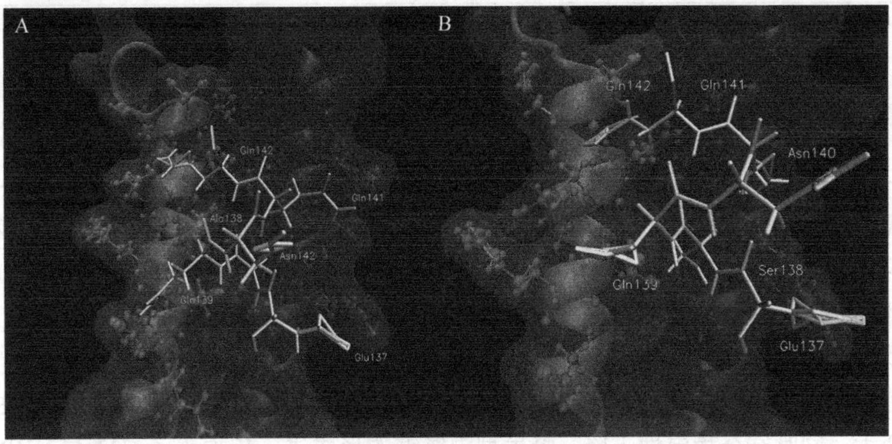

图 19-2　CHR（C34）137～145 氨基酸残基与受体 NHR 的相互作用。
（A）突变前；（B）突变后

值得一提的是，有实验通过对 gp41 核心六螺旋进行结构研究，发现 CHR 上的 Ser138 与 NHR 的 Gln40 以及 Leu45 发生相互作用[11, 26]。这里的模拟结果也证实（图 19-3），野生型中的 Ser138 和受体 NHR 上许多氨基酸形成相互作用。然而，在受体 NHR 发生 N43D 突变后，这种接触明显减少。

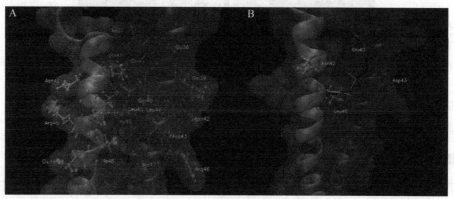

图 19-3　丝氨酸 138 与 NHR 在突变前后的相互作用。(A) 突变前；(B) 突变后

3. 氢键结果分析

虽然疏水相互作用是抑制剂 C34 与受体结合的主要驱动力，但氢键在结合作用中的贡献也是不可忽视的。有实验证实，在 gp41 的 NHR 与 CHR 上各有一个保守的由谷氨酰胺、天冬酰胺构成的区域——(39QQQNN43) 和 (139QNQQ142)，这两个区域的氨基酸可以形成氢键层，帮助维持结构的稳定性[24, 27~29]，其中包括的氨基酸有 Q40、N43、Q139、Q141 和 Q142。

表 19-2　野生型与 N43D 突变型复合物中氢键对比较

体系	受体	供体	占有率/%
野生型	Asn43-OD1	Ser138-OG-HG	58.97
	Glu49-OE2	Gln139-NE2-HE22	39.01
	Gln40-OE1	Gln141-NE2-HE22	31.27
	Gln142-OE1	Gln40-NE2-HE22	30.68
N43D 突变型	Asp43-OD1	Gln141-NE2-HE21	41.76

表 19-2 列出了 MD 模拟轨迹中氢键占有率大于 30%的氢键，发现野生型中抑制剂 C34 的 Asn43 和 Glu49 可以分别于受体的 S138 和 Gln139 形成分子间氢键，Gln40 可以和受体的 Gln141 及 Gln142 形成氢键。这与实验得到的信息相符[24, 27~29]。然而，在 N43D 突变型复合物中，仅有一个分子间氢键形成：Asp43 和受体的 Gln141。突变型中氢键的消失可以使结合过程中抑制剂在这个区域的移动较野生型明显增强，体现出 RMSF 的涨落变大，同时结合稳定性下降，野生型中氢键的形成进一步加强了 C34 与 NHR 的结合。同时，这也可以解释虽然 Gln141 在突变前后范德华作用变化巨大，但在突变前后总能量贡献上并无很大差异的原因是，由于突变型中 Gln141 参与形成的氢键，使得 Gln141 与其他邻近残基相比，在突变前后，总能量上的变化并不明显。并且，在野生

型中，抑制剂的 Ser138 与受体 Asn43 可以形成分子间的氢键，其氢键占有率超过了 50%，但在突变型中，Ser138 不参与形成氢键。同时，模拟结果显示，Gln40 在野生型中是重要的氢供体和受体，但是突变型中，Gln40 不再参与氢键的形成。因此，突变后分子间氢键的损失可能正是造成 Gln40 和 Ser138 在突变前后总能量贡献差异较大的原因之一。

4. 结果和讨论

模拟结果表明，N43D 突变使得受体 NHR 与配体 CHR（C34）之间产生了静电排斥，使得复合物的结构发生了变化，同时导致复合物丧失了大量的疏水相互作用能以及分子间氢键。正如许多实验表明，N43D 突变会影响抑制剂的抑制活性，模拟结果也证实了 N43D 突变对于抑制剂 C34 的结合是十分不利的。在 N43D 突变影响抑制剂 C34 与 HIV-1 gp41 的 NHR 结合的同时，N43D 突变也会干扰 HIV-1 gp41 的 NHR 与自身 CHR 的结合。有实验表明，N43D 单突变会使 gp41 介导的膜融合过程受影响，减慢膜融合的速率，模拟的结果也证实 CHR 与 NHR 结合的亲和力会由于 N43D 突变的发生而下降。

19.3.2　整合酶的耐药性机理研究实例

IN 将病毒 cDNA 整合入宿主细胞的染色体 DNA 中，是病毒复制过程中必不可少的酶[10]，已成为研发抗艾滋病药物最具吸引力的靶标。国际上有许多实验研究报道了 IN 在抑制剂的压力下所能产生的多种耐药突变株。许多实验研究已报道了 IN 的多种耐药突变株，也揭示了 HIV-1 在二酮酸类（DKA）抑制剂存在下出现的单位点或多位点耐药突变体。S-1360（四唑类 DKA）是第一个进入临床研究的 IN 链转移抑制剂，其 IC_{50} 为 20 nmol/L，但在二期临床时已停止研发[30]。Fikkert 等[30]通过试验研究了在逐渐增大 S-1360 抑制剂浓度时，HIV-1 耐药性突变的变化过程，发现了 9 个对 S-1360 抑制剂耐药的突变位点。所有耐药的残基突变位点均位于催化活性中心，这可能与耐药的机理有关。单位点耐药突变 T66I 发现于 HIV-1 IIIB / S-1360 （#30）^{res}株（在 S-1360 作用下传 30 代后的 HIV-1 IIIB 病毒株），该突变株对 S-1360 的敏感度下降。S-1360 对该突变株的半抑制浓度（IC_{50}）较野生株型 IN 的半抑制浓度提高了 3.8 倍。在 IIIB/S-1360（#50）^{res} 突变株中发现有 T66I/E138K/Q146K/V201I 四位点突变，S-1360 对该突变株的 IC_{50} 较野生株型提高了 7.8 倍。而在 IIIB / S-1360（#70）^{res} 突变株中，S-1360 对该突变株的 IC_{50} 为野生株的 62 倍，发现有 9 个位点的突变在该突变株中产生：T66I/L74M/A128T/E138K/Q146K/ S153A/K160D/ V165I/V201I[30]。以上实验结果将有助于进一步研究 IN 的耐药性机理。另有一些模拟研究也部分揭示了 IN 对 DKA 抑制剂耐药的机理。Barreca 等[31]用 5-CITEP 与 IN 双突变体（T66I/M154I）复合物进行了 MD 模拟研究，部分揭示了 IN 对 DKA 抑制剂的耐药机理[31]，结果表明残基 138~149 的环区对 IN 的催化活性具有重要作用[31~34]。

Barreca 等的研究部分揭示了 IN 突变体的耐药机理，但这些结果均来自对一个 IN 耐药突变体与野生型 IN 的比较，多种耐药突变体 IN 共有的耐药机理仍未被揭示。多种耐药突变体共有的耐药机理将对基于突变体复合物进行的 3D 药效团构建、提高药物对 IN 耐药突变体的抑制活性，以及研发新药具有很大帮助。为弄清 DKA 引起的多种耐药株共有的耐药机理，选择三种针对 S-1360 耐药的 HIV-1 突变株，用分子对接和 MD 模拟，尝试阐明 IN 对 DKA 抑制剂耐药的机理。

1. RMSD 结果分析

对野生型 IN 单体与三个耐药突变 IN 单体进行 MD 模拟，计算初始结构与平均结构的 C_α原子的 RMSD，发现体系经过 150 ps 达到平衡。当 MD 轨迹达到平衡后，选取某平衡阶段野生型及突变型 IN 单体的平均结构进行分子对接以获得复合物结构。综合考虑对接结果的排序和最低对接能，从每个体系选择一个 IN 与抑制剂 S-1360 的复合物结构进行 MD 模拟。如图 19-4 所示，4 个复合物体系的 RMSD 在模拟进行了 400 ps 之后达到平衡，此后体系的 RMSD 值均比较平稳。对每个复合物体系，从平衡后某阶段的动力学轨迹中取平均结构进行结合模式分析。

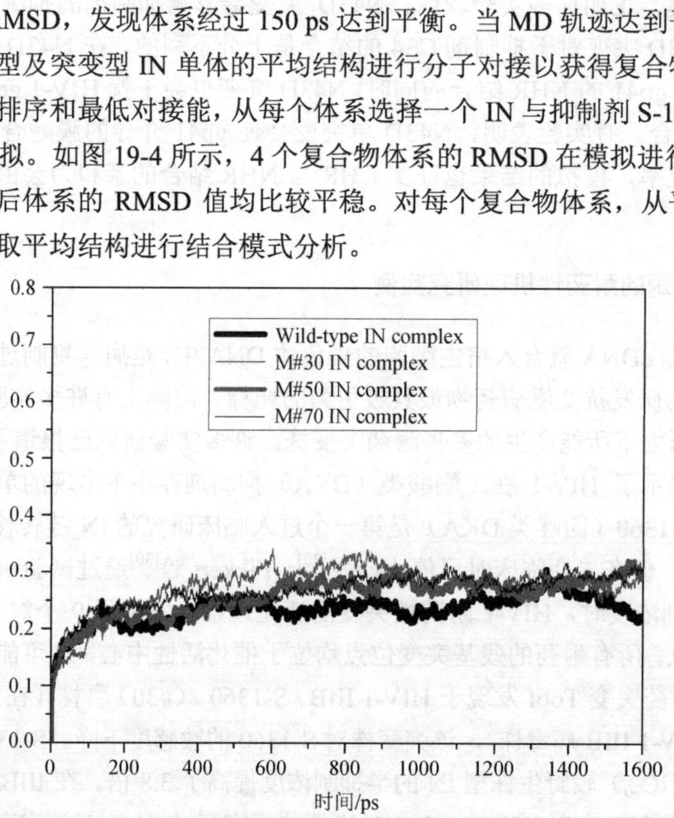

图 19-4　野生型、M#30、M#50 和 M#70 型 IN 与 S-1360 复合物结构的 C_α 的 RMSD 随时间变化图

2. 结合模式分析

图 19-5 显示了 4 个 IN 复合物的平均结构及与抑制剂接触的关键残基，并在方框中标出了耐药突变体中的突变残基。图 19-5A 所示为 X 射线衍射所得 IN 与 5-CITEP 的复合物晶体结构。由图可见，DKA 类抑制剂 5-CITEP 占据了由残基 D64、T66、Q148、

I151、E152、N155、K156、K159 组成的活性口袋。已有对接研究结果表明[34, 35]，5-CITEP 的定向在对接所得复合物结构中与 X 射线衍射所得复合物晶体结构中有所不同，然而 5-CITEP 的结合位置以及接触残基却是相同的。由图 19-5B 可见，在野生型 IN 与 S-1360 的复合物中，S-1360 的酮-烯醇基团位于能螯合 Mg^{2+}的位置。这与公认的 DKA 抑制剂与 IN 的结合模式，以及 Deng 等[36]提出的药效团模型一致。与抑制剂发生接触的关键残基（距离 ＜0.4 nm）有 Q62、D64、T66、D116、Q148、I151、E152、N155、K156、K159、H114 和 N117。本研究所得野生型 IN 与 S-1360 的结合模式符合已有的对接研究所得结合模式。

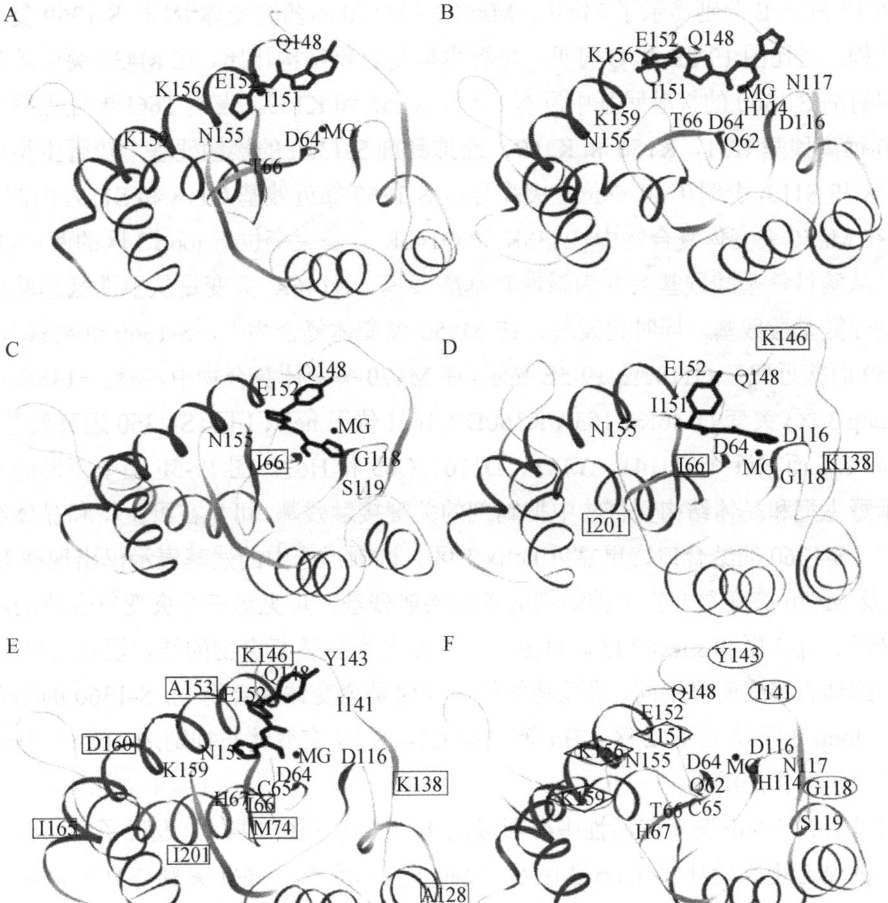

图 19-5　IN-S-1360 复合物的平均结构及邻近抑制剂的关键残基。（A）X 射线 IN 复合物；（B）野生型 IN 复合物；（C）M#30 突变体 IN 复合物；（D）M#50 突变体 IN 复合物；（E）M#70 突变体 IN 复合物；（F）接近抑制剂的关键残基（菱形选中的残基表示野生型复合物中的关键残基，椭圆形选中的残基表示仅出现在突变体复合物中的关键残基）

已有研究表明，发生耐药突变的 IN 自身活性降低，同时对 IN 抑制剂产生了耐药，可见 DKA 与突变 IN 仍能发生相互作用，然而药物对耐药突变株的 IC_{50} 较对野生型的

IC_{50}上升[30]。实验研究表明，S-1360 对野生型 IN 的 IC_{50}为 20 nmol/L，然而，耐药突变体 IN 对 S-1360 的敏感性较野生型下降，在 M#30、M#50 和 M#70 耐药突变体中，敏感度分别下降 3.8 倍、7.8 倍以及 62 倍。本研究中对接结果表明，野生型 IN 与 S-1360 的最低对接能为 −23.40 kJ/mol，在发生了耐药突变后，M#30 IN 与 S-1360 的最低对接能为 −22.75 kJ/mol，M#50 IN 与 S-1360 的最低对接能为 −22.913 kJ/mol，M#70 IN 与 S-1360 的最低对接能为 −22.87 kJ/mol。可见对耐药突变体而言，结合自由能比野生型要高，说明这些耐药突变削弱了 IN 与 S-1360 的结合能力，这一结果与实验研究结果一致。

图 19-5C～E 分别显示了 M#30、M#50 和 M#70 耐药突变体 IN 与 S-1360 复合物的平均结构。对比图 19-5B 和 C 可见，与野生型复合物结构相比，在 M#30 突变体复合物中，抑制剂 S-1360 的接触残基中没有 I151、K156 和 K159，表明 T66I 单位点突变导致 S-1360 远离残基 I151、K156 和 K159，而抑制剂 S-1360 的接触残基中较野生型中增加了 G118 和 S119，表明 T66I 单位点突变导致 S-1360 靠近残基 G118 和 S119。由图 19-5D 可见，在 M#50 突变体复合物中，E138K 和 Q146K 残基突变位于 loop 3 区的两端。E138K 突变是从酸性氨基酸残基突变为碱性氨基酸残基，Q146K 突变是从中性氨基酸残基突变为碱性氨基酸残基。同时也发现，在 M#50 突变体复合物中，S-1360 远离残基 K156 和 K159 而接近残基 G118。图 19-5E 显示，在 M#70 突变体复合物中，突变 E138K/Q146K 位于 loop 3 区，突变 Q146K/S153A/K160D/V165I 位于 helix 1 区。S-1360 远离残基 I151、K156 和 I66 而靠近残基 I141、Y143、D116、C65 和 H67。图 19-5F 图中菱形选中的残基表示野生型和晶体结构复合物中抑制剂的关键接触残基，可见在野生型和晶体结构复合物中，S-1360 的结合口袋更靠近 helix 1 区。椭圆形选中的残基表示仅出现在 M#30、M#50 及 M#70 突变复合物中抑制剂的关键接触残基，可见这三个突变复合物的结合口袋都接近 loop 3 区和 sheet 2 区。可见，三个耐药突变体复合物的结合模式与野生型 IN 复合物的结合模式明显不同，最显著的构象变化是突变体复合物中，S-1360 的结合更靠近功能 loop 3 区及 sheet 2 区。Hu 等[35]在 G140S IN 突变体与抑制剂 LCA 的复合物结构中发现了同样的结果。

通过研究 T66I 突变在活性中心形成的构象变化（图 19-6），发现了突变体复合物 S-1360 的结合更靠近功能 loop 3 区及 sheet 2 区的原因。T66I 突变是 HIV 病毒对多种 IN 抑制剂普遍产生的一个耐药突变，当抑制剂 S-1360、5-CITEP、L-708906、L-731988 或 GS-9137 等分别作用于HIV时，均会导致HIV的IN产生T66I耐药突变[37]。Kobayashi 等[38]通过实验证明，T66I 突变不影响 HIV 的复制，而其他突变如 Q148K 和 N155S 能影响 HIV 的复制，这与 T66I 突变比其它突变更为普遍这一现象一致。如图 19-6 所示，在三个耐药突变体复合物中，当残基 T66 突变为 I66 后，I66 的长侧链占据了活性口袋，阻挡了 S-1360 进一步进入活性口袋，与残基 H67 和 K159 接触，从而导致突变体复合物中，抑制剂比在野生型复合物中更靠近 loop 3 区及 sheet 2 区。T66I 突变导致抑制剂不能进一步进入活性口袋，这一结果与已有研究一致[31]。

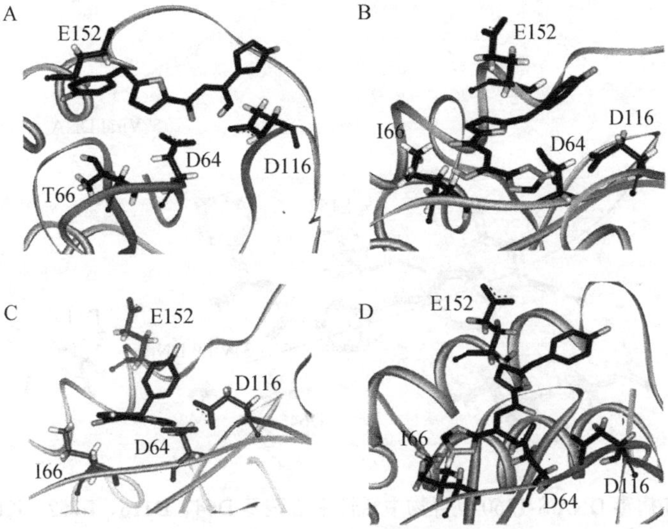

图 19-6　残基 T66、I66 及活性中心三个保守残基 DDE 的定位。（A）野生型 IN 复合物；（B）M#30 IN 复合物；（C）M#50 IN 复合物；（D）M#70 IN 复合物

正如前面所述，Karki 等[34, 39~41]的研究表明，活性口袋附近有几个对 IN 结合病毒 DNA 起关键作用的残基，其中包括位于 loop 3 区的 Q148，以及其他位于 loop 1 区的 K186、R187 和 K188，位于 loop 2 区的 R166 和 helix 1 区的 K156、K159 和 K160 部分残基。Lu 等[39]的研究表明 sheet 1 区、sheet 2 区、loop 2 区上的部分残基，以及 helix 1 区上的残基 K159 都位于宿主细胞 DNA 与 IN 结合的位置附近，另有位于 loop 3 区的残基 N120、N144、Q148 都是与 HIV-1 整合及复制相关的关键残基[39]。Adesokan 等[42]的对接研究表明，病毒 DNA 与 K156 和 K159 靠近，病毒 DNA 的 3′腺苷的磷酸根中的氧原子与残基 K156 形成氢键相互作用。Chen 等[13]的研究表明，病毒 DNA 的 3′端羟基和宿主细胞 DNA 的 5′端磷酸都与 Mg^{2+}螯合，完成将病毒 DNA 整合到宿主细胞 DNA 上的反应。对 31 个 DKA 抑制剂与 IN 的结合模式研究表明[43]，DKA 抑制剂能通过占据病毒 DNA 与 IN 结合的位置从而阻止病毒 DNA 经过 3′-加工后的末端暴露于宿主细胞 DNA。本研究所得结果与以上研究一致。如图 19-7 所示，在野生型复合物中，S-1360 的酮-烯醇基团与 Mg^{2+}螯合，其氟苯基位于 K156 和 K159 之间，与 IN 的残基 K156 及 K159 发生相互作用，占据了病毒 DNA 与 IN 结合的位置，因此可以阻止病毒 DNA 末端结合在此处，并阻止病毒 DNA 与宿主 DNA 整合的链转移反应。而在突变体复合物中，S-1360 倾向于远离 helix 1 区，不与 IN 上的关键残基 K156 及 K159 相互作用，因此不能阻止病毒 DNA 的结合。以上结果表明，IN 出现的耐药突变使得 IN 与 S-1360 的结合模式发生改变，从而降低了 S-1360 的抑制效果。

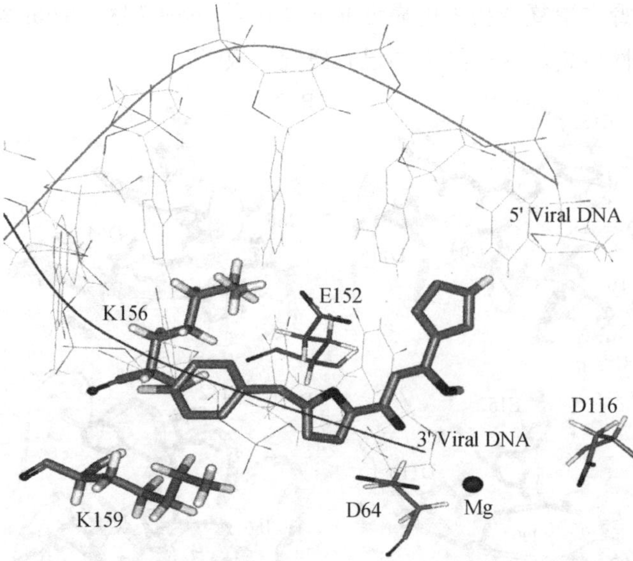

图 19-7　IN/病毒 DNA/S-1360 复合物中活性中心残基 D64、D116、E152、K156 和 K159

3. RMSF 结果分析

通过比较野生型及突变体 IN 的叠合结构发现，IN 在 loop 1 区、helix 1 区和 loop 3 区的构象变化较大。为探测哪个区域的柔性较大且受耐药突变的影响更大，分析了 MD 模拟过程中 IN C_α原子的 RMSF，结果如图 19-8 所示。由图 19-8 可见，与野生型复合物结构相比，三个耐药突变复合物结构中，loop 3 区、helix 1 区以及 loop 1 区的 C_α原子显示了较大的涨落，这与野生型及突变体 IN 的叠合结构所得结果一致。由于 loop 1 区(从残基 185 到残基 195)远离活性中心，本研究仅关注活性中心附近的 loop 3 区和 helix 1 区，即从残基 135 到残基 168 区域的柔性及构象变化。已有实验数据表明，位于活性中心 DDE 附近的 loop 3 区对于 IN 发挥有效的生物学活性非常重要[32~34]。Lins 等[44]的研究结果显示，在野生型 IN 单体中，残基 138～150 区域是柔性最大的区域，而在野生型 IN 与 5-CITEP 的复合物中，该区域的柔性降低，表明 5-CITEP 通过降低该区域的柔性发挥抑制作用。Barreca 等[31]用 5-CITEP 与 IN 双突变体（T66I/M154I）复合物进行了 MD 模拟研究，结果也表明残基 138～149 所在的环区（loop 3 区）对 IN 的催化活性具有重要作用[31~34]，而且，在野生型复合物中，loop 3 区的柔性较突变体复合物中小。本研究发现，在野生型复合物中，loop 3 区的柔性较三个突变复合物中的柔性明显降低。这与已有研究的结果一致。在突变体复合物中，loop 3 区仍然保持了与野生型单体中相似的高度柔性，抑制剂不能降低这个区域的柔性，因此没有发挥抑制作用。

另外，本研究还发现，在三个耐药突变复合物中，helix 1 区的柔性也比野生型复合物中高。为阐明导致突变复合物中 helix 1 区和 loop 3 区柔性高于野生型复合物中这两个区域的原因，分析了 IN 的二级结构及抑制剂 S-1360 与 IN 的氢键相互作用。

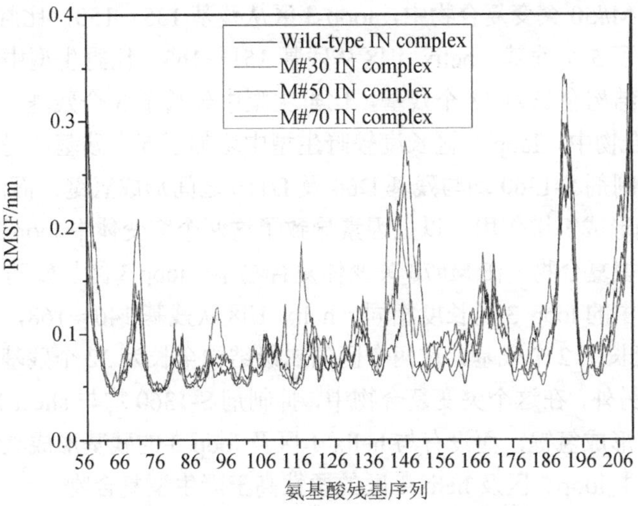

图 19-8　体系 C_α 原子的均方根涨落

4. 氢键结果分析

图 19-9 显示了 S-1360 与 IN 的氢键相互作用。在野生型复合物中，S-1360 四唑环上 N 原子及酮-烯醇基团 O 原子分别与 IN 的残基 E152 及 D64 的羧基形成氢键。S-1360 通过与 E152 间的氢键固定了 helix 1 区，降低了该区的柔性。而在三个耐药突变体中，S-1360 没有和 helix 1 区形成氢键，而是和 sheet 1 区及 sheet 2 区上的残基形成氢键。

分析 IN 蛋白的二级结构，发现在野生型复合物中，loop 3 区和 helix 1 区全长为 30 个残基，残基 135～145 构成 loop 3 区，残基 146～165 构成 helix 1 区。而在三个突变体复合物中，loop 3 区和 helix 1 区二级结构的整体长度比野生型中增加。

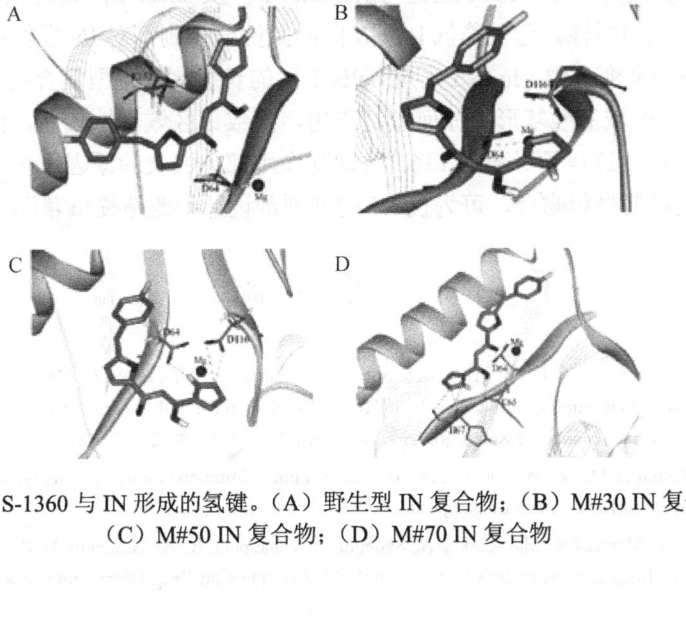

图 19-9　S-1360 与 IN 形成的氢键。（A）野生型 IN 复合物；（B）M#30 IN 复合物；（C）M#50 IN 复合物；（D）M#70 IN 复合物

在 M#30 和 M#50 突变复合物中，loop 3 区从残基 135～150，比野生型中的 loop 3 区二级结构延长了 5 个残基；helix 1 区从残基 151～168，比野生型中短了 2 个残基，这两个区的二级结构全长为 33 个残基，比野生型中延长了 3 个残基。可见在 M#30 和 M#50 突变体复合物中，loop 3 区长度较野生型中增加了 5 个残基，另外，在这两个突变复合物中，抑制剂 S-1360 均与残基 D64 及 D116 之间形成氢键，而没有与 helix 1 区及 loop 3 的残基形成氢键作用，以上因素导致了这两个突变体中 loop 3 区及 helix 1 区的柔性高于野生型复合物。在 M#70 突变体复合物中，loop 3 区从残基 135～145，与野生型复合物结构中的 loop 3 区长度相同，helix 1 区从残基 146～168，比野生型复合物中的 helix 1 区延长了 2 个残基，这两个区的二级结构全长为 32 个残基，比野生型中延长了 2 个残基。另外，在这个突变复合物中，抑制剂 S-1360 均与 sheet 1 区的残基 D64、C65 及 H67 之间形成氢键，而没有与 helix 1 区及 loop 3 的残基形成氢键作用，以上因素导致该突变体中 loop 3 区及 helix 1 区的柔性高于野生型复合物。

5. 结果和讨论

选择三种 S-1360 引起的 IN 耐药突变体，研究了野生型和突变型 IN 与 S-1360 的结合模式，基于该结合模式探讨了三种耐药突变体所共有的耐药机理，分析了野生型和耐药型 IN 与抑制剂的结合模式，发现在野生型 IN 中，抑制剂 S-1360 的氟苯基位于 IN 的残基 K156 和 K159 之间，占据了病毒 DNA 的结合位置，从而阻止病毒 DNA 与 IN 的结合。而在耐药突变体中，T66I 突变导致 S-1360 的结合位置靠近功能 loop 3 区，远离与病毒 DNA 结合的关键残基 K156 和 K159，从而导致 S-1360 的抑制作用部分丧失。分析 IN 关键位点的构象变化发现，在野生型 IN 复合物中，loop 3 区及 helix 1 区的柔性降低，而在三个耐药突变体复合物中，这两个区域的柔性较高。在野生型 IN 复合物中，loop 3 区的长度最短，且 S-1360 通过与 IN helix 1 区及 sheet 1 区关键残基形成氢键，降低了这两个区域的柔性。已知降低 loop 3 区的柔性与抑制剂对 IN 发挥抑制剂作用密切相关。而在耐药突变体中，loop 3 区及 helix 1 区的长度比野生型复合物中长，且抑制剂不与 IN 这两个区域的残基形成任何氢键作用，导致该区域柔性较高。抑制剂不能降低 loop 3 区的柔性，这也是导致 S-1360 的抑制作用部分丧失的原因之一。以上模拟结果与实验结果提示信息相吻合，可为抗 IN 的抑制剂设计和改造提供帮助。

参 考 文 献

[1] Galisteu K J, Cardoso L V, Furini A A, Schiesari J A, Cesarino C B, Franco C, Baptista A R,Machado R L. Opportunistic infections among individuals with HIV-1/AIDS in the highly active antiretroviral therapy era at a Quaternary Level Care Teaching Hospital. Rev Soc Bras Med Trop, 2015, 48(2): 149-156

[2] Mansky L M,Temin H M. Lower in vivo mutation rate of human immunodeficiency virus type 1 than that predicted from the fidelity of purified reverse transcriptase. J Virol, 1995, 69(8): 5087-5094

[3] Menarnejadian A, Menbari S, Mansouri S A, Sadeghi L, Vahabpour R, Aghasadeghi M R, Mostafavi E,Abdi M. Transmitted Drug Resistance Mutations in Antiretroviral-Naïve Injection Drug Users with Chronic HIV-1 Infection in

Iran. PLoS One, 2015, 10(5): e0126955

[4] Ashkenazi A, Wexler-Cohen Y,Shai Y. Multifaceted action of Fuzeon as virus-cell membrane fusion inhibitor. Biochim Biophys Acta, 2011, 1808(10): 2352-2358

[5] Greenberg M L,Cammack N. Resistance to enfuvirtide, the first HIV fusion inhibitor. J Antimicrob Chemother, 2004, 54(2): 333-340

[6] Mink M, Mosier S M, Janumpalli S, Davison D, Jin L, Melby T, Sista P, Erickson J, Lambert D, Stanfield-Oakley S A, Salgo M, Cammack N, Matthews T,Greenberg M L. Impact of human immunodeficiency virus type 1 gp41 amino acid substitutions selected during enfuvirtide treatment on gp41 binding and antiviral potency of enfuvirtide in vitro. J Virol, 2005, 79(19): 12447-12454

[7] McGillick B E, Balius T E, Mukherjee S,Rizzo R C. Origins of resistance to the HIVgp41 viral entry inhibitor T20. Biochemistry, 2010, 49(17): 3575-3592

[8] Rimsky L T, Shugars D C,Matthews T J. Determinants of human immunodeficiency virus type 1 resistance to gp41-derived inhibitory peptides. J Virol, 1998, 72(2): 986-993

[9] Ray N, Blackburn L A,Doms R W. HR-2 mutations in human immunodeficiency virus type 1 gp41 restore fusion kinetics delayed by HR-1 mutations that cause clinical resistance to enfuvirtide. J Virol, 2009, 83(7): 2989-2995

[10] Montaner J S, Hogg R, Raboud J, Harrigan R,O'Shaughnessy M. Antiret roviral treatment in 1998. Lancet, 1998, 352(9144): 1919-1922

[11] Xu L, Pozniak A, Wildfire A, Stanfield-Oakley S A, Mosier S M, Ratcliffe D, Workman J, Joall A, Myers R, Smit E, Cane P A, Greenberg M L,Pillay D. Emergence and evolution of enfuvirtide resistance following long-term therapy involves heptad repeat 2 mutations within gp41. Antimicrob Agents Chemother, 2005, 49(3): 1113-1119

[12] Hazuda D J, Anthony N J, Gomez R P, Jolly S M, Wai J S, Zhuang L H, Fisher T E, Embrey M, Guare J P, Jr, Egbertson M S, Vacca J P, Huff J R, Felock P J, Witmer M V, Stillmock K A, Danovich R, Grobler J, Miller M D, Espeseth A S, Jin L X, Chen I W, Lin J H, Kassahun K, Ellis J D, Wong B K, Xu W, Pearson P G, Schleif W A, Cortese R, Emini E, Summa V, Holloway M K,Young S D. A naphthyridine carboxamide provides evidence for discordant resistance between mechanistically identical inhibitors of HIV-1 integrase. Proc Natl Acad Sci USA, 2004, 101(31): 11233-11238

[13] Chen X, Tsiang M, Yu F, Hung M, Jones G S, Zeynalzadegan A, Qi X, Jin H, Kim C U, Swaminathan S,Chen J M. Modeling, analysis, and validation of a novel HIV integrase structure provide insights into the binding modes of potent integrase inhibitors. J Mol Biol, 2008, 380(3): 504-519

[14] Cocohoba J,Dong B J. Raltegravir: The First HIV Integrase Inhibitor. Clinical Therapeutics, 2008, 30(10): 1747-1765

[15] McColl D J, Fransen S, Gupta S, Parkin N, Margot N, Chuck S, Cheng A K,Miller M D. Resistance and cross-resistance to first generation integrase inhibitors: insights froma phase II study of elvitegravir (GS-9137). Antivir Ther, 2007, 12: S11–S111

[16] Hatano H, Lampiris H, Fransen S, Gupta S, Huang W, Hoh R, Martin J N, Lalezari J, Bangsberg D, Petropoulos C,Deeks S G. Evolution of integrase resistance during failure of integrase inhibitor-based antiretroviral therapy. J Acquir Immune Defic Syndr, 2010, 54(4): 389-393

[17] Sabin C, Corti D, Buzon V, Seaman M S, Lutje Hulsik D, Hinz A, Vanzetta F, Agatic G, Silacci C, Mainetti L, Scarlatti G, Sallusto F, Weiss R, Lanzavecchia A,Weissenhorn W. Crystal structure and size-dependent neutralization properties of HK20, a human monoclonal antibody binding to the highly conserved heptad repeat 1 of gp41. PLoS Pathog, 2010, 6(11): e1001195

[18] Perryman A L, Forli S, Morris G M., Burt C, Cheng Y, Palmer M J, Whitby K, McCammon J A, Phillips C,Olson A J. A dynamic model of HIV integrase inhibition and drug resistance. J Mol Biol, 2010, 397(2): 600-615

[19] Gupta P, Garg P,Roy N. Identification of novel HIV-1 integrase inhibitors using shape-based screening, QSAR, and docking approach. Chem Biol Drug Des, 2012, 79(5): 835-849

[20] Luo R, David L,Gilson M K. Accelerated Poisson-Boltzmann calculations for static and dynamic systems. Journal of Computational Chemistry, 2002, 23(13): 1244–1253

[21] Grandgenett D P, Bera S, Pandey K K, Vora A C, Zahm J,Sinha S. Biochemical and biophysical analyses of concerted (U5/U3) integration. Methods, 2009, 47(4): 229-236

[22] He H Q, Ma X H, Liu B, Chen W Z, Wang C X,Cheng S H. A novel high-throughput format assay for HIV-1 integrase strand transfer reaction using magnetic beads. Acta Pharm Sin, 2008, 29(3): 397-404

[23] Ma X T, Tan J J, Su M, Li C H, Zhang X Y,Wang C X. Molecular Dynamics Studies of the Inhibitor C34 Binding to the Wild-Type and Mutant HIV-1 gp41: Inhibitory and Drug Resistant Mechanism. Study on HIV-1 gp41 Drug Resistance, 2014, 9(11): 1-12

[24] Suntoke T R,Chan D C. The fusion activity of HIV-1 gp41 depends on interhelical interactions. J Biol Chem, 2005, 280(20): 19852-19857

[25] Heuer T S,Brown P O. Mapping features of HIV-1 integrase near selected sites on viral and target DNA molecules in an active enzyme-DNA complex by photo-cross-linking. Biochemistry, 1997, 36(35): 10655-10665

[26] Leung M Y K,Cohen F S. Increasing hydrophobicity of residues in an anti-HIV-1 Env peptide synergistically improves potency. Biophys J, 2011, 100(8): 1960-1968

[27] Tan K, Liu J, Wang J, Shen S,Lu M. Atomic structure of a thermostable subdomain of HIV-1 gp41. Proc Natl Acad Sci USA, 1997, 94(23): 12303-12308

[28] Malashkevich V N, Chan D C, Chutkowski C T,Kim P S. Crystal structure of the simian immunodeficiency virus (SIV) gp41 core: conserved helical interactions underlie the broad inhibitory activity of gp41 peptides. Proc Natl Acad Sci USA, 1998, 95(16): 9134-9139

[29] Weissenhorn W, Dessen A, Harrison S C, Skehel J J,Wiley D C. Atomic structure of the ectodomain from HIV-1 gp41. Nature, 1997, 387(6631): 426-430

[30] Fikkert V, Hombrouck A, Remoortel B V, Maeyer M D, Pannecouque C, Clercq E D, Debyser Z,Witvrouw M. Multiple mutations in human immunodeficiency virus-1 integrase confer resistance to the clinical trial drug S-1360. Aids, 2004, 18(15): 2019-2028

[31] Barreca M L, Lee K W, Chimirri A,Briggs J M. Molecular dynamics studies of the wild-type and double mutant HIV-1 integrase complexed with the 5CITEP inhibitor: Mechanism for inhibition and drug resistance. Biophysical Journal, 2003, 84: 1450-1463

[32] Greenwald J, Le V, Butler S L, Bushman F D,Choe S. The Mobility of an HIV-1 Integrase Active Site Loop Is Correlated with Catalytic Activity. Biochemistry, 1999, 38(28): 8892-8898

[33] Grobler J A, Stillmock K, Hu B H, Witmer M, Felock P, Espeseth A S, Wolfe A, Egbertson M, Bourgrois M, Melamed J, Wai J S, Young S, Vacca J,Hazuda D J. Diketo acid inhibitor mechanism and HIV-1 integrase: Implications for metal binding in the active site of phosphotransferase enzymes. Proceedings of the National Academy of Sciences of the United States of America, 2002, 99(10): 6661-6666

[34] Karki R G, Tang Y, Burke T R,Nicklaus M C. Model of full-length HIV-1 integrase complexed with viral DNA as template for anti-HIV drug design. Journal of Computer-Aided Molecular Design, 2004, 18(12): 739-760

[35] Hu J P, Chang S, Chen W Z,Wang C X. Study pm the drug resistance and the binding mode of HIV-1 integrase with LCA inhibitor. Science in China B, 2007, 50: 665-674

[36] Deng J X, Lee K W, Sanchez T, Cui M, Neamati N,Briggs J M. Dynamic receptor-based pharmacophore model development and its application in designing novel HIT-1 integrase inhibitors. Journal of Medicinal Chemistry, 2005, 48(5): 1496-1505

[37] Lataillade M, Chiarella J,Kozal M J. Natural polymorphism of the HIV-1 integrase gene and mutations associated with integrase inhibitor resistance. Antivir Ther, 2007, 12(4): 563-570

[38] Kobayashi M, Nakahara K, Seki T, Miki S, Kawauchi S, Suyama A, Wakasa-Morimoto C, Kodama M, Endoh T, Oosugi E, Matsushita Y, Murai H, Fujishita T, Yoshinaga T, Garvey E, Foster S, Underwood M, Johns B, Sato A,Fujiwara T. Selection of diverse and clinically relevant integrase inhibitor-resistant human immunodeficiency virus type 1 mutants. Antiviral Res, 2008, 80(2): 213-222

[39] Lu R, Limo′n A, Ghory H Z,Engelman A. Genetic Analyses of DNA-Binding Mutants in the Catalytic Core Domain

of Human Immunodeficiency Virus Type 1 Integrase. American Society for Microbiology, 2005, 79(4): 2493-2505

[40] Jenkins T M, Esposito D, Engelman A,Craigie R. Critical contacts between HIV-1 integrase and viral DNA identified by structure-based analysis and photo-crosslinking. Embo Journal, 1997, 16(22): 6849-6859

[41] Esposito D,Craigie R. Sequence specificity of viral end DNA binding by HIV-1 integrase reveals critical regions for protein-DNA interaction. Embo Journal, 1998, 17(19): 5832-5843

[42] Adesokan A A, Roberts V A, Lee K W, Lins R D,Briggs J M. Prediction of HIV-1 integrase/viral DNA interactions in the catalytic domain by fast molecular docking. J Med Chem, 2004, 47(4): 821-828

[43] Goldgur Y, Craigie R, Cohen G H, Fujiwara T, Yoshinaga T, Fujishita T, Sugimoto H, Endo T, Murai H,Davies D R. Structure of the HIV-1 integrase catalytic domain complexed with an inhibitor: a platform for antiviral drug design. Pro Natl Acad Sci USA, 1999, 96(23): 13040-13043

[44] Lins R D, Briggs J M, Straatsma T P, Carlson H A, Greenwald J, Choe S,McCammon J A. Molecular dynamics studies on the HIV-1 integrase catalytic domain. Biophysical Journal, 1999, 76(6): 2999-3011

（张小轶）

第 20 章 高通量药物筛选技术及其应用

高通量筛选（high-throughput screening，HTS）是在传统药物筛选技术的基础上，将分子生物学、细胞生物学、光学、计算机、自动化控制等多种技术方法有机整合而形成的新的药物筛选技术体系，它以高通量的微孔板（96 孔、384 孔、1536 孔等）或生物芯片等作为筛选载体，依靠自动化操作系统完成实验过程，用快速、灵敏的检测仪器采集实验数据，最后用计算机对实验得到的数据进行分析，可在同一时间内对数以万计的待筛样品进行筛选。本章简要介绍本课题组建立的以整合酶为靶点的抗 HIV-1 药物筛选模型与以 gp41 为靶点的抗 HIV-1 药物筛选模型，从而说明高通量药物筛选的原理、建立方法与评价。

20.1 以整合酶为靶点的抗 HIV-1 药物高通量筛选模型

20.1.1 引言

针对整合酶（integrase，IN）的体内生物学功能过程，IN 抑制剂的研发思路主要为[1]：阻止 IN 多聚化；阻断 IN 的 DNA 结合位点；螯合金属离子或影响其正确定位；改变 DNA 结构以抑制 IN-DNA 相互作用；直接抑制 IN 的酶催化活性；干扰核定位等。当前，主要通过化合物对 IN 催化反应的抑制来筛选和评价 IN 抑制剂。使用一段与病毒长末端重复序列（long terminal repeats，LTR）的 U3 或 U5 序列相同的寡核苷酸双链和二价金属离子，重组 IN 能在体外催化 3′ 加工和链转移反应，模拟体内整合功能[2]。IN 还能在体外通过去整合反应把链转移形成的整合中间体还原，重新生成病毒 DNA 和靶 DNA[3]。

当前，没有理想的动物模型用于筛选抗艾滋病药物，病毒细胞试验筛选药物周期长、操作繁琐、难以高通量、样品水溶性要求高且筛选出的药物作用靶点不明确。因此，抗艾滋病药物的筛选主要依赖于分子水平的体外筛选模型。

针对 IN 靶点已经开发了大量的抗 HIV 药物，其中 Elvitegravir 和 Dolutegravir 经美国 FDA 批准先后于 2012 年和 2013 年上市，化合物 Cabotegravir（GSK744）处于二期临床试验阶段，表明以 IN 为靶点开展艾滋病药物研发切实可行[4~7]。建立 IN 体外活性的检测方法，并据此进行药物筛选，不但能挑选出抑制剂，还能确定药物靶点，而且能用于 IN 反应机理和抑制剂药理等相关研究。Katzman 等[8]于 1989 年建立了第一个基于体外反应活性的 IN 抑制剂筛选方法。二十年来，一系列新方法被提出来并逐步发展和完善，开创了以 IN 为靶标的抗艾滋病药物研究的新局面。

20.1.2　基于放射自显影的整合酶抑制剂筛选模型

放射自显影法是 IN 活性体外检测的最初的一个经典方法[9]，即使用源自病毒 LTR 末端序列的供体 DNA，靶 DNA 为随意序列的双链 DNA，供体 DNA 为 E/A 链退火形成的互补双链，序列分别为：

E 链 5′-GTGTGGAAAATCTCTAGCAGT-3′; A 链 5′-ACTGCTAGAGATTTTCCACAC-3′。

1. 用放射自显影方法检测 3′加工活性

用放射自显影方法检测 3′ 加工反应有以下两种方案，分别是以放射性同位素 ^{32}P 标记 E 链的 5′ 端或 3′ 端。

以放射性同位素 ^{32}P 标记 E 链的 5′ 端，IN 特异性识别切割移除 E 链 3′ 端的 GT 二核苷，使 E 链由 21 nt 变为 19 nt，这里 nt 表示核苷酸（nucleotide）。回收反应产物，进行变性凝胶电泳以分离大小不同的片段，处理电泳胶后经放射自显影即可观察到 19 nt 的 3′ 加工产物，并可通过仪器对显影条带进行定量。IN 能同时以供体 DNA 为链转移的靶 DNA 链，3′ 加工后的供体 DNA 链能作为供体 DNA 参与链转移反应，产生一系列 19+*n* 的链转移产物条带。因此，3′ 加工产物包括 19 和 19+*n* 的所有片段（图 20-1A）。

以 ^{32}P 标记 E 链的 3′ 端，3′ 加工反应切割 E 链得到放射性标记的 GT 二核苷。反应产物回收、电泳后通过放射自显影，可以观察到 2 nt 的 3′ 加工产物，并可通过仪器对显影条带进行定量（图 20-1B）。

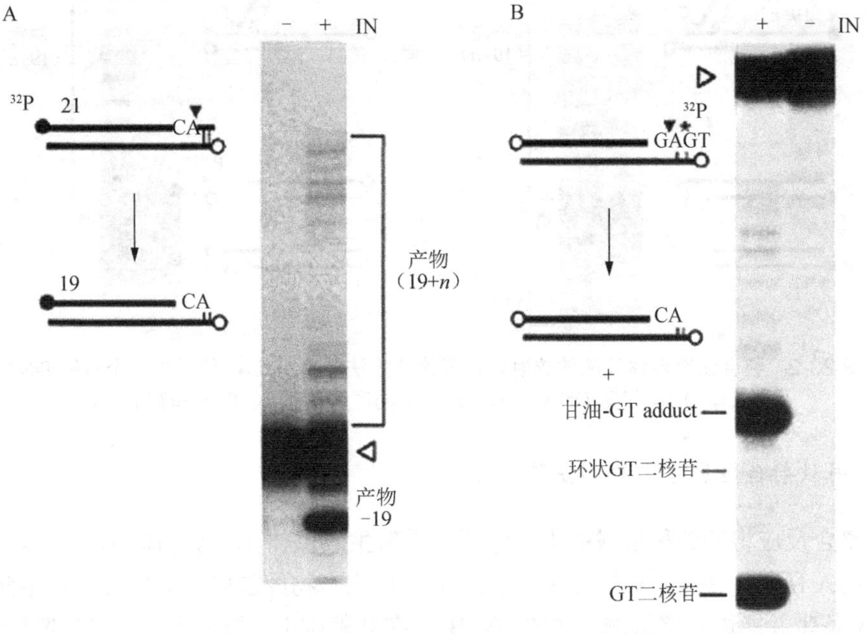

图 20-1　整合酶 3′ 加工反应的放射自显影检测方法原理示意图[9]。（A）放射性同位素标记 E 链 5′ 端；（B）放射性同位素标记 E 链 3′ 端

实验中设置 DNA 对照组、IN 对照组和药物实验组。分别获取三组中 DNA 底物转化为 3′ 加工产物的比例，可计算出样品对 3′ 加工反应的抑制率，以抑制率对样品浓度作图，可求得样品 IC_{50} 值[9]。

2. 用放射自显影方法检测链转移活性

根据使用的靶 DNA 序列差别，用放射自显影方法检测链转移活性有以下两种标记和检测方案。

使用同一个双链 DNA 为供体 DNA 和靶 DNA，此 DNA 序列与 3′ 加工中供体 DNA 序列相同，但为已去除 E 链 3′ 端 GT 二核苷的 DNA 双链。以 ^{32}P 标记 E 链的 5′ 端，IN 链转移反应随机切割 DNA 底物，并发生自整合，产生一系列 19+*n* 和 19-*n* 的片段，反应产物处理后可显影检测并定量分析（图 20-2A）。

使用不同序列的供体 DNA 和靶 DNA，不标记供体 DNA。合成两条互补的任意序列 DNA 链，退火后为靶 DNA，并用 ^{32}P 标记靶 DNA 中一条链的 3′ 端。链转移反应将产生一系列 19+*n* 的 DNA 片段，经处理放射自显影可以检测并对产物定量（图 20-2B）。与 3′ 加工反应相似，可以用这两种方法筛选 IN 链转移反应抑制剂并测定抑制剂的 IC_{50} 值。

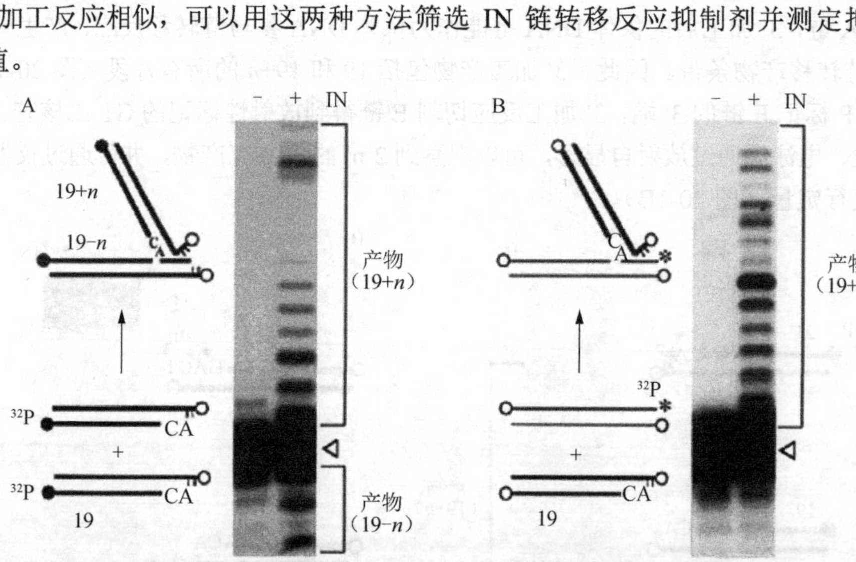

图 20-2　整合酶链转移反应的放射自显影检测方法原理[9]。（A）使用同一个双链 DNA 为供体 DNA 和靶 DNA；（B）使用不同序列的供体 DNA 和靶 DNA

3. 用放射自显影方法检测去整合活性

去整合反应将链转移形成的中间体还原重新生成供体 DNA 和靶 DNA[10]，其过程如图 20-3A 所示。使用 ^{32}P 标记 T1 的 5′ 端，反应产物经放射自显影可以观察到 30 nt 的 DNA 条带并能进行定量测定（图 20-3B）。在此基础上，发展了一种使用哑铃形底物的检测方法。该方法使用一条 DNA 单链，退火后局部互补形成哑铃状结构。可以把 ^{32}P 标记在 5′ 端检测切割以后的供体 DNA 部分；也可以标记在 3′端检测连接后的靶 DNA

部分（图 20-3C）。与 Y 形底物相比，哑铃形底物方法具有底物小、简单易制备且两端都可标记等优点[9]。

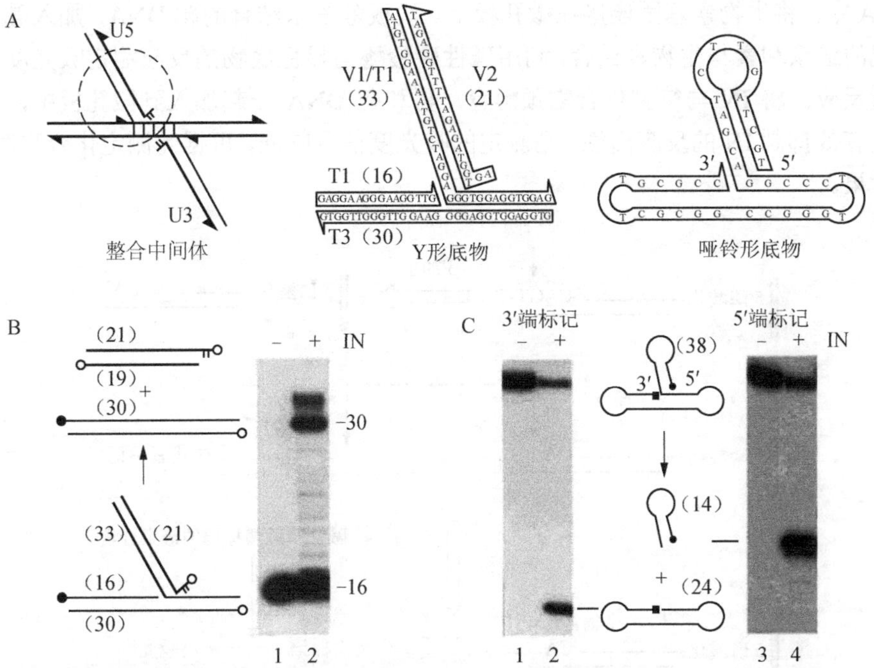

图 20-3　整合酶去整合反应的放射自显影检测方法原理[9]。（A）使用线性底物的整合中间体；（B）使用 Y 形底物的整合中间体；（C）使用哑铃形底物的整合中间体

4. *放射自显影方法的优缺点*

放射自显影方法在近二十年的时间里一直为 IN 活性检测的主流方法，并在抑制剂筛选和评价中得到较多的使用。这一类方法具有结果直观可靠、可分别检测 3′ 加工和链转移反应等优点，直到现在仍被认为是 IN 活性检测的“黄金标准”[11]。此类方法的主要缺点是耗时耗力，而且在应用中，特别是在检测链转移反应活性时，灵敏度通常较低[11]。此外，由于要通过电泳分离产物，难以实现高通量，放射性方法操作要求较高，需要用特殊设备，由专业操作人员进行特殊处理，容易造成环境污染。

20.1.3　基于微孔板的酶联免疫吸附测定法筛选模型

针对放射性自显影方法的缺点，以微孔板为基础，采用非放射性标记 DNA 底物，利用酶联免疫吸附测定法（enzyme-linked immunosorbent assay，ELISA）和吸收光、发射光等检测手段的方法应运而生，且日益发展完善。

1. *应用磷酸化 DNA 包被微孔板的 ELISA*

Hazuda 等[12]建立了第一个基于微孔板的 ELISA，其基本原理如图 20-4 所示。供体

DNA 序列与放射自显影方法中所用序列相同，包被在微孔板中，在随机序列的靶 DNA 两条链 3′ 端标记生物素。IN 催化的链转移反应将供体 DNA 切割后的 E 链 3′ 端插入到靶 DNA 中，将生物素基团连接在微孔板上。洗板除去未结合的靶 DNA，加入碱性磷酸酶标记的链亲和素与生物素结合，利用碱性磷酸酶与显色底物的反应测定吸光度以检测和定量反应。将 IN 与待测化合物预孵育，再和靶 DNA 一起加入到微孔板中，如果化合物能有效抑制 IN 的反应活性，则测定的吸光度信号降低，可据此测定化合物对 IN 的抑制效果。

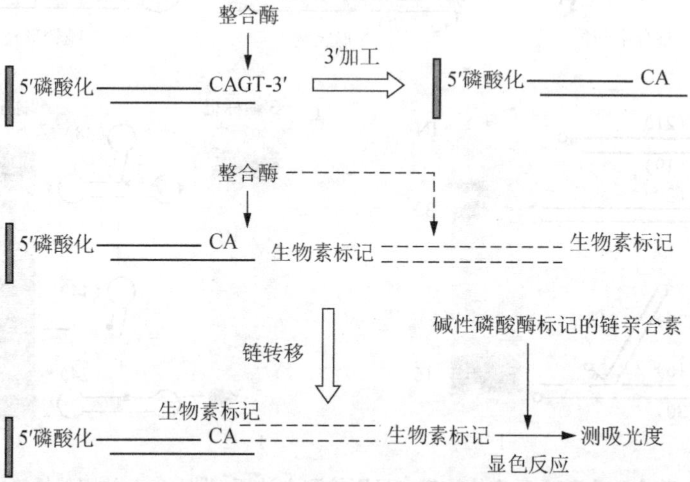

图 20-4　基于磷酸化 DNA 底物和酶联免疫吸附测定的整合酶链转移反应微孔板检测法[12]

2. 应用链霉亲和素微孔板-生物素化 DNA 底物的 ELISA

使用磷酸化 DNA 底物包被微孔板 ELISA 操作复杂耗时、需要特殊的微孔板、背景信号高、灵敏度低[12,13]。针对以上的缺点，Hwang 等[14]提出了一种以生物素-链霉亲和素和地高辛-地高辛抗体为基础的高通量 ELISA：在 E 链的 5′ 端标记地高辛，A 链的 3′ 端标记生物素，链转移反应形成 5′ 地高辛-3′ 生物素双标记产物，转移到包被链亲和素的 96 孔微孔板中，通过生物素-亲和素特异性反应，将 DNA 产物固定在微孔板上。加入 NaOH 变性 DNA 为单链，加入酶标地高辛抗体，通过检测地高辛来定量链转移反应。该方法显著提高了灵敏度，亲和素作为一种蛋白包被微孔板本身即具有封闭的作用，加上 NaOH 变性 DNA 的同时能变性 IN 蛋白，从而彻底除去 IN 和 DNA 底物非特异性物理吸附而引起的 DNA 吸附，因此能降低背景信号，从而提高方法的特异性。

在上述方法的基础上，John 等[15]改进发展了一种称为 HITS（HIV integrase target SRI assay）的高通量检测方法。Gao 等[16]建立了一种检测 IN 体外去整合反应活性的微孔板 ELISA。

3. 微孔板 ELISA 的优缺点

微孔板 ELISA 的主要优点为：可以实现自动化和高通量；使用无毒、无放射性的

DNA 底物，避免了对特殊设备的要求及特殊处理，更安全。其缺点为：不适于单独检测 3′加工反应；需要使用特殊的微孔板，成本高，包被、封闭微孔板耗时耗力；微孔板封闭易失效或不彻底，造成高背景信号。

20.1.4 基于荧光共振能量转移的整合酶抑制剂筛选模型及其他

由于微孔板 ELISA 需要固定 DNA，为固相反应环境，不能很好地模拟体内液相环境，Wang 等[17]发展了在液相环境下反应和检测的时间分辨荧光共振能量转移（time-resolved fluorescent resonance energy transfer，TR-FRET）法。当两个荧光基团相距 1～10 nm，且一个荧光基团（供体）的发射光谱与另一个荧光基团（受体）的吸收光谱有重叠，当供体被入射光激发时，可通过偶极-偶极耦合作用将其能量以非辐射方式传递给受体分子，供体分子衰变到基态而不发射荧光，受体分子由基态跃迁到激发态再衰变到基态同时发射荧光，这一过程即为荧光共振能量转移[18]。

用 TR-FRET 法测定 IN 3′加工反应：供体 DNA 的 E 链 3′端标记生物素，A 链 3′端标记荧光染料 Cy5，反应后加入铕（Eu）标记的链霉亲和素。无 IN 切割活性时，Eu 与 Cy5 由于空间距离接近，且 Eu 的发射光谱与 Cy5 的吸收光谱重叠，能够发生 FRET，使用 Eu 的激发波长为 340 nm，则可以在 Cy5 的发射波长 665 nm 处检测到荧光信号；IN 3′加工反应切割 E 链 3′端 GT 二核苷及其相连的生物素，使亲和素上标记的 Eu 与 Cy5 空间距离较大，不能满足 FRET 荧光基团距离条件，则激发发射后不能检测到反应信号（图 20-5A）。

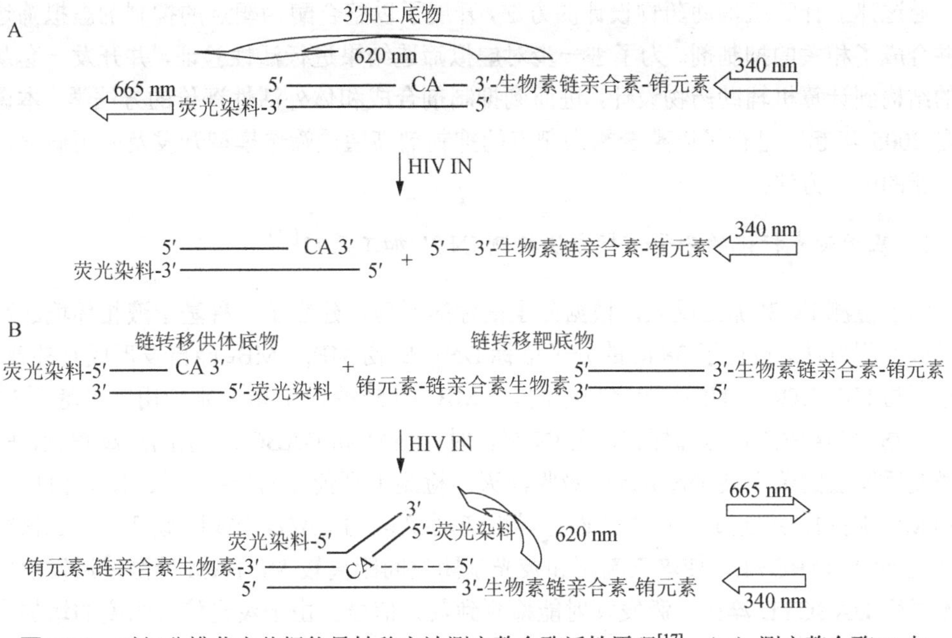

图 20-5　时间分辨荧光共振能量转移方法测定整合酶活性原理[17]。（A）测定整合酶 3′加工反应；（B）测定整合酶链转移反应

用 TR-FRET 法测定 IN 链转移：DNA 底物 E 链 3′ 端为去除 GT 二核苷的切割后序列，DNA 双链的 5′ 端分别标记荧光染料 Cy5，靶 DNA 3′ 端标记地高辛；IN 催化链转移反应使供体 DNA 的 A 链随机切割并连接到靶 DNA 的一条链中；加入 Eu 标记的亲和素后，Eu 与 Cy5 空间距离接近，发生 FRET，使用 Eu 的激发波长 340 nm，则可以在 Cy5 的发射波长 665 nm 处检测到荧光信号。当 IN 无活性时，供体 DNA 和靶 DNA 在溶液中随机分布，相隔距离较远，不发生 FRET，无相应的检测信号（图 20-5B）。

该方法的优点是：TR-FRET 为液相反应，能够更好地符合 IN 的体内反应环境；TR-FRET 能分别检测 IN 各步反应；不需要包被和封闭微孔板，操作更简便；使用荧光检测系统，灵敏度较高。该方法的主要缺点是耗时较长，进行一轮反应需要 6 h 甚至更长时间[17]。此外，FRET 需要特殊的检测仪器且成本较高，不利于推广。

在分子水平上检测 IN 活性并据此开展药物筛选的方法主要包括上述三类。其中，在反应机理研究和药物活性定量分析中主要使用放射自显影方法，因为该方法结果直观、可靠性好，在对样品实行大规模、高通量初筛时多选用微孔板 ELISA 相关方法，因为方法快速、成本低、操作简单。其他方法的原理与以上方法基本类似，包括一种基于生物芯片技术的检测链转移活性及据此开展的高通量筛选方法[19]，以及一种使用 TaqMan 探针和荧光定量 PCR 检测去整合的高灵敏度方法[20]等。这些方法由于其固有的缺点都没有得到广泛的使用。

20.1.5　以整合酶为靶点的抗 HIV-1 药物高通量筛选模型实例

通过建立计算机辅助药物设计的方法，开展了以整合酶为靶点的抑制剂虚拟筛选工作并合成了相关的抑制剂。为了进一步对虚拟筛选结果进行活性验证，并开发一套从靶点的结构到计算机辅助药物设计，进而到抑制剂合成和体外活性评价的方法学，本课题组自 2005 年起，进行了以整合酶为靶点的抑制剂高通量筛选模型开发及应用研究，建立了新的筛选方法。

1. *基于荧光标记的分子信标方法检测 IN 3′ 加工反应*[21]

为了检测 IN 3′ 加工反应，根据分子信标的原理，建立了一种基于液相环境的高通量反应检测方法。设计了 38 nt 的分子信标 DNA 底物 MB_E，MB_E 能自发形成互补双链，且序列与 HIV LTR 的 U5 末端序列相同。在 MB_E 链 5′ 端和 3′ 端分别使用荧光基团 FAM 和淬灭基团 DABCYL 修饰标记。无 IN 存在时，FAM 和 DABCYL 空间距离较近，FAM 受激发后发射的荧光被 DABCYL 吸收淬灭，检测不到荧光信号；加入 IN 蛋白后，IN 识别 MB_E 底物，并通过 3′ 加工活性特异性切割 3′ 端的 CAGT 序列，切下 GT 二核苷及与之连接的 DABCYL，使淬灭基团和荧光基团空间距离较大，FAM 受激发后发射的荧光不再受 DABCYL 淬灭，激发发射能检测到荧光信号。由于荧光信号强度的增加与淬灭基团的释放量成比例，因此，通过检测荧光信号的变化可以实时定量地检测 3′ 加工反应（图 20-6）。

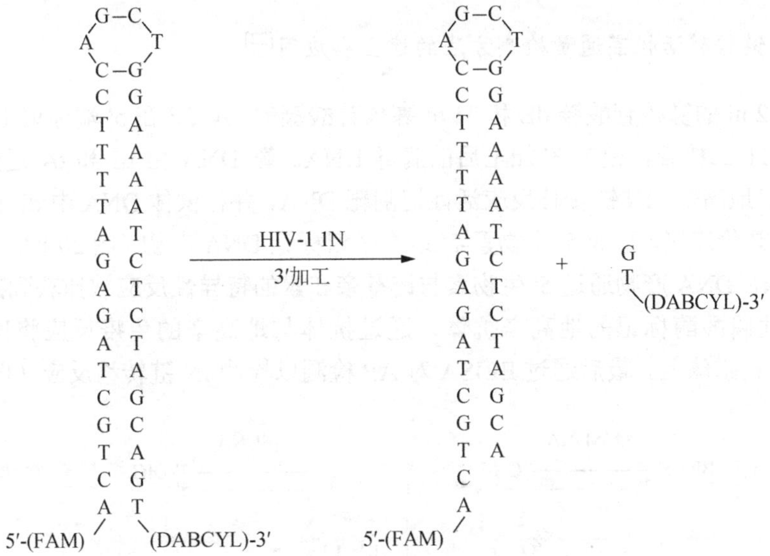

图 20-6　基于分子信标的高通量实时方法检测整合酶 3′ 加工反应活性的原理

设定了 3′ 加工反应组（3′-processing）、无 IN 的阴性对照组（IN-free control）、DNA 底物对照组（MB_C control，MB_C 代替反应组中的 MB_E，MB_C 的 3′ 端无 IN 特异性识别和切割的 CAGT-3′ 序列，且改变了 MB_E 链中个别碱基）。结果显示，反应组荧光信号随时间增长而持续增加，而无 IN 阴性对照组和改变 DNA 底物序列的 DNA 对照组的荧光信号在整个反应过程中均保持在较低值（图 20-7）。这表明了反应组中淬灭基团从 MB_E 底物上不断被切除，荧光基团受到淬灭基团的淬灭作用逐步减少，因此荧光信号逐渐增强，且反应组中荧光信号的增加是由于 IN 识别 MB_E 底物 DNA 并通过 3′ 加工特异性切割 GT 二核苷和与之连接的淬灭基团 DABCYL（图 20-7）。该方法能用于 IN 3′ 加工反应活性的检测。同时，由于反应在 96 孔板中进行，能实现高通量。此外，荧光信号灵敏度高且能持续检测，因此建立的方法能实现高灵敏度、高通量、实时定量检测 IN 3′ 加工反应、以 3′ 加工为靶标的 IN 抑制剂高通量筛选。

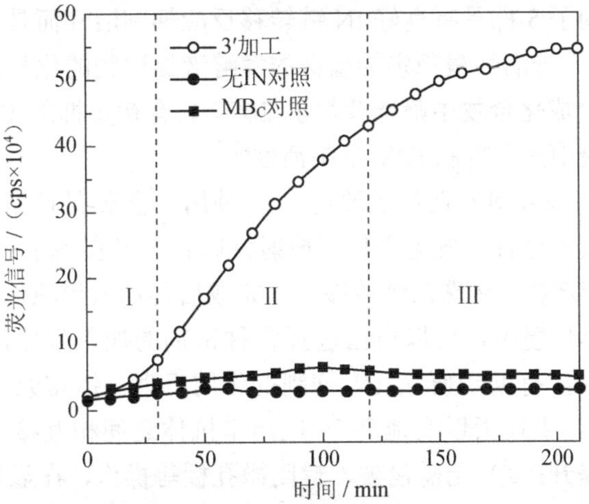

图 20-7　整合酶 3′ 加工反应荧光信号随时间的变化

2. IN 链转移活性高通量检测方法的建立和应用[22]

设计 32 nt 的寡核苷酸链 dE 和 31 nt 寡核苷酸链的 dA，dE 在 5′ 端标记生物素分子，3′ 端移除 GT 二核苷，模拟 3′ 加工后的病毒 DNA。靶 DNA 由 tE 和 tA 退火形成，tE 的 3′ 端标记地高辛。IN 链转移反应活性切割靶 DNA，并将供体 DNA 中 dE 的 CA-3′ 端与靶 DNA 共价连接，形成 5′ 生物素-3′ 地高辛双标记 DNA 产物（图 20-8A）。加入链霉亲和素磁珠，DNA 产物通过 5′ 生物素与链霉亲和素的特异性反应被捕获到磁珠表面。再加入碱性磷酸酶标记的地高辛抗体，通过抗体与地高辛的免疫反应将碱性磷酸酶（AP）连接到磁珠上。最后通过 ELISA 对 AP 检测以检测 IN 链转移反应（图 20-8B）。

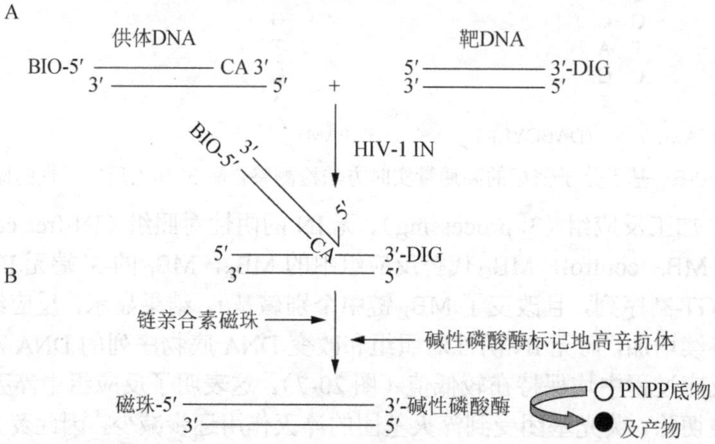

图 20-8 整合酶链转移反应活性检测高通量 ELISA 原理[22]。（A）整合酶催化链转移反应将供体 DNA 和靶 DNA 整合形成生物素-地高辛双标记 DNA 产物；（B）利用链亲合素磁珠捕获链转移产物并通过碱性磷酸酶标记的地高辛抗体对产物定量分析

使用两个已知的 IN 抑制剂验证了高通量 ELISA 在抑制剂筛选应用方面的有效性。此外，应用高通量 ELISA 完成了 91 株真菌的 182 个发酵产物提取物抑制 IN 链转移反应的筛选工作，找到了 5 株具有良好 IN 链转移反应抑制活性而具有进一步研究价值的活性菌株，并对其中一株活性最稳定的菌株的发酵液提取物的化学部位活性做了初步跟踪测定[23]。从三批合成化合物中筛选获得了 20 个具有初步抑制 IN 活性的样品，其中部分样品在细胞实验中具有抑制 HIV 复制活性[23]。

建立的高通量 ELISA 具有明显的改进：① 使用生物素-地高辛标记及相应的检测体系，在高通量微孔板中进行，既无需使用放射性底物，又实现了高通量；② 使用链霉亲和素磁珠捕获反应产物，磁珠在链转移反应完成后再加入反应体系，反应时所有的试剂均自由悬浮在液体环境中，可以自由选择各种试剂的加入顺序，灵活应用于研究反应成分的相互作用中，有助于研究 IN 抑制剂作用机理。链霉亲和素磁珠始终悬浮在液体中，链霉亲和素–生物素以及地高辛–地高辛抗体之间相互接触更容易、更充分，信号增强，灵敏度提升；③ 无需包被、封闭微孔板等操作，在显色前将捕获在磁珠上的产物转移到新的微孔板中，能最大限度地减少反应和检测过程中非特异性吸附，有效降低背景信号；④ 在 ELISA 的基础上应用荧光标记抗体的 FLISA，两种检测策略增加了方法的应用范围。

3. IN 去整合活性高通量检测方法[24]

与 3′ 加工和链转移反应需要 IN 全酶不同，去整合反应只需要 IN 核心区即可独立完成。因此，建立检测去整合活性的方法，能针对 IN 核心区筛选 HIV 抑制剂。为了检测去整合反应活性，建立了一种微孔板形式的高通量 ELISA。去整合底物由三条寡核苷酸链退火形成。Dis Ⅰ链 3′ 地高辛修饰，Dis Ⅱ链 5′ 生物素修饰，去整合反应将 Dis Ⅰ与 Dis Ⅱ链共价连接形成 5′ 生物素-3′ 地高辛双标记 DNA 产物。链霉亲和素磁珠通过与生物素结合捕获反应产物。碱变性 DNA 产物呈单链。再利用碱性磷酸酶标记地高辛抗体及随后的 ELISA 对 DNA 产物链的 3′ 地高辛定量以检测去整合反应（图 20-9）。

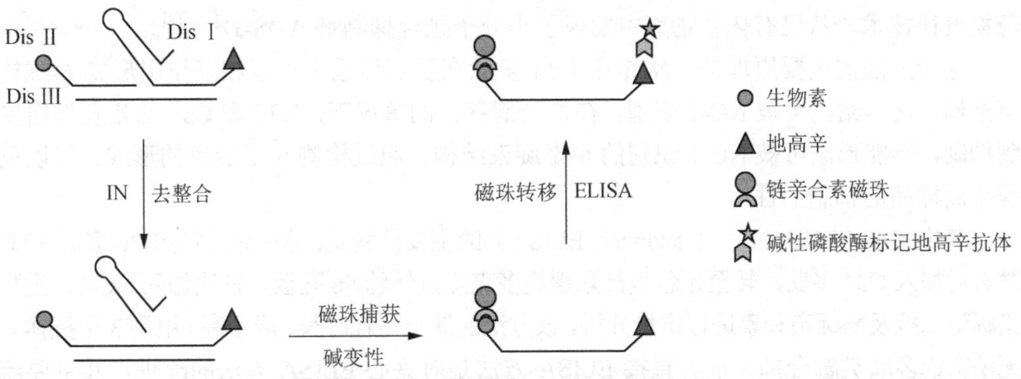

图 20-9　去整合高通量 ELISA 原理[24]

与已有的去整合活性检测方法相比，本方法具高通量、高灵敏度、高特异性、低背景、省时省力等优点，能用于筛选以 IN 及其核心区为靶点的抑制剂。

20.2　以 gp41 为靶点的抗 HIV-1 药物高通量筛选模型

20.2.1　引言

HIV-1 gp41 5-螺旋束表面暴露出来的 C 端七残基重复序列（carboxyl-terminal heptad repeat，CHR）衍生多肽结合部位是融合抑制剂体外筛选方法建立的基础[25, 26]。与这一靶位结合的化合物分子可以抑制 5-螺旋与 CHR 衍生多肽（本研究使用的是 C34 多肽）形成 6-螺旋束结构，从而抑制 HIV-1 与宿主细胞膜融合的发生。通过非变性聚丙烯酰胺凝胶电泳（native polyacrylamide gel electrophoresis，native-PAGE）方法发现，HIV-1 gp41 5-螺旋重组蛋白与 CHR 衍生多肽 T-20/C34 存在特异性相互作用，而 6-螺旋重组蛋白则与 T-20/C34 没有相互作用。这表明 5-螺旋重组蛋白可用于 HIV-1 融合抑制剂体外筛选方法研究。

目前已报道的分子水平的HIV-1融合抑制剂体外筛选方法大都着眼于HIV-1与宿主细胞膜融合过程中的关键结构——6-螺旋束，抑制6-螺旋束结构形成的样品会抑制HIV-1与宿主细胞融合，通过检测待测样品对6-螺旋束结构的抑制作用来评价其抑制活性。

20.2.2 基于单克隆抗体NC-1的筛选模型

1998年，姜世勃等获得了可特异识别HIV gp41 6-螺旋束结构的单克隆抗体（monoclonal antibody，mAb）NC-1，NC-1可特异识别这种由多肽聚集而成的6-螺旋束结构，但不能识别多肽单体[27]。姜世勃等以NC-1为基础，通过检测6-螺旋束结构的形成，建立了首个用于筛选以gp41为靶点的HIV-1融合抑制剂的酶联免疫吸附试验（enzyme-linked immunosorbent assay，ELISA）方法[28]。应用该方法并结合计算机辅助药物设计技术，从已有化合物库中发现了小分子融合抑制剂ADS-J1[28, 29]。

这一方法的主要原理是：N36和C34多肽在反应体系中可以相互作用形成6-螺旋束结构，这一结构可被NC-1识别，在抑制剂存在的情况下，N36和C34的相互作用受到抑制，不能形成可被NC-1识别的6-螺旋束结构。通过检测6-螺旋束的形成，可以反映待测样品的抑制活性。

其中夹心ELISA方法（sandwich ELISA）的主要流程是：待测样品与N36多肽37℃孵育后加入C34多肽，转至预包被抗六螺旋多克隆抗体的96孔板，依次加入NC-1、生物素标记二抗及酶标亲和素进行定量分析。该方法的缺点是耗时长、成本高（用到3个抗体），无法筛选多肽类融合抑制剂。直接ELISA方法是对夹心ELISA方法的改进，其主要流程是：待测样品与N36多肽孵育后加入生物素标记的C34多肽，转至预包被NC-1的96孔板，加入酶标亲和素进行定量分析，在室温下进行孵育。

2003年，姜世勃等又发展了更为简便灵敏的荧光免疫吸附试验（fluorescence-linked immunosorbent assay，FLISA）方法进行融合抑制剂筛选[30]。该方法将直接ELISA中C34多肽的生物素标记改为更易检测的荧光基团异硫氰酸荧光素（fluorescein isothiocyanate，FITC）标记，用荧光分析仪可以直接读取荧光信号。与ELISA相比，FLISA更加方便快捷，大幅降低了实验成本，并可用来筛选多肽类融合抑制剂[26]。应用该方法发现了NB-2和NB-64两个小分子融合抑制剂[31]。

姜世勃等建立的ELISA和FLISA方法的特点是针对的靶位不单一，可以筛选到抑制NHR三聚体与CHR衍生多肽结合的化合物、抑制NHR衍生多肽三聚化的化合物、抑制NC-1与6-螺旋束结合的化合物[26]。

Salzwedel等建立了基于时间分辨荧光（time-resolved fluorescence，TRF）的HTS方法，将表达HIV-1 Env的细胞与可溶CD4及待测样品孵育，若待测样品没有抑制活性，可溶CD4能够诱导细胞表面的gp41形成可被抗体识别的6-螺旋束结构，通过检测6-螺旋束的形成来评价待测样品的抑制活性[32, 33]。

20.2.3　不依赖于单克隆抗体 NC-1 的筛选模型

Beutler 等利用 Eu^{3+}标记的蓝藻抗病毒蛋白-N（cyanovirin-N，CV-N）与 gp41 膜外区的相互作用，用 TRF 技术筛选得到一些与 CV-N 有相似结合模式的化合物[34]。

Ryu 等将 NHR 衍生多肽和 CHR 衍生多肽分别与硫氧还蛋白（thioredoxin，Trx）和谷胱甘肽 S-转移酶（glutathione S-transferase，GST）融合表达，得到 Trx-N 和 GST-C，其建立的 ELISA 方法是将 Trx-N 包被在 96 孔板上，加入 GST-C 和待测样品，通过 GST 抗体检测与 Trx-N 结合的 GST-C，评价待测样品抑制 Trx-N 与 GST-C 结合的能力[35~37]。Jin 等将这种 ELISA 方法改进为 HTS 方法，并从 8560 个化合物筛选得到一些可抑制 gp41 的化合物[38]。

Nishikawa 等将 NHR 衍生多肽和 CHR 衍生多肽分别与麦芽糖结合蛋白（maltose-binding protein，MBP）和 GST 融合表达，得到 MBP-N 和 GST-C，其建立的 ELISA 方法是将 MBP-N 包被在 96 孔板上，加入 GST-C 和待测样品，用 GST 抗体检测与 Trx-N 结合的 MBP-N，评价待测样品抑制 MBP-N 与 GST-C 结合的能力[39]。将 GST 换成可以直接显色的碱性磷酸酶（alkaline phosphatase，ALP），可以简化检测步骤。

Frey 等根据 gp41 5-螺旋束与荧光基团标记的 CHR 衍生多肽的相互作用，建立了基于荧光偏振检测技术的融合抑制剂筛选方法，并得到一些具有抑制活性的小分子[40]。将 5-螺旋束与待测样品室温共同孵育 1h 后加入荧光基团标记的 C38，继续室温孵育 1.5 h，通过检测荧光偏振指标来评价待测样品的活性。

Oishi 等建立了基于亲和层析的筛选方法，将带有多聚组氨酸标签的 NHR 衍生多肽和待测活性的 CHR 衍生多肽样品通过镍琼脂糖凝胶，洗柱后用液相色谱-质谱联用技术（liquid chromatography-mass spectrometry，LC-MS）进行检测，用于 CHR 衍生多肽的筛选[41]。

荧光共振能量转移（fluorescence resonance energy transfer，FRET）是指能量从一种受激发的荧光基团（donor，供体）以非辐射的方式转移到距离足够近的另一种荧光基团（acceptor，受体）的物理现象，已成为生命科学中的有力研究工具[42]。

Gochin 等建立了一种基于 FRET 的筛选方法[43, 44]，其原理是：将 NHR 三螺旋用亚铁离子修饰，CHR 用荧光基团修饰，二者的结合会导致荧光淬灭，抑制剂的存在则会减少荧光淬灭的发生，使荧光信号增强。

Xu 等用 7-甲氧基香豆素-4-乙酸（7-methoxycoumarin-4-acetic acid，MCA，荧光基团）标记的 N36 多肽和 2,4-二硝基苯基（2,4-dinitrophenyl，DNP，淬灭基团）标记的 C34 多肽建立了 FRET 筛选方法[45]。

Dams 等也建立了一种基于 FRET 的筛选方法[46]。这一方法使用 Eu^{3+}标记的 C34 多肽和别藻蓝蛋白（allophycocyanin，APC）标记的 NHR 衍生多肽 IQN36，二者的结合会导致 FRET 的发生，抑制剂的存在会使 FRET 信号减弱。

20.2.4　以 gp41 为靶点的抗 HIV-1 药物高通量筛选模型实例

20.2.4.1　实验方法

图 20-10 给出了直接包被式 HIV-1 融合抑制剂体外筛选方法的筛选流程。将 5-螺旋重组蛋白直接包被于微孔板上，并进行封闭，洗板后加入待测样品和异硫氰酸荧光素（fluorescein isothiocyanate，FITC）标记的 C34（FITC-C34），如果待测化合物样品可以结合到 5-螺旋表面的 CHR 衍生多肽结合部位，那么 FITC-C34 与 5-螺旋的结合受到抑制，荧光信号减弱。相反，如果待测样品没有抑制活性，FITC-C34 可以正常与 5-螺旋结合，荧光信号不受影响。通过检测荧光信号来评价待测样品的抑制活性。

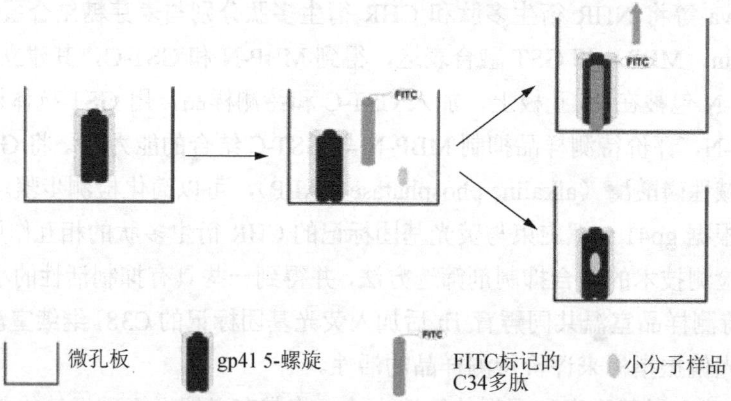

图 20-10　以 gp41 为靶点的直接包被式 HIV-1 融合抑制剂筛选方法流程

直接包被式 HIV-1 融合抑制剂体外筛选方法主要包括靶蛋白的包被、待测样品的制备、待测样品的筛选等步骤，具体方案如下。

1. 靶蛋白的包被

将浓度为 400 nmol/L 的 5-螺旋用包被液（50 mmol/L pH 9.6 的碳酸钠-碳酸氢钠缓冲液）4℃过夜包被于 96 孔微孔板（为了避免荧光信号受到干扰，使用黑色微孔板）上，漂洗液（含 0.05% Tween 20 的 PBS）洗板 3 次。用封闭液（含 1% BSA 的 PBS）37℃封闭微孔 2 h，再用漂洗液洗板 3 次。

2. 待测样品的准备

室温下将待测化合物样品用二甲基亚砜（dimethyl sulfoxide，DMSO）配制成特定浓度的溶液，充分振荡溶解后备用。

3. 待测样品的筛选

微孔板设阴性对照 3 孔，每孔分别加入 2 μl DMSO，设阳性对照 3 孔，包被时不加

5-螺旋重组蛋白，其他孔中每孔分别加入 2 μl 不同浓度的待测化合物样品；之后所有孔均分别加入 38 μl FITC-C34 溶液（FITC-C34 终浓度为 400 nmol/L），充分振荡混匀后 37℃孵育 1.5 h，孵育结束后用漂洗液洗板 3 次；放入 FLx800 荧光分析仪读取荧光信号（激发波长 485 nm，发射波长 528 nm），计算待测化合物样品的抑制率。

20.2.4.2　结果与讨论

1. 直接包被式 HIV-1 融合抑制剂体外筛选方法

1）筛选条件的优化

FITC-C34 由上海强耀生物科技有限公司合成，经 LC-20A 高效液相色谱仪（日本岛津公司）检测，纯度 >95%。

为了优化筛选条件，考察了试剂浓度对筛选效果的影响。我们研究了浓度分别为 400 nmol/L 和 4000 nmol/L 的 5-螺旋蛋白包被后与梯度 FITC-C34 相互作用的情况，参见图 20-11（每个数据点重复 3 次，以“平均值±标准差”的形式给出）。从图 20-11 可见，5-螺旋蛋白浓度从 400 nmol/L 上升到 4000 nmol/L，FITC-C34 浓度从 400 nmol/L 上升到 40 μmol/L，荧光信号并没有以同等倍数增加。本筛选方法的成本主要受到 FITC-C34 用量的影响，选择 400 nmol/L 作为筛选过程中 FITC-C34 的浓度，在保证信号强度足够高的同时节约了试剂，降低了筛选成本。

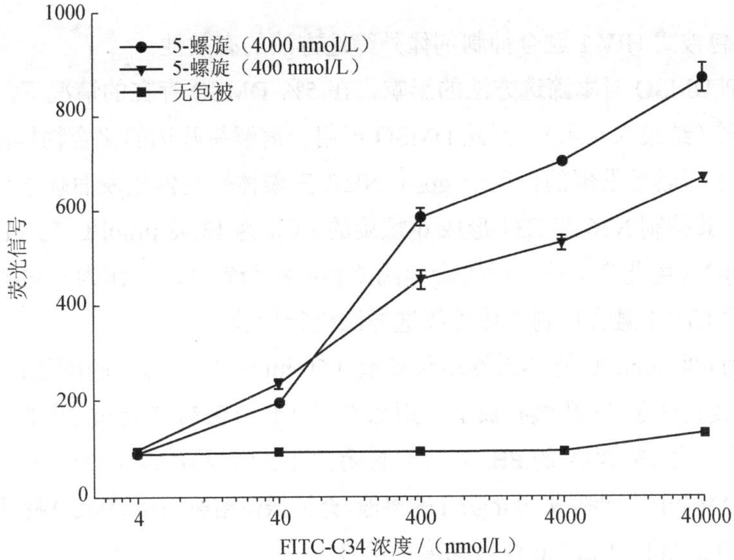

图 20-11　FITC-C34 的结合效率

2）对照试验

在优化的筛选条件下，设置了两组对照试验，包括从体系中去除 5-螺旋重组蛋白，以及向体系中加入可抑制 5-螺旋与 FITC-C34 相互作用的表面活性剂 SDS（终浓度 0.5%），结果参见图 20-12（每个数据点重复 3 次，以“平均值±标准差”的形式给出）。从结果可以看出，去除 5-螺旋重组蛋白或者向体系中加入表面活性剂 SDS，荧光信号均显著减弱。各组对照试验结果均符合预期，表明本筛选方法具有特异性、灵敏性和可靠性。

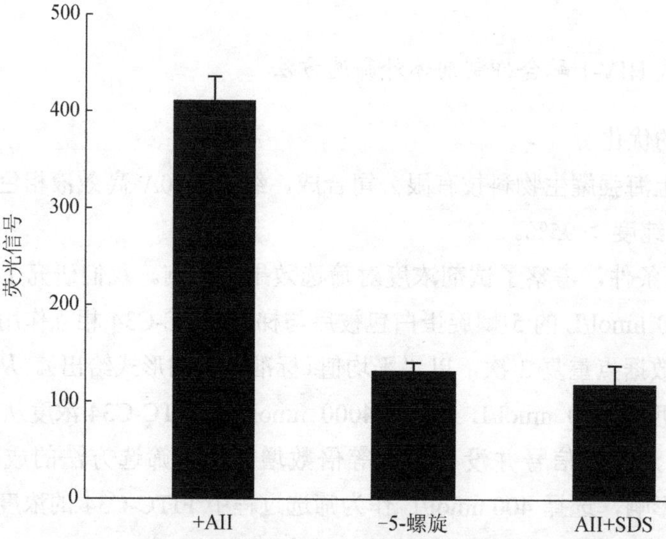

图 20-12　优化筛选条件下各组对照试验结果

3）直接包被式 HIV-1 融合抑制剂体外筛选方法的有效性

评价溶剂 DMSO 对本筛选方法的影响，在 5% DMSO 存在的情况下，荧光信号不发生显著变化（结果未显示），因此 DMSO 可用于溶解待筛选的化合物样品。

NB-2 是姜世勃等发现的作用于 gp41 NHR 三聚体螺旋内核表面疏水口袋的 HIV-1 融合抑制剂，其抑制 N36 和 C34 形成 6-螺旋的 EC_{50} 为 13.48 μmol/L（3.11 μg/ml）[31]。本研究用 NB-2（由北京工业大学生命学院胡利明实验室合成）作为已知融合抑制剂，对直接包被式 HIV-1 融合抑制剂体外筛选方法进行检验。

将浓度为 400 nmol/L 的 5-螺旋用包被液（50 mmol/L pH 9.6 的碳酸钠-碳酸氢钠缓冲液）4℃过夜包被于 96 孔微孔板上，用漂洗液（含 0.05% Tween 20 的 PBS）洗板 3 次。用封闭液（含 1% BSA 的 PBS）37℃封闭微孔 2 h，再用漂洗液洗板 3 次。

用 DMSO 将 NB-2 配制成 10 mg/ml 的溶液，充分振荡溶解后用 DMSO 稀释成 1 mg/ml、100 μg/ml、10 μg/ml、1 μg/ml 浓度梯度的溶液。

微孔板设阴性对照 3 孔，每孔分别加入 2 μl DMSO，设阳性对照 3 孔，包被时不加 5-螺旋重组蛋白，其他孔中每孔分别加入 2 μl 10 mg/ml 至 0.1 μg/ml 浓度梯度的 NB-2，每孔重复 3 次；之后所有孔均分别加入 38 μl FITC-C34 溶液（FITC-C34 终浓度为

400 nmol/L），充分振荡混匀后 37℃孵育 1.5 h，孵育结束后用漂洗液洗板 3 次；放入 FLx800 荧光分析仪读取荧光信号（激发波长 485 nm，发射波长 528 nm）。按照以下公式计算待测化合物样品的抑制率 I：

$$I = \frac{N - S}{N - P} \times 100\%$$

其中，N 为阴性对照孔信号值；P 为阳性对照孔信号值；S 为待测样品孔信号值。

图 20-13（每个数据点重复 3 次，以“平均值±标准差”的形式给出）给出了 NB-2 的抑制曲线。经计算，NB-2 的半数抑制浓度（half maximal inhibitory concentration，IC_{50}）为 2.84 μg/ml，与报道值相当，表明本筛选方法可有效应用于以 gp41 为靶点的 HIV-1 融合抑制剂筛选。

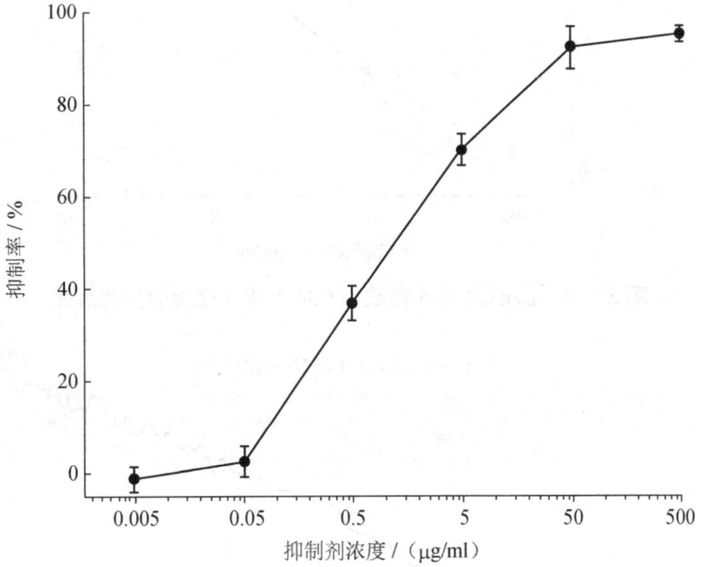

图 20-13　NB-2 对 5-螺旋与 C34 形成 6-螺旋的抑制活性

2. 用直接包被式 HIV-1 融合抑制剂体外筛选方法进行融合抑制剂筛选

用直接包被式 HIV-1 融合抑制剂体外筛选方法测试了北京工业大学生命学院胡利明课题组合成的 Lzg 系列化合物样品的抗 HIV-1 融合活性，发现了活性较好的化合物 Lzg302。图 20-14（每个数据点重复 3 次，以“平均值 ± 标准差”的形式给出）给出了化合物 Lzg302 的抑制曲线，经计算，其 IC_{50} 为 8.36 μg/ml。

北京大学化学与分子工程学院徐筱杰实验室将我们制备的 5-螺旋重组蛋白进行固定化，利用化合物样品对靶蛋白亲和力的差异，运用亲和前沿色谱-质谱联用（frontal affinity chromatography with mass spectrometry，FAC-MS）技术，从上述 Lzg 系列化合物样品中也筛选到活性较好的化合物 Lzg302，这与我们的筛选结果是一致的，进一步验证了我们建立的直接包被式融合抑制剂筛选方法的可靠性。图 20-15 是化合物 Lzg302 的提取离子流色谱图（extracted ion chromatogram，XIC）（其他样品的 XIC 未显示）。

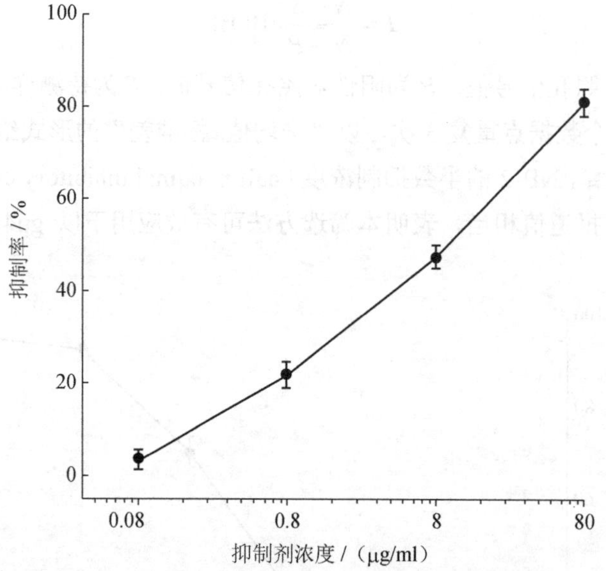

图 20-14　Lzg302 对 5-螺旋与 C34 形成 6-螺旋的抑制活性

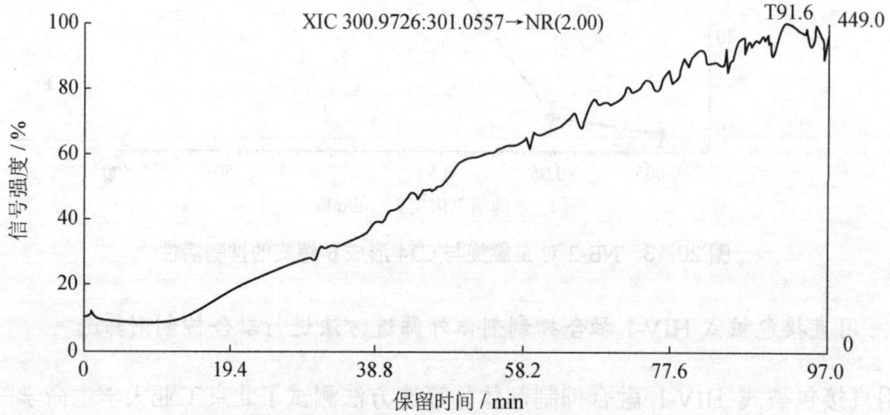

图 20-15　Lzg302 的提取离子流色谱图

本课题组用计算机辅助药物设计方法对融合抑制剂 NB-2 进行了改造，并合成了 7 个化合物，其分子结构参见图 20-16[47]。用直接包被式 HIV-1 融合抑制剂体外筛选方法检测了这些化合物样品的抗 HIV-1 融合活性，表 20-1 给出了检测结果，其中两个化合物 DE2 和 DE3 对 6-螺旋的形成具有一定的抑制活性。

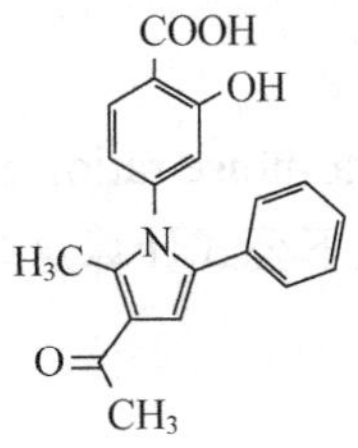

DE1
335Da

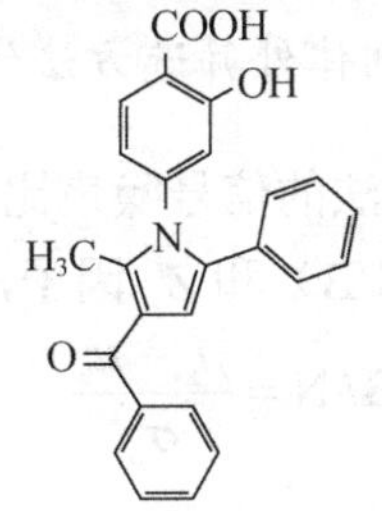

DE2
397Da

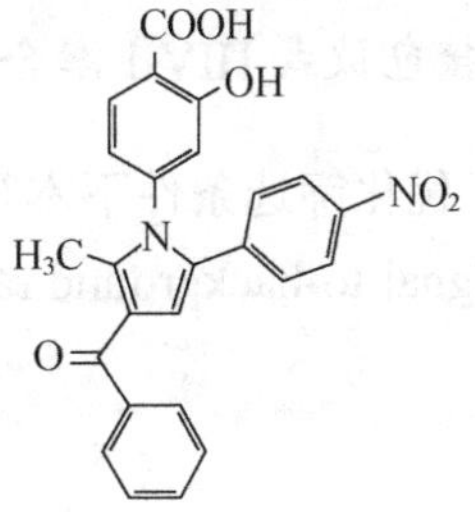

DE3
442Da

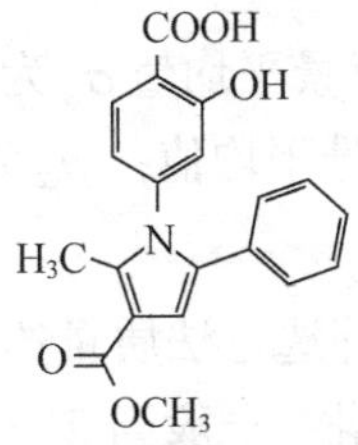

DE4
351Da

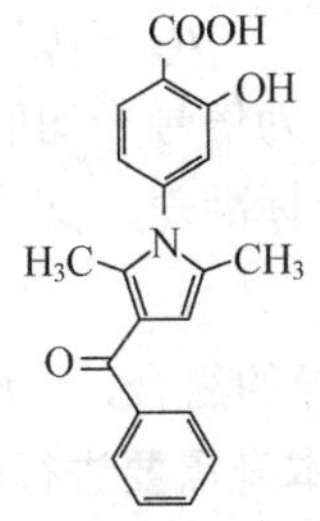

DE5
335Da

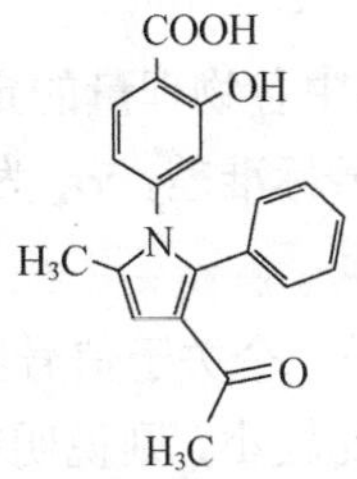

DE6
335Da

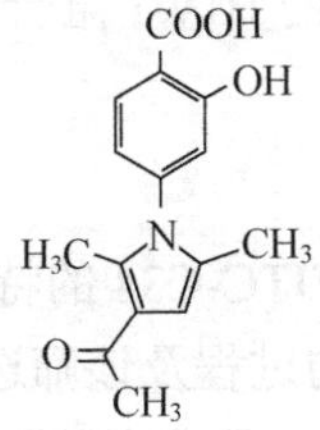

DE7
273Da

图 20-16 合成化合物的结构[47]

表 20-1 合成化合物对 5-螺旋与 C34 形成 6-螺旋的抑制活性

化合物	IC_{50}/（μg/ml）
DE1	＞500
DE2	69.87
DE3	122.88
DE4	＞500
DE5	＞500
DE6	＞300
DE7	＞300

3. 直接包被式 HIV-1 融合抑制剂体外筛选方法的评价

计算了优化筛选条件下本筛选方法的信号噪声比（signal-to-noise ratio，S/N）、信号背景比（signal-to-background ratio，S/B）和 Z' 因子，按照以下公式计算这些指标[48]：

$$S/N = \frac{\mu_s - \mu_b}{\sigma_b}$$

$$S/B = \frac{\mu_s}{\mu_b}$$

$$Z' = 1 - \frac{3(\sigma_{s+} + \sigma_{s-})}{|\mu_{s+} - \mu_{s-}|}$$

以上公式中各物理量的定义是：μ_s 为信号平均值；μ_b 为背景平均值 σ_b 为背景标准；σ_{s+} 为阳性信号标准差；σ_{s-} 为阴性信号标准差；μ_{s+} 为阳性信号平均值；μ_{s-} 为阴性信号平均值。

Z' 因子是一个关于信号区间和变异的组合，已成为评价筛选方法质量的重要参数。如果 Z' 因子比较小，则说明筛选方法本身需要进行改进和优化，一般当 $Z' > 0.5$ 时，筛选方法被认为比较理想[49]。经计算，本筛选方法的 S/N、S/B、Z' 因子分别为 60.5、3.1、0.73，符合良好筛选方法的标准。这些指标表明，本筛选方法具有高灵敏度和高特异性，并且可靠性强，可用于以 gp41 为靶点的 HIV-1 融合抑制剂高通量体外筛选。

20.2.5 小结

以上详述了以 5-螺旋重组蛋白与 FITC-C34 的特异性相互作用为基础，建立直接包被式 HIV-1 融合抑制剂体外筛选方法的过程及该筛选方法的应用。

用已知 HIV-1 融合抑制剂 NB-2 对本筛选方法进行检验，测得 IC_{50} 值为 2.84 μg/ml，与报道值相当。在成功建立直接包被式融合抑制剂筛选方法的基础上，对部分化合物样品进行了筛选。用基于亲和前沿色谱-质谱联用技术的筛选方法对同一批样品进行筛选，筛选结果与直接包被式筛选方法相一致，验证了本筛选方法的可靠性。

本筛选方法的 S/N、S/B、Z' 因子等指标符合良好筛选方法的标准，表明本筛选方法具有高灵敏度和高特异性，并且可靠性强，可用于以 gp41 为靶点的 HIV-1 融合抑制剂高通量体外筛选。

参 考 文 献

[1] 龙亚秋，姜晓华. 结构多样的 HIV-1 整合酶抑制剂：过去、现在和未来. 有机化学，2004，24（11）：1380-1388

[2] Bushman F D, Craigie R. Activities of human immunodeficiency virus (HIV) integration protein in vitro: specific cleavage and integration of HIV DNA. Proc Natl AcadSci USA, 1991, 88 (4): 1339-1343

[3] Chow S A. *In vitro* assays for activities of retroviral integrase. Methods: A Companion to Methodsin Enzymology, 1997, 12 (4): 306-317

[4] Li M, Jurado K A, Lin S, Engelman A, Craigie R. Engineered hyperactiveintegrase for concerted HIV-1 DNA

integration. PLoS One, 2014, 9 (8): e105078

[5] Mesplède T, Quashie P K, Zanichelli V, Wainberg M A. Integrase strand transfer inhibitors in the management of HIV-positive individuals. Annals of Medicine, 2014, 46 (3): 123-129

[6] Karmon SL, Markowitz M. Next-generation integrase inhibitors. Drugs, 2013, 73 (3): 213-228

[7] Fantauzzi A, Mezzaroma I. Dolutegravir: clinical efficacy and role in HIV therapy. Therapeutic Advances in Chronic Disease, 2014, 5 (4): 164-177

[8] Katzman M, Katz RA, Skalka A M, Leis J. The avian retroviral integration protein cleaves the terminal sequences of linear viral DNA at the in vivo sites of integration. Journal of Virology, 1989, 63 (12): 5319-5327

[9] Marchand C, Neamati N, Pommier Y. In vitro human immunodeficiency virus type 1 integrase assays. Methods in Enzymology, 2001, 340: 624-633

[10] Lee S P, Kim H G . Censullo M L, Han M K. Characterization of Mg^{2+}-dependent 3′-processing activity for human immunodeficiency virus type 1 integrase in vitro: real-time kinetic studies using fluorescence resonance energy transfer. Biochemistry, 1995, 34 (32): 10205-10214

[11] Merkel G . Andrake M D, Ramcharan J, Skalka A M. Oligonucleotide-based assays for integrase activity. Methods, 2009, 47: 243-248

[12] Hazuda D J, Hastings J C, WolfeA L, Emini E A. A novel assay for the DNA strand-transfer reaction of HIV-1 integrase. Nucleic Acids Research, 1994, 22 (6): 1121-1122

[13] 郭志敏．HIV-1 整合酶和蛋白酶 ELISA 检测方法的建立及与逆转录酶检测方法联合应用研究多靶点 HIV 抑制剂．协和医科大学博士学位论文，2002

[14] Hwang Y, Rhodes D, Bushman F. Rapid microtiter assays for poxvirus topoisomerase, mammalian type 1B topoisomerase and HIV-1 integrase: application to inhibitor isolation. Nucleic Acids Res, 2004, 28 (24): 4884-4892

[15] John S, Fletcher T M, Jonsson C B. Development and application of a high-throughput screening assay for HIV-1 integrase enzyme activities. J Biomol Screen, 2005, 10 (6): 606-614

[16] Gao K, Wang S, Bushman F. Metal binding by the D,DX$_{35}$E motif of human immunodeficiency virus type 1 integrase: selective rescue of Cys substitutions by Mn^{2+} in vitro. J Virol, 2004, 78 (13): 6715-6722

[17] Wang Y, Klock H, Yin H, Wolff K, Bieza K, Niswonger K, Matzen J, Gunderson D, Hale J, Lesley S, Kuhen K, Caldwell J, Brinker A. Homogeneous high-throughput screening assays for HIV-1 integrase 3’-Processing and strand transfer activities. J Biomol Screen, 2005, 10 (5): 456-462

[18] 张志毅，周涛，龚伟丽，张德添．荧光共振能量转移技术在生命科学中的应用及研究进展．电子显微学报，2007，26（6）：620-624

[19] David C A, Middleton T, Montgomery D, Lim H B, Kati W, Molla A,Xue X H, Warrior U, Kofron J L, Burns D J. Microarray compounds screening (μARCS) to identify inhibitors of HIV integrase. J BiomolScreen, 2002, 7 (3): 259-266

[20] Diamond T L, Bushman FD. Role of metal ions in catalysis by HIV integrase analyzed using a quantitative PCR disintegration assay. Nucleic Acids Res, 2006, 34 (21): 6116-6125

[21] He H Q, Ma X H, Liu B, Zhang X Y, Chen W Z, Wang C X, Cheng S H. High-throughput and real-time assay based on molecular beacons for HIV-1 integrase 3’-processing reaction. Acta Pharmacol Sin, 2007, 28 (6): 811-817

[22] He H Q, Ma X H, Liu B, Chen W Z, Wang C X, Cheng S H. A novel high-throughput format assay for HIV-1 integrase strand transfer reaction using magnetic beads. Acta Pharmacol Sin, 2008, 29 (3): 397-404

[23] 何红秋．HIV-1 整合酶活性检测方法建立和应用研究．北京工业大学博士论文，2010

[24] He H Q, Liu B, Zhang X Y, Chen W Z, Wang C X. Development of a high-throughput assay for the HIV-1 integrase disintegration reaction. Sci China Life Sci, 2010, 53 (2): 241-247

[25] Chan D C, Chutkowski C T, Kim P S. Evidence that a prominent cavity in the coiled coil of HIV type 1 gp41 is an attractive drug target. Proceedings of the National Academy of Sciences of the United States of America, 1998, 95 (26): 15613-15617

[26] Liu S, Jiang S. High throughput screening and characterization of HIV-1 entry inhibitors targeting gp41: theories and techniques. Current Pharmaceutical Design, 2004, 10 (15): 1827-1843

[27] Jiang S, Lin K, Lu M. A conformation-specific monoclonal antibody reacting with fusion-active gp41 from the human immunodeficiency virus type 1 envelope glycoprotein. Journal of Virology, 1998, 72 (12): 10213-10217

[28] Jiang S, Lin K, Zhang L, Debnath A K. A screening assay for antiviral compounds targeted to the HIV-1 gp41 core structure using a conformation-specific monoclonal antibody. Journal of Virological Methods, 1999, 80 (1): 85-96

[29] Debnath A K, Radigan L, Jiang S. Structure-based identification of small molecule antiviral compounds targeted to the gp41 core structure of the human immunodeficiency virus type 1. Journal of Medicinal Chemistry, 1999, 42 (17): 3203-3209

[30] Liu S, Boyer-Chatenet L, Lu H, Jiang S. Rapid and automated fluorescence-linked immunosorbent assay for high throughput screening of HIV-1 fusion inhibitors targeting gp41. Journal of Biomolecular Screening, 2003, 8 (6): 685-693

[31] Jiang S, Lu H, Liu S, Zhao Q, He Y, Debnath A K. N-substituted pyrrole derivatives as novel human immunodeficiency virus type 1 entry inhibitors that interfere with the gp41 six-helix bundle formation and block virus fusion. Antimicrobial Agents and Chemotherapy, 2004, 48 (11): 4349-4359

[32] Salzwedel K, Castillo A, Hritz D, Kilgore N R, Allaway G P, Wild C T. A novel high-throughput screening assay for the identification of HIV-1 fusion inhibitors. Abstract no. MoPeA3025, XIV International Conference on AIDS, Barcelona, Spain, 2002

[33] Salzwedel K, Crisafi K, Jackson T, Castillo A, Kilgore N, Reddick M, Allaway G, Wild C. Identification of small molecule HIV-1 fusion inhibitors. Abstract no. 311, 11th Conference on Retroviruses and Opportunistic Infections, San Francisco, CA, USA, 2004

[34] Beutler J A, McMahon J B, Johnson T R, O'Keefe B R, Buzzell R A, Robbins D, Gardella R, Wilson J, Boyd M R. High throughput screening for cyanovirin-N mimetics binding to HIV-1 gp41. Journal of Biomolecular Screening, 2002, 7 (2): 105-110

[35] Ryu J R, Lee J, Choo S, Yoon S H, Woo E R, Yu Y G. Development of an *in vitro* assay system for screening of gp41 inhibitory compounds. Molecules and Cells, 1998, 8 (6): 717-723

[36] Ryu J R, Jin B S, Suh M J, Yoo Y S, Yoon S H, Woo E R, Yu Y G. Two interaction modes of the gp41-derived peptides with gp41 and their correlation with antimembrane fusion activity. Biochemical and Biophysical Research Communications, 1999, 265 (3): 625-629

[37] Lim C W, Jin B S, Yang E G . Yu Y G. Development of the direct and timesaving *in vitro* assay methods for anti-HIV compounds through fluorescently labeled gp41 domains. Bulletin of the Korean Chemical Society, 2003, 24 (12): 1729-1730

[38] Jin B S, Lee W K, Ahn K, Lee M K, Yu Y G. High-throughput screening method of inhibitors that block the interaction between 2 helical regions of HIV-1 gp41. Journal of Biomolecular Screening, 2005, 10 (1): 13-19

[39] Nishikawa H, Kodama E, Sakakibara A, Fukudome A, Izumi K, Oishi S, Fujii N, Matsuoka M. Novel screening systems for HIV-1 fusion mediated by two extra-virion heptad repeats of gp41. Antiviral Research, 2008, 80 (1): 71-76

[40] Frey G . Rits-Volloch S, Zhang X Q, Schooley R T, Chen B, Harrison S C. Small molecules that bind the inner core of gp41 and inhibit HIV envelope-mediated fusion. Proceedings of the National Academy of Sciences of the United States of America, 2006, 103 (38): 13938-13943

[41] Oishi S, Watanabe K, Ito S, Tanaka M, Nishikawa H, Ohno H, Shimane K, Izumi K, Sakagami Y, Kodama E N, Matsuoka M, Asai A, Fujii N. Affinity selection and sequence-activity relationships of HIV-1 membrane fusion inhibitors directed at the drug-resistant variants. Med Chem Comm, 2010, 1 (4): 276-281

[42] 王进军，陈小川，邢达．FRET 技术及其在蛋白质-蛋白质分子相互作用研究中的应用．生物化学与生物物理进展，2003，30（6）：980-984

[43] Cai L, Gochin M. A novel fluorescence intensity screening assay identifies new low-molecular-weight inhibitors of

the gp41 coiled-coil domain of human immunodeficiency virus type 1. Antimicrobial Agents and Chemotherapy, 2007, 51 (7): 2388-2395

[44] Gochin M, Savage R, Hinckley S, Cai L. A fluorescence assay for rapid detection of ligand binding affinity to HIV-1 gp41. Biological Chemistry, 2006, 387 (4): 477-483

[45] Xu Y, Hixon M S, Dawson P E, Janda K D. Development of a FRET assay for monitoring of HIV gp41 core disruption. Journal of Organic Chemistry, 2007, 72 (18): 6700-6707

[46] Dams G, Van Acker K, Gustin E, Vereycken I, Bunkens L, Holemans P, Smeulders L, Clayton R, Ohagen A, Hertogs K. A time-resolved fluorescence assay to identify small-molecule inhibitors of HIV-1 fusion. Journal of Biomolecular Screening, 2007, 12 (6): 865-874

[47] 丛肖静．以 HIV-1 gp41 与 CCR5 为靶点的药物设计研究．北京工业大学硕士学位论文，2009

[48] Zhang J H, Chung T D Y, Oldenburg K R. A simple statistical parameter for use in evaluation and validation of high throughput screening assays. Journal of Biomolecular Screening, 1999, 4 (2): 67-73

[49] Inglese J, Johnson R L, Simeonov A, Xia M, Zheng W, Austin C P, Auld D S. High-throughput screening assays for the identification of chemical probes. Nature Chemical Biology, 2007, 3 (8): 466-479

（何红秋　刘　斌）

中英文对照术语表

A

艾滋病（acquired immunodeficiency syndrome，AIDS）

B

靶向分子动力学（targeted MD）
半经验（semi-empirical）
半数抑制浓度（half maximal inhibitory concentration，IC_{50}）
倍数变化（fold change，FC）
比较分子场方法（comparative molecular field analysis，CoMFA）
比较分子相似性方法（comparative molecular similarity index analysis，CoMSIA）
表面等离子共振（surface plasmon resonance，SPR）
丙氨酸扫描（alanine scanning）
玻尔兹曼机（Boltzmann machine）
泊松-玻尔兹曼方程（Poisson-Boltzmann equation，PB 方程）
泊松方程（Poisson's equation）
部分电荷（partial charge）

C

长末端重复序列（long terminal repeats，LTR）
传染性海绵状脑病（transmissible spongiform encephalopathy，TSE）
串联方法（string method）
粗粒化分子动力学（coarse-grained molecular dynamics，CGMD）
催化核心结构域（catalytic core domain，CCD）
错折叠（mis-folding）

D

DNase Ⅰ足迹试验（DNase Ⅰ footprinting assay，DFA）
DNA 改组（DNA shuffling）
DNA 结合域（DNA binding domain，DBD）
DNA 聚合酶 β（DNA polymerase β，pol β）
带电带（charged band）
单链抗体（single chain Fv，scFv）
单周期感染实验（single-cycle infection assays）
蛋白构象集格点（protein conformation ensemble grids）
蛋白质的跨膜区（membrane spanning region，MSR）
蛋白质复合物结构预测实验（critical assessment of predicted interaction，CAPRI）
蛋白质拉氏图（Ramachandran plot）
蛋白质数据库（Protein Data Bank，PDB）
蛋白质组学（proteomics）

氮端七肽重复区（N-terminal heptad repeat，NHR）
氮端结构域（N-terminal domain，NTD）
倒易空间（reciprocal space，又称傅里叶空间）
等温压缩系数（isothermal compressibility）
底物结合结构域（substrate binding domain，SBD）
动力学交叉相关图（dynamical cross-correlation map，DCCM）
动力学排斥测定（kinetics exclusion assay，KinExA）
动力学重要采样（dynamics importance sampling，DIMS）
度规张量（metric tensor）
对接和折叠的耦合机理（称为“钓鱼”机理，“fly-casting”mechanism）
多靶点确定（multi-target Identification）
多尺度粗粒化（multi-scale coarse graining，MS-CG）
多副本交换（replica-exchange）
多副本交换分子动力学（replica-exchange molecular dynamics，REMD）
多维核磁共振（mD-NMR）
多用途图形处理器（general-purpose graphics processing unit，GPU）
多重度（multiplicity）

E

Ewald 求和（Ewald summation）
二甲基亚砜（dimethyl sulfoxide，DMSO）
二酮酸类（DKA）
二维定量构效关系（2-dimension quantitative structure activity relationships，2D-QSAR）
二酰基甘油（diacylglycerol，DAG）
二氧吡啶二羧酸还原酶（dihydrodipicolinate reductase）

F

反向虚拟筛选（inverse virtual screening，IVS）
范德华（van der Waals）
放松复合物方案（relaxed complex scheme，RCS）
非键相互作用（non-bonded interaction）
非平衡态（non-equilibrium state）
非正常二面角（improper dihedral angles）
分子动力学（molecular dynamics，MD）
分子对接（molecular docking）
分子力学与泊松-玻尔兹曼表面积（molecular mechanics-Poission-Boltzmann surface area，MM-PBSA）
分子力学与广义玻恩表面积（molecular mechanics-generalized Born surface area，MM-GBSA）
分子形状分析法（molecular shape analysis，MSA）
复杂网络（complex network）
富集度（enrichment factor）

G

G 蛋白偶联受体（G protein coupled receptors，GPCR）
刚性对接（rigid dock）
高斯网络模型（Gaussian network model，GNM）
高通量筛选（high throughput screening，HTS）
高效联合抗病毒疗法（highly active antiretroviral therapy，HAART）
格点盒子（grid box）
各态历经假说（ergodic hypothesis）
各向同性温度因子 B（debye-waller factor B）
各向异性网络模型（anisotropic network model，ANM）
共轭梯度法（conjugate gradient，CG）
固有无序蛋白（intrinsically disordered protein）
关键残基（key residues）
广义玻恩（generalized Born，GB）

H

Hopfiled 神经网络（Hopfiled neural network，HNN）
哈密顿量（Hamiltonian）
罕见事件（rare event）
核磁共振（nuclear magnetic resonance，NMR）
核苷结合结构域（nucleotide binding domain，NBD）
恒定区（constant fragment）
互补决定域（complementary determinant region，CDR）
互补性（complementarity）
化学键相互作用（bonded interaction）
环状脂质分子（annular lipid）

J

机器学习（machine learning）
肌球蛋白 VI（myosin VI）
基于结构的药物设计（structure-based drug design）
基于形状的粗粒化分子动力学（shape based coarse grained molecular dynamics，SBCG）
极化率（polarizability）
集聚系数（clustering coefficient）
计算机辅助虚拟筛选（computer aided virtual screening）
计算机辅助药物设计（computer aided drug design，CADD）
加权平均近邻度（weighted average nearest-neighbors degree）
加权直方图分析方法（weighted histogram analysis method，WHAM）
酵母单杂交（yeast one hybrid，YOH）
阶乘分析（factorial analysis，FA）
结构因子（structure factor）
结合态分子对接（bound docking）
结晶片段（crystalline fragment）
截断距离（cutoff distance）

解离常数（dissociation constant）
介数（betweenness）
界面残基成对偏好性（interface residue pairing preferences）
进化痕迹方法（evolutionary trace method）
近邻列表（neighbor list 或 Verlet list）
近天然（near native）
局部结构熵（local structure entropy，LSE）
巨动力学（metadynamics）
距离几何法（distance geometry，DG）
聚类方法（clustering method）
均方根偏差（root mean square deviation，RMSD）
均方根涨落（root-mean-square fluctuation，RMSF）

K

Kohonen 神经网络（Kohonen neural network，KNN）
抗原结合片段（antigen-binding fragment，Fab）
抗原提呈（antigen presentation）
可变区（variable fragment，Fv）
枯草芽胞杆菌（*Bacillus subtilis*）
枯草芽胞杆菌冷激蛋白（Bs-CspB）
库仑（Coulomb）
跨膜蛋白（transmembrane protein，TP）
快速傅里叶变换（fast Fourier transform，FFT）
框架区（framework region，FR）

L

拉格朗日乘子（Lagrange multiplier）
拉格朗日量（Lagrangian）
拉马克遗传算法（Lamarckian genetic algorithm，LGA）
拉伸分子动力学（steered molecular dynamics，SMD）
冷激蛋白（cold shock protein）
离散分子动力学（discrete molecular dynamics，DMD）
离散傅里叶变换（discrete Fourier transform，DFT）
离子锁（ionic lock）
李纳-琼斯（Lennard-Jones，L-J）
力场（force field）
连续介质（continuous medium）
联合打分函数的疏水性和极性网络（hydrophobic and polar networks combined scoring function，HPNCscore）
链转移（strand transfer，ST）
亮氨酸拉链（leucine zipper，LZ）
磷脂酸（phosphatidic acid，PA）
磷脂酰胆碱（phosphatidyl choline，PC）
磷脂酰肌醇（phosphatidyl inositol，PI）

磷脂酰丝氨酸（phosphatidyl serine，PS）
磷脂酰乙醇胺（phosphatidyl ethanolamine，PE）
螺旋-环-螺旋（helix-loop-helix，HLH）
螺旋-转角-螺旋（helix-tum-helix，HTH）

M

酶联免疫吸附测定法（enzyme-linked immunosorbent assay，ELISA）
每个脂分子的面积（area per lipid，APL）
蒙特卡洛（Monte Carlo）
免疫球蛋白（immunoglobulin，Ig）
模块（patch）
膜蛋白（membrane protein）

N

耐药性（drug resistance）
能量最小化（energy minimization）
拟原子受体表面模型法（quasi-atomistic receptor models，Quasar）
凝胶阻滞试验（DNA mobility shift assay，DMSA）
扭转（twisting）

O

偶极矩（dipole moment）

P

PME（particle-mesh Ewald）
PPPM（particle-particle-particle-mesh）
配分函数（partition function）
偏最小二乘分析（partial least squares analysis，PLSA）
偏最小二乘判别式分析（partial least squares discriminant analysis，PLS-DA）
平均场（mean field）
平均距离（average distance）
平均力势（potcntial of mean force，PMF）
屏蔽（screening）
谱密度（spectral density）

Q

启发式算法（heuristic algorithm）
潜在药物靶点数据库（potentail drug target database，PDTD）
强度（strength）
鞘磷脂（SM）
鞘糖脂（GSL）
亲和力（affinity）
亲和前沿色谱-质谱联用（frontal affinity chromatography with mass spectrometry，FAC-MS）
氢键回旋质点（H-bond flip-flop particles）
轻链（light chain）
球谐函数（spherical harmonic function）
驱动蛋白（kinesin）

去头八面体（truncated octahedron）
全新设计（*de novo* design）

R

热激蛋白 70（heat shock protein 70，Hsp70）
热溶芽胞杆菌（*Bacillus caldolyticus*）
热溶芽胞杆菌冷激蛋白（Bc-Csp）
人免疫缺陷病毒（human immunodeficiency virus，HIV）
溶剂可接近表面积（solvent accessible surface area，SASA）
软对接（soft dock）

S

三磷酸腺苷结合盒转运子（ATP-binding cassette transporter，ABC 转运子）
三维定量构效关系（3-dimension quantitative structure activity relationships，3D-QSAR）
三维快速傅里叶变换（three-dimensional fast Fourier transform，3D-FFT）
扫描探针显微镜（scanning probe microscopy，SPM）
神经酰胺（ceramide）
生物分子马达（biomolecular motor）
生物质谱（biological mass spectrometry，BMS）
时间步长（time step）
时间分辨荧光共振能量转移（time-resolved fluorescent resonance energy transfer，TR-FRET）
时间相关函数（time-correlation function）
实空间（real space）
示差扫描量热法（differential scanning calorimetry，DSC）
首次到达折叠态时间（first passage time）
随机动力学（stochastic dynamics）
随机耦合（stochastic coupling）

T

弹性网络模型（elastic network model，ENM）
碳端结构域（C-terminal domain，CTD）
碳端七肽重复区（C-terminal heptad repeat，CHR）
提取离子流色谱图（extracted ion chromatogram，XIC）
同时搜索（simultaneous search）
图形处理单元（graphic processing unit，GPU）

W

完整约束（holonomic constraint）
网络模体（network motif）
微扰响应扫描技术（perturbation-response scanning technique）
无标度特性（scale-free property）
五聚体配体门控离子通道（pentameric ligand-gated ion channel，PLGIC）

X

X 射线小角散射（small-angle X-ray scattering，SAXS）
系综（ensemble）
先导化合物（lead compound）

线状飘带模型（line ribbon model）
相关时间（correlation time）
相角（phase angle）
相似性搜索（similarity searching）
小世界效应（small-world effect）
锌指蛋白（zinc finger，ZF）
信号背景比（signal-to-background ratio，S/B）
信号噪声比（signal-to-noise ratio，S/N）
虚拟饱和突变（virtual saturation mutation）
虚拟原子（dummy atom）
旋转熵（rotational entropy）
血管内皮生长因子（vascular endothelial growth factor，VEGF）

Y

药物靶点网络（drug target network）
药物重定位（drug repositioning）
药效特征元素（pharmacophore features）
药效团特征（pharmacophore features）
药效团映射（pharmacophore mapping）
一致序列（consensus sequence）
遗传算法（genetic algorithm，GA）
易错 PCR（error-prone PCR）
易位体比较分子场分析方法（topomer CoMFA）
印迹杂交（blot hybridization，BH）
硬弹簧（hard spring）
优先搜索（anchor-first search）
有限差分（finite-difference）
有效接触序（effective contact order，ECO）
预组织（pre-organization）
原子簇（atomic cluster）
原子接触能模型（atomic contact energy model，ACEM）
原子力光谱（atomic force spectroscopy，AFS）

Z

载色体（chromatophore）
整合酶（integrase，IN）
正电口袋（positively charged pocket）
正则变量（canonical variable）
正则模分析（normal mode analysis，NMA）
正则系综（canonical ensemble）
支持向量机（support vector machine，SVM）
治疗靶点数据库（therapeutic target database，TTD）
重链（heavy chain）
重新设计（redesign）

周期性边界条件（periodic boundary condition）
周质结合蛋白（periplasmic binding protein，PBP）
主成分动力学（essential dynamic，ED）
主成分分析（principal component analysis，PCA）
转角（turn）
转运蛋白（transporter）
自由态分子对接（unbound docking）
最陡下降法（steepest descent，SD）
最小像力约定（minimum-image convention）

其他

3′端加工（3′processing，3′-P）